计算机科学与技术丛书

# 软件测试

## 原理、模型、验证与实践

王蓁蓁◎著
Wang Zhenzhen

清華大學出版社
北京

## 内 容 简 介


本书基于证明论和证伪论两种哲学思想原理，将目前存在的软件测试工作进行了梳理，阐述了各种思想原理对软件测试技术发展的贡献，提出了一些技术模型和理论模型，用实例表明重视思想原理对于软件测试具体实践的重要性。

本书可作为高等院校计算机科学相关专业本科生、研究生和教师"软件测试"课程的参考读物，也可作为软件测试领域专家和从事相关工作技术人员的参考用书。





**图书在版编目(CIP)数据**

软件测试：原理、模型、验证与实践/王蓁蓁著. —北京：清华大学出版社，2021.10
(计算机科学与技术丛书)
ISBN 978-7-302-58348-6

Ⅰ. ①软… Ⅱ. ①王… Ⅲ. ①软件开发—程序测试 Ⅳ. ①TP311.55

中国版本图书馆 CIP 数据核字(2021)第 111938 号

**策划编辑**：盛东亮
**责任编辑**：吴彤云
**封面设计**：吴　刚
**责任校对**：时翠兰
**责任印制**：曹婉颖

**出版发行**：清华大学出版社
**网　　址**：http://www.tup.com.cn，http://www.wqbook.com
**地　　址**：北京清华大学学研大厦 A 座　　**邮　　编**：100084
**社 总 机**：010-62770175　　**邮　　购**：010-83470235
**投稿与读者服务**：010-62776969，c-service@tup.tsinghua.edu.cn
**质量反馈**：010-62772015，zhiliang@tup.tsinghua.edu.cn
**课件下载**：http://www.tup.com.cn，010-83470236
**印 装 者**：三河市君旺印务有限公司
**经　　销**：全国新华书店
**开　　本**：186mm×240mm　　**印　张**：26　　**字　　数**：584 千字
**版　　次**：2021 年 11 月第 1 版　　**印　　次**：2021 年 11 月第 1 次印刷
**印　　数**：1～2000
**定　　价**：99.00 元

产品编号：090870-01

# 前言
PREFACE

一位学者曾经明确提出，计算已经变成如此广泛的概念，它泛指一切可按程序或按逻辑运行的活动和行为，以致计算机的概念也得到更加广泛的推广，它泛指一切可由内部软件驱动的设备。在这个意义上，时至今日，我们在人类社会中各个领域再也找不到一个角落，在那里人们根本不需要使用任何由软件驱动的计算机设备。毫不夸张地说，我们的生活和工作已经由计算机支配，或者说由其内部运行的软件支配，至少受到它们的重大影响。

由于软件是非物质存在的，它看不见、摸不着，它的运行并不严格遵循"物理定律"。随着社会的发展和计算机的广泛应用，软件越来越复杂，导致软件本身原本存在的不可避免的"缺陷"越来越难以被觉察。有缺陷的软件在运行时带有不确定性，会随机地产生出乎人们意料的结果，而其结果往往带来巨大伤害。注意到软件缺陷在人类社会中的潜在危险，软件测试成为人们关注的技术和研究课题。自计算机问世以来，无论从技术方面还是理论方面，软件测试都得到迅猛发展。

目前，国内外都出版了大量高质量的有关软件测试的专著。这些专著大都侧重具体技术层面，软件测试的思想原理并未受到专著作者的重视。鉴于此，我想从思想原理方面对软件测试的理论和实践做一些工作。J. Myers 认为："人们对软件测试的看法决定了其对软件测试的方式，例如可以影响到测试用例的选取工作。"大体上说，对于软件测试，基本上可以分为两种"态度"，一种是竭力证明开发的软件的正确性；另一种是不相信软件是正确的，并想方设法找出它的毛病。在哲学上，前一种态度称为证明论，后一种态度称为证伪论。实际上，不仅在软件测试领域，在人类所有科学领域，对于研究的课题都是根据证明论和证伪论两种观念发展的。一般来说，在很长的历史阶段，证明论一直是主导观念。反映在计算机科学发展早期，许多大师都在软件正确性证明方向做过努力。完全证明软件的正确性(如果说它不是不可能的话)，在技术上是非常困难的，这是因为它通常要求艰深的数学工具。所以，后来软件界放弃了(或者说不再偏重)软件正确性的演绎证明，而是把精力放在现在我们所熟知的软件测试技术上。不过，在软件测试技术的选取和发展上，人们仍然持有不同的观念。我们认为，无论基于什么样观念发展软件测试理论，都会丰富软件测试工作，且对软件测试技术的发展会有极大帮助。因此，本书主要从软件测试思想原理方面着手，即基于证明论和证伪论两种理论取向，对现有的软件测试工作进行梳理。虽然我们试图尽可能清晰地介绍一些软件测试的工作，但重点并不完全是讨论软件测试的技术细节，只关注怎样把软件测试的实践和它所依据的原理统一在一个完整的框架下进行研究，对于此项工作，还从模型和验证两种角度进行了阐述。特别地，在各种理论取向下，提出了一些有代表性的技术模型和理论模型，如使用 Walsh 函数模型的检验技术、随机模糊软件缺陷定位技术、软件拓扑空间和测试原理之间的关系模型等，借以表示思想原理对于软件测试的研究是有指导意义的。“思想上的突破往往是决定一切的”，现在已经成为人们的共识。如果本书能引起人们对软件测试思想原理的重视，那么我的目的就算达到了。

本书的出版要感谢国家自然科学基金项目(No. 617720214)的大力支持和资助。感谢江苏省软件测试工程实验室项目的大力支持和帮助。感谢所有一直关心和帮助我的恩师、学者和同事。感谢清华大学出版社的大力支持和帮助。

王蓁蓁

2021 年 9 月于金陵科技学院

# 目录
CONTENTS

第 1 章　绪论……………………………………………………………… 1

1.1　软件产品工程：集成测试与开发 ………………………………………… 1
1.2　软件测试遵循的思想原理 ……………………………………………… 4

第 1 篇　软件测试证明论思想原理

第 2 章　软件开发过程中的验证活动 ……………………………………… 17

2.1　需求分析概述………………………………………………………… 17
2.2　需求验证概述………………………………………………………… 18
2.3　系统设计概述………………………………………………………… 19
2.4　设计验证概述………………………………………………………… 20
2.5　模块编码概述………………………………………………………… 21
2.6　单元测试概述………………………………………………………… 26

第 3 章　原型和图形 ……………………………………………………… 29

3.1　原型………………………………………………………………… 29
3.1.1　概述 ……………………………………………………………… 29
3.1.2　示例 ……………………………………………………………… 31
3.2　图形………………………………………………………………… 43
3.2.1　图形在需求分析中的作用 ……………………………………… 43
3.2.2　图形在形式表示中的应用 ……………………………………… 46
3.2.3　图形在形式证明中的应用 ……………………………………… 52

第 4 章　模型检验简介 …………………………………………………… 60

4.1　标准方法…………………………………………………………… 61
4.1.1　基本概念 ………………………………………………………… 61

4.1.2 标准模型检验步骤 …… 66
4.1.3 示例：LTL 模型检验基于 Büchi 自动机的算法 …… 67
4.1.4 符号模型检验 …… 72
4.1.5 CTL 符号模型检验 …… 76
4.1.6 其他降低问题复杂性的方法 …… 78
4.1.7 其他标准方法 …… 80
4.2 抽象解释 …… 80
4.2.1 根据存在(或经验)的抽象 …… 80
4.2.2 抽象解释理论框架 …… 82
4.2.3 基本抽象解释理论的模型检验 …… 88
4.2.4 运用抽象解释理论对(抽象模型)标准方法的改良 …… 96
4.2.5 抽象模型检验总结 …… 103
4.3 综合方法 …… 106
4.3.1 谓词抽象 …… 106
4.3.2 模型检验和定理证明 …… 109
4.3.3 其他方面的努力 …… 113
4.4 应用和其他重要方法概览 …… 117
4.4.1 模型检验理论在程序分析中的应用简介 …… 117
4.4.2 其他重要方法 …… 117
4.5 小结 …… 119

**第 5 章 抽象解释的两个理论模型** …… 120

5.1 抽象解释全总域模型 …… 121
5.1.1 构造全总域模型 …… 121
5.1.2 理论性问题 …… 125
5.2 抽象解释部分等价逻辑关系模型 …… 129
5.2.1 具体语义域和语义函数 …… 129
5.2.2 抽象解释 …… 131
5.2.3 理论问题 …… 132

**第 6 章 程序正确性形式演绎证明** …… 133

6.1 公理化 …… 134
6.1.1 霍尔逻辑及其证明规则 …… 135
6.1.2 霍尔逻辑系统的可靠性和完备性 …… 139
6.2 不变式 …… 142
6.2.1 程序流程图 …… 142

6.2.2 不变式概念…… 143
6.2.3 不变式之间的一致性…… 144
6.2.4 一个更强的属性…… 145
6.2.5 流程图程序验证实例…… 146
6.2.6 不变式方法评论…… 148
6.3 最弱前置条件 …… 148
6.3.1 最弱前置条件的概念…… 148
6.3.2 谓词转换函数 WP 性质 …… 150
6.3.3 程序设计语言控制成分的语义…… 150
6.3.4 程序正确性证明方法…… 153

**第 7 章 程序正确性概率演绎证明**…… 159

7.1 概率论数学基础知识 …… 159
7.1.1 概率空间…… 159
7.1.2 随机变量理论知识…… 161
7.1.3 马尔可夫过程…… 165
7.2 概率模型 …… 167
7.2.1 离散时间马尔可夫链…… 167
7.2.2 连续时间马尔可夫链…… 170
7.3 概率模型验证 …… 175
7.3.1 系统 DTMC 模型的检测 …… 176
7.3.2 系统 CTML 模型的检测 …… 180
7.4 操作概要 …… 183
7.4.1 操作的概念…… 184
7.4.2 操作概要表示…… 184
7.4.3 操作概要的用途…… 186

**第 8 章 集成测试中的验证活动**…… 189

8.1 组合测试引言 …… 191
8.2 关于正交表的基础知识 …… 192
8.2.1 正交表的一般定义…… 192
8.2.2 二水平正交表…… 194
8.2.3 正交拉丁方…… 196
8.2.4 $\boldsymbol{L}_{t^u}(t^m)$型正交表 …… 199
8.2.5 一般正交表 $\boldsymbol{L}_n(t_1 \times t_2 \times \cdots \times t_m)$ …… 202
8.3 正交试验组合测试方法 …… 206

8.4 其他组合测试方法概览 …… 209
8.4.1 基于覆盖组合的“类型”设计测试用例集 …… 209
8.4.2 可变强度和具有约束的组合测试 …… 213
8.5 组合测试模式分析模型及其理论 …… 216
8.5.1 Walsh 函数基础知识 …… 217
8.5.2 Walsh 函数模式分析模型及其基础理论 …… 221
8.5.3 模型在组合测试中的应用 …… 228

## 第2篇 软件测试中的证伪论思想原理

**第9章 软件开发过程中的“证伪”活动 …… 239**
9.1 软件开发过程中的“证伪”活动概述 …… 239
9.2 集成测试 …… 241
9.2.1 概述 …… 241
9.2.2 负面测试 …… 242
9.2.3 遗传算法 …… 243
9.3 系统测试 …… 247
9.3.1 概述 …… 247
9.3.2 系统测试对计算机科学发展的作用 …… 253
9.3.3 系统测试对度量科学的贡献 …… 260
9.3.4 系统测试提供的新测试方法和技术 …… 285
9.4 验收测试 …… 293

**第10章 软件测试理论 …… 296**
10.1 程序测试经典理论 …… 299
10.1.1 Goodenough 和 Gerhart 理论 …… 299
10.1.2 Weyuker 和 Ostrand 理论 …… 303
10.1.3 Gourlay 理论 …… 306
10.2 软件测试理论分析 …… 310
10.2.1 软件存在缺陷的两个理论根源 …… 311
10.2.2 软件测试方法理论分类 …… 314
10.3 类随机测试方法示例 …… 315
10.3.1 随机 TBFL 算法模型 …… 317
10.3.2 实例分析 …… 319
10.3.3 算法功效进一步说明和小型实验 …… 332
10.3.4 类随机测试方法总结 …… 341

**第 11 章　随机 TBFL 算法讨论** …… 343

11.1　软件缺陷存在原因再分析 …… 343
11.2　随机模糊综合 TBFL …… 347
11.2.1　算法概述 …… 347
11.2.2　算法框架及其原理分析 …… 350
11.2.3　实例分析 …… 356

**第 12 章　众包软件测试技术** …… 361

12.1　众包技术 …… 361
12.2　众包软件测试技术 …… 366
12.2.1　概述 …… 366
12.2.2　利用历史资料调试程序的众包技术示例 …… 370
12.2.3　利用实时信息调试程序的众包技术示例 …… 375
12.3　软件拓扑空间与测试原理 …… 382
12.3.1　预备知识 …… 384
12.3.2　程序拓扑空间表示及其非标准分析 …… 387
12.3.3　在软件测试领域中的应用 …… 390
12.3.4　总结 …… 392

**参考文献** …… 394

**后记** …… 403

# 第 1 章 绪　论

## 1.1 软件产品工程：集成测试与开发

一个组织要想开发高质量软件产品，要做的事情以及采取的措施很多，其中最有效并且最能被组织具体实施的策略就是在自己内部建设一个好的“制造”过程，由过程的“好特征”保证“产品”的高质量。为此，大约在 1986 年，卡内基·梅隆大学软件工程研究所开发了一个名为 CMM(Capability Maturity Model)的能力成熟度模型[1]。CMM 不仅可以用来评估一个开发软件系统的组织的能力成熟度，而且可以作为一个组织改进自己软件开发过程的指南。一方面，这个模型用 1～5 级评估一个组织的成熟度水平，第 1 级级别最低，依次递增，第 5 级级别最高；另一方面，这个模型支持持续过程改进，这样也就给出了过程改进方法。依据这个模型，一个组织的“制造”产品过程无论开始时的成熟度如何，都可以利用它的框架，找到其过程持续改进的实践途径，这比盲目寻找“最好”过程更加有效。

CMM 的 1～5 级成熟度可以概述如下[2]。

第 1 级是初始级，组织开发软件产品的行为主要依赖自己内部成员每个人的能力和技巧，基本上没有任何过程规范。倘若每个成员都是“精英”，在开发小型软件系统时，或许有较大可能保证软件产品质量。然而，在一般情况下，特别是在大型软件系统开发时，这种“学院式”生产过程是不适宜的。

第 2 级是重复级，组织及其成员都有了明晰过程概念。类似达尔文机制，组织已经经过“环境训练”，找到自己可以重复的“经验”模式，它以过程形式存在于一切相类似的软件开发活动中。

第 3 级是定义级，由第 2 级开始具有的过程进一步得到规范，使生产流程遵循“标准一致”的过程，即项目开发活动与组织管理活动集成为一体，形成一个有公共定义的并且全体成员都明确的过程。在整个项目生命周期内，软件开发相关活动都可追踪和检查，其标准主要表现在：文档成为重要角色，文档便于对过程进行监测、控制和分析。

第 4 级是管理级，如果说在第 3 级，依据文档对软件产品、工程的管理主要在“定性”方面，那么在第 4 级，组织已经实现“定量”管理，这时度量起着重要作用。也就是说，组织重视对软件质量和过程进行量化管理，收集、开发度量方法及其工具，对产品和过程进行测量，通过测量数据对产品和过程进行监测和分析，从而达到"科学"管理水平。例如，当度量值显示超过极限值时，纠错的动作将被触发。

最高级是第 5 级，称为优化级。这时组织已经相当成熟，它不但具有前述所有级别的优秀特征，而且还在一个可持续基础上力求改进自己的过程。这主要表现在有意识地采取措施进行缺陷预防管理，不断地利用软件界技术和理念的发展对自己实现技术变更管理和过程变更管理。改进逐渐进行，这对软件质量、产量和开发时间都有积极作用。

CMM 是用来评估和改进一个软件开发公司当前能力的框架，其重点在于组织的整个开发过程。如果将软件测试看作一个（和软件开发总体过程很不相同的）独立过程，那么类似地，可以考虑测试成熟度概念。实际上，I. Burnstein 和她的同事已经开发了测试成熟度模型（Testing Maturity Model，TMM）[3]。TMM 帮助组织评估和改进其测试过程。TMM 把软件测试过程成熟度分为 5 个等级，第 1 级最低，第 5 级最高，这个等级划分也是测试过程改进的指南，它给组织测试过程成熟度增强指出了一个渐近途径[2]。特别有趣地，CMM 模型告诉我们，当组织能力成熟度达到 3 级以上时，管理活动和软件工程集成一体，软件产品工程以一致的方式遵循一个定义明确的过程。同样，TMM 模型告诉我们，当测试能力成熟度达到 3 级以上时，项目工程中的测试和相应的开发过程完全集成一体，组织没有将测试限定为必须在软件开发了编码后才开始进行的一种活动。这时，从项目构思起，质量意识就注入软件产品，为此，测试也就不仅仅是基于执行的一种活动，而是不同种类的测试贯穿在整个系统生命周期中。

综上所述，我们可以将一个优秀软件产品生产组织的开发活动和测试活动集成为一个一般流程，如图 1.1 所示。

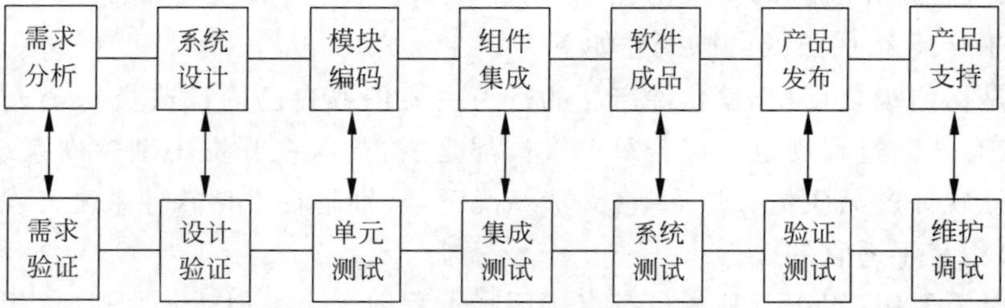


图 1.1 集成软件开发活动和软件测试活动

图 1.1 上面一行表示软件开发过程一般流程，下面一行表示软件测试活动一般流程。需要指出，这些流程只是过程纲要式描述。过程中每个环节都可以精化、细化，如有必要，开发过程中的系统设计环节可以细分为功能设计和详细设计等子环节。同样，测试过程每个环节也可细分，如有必要，系统测试可以细分为功能测试、性能测试等子环节。

因为软件开发过程和软件测试过程，人们已论述很多，所以我们今后也只是按图 1.1 显示的纲要对本书主题进行讨论，除非有必要，并不涉及每个环节的细节。也就是说，我们把精力放在测试原理讨论上。这里要强调的是，优秀的软件开发企业将测试活动和开发活动完全集成在一起是非常重要的事。众所周知，尽早在开发阶段修复缺陷，无论从降低成本、提高软件质量还是缩短产品上市时间哪个角度看，都是卓有成效的。然而，更为重要的是尽早避免缺陷出现，对成本的降低、质量的提高和开发时间的减少等有关效益更加关键。一般来说，只有在测试和开发集成一体时，缺陷防御才能落到实处，并能贯穿开发过程始终。在这个背景下，即在集测试和开发于一体的软件产品工程实践中，我们讨论测试原理这个主题。

有关软件测试过程改进方法，还必须提到另一个重要模型——TPI（Test Process Improvement）[4]。T. Koomen 和 M. Pol 认为遵循一个定义明确的模型改进软件测试过程是非常有优势的，为此，他们深入地探讨了 TPI 模型。下面简述 TPI 模型显示的基本思想[2]。测试过程是一种特定的执行活动的方式，执行活动与缺陷防御和缺陷检测相关，很自然地，与开发过程无关。首先，我们希望有一个好的测试过程，通过它使我们更深入地认识到被测系统的质量属性。其次，好的测试过程应该高效，即它的执行方式能够节省测试时间，这就意味着为系统开发的其他领域节省出更多的时间。例如，设置好的测试用例并采用优先级执行方式，就会尽早发现被测系统关键或到了后期难以修复的缺陷，从而为开发人员赢得处理缺陷的好时机，节省了开发时间。最后，好的测试过程应该降低测试成本，以便降低系统开发的总开销。综合对软件系统的质量、生产周期和开销 3 个方面的考虑，都表明改进测试过程非常重要。那么怎样改进测试过程呢？直观上，首先要确定改进领域，上述测试过程必须要改进的 3 个理由，也是测试过程改进必须要考虑的重要领域范畴。一旦确定某个改进领域，就可以专注于某个精确方面。这时我们评估测试过程在期望改进领域的当前状态，继而确定可能改进的量，以便确定下一步的预期状态和实现手段，然后实现该过程中必要的变化。

在上述改进测试过程的增量式方法中，评估测试过程当前状态很关键。TPI 模型用 20 个已经识别的核心领域对测试过程进行评估。测试过程在每个核心领域的状态，可以有不同的成熟度要求，从 1 个要求到 4 个要求不等。例如，测试策略是一个核心领域，它有 A～D 共 4 个成熟度级别，从 A 级到 D 级递增，表示尽早发现致命缺陷的能力之高低；在核心领域测试规范技术里只有 A 和 B 两个成熟度级别，B 级是该核心领域最高级别；而在办公环境这个核心领域只有一个级别要求，即 B 级（舒服和适时的办公环境），它也是这个核心领域的最高级别。

核心领域并不是“独立”的，在它们的成熟度级别之间存在一些依赖性，即当某个核心领域要达到某个成熟度级别，其他一些核心领域必须达到某个成熟度。在改进测试过程中，成熟度依赖关系要求对于一些核心领域成熟度以一种优先方式做出改进。TPI 模型基于依赖关系和优先关系的想法，构建一个测试成熟度矩阵，它显示一个测试过程的全面成熟度，全面成熟度划分为 1～13 级别。一旦组织评估了自己当前的状态，便知道自己当前的级别。如果组织试图改进到下一个级别，那么就可以利用测试成熟度矩阵，发现自己应该在哪些核心领域进行改进，没有必要在所有核心领域都寻求改进。

仔细考查 CMM 和 TMM，它们都是组织在“管理”能力成熟度方面立论，或者说，是从

“制造”角度为组织的开发活动和测试活动立法。借此，我们既可以正确评估组织的能力，又可以明确指导组织的改进。在某种意义上，这两个模型是在宏观上指导组织实践的。相对而言，TPI模型是从与缺陷防御和缺陷检查相关活动有关的具体测试执行方式方面立论，为组织的测试过程的评估立法，由此更加具体地从技术层面上指导组织软件测试过程的改进。

我们将在图1.1的框架下，借助TPI模型的思想，从原理角度讨论软件测试主要问题。

## 1.2 软件测试遵循的思想原理

当用户对一个软件系统做接受决策时，最关心的事莫过于考查产品是否符合自己的需求，或者说它的质量是否达到了预期。因此，用户必然要求对交付的软件系统进行测试，称为验收测试。验收测试的目的是验证产品具有开发公司承诺的性能特征，即验证软件产品是否符合用户最初与开发公司共同认定的对软件功能的规约。

开发公司在产品发布之前，最关心的事莫过于自己的软件成品的质量是否达到了既定目标，或者说它能否被客户顺利接受。因此，公司必然要对软件产品的功能和性能进行全面严格测试，称为系统测试。系统测试的目的是全力找出软件系统中残存的所有缺陷，并尽可能地加以修复，以确保即将上市的产品的正确性。

无论是验收测试或是系统测试，都是从用户角度考虑软件产品的质量，即产品符合用户需求和期望的程度。质量是一个广泛概念，D. Garvin曾经注意到在不同领域(如在哲学、经济学、市场学和管理学)，人们理解质量有不同方式，他提出关于产品质量的5个观点[5]：抽象、用户、制造、产品和基于价值。简单地说，抽象观点认为质量概念能被人感觉到，但难以确切把握；用户观点前面已经提到，主要是指产品符合用户需求的程度，用户除了明显功能性需求以外，还包含隐藏的一些主观要求；产品观点是对产品内部属性的关注，认为只要产品内部属性达到一定标准，那么它就是一个质量高的产品，这个观点启发人们寻找对产品内部特性度量的方法和工具；基于价值的观点着眼于市场营销，直观上就是客户需要为质量水平付费多少。当说到软件产品质量时，我们是以用户观点为主，综合其他观点考虑的。例如，关于质量的抽象观点已经体现在用户隐蔽需求中了，这主要表现在用户使用软件时的经验感觉，如易用性就是难以精确界定而用户能感知到的特性。尤其重要的一点，软件系统的内部特性就是根据正确捕获了的用户真正需求，加以设计和开发的。一般来说，只要软件内部属性得到保证，它也就满足了用户的需求。而要做到这一点，作为制造业，软件企业从制造角度考虑产品质量，他们力图改进自己的生产过程，希望靠“好”过程保证自己的软件产品一制造出来就“正确无误”，或至少缺陷较少，并且“无伤大雅”，易被用户容忍和接受。

在这样的认识下，CMM、TMM和TPI模型应运而生，它们从不同方面为软件企业改进自己的生产过程提供框架和方法。

目前计算机界已经达到共识，重视软件测试活动，并将它与软件开发过程集成为一体，是软件企业具有能力生产高质量软件系统的重要标志之一。从软件开发一开始，在需求分析阶段，启动软件测试活动，并将它贯穿于整个开发流程中，并非等到编码完成后才开始测试，这种集成开发和测试的做法，我们已经直观地体现在图 1.1 中。除了维护调试和已讨论过的验收测试、系统测试外，图 1.1 中的需求验证、设计验证、单元测试和集成测试都分别与开发过程相应阶段耦合。而这些开发阶段，需求分析、系统设计、模块编码和组件集成都是为了满足用户需求而进行的活动，最终把用户需求"物化"为软件成品。这样一来，已将软件质量 5 种观点统一在质量就是符合用户需求关键观点之中了。

在符合用户需求就是软件质量观念下，软件测试对软件质量有什么贡献？或者换一个角度问，要保证软件质量，需要软件测试做些什么？实际上，上述问题不仅是探讨软件测试的具体做法，而且是对人类认识论的哲学发问。

在哲学上，什么是知识？主要存在两种分歧很大的观点。一种是证明论观点，另一种是证伪论观点。前者主要是传统经典看法，后者主要是波普尔提倡的理念。按照传统经典看法："知识指的是业经证明的知识，即由理智的力量或感觉的证据证明的知识"。波普尔并不认同上述看法。在理智上接受一个人的见解，即知识，波普尔认为"理智上的诚实性不在于试图通过证明（或'使之有很大概率'）一个人的见解加强或确立它，而在于精确地指明自愿放弃自己见解的各种条件"，一旦这些条件成立，与之相应的见解（知识）便被证伪，它必须被放弃，于是人也就要寻求另外见解（知识）。换言之，波普尔主张人类寻求知识的途径不在于证明，而在于要以一种大胆猜测后再无情地消灭错误的方式进行[6]。

我们不准备进一步深入讨论知识论哲学问题，对于本书的目的，上述对知识的证明论和证伪论两种观念的常识性概略叙述已经足够了。简言之，关于知识的进化或确认，证明论坚持猜想-证明的模式，证伪论坚持猜测-证伪的模式。其中关于证明和证伪两个哲学概念，我们也只作常识性理解。

知识的证明论观念，深深地扎根于数学体系和实验科学中，尤其是在数学体系中。自公元前 3 世纪欧几里得的《几何原本》问世以来，几乎数学的每个分支在确立一套公理体系后便依赖逻辑演绎去证明和整理该学科涉及的一切数学事实。到了现代，数学采用的公理化方法不仅从实质公理化演化为形式公理化，而且数理逻辑学科还把数学中"直觉"式逻辑演绎推到形式化顶峰，彻底严格化了。同样，自伽利略和牛顿开创近代科学以来，数学至少成为自然科学的工具和语言。几乎每个实验科学分支，也各自在自己的一组基本原理假设下，不仅仅采用归纳方法，而且也重视采用形式化方法构建自己的理论体系，然后设计精密实验或通过精确观察检验和证实它。爱因斯坦甚至认为："科学一旦从它的原始阶段脱胎出来，仅仅依靠排列的过程已不能使理论获得进展。由经验材料作为引导，研究者宁愿提出一种思想体系，它一般是在逻辑上从少数几个所谓公理的基本假定建立起来的。"

即使在数学中，这个被公认为证明论规范的学科，就严格性特征而言，证明也是分"等级"的。前面说过，数理逻辑中的证明是彻底形式化、极其严格的。一般数学体系中的证明并没有数理逻辑中那样严格，庞加莱说："我们用逻辑进行证明，凭直觉创造。"[7]可见，一般数学论文或专著中的数学证明仅仅是直觉式逻辑演绎。哈代甚至认为数学家只是观察者，他把看到的东西记录下来，证明只是指点，通过指点让别人也能看到他发现的东西[8]。

20 世纪中期，美国数学家波利亚还提出合情推理模式[9]，这样便扩大了欧几里得证明范式，如把归纳推理与类比推理也引入数学标准推理模式中。20 世纪后期，西方还出现了实验数学新思潮。实验数学家“正向定理与证明这种古老的传统发起挑战”[10]，他们主张充分的理解相当于一个证明，认为一个“好理由”、一系列图片都可以与由数学公式组成的严格逻辑链条具有相同的说服力。他们重新制定数学证明标准，如追求思想实验的检验和证实，这已经与实验科学的实证精神完全一样了。

知识的证伪论观点，波普尔一开始提出时，是针对实验科学的。他在《客观知识：一个进化论的研究》[11]一书中认为：“知识和科学理论都是猜测性的，人类通过检验增长知识，但是检验的目的在于否证，而不是证实。”因为在他看来，知识是不可证实的，它只能被反驳、被否定。反驳和否证在科学理论增长中的作用类似于选择在达尔文进化中的作用。正因为如此，《客观知识》一书的副标题是“一个进化论的研究”。知识的猜测性，波普尔认为这是他对归纳问题的解决，正因为猜测性，任何检验都无法证实它，只能否证、反驳它。即使理论通过了严格的检验，那也只能说它暂时得到了“确证”(Corroborated)，我们可以保留它，但这并不意味它已经得到了证实。拉卡托斯走得更远，他将“可错论”贯彻到底，让它也进入数学领域。他的《证明与反驳：数学发现的逻辑》[12]一书向数学形式主义挑战，他精选两个数学著名案例(欧拉猜想和柯西连续性定理)进行研究，指出数学是拟经验学科，其发展并不是无可怀疑的数学定理在数量上的单纯积累，也是一个充满了猜想和反驳的复杂过程。在他看来，数学证明只起到一种“思想实验”的作用，为赞成某命题提供理由，或者通过否定某命题并通过反例生出更多内容。逻辑只能说明数学，但不能证明数学。

回到软件测试主题。一般来说，软件组织都有两个团体：开发团体和测试团体。在能力成熟度很高的组织中，这两个团体是相互沟通、相互协作的。然而，在生产软件产品过程中，每个阶段测试活动的主角并不相同。理论上，所有测试活动完全应由测试人员执行，这样做就更公平，测试时不带偏见，防止开发人员的“主观”错误残留在软件系统中。但是，无论是需求分析、系统设计、模块编码、组件集成，离开开发人员都无法或者至少说不能很好地完成，尤其是模块编码，更是开发人员的专职。因此，与这些环节耦合的测试活动都应该有开发人员参与，特别是单元测试，可能还要开发人员担任主角。至于涉及软件系统成型的集成测试，虽然可以由测试团队独立进行，但因开发人员熟悉软件系统结构，也应该积极参与其中，并对测试活动尽责。如果不考虑产品上市后的维护调试，只有系统测试和验收测试，可以完全由测试人员独立承担，系统测试更是如此，借此保证系统测试在一个更无偏见的状态下进行。

自从计算机问世及普及以来，硬件和软件才成为人们耳熟能详的两个概念。发展至今，软件系统越来越复杂，其应用越来越广泛，几乎渗透到人类社会的每个领域，主宰了人们的工作、生活、学习、娱乐和思想。与此相应，支持软件系统运行的硬件系统也越来越精致，应用也越来越普遍。幸运的是，硬件具有极高的可靠性，不断迅速发展的科学技术保证硬件设备能得到“精确”制造，使它们能够“无差错”运行。可惜的是，软件系统产品并没有这样好运。在理想情况下，软件生产组织中的开发人员个个都是精英，每个人都能正确理解用户需求并能正确编码，开发活动没有任何差错，即便如此，软件生产组织也不能保证软件产品没有任何缺陷，甚至有没有致命缺陷存在也不敢贸然断定。正因为如此，软件系统的生产组织不论能力成熟度高低，都要组建测试团队并花费大量（占总成本的一半左右）资金实施测试活动，希望确认自己产品的正确性，力图防御和消灭缺陷。

软件是一个形式系统，它极其复杂，而且其“行为”不可捉摸。一般来说，软件执行的活动，本应需要人的智力才能完成。这样一来，在软件开发过程中，开发人员的主观错误，如没有正确理解用户的需求等，都会注入软件。换句话说，开发人员有意或无意把缺陷引入软件系统，致使软件行为不能达到用户预期的需求。软件测试活动的一个主要目的就是防御和消灭这种类型的错误，软件生产组织努力改进自己的“制造”过程，首先也是为了消灭人为错误，才采取的一种根本性举措。实际上，人的主观错误只是软件缺陷的一个来源，在某种意义上，它比较容易防御，也比较容易消灭。软件缺陷还有一个重要来源，它既不容易防御，也不容易消除，即使能力成熟度极高的软件生产组织，似乎也无法杜绝这种缺陷的来源。这种缺陷来自软件形式系统本身，它是由形式系统固有的局限性产生的。为了很好地说明这一点，我们以一个著名的数学集合模型为例进行说明[13]。

集合概念或者说集合模型是数学中极根本的概念，它不可能由其他数学概念定义；集合概念也是数学中极重要的概念，至少一般数学家认为借助逻辑概念，由它可以定义所有数学概念。人们相信，在集合理论上可以建造全部数学。现今，集合概念已经渗透到整个数学领域，所有数学分支（拓扑、泛函、分析、代数、几何等）都大量地运用集合这个概念，引用集合论基本知识和定理。这个极其根本、极其重要的集合概念，当数学家康托尔把它引入数学时，人们都认为这个抽象概念非常清晰，极易把握，并无丝毫“缺陷”。把满足一给定条件的一切东西聚合起来，就必然可以组成一个集合。似乎没有任何数学概念比上面叙述的集合概念更容易理解了。定义上述集合，用形式符号表达：对任意给定条件 $\phi(x)$，指元素 $x$ 具有性质 $\phi$，那么必有一个集合 $A$，使

$$x \in A \leftrightarrow \phi(x) \tag{1.1}$$

其中，$x \in A$ 表示元素 $x$ 是集合 $A$ 中的成员，即 $x$ 属于 $A$。

式(1.1)表明，集合的形成或者说在集合概念中已经隐蔽了一个原理，我们称它为概括原理（原则）。正是运用这个基本原理，才有了康托尔的集合定义以及在此基础上构建的集合论。实际上，概括原则是人们的一个潜在观念，很少人留意到它隐蔽在康托尔的集合定义中，即使注意到这一点，人们也大都忽略过去，不去考虑它，认为这是理所当然的事，它对理论并没有什么危害。

但是这个概括原理并不能无条件承认。1902 年，罗素发现了这一点，认为作为数学基础的集合论含有矛盾。这个发现现在称为罗素悖论。罗素认为，由于对任意一个集合，都可以考查它是不是自己的元素这一性质。由这个明确性质，可以把所有不是自己元素的集合聚集成一个新集合，设它为 $T$。那么，请问 $T$ 是不是自己的元素？很容易推知，这时 $T \in T$ 和 $T \notin T$ 同时成立。直观上，如果假设 $T \in T$，按照 $T$ 是所有不属于自己的集合聚集而成的集合的定义，$T$ 就不会被聚集进 $T$ 集合，即 $T \notin T$。由此矛盾看出原先的假设不成立，按照数学中的反证法，应该得出 $T \notin T$ 的结论。然而，当 $T \notin T$ 成立时，意味着 $T$ 不是自己的

元素，那么由 $T$ 集合组成的定义，$T$ 是所有不属于自己的集合聚集而成的集合，按照概括原则，$T$ 就应该被概括进 $T$ 集合，即 $T\in T$。综合上面的推断，可知 $T\notin T$ 当且仅当 $T\in T$，因而形成了一个悖论。

用形式语言精确地叙述罗素悖论。试讨论性质 $\neg(x\in x)$，其意指 $x$ 不是 $x$ 的元素，它当然是一个条件，相当于式(1.1)中的 $\phi(x)$。依概括原理，应有一个集合 $A$ 使

$$x\in A\leftrightarrow\neg(x\in x) \tag{1.2}$$

用 $A$ 代入 $x$ 处得

$$A\in A\leftrightarrow\neg(A\in A) \tag{1.3}$$

即 $A\in A$ 为真当且仅当它为假，这便是罗素悖论，它指出集合论存在矛盾。

罗素悖论表明集合论的概括原理必不能无条件承认，必须进行修改。不过数学家们发现，哪怕对上述原则进行一点点修改，集合论也会面目全非，与当初使用的集合论就大不相同了。这还不算特别严重，更大的问题是，修改后的集合论是否不再出现悖论，谁也无法肯定，它是无法证明的。罗素悖论震惊了当时整个数学界，它引起了数学基础的深入研究。不过究竟如何修改概括原则，使它既接近直觉又能避免悖论，且对原有数学不做太大修改，数学家努力至今，仍然给不出完善的方案。

罗素悖论预示形式系统本身具有局限性。1930 年，哥德尔发表了两个著名定理，现称为哥德尔不完备性定理[13]。对于很广泛的一些系统，哥德尔证明了：如果它们是融贯的(直观上可理解为内部相容)，则必是不完备的，即必有一个语句 $\alpha$，使 $\alpha$ 与 $\neg\alpha$ 在该系统均不可证，而且如此系统还是“本性”不完备的，也就是说任何融贯的扩大系统都不完备。此外，哥德尔还证明了如果这些系统融贯，则它们的仿融贯性(通常理解为融贯性)必不能在该系统内推出。这两个深刻结果大大地影响了数学，尤其是数理逻辑的进展。

罗素悖论和哥德尔不完备性定理揭示形式系统本身存在局限性。形式系统能否正确表达客观事实，这一点暂且不论。即使它是客观事实的正确模型，它的抽象性是否遗漏了客观事实的某些重要特征，又或者它会不会以一种不可预见的方式把一些不相关的事实概括进来从而造成意想不到的结果。现在，我们的结论是，这些对于应用，人们特别关注的事情，我们都不得而知。罗素悖论指出，清晰的康托尔集合概念，以一种不可预见的方式构建了一个自相矛盾的集合 $T$，“温顺”的概括原则竟然是矛盾的潜在根源。而哥德尔定理告诉我们，不仅模型的相容性在系统内部无法断定，而且它的不完备性也是注定的。

软件系统是形式系统，它也逃脱不了上面指出的局限性。它的存在本身就注定了它内部肯定存在缺陷，而且这些缺陷是无法彻底根除的，或者说，即使没有缺陷或有但已经修复了所有缺陷，我们也无法肯定。首先，在创建形式系统时，一些隐蔽的人们认为理所当然的观念(像概括原理支配集合概念那样)会侵入软件系统，以不可预见的方式造成意外事故。例如，在 20 世纪计算机兴起时，人们普遍使用 00～99 的两位有效数字表示年份，大家都认为这很自然。谁也没有想到这个表述年份的简便方法竟然在 1999 年底引起全世界的恐慌，这就是所谓计算机中的“千年虫”缺陷。为了消除千年虫在诸如交通控制、银行系统、电力系统、供水系统以及可怕的核反应堆和核导弹这些由软件驱动的电子系统上的影响，全世界花

费数以千亿美元应对这种危害。

软件系统存在的类似隐蔽观念，也许应算是开发人员的主观错误，但是它以一种意想不到的方式行事，所以我们仍然把它归结为软件系统本身的问题。至于软件系统是要在硬件设备上运行，硬件、程序语言、编译和操作系统，以及用户的操作方式，都可能导致软件系统少做了它应该做的事情，又多做了它不应该做的事情，而这加剧了软件系统本身就存在的其行为的不可预见性。我们把这些因素引发的缺陷统统认为是软件本身的问题。于是，软件缺陷的来源有二，一是开发人员的主观错误；二是软件本身固有的局限性。今后有时简称由前者引起的缺陷为第 1 类型缺陷，由后者引起的缺陷为第 2 类型缺陷。这两类缺陷的来源分别表示软件缺陷产生的主、客原因。前面说过，软件开发组织重视生产过程的规范，努力改进自己的过程，一个主要目的就是纠正第 1 类型缺陷，即防御和修复由开发人员的主观错误引发的缺陷。同样，软件测试过程的规范和改进，另一个主要目的就是防御和修复第 2 类型缺陷，即软件本身局限性引发的缺陷。相对而言，主观错误较易发现，也较易修复，甚至修复后也不大可能引发另外的缺陷。而由软件本身局限性引发的缺陷，则难以发现，发现了也难以修复，甚至修复以后还可能导致新缺陷出现。一般来说，测试过程对于第 1 类型缺陷的纠正和防御功效较大，对于第 2 类型缺陷的纠正和防御功效较小。这也是我们要努力改进软件测试过程和技术的重要原因。

在进行下面的讨论之前，先看一个软件失败的案例[14]。

1999 年 12 月 3 日，美国航空航天局（NASA）的“火星极地登陆者号”（Mars Polar Lander）探测器试图在火星表面着陆时，突然从 1800m 高空下坠冲向地面，撞成碎片。

当探测器向火星表面降落时，其着陆计划原本分为两步。首先，它将打开降落伞减缓探测器下降速度。降落伞打开几秒钟后，探测器的 3 条腿将迅速撑开，并锁定位置，准备着陆。然后，当探测器降到离地面 1800m 时，探测器将丢弃降落伞，改为点燃着陆推进器，缓缓地降落到地面。为了着陆推进器发挥作用，探测器的发动机将一直点火工作，直到脚真正“着地”为止。开发人员“巧妙”地在探测器脚部装了一个触点开关，让探测器“感知”触地事件，并在计算机中设置了一个数据位控制触点开关，以便探测器“脚踏实地”后关闭燃料。

这个设计可以说并无“漏洞”，而且还能节省开支，因为它替代了由贵重的雷达确定何时关闭着陆推进器的工作。登陆探测器的着陆设计还经过了多个小组测试，其中一个小组测试飞船的脚折叠过程，另一个小组测试此后的着陆过程。前一个小组没有注意脚撑开的同时，着地数据位是否置位，后一个小组总是在开始测试之前复位计算机、消除数据位。虽然两个小组各负其责，都工作良好，但是作为探测器整体却出现了意外。事故后故障评估委员会在测试中发现，许多情况下，当探测器的脚迅速撑开准备着陆时，机械振动也会触发着陆触点开关，设置致命的错误数据位。于是计算机极有可能在 1800m 高空就关闭着陆推进器，使探测器冲向火星表面，粉身碎骨。

控制探测器的软件系统，类似于康托尔集合的概括原则，若无条件使用，便会导致罗素悖论，它把机械振动也“概括”进来，使探测器物理实体无法分辨自己的脚部触点开关是否真的由着地振动触发，最终导致了灾难。

这个软件失败案例很好地说明了软件系统本身局限是人们无法预料的缺陷的根源。现代科学还告诉我们，复杂系统具有“涌现”(Emergent)特征，涌现是系统的宏观行为，它是由于简单规则以一种难以预测的方式产生出的复杂行为[15]。

软件系统是复杂系统，即使它内部的每个组件都是独立的且按照简单规则运作，作为整体，也会“涌现”出难以预料的行为。何况软件系统在实际运行时，外部环境还充满了变数，更能发生涌现现象。如果涌现并不是我们希望的行为，那它就成为软件系统故障。上述探测器的失败登陆案例也验证了复杂科学这一重要发现。

智者千虑，必有一失。形式系统的局限引发的缺陷，令开发人员防不胜防。特别是当这个缺陷开始是由人们原本“无害”的潜在观念或因复杂环境诱发的，或由本身复杂性涌现而至，开发人员是难以预料的。一般地，开发人员往往偏爱自己绞尽脑汁构想出来的软件，根本意识不到要“自觉”寻找这种类型的缺陷，它只能依赖测试人员发现了。因为软件测试人员不是软件制作者，没有先入之见，所以不会先入为主地测试软件性能。软件测试人员只考查软件系统本身及其行为，并不问构思它时开发人员的“灵感”。因此，第 2 类型缺陷大都(如果不是全部的话)是测试人员发现的。至于测试人员在测试过程的哪个阶段会有较大可能发现它，这从美国“火星极地登陆者号”探测器失败案例中可以得到启示。事故前美国航空航天局实施的测试，事故后故障评估委员会的测试，正反两方面都告诉我们，在集成测试(相应于组件集成开发阶段)和系统测试(相应于系统成品开发阶段)两处，测试人员才极有可能发现第 2 类型缺陷。

以集成测试为界，与开发过程主体相应的测试过程大体上可以分为两部分。第 1 部分有需求验证、设计验证、单元测试；第 2 部分有集成测试、系统测试。

在第 1 部分，开发人员积极参与测试活动，甚至可以成为测试活动的主体，许多软件开发组织并不特地为第 1 部分各个测试活动组建独立测试团队，测试人员参加只为了在测试中增加一些“客观”因素。一般地，开发人员坚信自己的构思是正确的，希望软件测试能够验证自己工作的正确性。他们迫切寻找缺陷，目的也是修复因自己的主观错误引入软件中的缺陷，如在单元测试执行代码检查时，代码检查小组就会对照“代码检查错误列表”(它是计算机业界根据多年对软件错误的研究编成的)，对程序中“危险”部分(极易出错的地方)的编码特别留意，找出错误并加以改正。只要检查小组气氛良好，这种寻找错误方式是程序员乐意的事，这将增强开发人员的信心，提高他们的技能和工作热情。没有一个开发人员会对自己的工作持“否定”态度，也就是说，开发人员是以知识证明论方式行事。如果检验只是为了否认自己的工作，甚至通过了检验软件系统并不能获得更大的可靠性，那么开发人员还要辛苦编码，还要努力检验干什么？其实开发人员和开发组织潜在意识都是希望软件测试能够证实自己产品是合格的。这种潜在意识还表现在单元测试时，编码人员和开发人员还在程序最可能犯“错误”的情况设计测试用例，看程序是否仍然坚定正确行事。例如，在数据临界值附近测试程序处理能力。严格地说，这些用例具有“破坏性”，但它故意“引火烧身”，一是看程序的健壮性，二是希望通过在错误最易揭露的地方，发现缺陷从而修复之。它是从反面验证或保证程序正确的手段。在证明论观念下，第 1 部分的测试活动大都是验证活动。例如，测试人员参与需求验证是为了更客观地评估开发组织是否正确地捕获了用户的需求，他们往往构造模型加以确认。在确认了需求正确和设计无误后，单元测试只是寻找代码中的随机错误和程序员的主观错误。通过修复缺陷，希望软件至少在其“根部”是正确无误的。这样看来，第 1 部分测试活动是在证明论观念下，主要(如果不是全部的话)是为了修复和防御第 1 类型的缺陷而实施的。

严格地说，任何科学中的概念，实质上都是模型，科学通过形式化方法加以表述。软件系统也不例外，它的正确性，自然也要用形式化方法加以研究[16]。在计算机科学发展的早期，Dijkstra、Floyd、Gries、Hoare、Lamport、Manna、Owicki、Pnueli 等先驱纷纷提出不同的可用于验证程序正确性的证明系统，属于演绎软件验证技术领域。开始的目的是利用形式化方法证明一些像导弹、航空控制等关键系统，后来想把验证方法扩展到用于辅助软硬件系统的开发。他们建议，程序开发时应从形式化归约开始，按照逐步精化的特定方式最终得到实际的代码，保持每个精化步骤的正确性便构成生成正确性系统的过程。由此可见，前述关于测试过程第 1 部分活动的证明论思想原理早就植根于计算机科学。软件正确性能得到理论证明，当然是程序员和软件开发组织乐意看到的事。然而，它有局限性。例如，即使证明方法本身无误，它也是对实际代码的抽象模型进行验证，并不能保证实际代码是正确的。何况对于复杂系统，它需要专门的技术和大量时间，这都限制了它的应用。尽管如此，证明论方法还是取得了一些重要成就。例如，通过在程序设置一些用不定式表述的断言，可以帮助程序员直观理解程序的运行方式，以及检测代码。此外，计算机业界还在不断开发自动化和半自动化验证技术和工具，这些都更好地支持演绎软件验证技术。知识证明论思想原理丰富了软件测试方法论。

在测试过程第 2 部分，除了集成测试吸纳开发人员参与外，系统测试应该完全由测试团队独自运行。这时，软件将经历由各个模块集成组装，最终作为“系统”产品问世。理论上，只要第 1 部分活动进行得彻底充分，成型的软件系统中的缺陷应该属于第 2 类型。即使软件系统残存有第 1 类型缺陷，理论上主要归属于各个模块的“接口”之类的基础设计和编码问题。在这个意义上的集成测试活动严格地说应划归到第 1 部分，这也是集成测试应该吸纳开发人员参与的理由。不过当模块组装成型时，原先认为设计良好的“接口”等基础编码在组装后不能使系统实现其预期功能，也应视为第 2 类型缺陷，因为它预示组装后会有事前无法预料情况发生。另外，按照“复杂”科学理念，意想不到的“事件”也可能会涌现，这些事件的根源属于第 2 类型缺陷。

例如，那个“火星极地登陆者号”探测器的悲惨结局，就是因为组装后涌现了机械震动触发脚部着陆触点开关的意外事故。鉴于第 2 类型缺陷的严重性和普遍性，我们把集成测试活动划归到第 2 部分。

总之，集成测试和随后的系统测试，都尽力寻找第 2 类型缺陷，它们共同构成测试过程的最关键部分。

测试过程的第 2 部分，开发人员只承担修复缺陷和应付咨询等任务，活动主体是测试团体。测试人员的目标只是考虑产品发布时，软件系统是否能够通过用户主持的验收测试，即产品在实际复杂环境中是否也能运行正常。他们眼中只有缺陷,想方设法寻找软件各种第2类型缺陷,当然也包括寻找残存的第1类型缺陷。即使测试人员相信知识证明论观点,他们潜在观念也类似哥德尔的发现,软件系统不仅做不到"尽善尽美"(意指不完备),而且内部融贯性(意指相容无矛盾)也无法得到证明。测试人员都同意 Dijkstra 的观点,软件测试只能证明缺陷存在,但绝不能证明软件缺陷不存在。在《软件测试的艺术》一书中,Myers 等给出软件测试的定义:"测试是为发现错误而执行程序的过程。"作者认为,软件测试更适宜被视为试图发现程序中错误(假设其存在)的破坏性的过程。一个成功的测试用例,通过诱发程序发生错误,可以在这个方向上促进软件质量的改进。当然,最终我们还是要通过软件测试建立某种程度的信心:软件做了其应该做的,未做其不应该做的。但是通过对错误的不断研究是实现这个目标的最佳途径[17]。这与拉卡托斯关于数学知识的发展是一个充满了猜想和反驳的复杂过程的想法非常接近。特别有趣的是,他举出许多巧妙反例,其中有揭露原先"隐蔽"的引理的反例,反驳欧拉猜想[12],与软件测试活动中设计"好"测试用例去发现程序错误的做法(如在那个失败探测器事件后故障评估委员会发现的机械震动会触发着陆触点开关的测试情况)至少在精神上完全一致。实际上,经过第1部分和集成测试后,软件产品正式成型,它即将投入市场,要去适应复杂的处处会有预想不到情况发生的真实环境,系统为了生存,"可以让我们的假说替我们去死"(波普尔),所以整个系统测试流程,是充满寻找缺陷、分析缺陷和修复缺陷等活动的过程。如果系统测试发现致命而且无法修复的缺陷,这就证伪了软件系统,它宣告这次开发活动失败。如果系统测试发现的缺陷大部分都能修复,没有修复的缺陷危害不大,用户也能忍受,并且估计没有发现的残存在软件中的缺陷也是如此,这个进化了的软件产品可以"暂时"保留,宣告可以把它交付给用户。还有一个情况值得提一下,当发现的缺陷经过分析后,属于现今软件版本欠缺且软件组织并未承诺的某个功能,对于这样的缺陷,软件组织一般都将它挂起,搁置或推迟到新一个版本去处理,这也符合知识证伪论原理。综上所述,第2部分测试活动,是以知识证伪论原则执行的,它是软件得以生存和今后升级能够成功的关键。

爱因斯坦认为,正是理论决定我们观察到什么。具体到软件测试,Myers 等从心理学角度说明理解软件测试的真正含义,会对成功地进行软件测试有很大的影响。例如,若要检测出"程序做了它不应该做的"类型错误,如果我们将软件测试视为发现错误的过程,而不是将其视为证明"软件做了其应该做的"过程,那么发现它的可能性将大得多。不同的软件测试思想会产生软件测试不同方法论。我们已经提出了两种重要的思想原理:一种是证明论思想观念;另一种是证伪论思想观念。证明论和证伪论是哲学的两个流派,前者更传统些。这两个思想都融合在软件测试行为中。归根结底,软件测试的最终目的是要使软件组织和用户对被测软件都建立某种程度的信心,即使它有残存缺陷,但软件也会做它应该做的,而不会做它不应该做的。依赖软件测试过程对软件获得这种程度的信心,说明软件测试在根基深处还是证明论观念,但是采用了证伪论手段和策略,促使软件进化为合格系统。在第1阶段,我们也设计"破坏性"用例去否定软件,那也只是本着从反面证实软件是正确的愿望而为之,即验证它没有做它不该做的事,即使做了,也通过修正缺陷改进。在第2阶段,虽然舍力进行“破坏性”用例测试，但那也是本着让软件能经受住验收测试实际考验而为之，即尽早揭示软件缺陷加以改进，避免上市后失败，从反面帮助软件实际存在。总之，在软件开发组织采取的开发模式中，两种软件测试观念相辅相成，融会贯通在整个测试过程中。一般只在测试过程不同阶段，偏重不同的理念对软件进行测试活动。有趣的是，有些特殊的开发模式，它们在整体上偏重某个测试思想原理。净室方法和敏捷开发模式就是两个极好的例子，前者偏重证明论，后者偏重证伪论。

充分的理解相当于一个证明，实验数学家坚信，一系列图片和好的解释相当于一系列公式组成的数学逻辑演绎。净室方法[16]运用非形式化方法进行软件验证。这个模式要求软件开发将在对其进行正确性验证时完成。程序员对代码要进行证明，可是实际证明系统并不是真正形式化的，只是利用了形式化证明思想。例如，给出一个公式，用来表达程序片段执行的开头和结尾处的变量之间的关系。净室方法规定审查证明，要求程序员的证明通过审查，以确保代码的正确性。净室方法认为上述证明审查可以代替底层测试，它认为底层测试不可靠、不够公正，要求集成测试。而实际测试是基于某种概率测试原理。总之，净室方法强调证明论观点，着力于程序正确性验证，以代替一般的软件测试过程第 1 部分活动。执行高层测试，即一般的软件测试过程第 2 部分活动，以概率实际运行与待测系统的运行保持一致，在统计意义上证明系统的正确性。因此，净室方法是证明论观念下的“纯粹”开发模式。

敏捷开发模式[17]围绕客户中心，在客户需求导向下，通过测试作用迭代式、增量式进行开发，并在此过程中随时“响应变化”。敏捷开发模式没有单一固定的开发方法或过程，但是这些过程有 3 个共同点：依赖客户的参与、测试驱动以及紧凑的迭代开发周期。现在以其中极限编程（eXtreme Programming，XP）开发方法为例，概略地讨论敏捷开发模式基于的思想观念。XP 首先是确定客户的应用需求，并设计使用场景或用例故事（User Story）满足客户的应用需求。生成使用场景，一来可以深入地洞悉应用程序的目的和需求，二来客户能在相应开发周期的最后阶段在其上执行验收测试。这样，开发人员和客户都对程序获得拥有感。继而 XP 方法要求将精力集中在测试上。在主要由单元测试和验收测试组成的连续测试中，单元测试占据主要部分。设计单元测试是用来导致程序失败，只有确保单元测试能够探测到错误，开发人员才可以放心地使用不同的实现方法编写代码，因为他们“后顾无忧”，一旦有错误便会被单元测试捕获到，从而修改代码以期待它能通过测试。XP 方法的闪光点就在于所有代码模块在编码开始之前必须设计好单元测试用例，这样就迫使开发人员透彻理解规格说明，排除混淆。接下来要做的事情便是连续测试，要确保代码的任何变更都改进了软件质量，并没有引入新的缺陷。连续测试支持为优化和调整代码所进行的重构，重构以适应规格说明的变更。综上所述，XP 开发软件是一个充满了破坏性测试和代码实现的复杂过程，非常类似于波普尔、拉卡托斯勾勒出来的猜想-反驳的知识增长模式。从这个意义上说，敏捷开发模式是证伪论观念下的“纯粹”开发模式。

净室方法和敏捷开发模式案例充分说明研究软件测试思想原理是十分必要的。其实，Myers 早就指出了这一点，不同的思想观念对测试用例的设计和测试活动的执行乃至测试的功效都有极大的影响。我们试图从软件测试思想原理角度对软件测试加以考查。我们并不拘泥于具体测试内容和技能的讨论，因为这方面的内容，很多优秀书籍都作了详细阐述。

我们不仅在证明论和证伪论两个思想原理背景下讨论现今软件测试主要活动，还考查了信息论原理和群智能原理。信息观念和群智能观念是人们熟悉的两个科学概念，它们在计算机科学中应能发挥作用。我们相信重视这两个思想原理，也会丰富软件测试方法论。在讨论信息论原理时，我们提出一种新型的随机模糊调试方法。在讨论群智能原理时，我们强调它在软件维护活动上的应用。调试和维护都与软件测试活动紧密相关。或许这两个原理能与证明论和证伪论两个原理一同构成当今软件测试理论框架。

# 第1篇　软件测试证明论思想原理

第 2 章　软件开发过程中的验证活动
第 3 章　原型和图形
第 4 章　模型检验简介
第 5 章　抽象解释的两个理论模型
第 6 章　程序正确性形式演绎证明
第 7 章　程序正确性概率演绎证明
第 8 章　集成测试中的验证活动

第 2 章

# 软件开发过程中的验证活动

## 2.1 需求分析概述

开发过程始于需求分析，软件测试也始于需求验证阶段。因为开发软件的一切活动都是为了实现客户的需求，所以实际上对需求的理解和验证贯穿于整个开发流程中。

需求获取和分析是项目成功的首要条件，软件业界领袖汤姆·德马克(Tom Demarco)分析软件项目失败的原因时说："没有时间分析需求，这已经把项目的失败提前编入了程序！"它是项目延期和超预算的真正原因。据统计，80%测试中发现的错误和43%客户现场发现的错误源于需求工程做得不充分[18]。

认识到项目失败首先是因为需求工程做得不够，但是在实践中做好这项工程并不容易。主要原因是软件需求的确定牵涉到许多方面，其中主要是客户和开发软件组织。客户往往不能正确表达自己的需求，有些需求存在限制因素，甚至相互矛盾。客户还有隐含的要求，他们常常以为这些要求是理所当然的，而忽略提出它们。特别地，出于某种原因，客户还会在产品未上市之前，变更自己的需求。同样，软件开发组织也会存在类似的问题。开发人员也有可能没有正确理解客户的需求，甚至是错误地理解了需求。他们只注意客户"明确"表述的需求而不能"善解人意"，忽略客户想要的，这常常表现在只把那些具体的和容易理解的功能写进文档。特别地，软件开发组织也会出于某种原因发生需求变更事件。

对需求工程进行全面深入研究是非常必要的，但它并不是本书的任务。现在我们仅从证明论思想角度，讨论需求验证问题，虽然在对需求进行测试时，也要设计一些"破坏性用例"，看它是否容纳了一些不必要的功能需求以及遗漏了一些必要的功能需求。

在需求测试时，也许最重要的是要考虑需求的可测性，如果单一需求不能测试，至少几个需求放在一起能够测试。需求的确定是客户和开发组织讨论的结果。为了避免误解和遗漏，开发组织和客户之间关于需求的协议，通常以规格说明书形式表示。通过规格说明书识别客户需求，并能用测试用例验证。

最近一些正式的表示法被开发出来并应用到规格说明书中[18]。这些正式的表示法来源于常规的编程语言，受编程语言影响较大，它们的优势是精确的语义描述。如果经验证，它正确反映了实际需求，那么用它就可以自动验证后来提交的代码是否完全符合规范。在这个意义上，正式的规格说明书可以看作代码的骨架，将为正式验证代码及其他项目成果奠定基础。正式规格说明书应用非常广泛，可惜很难读，对于用户更是如此，另外还存在因语言的复杂性引起错误的风险。

用半正式表示法编写规格说明书，可以对语法加以限制。例如，用名词描述数据，用动词描述动作，这样可以改善可读性和可检测性，并且可用工具维护和管理它。

人们越来越多地采用可视化原型方法。这些表示法共同点是表示法本身“不可见”；相反，用图形化的方法展开关系和模型。然后产生正式描述，生成可执行代码并将它们应用于目标系统。

需求中复杂的过程可以用图表（如场景和用例）形象化地描述。UML 和 SysML 提供了一种统一建模语言，它们定义了实体、实体之间的关系以及一个模型的图形化表示法。UML 和 SysML 提供图表为软件系统建立静态和动态模型，借助它们描述需求。例如，场景描述系统在实践中如何使用，它们是需求的一部分。场景包括开始前的状态和结束后的状态，规则过程中的事件和交互；不规则过程与各分支点和触发因素以及并行发生的其他场景。因此，对用户和开发组织来说，场景对需求获得有很大帮助，因为它生动地描述了一个特定案例。在某些情况下，场景应描述得像电影剧本一样，它可以在以后很容易调整需求结构。用例是一个因 UML 而普及的描述场景的表示法。它描述外部世界与系统的交换；描述一个场景中的活动者作为外部接口如何和系统相互作用。活动者可以是一个用户、一个内部过程或外部设备。但是用例不能替代需求规格说明书，它只是其中的一部分。

## 2.2 需求验证概述

需求分析的结果，一般以需求规格说明书形式存档，规格说明书一般又以自然语言书写，以便包括客户在内的多方人士理解和阅读。规格说明书必须通过测试加以验证，否则在整个开发过程中用它控制和管理需求是不适宜的。

验证方法主要有原型、模型、图表和形式化证明等 4 种方法。有趣的是，这些方法本身也是需求表示的方式，是需求分析的一部分。规格说明书包含全部需求，而上述每个方法都是对需求的某个方面进行刻画，大都是后续开发出来的。分别把规格说明书中的文字描述严格地、或可视地、或抽象地、或生动地呈现出来，便于客户和软件组织对软件进一步理解，对需求进一步达成共识。因此，开发这些方法的本身，也是对需求规格说明书的认同，是对需求分析正确性的验证活动。

**1. 原型**[19]

若有可能，软件组织在需求分析后，为了验证需求的有效性和可行性，都采用快速原型开发模式开发原型或设计出完备的软件原型界面。软件原型或原型界面为用户提供一个可执行的系统模型。原型可以显示用户期望的软件系统将会被开发成什么样子，它们是将来实际系统的仿真。用户能在这种模型上体验从而检查是否符合自己的真正需求，如此一来，需求的正确性自然通过原型得到验证。原型进一步精化还是系统详细设计的先导，也是代码编写的模板。

**2. 模型**

模型[18]是符合需求的待开发系统的一种抽象。按某种视角，如实现某种功能，它简化了现实环境和系统最后成型的一些“无关”细节，只对功能实现有贡献的因素构造容易控制和显现的系统。模型虽然是系统的不完整“替身”，但是根据它和待实现系统的关系，很容易验证需要分析的正确性。和原型一样，模型既是需求的一种向人们显现的表示方式，也是验证需求规格说明书某部分（如关于某种功能需求）正确性的验证工具。

**3. 图形**

最直观的表示法当数图形了。前面我们说过场景和用例，它们就是用图形刻画需求。由于直观性，分析需求图形，就更容易验证需求规格说明书中有关需求说明的正确性。图形也是需求可视化模型。前面提到过，可以用 UML 和 SysML 语言描述需求。文献[20]提出一种需求建模语言（Requirements Modeling Language，RML），它是专门为软件需求建模而设计的，便于建立需求视觉模型，既能描述需求，又能验证需求的正确性。

**4. 形式化证明**

需求说明不能含糊，也不能有歧义，需要良定义语法和精确语义，因此它最好用形式语言描述。有了形式化描述的需求规格说明书，对其中的规约便能进行形式化证明[16]。而且这种证明还可望自动化，转变为由机器自动或半自动完成证明。毫无例外，形式化规约及其证明既是需求的一种描述方式，也是需求正确性的一种验证方式。针对不同的需求，可以设计不同的规约方式和验证方式。例如，使用线性时序逻辑（Linear-time Temporal Logic，LTL）描述交通灯，其公式既可以作为交通灯“行为”规约，也可以看作对自然语言表示的交通灯颜色变化需求正确性的证明。

## 2.3 系统设计概述

需求分析和需求验证，使软件开发组织明确了开发目标；紧接着，软件开发组织依据需求规格说明书考虑如何实现这个目标。很自然地，首先要给出实现软件实体的总体规划和纲领，它是软件实施蓝图。这个蓝图将由开发过程的系统设计阶段“画出”，以系统设计说明书方式存档，指导今后的具体实施活动。

系统设计开发阶段可以分为两个子阶段：概要设计和详细设计[21]。与之相应的测试也可以分为概要设计验证和详细设计验证。工作流程如图 2.1 所示。

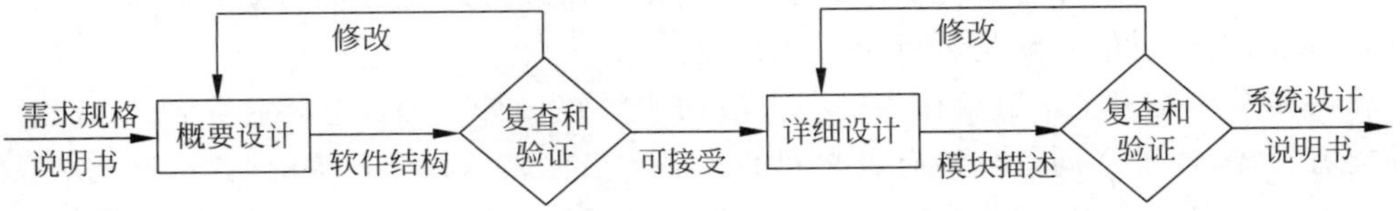


图 2.1　系统设计和验证流程

概要设计是实现软件系统的纲要，通常概要设计包括软件结构和数据结构。仔细分析规格说明，前者对产品进行模块化分解，产生具有期望功能的模块结构；后者主要考虑数据，确定数据结构。一个软件产品主要有两个基本方面，一个是它的操作，另一个是操作作用在其上的数据。要设计兼顾产品需求的两方面，它们是设计和需求工程之间的桥梁。

一般来说，实现用户所有需求需要一个复杂软件系统，概要设计识别复杂系统的主要的结构组件以及它们之间的关系。例如，把待实现的软件系统按功能进行模块划分，建立模块的层次结构以及调用关系。无论是面向操作设计或是面向数据设计，概要设计都可以通过软件体系结构方式描述它们，尤其是在面向对象设计中。

软件体系结构非常重要，Bosch 认为，单个组件实现系统功能需求，而非功能需求依靠体系结构——一种把这些组件组织起来并能够通信的方法。在许多系统中，软件体系结构对非功能需求起到决定性的作用。例如，它影响系统的性能、健壮性、分布能力和可维护性。体系结构设计成果是体系结构模型及其文档[22-23]。

详细设计是把概要设计的实施纲领变成具体规划。在此期间，对每个模块进行详细设计，具体到每个模块的实现算法和所需要的局部数据结构。从抽象观点看，概要设计是软件系统的逻辑设计，详细设计是软件系统的物理设计。前者"高屋建瓴"，是高层设计；后者"脚踏实地"，是低层设计。它们之间的关系，正如"概要"和"详细"两个词汇所示，是战略和战术之间的关系。

系统设计阶段结束后要交付系统设计说明书(包括软件体系结构文档)。系统设计说明书一般包括系统结构、数据结构、接口设计、模块设计等内容，有的还要包括界面设计。

## 2.4 设计验证概述

图 2.1 显示在系统设计流程中已经嵌入设计验证活动。在某种意义上，系统设计验证和需求验证紧密相连。因此，关于设计验证的主要方法，从证明论观念看，也主要有原型、模型、图形和形式化证明等方式。同样，这些方式既是系统设计的部分活动，也是验证设计正确性的手段。

软件界人士认为，软件体系结构可以作为一个设计计划，用来协商系统需求。它是对需求实现的一种系统分析，其中关键性的抽象，可以作为与客户、开发人员和管理人员进行结构讨论的手段。

在系统设计过程中，原型可用于探索待开发软件的开发方案，它支持用户接口设计。原型是设计的产物，它既能生动地显示需求，又能作为对设计正确性的肯定，因为它能仿真需求，间接证明设计付诸实践是可行、有效的。

软件体系结构模型本身就作为一种方法加快系统设计。因为它不掺杂细节，信息持有者都能看得懂，便于不同信息持有者之间的沟通。当他们了解了系统的概貌，就能从整体讨论系统并识别出每个将要开发的关键组件，进而验证这些组件实现的可能性，乃至详细设计的正确性，管理者就可以进行项目规划。特别是，制作一个完全的系统模型，其本身也是一种把已设计好的体系结构文档化的方法。模型显示系统中不同组件以及它们之间的接口和关联，这对于系统的理解和进化变得容易。

在设计过程中，方块图是描述系统体系结构很合适的方法。方块图可用来建模，是系统结构的一个高层次描述，它是一种支持设计过程中人与人之间沟通的很好方式，也可以作为体系结构文档。

软件界许多人认为，最好用一种带有清晰语义的符号系统描述体系结构，这样便于形式化证明。需求可以用形式化规约表示，设计也要体现形式化规约。例如，某种系统体系结构可以使用 Büchi 自动机作为规约，从而进行形式化证明。

值得强调的是，需求正确性和设计正确性往往是一起验证的，它们大都是通过审查活动进行。因为上面介绍的验证方法同时也是需求和设计表示方法，将它们连在一起审查，便是对需求和设计一致性的检查。

详细设计需要专家审查，它们的正确性更与单元测试密切相关。

## 2.5 模块编码概述

模块编码是软件实现核心环节，也是开发人员犯"主观"错误最多的地方。一般来说，有高质量的代码，软件系统的质量就会有极大保障。净室方法提供一个例证，它用明确的验证方式保证代码"无误"编程，产生无缺陷或较少缺陷的程序。

Diomidis Spinellis 在其著作《代码质量》[24] 中指出，软件质量有以下属性：可靠性、安全性、时间性能、空间性能、可移植性和可维护性。他从代码角度详细讨论了这些质量属性。在讨论每个质量属性时，他指出代码可能发生的错误以及相应的防御和测试方法。总体来说，代码质量牵涉诸如编程语言、算法选择、编程规范和可测试性等多个方面。许多文献也讨论过类似问题。下面综合性地加以叙述。

**1. 编程语言**

**例 2.1**　如果用面向对象的语言开发软件，广泛应用的语言是 C++，其次是 Java。C++语言的流行有一些原因，其中之一是 C++编译器的广泛可用性。因为一些 C++编译器简单地将源代码从 C++语言翻译成 C 语言，然后调用 C 编辑器，所以任何带有 C 编辑器的计算机本质上都可以处理 C++程序。然而，从概念上讲，C++语言与 C 语言完全不同，C 语言是传统范型的产品，而 C++语言用于面向对象范型。不过，由于所有的 C 程序都能够用一个 C++编译器编辑，这样导致若只从句法的角度看，C++语言本质上是 C 语言的一个扩展集。这种相似性，使得一些管理者将 C++语言简单地看作 C 语言的一个扩展集，以致他们推断任何了解 C 语言的程序员能够迅速地掌握增加部分，从而让他们用 C++语言去开发面向对象程序。结果是产品只能继续将传统范型用于用 C++语言而不是用 C 语言编写的代码，失去围绕着对象和类而不是函数的 C++语言面向对象编程的真义。这往往是软件开发从 C 语言转换到 C++语言时使人感到失望的原因[22]。

**例 2.2** 在代码中，若将操作符作用于具有不适当类型操作数，便会产生类型错误。一般类型系统都将类型检查器置于编译器或连接器中。不需要程序员介入，类型检查器可以自动地进行类型检测，即检查一个操作符的所有操作数是否都具有相互兼容类型。类型检查可分为静态类型检查和动态类型检查两种类型。如果所有变量类型的绑定都是静态的，那么可以在程序运行前，静态地进行类型检查；如果变量类型动态绑定，那么必须在程序运行时动态地进行类型检查[25]。

在实际中，静态类型检查可暴露多得令人惊讶的错误。不仅平凡的人为事故（如忘记在求平方根之前将串转换为一个数），而且更深的概念性错误（如忽略了一个复杂情况分析中的一个边界条件），都会通过类型不一致体现出来。语言选用与代码质量的关系还可以从下述事实看出。一个类型检查器可能成为无价的维护工具，提高代码可维护性质量。例如，当程序员想改变复杂数据结构定义时，不必手工在一个大程序中查找所有出现这个结构的位置。一旦数据类型改变，所有这些位置都要变成类型不一致，这时执行编译器将类型检查失效的位置列举出来，便于修改[26]。

然而，需要注意的是，正如 Spinellis 指出的，在一些情形下，不合适的语言或应用程序接口（Application Programming Interface，API）设计决定可能会阻碍许多有用的类型检查。例如，Java 的 equals()方法通常情况下应该只被调用来对兼容类型对象进行比较，如下面的代码片段所示。

```
Locale expected = new Locale ("en", "CA");
Locale received = (Locale) Locales.nextElement();
If (!expected.equals(reveived)) { … }
```

使用不同对象类型的 equals()方法毫无疑问是一个错误，但其无法被编译器所探查。

总之，如果数据抽象作为增强系统稳定性与可维护性的方法之一，那么类型检查就是其实施机制了。一个利用了语言的类型检查机制的实现就是在编译时能够发现错误的改动，而一个松散类型或是绕过了语言的类型系统的实现可能会导致难以定位的运行时错误。

**2. 算法选择**

《算法导论》[27]开宗明义地指出："非形式地说，算法（Algorithm）就是任何良定义的计算过程，该过程取某个值或值的集合作为输入并产生某个值或值的集合作为输出。这样算法就是把输入转换或输出的计算步骤的一个序列。"另外，"我们也可以把算法看成是用于求解良说明的计算问题的工具。"一般来说，问题陈述说明了期望的输入/输出关系。算法则描述一个特定的计算过程，实现该输入/输出关系。关于算法后面一个"定义"，《算法导论》中举了"把一个数列排成非递减序列"的实例，并指出"这个问题经常出现，并且为引入许多标准的设计技术和分析工具提供了足够的理由。"关于算法的第 1 个描述，是人们最熟悉的计算概念。也许最古老、最有名的算法，当属欧几里得算法和孙子算法。前者是欧几里得大约在公元前 300 年提出的求任意两个非负整数 $a$ 和 $b$ 的最大公约数算法，现在称之为欧几里得算法。后者是大约公元 5 世纪由《孙子算经》一书解决的有关下述问题的算法："找出最小整数,它被3、5和7除时,余数分别为2、3和2。"解为23。上述问题和解答,是后来驰名于世界的"大衍求一术"(主要是公元1247年秦九韶的工作)的起源,是中国古代数学中最具有独创性的成就之一。现在冠名为中国剩余定理,就是上述问题的理论表述和算法总结。特别有趣的是,1592年明代程大位还把《孙子算经》中上述问题的解法编成歌诀:"三人同行七十稀,五树梅花廿一枝,五子团圆正半月,除百零五便得知。"直观上,70是5和7公倍数中被3除余1的最小整数;21是3和7公倍数中被5除余1的最小整数;15是3和5公倍数中被7除余1的最小整数。容易看出

$$2\times 70+3\times 21+2\times 15=233$$

是一个满足孙子问题要求的一个整数,再从它连续减去3、5和7的最小公倍数105,直到小于105为止,便得满足条件的最小解23[28]。

由这两个算法写成的代码质量都很高。令人惊奇地,在实质上,大衍求一术和欧几里得算法都是用相同的方法进行计算的,这个方法称为欧几里得辗转相减法。详细叙述可参考《中国数学史》[29]。然而,计算问题除了源自我们部署的算法以外,还与选择的运算符、操作数和表达式的求值的方式有关。我们先看一个案例[30]。

1994年10月30日,Thomas R. Nicely博士在他的一个实验中用奔腾个人计算机(Personal Computer,PC)解决一个除法问题时,记录了一个意想不到的结果,得出了错误的结论。他把发现的问题放到因特网上,成千上万的人发现了同样的问题,并且发现在另外一些情形下也会得出错误的结果。这个软件缺陷,引起错误的情况很少见,大多数用来进行税务处理和商务应用的用户根本不会遇到此类问题,仅仅在进行精度要求很高的数学、科学和工程计算中才会得出错误的结果。实际上,英特尔公司的测试工程师在产品发布之前已经发现了缺陷,但开发小组认为这是一个不常见的小缺陷,不值得修复,准备以后修复。结果软件缺陷被发现,原来,计算错误是由老式英特尔奔腾处理器使用的计算机芯片中存在的浮点除法缺陷引起的。英特尔公司处理不当,引起用户的愤怒。这一历史事件最终结局是英特尔公司为自己处理软件缺陷的行为道歉,并拿出4亿多美元支付更换问题芯片的费用。

《代码质量》一书用了整整一章的篇幅讨论了浮点运算问题。书中写道:"如果计算机编程中存在一个与艺术、炼金术以及黑魔法相邻的区域,那么它肯定是浮点运算。尽管浮点数背后的科学原理已经被人们很好地理解了,但是,许多编程人员仍然认为浮点运算是晦涩难懂并且难以实际应用的。正如迷信在某些情况下会替代科学一样,这个领域也同时存在一些普遍的错误认识以及一些明智的经验之谈。"

例如,浮点运算中一个常见的错误认识是:没有必要使用比现有数据准确度高的所能负担的精度进行计算。实际上,数学应使用与它的准确度相当的精度进行存储,但是使用我们的硬件能够有效支持的最大精度进行操作。前面老式英特尔奔腾处理器中的计算机芯片的缺陷就是不能支持高精度运算的操作。

怎样解决浮点数计算问题,这涉及代码质量。Spinellis做了详尽讨论。例如,怎样避免中间计算发出溢出,他给出的明智经验是:对输入数据进行约束,使用一个不会导致溢出的格式,重新安排计算避免溢出;或者使用一个可以绕过溢出问题的不同数值的算法。

Spinellis 指出：计算问题不仅与浮点数算法相关。当我们使用整数运算和布尔运算时也会出现类似问题。为了提高代码质量，减少问题的最好办法是尽可能避免自己设计或实现算法。采用公开算法可以减轻设计负担，使用已有的库实现可以降低实现错误出现的可能性。若以上方法均无法解决某问题，也许我们可以查找文献，如《算法导论》就对当代计算机算法研究提供了一个全面、综合性的介绍。或许最重要的是要尝试咨询有关专家。重要算法的设计和实现大都比较困难，专家可能会为我们指点某个被我们忽视的或不知晓的早已存在的解决方案，或者帮助我们构建一个正确的实现。若算法没有合适的实现，可以试着使用现有的库，如 C++的标准模板库(Standard Template Library，STL)及 Java 容器，并将其整合在一起。

最后，值得一提的是，无论从"纯粹"数值计算或是从实现输入/输出关系的"计算问题"角度，也无论是古老的如欧几里得算法、孙子算法或是近现代发现的许多巧妙的如 RSA① 公钥加密系统，所有算法在它们计算时是顺序执行和在本质上并不随机而为的意义上，它们都是"经典"的，都在现代经典计算机上运行。上述讨论代码质量时，也是在经典意义上讨论其与经典算法之间的关系问题。我们知道，量子力学已经颠覆了许多(如果不是全部的话)固有的理性观点，如实在性和局域性，可以预料，一旦量子计算机取代经典计算机，那么"算法"也会被根本革新。例如，RSA 公钥系统是利用大数的质因子分解在经典计算机上是困难计算问题才能安全，然而由 Shor 提出的因子分解量子计算算法[31]却能有效地解决这个被公认为可能具有 NP 问题复杂度的计算问题，从而对 RSA 公钥系统的安全性造成致命威胁。量子算法至少在平行计算和利用量子比特的相位估计以及本质上随机性等特点颠覆了经典算法概念，由此开发出来的隐形传态、量子傅里叶变换、量子搜索、量子运算、量子通信及其保密等算法，会保证未来量子计算机上运行的代码具有经典计算机上运行代码无法比拟的高质量。

**3. 编程规范**

看起来"无足轻重"的代码书写方式，却是影响模块编码质量的重要因素。虽然编程风格与采用的语言有关，但是一些好的编程书写规范却是任何良好编程实践都应该注意采纳的。对良好编程实践的建议有：使用一致和有意义的变量名；使用清晰的注释(包括序言注释和行内注释)对变量和程序关键点进行解释；利用参数方式表述并非"永远不变"的量；通过代码编排(如增加空行、缩进方式)增加可读性；控制模块语言数量(如 35～50 条语句为宜)和 if 语句嵌套层次(如超过 3 级的嵌套 if 语句是较差编程习惯，应当避免)。以上建议都有助于程序员养成良好的编程习惯，提高代码可读性，以便增加代码质量例如可维护性。

Spinellis 强调：编程规范比应用难以理解的语言特性解决给定困难的能力更加重要。在《代码质量》一书中，他从质量的各种属性方面讨论代码编写时应该遵循的规范。例如，在

① RSA 是 1977 年由罗纳德·李维斯特(Ronald Rivest)、阿迪·萨莫尔(Adi Shamir)和伦纳德·阿德曼(Leonard Adleman)一起提出的。RSA 就是 3 人姓氏开头字母的组成。

“代码可靠性”一章，他指出编写代码时应该保证调试代码永远是明晰的而又自动与产品代码相隔离；在删除代码元素时，开发者需要对源代码进行搜索，以定位应被删除的相关代码；使用足够宽度的表示法、浮点运算或无限精度函数库是避免溢出与下溢风险最简单的方法；等等。甚至注意到编码规范的“微小”细节，如Java代码应该仅在循环内调用wait；在finally块中释放已获得的资料；应避免使用全局可访问的数据元素；等等。

**4. 可测试性**

Spinellis认为，在代码级别中，元素的可测试性是指我们能够执行测试判断某些特定的测试标准是否满足的程度。因此，应注意如何编写软件的元素使测试更加容易[24]。

为了从科学原理出发讨论怎样保障软件系统质量问题，我们一直是从广义角度考虑软件测试问题的。例如，我们始终都把验证和形式证明包含在软件测试范畴之中。

著名计算机科学家Dijkstra和Gries提出下述观点：程序设计过程中应该贯穿程序正确性的理论。Gries说：“程序正确性证明的研究促进了程序开发方法的发展。事实上，程序及其正确性证明应该同时进行，而程序证明性的证明思想引导程序设计的方法！”[32]形式证明程序的正确性是计算机科学早期理想，但是直到今日，人们仍然力图在代码设计上增加这方面的可测试性。例如，对于连有类型检查器的类型系统，若在程序中加入明显的类型注释，那么原则上，程序符合某些规范的一个完整证明可以在类型的注释中编码。在这种情况下，类型检查器相应地变成证明检查器。扩展静态技术(由Detlefs、Lein、Nelson和Saxe等提出)是类型系统用来对一个全面程序进行验证的方法，只需要通过少量合理的程序注释帮助实现某些正确性的全自动检查[26]。

对于传统意义的软件测试，良好代码本身就提供了可测试性质。而在代码质量属性中，涉及程序可测性最重要的属性当属代码的可维护性。对此，Spinellis作了详细研究。

程序可分析性，不言而喻，它是程序可维护属性重要因素之一。只有良好的可分析性，当运行错误发生时，我们才能够找到错误的原因；当新的规范出现时，我们才能够定位到要被修改的程序部分。因此，它是形式证明程序正确性得以成为可能和单元测试得以执行的关键。Spinellis几乎从代码编写的所有细节指出代码增加可分析性的方法。在模块编写阶段，程序员必须注意它们，因为这些细节涉及前面所说的编程规范问题和程序可读性。

其实，程序的可测性就是代码可维护性的一个方面。Spinellis从代码可维护性这个特殊角度考查了软件测试。在C程序文件中，我们可以找到一个用来执行单元测试的main()函数；在Java程序中，我们可以找到一种更有规律的测试方法，该方法通常在Junit框架中将单元测试组成完整的测试用例套件。Spinellis还为软件测试能够更顺利执行，提供在代码编写时应该做些什么。例如，用断言(包括前置条件、后置条件和不变量等)书面说明代码的预期行为，它的存在允许程序监视自身的正确操作。只要不影响效率和可读性，还可以使用防御性编码技术，它使用检查逻辑尽早发现问题，并能在错误发生处捕捉到错误。此外，使用日志记录语句允许我们不通过调试环境调试程序，程序员可以经过深思熟虑放置日志记录语句使程序更加容易调试和维护。

## 2.6 单元测试概述

单元测试环节与模块编码环节相对应，任务是验证所有模块都符合详细设计对它们做的规定。在这个意义上，单元测试是在证明论理念下的验证活动。但是，在模块实现代码中总会有缺陷存在。根据软件界长期经验，由于缺陷之多和不可避免性，我们必须对模块进行大量测试，才有可能发现大量缺陷从而修复之。Hitachi Software 30 年的研究结果给出了"每 10～15 行代码需要一个测试用例"这样一个标准[2]。不过这时发现缺陷的目的，仅仅在于提高模块代码质量，并不是"存心"否定它(即并非存心要程序员重新编码)。因为在理想情况下，如果需求分析经过验证是正确的，系统设计经过验证也是正确的，模块编码是"精心"的，那么只会出现"偶然"性错误。若把所有编程人员看作一个整体，这些属于人类潜意识里的"主观"错误不时地会出现在"不同"的程序员身上。考虑到每个模块是独立存在的，并不复杂，不会涌现令人意外的事件，再加上这时测试有程序员本人参与，因此人们习以为常地把缺陷仅看成是"美中不足"。所以我们把这种揭露程序缺陷的测试仍然看作在对模块进行的一种特殊形式的验证活动，即使它是破坏性的。

对模块正确性确认，最理想的方法是对它进行形式化证明[16]。历史上，R. W. Floyd 提出了论证程序流程图的规则。程序员在编写实际代码前通常会画出算法的流程图。Floyd 通过在流程图每个节点设置断言声明建立论证规则。简单地说，在图的初始节点放置初始条件，在图的终止节点放置终止条件，其他节点皆放置前置和后置两种类型条件，然后根据这些条件建立程序不变式，不变式使我们能够利用形式化证明系统证明模块的正确性。C. A. R. Hoare 修改扩充了这些规则，开发了一个公理证明系统，现称为霍尔(Hoare)逻辑系统，它允许我们直接验证程序代码。计算机科学发展早期，软件界人士对这种方法期望很高。后来发现即使证明很小的程序的正确性也不是那么容易，何况其理论艰涩致使程序员不容易掌握，实现它代价太高。虽然如此，形式证明系统由于能够自动证明程序的某些性质，可以用于机器证明，因而软件界对它的研究从未间断过。考虑到在实践中人们的任务只是验证程序，而这并不要求严格的形式化证明，于是当我们使用形式证明系统(如霍尔规则)时，就可以在相对非形式化的层面上验证程序，而把一些形式化推导交给一些辅助证明工具去完成。第 1 章提到的净室方法，就是用非形式化验证手段，实现程序正确性形式证明理念的实例。

现今，软件界一般认为，模块正确性验证是程序员应尽的责任。当代码写好以后，应该进行代码检查、走查和评审等活动[17]。这些活动的精神是程序员向别人陈述自己程序的逻辑结构，表明所用的算法的正确性；其他参与人员阅读源代码，参照历年来软件界积累的经验，对照可能出错的地方，检查程序是否存在缺陷。参与人员在"头脑"中演算程序，看其是否正确。这些活动不仅在暴露错误方面是极有成效的，而且在提高程序员业务水平方面也有很大作用。例如，程序员通常会得到编程风格、算法选择及编程技术方面的反馈信息，有益于自己编程水平的提高。另外，也可以通过接触其他程序员的错误和编程风格而同样受益匪浅。在同行评审活动中，增进程序员对自己的编程技术的认识。这一切都有利于营造好的开发环境。

前面已经说过，如果把所有程序编程人员看作一个整体，那么潜伏在这个整体中的"主观"人为错误便会一再地、顽固地出现，不时地出现在不同程序员身上，甚至同一个程序员在编写两个类似程序时，会发生同一个错误。对这种错误的防御，代码检查时参与人员可以对照一种多年对软件错误研究积累而成的"代码检查错误列表"以发现这种类型错误。可惜的是，这种静态检查代码，并不能保证发现和根除模块中所有缺陷。因此，我们还必须用另一种比较彻底详尽的测试方法，那就是进行将白盒测试与黑盒测试相结合的单元测试。

模块（诸如子程序、子函数、类和过程）是软件系统基本组件，软件系统将由所有模块集成。每个模块除了它内部结构是独立存在的以外，它和其他模块还存在某种依赖关系，抽象地说，即存在调用或被调用关系。这种关系的实现体现在模块的接口设计上。因此，单元测试的目的有二：一是检查程序模块的功能实现是否满足了规格说明书要求，即是否与系统设计方案一致；二是检查程序模块的接口是否与其接口规格说明一致。对于后者的测试，虽然它主要是集成测试的任务，但是为了完成第1个目标，必然要关联到它。如果模块与某些模块的联结是被调入关系，我们必须为它构造模块，即测试驱动程序。测试驱动程序"执行"调用者应做的工作，提供输入，控制代码，监测执行和测试结果。顺便说一下，这也是产生正在测试的程序模块的测试用例及其执行它们的一种方法。如果模块是其他模块调用者，我们必须为它构造桩模块，即测试桩。桩模块是对应被调用模块的虚拟版本。桩模块除了能模拟对应模块的功能以外，它往往是向正在测试模块提交测试数据的一种手段，即解决如何向作为调用角色的正在测试模块提交测试数据问题，这个问题经常被忽视[17]。另外，桩模块还允许测试框架模拟在生产环境中很难重复出现的错误或其他功能[24]。因此，编写桩模块很关键。

测试方法主要有两种类型：白盒测试和黑盒测试。

白盒测试是一种结构性测试，最适宜单元测试。我们设计和验证测试用例的时候会考虑到它们对程序的逻辑结构（源代码）的覆盖程度。由于无法将程序中每条路径都执行到，特别是对于一个带有循环的程序，完全的路径测试是不切实际的。一般地，我们按语句覆盖、判定覆盖、条件覆盖、判定/条件覆盖和多重条件覆盖等准则编写测试用例套件，其中以语句覆盖准则最弱，以多重条件覆盖准则最强。通常情况下，其他准则以上面书写顺序一个比一个强。换言之，满足多重条件覆盖准则的测试用例集，同样满足判定覆盖准则、条件覆盖准则以及判定/条件覆盖准则[17]。

黑盒测试是数据驱动或者说是输入/输出驱动的测试[17]。关注一组执行条件下的输入与其对应的输出，检测这实际执行与功能规格说明书，即与需求是否一致。在单元测试时，我们可以综合等价类划分、边界值分析、因果图分析和错误猜测等方法构建测试用例集。直观地说，要求输入是所有可能的输入中某个组成测试用例个数最少却能发现程序最多错误的输入子集。黑盒测试是白盒测试的补充。

对于单元测试，两种测试都是必要的。因为白盒测试通常检测不出没有被实现的规格说明，这是由于相应的代码不存在。相反地，黑盒测试通常无法发现（规格说明书中）没有指定要求的程序特性（如程序中多余功能，甚至是更糟糕的特洛伊木马）[24]。

单元测试总体上是面向白盒测试的，这是因为单元测试适合大规模白盒测试，即它更容易通过详尽彻底分析源代码发现程序错误。然而，找出程序不满足规格说明书的地方，即在单元测试的验证活动中注入证伪论理念，这对于纠正程序员潜在的顽固的“主观”错误是有益的。特别对那些“先入为主”不易被程序员意识到的，甚至是程序中“涌现”出的意外错误，黑盒测试更能发挥功效。为此，Myers 等在《软件测试的艺术》一书中建议：“使用一种或多种白盒测试方法分析模块的逻辑结构，然后使用黑盒测试方法对照模块的规格说明以补充测试用例。”执行测试时，Myers 等还建议，除了调试必须由程序员本人进行以外，程序员不应测试自己编写的模块，而应交换模块进行测试[17]。

# 第3章 原型和图形

## 3.1 原型

### 3.1.1 概述

在自然界,“原型”演化是一种重要的生物进化方式。当环境变化显著或发生跃迁时,原来适应的生物面临生存压力,其生存方式必须做一些改变。开始时,生物生存行为上的转变可能仅仅引起生理结构的细微变化,后来经过长期进化的修修补补,生物才产生适应新环境的有效生理结构。与后来定型了的生理结构相比,原始的、简略的最初结构便是后来成熟结构的原型。在功能意义上,我们也可以说原型结构模拟了定型后结构的行为。例如,始祖鸟是现今鸟类的原型,作为生物飞行的最初尝试,它的行为是对飞行的模拟。

在知识界,“原型”构造是一种重要的科学研究方式。科学研究者考查科学现象时,往往对科学对象作出适当的理论假设,随机构造简易模型对自己的假设进行验证。其中主要的验证方式就是观察在一定的条件下,那个简单模型的“行为”是否像科学对象的“行为”一样,产生相同的或相近的自然现象。这个简易的、原始的模型便是科学对象的原型,它的行为便是对科学对象导致的自然现象的一种模拟。于是,通过原型,科学研究者便能证实或推翻自己事前所作的关于特定自然现象的科学推理,甚至促进自己研究进一步深入、细化。

在软件界,原型是一种重要开发且测试手段。软件界都喜欢在软件实现之前,构造一个简易原始模型,用以对即将开发产品的(至少是主要的)功能进行模拟。这个原始模型便是未来软件产品的原型。

采用原型方法的关键思想是模拟,它是软件最早的一个能够运行的版本,是未来产品的雏形。如果软件开发组织采用生物进化理念,把原型模型、进化模型和增量模型综合为一个开发模式,那么就可以在某些产品研制过程中,把原型作为蓝本,不断地增加或修改、进化它的功能。在软件产品的研制过程中,作为产品探索式开发手段,用户使用“构成”原型生存环境,在用户反馈驱动下,迫使原型不断变更,犹如生物进化一般,最后或者弃之不用,或者仅以它实现的主要功能作为核心保留在定型的最终版本中。这种开发方式比事前把什么都规划完整,“按部就班”地生成软件产品方式要快,而且容易应对来自客户对需求的变更以及创造市场尚未展示的需求“商机”。

即使不以快速原型开发方式开发软件，软件开发过程也会从软件原型构造中受益。因为 Gordon 和 Bieman 通过对 39 个原型系统的调查研究，发现使用原型构造有如下好处：①改善了系统的可用性；②使系统更加贴近用户的需求；③改善了设计质量；④改善了可维护性；⑤减少了开发人力。他们发现，原型构造只是在软件开发的前期阶段需要增加费用，但是会使后期的代价减少。主要原因在于避免了开发过程中很多返工，而这又是由于客户请求系统变更的减少[33]。

一般地，原型系统只是被用来探讨需求和选择设计，作为开发的一种科研方法，原型最后并不移交出去，它是一个抛弃式原型。这是由于构造原型时往往忽略了许多“细节”，特别是非功能需求。例如，目标产品是用于处理应付款、应收款和库存等业务事项，而开发的原型可能只是用于完成数据捕获的屏幕处理和报表打印，并不进行文件处理和错误处理等操作。通常，这些被忽略的功能不能通过调整原型系统得到满足。如果最终软件版本使用了低效的原型代码或甚至就是那个理应被抛弃的原型，那么总的系统性能可能有所退化以致得到一个不完整、质量差、维护困难且昂贵的系统。尽管一般情况如此，但是原型能够快速地模拟系统(至少是主要的)功能，原型构造已经成为一种开发手段和验证手段，在软件界得到广泛使用，并获得很好的效果。

在软件开发早期，客户对自己的需求表述往往模糊不清，甚至需求之间还存在矛盾。有时客户所说的需求并没有表达出他们真正希望的东西，以致客户在整个开发周期中任何时候都会产生新的想法，从而要求系统做出变更，以满足他们心中的真正要求。同样，开发者通常也不能确切地把握客户的真正想法。客户和开发者都无法肯定能够满足客户心中所求的软件能否实现。

这时，最理想的做法是，开发者深入了解了客户的需求后，进行快速分析，理清客户的关键想法，确定初步规格说明，把最重要的功能通过原型构造展示出来。原型是软件最早一个能够运行的版本，客户使用它，就会看到即将开发出来的软件是怎样的“面貌”以及是如何支持他们的工作的。他们就会用眼前的“实现”去印证自己心中真正“期待”，一方面发现自己所提出来的需求中的一些错误和遗漏之处；另一方面也会对需求产生新的想法，从而找出软件中的优点和不足。特别是，用户最初认为自己对需求的功能给出了有用且是完整的描述，但是当某些功能通过原型结合起来运行的时候，用户通常会发现他们的最初想法是不正确的或不完整的。通过用户的反馈，需求描述得到修改，这些修改反映了用户在需求理解上的变化，也是关于开发者在需求工程中的工作的正确性的有效验证测试。通过用户使用原型的反馈信息，对原型进行修改，如此迭代式开发，可以减少花在完成用户文档和今后培训用户使用软件的时间。更重要的是，以此方式写出的需求文档(产品规格说明)会是准确的，且事后被用户要求变更系统的可能性较小，至少在主要功能上用户的需求已经稳定，不再发生变化了。

作为开发方式，原型可以用来演示概念，把客户需求抽象理念真实地、生动地呈现在人们面前，使开发者和客户在需求洽谈中达成一致。这同时增强了客户和开发者对软件制造的信心。这种在早期阶段就引进的开发和验证的双重活动，促进了随后系统设计和实现阶段的顺利进行，并使开发成本得到很好的控制。

作为科学研究方式，原型也是软件组织在系统设计阶段进行的兼具开发和验证的双重活动。

作为开发活动，原型可以用来演示概念并尝试设计选择，可以用来发现更多的问题和可能的解决方案，明确系统设计和实现的方法和途径。在系统设计阶段，甚至细微到某个具体算法，也可能是通过对算法原型的改进加以实现的。虽然软件界一般主张建立快速原型，在软件开发过程早期就应该抛弃。但是存在允许精炼一个快速原型的做法，特别是快速原型的某些部门。当部分快速原型是由计算机生成的时候，这些部分就可以用在最后的产品中。例如，用户界面经常是快速原型的一个重要方面。因为用户界面的动态性，文字描述和图都难以表达用户的界面需求。这时开发软件系统图形用户界面原型是最有效的方法。当用屏幕生成器和报表生成器等计算机辅助软件工程（Computer-Aided Software Engineering，CASE）工具生成用户界面时，该快速原型的那些部分确实可以用作产品质量软件的一部分[22]。

作为验证活动，系统设计可以利用原型执行设计实验，以检验所提议的设计的可行性。例如，某个数据库设计可以通过原型构造和对原型的测试来检查，看它是否能对绝大多数的普通用户查询提供最高效的数据访问。虽然原型最后抛弃，但是构造原型使我们对即将实现的功能有深切体验，这种直观体验不仅帮助我们设计有效的测试用例去测试今后研制的实际系统，而且还可以实施一种所谓的“背对背”测试。当我们把相同的测试用例既提交给原型，又提交给待测试的实际系统时，如果两个系统给出相同的结果，测试案例可能没有检查出缺陷；如果结果不相同，则意味着系统存在某个缺陷，出现不同的原因有待进一步调查。背对背测试是原型在系统测试中的一种运用[33]。

综上所述，快速构造原型用在需求阶段。它能让用户尽早看到未来系统的概貌，并让客户通过不断反馈参与其中，它是直接捕获用户（恰当的）需求手段。因此，它也是需求验证和确认的一种机制。客户的反馈是对需求的确认机制，也是开发人员验证自己是否“真实地”获取需求的机制，从而能编写正确的需求文档。在系统设计阶段，快速构造的原型可以作为设计选择、算法演示、制定设计方案的手段，这时原型是系统运行的一个蓝本，因而是对系统可行性和正确性的一个“粗略”验证，以后可以应用于“背对背”测试中，作为解决系统测试有效性问题的一种方式。

### 3.1.2 示例

**1. 原型支持用户界面设计**

在软件的系统设计中，用户界面设计是最适合且最应该采用原型构造方式进行的开发活动。通常，用户界面的设计和实现都是开发人员的工作。在软件产品质量的因素中，可用性是至关重要的。人机交互界面友好与否，牵涉到人的因素，理所当然地应该以用户体验为准。与其产品完成后由于用户可用性要求（如他们觉得屏幕令人困惑甚至令人烦恼）而不得不修改人机界面，还不如在用户界面设计之时，让用户参与进来。这时系统设计的最好选择便是快速构造原型，让用户使用用户界面与计算机进行交互，并把自己的感觉告诉开发人员。这样，开发人员便可以发现普通用户的思维逻辑、习惯、直觉和偏好，从而设计出与未来用户所具有的技能、经验和他们的期待一致且容易使用的界面。用户自己的亲身体验是别人代替不了的，开发人员仅凭"深思熟虑"抽象思考企图准确地描述什么是用户所想要的人机界面是极其困难的，而以用户为中心的进化式和探索式原型构造却能容易达到预期目标。由此观之，每个软件产品都要建造与其相应的用户界面的快速原型。

《实战需求分析》[19]对界面设计进行了专门讨论。书中提出设计出的人机界面不要让用户难以学习，不要让用户感到厌烦、恐惧和难以捉摸，进而强调以人为本，优化用户界面，使其具有易学性、易用性、健壮性，使系统在执行中能与用户进行友好沟通，让用户得到准确的自己能理解的消息，并能让计算机对用户提供的消息作出良好反应。在以人为本的理念下，除了详细讨论了界面设计过程以外，这本著作对原型设计方法也进行较完整的介绍，如手画法（即在纸面上构造原型）、使用 Microsoft Office 工具设计法、使用原型设计工具设计法以及使用开发工具设计原型等方法，并对每种方法的实施都列举若干案例加以阐述。

许多文献都讨论了怎样建立用户界面的原型，如《软件工程》（第 8 版）[33]指出，在理想情况下，原型构造可以采取两步原型构造过程。

（1）在过程的最早阶段，应该在纸面上规划"屏幕设计"模型并与未来用户一起探讨这个"原型"。

（2）继而要对设计进行提炼并逐渐地开发复杂的自动化的原型，再将它们呈现给用户，接受测试和活动模拟。

在纸面上构造原型，是既便宜又容易做的事。开发人员无须开发任何可执行软件，只要清楚、直观地画出用户将要与之交互的系统屏幕样式就可以。然而，要想获得"活动"原型起到的演示效果，还必须有一组用来描述系统是如何使用的脚本。

通常，人们理解事物的抽象描述时，喜欢把它与实例联系起来。如果把人如何与软件系统交互用脚本的方法描述，人们就很容易理解并且评论它的好与坏。开发人员从用户对场景的评论中得到信息，不断地修改和增加交互细节，就可以写出需要在屏幕上显示出的信息以及可供用户选择的选项。类似地，可以使用"情节串联图板"表述界面设计。情节串联图板是一系列描述交互序列的草图，虽然实用性较差，但当向一组人而不是单个人表述界面提案时，它是一个较方便的方法。

在初始"纸上谈兵"以后，我们需要实现一个软件界面设计原型。由于我们需要得到某些用户可以交互的系统功能，因此在系统开发的最初阶段就对用户界面"如实"地进行原型构造，往往是不太可能的。避开这个问题的方式，需要使用 Wizard of Oz（人冒充机器演示）原型构造方法。《绿野仙踪》里，有个影子很大的巨人，吓跑了很多人，后来发现他原来是一个瘦小的巫师，站在幕布后用灯放大影子。Wizard of Oz 原型构造方法的基本理念是先做简单的、容易做的事情，而当比较复杂的事情一时难以实现时，就先用一个人在后台冒充机器处理系统。这时，用户的输入被引导到一个隐藏的人，通过这个人仿真系统的响应。用户认为自己是与计算机系统正在进行交互，在如此“逼真”的界面感觉下，用户愿意给出他们“真实”的意见和想法。实际上，在仿真系统的真实行为时，也可以通过使用某些其他系统计算所要的反应。总之，该方法的要点是除了要提出的用户界面以外，无须拥有任何可执行的软件。实验结束时，除了感谢参与实验的用户以外，还要告知他们真实情况，以示对他们的尊重。

界面设计中会存在缺陷和错误，利用与用户交互设计方法能够帮助开发人员发现问题。快速原型构造方法支持界面设计，不仅使开发人员更多地了解到自己的产品逻辑，从而确定用户界面最好式样，而且帮助开发人员预见未来的设计趋势，如用 Wizard of Oz 方法，现在就去设想当更多传感器和硬件加到设备上以后，怎样设计适应未来用户使用设备行为的用户界面。

在用户界面原型构造中，还可以使用脚本驱动、可视化编程语言以及基于因特网的原型构造等方法创建或提供用户界面。当然，我们要在迭代式原型构造及其实验中，寻找改善界面的方向和道路，当原型变得更完善，要对它进行评估。于是，可以采用抛弃式方法或进化式方法进行进一步的原型构造及其实验。

**2. 原型支持算法研究**

大部分科学活动(如果不是全部的话)都是基于一些“真知灼见”，并首先在极端理想化条件下，构造原型或思想实验，然后将条件尽可能一般化，构造“逼近”自然或实际情况的模型，从而得到理论体系，获得科学结论。

例如，爱因斯坦基于光速不变原理和洛伦兹变换，利用思想实验方法创立狭义相对论；后又基于等效原理(即引力和加速度等效原理)和广义相对性原理，又一次利用思想实验方法创立广义相对论。爱因斯坦基于“光量子”假设，发现光电效应。这些思想和方法引发了20世纪两大物理学革命。

在计算机科学中，原始思想和原型方法也是重要的科学研究和开发成熟软件的手段。从广义角度来看，图灵计算模型便是现代计算机的一种“思想实验”，是现代计算机的虚拟“始祖鸟”。德国数学家、计算机科学家 C. A. Petri 在年仅 13 岁时便萌生了现以他名字命名的 Petri 网的想法，他当时只是想用该网描述化学过程。1962 年，Petri 在他的博士论文 *Kommunikation mit Automaten* 中正式提出了 Petri 网理论，当时他是用该网描述自动机通信过程。因此，Petri 网最初只引起自动控制理论工作者的兴趣。后来在性能评估、操作系统以及软件工程等领域，也开始应用 Petri 网描述它们各自的问题，特别是 Petri 网可以有效地描述并发关系活动。目前 Petri 网已经在计算机科学中得到广泛运用，如可以用于设计，它是说明隐含定时问题的系统的一个功能强大的技术。

1975 年，van Emde Boas 提出(现在以他名字命名的)van Emde Boas 树数据结构初步想法。不久，他和 Kaas、Zijlstra 等对该想法加以精炼并发表，随后还得到 Mehlhorn 和 Näher 的扩展以及 Dementiev 等的新实现。Pătraşcu 和 Thorup 得到了查找前驱操作的一个下界，并说明了 van Emde Boas 算法在查找前驱操作上是最优的，即使允许引入随机化方法，仍是最优的。

现以 van Emde Boas 算法为例，说明原型在算法研究中的作用。基本理念是：人们在研发新算法时，可以遵从一般科学研究方法，先从理想情况着手，构造算法原型，再推至一般情况，形成完整算法。本节取材于《算法导论》[27]一书。

假设只关注存储关系（不允许重复的）关键字，要存储的关键字的全域（Universe）为$\{0,1,2,\cdots,u-1\}$，$u$ 为全域的大小。van Emde Boas 树数据结构维护一个 $u$ 位的数组 $A[0..u-1]$，以存储一个关键字动态集合，其中的位来自全域$\{0,1,2,\cdots,u-1\}$。也就是说，以位向量方式存储一个动态集合，若值 $x$ 属于动态集合，元素 $A[x]$为 1；否则，$A[x]$为 0。例如，$u=16$，全域为$\{0,1,2,\cdots,15\}$，存储关键字的动态集合为$\{2,3,4,5,7,14,15\}$，则在 $A[0..15]$中，当 $x=2,3,4,5,7,14,15$ 时，$A[x]=1$；当 $x=0,1,6,8,9,10,11,12,13$ 时，$A[x]=0$。van Emde Boas 树支持在动态集合上运行时间为 $O(\lg\lg u)$的操作：SEARCH、INSERT、DELETE、MINIMUM、MAXIMUM、SUCCESSOR 和 PREDECESSOR。

1）原型 van Emde Boas 结构

考虑理想情况，设全域大小 $u=2^{2^k}$，其中 $k$ 为整数。对于全域$\{0,1,2,\cdots,u-1\}$，定义原型 van Emde Boas 结构或 proto-vEB 结构，记作 proto-vEB($u$)。由于 $u=2^{2^k}$，使用结构递归方法，每次递归都以平方根大小缩减全域，因此 $u,u^{1/2},u^{1/4},\cdots,4,2$ 都为整数。于是原型结构可以递归定义如下：每个 proto-vEB($u$)结构都包含一个指明全域大小的属性 $u$ 和另外若干特征。这些特征如下。

（1）如果 $u=2$，即 $u=2^{2^k}$，$k=0$ 时，那么它是基础大小，只包含一个两位的数组 $A[0..1]$。也就是说，proto-vEB(2)由全域大小属性 2 和数组 $A[0..1]$组成。

（2）如果 $u\neq 2$，即对某个整数 $k\geqslant 1$，$u=2^{2^k}$，这时有 $u\geqslant 4$。除了具有全域大小属性 $u$ 以外，proto-vEB($u$)还具有以下属性（见图 3.1）。

- 一个名为 summary 的指针，它指向一个 proto-vEB($\sqrt{u}$)结构。
- 一个数组 cluster$[0..\sqrt{u}-1]$，存储$\sqrt{u}$个指针，每个指针都指向一个 proto-vEB($\sqrt{u}$)结构。

当 $u\geqslant 4$ 时，proto-vEB($u$)中的数组 cluster$[0..\sqrt{u}-1]$中每个指针都指向一个 proto-vEB($\sqrt{u}$)结构。proto-vEB($\sqrt{u}$)结构的域$\{0,1,2,\cdots,\sqrt{u}-1\}$、它包含的关键字集合以及位向量 $A[0..\sqrt{u}-1]$都与 proto-vEB($u$)的全域$\{0,1,2,\cdots,u\}$、包含的关键字集合以及位向量 $A[0..u-1]$有关。proto-vEB($\sqrt{u}$)是 proto-vEB($u$)的递归结构，直观上，前者是后者的子结构。也就是说，proto-vEB($u$)的所有信息便分别递归存储在由数组 cluster 的$\sqrt{u}$个指针指向的$\sqrt{u}$个簇中，每个簇保留原先 $u$ 个信息中$\sqrt{u}$个信息。于是，全域中的元素 $x$（无论它是否为关键字），$x$（$0\leqslant x<u$）递归地存储在编号为 high($x$)的簇中，作为该簇中编号为 low($x$)的元素。high($x$)$=\left\lfloor\dfrac{x}{\sqrt{u}}\right\rfloor$，即 high($x$)为不超过$\dfrac{x}{\sqrt{u}}$的最大整数；low($x$)$=x\bmod\sqrt{u}$，即 low($x$)为 $x$ 除以$\sqrt{u}$的余数。

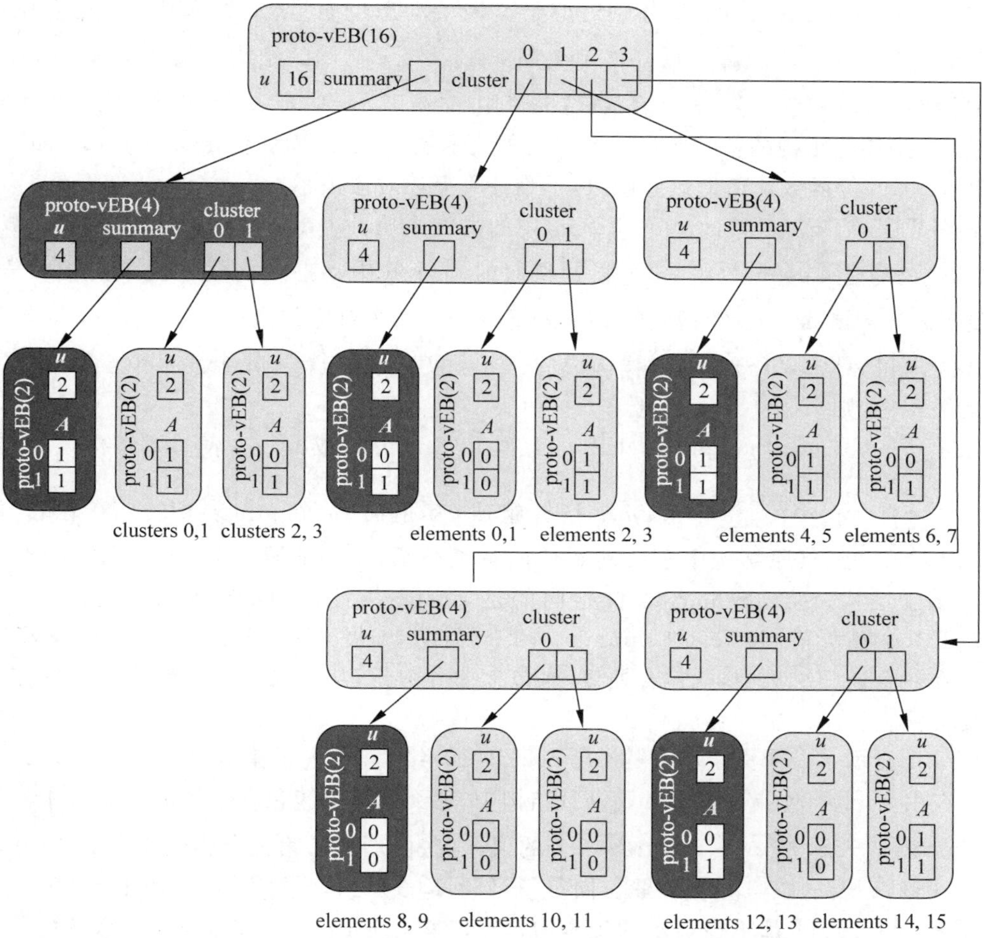


图 3.1 一个完全展开的 proto-vEB 结构①

反过来,定义 index$(x,y)=x\sqrt{u}+y$,则 $x=$index(high($x$),low($x$)),即已知 $x$ 所在的簇号 high($x$)和它在该簇中的编号 low($x$),那么它就由公式$\sqrt{u}$ high($x$)+low($x$)确定。

总之,如果 proto-vEB($u$)是对应于全域$\{0,1,2,\cdots,u-1\}$中动态位向量 $A[0..u-1]$的结构,那么该结构中的数组 cluster$[0..\sqrt{u}-1]$中的第 0 个,第 1 个,…,第$\sqrt{u}-1$ 个指针指

---

① 一个 proto-vEB(16)结构表示了集合$\{2,3,4,5,7,14,15\}$,cluster[0..3]中的指针指向 4 个 proto-vEB(4)结构,summary 中的指针指向一个 summary 结构,它也是一个 proto-vEB(4)结构。每个 proto-vEB(4)结构在 cluster[0..1]中指向两个 proto-vEB(2)结构,以及指向一个 proto-vEB(2)结构的 summary。每个 proto-vEB(2)结构只包含一个两位的数组 $A[0..1]$。elements $i,j$ 上方的 proto-vEB(2)结构存储实际动态集合的位 $i$ 和 $j$,并且 cluster $i,j$ 上方的 proto-vEB(2)结构存储顶层 proto-vEB(16)中的簇 $i$ 和 $j$ 的 summary 位。为清晰起见,深阴影部分表示一个 proto-vEB 结构的顶层,存储它的双亲结构的 summary 信息。(转摘于文献[27]图 20-4)

向的$\sqrt{u}$个 proto-vEB($\sqrt{u}$)结构分别对应于全域中动态位向量$\sqrt{u}$个子域中的动态位向量$A[0..\sqrt{u}-1]$,$A[\sqrt{u}..2\sqrt{u}-1]$,…,$A[(\sqrt{u}-1)\sqrt{u}..u-1]$的结构。虽然每个 proto-vEB($\sqrt{u}$)的域用$\{0,1,2,\cdots,\sqrt{u}-1\}$表示,位向量用$A[0..\sqrt{u}-1]$表示,但实质上它们有上述对应关系,这是递归结构的精妙所在。由于这种表示法,所以前面我们定义 high($x$)、low($x$)和 index($x$,$y$)等函数。借助这些函数,不难计算上述对应关系。

顾名思义,当$u\geqslant 4$时,proto-vEB($u$)中的另一个属性 summary 指针,它指向的 proto-vEB($\sqrt{u}$)结构是 cluster 数组$\sqrt{u}$个指针指向的$\sqrt{u}$个簇中动态位向量中元素的梗概表示。具体地说,与 summary 指针指向的 proto-vEB($\sqrt{u}$)结构对应的全域$\{0,1,2,\cdots,\sqrt{u}-1\}$中的动态位向量$A[0..\sqrt{u}-1]$是这样构成的:当且仅当第$x$簇中$\sqrt{u}$个元素中至少有一个是存储的关键字,则$A[x]=1$;否则$A[x]=0$。

综上所述,当$u\geqslant 4$时,proto-vEB($u$)结构由 3 部分组成:$u$ □,表示该结构大小属性;cluster $[\ 0\ |\ 1\ |\ \cdots\ |\ \sqrt{u}-1\ ]$,由$\sqrt{u}$个指针组成,其指向$\sqrt{u}$个 proto-vEB($\sqrt{u}$)结构,直观上,它们表示已经将原结构中全域动态位向量细分为$\sqrt{u}$个子域子动态位向量,并在其上重新构造子结构;而 summary 指针指向的是 cluster 指针指向的数据梗概结构。于是,proto-vEB($u$)就凭借 cluster 和 summary 两个属性递归展开,直到基础结构 proto-vEB(2)为止。在每个递归结构中,既包含梗概,也包含细分数组,从而为动态存储集合的操作提供了快捷算法。

图 3.1 显示了一个完全展开的 proto-vEB(16)结构,它表示集合{2,3,4,5,7,14,15}。如果$i$在由 summary 指向的 proto-vEB 结构中,那么第$i$个簇包含了被表示集合中的某个值。cluster[$i$]表示$i\sqrt{u}\sim(i+1)\sqrt{u}-1$的值,这些值形成了第$i$个簇。实际上,第 0 簇位向量[0,0,1,1]表示{2,3};第 1 簇位向量[1,1,0,1]表示{4,5,7};第 2 簇位向量[0,0,0,0]指明元素 8、9、10、11 都不在表示的集合中;第 3 簇位向量[0,0,1,1]表示{14,15}。于是,summary 结构位向量为[1,1,0,1],表示第 0 簇、第 1 簇、第 2 簇和第 3 簇的 summary 值分别为 1、1、0、1。

在基础层,实际动态集合的元素被存储在一些 proto-vEB(2)结构中,而余下的(见图 3.1 中深阴影部分)结构则存储 summary 位。在每个非 summary 基础结构的底部,数字表示它存储的位。例如,标记为 elements,6,7 的 proto-vEB(2)结构在$A[0]$中存储位 6(0,因为元素 6 不在集合中),并在$A[1]$存储位 7(1,因为元素 7 在集合中)。

与簇一样,summary 只是一个全域大小为$\sqrt{u}$的动态集合,而且 summary 表示为一个 proto-vEB($\sqrt{u}$)结构。图 3.1 中主 proto-vEB(16)结构的 4 个 summary 位都在最左侧的 proto-vEB(4)结构中,并且它们最终出现在两个 proto-vEB(2)结构中。例如,标记为 cluster2,3 的 proto-vEB(2)结构有$A[0]=0$,含义为 proto-vEB(16)结构的簇 2(包含元素 8,9,10,11)都为 0;并且$A[1]=1$,说明 proto-vEB(16)结构的簇 3(包含元素 12,13,14,15)至少有一个为 1。注意,每个 proto-vEB(4)结构都有指向自身的 summary,而 summary 自

已存储为一个 proto-vEB(2)结构。例如，查看标记为 elements0,1 左侧的那个 proto-vEB(2)结构，因为 $A[0]=0$，所以 elements0,1 结构都为 0；由于 $A[1]=1$，所以 elements2,3 结构至少有一个 1。

在 proto-vEB 结构上可以执行一些操作，包括判断一个值是否在集合中、查找最小数、查找最大数、查找后继和前驱等一系列查询操作，它们并不改变 proto-vEB 结构。还有两个修改 proto-vEB 结构的操作：插入一个元素和删除一个元素。如果全域大小为 $u$，则判断一个值是否在集合中操作的运行时间为 $O(\lg\lg u)$，不过其他操作在最坏的情况下，运行时间都超过 $O(\lg\lg u)$，许多操作的运行时间都为 $\Theta(\lg u)$。由此看来，不仅许多操作没有达到最优，而且该结构对全域大小 $u$ 还做了很强的限制，即要求 $u=2^{2^k}$，$k$ 为整数。因此，对于科学研究，我们势必要对该原型算法加以精化，得到更好的结构。

2）van Emde Boas 树

proto-vEB 结构已经接近运行时间为 $O(\lg\lg u)$的目标，缺陷是大多数操作要进行多次递归。此外，它对全域大小 $u$ 做了很大限制，即 $u=2^{2^k}$，$k$ 为整数。现在，就以它作为算法原型，设计一个类似于 proto-vEB 结构的数据结构，不仅要放宽对全域大小的规定，而且要去掉原型操作中的一些递归需求，从而达到运行时间为 $O(\lg\lg u)$的目标。修改后得到的结构便是 van Emde Boas 树数据结构，简称为 vEB 树。

首先，允许全域大小 $u$ 为 2 的任何幂。如此放宽条件，$\sqrt{u}$ 可能不为整数。例如，当 $u=2^{2k+1}$（其中 $k\geqslant 0$ 为某个整数）为 2 的奇次幂时，$\sqrt{u}=2^{\frac{2k+1}{2}}$ 就不为整数。这时，把该数的 $\lg u$ 位分割成高$\lceil \lg u/2\rceil$（即$\lceil (2k+1)/2\rceil$）位和低$\lfloor \lg u/2\rfloor$（即$\lfloor (2k+1)/2\rfloor$）位。其中，$\lceil \lg u/2\rceil$（$\lfloor \lg u/2\rfloor$）表示超过（不超过）$\lg u/2$ 的最小（最大）整数。为方便起见，把 $2^{\lceil \lg u/2\rceil}$ 记为 $\sqrt[\uparrow]{u}$，并称它为 $u$ 的上平方根；把 $2^{\lfloor \lg u/2\rfloor}$ 记为 $\sqrt[\downarrow]{u}$，并称它为 $u$ 的下平方根。显然，有 $u=\sqrt[\uparrow]{u}\sqrt[\downarrow]{u}$。特别地，当 $u=2^{2k}$（$k\geqslant 0$ 为整数）为 2 的偶次幂时，有 $\sqrt[\uparrow]{u}=\sqrt[\downarrow]{u}=\sqrt{u}$。一般地，只假设 $u$ 为 2 的任意一个非负整数幂。于是，重新定义前面介绍过的有用函数如下。

$$\mathrm{high}(x)=\lfloor x/\sqrt[\downarrow]{u}\rfloor$$

$$\mathrm{low}(x)=x \bmod \sqrt[\downarrow]{u}$$

$$\mathrm{index}(x,y)=x\sqrt[\downarrow]{u}+y$$

其次，对 proto-vEB 结构进行修改，增加一些属性，以便存储更多信息。当全域大小为 $u$ 时，修改后得到的 vEB 树记为 vEB($u$)。

现在，我们讨论 vEB($u$)树的结构。如果 $u$ 不为 2 的基础情形，那么属性 summary 指向一棵 vEB($\sqrt[\uparrow]{u}$)树，数组 cluster[0..$\sqrt[\uparrow]{u}-1$]指向 $\sqrt[\uparrow]{u}$ 个 vEB($\sqrt[\downarrow]{u}$)树，如图 3.2 所示。并且，一棵 vEB 树还增添了 proto-vEB 结构中没有的以下两个属性。

(1) min 存储 vEB 树中的最小元素。

(2) max 存储 vEB 树中的最大元素。

值得强调的是，存储在 min 中的元素并不出现在任何递归的 vEB($\sqrt[\downarrow]{u}$)树中，这些树是由 cluster 数组指向它们的。因此，在 vEB($u$)树 $V$ 中存储的元素为 $V$. min 再加上由 $V$. cluster[0.. $\sqrt[\uparrow]{u}-1$]指向的递归存储在 vEB($\sqrt[\downarrow]{u}$)树中的元素。如此一来，当一棵 vEB 树中包含两个或两个以上元素时，实际上我们是以不同方式处理 min 和 max 属性的：存储在 min 中的元素不出现在任何簇中，而存储在 max 中的元素却不是这样的。

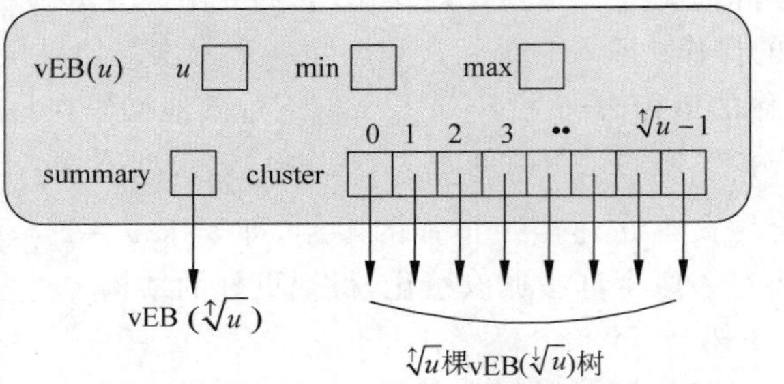


图 3.2 当 $u>2$ 时，一棵 vEB($u$)树中的信息①

因为基础情形 $u$ 的大小为 2，一棵 vEB(2)树中对应的 proro-vEB(2)结构并不需要数组 $A$。这是由于可以通过其 min 和 max 属性确定它的元素。在一棵不包含任何元素的 vEB 树中，不管全域的大小 $u$ 如何，min 和 max 均为 NIL(无值)。

图 3.3 所示为一棵 vEB(16)树 $V$，包含集合{2,3,4,5,7,14,15}。因为最小的元素是 2，所以 $V$. min=2。根据上述构造方法，它不出现在 cluster 数组任意指针指向的簇中。也就是说，即使 high(2)=0，元素 2 也不会出现在由 $V$. cluster[0]所指向的 vEB(4)树中。注意到这时 $V$. cluster[0]. min=3，果然元素 2 不在这棵 vEB 树中。

类似地，因为 $V$. cluster[0]. min=3，虽然在 $V$. cluster[0]中“理应”包含元素 2 和 3，但根据结构表示约定，$V$. cluster[0]内的 vEB(2)簇为空。

min 和 max 属性以及关于 min 元素存储的“古怪”做法是减少 vEB 树上一些操作的递归调用次数的关键。这些操作原先在 proto-vEB 结构上大都要进行多次递归。min 和 max 属性有以下 4 方面的作用。

(1) 查找最小数和最大数操作甚至不需要递归，因为可以直接返回 min 和 max 的值。

(2) 查找后继和前驱操作也得到简化。例如，查找 $x$ 的后继操作可以避免一个用于判断 $x$ 的后继是否位于 high($x$)簇中的递归调用。这是因为 $x$ 的后继位于 $x$ 簇中，当且仅当严格小于 $x$ 簇的 max。

(3) 通过 min 和 max 的值，可以在常数时间内知晓一棵 vEB 树是否为空、仅含一个元素或两个以上元素。这种能力将在插入一个元素和删除一个元素操作中发挥作用。如果

① 结构包含大小为 $u$ 的全域元素 min 和 max、指向一棵 vEB($\sqrt[\uparrow]{u}$)树的指针 summary，以及指向 vEB($\sqrt[\downarrow]{u}$)树的 $\sqrt[\uparrow]{u}$ 个指针数组 cluster[0.. $\sqrt[\uparrow]{u}-1$]。(转摘于文献[27]图 20-5)

min 和 max 都为 NIL,则 vEB 树为空；如果 min 和 max 都不为 NIL 但相等,则 vEB 树仅含一个元素；如果 min 和 max 都不为 NIL 但并不相等,这时 vEB 树则包含两个或两个以上元素。

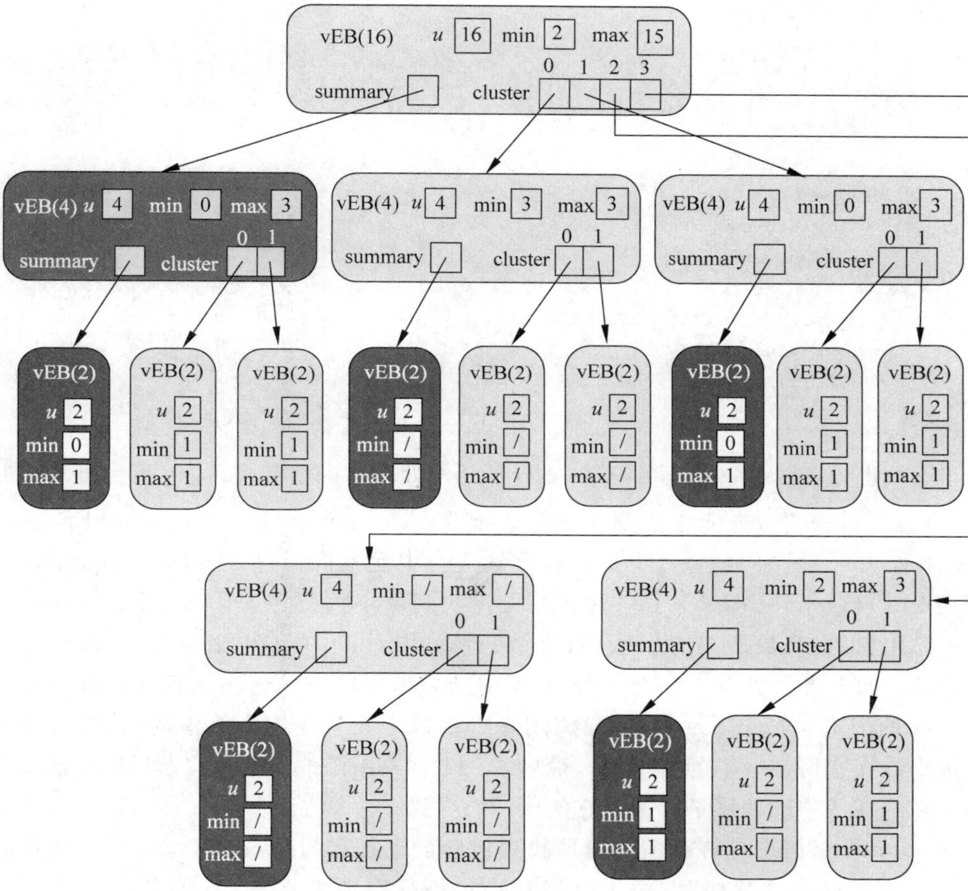


图 3.3　对应于图 3.1 中 proto-vEB 树的一棵 vEB(16)树①

(4) 如果一棵 vEB 树为空,那么只要更新它的 min 和 max 值就可以在常数时间内实现插入一个元素。类似地,如果一棵 vEB 树仅含一个元素,也只要更新 min 和 max 值就可以在常数时间内删除这个元素。这些性质可以缩减递归调用链。

3) 两个结构操作对比示例

vEB($u$)树上的所有操作,在最坏情况下,运行时间至多为 $O(\lg \lg u)$。这与 proto-vEB($u$)相比,确实达到了最优。现在以查找最小数和查找后继两个操作为例在两个结构上进行

① 它存储集合{2,3,4,5,7,14,15}。斜杠(/)表示 NIL 值。存储在 vEB 树中的 min 属性的值不会出现在它的任何一个簇中。这里的深阴影与图 3.1 的表示一样。(转摘于文献[27]图 20-6)

对比。

(1) 在原型 van Emde Boas 结构上查找最小数。

过程 PROTO-vEB-MINIMUM($V$)返回 proto-vEB 结构中 $V$ 中的最小元素，如果 $V$ 代表的是一个空集，则返回 NIL。

```
PROTO - vEB - MINIMUM(V)
  1.  if V.u = = 2
  2.      if V.A[0] = = 1
  3.          return 0
  4.      elseif V.A[1] = = 1
  5.          return 1
  6.      else return NIL
  7.  else min - cluster = PROTO - vEB - MINIMUM(V.summary)
  8.      if min - cluster = = NIL
  9.          return NIL
  10.     else offset = = PROTO - vEB - MINIMUM(V.cluster[min - cluster])
  11.         return index(min - cluster, offset)
```

第 1 行判断是否为基础情形；第 2～6 行平凡地处理基础情形；第 7～11 行处理递归情形。首先，第 7 行查找包含元素的第 1 簇号。因为 $V$. summary 是一个 proto-vEB($\sqrt{u}$)结构，它包含 $V$. cluster 指向的各簇中是否有存储集合中元素的信息，所以在 $V$. summary 上递归调用 PROTO-vEB-MINIMUM 过程就可以找到最小数所在的簇号，第 7 行表明把递归调用的结果(即最小数所在的簇号)赋值给变量 min-cluster，如果集合为空，那么递归调用返回 NIL；如果集合非空，第 7 行递归调用的结果表明集合的最小元素就存在于编号为 min-cluster 的簇中。第 10 行中的递归调用是查找最小元素在这个簇中的偏移量，该偏移量指明最小数在它所在簇中的“位置”。最后，第 11 行调用函数 index()，通过最小数所在的簇号以及它所在簇中的偏移量计算出它的值，并返回。

查询 summary 信息允许我们快速地找到包含最小元素的簇，这是 summary 属性在结构中重要性的体现。虽然如此，由于查询最小数操作需要两次调用(第 7 行和第 10 行) proto-vEB($\sqrt{u}$)结构，所以根据算法理论，在最坏情况下运行时间会超过 $O(\lg \lg u)$。可以推出，这个操作的运行时间为 $\Theta(\lg u)$①。

(2) 在 vEB 树上查找最小数。

因为最小数存储在 min 属性中，所以查询最小数操作只有一行代码。

```
vEB - TREE - MINIMUM(V)
    1.  return V.min
```

顺便提一下，因为最大数存储在 max 属性中，所以查询最大数操作也只有一行代码。

---

① 具体推导参见《算法导论》[27]第 313 页。

```
vEB - TREE - MAXIMUM(V)
    1.  return V.max
```

显然，这两个操作的运行只耗费常数时间。

(3) 在原型 van Emde Boas 结构上查找后继。

查找后继操作取一个参数 $x$ 和一个 proto-vEB 结构 $V$ 作为过程 PROTO-vEB-SUCCESSOR 的输入参数，过程 PROTO-vEB-SUCCESSOR($V$,$x$)便返回 proto-vEB 结构 $V$ 中大于 $x$ 的最小元素；或者当 $V$ 中不存在大于 $x$ 的元素时，返回 NIL。注意，过程不要求 $x$ 一定属于该集合，但假定 $0 \leqslant x < V.u$。

```
PROTO - vEB - SUCCESSOR(V, x)
    1.  if V.u = = 2
    2.      if x = = 0 and V.A[1] = = 1
    3.          return 1
    4.      else return NIL
    5.  else offset = = PROTO - vEB - SUCCESSOR(V.cluster[high(x)], low(x))
    6.      if offset≠NIL
    7.          return index(high(x), offset)
    8.      else succ - cluster = PROTO - vEB - SUCCESSOR(V.summary, high(x))
    9.          if succ - cluster = = NIL
    10.             return NIL
    11.         else offset = PROTO - vEB - MINIMUM(V.cluster[succ - cluster]
    12.             return index(succ - cluster, offset)
```

第 1 行判断是否为基础情形；第 2～4 行平凡处理：当 $x=0$ 且 $A[1]=1$ 时，才能在 proto-vEB(2)结构中找到 $x$ 的后继；第 5～12 行处理递归情形。因为 $x$ 所在簇的簇号为 high($x$)，在该簇内它的位置是 low($x$)，所以第 5 行表明是在 $x$ 所在的簇内查找其后继，并将结果赋给变量 offset，offset 的直观意义是 $x$ 的后继在该簇中的偏移量。第 6 行判断 $x$ 所在的这个簇中是否存在 $x$ 的后继。若存在，第 7 行计算 $x$ 的后继值并返回它；否则，必须在其他簇中查找。这时要借用属性 summary 中的关于各簇是否包含元素的信息决定在哪个簇中查找 $x$ 的后继。第 8 行通过递归调用本过程，在 $V$.summary 中查找 high($x$)的后继簇号，并将它赋给变量 succ-cluster。第 9 行判断 succ-cluster 是否为 NIL，如果是，就意味着所有后继簇是空的，第 10 行返回 NIL；如果 succ-cluster 不为 NIL，第 11 行将编号为 succ-cluster 的簇中第 1 个元素(即该簇中最小元素)赋值给变量 offset，并且第 12 行计算并返回这个簇中的最小元素，它即为 $x$ 的后继。

综上所述，在最坏情况下，PROTO-vEB-SUCCESSOR 在 proto-vEB($\sqrt{u}$)结构上做两次(第 5 行和第 8 行)自身递归调用和一次 PROTO-vEB-MINIMUM 调用(第 11 行)，所以查找后继操作比查找最小元素操作运行时间更长。可以推得，运行时间为 $\Theta(\lg u \lg\lg u)$，因此查找后继操作渐近地慢于查找最小数操作。

(4) 在 vEB 树上查找后继,过程如下。

```
vEB - TREE - SUCCESSOR(V, x)
   1.  if V.u = = 2
   2.      if x = = 0 and V.max = = 1
   3.          return 1
   4.      else return NIL
   5.  elseif V.min≠NIL and x < V.min
   6.      return V.min
   7.  else max - low = vEB - TREE - MAXIMUM(V.cluster[high(x)])
   8.      if max - low≠NIL and low(x) < max - low
   9.          offset = vEB - TREE - SUCCESSOR(V.cluster[high(x)], low(x))
   10.         return index(high(x), offset)
   11.     else succ - cluster = vEB - TREE - SUCCESSOR(V.summary, high(x))
   12.         if succ - cluster = = NIL
   13.             return NIL
   14.         else offset = vEB - TREE - MINIMUM(V.cluster[succ - cluster])
   15.             return index(succ - cluster, offset )
```

这个过程有 6 个返回语句和几种情形处理。第 1 行判断是否是基础情形,若是,第 2～4 行便处理它。这时如果查找的是 0 的后继并且 1 在集合中,那么第 3 行返回 1; 否则第 4 行返回 NIL。

如果不是基础情形,第 5 行接着判断 $x$ 是否严格小于最小元素。若是,那么第 6 行返回这个最小元素。

如果不是基础情形,并且 $x$ 大于或等于 vEB 树 $V$ 中的最小元素值,则第 7 行把 $x$ 簇中的最大元素赋值给 max-low。顺便提一下,由于 min 属性的巧妙规定,max-low 若存在,就绝不会等于 vEB 树 $V$ 中的最小值。如果 $x$ 簇中存在大于 $x$ 的元素,那么可确定 $x$ 的后继必在 $x$ 簇中,这时 max-low 肯定存在。实际上,第 8 行测试这种情况。如果测试结构是肯定的,那么第 9 行便确定 $x$ 的后继在该簇中的位置,接着第 10 行进行计算并且返回计算值。

如果 $x$ 大于或等于 $x$ 簇中的最大元素,意味着 $x$ 的后继不在 $x$ 簇中。于是程序进入第 11 行,利用 summary 属性包含的信息,查找 $x$ 簇的后继簇,并把它赋给变量 succ-cluster。如果 succ-cluster 经第 12 行判断为 NIL,于是第 13 行返回 NIL,表示集合中没有 $x$ 的后继;否则第 14 行计算簇号为 succ-cluster 的簇中最小值,并把它赋给变量 offset,最后第 15 行便从 $x$ 的后继所在的簇号及其在该簇中的位置计算出后继数并返回。

回忆在原型上的查找后继操作,PROTO-vEB-SUCCESSOR($V$,$x$)要进行两个递归调用:一个是判断 $x$ 的后继是否和 $x$ 一样被包含在 $x$ 的簇中,如果不包含,另一个递归调用就是要找出包含 $x$ 后继的簇。在最坏的情况下,这两次递归调用都必须执行。

但是在 vEB 树上执行后继操作就不同了。虽然表面上看起来程序中也有两处标明了递归调用,但是由于能在 vEB 树中很快地访问最大值(第 7 行),这样就可以避免进行两次递归调用。实质上，过程 vEB-TREE-SUCCESSOR($V$，$x$)只进行一次递归调用，或是在簇上的(第 9 行)，或是 summary 上的(第 11 行)，并非两者同时进行或是如同原型结构上在最坏情况下那样两者都要执行。也就是说，根据程序第 9 行测试的结果，$x$ 的后继或者在 $x$ 簇内，或者在其他簇内，两种情况互斥。于是，过程不是在第 9 行(在全域大小为 $\sqrt[\downarrow]{u}$ 的 vEB 树上)就是在第 11 行(在全域大小为 $\sqrt[\uparrow]{u}$ 的 vEB 树上)对自身进行递归调用。不管哪种情况，一次递归调用是在全域大小至多为 $\sqrt[\uparrow]{u}$ 的 vEB 树上进行，至于过程的剩余部分，包括调用 vEB-TREE-MINIMUM 和 vEB-TREE-MAXIMUM，耗费时间为常数时间。所以 vEB-TREE-SUCCESSOR 的最坏情况运行时间为 $O(\lg\lg u)$。

查找前驱过程和查找后继过程是对称的，不过查找前驱比查找后继要多处理一个附加情况。因为 $x$ 的后继不在 $x$ 的簇中，就在有更高编号的簇中，查找后继只考虑这两种情况。同样，查找前驱也要考虑 $x$ 的前驱可能在 $x$ 的簇中，或者在更低编号的簇中，但是由于 min 的规定，如果 $x$ 的前驱是 vEB 树中的最小元素，那么 $x$ 的前驱就不存在于任何一个簇中，必须检查这个条件，并返回其前驱值。由于树中明确存储了 min 值，所以这个多处理的情况并不影响它的渐近运行时间，这样查找前驱操作最坏情况运行时间也为 $O(\lg\lg u)$。这就是我们在开始讨论这个专题时，提到的 Pătraşcu 和 Thorup 表明的事实。

## 3.2　图形

在 3.1 节示例中，我们看到在开发过程中，抛弃式原型并不一定要求原型是可执行的，如纸上的系统用户界面模型和 Wizard of Oz 原型。前者只是在纸上演绎脚本，后者虽然开发了用户界面，可使用户与此界面交互，但真实交互却是由一个隐藏的人在幕后代替系统回答客户请求才得以进行的。这就在实质上说明，原型方法在软件开发中发挥的作用，也可以通过图形方法得到。

### 3.2.1　图形在需求分析中的作用

规格说明文档是客户和开发组织之间的合同，它明确规定产品必须做什么、产品必须要满足的约束以及产品的验收标准。在需求分析阶段，开发组织必须给出完整详细且能被客户清晰理解的产品规格说明书。

将图形应用于软件的规格说明是 20 世纪 70 年代的一项重要技术。有 3 种使用图形的技术非常流行：DeMarco 方法、Gane 和 Sarsen 方法、Yourdon 和 Constantine 方法。采用这些图形技术，获取产品规格说明书曾给软件业带来好处。例如，Gane 和 Sarsen 方法采取 4 种符号(见图 3.4)绘制数据流图(Data Flow Diagram，DFD)，借此确定系统的逻辑数据流(Logical Data Flow)以及与它相对应的物理数据流(即发生了什么与如何发生相对应)。

我们知道，编写完全正确的产品规格说明书是一件很不容易的事情，自然语言不是一个规定产品的好方法，用图形方法进行结构化系统分析替代它可能是一个好主意。Gane 和

Sarsen 利用图形技术进行结构化系统分析，它是 9 个步骤的技术：①画数据流图；②决定哪部分计算机化以及如何计算机化(批处理或联机处理)；③确定数据流的细节；④定义处理的逻辑；⑤定义数据存储；⑥定义物理资源；⑦确定输入-输出规格说明；⑧确定大小(如文件的大小)；⑨确定硬件要求。

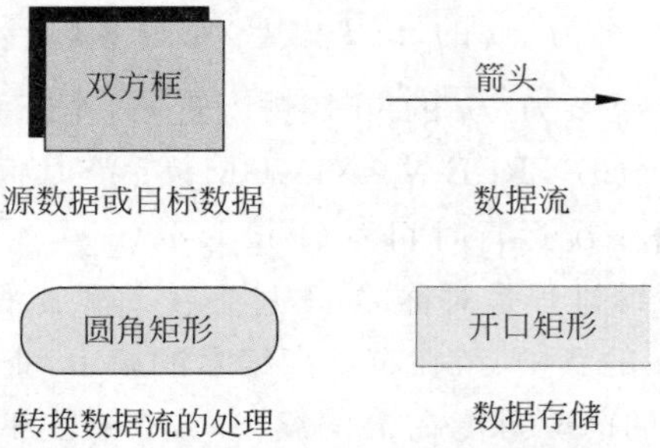


图 3.4 Gane 和 Sarsen 的结构化系统分析符号

(转摘于文献[22]图 11-1)

当然，Gane 和 Sarsen 方法并不能解决所有问题，它和其他用于分析或设计的方法一样，都具有一些明显缺陷，如不能用于确定响应时间和定时问题。但是，利用该方法，可以分析客户的要求。最重要的一点是，在这 9 个步骤中多次用到逐步求精，如步骤③～步骤⑤，深化对客户要求的阐明，从而明确系统今后设计的方向[22]。

按照 Dart 等的分类，Gane 和 Sarsen 方法利用图形化方法对待开发系统做了结构化系统分析，属于半形式化规格说明技术。还有其他利用图形化方法的半形式化规格说明技术，如 Ross 的结构化分析与设计技术(Structured Analysis and Design Technique，SADT)。SADT 由两个相互关联的部分组成：一部分是被称为结构化分析(SA)的方框-箭头图形化语言；另一部分是设计技术(DT)。SADT 中蕴含的逐步求精的程度比 Gane 和 Sarsen 方法更高，它已经成功地用于范围广泛的产品规格说明，特别是大型和复杂的项目，不过它不太适用实时系统[22]。

使用形式化的规格说明技术比使用半形式化或非形式化技术更可能得到精确的规格说明。Meyer 建议使用数学术语形式化地表达规格说明。因此，利用图形化技术进行形式化表述自然是有效方式，在某种意义上，诸如状态图(State Chart)和 Petri 网等都是图形化形式化技术，状态图的功能非常强大，并且由一个 CASE 工作平台 Rhapsody 支持。这个方法是有穷状态机(Finite State Machine，FSM)的扩展，已经成功地应用于一些大型实时系统。众所周知，说明并发系统的一个主要困难是处理定时问题，如果对定时没有正确地拟制规格说明，会引起不好的设计，进而引发错误的实现。Petri 网是一个功能强大的技术，它不仅能够很好地说明隐含有定时问题的系统，而且还具有一个大优点，即可以用于设计[22]。

20 世纪 50 年代，认知心理学家乔治·米勒有一个著名发现：人类只能记住和处理 7 项左右内容，即 7±2，这通常称为“米勒魔数”。人们有意识地努力拥护米勒法则。例如，提出 SADT 技术的 Ross 指出：“对值得表述的任何事情所表述的每件事情，必须用 6 个或更少的词表达。"人们也有意识地努力绕过米勒法则，解决人脑的基本限制。其中图形表示是最好的方法，图形是信息的视觉表现方式，如前所述，在软件界，它已经获得很好的应用。

1997年，Booch、Jacobson和Rumbaugh联合工作，推出UML 1.0版，在软件工程领域掀起风暴。在这之前，还没有开发出软件产品一致接受的符号。几乎一夜之间，全世界都在使用UML。随着UML国际标准的制定，UML已成为无可争辩的表示面向对象软件产品的国际标准符号。软件开发领域如同音乐领域一样，在其中文字描述不能代替图示。现今，"统一软件开发过程"采用的最好建模语言便是UML[22]。

为了得到对需求更深的理解，以及为了按需求描述得到的设计和实现易于维护，统一过程采用用例驱动方式进行需求分析。用例以软件产品的类描述。统一过程有3种类：实体类、边界类和控制类。实体类为长期存在的信息建模；边界类为软件产品和它的参与者之间的交互行为建模，通常与输入和输出相关；控制类为复杂的计算和算法建模。UML并不是一种方法，它只是一种专门用于以可视化方式设计软件系统的语言。于是，我们可以使用UML用例、类图、注解、用例图、交互图、活动图、包、组件图和部署图建模软件。UML的优点是允许定义额外的结构，该结构不是UML的一部分，却是准确地为待定系统建立模型所必需的。换言之，作为一种语言，与所有语言一样，它只是表达思想的工具，并不会限制该语言可以描述的思想的类别和被描述的方式，所以它是可以与任何方法结合使用的可视化符号体系。甚至，文献[22]指出，UML不是一般的符号，它就是我们所需要的符号，很难想象，一本现代的关于软件工程的书不使用UML描述软件。

虽然UML为需求建模奠定了合理基础，但是乔伊·贝迪(Joy Beatty)和安东尼·陈(Anthony Chen)认为，UML不满足需求建模的全部要求，原因是它缺少有关需求与业务价值的模型，缺少从最终用户的角度展示系统结构的模型。此外，UML在技术上过于复杂，业务项目干系人难以掌握，原因是它的模型侧重于软件系统的架构建模。他们认为，当一个模型只聚集于解决问题的一个或两个方面时是最有用的。而当一个模型具有许多类型的信息或模型的语法规则过于复杂难以理解，项目干系人就绝对不会用。模型的复杂性是造成大型企业不用一些现成建模语言的主要原因之一[20]。

鉴于UML只是用于描述系统的技术设计和结构，而且过于复杂难以掌握，乔伊和安东尼创立了需求建模语言(RML)，它是为建立需求视觉模型而专门设计的语言。RML不是一种学术上的建模语言，它的开发，一是为了弥补现有模型在功能上的缺陷；二是为了易用性，便于企业管理、业务和技术等项目的干系人使用。应用一个模型只聚集于解决问题的一个或两个方面的原则，乔伊和安东尼专门为软件需求建模设计一套完整的模型，这对于常常搞不懂复杂模型的项目干系人更容易接受。乔伊和安东尼的主要想法是用不同的可视化模型发现、检验和分析需求，为了确认软件需求，他们创造了图形化解决方案，帮助项目干系人理解解决方案交付什么结果和不包括什么。这套完整模型主要有22种可视化模型，分为4个主要需求类别，即目标、人员、系统和数据。

在每个类别中，都有一个绑定模型，它可能捕获用于创建该类模型的所有信息。目标、人员、系统和数据4类模型的绑定模型分别为业务目标模型(目标)、组织结构图(人员)、生态系统图(系统)和业务数据图(数据)。合理使用每个类别的绑定模型,界定分析范围,创建全面信息的基础,然后随着分析进展到更详细的 RML 模型。

目标模型描述了系统的业务价值,并根据系统的价值设置功能和需求的优先级。在概念上,目标模型最接近传统的需求。在项目早期,目标模型帮助项目干系人认同项目的业务价值,在项目进行中,这些模型可以帮助找出哪些业务目标没有对应的需求,以便增加这些需求;也可以帮助找出没有创造明显价值的要求,以便缩减项目规模。人员模型描述了系统的干系人,以及他们的业务流程和目标。与用户的交流会创建更多人员模型,描述用户希望如何使用系统以及期望得到的输出结果。系统模型描述存在什么系统、用户界面样式、怎样与系统互动以及系统如何表现。这些模型确定在"生态系统"(即多系统环境)中运行的主要应用程序,以及系统之间、人机之间的接口、界面和系统自动化过程等事件。数据模型描述从最终用户的角度看待的业务数据对象之间的关系,包括数据的生命周期以及如何利用数据做决定。其中有关的数据操作可以有规律地定义需求,进而定义用户能够与数据交互的具体方式[20]。

因为 4 个类别的模型是从不同的视角分析解决方案,所以分析大多数解决方案通常需要所有 4 种模型。特别地,现今软件界共同的问题是在软件开发中没有针对整体价值进行功能分析,资金浪费在增加没人用的功能上,成本远大于收益。由于在每个 RML 类别的模型开发上,能确保对解决方案清晰了解,因此可以最大限度地增加团队开发出正确软件的机会。综上所述,综合运用 4 种类型需求模型,比一般传统分析方法更能正确获得需求。

Ian Alexander 为《软件需求与可视化模型》一书写了推荐序。在序中,他指出,对于软件需求工作,学术界所想的与工业界实际所做的之间存在巨大差距。由于乔伊和安东尼是实干家,又熟悉研究人员的工作。对于需求工程,他们正视传统的分析,认为旧的分析也许不全面但未必是错误的。他们开发 RML,用于建立需求的可视化模型,收集和规范了工业界中普遍使用的最佳实践模型。"需求模型之间存在必然的复杂性,它们相互依存。目标与功能有关;功能与流程有关;流程与用例有关;用例与用户接口有关。乔伊和安东尼展示如何调整需求模型结构(也可称为元结构)以适应不同的项目。他们已经无数次地检验并证明他们是成功的。"

### 3.2.2 图形在形式表示中的应用

通过 3.2.1 节,我们看到在软件开发方法学中存在可视化表示法的趋势,如软件界开发了 UML 和 RML 等可视化建模语言。实际上,这种趋势早就存在了。软件是一个形式系统,它高度抽象,以代码方式存在。认知科学告诉我们,人们思考形式问题时,总是以一种抽象和直观的混合方式进行着[35]。对于软件系统也不例外,在其整个开发流程中,人们并不局限在严格的逻辑框架下,总是以某种直观方式考查软件程序。在此背景下,计算机科学和软件工程领域便发明了许多可视化方法。可视化方法的好处是不言而喻的,一旦我们把呆板的语法映射成图形化对象之间的关系,原来静止的代码便能提供一些生动的、不同的信息,如不同的程序对象以及它们之间的关联、控制流和通信模式等。

以 Petri 网为例说明图形在形式表示中的作用。Petri 网融合了严格的数学表述和直观的图形表达，被证明可有效地描述并发关系活动，并在系统性能分析、通信协议验证等方面都得到广泛应用。

一般地，一个 Petri 网可以表示为 4 元组 $N=(P,T,F,M)$。

$P=\{p_1,p_2,\cdots,p_m\}$是一个有穷集合，$m\geqslant 0$。$P$ 中的元素 $p_i$ 称为“库所”(Place)，在图中用圆圈表示。

$T=\{t_1,t_2,\cdots,t_n\}$是一个有穷集合，$n\geqslant 0$。$T$ 中的元素 $t_j$ 称为“变迁”(Transition)，在图中用细线表示。

$F\subseteq(P\times T)\cup(T\times P)$是有向边的集合。有向边用来连接库所和变迁，在图中用带箭头的弧线表示。

当有一条边连接库所 $p_i$ 到变迁 $t_j$ 时，即箭头从 $p_i$ 指向 $t_j$，$p_i$ 称为 $t_j$ 的输入库所；当有一条边连接变迁 $t_j$ 到库所 $p_i$ 时，即箭头从 $t_j$ 指向 $p_i$，$p_i$ 称为 $t_j$ 的输出库所。

注意，库所和变迁是两类不同的元素，有向边只建立了从库所到变迁、从变迁到库所的单方向联系，即同类元素之间是不能直接联系的。此外，还要求每个库所或变迁必须通过有向边和其他(不同类的)元素关联，即 $N$ 中不能有孤立元素。

$M:P\rightarrow\{0,1,2,\cdots\}$是从库所集到非负整数集的一个函数。在图中，$M$ 的具体含义是：每个库所可以用令牌(Token)标记或不标记，即每个库所可能不拥有令牌，也可能拥有令牌，如有令牌，令牌数为任意正整数。库所中的令牌用小的实心圆圈表示。

标记(Marking)一个 Petri 网是给该网分配令牌。为了简单起见，我们只讨论基本网络系统，它在每个库所的令牌数量不多于一个。在这个情况下，通常当一个变迁的所有输入库所都被标记且它的输出库所都没有被标记时，这个变迁将被允许(Enabled)。只有被允许后，变迁才能被激活。若变迁被激活(即得到执行)，这时，输入库所上的令牌被消耗，同时为输出库所产生令牌。Petri 网是不确定的，也就是如果能够激活多个变迁，那么它们中的任意一个都可以被激活。

Petri 网可以用于规格说明，也可以用于设计，甚至可以用于程序验证。Petri 网利用 3 个基本元素：库所、变迁和边，将系统的行为表示为状态及其变化，变迁描述了改变系统状态的事件。

Petri 网的(全局)状态 $G$ 是 $P$ 中有标记的库所组成的子集，也就是说，不在 $G$ 中的库所没有令牌。在 Petri 网所有可能的状态中，其中某个状态作为初始状态。若激活一个变迁，随着令牌由一个库所向另一个库所转移，Petri 网的状态也就相应地发生变化。Petri 网的一次执行就是从初始状态开始的最大状态序列，它通过一次次变迁激活，获得这个状态序列中相继状态的更替。一旦确定了初始状态，虽然只有变迁促使序列从初始状态变更，但是由于变迁的激活并不是确定的，因此我们可以得到 Petri 网所有不同的执行过程。

举个例子，当多个进程争夺同一个资源时，往往会发生互斥情况。Dijskstra 阐述了如何通过互斥协议的临时尝试序列合理地解决进程间的互斥问题[16]。在这个问题中，两个(或两个以上)进程竞争进入一个临界区(Critical Section)，在程序中，即它们访问某个互斥资源的代码段，这个访问过程是排他的。例如，临界区涉及打印，显然，两个进程不能同时访问同一台打印机。

如果一个进程不需要访问临界区，则它会进行任意的本地计算，本地计算位于非临界区中。当进程要进入其临界区，或者已经获取了访问临界区的权限，该进程都可能会加入(不同的)临界区协议，这些协议要保证达到以下两个目的。

(1) 斥性(Exclusiveness)：任意两个进程不能同时进入其临界区。

(2) 活性(Liveness)：如果一个进程想要进入其临界区，则该进程能在有限时间内被允许进入。

下面是一个这种协议的临时尝试。

```
                    boolean c1,c2 initially 1;
P1 :: m1 : while true do                     P2 :: n1: while true do
      m2 : ( * noncritical section 1 * )           n2  : ( * noncritical section 2 * )
      m3 : c1 := 0;                                n3 : c2 := 0;
      m4 : wait until c2 = 1;                      n4 : wait until c1 = 1;
      m5 : ( * critical section 1 * )              n5 : ( * critical section 2 * )
      m6 : c1 := 1                                 n6 : c2 := 1
end                                          end
```

这个用抽象形式描述的临时互斥协议所表达的安全属性可以用 Petri 网模型可视化。Petri 网如图 3.5 所示，被标记的库所表示系统的初始状态。使用 Petri 网可以很方便地检验协议中的安全属性，即检验协议能否保证系统做到：无法从初始状态到达“critical section 1 和 critical section 2 都有令牌”的状态。

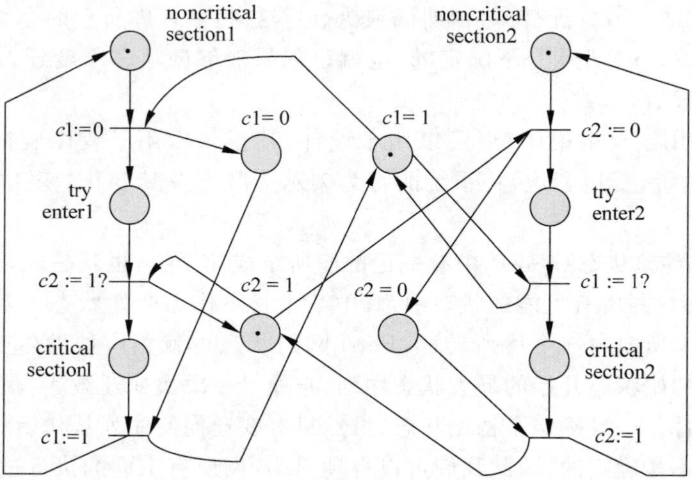


图 3.5 临时互斥算法的 Petri 网模型

(转摘于文献[16]图 11.11)

根据 Petri 网激活规则，可以通过移动令牌演示这个算法死锁的可能性。由于死锁将在没有可以激活的变迁时发生，因此我们检验这种情况能否出现。当被标记为 $c1 := 0$ 的变迁被激活时，去掉 noncritical section 1 和 $c1 = 1$ 库所的令牌，并在 try enter 1 和 $c1 = 0$ 库所加入令牌。与之对等，当被标记为 $c2 := 0$ 的变迁被激活时，去掉 noncritical section 2 和 $c2 = 1$ 库所的令牌，并在 try enter 2 和 $c2 = 0$ 库所加入令牌。至此，此 Petri 网中不存在可以激活的变迁了，如图 3.6 所示。

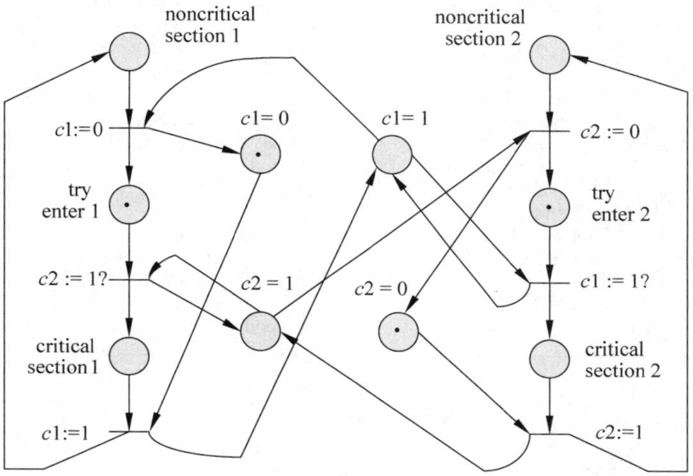


图 3.6 临时互斥算法的 Petri 网的死锁检验图

注意，Petri 图中 $c2 := 1$ ？($c1 := 1$?)变迁意指当 $c2 = 1$($c1 = 1$)事件发生时，系统的状态才可能发生改变。图 3.5 显示，因为 $c2 = 1$ 库所没有令牌，所以标记为 $c2 := 1$ ？的变迁不能执行。同样，因为 $c1 = 1$ 库所没有令牌，所以标记为 $c1 := 1$? 的变迁也不能执行。这样，两个进程都无法进入各自的临界区。因此，临时互斥协议可以保证系统的安全属性，即系统将不会从初始状态到达“critical section 1 和 critical section 2 都有令牌”的状态。由此观之，我们要设计算法，解决上述会出现的死锁问题。例如，荷兰数学家 Dekker 给出一个解，如图 3.7 所示[16]。进一步，在理论上，我们不仅要保证这些临界区和非临界区从不终止，即都可以无限次执行，还要考虑公平性原则，即两个进程中任意一个进程都不会被另一个进程的行为而永远推迟自己的转换。

除了 Petri 图，Peled 在其著作《软件可靠性方法》[16] 中介绍了其他可视化方法在形式表述中的应用。

**1. 消息序列图**

每个消息序列图(Message Sequence Chart，MSC)描述了一个涉及进程间通信的场景，这些场景描述了消息的发送和接收及其顺序。

图 3.8 所示为一个简单消息序列图示例。在序列图中每个进程被表示成一个竖线，竖线上方的方框内标记进程名。消息被标记为横向箭头，它从消息发送方指向接收方。注意，

消息序列图刻画了一些消息发送和接收事件，一般情况下，它忽略对其他事件(如判定和赋值事件)的刻画。

```
boolean c1 initially 1;
boolean c2 initially 1;
integer(1..2) turn initially 1;

P1 :: while true do
  begin
    noncritical section 1
    c1 : = 0;
    while c2 = 0 do;
      begin
      if turn = 2 then
        begin
          c1 : = 1;
          wait until turn = 1;
          c1 := 0;
        end
      end;
    critical section 1
    c1 := 1;
    turn := 2
end

P2 :: while true do
  begin
    noncritical section 2
    c2 : = 0;
    while c1 = 0 do;
      begin
      if turn = 1 then
        begin
          c2 : = 1;
          wait until turn = 2;
          c2 := 0;
        end
      end;
    critical section 2
    c2 := 1;
    turn := 1
end
```

图 3.7　Dekker 的互斥解

(转摘于文献[16]图 4.4)

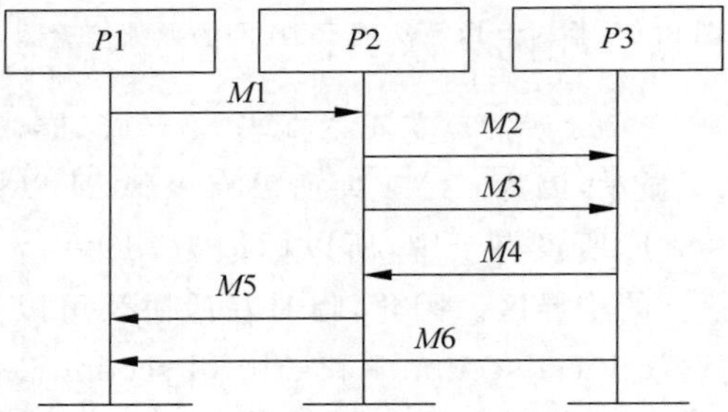


图 3.8　一个简单的消息序列图

(转摘于文献[16]图 11.1)

每个消息序列图对应一个图$(S,\prec)$，其语义解释如下：假定消息序列图中有两个事件$p,q\in S$，$p\prec q$表示$p$在$q$之前，其中序关系可以是因果关系(如发送事件$p$和相应的回复事件$q$)、控制关系(如在同一进程队列中$q$是一个消息发送事件，但它必须等待$p$事件发生才可执行)和先进先出(First In First Out，FIFO)顺序(如在同一进程序列，$p$和$q$是两个接收事件，且$p$出现在接收事件$q$之前；而它们相应的发送事件$p'$和$q'$也在同一进程队列中，且$p'$在$q'$之前)。如此，单独的消息序列图表示了事件的一个偏序集。

消息序列图可以用于描述一个系统典型或异常执行的通信结构以及在测试或模型检验中找到的反例。在消息序列图上还可以应用一些简单的验证算法，如检查消息序列图中是否存在竞争条件。例如，在图 3.8 中，进程 $P1$ 包含了两个消息接收事件 $M5$ 和 $M6$。进程队列(Process Line)都是一维的，$P1$ 必须确定选择先处理其中一个接收事件，而把另一个放在后面。由于 $M5$ 和 $M6$ 分别是由 $P2$ 和 $P3$ 两个不同进程发送的，它们的到达时间顺序可能无法确定，因此我们并没有理由确定接收的消息会以特定的顺序到达。这便是竞争条件产生的直观背景，即它是包括至少一个接收事件的一组事件，我们只对其顺序进行了有限的控制。形式上，可以将竞争定义为消息序列图中有这样两个事件 $p$ 和 $q$：①$p$ 和 $q$ 出现在同一个进程队列中；②$p$ 出现在 $q$ 之前；③在图$(S,\prec)$中不存在从 $p$ 到 $q$ 的路径。根据定义，在消息序列图中检测竞争情况就很简单。只要计算消息序列图对应图$(S,\prec)$中所有事件关于$\prec^*$关系的传递闭包。对于事件 $p,q\in S$，仅当在图$(S,\prec)$中存在从 $p$ 到 $q$ 的路径时，有 $p\prec^* q$。然后，只须比较在同一进程队列中的两个事件的传递闭包关系。如今，在描述通信协议的执行方面，消息序列图方法十分流行。它是众多用来设计通信系统的标准描述技术之一，越来越多的工具提供了消息序列图接口。

**2. 程序形式化表示的可视化**

1) 可视化流程图和状态机

程序形式化表示的可视化将一个程序的运行过程用状态机或流程图表示，演示从一个状态(或节点)到另一个状态(或节点)的转换过程，是理解程序并检验其正确性的有效方式。

通过高亮当前节点(改变节点的颜色或色调)可以仿真执行过程。当执行一个转换时，当前节点的后继节点会替代前者高亮显示出来。

有许多不同的方式可以构建一个系统的图形化表示。例如，可以使用编辑器将系统的代码翻译成图。目前已出现一些工具，它们把生成图和修改图作为系统设计的一部分供开发人员使用。

在系统设计、测试和验证的许多阶段，都可以使用程序的可视化表示。例如，系统的设计可以从使用一些可视化工具开始，有些工具可以自动生成可执行代码。即使无法直接使用这些自动生成的代码，也可以通过修改它开始对目标系统的开发。例如，图中节点或边可以包含附加信息，这些信息可以是给变量赋值的实际代码、判定谓词或发送/接收的消息。

2) 层次状态图

使用层次状态图可以表示系统的层次化结构以及系统的并发组合特征。当状态空间巨大时，使用层次状态图更能达到可视化直观的效果。已经有图符号体系描述系统的层次状态图。STATECHARTS 是其中一种，它允许将若干状态(此时应叫作子状态)组合成超状态(Super State)，因此在刻画系统的层次化结构、并发等特征的同时，能简化普通状态图表示。例如，利用超状态之间的转换代替它们内部子状态间的转换，减少了普通状态图冗余表示，尤其适用于指定中断。

3) 程序文本着色可视化

虽然上述许多图形式化方法能显示程序的许多属性，但往往由于状态空间过于庞大，致使图形复杂，降低了直观性。这从图 3.5 就可以看出，一个简单的临时互斥协议画成 Petri 网，线条就很多，这还是初始状态图。因此，图的显示是一个困难的问题。关于图的显示，一直是计算机界研究的课题。

使用颜色使程序代码可视化是一种有趣的方法。该方法使用不同的色调表示不同等级的代码。例如，黄色表示低等级值；红色表示中等级值；棕色表示高等级值；等等。而代码等级划分主要依据软件界长期实践积累的经验和直觉，根据某个观念对程序代码进行分级。一般地，我们是从软件测试和验证角度制定等级标准的。如果依据代码块改变的频繁程度和容易出现错误的可能性大小对程序的代码块进行等级划分，深颜色代码块和浅颜色代码块相比，是改变更频繁、更容易出错的代码块，这就预示我们要特别注意对这些代码块的正确性进行验证。另外，如果我们按能被测试用例覆盖的多寡数量着色程序代码块，那么对于浅颜色代码块，因为覆盖它们的测试用例数量相对较少，当程序错误原因一时难以确定时，我们应当为这些代码块设置新的测试用例。这样看来，对程序文本着色，是对软件界长期经验的有效应用，这对软件开发、验证和测试都是有益的。

### 3.2.3 图形在形式证明中的应用

**1. Manna-Pnueli 演绎规则方法**

Z. Manna 和 A. Pnueli 在 20 世纪 80 年代初提出了并发程序安全性（不变性、优先性等）、活性（响应性、反应性等）的演绎推理规则[36]。

1）不变性规则

基本不变式规则（INV-B）为

$$\frac{\begin{array}{l}\text{B1. } \Theta \rightarrow \varphi \\ \text{B2. } \{\varphi\}\ \mathcal{T}\ \{\varphi\}\end{array}}{\Box\varphi}$$

B1：$\Theta$ 为初始条件，$\varphi$ 为一个断言，$\Theta \rightarrow \varphi$ 表示 $\varphi$ 在初始状态成立。

B2：$\{\varphi\}\mathcal{T}\{\varphi\}$ 表示 $\varphi$ 在执行过程中的某个状态成立，$\mathcal{T}$ 为某个迁移（即转换）集，这时无论 $\mathcal{T}$ 中哪个迁移，$\varphi$ 在下一状态依然成立。

有这两个前提的保证，就可以得出 $\varphi$ 在所有状态成立，即 $\Box\varphi$ 成立。符号 $\Box$ 是时态运算符，表示“总是”（Always）。这时称 $\varphi$ 为不变式。

基本不变式规则还可以扩充或变形为其他类型的不变式规则。

2）优先性规则

$$\frac{\begin{array}{l}\text{N1. } p \rightarrow \bigvee_{i=0}^{r} \varphi_i \\ \text{N2. } \varphi_i \rightarrow q_i, \quad i=0,1,2,\cdots,r \\ \text{N3. } \{\varphi_i\}\ \mathcal{T}\ \{\bigvee_{j \leqslant i} \varphi_j\}, \quad i=1,2,\cdots,r\end{array}}{p \Rightarrow q_r \omega q_{r-1} \cdots q_1 \omega q_0}$$

N1：如果 $p$ 在状态 $s_k$ 成立，那么 $\bigvee_{i=0}^{r} \varphi_i$ 在这个状态也成立，即存在 $j_k$ 使 $\varphi_{j_k}$ 在状态 $s_k$ 成立（$0 \leqslant j_k \leqslant r$）。

N2：$\varphi_i$ 在某状态或状态区间成立，那么 $q_i$ 在这一状态或状态区间也成立，$i=0,1,2,\cdots,r$。

N3：如果 $\varphi_{j_k}$ 在状态 $s_k$ 成立，那么 $\varphi_{j_{k+1}}$ 在状态 $s_{k+1}$ 成立，且 $j_k \geqslant j_{k+1} \geqslant \cdots$。

由 N1 可知若 $p$ 在状态 $s_k$ 成立，则得到 $\varphi_{j_k}$ 在状态 $s_k$ 成立。若 $j_k=0$，则可得到结论，即 $p \Rightarrow q$。若 $j_k>0$，还需要考虑 $s_k$ 的下一个状态 $s_{k+1}$，由 N3 可知存在 $j_{k+1}(0\leqslant j_{k+1}\leqslant j_k)$在 $s_k$ 的下一个状态 $s_{k+1}$ 成立，对 $s_{k+1}$ 不断重复这一过程，从逻辑角度考虑一般情况，可以推知：$\varphi_r,\varphi_{r-1},\cdots,\varphi_1$ 在状态区间序 $I_r,I_{r-1},\cdots,I_1$ 上分别成立，且它要么在一个 $\varphi_0$ 成立的状态终止，要么为无限序列。再结合 N2，便可以得到结论。

注意，$p\omega q$ 意为 $p$"等待/除非"$q$；$p \Rightarrow q$ 意为由 $p$ 可以推出 $q$。

3）响应性规则

响应性规则比较多，我们只介绍单步响应性规则和链式规则，其他规则只是这两个规则的扩充或变形。

（1）单步响应性规则如下。

$$
\begin{array}{l}
\text{J1. } p \rightarrow (q \vee \varphi) \\
\text{J2. } \{\varphi\}\ \mathcal{T}\{q \vee \varphi\} \\
\text{J3. } \{\varphi\}\ \tau\ \{q\} \\
\underline{\text{J4. } \varphi \rightarrow \mathrm{En}(\tau)} \\
\qquad p \Rightarrow \Diamond q
\end{array}
$$

其中，$\tau \in \mathcal{T}$。

J1：$p \rightarrow (q \vee \varphi)$是状态有效的，即在所有状态上，$p \rightarrow (q \vee \varphi)$成立。

J2：在 $\varphi$ 成立的某个状态，执行$\mathcal{T}$中任意一个迁移，$q \vee \varphi$ 在下一个状态成立。

J3：在 $\varphi$ 成立的某个状态，执行迁移 $\tau(\in \mathcal{T})$，$q$ 在下一个状态成立。

J4：在 $\varphi$ 成立的所有状态，$\tau$ 是使能的，即 $\mathrm{En}(\tau)$表示 $\tau$ 能够执行。

考虑结论 $p \Rightarrow \Diamond q$，其中$\Diamond$是时态运算符，指"终将"，即$\Diamond q$ 意为"某个时刻"$q$。于是，从上述前提可以看出，如果 $p$ 在状态 $s_i$ 成立($i \geqslant 0$)，$q$ 也在状态 $s_i$ 成立，那么可以直接得出结论。如果 $p$ 在状态 $s_i$ 成立，但是 $q$ 在状态 $s_i$ 并不成立，这时根据 J1，$\varphi$ 必在状态 $s_i$ 成立。然后根据 J2，只要 $\varphi$ 在状态 $s_i$ 成立，经过$\mathcal{T}$中任意迁移，在其转换到的下一个状态，$q \vee \varphi$ 必定成立。但是根据 J3，$\mathcal{T}$中有一个迁移 $\tau$，却能从使 $\varphi$ 成立的状态转换到使 $q$ 成立的某个状态，再根据 J4，凡在 $\varphi$ 成立的状态，$\tau$ 是能使的。综上可以得出结论。

（2）链式规则如下。

$$
\begin{array}{l}
\text{J1. } p \rightarrow \bigvee_{j=0}^{m} \varphi_j \\
\text{J2. } \{\varphi_i\}\ \mathcal{T}\{\bigvee_{j \leqslant i} \varphi_j\} \\
\text{J3. } \{\varphi_i\}\tau_i\{\bigvee_{j<i} \varphi_j\} \\
\underline{\text{J4. } \varphi_i \rightarrow \mathrm{En}(\tau_i)} \\
\qquad p \Rightarrow \Diamond q
\end{array}
$$

其中，$\varphi_0 \rightarrow q$；迁移 $\tau_1,\tau_2,\cdots,\tau_m \in \mathcal{T}$；J2、J3、J4 中的 $i=1,2,\cdots,m$。

J1：如果 $p$ 在某个状态成立，则 $\bigvee_{j=0}^{m} \varphi_j$ 也在这个状态成立。

J2：在 $\varphi_i$ 成立的某个状态，执行$\mathcal{T}$中任意迁移，则有 $\varphi_j$ 在下一个状态成立，其中 $j \leqslant i$。

J3：在 $\varphi_i$ 成立的某个状态，执行迁移 $\tau_i$，则有 $\varphi_j$ 在下一个状态成立，其中 $j < i$。

J4：在 $\varphi_i$ 成立的所有状态，$\tau_i$ 是使能的。

现在考虑结论。用反证法，假设 $p$ 在状态 $s_t$ 成立($t \geqslant 0$)，$q$ 在所有状态 $s_m$($m \geqslant t$)上不成立。这样一来，由 J1 可知，$p$ 在状态 $s_t$ 成立，若 $\varphi_j$ 在状态 $s_t$ 成立，则 $j > 0$。因为 $\varphi_0 \to q$，若 $j = 0$，就与假设矛盾。由 J2 可知，$\varphi_j$ 在状态 $s_t$ 成立，执行任意迁移后，便有 $\varphi_k$ 在状态 $s_{t+1}$ 成立，其中 $k \leqslant j$，而且 $k > 0$(与 $j > 0$ 同理)。重复此过程，为清楚起见，把上述迭代过程产生的 $\varphi$ 序列记为 $\varphi_{j_k}, \varphi_{j_{k+1}}, \cdots$，其下标满足 $j_k \geqslant j_{k+1} \geqslant \cdots > 0$。因此，由 J2 可以推知，必定存在一些 $j_k$($j_k \geqslant t$)，序列不再递减。这样，由 J2 便得 $\varphi_{j_k}$ 在(某)状态 $s_k$ 后一直成立。由 J3 可知，因为序列是递减的，故 $\tau_{j_k}$ 在状态 $s_k$ 后是不能执行的。但由 J4 可知，$\tau_{j_k}$ 在状态 $s_k$ 后是使能的，这违反了 $\tau_{j_k}$ 的公平性，所以反证得到结论成立。

**2. Manna-Pnueli 验证图方法**

为了并发程序演绎验证可视化，1983 年，Z. Manna 和 A. Pnueli 首次提出并发程序演绎证明规则的图形表述，即验证图(Verification Diagrams)。1994 年，他们系统地阐述了验证各类时序属性的验证图，这就为并发程序演绎验证提供了一种直观、可视化的方法[36]。

验证图是一个带标记的有向图，由节点和边组成。节点与断言绑定，表示一个验证条件。边表示节点的转移。验证图中可能存在这样的节点，没有边再从它引出。这种节点称为终止节点，与它绑定的是“目标断言”，指示演绎证明的结束。在验证图中，边用有向弧表示，节点用长圆角矩形表示，但终止节点的矩形要加粗。我们用 $\phi_m, \cdots, \phi_0$ 表示节点，对应的断言为 $\text{Assert}_m, \cdots, \text{Assert}_0$，其中 $m > 0$。

验证图可分为下几种类型。

1）不变图

没有终止节点的验证图，可以包含循环。不变图可应用于不变性的证明。图 3.9(a)所示的验证图即为一个不变图。

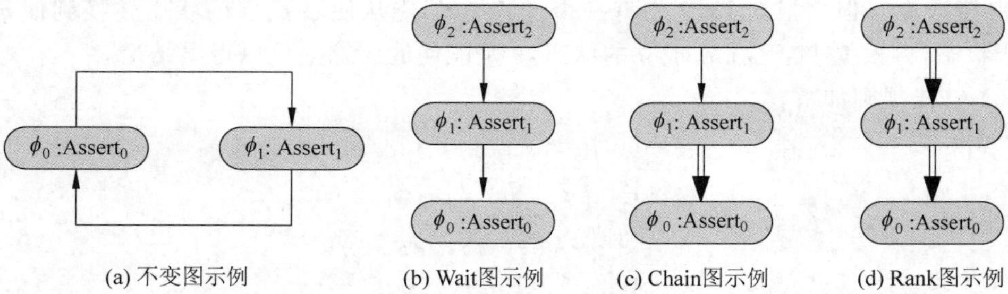


图 3.9　4 类验证图示例

2）Wait 图

$\phi_0$ 是图中终止节点，并且图是非循环的，即无论何时从节点 $\phi_i$ 引一条边到节点 $\phi_j$，$i \geqslant j$ 时，称该验证图为 Wait 图。Wait 图用于优先性证明。图 3.9(b)所示的验证图即为一个 Wait 图。

3）Chain 图

当验证图满足以下条件时，称该验证图为 Chain 图。

(1) $\phi_0$ 是终止节点；

(2) 从节点 $\phi_i$ 引一条单线边到节点 $\phi_j$，则 $i \geqslant j$；

(3) 从节点 $\phi_i$ 引一条双线边到节点 $\phi_j$，则 $i > j$；

(4) 从节点 $\phi_i(i>0)$有一条双线边从 $\phi_i$ 引出，该边称为断言 $\phi_i$ 的“帮助”；

(5) 同一变迁不允许既是单线边又是双线边。

Chain 图可应用于响应性证明。图 3.9(c)所示的验证图即为 Chain 图。

4）Rank 图

当验证图满足以下条件时，称验证图为 Rank 图。

(1) $\phi_0$ 是终止条件；

(2) 对于每个节点 $\phi_i(i>0)$，有一条双线边从节点 $\phi_i$ 引出，该边称为断言 $\phi_i$ 的“帮助”；

(3) 同一变迁不允许既是单线边，又是双线边。

Rank 图也可应用于响应性证明。图 3.9(d)所示的验证图即为 Rank 图。

注意，在 Rank 图中，当 $j>i$ 时，也许节点 $\phi_j$ 连接到节点 $\phi_i$，这一点不同于 Chain 图。

### 3. Manna-Pnueli 证明规则和验证图应用示例

**例 3.1** 响应性规则和验证图应用示例[36]

ANY-Y 程序如图 3.10 所示。程序包含两个进程 $P_1$ 和 $P_2$，共享变量为 $x$，初始值为 0。进程 $P_1$ 中，只要 $x=0$，$y$ 就增加 1；进程 $P_2$ 中，只有 $x:=1$ 这一条语句。显然，一旦将 $x$ 赋值为 1，进程 $P_2$ 就终止；同样，只要 $x \neq 0$，进程 $P_1$ 也会终止。

**local** $x, y$: **interger where** $x=y=0$

$$P_1 :: \begin{bmatrix} l_0 : \textbf{while } x=0 \textbf{ do} \\ l_1 : y := y+1 \\ l_2 : \end{bmatrix} \parallel P_2 :: \begin{bmatrix} m_0 : x:=1 \\ m_1 : \end{bmatrix}$$

图 3.10 ANY-Y 程序

(转摘于文献[36]图 8-6)

现在，利用链式规则和验证图证明 $\Theta \Rightarrow \Diamond(\text{at\_}l_2 \wedge \text{at\_}m_1)$。其中，初始条件 $\Theta$ 为：$\text{at\_}l_0 \wedge \text{at\_}m_0 \wedge x=0 \wedge y=0$，为了使用链式规则证明它成立，建立该规则的4个前提。为此，首先建立4个断言及其相应的迁移集：

$$\varphi_3: \text{at\_}l_{0,1} \wedge \text{at\_}m_0 \wedge x=0 \quad \tau_3: m_0$$

$$\varphi_2: \text{at\_}l_1 \wedge \text{at\_}m_1 \wedge x=1 \quad \tau_2: l_1$$

$$\varphi_1: \text{at\_}l_0 \wedge \text{at\_}m_1 \wedge x=1 \quad \tau_1: l_0$$

$$\varphi_0: \text{at\_}l_2 \wedge \text{at\_}m_1 \quad \mathcal{I}=\{m_0, l_1, l_0\}$$

如果令 $p=\text{at\_}l_0 \wedge \text{at\_}m_0 \wedge x=0 \wedge y=0$，显然 $p \rightarrow \varphi_3$ 成立，由此得到链式规则中的前提 J1：$p \rightarrow V_{j=0}^{3}\varphi_j$。

下面再来验证链式规则中前提 J2～J4 也是成立的。

关于 $\varphi_3$：$\text{at\_}l_{0,1} \wedge \text{at\_}m_0 \wedge x=0$，验证 J2～J4 成立如下。

$$\underbrace{\{\text{at\_}l_{0,1} \wedge \text{at\_}m_0 \wedge x=0\}}_{\varphi_3} \tau \underbrace{\{\text{at\_}l_{0,1} \wedge \text{at\_}m_0 \wedge x=0\}}_{\varphi_3}, \quad \forall \tau \neq m_0$$

$$\underbrace{\{\text{at\_}l_{0,1} \wedge \text{at\_}m_0 \wedge x=0\}}_{\varphi_3} m_0 \left\{\underbrace{\text{at\_}l_1 \wedge \text{at\_}m_1 \wedge x=1}_{\varphi_2} \vee \underbrace{\text{at\_}l_0 \wedge \text{at\_}m_1 \wedge x=1}_{\varphi_1}\right\}$$

$$\underbrace{\{\text{at\_}l_{0,1} \wedge \text{at\_}m_0 \wedge x=0\}}_{\varphi_3} \rightarrow \underbrace{\text{at\_}m_0}_{\text{En}(m_0)}$$

关于 $\varphi_2$：$\text{at\_}l_1 \wedge \text{at\_}m_1 \wedge x=1$，验证 J2～J4 成立如下。

$$\underbrace{\{\text{at\_}l_1 \wedge \text{at\_}m_1 \wedge x=1\}}_{\varphi_2} \tau \underbrace{\{\text{at\_}l_1 \wedge \text{at\_}m_1 \wedge x=1\}}_{\varphi_2} \quad \forall \tau \neq l_1$$

$$\underbrace{\{\text{at\_}l_1 \wedge \text{at\_}m_1 \wedge x=1\}}_{\varphi_2} l_1 \underbrace{\{\text{at\_}l_0 \wedge \text{at\_}m_1 \wedge x=1\}}_{\varphi_1}$$

$$\underbrace{\{\text{at\_}l_1 \wedge \text{at\_}m_1 \wedge x=1\}}_{\varphi_2} \rightarrow \underbrace{\text{at\_}l_1}_{\text{En}(l_1)}$$

关于 $\varphi_1$：$\text{at\_}l_0 \wedge \text{at\_}m_1 \wedge x=1$，验证 J2～J4 成立如下。

$$\underbrace{\{\text{at\_}l_0 \wedge \text{at\_}m_1 \wedge x=1\}}_{\varphi_1} \tau \underbrace{\{\text{at\_}l_0 \wedge \text{at\_}m_1 \wedge x=1\}}_{\varphi_1} \quad \forall \tau \neq l_0$$

$$\underbrace{\{\text{at\_}l_0 \wedge \text{at\_}m_1 \wedge x=1\}}_{\varphi_1} l_0 \underbrace{\{\text{at\_}l_2 \wedge \text{at\_}m_1\}}_{\varphi_0}$$

$$\underbrace{\{\text{at\_}l_0 \wedge \text{at\_}m_1 \wedge x=1\}}_{\varphi_1} \rightarrow \underbrace{\text{at\_}l_0}_{\text{En}(l_0)}$$

因此，根据链式规则，可以得到结论 $\Theta \Rightarrow \Diamond(\text{at\_}l_2 \wedge \text{at\_}m_1)$。验证图如图3.11所示。

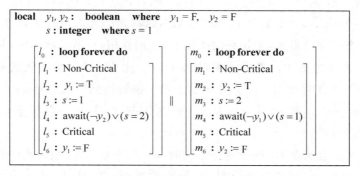

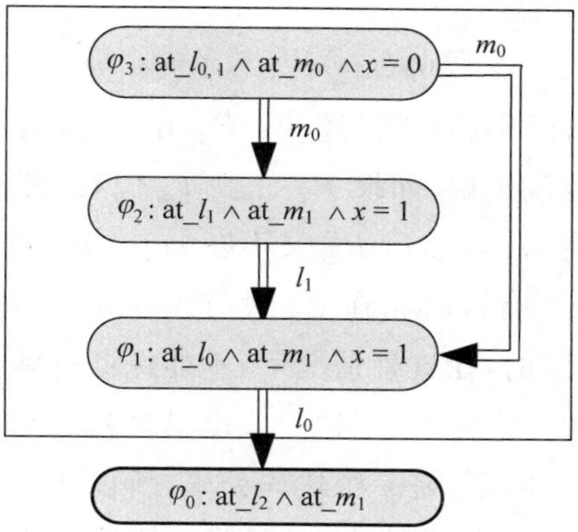


图 3.11　证明 $\Theta \Rightarrow \Diamond(\mathrm{at}\_l_2 \wedge \mathrm{at}\_m_1)$

（转摘于文献[36]图 8-7）

**例 3.2**　优先性规则和验证图的应用示例[36]

图 3.12 所示为 Peterson 算法，该算法主要用于解决互斥问题。假设有两个进程 $P_1$ 和 $P_2$，Peterson 算法通过布尔变量 $y_1$ 和 $y_2$ 控制它们访问一个共享的单用户资源行为，从而避免发生访问冲突情况。算法基本机制如下：若进程 $P_i(i=1,2)$ 试图进入临界区，则将该进程相应的 $y_i$ 设为 T；离开临界区时，将 $y_i$ 设为 F。但是当两个进程同时处于等待状态，即算法中 $P_1$ 和 $P_2$ 分别在 $l_4$ 和 $m_4$ 处，这时 $y_1=y_2=\mathrm{T}$，若只有 $y_i$ 控制进程，那么会出现死锁情况。因此，还需要变量 $s(s=\{1,2\})$ 作为签名。当 $y_1=y_2=\mathrm{T}$ 时，在下一个语句中，每个进程将自己的下标数字赋给 $s$ 作为签名。也就是说，$P_1$ 执行 $s:=1$；$P_2$ 执行 $s:=2$。增添签名机制，当两个进程都处于等待状态时，若 $P_i(i=1,2)$ 首先到达等待区，则 $s\neq i$，设 $j$ 为另一个进程的下标，则 $s=j$，它是最后到达等待区的进程，因此 $P_i$ 具有优先权，即可以进入临界区。

```
local  y1, y2 :  boolean  where  y1 = F,  y2 = F
       s : integer  where s = 1

  [l0 : loop forever do                 ]     [m0 : loop forever do                 ]
  [ [l1 : Non-Critical             ]    ]     [ [m1 : Non-Critical             ]    ]
  [ [l2 : y1 := T                  ]    ]     [ [m2 : y2 := T                  ]    ]
  [ [l3 : s := 1                   ]    ]  ||  [ [m3 : s := 2                   ]    ]
  [ [l4 : await(¬y2) ∨ (s = 2)     ]    ]     [ [m4 : await(¬y1) ∨ (s = 1)     ]    ]
  [ [l5 : Critical                 ]    ]     [ [m5 : Critical                 ]    ]
  [ [l6 : y1 := F                  ]    ]     [ [m6 : y2 := F                  ]    ]
```

图 3.12　Peterson 算法

（转摘于文献[36]图 8-8）

现在,我们尝试证明

$$\text{at\_}l_4 \Rightarrow (\neg \text{at\_}m_{5,6})\omega(\text{at\_}m_{5,6})\omega(\neg \text{at\_}m_{5,6})\omega(\text{at\_}l_{5,6})$$

上述公式表达的程序属性可以直观描述为：$P_1$ 在 $l_4$ 位置,$P_2$ 可能先于 $P_1$ 进入临界区,但最多只能出现一次。也就是说,如果 $P_1$ 正在 $l_4$ 位置,那么有可能一段区间内 $P_2$ 不在 $m_{5,6}$,接着一段区间 $P_2$ 在 $m_{5,6}$,然后 $P_2$ 又不在 $m_{5,6}$,$P_1$ 进入 $l_{5,6}$。任何一个区间都有可能为空,特别是 $P_2$ 在 $m_{5,6}$ 的区间内,在 $P_2$ 没有先到 $m_{5,6}$ 时,允许 $P_1$ 进入 $l_{5,6}$。另外,任何一个区间都有可能是无限的,在这种情况下,不能保证有紧接着的区间和 $P_1$ 进入 $l_{5,6}$。然而,这种情况是不会发生的。实际上,上述公式也是进程之间公平性属性的表述。由于这个公式牵涉到进程执行的次序问题,是一个优先公式,所以我们用优先性规则证明它。

令 $P=\text{at\_}l_4$,显然,若把上式作为结论,对照前面所述的优先性规则,有：$q_0=\text{at\_}l_{5,6}$,$q_1=\neg\text{at\_}m_{5,6}$,$q_2=\text{at\_}m_{5,6}$,$q_3=\neg\text{at\_}m_{5,6}$。下面建立 4 个断言,让它们满足优先性规则的 3 个前提条件。令 4 个断言为

$$\varphi_0: \text{at\_}l_{5,6}$$

$$\varphi_1: \text{at\_}l_4 \wedge (\text{at\_}m_{0..3} \vee (\text{at\_}m_4 \wedge s=2))$$

$$\varphi_2: \text{at\_}l_4 \wedge \text{at\_}m_{5,6}$$

$$\varphi_3: \text{at\_}l_4 \wedge \text{at\_}m_4 \wedge s=1$$

注意,$P=\text{at\_}l_4$ 表示进程 $P_1$ 处于等待区间,而在整个等待区间内 $P_1$ 从位置 $l_4$ 开始,到 $l_5$ 处结束。在此等待区间,进程 $P_2$ 可在任意处,所以上述 $\varphi_1$、$\varphi_2$、$\varphi_3$ 都采取了与 $\text{at\_}l_4$ 合取的形式,表明在 $P_1$ 等待时,$P_2$ 进程的“作为”。同样,$q_1$、$q_2$、$q_3$ 也可采取与 $\text{at\_}l_4$ 合取的形式。

$\varphi_0$ 是用 $\text{at\_}l_{5,6}$ 本身表示的,因为很显然它将终止等待。$\varphi_0$ 也是进程 $P_1$ 处在等待区间时的“目标”,因此 $q_0=\varphi_0$。

显然,$\varphi_1 \rightarrow q_1$,即 $\varphi_1 \rightarrow \neg\text{at\_}m_{5,6}$。然而,$\varphi_1$ 断言在 $P_1$ 处在等待区间时,$P_2$ 不是处在 $m_{0..3}$ 就是在 $m_4$,但由于 $s=2$,它比 $P_1$ 后“签名”,以致无法进入 $m_{5,6}$。现在,$\varphi_1$ 是 $P_2$ 到达 $\text{at\_}m_4 \wedge s=2$ 状态的完整形式,于是它便体现了 $\varphi_1$ 的作用,在所有状态中,只要 $\varphi_1$ 成立,则下一个进入临界区的将是 $P_1$,即在所有状态中,$P_1$ 比 $P_2$ 具有绝对优先权。于是 N3 中 $\varphi_1\,\mathcal{I}\{\varphi_1 \vee \varphi_0\}$ 成立。实际上,从 $\varphi_1$ 成立的状态唯一能转换到的状态是 $\text{at\_}l_{5,6}$。

显然,$\varphi_2 \rightarrow \text{at\_}m_{5,6}$,即 $\varphi_2 \rightarrow q_2$。从 $\varphi_2$ 成立状态,程序下一个状态是使 $\varphi_1 \vee \varphi_0$,即 $\varphi_2\,\mathcal{I}\{\varphi_2 \vee \varphi_1 \vee \varphi_0\}$ 成立。

因为 $\varphi_1$、$\varphi_2$、$\varphi_3$ 表示在 $P_1$ 处于等待区间时,$P_2$ 所有的状态,也是程序所有状态。鉴于 $\varphi_1$ 和 $\varphi_2$ 的直观意义,$\varphi_3$ 的直观意义是,在等待位置 $l_4$,$P_2$ 比 $P_1$ 具有优先权,于是虽然 $\varphi_3 \rightarrow q_3$,即 $\varphi_3 \rightarrow \neg\text{at\_}m_{5,6}$,但是,下一状态可能是 $\varphi_2$,即 $\varphi_3\,\mathcal{I}\{\vee_{j\leqslant 3}\varphi_j\}$ 成立。

显然,$p \rightarrow \varphi_0 \vee \varphi_1 \vee \varphi_2 \vee \varphi_3$,所以优先性规则前提全部成立,根据这个规则,得到结论：

$at\_l_4 \Rightarrow (\neg at\_m_{5,6})\omega(at\_m_{5,6})\omega(\neg at\_m_{5,6})\omega(at\_l_{5,6})$。

最后用验证图验证上述属性，如图 3.13 所示。

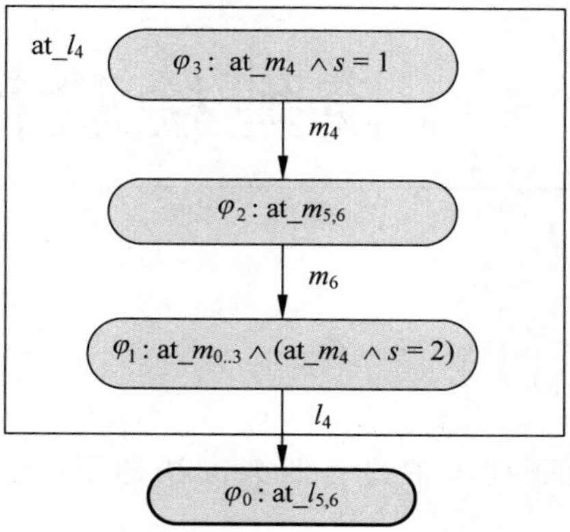


图 3.13　证明 $at\_l_4 \Rightarrow (\neg at\_m_{5,6})\omega(at\_m_{5,6})\omega(\neg at\_m_{5,6})\omega(at\_l_{5,6})$

（转摘于文献[36]图 8-9）

第4章

# 模型检验简介

迄今为止，软硬件的验证技术主要有四大方法体系：模拟、测试、形式证明和模型检验[37]。

模拟也许是人类最传统的一种验证自己创造的产品功效的方法，即使在最新的验证技术中，仍然可以看到它渗透其中并发挥作用。例如，在单元测试中，使用测试驱动程序和桩模块是应用模拟思想的典型方法。在软件开发早期阶段，一种有效的开发方法和验证方法是原型构造。原型隐藏或忽略了许多技术细节和非功能性需求，只把用户需求中最重要的根本关键性的功能显示出来。往往当实际系统开发出来，这种原型便被抛弃。如果把这种原型仅看作对待开发产品“式样”的预示，那么从仿真角度，这种开发验证方法就是一种模拟技术。模拟方法具有很多优点，其中之一是当我们营造实际环境都难以出现的极端状况并让产品运作其中，这时观察产品性能，能有效达到某种目的。最好的例子是估计产品寿命的试验，等待产品“自然死亡”经常不切实际，我们用加大应力（如热应力、电应力、机械应力等）办法模拟极端情况，加快产品失效，然后根据加速寿命实验模型，再估计产品在正常工作应力下的可靠性特征。然而，通过模拟方法得出的结论通常只具有统计特性，并且依赖于一些假设和理论。前面提到的原型，它只是软件开发和验证方法，原型并不能代替实际产品，至多是实际系统的一个初级版本。而前述的产品寿命估计，利用加速寿命实验方法得到的结论更加依赖某些理论假设和模型。

测试是一个重要的方法体系。直观地说，测试是预先设计出一些策略、方法、工具和用例，对产品进行试验，看其性能是否符合要求。目前，软件已经渗透到我们日常生活的各个方面，我们已经离不开计算机。为了保证软件质量，软件测试方法应运而生。几乎在每个开发项目中，软件测试花销都占总成本的一半。随着软件安全性和实用可靠性越来越重要，与之相应，对软件测试的要求与期望也越来越高。现今软件测试技术有了很大发展，在实践中也获得很大成功。然而，完全测试是不可能的，通常测试也不能直接指出缺陷存在的位置。

形式证明（如软件中的正确性证明）是显示产品正确的一种数学技术。软件中的形式证明的一个重要方法是它应与设计和编程结合进行，Dijkstra 把它表达为“程序员应让程序证明和程序一起发展”。比较著名的形式证明系统是霍尔逻辑，其中证明规则是语法制导的，主要精神是把证明一条复合命令的部分正确性断言简化成证明它的直接子命令的部分正确性断言。虽然形式化证明系统的优点是能够自动证明程序的某些性质，然而利用霍尔逻辑，即使证明很小的程序的正确性也不是那么容易，这在证明“循环出口条件”和构造循环语句的不变式时可以体验到。因此，许多软件工程实践者提出，正确性证明不能看作标准的软件工程技术。他们认为除了证明太难以外，成本也太高，没有实用性。

模型检验是基于有限状态空间保证软硬件设计正确性的形式化自动验证技术，基本思想是有限设定软硬件应该具有的规格(即属性)，用一个恰当的模型代替软硬件接受关于属性的检验。无论模型满足属性与否，都能给出相应实体的一些判定。模型不满足规格时，给出反例；如果满足，通常都给出肯定。模型检验的优点比较突出，日益得到人们的重视，现在已成功地应用到许多领域。

具体到软件开发领域，在需求分析阶段，软件开发组织可以通过模型展示对用户需求的理解，以及纠正或澄清用户不正确或模糊的要求。相应地，可以利用模型去验证需求分析的正确性，观察需求的功能能否通过模型得到确认。同样，在系统设计阶段，模型也有双重作用：既是系统设计的一种方法，也是验证系统设计正确与否的手段。针对需求功能开发一个模型，启示待开发软件需要什么样的模块和结构，这是模型作为设计方法的一个应用。对于设计的功能，开发一个相应的模型去实现，意味着这是验证设计正确性的一种技术。此外，集成模型检验和定理证明可以作为单元测试、集成测试和系统测试的补充手段，即在证明论观念下，讨论软件复杂系统的正确性的确认问题。

限制模型检验应用的原因很多，其中最主要的原因是状态空间爆炸问题。可以这样说，模型检验技术的演变基本上与解决上述问题有关。现在基于这个线索，对模型检验方法体系进行考查[38]，主要包括：

(1) 标准方法及对状态空间爆炸问题的解决措施；

(2) 抽象解释方法及对状态空间爆炸问题的解决措施；

(3) 综合方法及对状态空间爆炸问题的解决措施。

为了不增加读者查阅文献时的负担，当引用文献内容时尽量使符号与所用的文献一致。

## 4.1 标准方法

### 4.1.1 基本概念

模型检验是一个形式方法，它验证一个系统是否符合它应该要满足的属性。因此，必须要建立能描述系统行为的一个系统的形式模型，传统的方法是使用 Kripke 结构。至于系统要满足的属性，传统的方法是使用时序逻辑的公式。

1. Kripke 结构

$\mathcal{K}=(S,R,\mathrm{AP},L)$是一个 4 元组，它由转换系统$(S,R)$、原子命题集合 AP 和标签函数 $L:S\rightarrow\mathcal{P}(\mathrm{AP})$组成。转换系统$(S,R)$中，$S$ 表示状态集，也称为状态空间；$R\subseteq S\times S$ 表示

转换(关系)，简称为 $S$ 上的转换关系，也用$\xrightarrow{R}$表示。通常假设 $R$ 是“全”关系，即对任意的状态 $s$，存在状态 $t$ 使 $s\xrightarrow{R}t$。$\mathcal{P}(\mathrm{AP})$是命题集合 AP 的幂集，即由命题集合 AP 所有子集组成的集合。标签函数 $L$ 是语义函数，即对 $S$ 中任意状态 $s$，$L(s)=Q\in\mathcal{P}(\mathrm{AP})$，指 $Q$ 中任意命题都在 $s$ 状态上成立，即 $Q=\{q\mid q\in \mathrm{AP}, q$ 在状态 $s$ 上成立$\}$。

利用 $S$ 上的转换关系 $R$，在 Kripke 结构$\mathcal{K}$中引入几个重要概念(符号$\triangleq$表示定义)。

(1) $\mathcal{K}$的路径定义为 $\mathrm{path}(\mathcal{K})\triangleq\{\pi.\ \mathbb{N}\to S\mid \forall i\in\mathbb{N}, \pi_i\xrightarrow{R}\pi_{i+1}\}$。

注意，$\mathrm{path}(\mathcal{K})$是$\mathcal{K}$上所有路径的集合，直观上，一条路径 $\pi=s_0, s_1, \cdots, s_u, \cdots$，其中 $\forall i\in\mathbb{N}, \pi_i=s_i$，且 $s_i\xrightarrow{R}s_{i+1}$。

(2) 令$\mathcal{P}(S)$是状态空间 $S$ 的幂集，它是状态空间 $S$ 的所有子集组成的集合。$S$ 上的转换关系 $R$ 在$\mathcal{P}(S)$上导出前向/后向转换算子，如 $\mathrm{pre}_R$，$\widetilde{\mathrm{pre}}_R$，$\mathrm{post}_R$，$\widetilde{\mathrm{post}}_R$。

$$\mathrm{pre}_R \triangleq \lambda y.\left\{s\in S\mid \exists t\in y.\, s\xrightarrow{R}t\right\}$$

$$\widetilde{\mathrm{pre}}_R \triangleq \lambda y.\left\{s\in S\mid \forall t\in S.\, s\xrightarrow{R}t\Rightarrow t\in y\right\}$$

$$\mathrm{post}_R \triangleq \lambda y.\left\{t\in S\mid \exists s\in y.\, s\xrightarrow{R}t\right\}$$

$$\widetilde{\mathrm{post}}_R \triangleq \lambda y.\left\{t\in S\mid \forall s\in S.\, s\to t\Rightarrow s\in y\right\}$$

算子用 $\lambda$ 表示[39]。$\lambda$ 记法的主要特性是 $\lambda$ 抽象和应用，我们利用前者书写函数表达式，利用后者使用已定义的函数。在 $\lambda$ 记法中，我们通过将函数表达式放在它的一个或多个实参的前面来写一个函数的作用，这时可以使用括号指明运算的结合性。例如，$\mathcal{P}(S)$上的 $\mathrm{pre}_R$ 算子通过 $\lambda$ 抽象写成$\mathcal{P}(S)\to\mathcal{P}(S)$的一个函数表达式，于是算子作用在 $S$ 的任意子集合上，便相当于使用函数定义求“值”，该值也是一个 $S$ 上的确定子集合。具体些，令算子 $\mathrm{pre}_R$ 作用在 $A\in\mathcal{P}(S)$上，则

$$\mathrm{pre}_R A=[\lambda y.\{s\in S\mid \exists t\in y.\, s\xrightarrow{R}t\}]A=\{s\in S\mid \exists t\in A.\, s\xrightarrow{R}t\}\triangleq B$$

$\mathrm{pre}_R A=B$ 的直观意义是 $B$ 为状态集合 $A$ 的前向集合。$B$ 是由以下性质的状态 $s$ 所组成，即状态 $s$ 能转换到 $A$ 中某个状态 $t$。换言之，$B$ 是所有经转换关系 $R$ 能到达集合 $A$ 的状态组成的集合。不难推知，$\widetilde{\mathrm{pre}}_R A=\neg\,\mathrm{pre}_R(\neg A)$，所以 $\widetilde{\mathrm{pre}}_R A$ 是 $\mathrm{pre}_R A$ 的对偶。

类似地，作为$\mathcal{P}(S)$上的算子 $\mathrm{post}_R$ 和 $\widetilde{\mathrm{post}}_R$，通过 $\lambda$ 抽象书写成$\mathcal{P}(S)\to\mathcal{P}(S)$的函数表达式，应用该函数表达式的定义，便可得到相应算子的作用结果。具体地说，对于任意 $A\in\mathcal{P}(S)$，有

$$\mathrm{post}_R A=\left\{t\mid \exists s\in A.\, s\xrightarrow{R}t\right\}\triangleq D$$

意指 $D$ 中状态是能够由 $A$ 中状态到达的。很容易推知，$\widetilde{\mathrm{post}}_R A=\neg\,\mathrm{post}_R(\neg A)$，所以 $\widetilde{\mathrm{post}}_R A$ 是 $\mathrm{post}_R A$ 的对偶。

注意，关于集合(如 $S$ 的幂集)，本书另外用的符号是 $\wp(S)$。$\mathcal{P}(S)$和 $\wp(S)$是文献中常见的由集合 $S$ 形成的幂集符号，它表示是由 $S$ 的所有子集(包括空集$\varnothing$和全集 $S$)组成的集合。

### 2. 时序逻辑

时序逻辑[37]有时也称为时态逻辑，在计算机界谈论最多的除了模态逻辑（“必然”和“可能”是其中两个重要的模态词）以外，就是时序逻辑了。时序逻辑非常适合对程序尤其是并发系统的逻辑属性进行刻画，从而在模型检验中成为检验软硬件正确性的目标和工具。时序逻辑的基本思想是以状态为可能世界，并以状态演变的次序关系为可能世界间的可到达关系。应用到软件系统，时序逻辑可以用来描述系统中的状态变迁序列，其时间和次序都隐式地表达在它的语义中。例如，通过定义时序运算符刻画程序要满足的最终或永远都不可能的性质，这就为软件验证工作提供了明确方向和实现验证工作的明确途径。

1）CTL*

CTL* 是一种功能强大的时序逻辑，从概念上看，CTL* 公式描述计算树的性质。计算树由 Kripke 结构生成，首先在 Kripke 结构中设置一个初始状态，接着将这个结构展开变成以此状态作为根的无限树，计算树展示了从初始状态开始的所有可能的执行路径。在某种意义上，CTL* 是凭借增加路径量词和时序运算符的对命题逻辑的一种扩展。

路径量词有两种：A（意指对于所有计算路径）和 E（意指对于某些计算路径）。设置路径量词是为了描述计算树（或者说软件系统的分支结构），A 和 E 用来分别表示从某状态开始的所有路径和某些路径应具有的性质。有 5 个基本时序运算符：X（下一个时间）、F（最终或将来）、G（总是或全局）、U（直到）和 R（释放）。设置时序运算符是为了描述计算树（或者说程序某条执行路径）的某个具体属性（即性质）。于是，如果用 $p$ 和 $q$ 代表性质命题，直观上，对于这条执行路径上的某个状态，X$p$ 表示从下一个时间开始，$p$ 性质得到满足；F$p$ 表示在将来某个时间，$p$ 性质得到满足；G$p$ 表示 $p$ 性质全局式地总是得到满足；$p$U$q$ 表示 $p$ 将一直得到满足直到 $q$ 性质成立；$p$R$q$ 表示当 $p$ 为假时，$q$ 性质才会被“释放”。值得注意的是，$p$U$q$ 和 $p$R$q$ 表示的路径属性都比较复杂，因为它们都在某个状态开始的路径上讨论 $p$，$q$ 成立之间的关系问题。$p$U$q$ 容易理解，R 是 U 的逻辑非，$p$R$q$ 要求在从路径上所考虑的状态开始到某个状态 $s$ 结束时的状态序列上，$q$ 性质一直保持满足，而 $s$ 状态上 $p$ 性质满足。需要注意的是，$p$ 性质并不要求永远保持。

CTL* 公式有两种类型：状态公式（在一个特定状态上满足）和路径公式（在一条特定路径上满足）。状态公式和路径公式的语法规则如下。

（1）如果 $p \in$ AP，其中 AP 是原子命题集合，则 $p$ 是状态公式。

（2）如果 $f$ 和 $g$ 都是状态公式，则 $\neg f$、$f \wedge g$ 和 $f \vee g$ 都是状态公式。

（3）如果 $f$ 是路径公式，则 E$f$ 和 A$f$ 都是状态公式。

（4）如果 $f$ 是状态公式，则 $f$ 也是路径公式。

（5）如果 $f$ 和 $g$ 都是状态公式，则 X$f$、F$f$、G$f$、$f$U$g$ 和 $f$R$g$ 都是路径公式。

我们在 Kripke 结构上定义 CTL* 的语义，这时称 Kripke 结构为 CTL* 公式的模型，记为 $M$，即 $M=(S,R,\mathrm{AP},L)$，其中的符号同前面的叙述。于是，如果 $f$ 是一个状态公式，则 $M,s \vDash f$，是指在 Kripke 结构 $M$ 中，$f$ 于状态 $s$ 处成立。类似地，如果 $f$ 是路径公式，则 $M,\pi \vDash f$，是指沿着 $M$ 中的路径 $\pi$，$f$ 成立。关系 $\vDash$ 递归定义如下（下面假设 $f_1$ 和 $f_2$ 为状态公式，$g_1$ 和 $g_2$ 为路径公式，$p$ 为命题，$\pi$ 为路径）。

$M,s\vDash p \Leftrightarrow p\in L(s)$

$M,s\vDash \neg f_1 \Leftrightarrow M,s\nvDash f_1$

$M,s\vDash f_1 \vee f_2 \Leftrightarrow M,s\vDash f_1$ 或 $M,s\vDash f_2$

$M,s\vDash f_1 \wedge f_2 \Leftrightarrow M,s\vDash f_1$ 且 $M,s\vDash f_2$

$M,s\vDash \mathrm{E}g_1 \Leftrightarrow$ 存在一条从 $s$ 出发的路径 $\pi=\langle s,\cdots\rangle$ 使 $M,\pi\vDash g_1$ 成立

$M,s\vDash \mathrm{A}g_1 \Leftrightarrow$ 每条从 $s$ 出发的路径 $\pi$ 都满足 $M,\pi\vDash g_1$

$M,\pi\vDash f_1 \Leftrightarrow s$ 是 $\pi$ 的第 1 个状态，且 $\pi,s\vDash f_1$

$M,\pi\vDash \neg g_1 \Leftrightarrow M,\pi\nvDash g_1$

$M,\pi\vDash g_1 \vee g_2 \Leftrightarrow M,\pi\vDash g_1$ 或 $M,\pi\vDash g_2$

$M,\pi\vDash g_1 \wedge g_2 \Leftrightarrow M,\pi\vDash g_1$ 且 $M,\pi\vDash g_2$

$M,\pi\vDash \mathrm{X}g_1 \Leftrightarrow M,\pi^1\vDash g_1$（如果 $\pi=\langle s_0,s_1,\cdots\rangle$，则用 $\pi^i$ 代表从 $s_i$ 开始的路径 $\pi$ 的后缀。例如，$\pi=\langle s_0,s_1,\cdots\rangle$，$\pi^1=\langle s_1,\cdots\rangle$。）

$M,\pi\vDash \mathrm{F}g_1 \Leftrightarrow$ 存在 $k\geqslant 0$，使 $M,\pi^k\vDash g_1$ 成立

$M,\pi\vDash \mathrm{G}g_1 \Leftrightarrow$ 对于所有的 $i\geqslant 0$，$M,\pi^i\vDash g_1$

$M,\pi\vDash g_1\mathrm{U}g_2 \Leftrightarrow$ 存在 $k\geqslant 0$ 满足 $M,\pi^k\vDash g_2$ 并且对于所有的 $0\leqslant j<k$，$M,\pi^j\vDash g_1$

$M,\pi\vDash g_1\mathrm{R}g_2 \Leftrightarrow$ 对于所有 $j\geqslant 0$，如果对于每个 $i<j$，$M,\pi^i\nvDash g_1$ 则 $M,\pi^j\vDash g_2$

很容易看出，使用运算符 ∨、¬、X、U 和 E 就可以表达任何 CTL* 公式。

- $f\wedge g \equiv \neg(\neg f \vee \neg g)$
- $f\mathrm{R}g \equiv \neg(\neg f\mathrm{U}\neg g)$
- $\mathrm{F}f \equiv \mathrm{True}\ \mathrm{U}f$
- $\mathrm{G}f \equiv \neg\mathrm{F}\neg f$
- $\mathrm{A}(f) \equiv \neg\mathrm{E}(\neg f)$

2）CTL 和 LTL

CTL 和 LTL 是 CTL* 的两个子逻辑，CTL 是基于分支时间的逻辑，LTL 是基于线性时间的逻辑。前者的时序运算符着重研究引起分支的状态，后者的时序运算符则着重研究每个分支路径。总之，它们在处理计算树分支的方法上有所区别。

CTL(Computation Tree Logic)是计算树逻辑，它是 CTL* 的受限子集，其中在每个时序运算符 X、F、G、U 和 R 之前必须放置一个路径量词。因此，CTL 只有 10 个基本运算符：AX 和 EX；AF 和 EF；AG 和 EG；AU 和 EU；AR 和 ER。实际上，可以只用运算符 EX、EG 和 EU 表示所有上述运算符。

- $\mathrm{AX}f=\neg\mathrm{EX}(\neg f)$
- $\mathrm{EF}f=\mathrm{E}(\mathrm{True}\ \mathrm{U}f)$
- $\mathrm{AG}f=\neg\mathrm{EF}(\neg f)$
- $\mathrm{AF}f=\neg\mathrm{EG}(\neg f)$

- $A[fUg] \equiv \neg E[\neg gU(\neg f \wedge \neg g)] \wedge \neg EG \neg g$
- $A[fRg] \equiv \neg E[\neg fU \neg g]$
- $E[fRg] = \neg A[\neg fU \neg g]$

综上所述,CTL 的语法可以简单描述如下。

(1) 每个原子命题是一个 CTL 公式。

(2) 如果 $f$ 和 $g$ 是 CTL 公式,那么 $\neg f$、$f \vee g$、$f \wedge g$、AX$f$、EX$f$、AG$f$、EG$f$、AF$f$、EF$f$、A($f$U$g$)、E($f$U$g$)、A($f$R$g$)、E($f$R$g$)都是 CTL 公式。

对于任何 CTL 公式,都可以用¬、∨、EX、EU 和 EG 表达,所以对 CTL 公式的语义描述只须考虑这些算子。同样,我们是在 Kripke 结构上解释 CTL 公式的语义的,其描述和对 CTL* 的描述相同,故不赘述。

下面再来看线性时序逻辑(Linear Temporal Logic,LTL),它包括具有形式 A$f$ 的公式,其中 $f$ 为路径公式,它的状态子公式只允许为原子命题。更准确地说,LTL 的路径公式为以下两种。

(1) 如果 $p \in AP$,则 $p$ 为路径公式。

(2) 如果 $f$ 和 $g$ 为路径公式,则 $\neg f$、$f \vee g$、$f \wedge g$、X$f$、F$f$、G$f$、$f$U$g$ 和 $f$R$g$ 为路径公式。

CTL*、CTL 和 LTL 3 种逻辑有着不同的表达能力。值得注意的是,许多避免状态爆炸的方法,都基于组合推理或抽象技术,在使用它们时,时序逻辑通常需要限制,即只允许全局路径量词。只使用全局路径量词的 CTL 称为 ACTL;同样,只使用全局路径量词的 CTL* 称为 ACTL*。

为了避免使用否定运算符产生的存在路径量词的不确定性,假设公式都以规范形式给出,即否定符只作用于原子命题,而且为避免采用范式后表达能力的损失,采用的逻辑就必须包含并和交,以及 U 和 R 运算符。

**3. 公平性**

公平性(Fairness)也称为公正性,它是用来排除对于我们建模的系统的体系结构不合理的无限执行情况的。这对于软件系统,通常符合我们的需求。也就是说,我们只对公正计算路径的正确性感兴趣。例如,若我们验证包含仲裁器的异步电路时,可能只会考虑仲裁器永远不会忽略输入请求的情况,即要用一种公平性假设排除那种永远忽略输入请求情况发生。形式上,有以下 4 种不同的公平性假设[16]。

(1) 弱进程公平性。如果一个执行包含某状态 $s$,且总有至少一个属于进程 $p_i$ 的转换可执行但在 $s$ 之后没有 $p_i$ 的转换被执行,则排除此执行。

(2) 强进程公平性。如果在一个执行上进程 $p_i$ 的转换可以被执行无限次,但仅被执行有限次,则排除此执行。

(3) 弱转换公平性。如果一个执行包含某状态 $s$,且总有一个转换可执行但从未在 $s$ 后被执行,则排除此执行。

(4) 强转换公平性。如果在一个执行上有一个转换可以被执行无限次,但仅被执行有限次，则排除此执行。

这些公平性假设的精神都是依赖它去排除一些不合理的无限执行情况，直观上让所有进程和转换都能无限次执行，以示软件系统的公正性。然而，这些公平性性质有一些时序逻辑，如 CTL 不能直接表达，于是为了能在 CTL 中处理公平性，我们必须根据想要建模的系统特性选择某种公平性假设，用若干个 CTL 公式表达。这时必须把原先的语义系统修改为新的公平性语义系统，即公平 Kripke 结构 $M=(S,R,\mathrm{AP},L,F)$。其中，$S,R,\mathrm{AP},L$ 与以前的定义一样；$F\subseteq\mathcal{P}(S)$为公平性约束集合，它就是表达公平性假设的逻辑公式所描述的状态集。如此，一条路径是公平的当且仅当每个公平性约束沿路径无限次为真，从而逻辑中的路径量词也就变成了公平性路径上的量词。如果 $\pi=s_0,s_1,\cdots$ 为一条 $M$ 中的路径，定义 $\inf(\pi)=\{s\mid s=s_i$ 对于无限多个 $s_i\}$，于是，$\pi$ 为公平路径当且仅当对每个 $p\in F$，都有 $\inf(\pi)\cap p\neq\varnothing$。如果用 $M,s\vDash_F f$ 代表状态公式在公平 Kripke 结构 $M$ 的状态 $s$ 处成立，用 $M,\pi\vDash_F g$ 代表路径公式在 $M$ 中沿路径 $\pi$ 成立，我们就可以得到在公平性 Kripke 结构上的语义。例如，原先 CTL* 在公平性 Kripke 结构上的语义就可以从原始语义中修改其中第 1 条、第 5 条和第 6 条的表述就可以得到，它们修改后如下。

$\pi,s\vDash_F p\Leftrightarrow$ 存在一条从 $s$ 出发的公平性路径并且 $p\in L(s)$

$M,s\vDash_F \mathrm{E}(g_1)\Leftrightarrow$ 存在一条从 $s$ 出发的公平性路径 $\pi$ 满足 $M,\pi\vDash_F g_1$

$M,s\vDash_F \mathrm{A}(g_1)\Leftrightarrow$ 每条从 $s$ 出发的公平性路径 $\pi$ 满足 $M,\pi\vDash_F g_1$

### 4.1.2 标准模型检验步骤

(1) 首先，将被测系统模型化，即从系统中提取一个 Kripke 结构，并在这个 Kripke 结构中增添初始状态集和/或终止状态集。详细地说，$M=(S,R,\mathrm{AP},L,H,T)$，其中 $H\subset S$ 为系统的初始状态；(如果有必要的话设置)$T$ 为系统的终止状态集；$(S,R,\mathrm{AP},L)$就是前面所述的 Kripke 结构；$M$ 称为模型。

(2) 选定逻辑，并确定系统要满足的公式。通常设计一个系统，总是期待该系统满足一定的属性，即系统应该或不应该具有的行为。通常这些属性和行为由 CTL* 等时态逻辑的若干公式所表达。这些公式在模型检验里称为指派(Specification)或说明，有时也称为属性。今后不加区别地使用这些术语。

(3) 模型检验。给定模型 $M$ 和指派 $f$，令

$$\{s\in S\mid M,s\vDash f\}$$

一般地说，若 $M$ 的初始状态集 $H$ 包含在上述集合中，则称系统满足指派 $f$。

(4) 设计算法。要实现上述模型检验，必须针对逻辑和指派 $f$ 设计算法。Clarke 和 Emerson 在 20 世纪 80 年代初引进了时序逻辑模型检验算法。例如，他们开发的 CTL 公式验证算法在由程序决定的模型规模和时序逻辑指派公式的长度上都是多项式时间的[37]。文献[40]提出的 LTL 指派依赖于 Tableau 算法也很有效。作为对 LTL 上 Tableau 结构的应用，后来又出现了基于 Büchi 自动机的 LTL 模型检验算法。正如 CTL* 逻辑是 CTL 和 LTL 的结合，基于 CTL 和 LTL 模型检验结合的状态标记技术(State Labeling Technique)

也相应开发出来[37,41-42]。

(5) 公平约束(Fairness Constraints)。通常选定的时序逻辑及其指派都无法满足我们对系统的预期要求。因此,我们必须对公式作一些限制,而这些限制是无法用指派的逻辑表达的。例如,$s_0$ 满足 $E[f_1 U f_2]$的意义是存在一条轨道 $\pi = s_0, s_1, \cdots, s_u, \cdots$,它从 $s_0$ 出发,且在某个 $j(j \geqslant 0)$,使 $\pi_j \vDash f_2$,$0 \leqslant i < j$ 时,$\pi_i \vDash f_1$。但这个公式并不要求"最终"$f_2$ 无限次成立,所以如果要它成立,就必须增加约束,如令 $\inf(\pi) = \{s \mid s = s_i$ 无限次$\}$,我们要求轨道是"公平"(Fair)的,当且仅当要求 $\inf(\pi) \cap \{s \mid s \vDash f_2\} \neq \varnothing$,这里$\{s \mid s \vDash f_2\}$集合就是一个公平约束。因此,把原先的 Kripke 结构提升为 Fair Kripke 结构,即在模型 $M$ 中增加 $F = \{P_1, P_2, \cdots, P_k\}$,即 $M = (S, R, AP, L, H, T, F)$,其中 $F \subseteq \mathcal{P}(S)$是公平约束集合。我们说轨道 $\pi$ 是公平的,当且仅当对 $\forall P \in F, \inf(\pi) \cap P \neq \varnothing$。直观上,在模型 $M$ 的图中一个强连接成分(Strongly Connected Component)$C$ 是公平的(关于 $F$),当且仅当 $\forall P_i \in F$,都存在一个状态 $t \in (C \cap P_i)$。这样就对 $M$(所形成的图)的轨道属性添加了更多的要求。而这些要求是系统所希望的。

(6) 决策:如果模型满足指派,则给出肯定回答;如果模型不满足指派,则找出反例。

### 4.1.3 示例:LTL 模型检验基于 Büchi 自动机的算法

Büchi 自动机是有穷自动机在输入状态(即字)无限时的一种扩充,因此它适合描述系统的无穷行为属性。不同于 Büchi 自动机只有一个接受集合,广义 Büchi 自动机允许有多个接受集合,从而能够更好地刻画系统无穷行为应满足的"公平性"条件。

实际上,一个 Kripke 结构很容易转化成一个 Büchi 自动机。R. P. Kurshan、M. Y. Vardi 和 P. Wolper 提出基于 Büchi 自动机的模型检验算法,主要思想是将 LTL 公式转化为 Büchi 自动机,用 Büchi 自动机描述系统属性或者说归约,并且构造两个 Büchi 自动机,一个表示系统,另一个表示规约补集,通过判断它们接受的语言的交集是否为空,来说明系统是否满足系统规约。

#### 1. LTL 转换为 Büchi 自动机

下面介绍的算法是 Gerth、Peled、Vardi 和 Wolper 提出的,以下简称算法[37]。

设 $\varphi$ 表示要转换为广义 Büchi 自动机的 LTL 规约,首先要把 $\varphi$ 写成"负"范式形式,即否定只能用在命题变量上。通过使用布尔等价,只保留布尔运算符与($\wedge$)、或($\vee$)和非($\neg$),在此基础上再运用 $\neg(\mu U \eta) = (\neg \mu) R (\neg \eta)$、$\neg(\mu R \eta) = (\neg \mu) U (\neg \eta)$ 和 $\neg X\mu = X \neg \mu$ 等 LTL 等价公式把否定放到内层,最后利用 $F\mu = \mathrm{True} U \mu$、$G\mu = \mu R \mathrm{False}$ 等关系把 F 和 G 替换为 U 和 R。

算法中的基本数据结构称为节点(Node),算法的输出便是这些节点构成的节点列表,也就是由这些节点连接而成的一个图。该图便是广义 Büchi 自动机的基本框架,自动机的状态被表示成节点,一个节点 $q$ 是记录类型,它包含以下成员。

节点 =[ID: 节点 ID,Incoming: 节点 ID 列表,New: 公式列表,
Old: 公式列表,Next: 公式列表]

其中,ID 是区分节点的唯一标识符；Incoming 是一个已有节点的列表,在这个列表中的每个节点 $r$ 都表示有一条从 $r$ 到 $q$ 的边；Old、New、Next 都是 $\varphi$ 子公式的列表,直观上这些列表描述了计算中后缀的时序特性。一般来说,如果 $\xi$ 是某个可接受执行的计算,那么这些列表中的子公式包含计算 $\xi$ 的后缀 $\xi^i$ 的信息如下：$\xi^i$ 在 Old 和 New 中所有子公式中都满足；$\xi^{i+1}$ 在 Next 中的所有子公式中都满足。在处理当前节点时,Old 中所有子公式已经被处理过了,而 New 中所有的子公式将被处理。

用符号⇐为一个节点的各位成员赋值。例如,New $\Leftarrow \{\psi\}$就表示当前节点把单个 $\psi$ 公式加入 New 的列表中。

算法程序对 Nodes 列表进行“递归”操作,在操作过程中,有些节点删去,有些节点加入,有些节点分裂成两个节点,或者被新节点替换,最终得到的列表中的节点与一个特殊的节点 init 一起构成待构造自动机的状态,节点 init 就是自动机的初始状态。算法程序简述如下。

(1) Nodes 列表初始化为空。

(2) 创建初始节点：

[ID⇐ new_ID( ),Incoming $\Leftarrow$ {init},New $\Leftarrow \{\varphi\}$,Old $\Leftarrow \varnothing$,Next $\Leftarrow \varnothing$]

其中,函数 new_ID( )在每次调用中都创建唯一的节点 ID 值。现在创建的节点有来自特定节点 init 的唯一输入边,算法就从这个节点开始转换公式 $\varphi$,直观上从这个节点开始把每个节点的 New 列表中的公式处理成命题或命题的否定。

(3) 算法用递归展开函数 expand()构造一个不断更新的节点列表：function expand($q$; Nodes)。此函数接受两个参数：当前节点 $q$ 和以前构造好的节点列表,返回值为节点的新列表。于是,最终节点列表(即自动机状态连接图)就由 expand()函数递归构造而成。它是从输入初始节点和空节点列表两个参数开始递归构造而成的。当递归到某个阶段,有 expand($q$,Nodes),即算法已暂时构造好一个节点列表,并为建立新的列表而处理一个节点。

(4) 对于当前节点,算法检查 $q$ 的成员是否为空。根据不同情况进行不同处理,展开函数 expand()的返回值即节点新的列表也就不同。

**情况 1** 当前节点 $q$ 的 New 列表为空,这时检查 $q$ 是否能加入 Nodes 列表中。

① 如果 Nodes 列表中有一个节点 $r$,且 $r$ 的成员 Old 和 Next 中的公式都和 $q$ 中相应成员中的公式相同,则 $q$ 就不加入 Nodes 列表,返回原节点列表,但是原 Nodes 列表中的 $r$ 的 Incoming 要做如下变化：将 $q$ 的 Incoming 列表加到 $r$ 的 Incoming 上,其他保持不变。

② 如果 Nodes 列表中没有这样的节点 $r$,那么就将 $q$ 加入 Nodes 列表,形成新的 Nodes 列表,并按如下步骤新建一个节点 $q'$：

[ID⇐ new_ID( ),Incoming $\Leftarrow \{q\}$,New $\Leftarrow$ Next($q$),Old: $\varnothing$,Next: $\varnothing$]

然后,算法又把新节点 $q'$和得到的节点新列表作为两个参数,传入 expand()函数,进行新的列表扩展计算。

**情况 2** 如果 $q$ 的 New 列表不为空,将 New 列表中的公式 $\eta$ 移出,于是 New($q$):=

$New(q)-\{\eta\}$。再检查 $\eta$ 是否已经在 Old 列表中出现。

① 若 $\eta$ 已经在 Old 列表中出现，就将此节点 $q$（注意原 New 列表中公式集合已经移去了 $\eta$ 子公式）继续展开，即 expand($q$,Nodes)，直观上，继续处理节点 $q$ 的 New 列表中的其他公式。

② 若 $\eta$ 不在 Old 列表中，视 $\eta$ 的情况进行处理。

- $\eta$ 是一个命题 $p$ 或一个否定命题 $\neg p$，或者是布尔常量 True 和 False。

若 $\eta$ 为 False 或 $\neg\eta$ 已经在 Old 列表中（注意 $\neg\neg A=A$），那么当前节点 $q$ 包含矛盾，应将其丢弃。通过返回 Nodes 列表是不加入 $q$，可以很容易实现这点。

若 $\eta$ 不属于上述情况，则用节点 $q'$ 替代 $q$。

$q':=[\text{ID}\Leftarrow \text{new\_ID}(\ ),\text{Incoming}\Leftarrow \text{Incoming}(q),\text{Old}\Leftarrow \text{Old}(q)\cup\{\eta\},\text{New}\Leftarrow \text{New}(q),\text{Next}\Leftarrow \text{Next}(q)]$

然后继续 expand($q'$,Nodes)。直观上，将原 $q$ 节点 New 列表中的命题（或否定命题）从 New 列表移到 Old 列表中，再继续处理 $q$ 节点 New 列表中其他子公式。

- $\eta=\mu\text{U}\psi$。因为 $\mu\text{U}\psi$ 等价于 $\psi\vee(\mu\wedge\text{X}(\mu\text{U}\psi))$，所以把节点 $q$ 分成两个节点 $q_1$ 和 $q_2$。在节点 $q_1$ 中，$\mu$ 被加入 New 列表，$\mu\text{U}\psi$ 加入 Next 列表；在节点 $q_2$ 中，$\psi$ 被加入 New 列表，即：

$q_1:=[\text{ID}\Leftarrow \text{new\_ID}(\ ),\text{Incoming}\Leftarrow \text{Incoming}(q),\text{Old}\Leftarrow \text{Old}(q)\cup\{\eta\},\text{New}\Leftarrow \text{New}(q)\cup\{\mu\},\text{Next}\Leftarrow \text{Next}(q)\cup(\mu\text{U}\psi)]$

$q_2:=[\text{ID}\Leftarrow \text{new\_ID}(\ ),\text{Incoming}\Leftarrow \text{Incoming}(q),\text{Old}\Leftarrow \text{Old}(q)\cup\{\eta\},\text{New}\Leftarrow \text{New}(q)\cup\{\psi\},\text{Next}\Leftarrow \text{Next}(q)]$

然后，算法继续“扩展”：expand($q_2$,expand($q_1$,Nodes))。

- $\eta=\mu\text{R}\psi$。因为 $\mu\text{R}\psi$ 等价于 $\psi\wedge(\mu\vee\text{X}(\mu\text{R}\psi))=(\psi\wedge\mu)\vee(\psi\wedge\text{X}(\mu\text{R}\psi))$，所以节点 $q$ 分成两个节点 $q_1$ 和 $q_2$。在节点 $q_1$ 中，$\psi$ 被加入 New 列表，$\mu\text{R}\psi$ 加入 Next 列表；在节点 $q_2$ 中，$\psi$ 和 $\mu$ 都加入 New 列表。然后继续“扩展”：expand($q_2$,expand($q_1$,Nodes))。
- $\eta=\mu\vee\psi$。分裂节点 $q$，$\mu$ 被加入 $q_1$ 的 New 列表，$\psi$ 被加入 $q_2$ 的 New 列表，程序“代码”的写法与 $\eta=\mu\text{U}\psi$ 的类型相同。
- $\eta=\mu\wedge\psi$。用一个新节点 $q'$ 替代 $q$，因为只有当 $\mu$ 和 $\psi$ 都为真时 $\eta$ 才为真，所以把它们两个都加入节点 $q'$ 的 New 列表。

$q':=[\text{ID}\Leftarrow \text{new\_ID}(\ ),\text{Incoming}\Leftarrow \text{Incoming}(q),\text{Old}\Leftarrow \text{Old}(q)\cup\{\eta\},\text{New}\Leftarrow \text{New}(q)\cup\{\mu,\psi\},\text{Next}\Leftarrow \text{Next}(q)]$

继续扩展：expand($q'$,Nodes)。

- $\eta=\text{X}\mu$。用一个新节点 $q'$ 替代 $q$，$\mu$ 加入节点 $q'$ 的 Next 列表。

$q':=[\text{ID}\Leftarrow \text{new\_ID}(\ ),\text{Incoming}\Leftarrow \text{Incoming}(q),\text{Old}\Leftarrow \text{Old}(q)\cup\{\eta\},\text{New}\Leftarrow \text{New}(q),\text{Next}\Leftarrow \text{Next}(q)\cup\{\mu\}]$

继续扩展：expand($q'$,Nodes)。

(5) 通过以上程序返回的节点列表 Nodes，就可以将公式 $\varphi$ 转化为一个广义 Büchi 自动机 $\mathcal{B}=\langle\Sigma,S,\Delta,I,L,F\rangle$，具体解释如下。

- 字母表 $\Sigma$ 包含被转换公式 $\varphi$ 的命题 AP 集合中否定和非否定命题的合取命题公式。
- 状态集合 $S$ 由 Nodes 中的节点组成。
- $\langle s,\alpha,s'\rangle\in\Delta$，当且仅当 $s\in$ Incoming$(s')$，且 $\alpha$ 满足在 Old$(s')$ 中否定与非否定命题的合取。这样就从 $s$ 到 $s'$ 的边上的标记 $\alpha$ 表示 $s$ 到 $s'$ 的变迁。于是自动机 $\mathcal{B}$ 便成为边上有布尔表达式表示的变迁集合。这与有限状态自动机(包括 Büchi 自动机)的一般表示法一致。
- 初始节点为 init，没有指向 init 的边。于是初始状态集合 $I\subset S$ 是包含从特殊节点 init 入边的节点集合。
- $L(s)$ 是 Old$(s)$ 中否定和非否命题的合取命题。
- 接受状态集合 $F$ 包含若干个独立的状态集合 $p_i$，$p_i\in F$ 对应于一个形如 $\mu\mathrm{U}\psi$ 的子公式，所以 $p_i$ 包含所有满足 $\psi\in$ Old$(s)$ 或 $\mu\mathrm{U}\psi\notin$ Old$(s)$ 的状态。综上，$p_i$ 可以保证若 $\mu\mathrm{U}\psi$，在某个可接受的运行的一些状态上成立，那么 $\psi$ 肯定在此运行后续的某些状态上成立。

**2. LTL 模型检验基本算法**[36]

为了检验系统是否满足 LTL 公式表示的属性，我们在同一个字母表 $\Sigma$(即同一个 AP 上命题和否定命题组成的合取命题公式)上构造两个 Büchi 自动机 $M_1$ 和 $M_2$，它们分别表示系统状态转换和系统(属性)归约。用 $L(M_1)$ 和 $L(M_2)$ 分别表示系统 Büchi 自动机模型 $M_1$ 和系统规约 Büchi 自动机模型 $M_2$ 能够接受的语言，如果有关系

$$L(M_1)\subseteq L(M_2)$$

那么称系统模型 $M_1$ 满足系统规约 $M_2$。

令 $\overline{L(M_2)}$ 表示所有不被 $M_2$ 接受的语言集合。上述包含关系可以改写为更容易实现的关系

$$L(M_1)\cap\overline{L(M_2)}=\varnothing$$

即不存在能被 $M_1$ 接受而不能被 $M_2$ 接受的字。若交集不为空，那么交集中的任何元素都可以作为一个反例。

然而，求语言 $L(M_2)$ 的补集 $\overline{L(M_2)}$ 通常很难，避免这种困难的简单方法是将待检验的 LTL 公式 $\varphi$ 取反，直接将 $\neg\varphi$ 转换到 Büchi 自动机，记为 $\overline{M_2}$。于是，得到基于 Büchi 自动机的 LTL 模型检测算法如下。

(1) 构建表示被建模系统的 Büchi 自动机 $M_1$。$M_1$ 是由系统的 Kripke 结构转化而来。

(2) 构建表示归约补集的 Büchi 自动机 $\overline{M_2}$。

(3) 构建交集自动机 $M=M_1\cap\overline{M_2}$。

(4) 采用深度优先搜索算法寻找从 $M$ 中可达的强连通组件(分量)。

(5) 如果未发现包含接受状态的强连通组件，则称模型 $M_1$ 满足规约 $M_2$。

(6) 否则，构建从 $M$ 中某个初始状态出发到达强连通组件中某个接受状态 $q$ 的路径 $\sigma_1$，构建从 $q$ 到自身的循环。令 $\sigma_2$ 表示不包含第 1 个状态 $q$ 的循环，可以称 $\sigma_1\sigma_2 w$（$w$ 表示无限次重复）为被 $M_1$ 接受而不满足规约 $M_2$ 的反例。

值得注意的是，可以将上述基本算法改进为"on the fly"型算法。我们只需构建 $\overline{M_2}$，然后在计算交集时以它为指导构造系统的自动机 $M_1$。通过这种方式，在为被检测性质找到一个反例之前，可能不会构造出系统对应的完整的 Büchi 自动机。这样，$M_1$ 中的一些状态有可能永远不会建立，而且有可能在两个自动机交集构造完成前就找到反例，只要找到一个反例，也就没有必要再构造它们的交集了。

**3. 算法补遗**

我们把涉及前面阐述的算法的一些最基本的概念和技术细节简略总结于此，以备读者查阅。

1) 有穷状态自动机[37]

有穷状态自动机$\mathcal{A}$是一个 5 元组$\langle \Sigma, S, \Delta, I, F\rangle$，它满足以下条件：

- $\Sigma$ 是一个有限字母表；
- $S$ 是一个有限的状态集合；
- $\Delta \subseteq S\times\Sigma\times S$ 代表变迁（即转换）关系；
- $I\subseteq S$ 是初始状态的集合；
- $F\subseteq S$ 是终止状态的集合。

如果用算子 * 表示任意次"重复"（也可以是空重复），称 $\Sigma*$ 为 $\Sigma$ 的"大闭包"。它是由 $\Sigma$ 中字母组成的所有的串（任意数目）的集合，包括空串，每个串也称为字，于是 $\Sigma*$ 便是由 $\Sigma$ 中字母组成的所有"字"的集合。假设 $v$ 是 $\Sigma*$ 上的一个字，长度为 $|v|$，即对于 $0\leqslant i\leqslant |v|$，$v(i)$是 $\Sigma$ 中一个字母。$\mathcal{A}$在 $v$ 上的运行就是一个映射 $\rho$：$\{0,1,\cdots,|v|\to S\}$，它满足以下条件：

- 第 1 个状态是初始状态，即 $\rho(0)\in I$；
- 根据变迁关系，第 $i$ 次输入字母 $v(i)$ 时从状态 $\rho(i)$ 变迁到状态 $\rho(i+1)$，即对于 $0\leqslant i<|v|$，$(\rho(i),v(i),\rho(i+1))\in\Delta$。

如果上述在 $v$ 上的运行 $\rho$ 结束于终止状态，即 $\rho(|v|)\in F$，那么 $\rho$ 称为可接受的。一个自动机$\mathcal{A}$接受字 $v$，当且仅当$\mathcal{A}$在 $v$ 上有一条可接受的运行 $\rho$。$\mathcal{A}$所有可接受的字的集合 $\mathcal{L}(A)\subseteq\Sigma*$，称为$\mathcal{A}$的语言。

无限字上最简单的自动机是 Büchi 自动机。Büchi 自动机与有限字上自动机的结构是一样的。只是，$F$ 应被称作接受状态，而不是终止状态。在公平性 Büchi 自动机中，$F$ 为"多条件"集合。Büchi 自动机$\mathcal{A}$在一个无限字 $v\in\Sigma^{\omega}$（$\omega$ 表示无限次重复）上的运行 $\rho$ 与前述定义类似，只是现在 $|v|=\omega$；而运行 $\rho$ 同样对应于自动机的一条路径，只是现在的路径有可能是条无限路径。在运行 $\rho$ 中无限次出现的状态集合用 $\inf(\rho)$表示。对于 $\forall f\in F$，当且仅当 $\inf(\rho)\cap f\neq\varnothing$时，运行 $\rho$ 才是被接受的。这时 $v$ 也称为被接受的字。$\mathcal{A}$的语言 $L(\mathcal{A})\subseteq\Sigma^{\omega}$ 是所有被接受的字的集合。

2）Kripke 结构转化为自动机[37]

令 Kripke 结构 $\langle S,R,I,L\rangle$，其中 $L:S\to\mathcal{P}(\mathrm{AP})$。可以将其转换为自动机 $\mathcal{A}=\langle\Sigma,S\cup\{l\},\Delta,\{l\},S\cup\{l\}\rangle$，其中 $\Sigma=\mathcal{P}(\mathrm{AP})$。对于 $s,s'\in S$，当且仅当 $(s,s')\in R$ 并且 $\alpha=L(s')$ 满足时有 $(s,\alpha,s')\in\Delta$。另外，当且仅当 $s\in I$ 并且 $\alpha=L(s)$ 时才有 $(l,\alpha,s)\in\Delta$。注意，$l$ 是 $\mathcal{A}$ 的初始状态。

3）两个 Büchi 自动机的交集[16]

设 $\mathcal{A}_1=\langle\Sigma,S_1,\Delta_1,I_1,L_1,F_1\rangle$ 和 $\mathcal{A}_2=\langle\Sigma,S_2,\Delta_2,I_2,L_2,F_2\rangle$ 是两个有相同字母表的 Büchi 自动机，可以定义它们的交为

$$\mathcal{A}_1\cap\mathcal{A}_2=\langle\Sigma,S_1\times S_2,\Delta,I_1\times I_2,L,\{F_1\times S_2,S_1\times F_2\}\rangle$$

交集的转换关系 $\Delta$ 定义如下。

$(\langle l,q\rangle,\langle l',q'\rangle)\in\Delta$ 当且仅当 $(l,l')\in\Delta_1$，且 $(q,q')\in\Delta_2$

交集中每个状态 $\langle l,q\rangle$ 的标签 $L(\langle l,q\rangle)=L_1(l)\wedge L_2(q)$。标记为 False 的状态及其入边和出边被删除。

一般地，广义 Büchi 自动机都可以转换为简单 Büchi 自动机，因此也很容易求出两个广义 Büchi 自动机的交集。

### 4.1.4 符号模型检验

符号模型检验是解决状态空间爆炸问题的首次重要突破。对于许多具有并发组件(Concurrent Parts)的系统，在全局状态转换图中的状态（模型检验主要考查这样的图）往往过于庞大以致难以处理。1987 年，McMillan 认识到用符号表达状态转换图，许多大型系统能够有效验证，为此他开发了称为 SMV(Symbolic Model Verifier)的模型检验系统。从那以后，基于符号模型检验能够解决的状态数量级已达到 $10^{120}$[37]。符号模型检验的主要概念如下。

OBDD(Ordered Binary Decision Diagrams)是表达布尔公式的经典形式。在 OBDD 中，每个节点都表示一个布尔表达式。该图是由初始节点、中间节点和终止节点构成。对于决定系统状态的变量选择次序，然后依次标记在节点上。每个不是终止节点的节点都有两个分支，如节点 $v$，其中左边分支 low($v$)表示 $v=0$ 时的后代，右边分支 high($v$)表示 $v=1$ 时的后代。对于终止状态，它表达布尔公式的值。

下面我们举一个实例，用 OBDD 表示布尔函数 $f(x_1,x_2,x_3)=x_1\bar{x}_3+x_1x_2+x_2\bar{x}_3$。

顾名思义，OBDD 是一个有序二叉决策图。如果我们为系统状态选择了布尔变量 $x_1,x_2,x_3$ 的顺序为 $x_1<x_2<x_3$，则用标记为 $x_1$ 的节点作为初始节点，然后从它开始分支，左边分支 low($x_1$)表示 $x_1=0$ 时的后代，右边分支 high($x_1$)表示 $x_1=1$ 时的后代。作为初始节点 $x_1$ 的两个分支，第 2 代都是标记为 $x_2$ 的非终止节点。继而又从每个标记为 $x_2$ 的节点，重复上述构造过程，得到标记为 $x_3$ 的非终止节点。最后由每个标记为 $x_3$ 的节点的左右分支，引出两个终止节点。终点节点表示布尔函数 $f(x_1,x_2,x_3)$ 的某个具体真值。精确地讲，是布尔函数 $f$ 从初始节点沿着引出它的路径，由 $x_1,x_2,x_3$ 的取值情况所得到的函数

真值，这个函数值可以由布尔函数的真值表计算得到。一般地，非终止节点用圆圈表示，终止节点用矩形框表示，左边分支用虚线表示，右边分支用实线表示。$f(x_1,x_2,x_3)=x_1\bar{x}_3+x_1x_2+x_2\bar{x}_3$ 的 OBDD 表示如图 4.1 所示。直观上，它是以 $x_1$ 为初始节点的 OBDD。

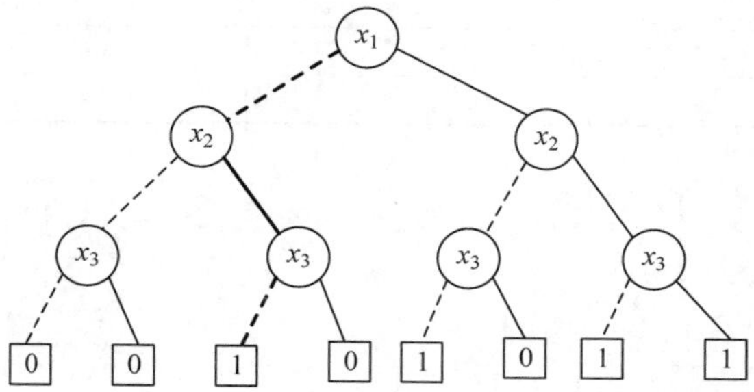


图 4.1 表示布尔函数 $f=x_1\bar{x}_3+x_1x_2+x_2\bar{x}_3$ 的有序二叉决策图

图 4.1 中终止节点所标识的值是由布尔函数 $f$ 的真值表计算得到的。$f$ 的真值表如表 4.1 所示。

**表 4.1 布尔函数 $f$ 的真值表**

| $x_1$ | $x_2$ | $x_3$ | $f$ |
|---|---|---|---|
| 0 | 0 | 0 | 0 |
| 0 | 0 | 1 | 0 |
| 0 | 1 | 0 | 1 |
| 0 | 1 | 1 | 0 |
| 1 | 0 | 0 | 1 |
| 1 | 0 | 1 | 0 |
| 1 | 1 | 0 | 1 |
| 1 | 1 | 1 | 1 |

例如，图 4.1 中粗线条标识的路径，表示当 $x_1=0,x_2=1,x_3=0$ 时，$f$ 的值为 1，它对应 $f$ 的真值表的第 3 行。实际上，表 4.1 中每种取值组合都对应一条从初始节点到一个终止节点的路径。正因为如此，终止节点的值正是根据真值表，对沿到达它的路径上的变量取值情况所作的决策，它隐式表达了路径的含义。

有趣的是，图 4.1 中每个节点都能"表达"一个布尔函数。例如，左边标记为 $x_2$ 的节点，以它为端点的 OBDD 表达布尔函数 $g(x_2,x_3)=x_2\bar{x}_3$；右边标记为 $x_2$ 的节点，以它为端点的 OBDD 表达布尔函数 $h(x_2,x_3)=x_2+\bar{x}_3$。$g$ 和 $h$ 两个布尔函数的真值表如表 4.2 和表 4.3 所示，OBDD 如图 4.2 和图 4.3 所示。

表 4.2　布尔函数 $g$ 的真值表

| $x_2$ | $x_3$ | $g$ |
|---|---|---|
| 0 | 0 | 0 |
| 0 | 1 | 0 |
| 1 | 0 | 1 |
| 1 | 1 | 0 |

表 4.3　布尔函数 $h$ 的真值表

| $x_2$ | $x_3$ | $h$ |
|---|---|---|
| 0 | 0 | 1 |
| 0 | 1 | 0 |
| 1 | 0 | 1 |
| 1 | 1 | 1 |

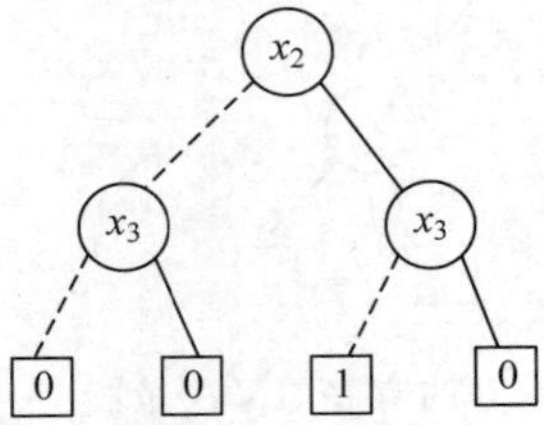


图 4.2　表示布尔函数 $g=x_2\bar{x}_3$ 的有序二叉决策图

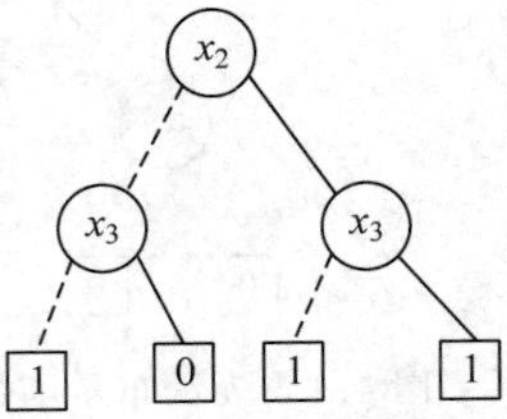


图 4.3　表示布尔函数 $h=x_2+\bar{x}_3$ 的有序二叉决策图

注意到，布尔函数 $f(x_1,x_2,x_3)=\bar{x}_1\cdot g(x_2,x_3)+x_1\cdot h(x_2,x_3)=\bar{x}_1x_2\bar{x}_3+x_1x_2+x_1\bar{x}_3=x_1\bar{x}_3+x_1x_2+x_2\bar{x}_3$，一个 OBDD 可以看作由两个（推而广之是若干个）OBDD“组合”而成。

我们知道，布尔函数 $f(x_1,x_2,\cdots,x_n)$ 可以对任意变量 $x_i$ 作 Shannon 展开，它表示为

$$f(x_1,x_2,\cdots,x_n)=\bar{x}_i\cdot f|_{x_i=0}(x_1,x_2,\cdots,x_n)+x_i\cdot f|_{x_i=1}(x_1,x_2,\cdots,x_n)$$

其中，$f|_{x_i=0}(x_1,x_2,\cdots,x_n)$ 表示 $f$ 中变量 $x_i$ 已被常量 0 替换，这可以看作对该函数的一个约束。在这个意义上，上面表达式中 $g(x_2,x_3)=f|_{x_1=0}(x_1,x_2,x_3)=x_2\bar{x}_3$，$h(x_2,x_3)=f|_{x_1=}1(x_1,x_2,x_3)=x_2+\bar{x}_3+x_2\bar{x}_3=x_2+\bar{x}_3$。

实际上，除了利用真值表方法构造布尔函数的 OBDD 以外，它还可以利用 Shannon 展开递归构造。现在以 $f(x_1,x_2,x_3)=x_1\bar{x}_3+x_1x_2+x_2\bar{x}_3$ 为例介绍这种构造方法。我们从前面的 $f(x_1,x_2,x_3)=\bar{x}_1\cdot g(x_2,x_3)+x_1\cdot h(x_2,x_3)$ 继续向深度搜索。为此，令 $g_1(x_3)=g(0,x_3)=0$，$g_2(x_3)=g(1,x_3)=\bar{x}_3$，$h_1(x_3)=h(0,x_3)=\bar{x}_3$，$h_2(x_3)=h(1,x_3)=1$。这时，再从节点 $x_3$ 向“下”，便达到终止节点：$p_1=g_1(0)=0$，$p_2=g_1(1)=0$，$p_3=g_2(0)=1$，$p_4=g_2(1)=0$；$q_1=h_1(0)=1$，$q_2=h_1(1)=0$，$q_3=h_2(0)=1$，$q_4=h_2(1)=1$。由上述过程得到的 OBDD 如图 4.4 所示。

图 4.4 和图 4.1 是一样的。其实我们不必如此“刻板”地按 Shannon 展开递归构造 $f$ 的 OBDD。可以看到，$g_1(x_3)=0$，$h_2(x_3)=1$ 都已经是常值函数，因此从最左端的 $x_2$ 节点引出的 low($x_2$)即为 0，同理从最右端的 $x_2$ 节点引出的 high($x_2$)即为 1。换言之，最左端的 $x_3$ 节点表示的 $g_1$ 函数和最右端 $x_3$ 节点表示的 $h_2$ 函数没有必要标在图上。另外，进一步还可以把终止节点中表示 0 的一些节点合并，表示 1 的一些节点合并，从而最终简化为如图 4.5 所示的图。

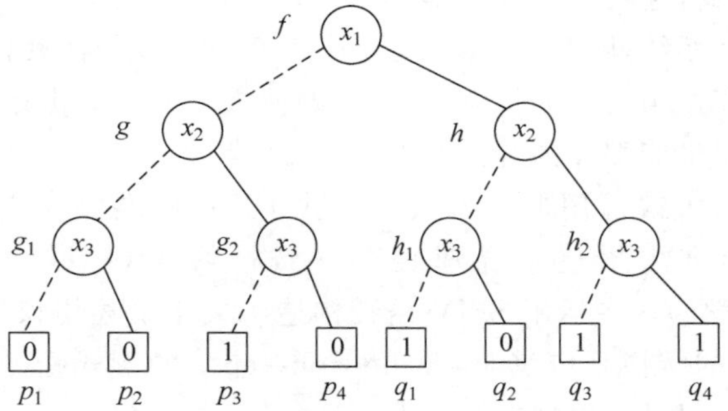


图 4.4 $f=x_1\bar{x}_3+x_1x_2+x_2\bar{x}_3$ 按 Shannon 展开得到的 OBDD

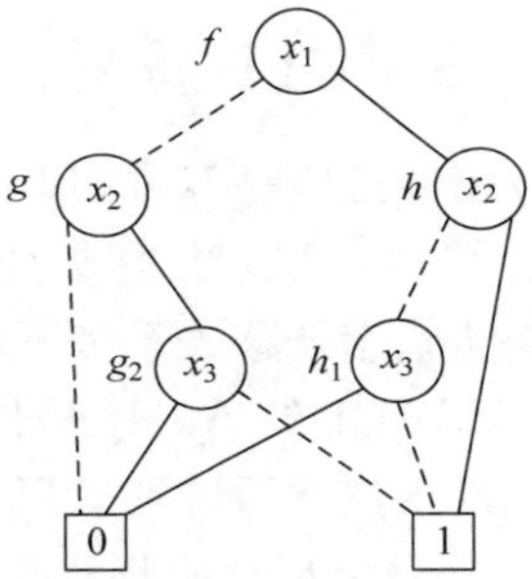


图 4.5 布尔函数 $f=x_1\bar{x}_3+x_1x_2+x_2\bar{x}_3$ 按 Shannon 展开简化图

当然,我们也可以把图 4.1 中具有相同值的终止节点合并,从而得到简化图(没有画出)。然而,不管是按真值表还是按 Shannon 展开方式构造一个布尔函数的 OBDD,都可能存在大量冗余节点。我们可以根据等价关系将一个布尔函数的 OBDD 加以简化,例如图 4.5 就是图 4.4 的一种很容易就可以获得的简化,这两个图在表示 $f(x_1,x_2,x_3)=x_1\bar{x}_3+x_1x_2+x_2\bar{x}_3$ 的功能上是一样的。可以制定约简规则,减少节点数目。一般来说,任何 OBDD 都可以利用约简规则将其简化到具有最少节点的规范形式,我们把这种具有规范型的 OBDD 称为约简的有序二叉决策图,简记为 ROBDD。Bryant 给出了一种线性时间复杂度的 OBDD 约简算法。

既然布尔函数可以用 OBDD 表示,于是自然想到,若布尔函数的逻辑运算能通过对 OBDD 的相应操作实现,那么 OBDD 表示法就会在许多领域内得到应用。为此,Bryant 提出了 Apply 统一算法,计算全部逻辑运算[43]。有趣的是,虽然布尔非(取反)运算也可以用 Apply 算法实现,但还有一种更简单的方法实现 OBDD 的非运算,就是将 $f$ 对应的 OBDD 所有终止节点的值取反。

用 OBDD 表达 Kripke 结构,通常都是先给出系统简洁的高层次的描述,然后直接构造 OBDD 来表达它,其详细描述可参考文献[37]。

模型检验算法的设计是基于像集计算(Image Computation)和谓词转换算子(Predicate Transformers)的不动点计算。不动点是状态的集合,它们表达时态逻辑的属性。谓词转换算子(从转换系统获得)和不动点两者都由 OBDD 表达。

SMV 是一个用来检验有限状态系统满足由 CTL 给出的指派的工具。SMV 的语言具有许多特点,如模块性(Modules)。这些模块可以同步和异步交替组成,也可以确定性或非确定性地进行转换，因此，它可以有效地描述复杂的有限状态系统[37]。由这种语言写出的程序中，SMV 抽取转换系统并用 OBDD 表示，并基于 OBDD 的搜索算法决定这个系统是否满足它所宣称的用时序逻辑表达的指派。另外，顺便提一下，Verilog 也是有限状态语言，用它写的描述系统的程序也能编译为等价的 Kripke 结构。

下面介绍著名的第 1 次运用形式方式去寻找 IEEE 标准协议非平凡错误的例子。在 IEEE 896.1—1991 标准中描述了高速缓存一致性协议（Cache Coherence Protocol），1992 年卡内基梅隆大学的学者运用 SMV 语言构造了关于上述协议的精确模型，然后运用 SMV 去证明模型产生的转换系统满足 Cache Coherence 的形式指派。他们发现了许多以前未发现的错误以及协议设计中的潜在错误[37]。

其他许多学者在符号模型检验方面都做了大量工作，开发了许多算法并且运用到许多实际应用领域。

### 4.1.5 CTL 符号模型检验

符号模型检验是 K. L. McMillan 于 1922 年提出的一种采用符号方法表示状态空间的模型检验技术，该方法主要基于 OBDD 技术的运用。关于 OBDD 的基本知识，包括用 OBDD 表达状态迁移关系和不动点、用不动点算法计算状态的可达性以及状态是否满足某些性质、OBDD 上的 Apply 操作、check() 函数等内容，为了节省篇幅，请参考文献[36,37]，这里不再赘述。下面讨论 CTL 符号模型检验[36]。

CTL 符号模型检验将待验证系统抽象为 Kripke 结构模型，用基于 OBDD 的布尔函数表示该 Kripke 结构的状态、迁移关系和标记。与此同时，也基于 OBDD 的布尔函数表示系统要满足的 CTL 公式，最后由 check() 函数实现符号模型检验算法。

**1. 用布尔函数 $f$ 隐式地表示 Kripke 结构**

给出 Kripke 结构 $M=(S,R,L)$，为了用 OBDD 表示这个结构，我们必须对状态集合 $S$、转换关系 $R$ 和标签函数 $L$ 进行考虑。

(1) 对于有限状态集合 $S$，令 $n=\lceil \mathrm{lb}|S|\rceil$，其中$\lceil t \rceil$表示超过 $t$ 的最小整数。

我们可以用 $n$ 维布尔向量 $\boldsymbol{x}=(x_1,x_2,\cdots,x_n)$或二进制串$[x_1x_2\cdots x_n]$对状态空间的每个状态进行编码，即任意状态 $s$ 都有一个唯一编码 $\boldsymbol{x}$。这样，状态空间中任意集合 $Q$ 可以用布尔函数表示为

$$f_Q(\boldsymbol{x})=\begin{cases}1, & \boldsymbol{x}=\mathrm{encoded}(s), s\in Q\\0, & \text{其他}\end{cases}$$

状态集合 $S_1$ 与 $S_2$ 的交、并、补等运算，可以用各自对应的布尔函数 $f_{S_1}(\boldsymbol{x})$与 $f_{S_2}(\boldsymbol{x})$的逻辑与(·)、或(+)、非(—)实现。

$$f_{S_1\cup S_2}(\boldsymbol{x})=f_{S_1}(\boldsymbol{x})+f_{S_2}(\boldsymbol{x})$$

$$f_{S_1\cap S_2}(\boldsymbol{x})=f_{S_1}(\boldsymbol{x})\cdot f_{S_2}(\boldsymbol{x})$$

$$f_{S_1-S_2}(\boldsymbol{x})=f_{S_1}(\boldsymbol{x})\cdot\overline{f_{S_2}(\boldsymbol{x})}$$

(2) 转移(迁移)关系 $R$ 为状态之间的序偶集合。对于 $\forall(a,b)\in R$,设前驱(前趋)状态 $a$ 和后继状态 $b$ 的编码分别为 $\boldsymbol{x}$ 和 $\boldsymbol{y}$,那么用 $2n$ 维布尔向量$(x_1,x_2,\cdots,x_n,y_1,y_2,\cdots,y_n)$ 或二进制串$[x_1x_2\cdots x_ny_1y_2\cdots y_n]$表示序偶,对应的布尔函数为

$$f_{(a,b)}(\boldsymbol{x},\boldsymbol{y})=\begin{cases}1, & \boldsymbol{x}=\text{encoded}(a),\boldsymbol{y}=\text{encoded}(b),(a,b)\in R\\0, & \text{其他}\end{cases}$$

关系 $R$ 对应的布尔函数为

$$f_R(\boldsymbol{x},\boldsymbol{y})==\sum_{(a,b)\in R}f_{(a,b)}(\boldsymbol{x},\boldsymbol{y})$$

$f_R(\boldsymbol{x},\boldsymbol{y})$也可以用 $R(\boldsymbol{x},\boldsymbol{y})$表示。

(3) 标签函数 $L$ 标注了状态中的原子命题,所以它是状态到原子命题子集的映射。反过来,我们也可以把它看作原子命题到状态子集的映射:原子命题 $p$ 映射到状态子集合 $\{s\mid p\in L(S)\}$(记为 $L_p$),这个子集可以用上述子集的布尔函数表示。可以用这种方法分别描述每个原子命题[37]。

**2. 用布尔函数 *f* 隐式地表示 CTL 公式**

为此,需要引入全称量词和存在量词表示 CTL 中的路径量词。$\exists(x_1,x_2,\cdots,x_n)f$ 表示 $x_1,x_2,\cdots,x_n$ 中的某些布尔变量使布尔函数 $f$ 为真,$\forall(x_1,x_2,\cdots,x_n)f$ 表示 $x_1,x_2,\cdots,x_n$ 中的所有布尔变量使布尔函数 $f$ 为真,即

$$\exists(x_1,x_2,\cdots,x_n)f=\sum_{x_1,x_2,\cdots,x_n\in(0,1)}f(x_1,x_2,\cdots,x_n)$$

$$\forall(x_1,x_2,\cdots,x_n)f=\prod_{x_1,x_2,\cdots,x_n\in(0,1)}f(x_1,x_2,\cdots,x_n)$$

根据 CTL 语义,如果状态 $\boldsymbol{x}=(x_1,x_2,\cdots,x_n)$满足 $\text{EX}g$,那么存在一个后继状态 $\boldsymbol{y}=(y_1,y_2,\cdots,y_n)$,使$(\boldsymbol{x},\boldsymbol{y})\in R$ 且 $\boldsymbol{y}$ 为满足 $g$ 的状态。对应的布尔函数表示为

$$\begin{aligned}f_{\text{EX}g}(\boldsymbol{x})&=\exists(y_1,y_2,\cdots,y_n)[f_R(\boldsymbol{x},\boldsymbol{y})\wedge f_g(\boldsymbol{y})]\\&=\exists(y_1,y_2,\cdots,y_n)[f_R(\boldsymbol{x},\boldsymbol{y})\cdot f_g(\boldsymbol{y})]\end{aligned}$$

类似地,如果状态 $\boldsymbol{x}=(x_1,x_2,\cdots,x_n)$满足 $\text{AX}g$,那么存在所有$(\boldsymbol{x},\boldsymbol{y})\in R$ 的状态 $\boldsymbol{y}=(y_1,y_2,\cdots,y_n)$,使 $\boldsymbol{y}$ 为满足 $g$ 的状态。对应的布尔函数表示为

$$\begin{aligned}f_{\text{AX}g}(\boldsymbol{x})&=\forall(y_1,y_2,\cdots,y_n)[f_R(\boldsymbol{x},\boldsymbol{y})\rightarrow f_g(\boldsymbol{y})]\\&=\forall(y_1,y_2,\cdots,y_n)[\overline{f_R(\boldsymbol{x},\boldsymbol{y})}+f_g(\boldsymbol{y})]\end{aligned}$$

**3. CTL 符号模型检验算法**

符号模型检验算法由程序 check 实现,函数定义如下。

check($M$: Model, $\varphi$: formula): model

使用这个函数检验由 OBDD 表示的系统模型 $M$ 和 CTL 表示的公式 $\varphi$,并返回满足公式 $\varphi$ 的 $M$ 的一个子模型,该模型同样由 OBDD 表示。实际上,check()函数的参数是待检验的 CTL 公式,返回结果是满足待检验公式的系统状态对应的 OBDD 表示。当然,check()函数的输出也依赖于待检验系统的 OBDD 表示,但这个转换关系参数(即 $M$ 模型)是隐式给出

的。所以我们有 check($\varphi$)这样形式的表述。下面逐一介绍该函数如何处理不同的 CTL 公式 $\varphi$。

(1) 当 $g$ 是一个原子公式时,check($g$)直接返回满足 $g$ 的 OBDD 描述。

(2) 如果 $g=g_1 \wedge g_2$,或者 $g=\neg g_1$,则 check($g$)可通过 Apply 算法获得。算法中的参数为 check($g_1$)、check($g_2$)以及对应的二元操作数。

(3) 考虑公式是 EX$g$ 的情况,check(EX$g$)=check EX(check($g$))对于系统的任意状态,当且仅当存在该状态的某个后继状态(由于是分支时序逻辑,可能存在几个不同的后继状态)满足此公式时,该公式为真,即

$$\text{checkEX}(g(\boldsymbol{x}))=\exists\, \boldsymbol{y}[R(\boldsymbol{x},\boldsymbol{y}) \wedge g(\boldsymbol{y})]$$

与前面用布尔函数表示 EX$g$ 不同,算法中的转换关系 $R(\boldsymbol{x},\boldsymbol{y})$和满足公式 $g$ 的状态均用 OBDD 表示。

(4) 考虑公式是 E($g_1$U$g_2$)的情况,check(E($g_1$U$g_2$))=check EU(check($g_1$),check($g_2$)),check EU 是基于最小不动点的特性完成的,即

$$\mathrm{E}(g_1 \mathrm{U} g_2)=\mu Z.\, g_2 \vee (g_1 \wedge \mathrm{EX}Z)$$

我们使用不动点算法计算满足该式状态的 OBDD 表示。

(5) 考虑公式是 EG$g$ 的情况,check(EG$g$)=check EG(check($g$))。该公式的含义是:对于系统的任意状态,如果存在从该状态出发的一条路径,且在该路径上的所有状态(包括当前状态)都满足公式 $g$,则公式 EG$g$ 在该状态时成立。显然,EG$g$=$g$∧EXEG$g$ 成立。

checkEG 是基于最大不动点的特性完成的,即

$$\mathrm{EG}g=\upsilon Z.\, g \wedge \mathrm{EX}Z$$

如果有 $g$ 的 OBDD 表示,则我们有算法计算满足 EG$g$ 的状态集的 OBDD 表示。

由于其他 CTL 运算符都可由以上形式表示,因此这里已经给出了完整的 CTL 符号模型检验。

值得注意的是,如果用$\mathcal{P}(S)$中的谓词$\{s \mid M,S \vDash f\}$标识每个 CTL 公式,那么每个基本的 CTL 运算符都能被刻画成适当的谓词变换的最小不动点或最大不动点。

直观上,最小不动点对应于最终性;最大不动点对应于恒真性。因此,AF$g$ 具有最小不动点特性,而 EG$g$ 具有最大不动点特性。实际上,我们有

$$\mathrm{AF}g=\mu Z.\, g \vee \mathrm{AX}Z$$
$$\mathrm{EG}g=\upsilon Z.\, g \wedge \mathrm{EX}Z$$

### 4.1.6 其他降低问题复杂性的方法

虽然符号模型检验使模型检验能够运用到大型状态转换系统,然而状态空间爆炸问题并未彻底解决,因此学者们又从多个方面解决这个问题。其中最主要的技术如下。

(1) 偏序简化(Partial Order Reduction)。例如,在 LTL_X 逻辑指派的验证中,从每个状态 $s$ 的 enabled($s$)(即在 $s$ 状态可以执行的行动集合)中选择 amples($s$)(即在 $s$ 状态挑选出代表性行动),从而根据 amples($s$)将原先的转换图简化,而简化的图与原来系统的转换

图在相应路径上满足“丛快等价”(Stuttering Equivalent)。所谓两个路径“丛快等价”,是指两个路径可以分别划出许多段,这些段之间的顺序等价。

(2) 结构间的等价关系和前序关系。若两个结构可以相互模拟,则称两个结构等价,即Bisimulation Equivalent。设 $M=(S,R,AP,L,H)$ 和 $M'=(S',R',AP,L',H')$ 是两个结构,若存在关系 $B\subseteq S\times S'$,满足:$\forall s,s'$,若 $B(s,s')$,有

① $L(s)=L'(s')$

② $\forall s_1$,若 $R(s,s_1)$,则存在 $s_1'$,使 $R'(s',s_1')$ 且 $B(s_1,s_1')$

③ $\forall s_1'$,若 $R'(s',s_1')$,则存在 $s_1$,使 $R(s,s_1)$ 且 $B(s_1,s_1')$

则称 $B$ 为相互模拟关系。如果 $B$ 对 $M$ 和 $M'$ 的初始集合 $H$ 和 $H'$ 的元素也成立,即 $\forall s_0\in H$,则有 $s_0'\in H'$,使 $B(s_0,s_0')$;反过来对 $\forall s_0'\in H'$,也有 $s_0\in H$,使 $B(s_0,s_0')$,则称 $M$ 和 $M'$ 相互模拟。

比相互模拟关系 $B$ 较弱的关系 $H$ 称为模拟关系,即在 $B$ 的条件中上述条件③未必成立。这时若对于 $M$ 中的任意初始状态 $s_0$,有 $M'$ 中的初始状态 $s_0'$,使 $B(s_0,s_0')$ 成立,则称 $M'$ 模拟 $M$,并记为 $M\leqslant M'$。这样可以通过模拟关系建立结构间的前序关系。利用这些关系往往可以简化原系统,有许多算法是关于等价关系和前序关系的。相互模拟关系适合 $CTL^*$(CTL)等公式的验证,模拟关系适合 ACTL(LTL)等公式的验证。

(3) 抽象:不涉及抽象解释的抽象,我们也把它归为标准方法,主要是数据结构简化和影响锥简化(Cone of Influence Reduction)技术。所谓影响锥简化技术,是指通过选择对于指派(即要验证的属性)有关系的变量简化状态空间。数据结构简化是指对于指派所关心的数据特征,对数据结构进行简化。许多标准方法的抽象及其改良技术(如 CEGAR 方法),我们放在 4.2 节讨论。

(4) 组合推理。根据组合系统的构造,如并行系统,可以把整个系统的验证分割为 $n$ 个子系统的验证。这些部分功能是相互独立的,而且所有部分系统的功能联合起来构成整个系统的功能。其中,最著名的是假设-证明技术,即根据假设证明(部分)系统应满足的指派,然后验证这些假设在原系统中成立,即消除假设。关于这个方法,在 4.2 节也有介绍。

(5) 对称。通常系统都具有某种性质的对称性,利用对称性产生的等价关系可以简化原系统到所谓根据对称关系产生的商结构,从而缩减状态空间。

(6) 归纳方法。往往系统之间的差异(如组件数目)只是“非本质”的属性,即这些系统是具有相似特征的一个家族的成员,甚至这个家族有无限个成员。时态逻辑表达这个家族时往往运用正则表达式。对于有限状态结构的无限成员的家族,其验证技术通常依赖于“不变式”。对于家族 $\mathcal{F}=\{M_1,M_2,\cdots\}$,在这些结构之间定义一个前序关系(即反射、传递)$\leqslant$。所谓不变式 $I$ 是如此的结构,它对 $\mathcal{F}$ 中所有的 $M$,都有 $I\geqslant M$。于是验证了 $I$,就可以对具体模型做出推断。

总之,视问题的具体情况,以上各种方法都是有价值的。今后在深入理解系统的性质时,挖掘更多的一般特性,由此开发更好的方法,对于降低问题复杂性是有帮助的。

### 4.1.7 其他标准方法

**1. $\mu$-calculus**

$\mu$-calculus 是强有力的语言，运用最小和最大不动点算子表达转换系统属性。可以运用 OBDD 表达 $\mu$-calculus 公式，并且能把 CTL 转换为 $\mu$-calculus。

**2. 运用自动机进行模型检验**

有限状态自动机$\mathcal{A}=\langle \Sigma, Q, \Delta, Q^0, F\rangle$ 是一个 5 元组。其中，$\Sigma$ 为有限字母表；$Q$ 为有限状态集合；$\Delta \subseteq Q \times \Sigma \times Q$ 为状态转换关系，如 $\Delta(s,q,s')$ 表示位于状态 $s$，接受字母 $q$，转换到状态 $s'$；$Q^0$ 为初始状态；$F$ 为终止状态。对于$\mathcal{A}$，$\Sigma$ 上的某个具有一定特征的字符串的（有限或无线）集合 $L$，或记为 $L(\mathcal{A})$，叫作语言。其中每个字符串（String）称为一个词（Word），它是通过顺序列出其中的全部字母来表示的，并且当它作为$\mathcal{A}$的输入时，$\mathcal{A}$能接受。令 $\varepsilon$ 是一个空字符，且用 $\Sigma^*$ 表示所有 $\Sigma$ 上字符串（包含 $\varepsilon$）组成的集合，则 $L(\mathcal{A}) \subseteq \Sigma^*$。一个 Büchi 自动机是特殊的自动机，它接受的语句是无限语句，即语句来自 $\Sigma^\omega$，$\omega$ 表示无限。一个 Kripke 结构直接相应于一个 $\omega$- 正则（Regular）Büchi 自动机$\mathcal{A}$，而系统要满足的指派也能用自动机给出，设为 $S$，令 $L(\mathcal{A})$ 和 $L(S)$ 分别表示两个自动机能够接受的语言。若 $L(\mathcal{A}) \subseteq L(S)$，或 $L(\mathcal{A}) \cap \overline{L(S)} = \varnothing$，表示系统的行为符合指派。

**3. 与定理证明相结合的模型检验**

我们把它结合到 4.3 节中讨论。

## 4.2 抽象解释

抽象解释首先由 Cousot 和 Cousot 作为程序设计和程序静态（Static）分析的统一框架于 1977 年提出，现在已经成为描述具体系统近似语义的一个基本的方法理论，应用于许多计算机科学领域。抽象解释简单但是严格的定义以及它能够在不同的抽象层次上指定系统的行为，使它成为研究近似语义的适合工具。抽象简化在于利用有限转换系统去近似无限或大型有限转换系统，以致原先存在的适用于有限转换系统的算法能够在抽象系统上运用，这种 semi-verification 思想首先由 Clarke 等于 1992 年引进。

在模型检验中，抽象早就是解决状态空间爆炸的一种重要方法，其目标是构造足够小的抽象模型，使之能有效分析和验证。现在基于抽象解释理论的模型检验和抽象简化思想的发展，更能有效地解决状态空间爆炸的问题。

### 4.2.1 根据存在（或经验）的抽象

文献[44]系统地描述了一个称为根据存在的（Existential）抽象框架，虽然它不同于基于抽象解释的抽象框架，但是它比标准抽象（即基于数据结构抽象和变量影响锥等方法）更具一般性，也和基于抽象解释方法一样具有更强大的功能，所以我们把它也归并到抽象解释中。

令 Kripke 结构 $M=(S,I,R,L)$，其中 $S$ 为状态集（空间），$I$ 为初始状态集，$R$ 为状态空间上的转换关系，$L$ 为标签函数，含义与前文相同，只是没有明显写出原子命题集合 AP。

直观地说，根据存在（或经验）的抽象是划分一个 Kripke 结构 $M=(S,I,R,L)$ 的状态为群集（Clusters），然后处理这些群集为新的抽象状态。形式上，用满射 $h:S\to\hat{S}$ 表达抽象函数，这里 $\hat{S}$ 为抽象状态集合。$h$ 在具体状态空间 $S$ 产生一个等价关系 $\equiv_h$，即如果 $d,e\in S$，则 $d\equiv_h e$ 当且仅当 $h(d)=h(e)$。抽象能够运用满射 $h$ 或等价关系 $\equiv_h$ 来表达，因此今后这两种表达可以互用。由 $h$ 产生抽象 Kripke 结构 $\hat{M}=(\hat{S},\hat{I},\hat{R},\hat{L})$，为了强调 $h$，有时记为 $\hat{M}_h=(\hat{S}_h,\hat{I}_h,\hat{R}_h,\hat{L}_h)$。实际上，抽象状态空间 $\hat{S}_h$ 中每个抽象状态都和原状态空间 $S$ 中某个由满射 $h$ 产生的等价类相对应。$\hat{M}$ 的定义如下。

① $\hat{I}(\hat{d})$ 当且仅当 $\exists d(h(d)=\hat{d}\wedge I(d))$；

② $\hat{R}(\hat{d}_1,\hat{d}_2)$ 当且仅当 $\exists d_1\exists d_2(h(d_1)=\hat{d}_1\wedge h(d_2)=\hat{d}_2\wedge R(d_1,d_2))$；

③ $\hat{L}(\hat{d})=\bigcup_{h(d)=\hat{d}}L(d)$。

下面介绍存在抽象框架的一些重要概念和事实。

(1) 适合性：关于指定属性 $\varphi$，称抽象函数 $h$ 是适合的，如果对所有 $\varphi$ 中的原子命题 $f$ 以及所有在 $S$ 域中的状态，下面的条件成立：若 $d\equiv_h e$，则 $d\vDash f\Leftrightarrow e\vDash f$。

抽象框架中最重要的概念是适合性概念。更一般地，若对公式集合 $F$ 中的每个公式 $\varphi$，$h$ 是适合的，则称 $h$ 对 $F$ 是适合的。

(2) 一致性：所有对应于 $\hat{d}$ 的具体状态都满足在 $\hat{L}(\hat{d})$ 中的标签（Labels），即它们不会产生相互矛盾的标签。

关于适合性和一致性，有以下结论[44]。

$h$ 关于 $\varphi$ 适合：

① 若 $d\equiv_h d'$，则 $L(d)=L(d')$；

② 若 $h(d)=\hat{d}$，则 $\hat{L}_h(\hat{d})=L(d)$；

③ $\hat{L}_h(\hat{d})$ 是一致的。

我们有以下重要定理。

**定理 4.1**[44]　设 $h$ 对 $\text{ACTL}^*$ 中的公式 $\varphi$ 是适合的，若 $\hat{M}_h\vDash\varphi$，则 $M\vDash\varphi$。

$\text{ACTL}^*$ 是 $\text{CTL}^*$ 的子逻辑，在 $\text{ACTL}^*$ 公式中并不出现 E（存在）路径量词，即 $\text{ACTL}^*$ 中任意公式是对所有路径而言的。

一般地，$\hat{R}_h$ 很复杂。文献[44]系统地描述了构造抽象转换 $\hat{R}_h$ 的近似方法，特别是过早近似方法和变量群集方法。近似方法的严格描述见文献[44]。近似转换记为 $\widetilde{R}$，近似 Kripke 结构 $\widetilde{M}=(\hat{S}_h,\widetilde{I},\widetilde{R},\hat{L}_h)$，其中 $\widetilde{I}\supseteq\hat{I}_h$，$\widetilde{R}\supseteq\hat{R}_h$，$\widetilde{M}$ 降低了 $\hat{M}_h$ 的复杂性，且有 $\hat{M}_h\leqslant\widetilde{M}$ 模拟关系。

文献[44]运用 BDDS 直接实现算法，除了应用一些重要的启发法，如两阶段改良算法、近似转换和利用变量依赖图进行抽象以外，算法主要步骤如下：首先构造初始抽象模型，继而反复运用(如果需要)反例引导精化抽象模型的各种算法，最后得到抽象模型。该模型具有重要功能，总结在下面的定理中。

**定理 4.2**[44] 给定一个模型 $M$ 和一个 ACTL* 指派公式 $\varphi$，它的反例是一个路径反例，或者是一个循环反例。文献[44]提出的算法最终找到模型 $\widetilde{M}$，使

$$\widetilde{M} \vDash \varphi \Leftrightarrow M \vDash \varphi$$

一般来说，如果抽象模型框架“保留”了转换关系，习惯上有时称它为标准抽象模型，现在根据存在的抽象模型框架“保留”了 Kripke 结构，所以它是标准抽象模型。根据存在的抽象模型框架和基于解释的抽象模型框架存在一定的关系。这一点我们将在 4.2.4 节关于 CEGAR 和 EGAS 方法中介绍。

## 4.2.2 抽象解释理论框架

### 1. 闭包操作和 Galois 连接

在抽象解释理论中，抽象域可通过闭包操作(Closure Operators)或 Galois 连接(Galois Connections，GC)从具体域获取，两者是等价的。

(1) 具体域 $C$ 和抽象域 $A$ 通过 Galois 连接(GC)$(\alpha, C, A, \gamma)$联系起来。其中，$\alpha: C \to A$ 为抽象映射(或函数)，而 $\gamma: A \to C$ 为具体化映射。一般来说，设具体域 $C$ 和抽象域 $A$ 为完备格(当然也可以放松条件为 cpo)，即 $C = \langle C, \leqslant, \vee, \wedge, T, \perp \rangle$ 和 $A = \langle A, \preceq, \vee^{\#}, \wedge^{\#}, T^{\#}, \perp^{\#} \rangle$，而 $\alpha$ 和 $\gamma$ 满足：$\forall c \in C, \forall a \in A: \alpha(c) \preceq a \Leftrightarrow c \leqslant \gamma(a)$。在 GC 中，如果 $\alpha$ 为满射，或者 $\gamma$ 为一一映射，则称$(\alpha, C, A, \gamma)$为 Galois 入射(Galois Insertion，GI)。具体域 $C$ 上的所有 GI $\mathcal{L}_C$ 对于精确性是拟序的。$\forall \mathcal{G}_1, \mathcal{G}_2 \in \mathcal{L}_C, \mathcal{G}_1 = (\alpha_1, C, A_1, \gamma_1) \sqsubseteq \mathcal{G}_2 = (\alpha_2, C, A_2, \gamma_2)$，当且仅当 $\gamma_1 \circ \alpha_1 \sqsubseteq \gamma_2 \circ \alpha_2$，即当且仅当 $\forall c \in C$，有 $\gamma_1 \circ \alpha_1(c) \leqslant \gamma_2 \circ \alpha_2(c)$。也就是说，按函数逐点序，$\gamma_1 \circ \alpha_1$ 较 $\gamma_2 \circ \alpha_2$ 更“精确”。这时称 $A_1$ 比 $A_2$ 更精确，或者 $A_2$ 比 $A_1$ 更抽象。当$\mathcal{G}_1 \sqsubseteq \mathcal{G}_2$且$\mathcal{G}_2 \sqsubseteq \mathcal{G}_1$，则称$\mathcal{G}_1$与$\mathcal{G}_2$等价。

(2) 在具体域 $C$ 通过向上闭包操作获得抽象域，简称为 uco 或闭包。

向上闭包操作 $\rho$ 是在 $C$ 上单调不减的、幂等的和扩展的操作。单调性不减性是指，$\forall c_1, c_2 \in C$，若 $c_1 \leqslant c_2$，则 $\rho(c_1) \leqslant \rho(c_2)$；幂等性是指，$\forall c \in C, \rho^2(c) = \rho(\rho(c)) = \rho(c)$；扩展性是指，$\forall c \in C, c \leqslant \rho(c)$。由 $\rho$ 的定义可以推知，$\rho(C) = \{x \in C \mid \rho(x) = x\}$，即若 $\rho$ 是一向上闭包操作，则 $\rho$ 由它的不动点唯一确定，且不动点集合与 $\rho$ 在 $C$ 上的像集 $\rho(C)$ 一致。向上闭包操作 $\rho$ 也简称为闭包，由 $\rho$ 产生的抽象域也简记为 $\rho$。今后我们用 $C$ 上的函数(如 $\rho$)或用 $C$ 上的子集合(如 $\rho$ 的不动点集合)表示一个闭包，即 uco，并令 $C$ 上所有闭包集合为 uco$(C)$。

设 $X \subseteq C$，若 $X = M(X) \triangleq \{\wedge s \mid s \subseteq X\}$，其中 $\wedge \varnothing = T \in M(X)$，则称 $X$ 为 $C$ 上的一个 Moore 族。很容易推知，$\rho \in$ uco$(C)$，当且仅当 $\rho(C)$ 是 $C$ 上的一个 Moore 族，即 $\rho$ 的不动点

集合 $X$ 满足条件：$X=M(X)$，即是 Meet 封闭。在这种情况下，$P_X \triangleq \lambda y.\wedge\{x\in X \mid y\leqslant x\}$ 便是相应的 $C$ 上的向上闭包操作。

对于 $\forall X\subseteq C$，$M(X)=\{\wedge s \mid s\subseteq X\}$，称为 $X$ 在 $C$ 中 Moore 闭包，它是 $C$ 中所有 Moore 族中（在集合包含意义上）最小且包含 $X$ 的集合。$M$ 也称为 $C$ 上的 Moore 封闭算子。

令 $\langle \mathrm{uco}(C),\sqsubseteq\rangle$ 表示 $C$ 上的所有 uco 的偏序集，因为我们规定 $C$ 是完备格，所以可以推出 $\langle \mathrm{uco}(C),\sqsubseteq,\sqcup,\sqcap,\lambda x.T,\lambda x.x\rangle$ 也是完备格，它表示 $C$ 的所有可能抽象域的完备格。其中，$\lambda x.T$ 是 $C$ 的最"粗糙"抽象函数，它把 $C$ 中所有元素都映入 $C$ 中"最大元素"$T$；$\lambda x.x$ 是 $C$ 的最"精细"抽象函数，它把 $C$ 中所有元素都映入"自身"，是 $C$ 上的恒等算子。如果对 $\rho,\eta\in \mathrm{uco}(C)$，当且仅当 $\eta(C)\subseteq\rho(C)$ 时，$\rho\sqsubseteq\eta$，即 $\rho$ 比 $\eta$ 精确（或者说 $\eta$ 比 $\rho$ 抽象）。

（3）闭包和 GI 的等价性。自文献[45]起，人们就知道抽象域能够用 GI 或具体域上的闭包等价表示。如果已知 $\rho\in \mathrm{uco}(C)$ 以及 $A$ 和 $\rho(C)$ 之间通过映射 $l:\rho(C)\to A$ 和 $l^{-1}:A\to\rho(C)$ 同构，即 $A\cong\rho(C)$，则 $(l\circ\rho,C,A,l^{-1})$ 是 GI；另外，设 $(\alpha,C,A,\gamma)$ 是一个 GI，则 $\rho_A=\gamma\circ\alpha\in \mathrm{uco}(C)$ 是一个与 $A$ 相关的闭包，即 $\rho_A(C)\cong A$。因此，这两个结构是相互"可逆"的。特别是已知一个 $\mathrm{GI}(\alpha,C,A,\gamma)$，与它相关在 $C$ 上的闭包 $\gamma\circ\alpha$ 可以看作 $A$ 在 $C$ 上的逻辑表示，所以当对抽象域的属性的推理独立于抽象域对象的表示时，运用闭包操作方法是特别方便。因此，今后认为 $\mathrm{uco}(C)$ 与 $C$ 上的抽象解释形成的格 $\mathcal{L}_C$ 等同[46]。

**2．近似性和完备性**

近似性和完备性是抽象解释中最重要的两个概念[46]。

设 $f:C^n\xrightarrow{m}D(n\geqslant1)$ 是具体语义操作，定义在具体域 $C$ 和 $D$ 上。又设抽象解释运用 $\mathrm{GI}(\alpha_{C,A},C,A,\gamma_{A,C})$ 和 $(\alpha_{D,B},D,B,\gamma_{B,D})$ 指定抽象域 $A$ 和 $B$，且运用 $f^{\#}:A^n\xrightarrow{m}B$ 指定相应的抽象语义操作。如果 $\alpha_{D,B}\circ f\sqsubseteq f^{\#}\circ\langle\alpha_{C,A},\cdots,\alpha_{C,A}\rangle$，则 $f^{\#}$ 是 $f$ 的正确近似（后文简称近似）。令 $f^{A,B}\triangleq\alpha_{D,B}\circ f\circ\langle\gamma_{A,C},\cdots,\gamma_{A,C}\rangle$：$A^n\xrightarrow{m}B$，$f^{A,B}$ 称为 $f$ 的最正确近似，显然若 $f^{\#}$ 是 $f$ 的近似，则关系 $f^{A,B}\sqsubseteq f^{\#}$ 成立，即按函数逐点序 $f^{A,B}$ 是最准确的近似。同样设 $f:C\xrightarrow{m}C$ 和 $f^{\#}:A\xrightarrow{m}A$，如果 $\alpha_{C,A}(\mathrm{lfp}(f))\leqslant_A \mathrm{lfp}(f^{\#})$，其中 $\mathrm{lfp}(f)$ 和 $\mathrm{lfp}(f^{\#})$ 分别指函数 $f$ 和函数 $f^{\#}$ 的最小不动点，如果它们的不动点存在，则称 $f^{\#}$ 是 $f$ 的不动点近似。这时对于 $f$ 在 $A$ 上最正确近似 $f^{A,A}$ 也有：$\mathrm{lfp}(f^{A,A})\leqslant_A \mathrm{lfp}(f^{\#})$。由近似性，显然只讨论单调函数，即 $\xrightarrow{m}$ 表示单调性。

沿用上面的符号。若 $\alpha_{D,B}\circ f=f^{\#}\circ\langle\alpha_{C,A},\cdots,\alpha_{C,A}\rangle$，则称 $f^{\#}$ 关于 $f$ 完备。这时，可证 $f^{A,B}$ 关于 $f$ 也是完备的，而且 $f^{A,B}$ 与 $f^{\#}$ 一致。同样，有 $f:C\xrightarrow{m}C$ 和 $f^{\#}:A\xrightarrow{m}A$，若 $\alpha_{C,A}(\mathrm{lfp}(f))=\mathrm{lfp}(f^{\#})$，则称 $f^{\#}$ 关于 $f$ 不动点完备，并且可证 $f^{A,A}$ 也是不动点完备。上述概念不难推广到关于函数族的完备性和不动点的完备性上。

完备性和不动点完备性都是抽象域的性质。因此，今后称一个抽象域是完备的或是不动点完备的，就是称与之联系的最正确近似相应的完备属性。

根据许多学者的研究(如文献[45]),完备性蕴涵不动点完备性,但反之未必成立。

**3. 抽象解释完备化**

文献[46]对抽象解释的完备性进行了系统的研究。先引入几个定义。

**定义 4.1** 设 $C$ 和 $D$ 为完备格,$\rho \in \mathrm{uco}(C)$,$\eta \in \mathrm{uco}(D)$。

(1) 设 $f: C^n \xrightarrow{m} D$,如果下面条件成立,则称闭包对$\langle \rho, \eta \rangle$关于 $f$ 完备。

$$\eta \circ f = \eta \circ f \circ \langle \rho, \cdots, \rho \rangle$$

不难把上述定义推广到函数族 $F$,即如果对 $\forall f \in F$,$\langle \rho, \eta \rangle$关于 $f$ 完备,则称$\langle \rho, \eta \rangle$关于 $F$ 完备。

(2) 设 $g: C \xrightarrow{m} C$,如果下面条件成立,则称 $\rho$ 关于不动点完备。

$$\rho(\mathrm{lfp}(g)) = \mathrm{lfp}(\rho \circ g)$$

不难把上述定义推广到函数族 $G$,即如果对 $\forall g \in G$,$\rho$ 关于 $g$ 不动点完备,则称 $\rho$ 关于 $g$ 不动点完备。

**定义 4.2** $\Gamma(C, D, F) \triangleq \{\langle \rho, \eta \rangle \in \mathrm{uco}(C) \times \mathrm{uco}(D) \mid \forall f \in F, \langle \rho, \eta \rangle$关于 $f$ 完备$\}$。

**定义 4.3** $\Delta(C, G) \triangleq \{\rho \in \mathrm{uco}(C) \mid \forall g \in G, \rho$ 关于 $g$ 不动点完备$\}$。

设 $f: C^n \to D$,$\vec{x} \in C^n$,$i \in [1, n]$,令

$$f^i_{\vec{x}} \triangleq \lambda z. f(\vec{x}[z/i]): C \to D$$

其中,$\vec{x}[z/i]$表示 $n$ 元组 $\vec{x}$ 的第 $i$ 个成分用 $z$ 代换所得的 $n$ 元组。

若 $f: C \to D$,则定义

$$f^{-1}(\downarrow y) \triangleq \{x \in C \mid f(x) \leqslant_D y\}$$

1) 完备性构造性特征

**定理 4.3**[46] 设 $F \subseteq C^n \xrightarrow{C} D$,其中$\xrightarrow{C}$表示连续函数。$\rho \in \mathrm{uco}(C)$,$\eta \in \mathrm{uco}(D)$,则以下 3 个命题等价。

① $\langle \rho, \eta \rangle \in \Gamma \langle C, D, F \rangle$

② $\bigcup_{f \in F, i \in [1,n], \vec{x} \in C^n, y \in \eta} \max((f^i_{\vec{x}})^{-1}(\downarrow y)) \subseteq \rho$

③ $\eta \subseteq \left\{ y \in D \mid \bigcup_{f \in F, i \in [1,n], \vec{x} \in C^n} \max((f^i_{\vec{x}})^{-1}(\downarrow y)) \subseteq \rho \right\}$

更一般地,$\left\{ y \in D \mid \bigcup_{f \in F, i \in [1,n], \vec{x} \in C^n} \max((f^i_{\vec{x}})^{-1}(\downarrow y)) \subseteq \rho \right\} \in \mathrm{uco}(D)$。

**定理 4.4**[46] 设 $F \subseteq C \xrightarrow{m} C$,其中$\xrightarrow{m}$表示单调函数。$\rho \in \mathrm{uco}(C)$,则以下 3 个命题等价。

① $\rho \in \Delta(C, F)$

② 对于所有 $f \in F$,$\rho(\mathrm{lfp}(f)) = \rho(f(\rho(\mathrm{lfp}(f))))$

③ $\rho \subseteq \{y \in C \mid \forall f \in F, \rho(\mathrm{lfp}(f)) \leqslant y \Rightarrow \rho(f(\rho(\mathrm{lfp}(f)))) \leqslant y\}$

更一般地,$\{y \in C \mid \forall f \in F, \rho(\mathrm{lfp}(f)) \leqslant y \Rightarrow \rho(f(\rho(\mathrm{lfp}(f)))) \leqslant y\} \in \mathrm{uco}(C)$

2）相对完备核和相对完备壳

设 $F \subseteq C^n \xrightarrow{m} D$，$\rho \in \mathrm{uco}(C)$，$\eta \in \mathrm{uco}(D)$，定义

$$C_F^\rho : \mathrm{uco}(D) \to \mathrm{uco}(D)$$

$$C_F^\rho(\mu) \triangleq \sqcap(\beta \in \mathrm{uco}(D) \mid \mu \sqsubseteq \beta, \langle \rho, \beta \rangle \in F(C, D, F))$$

$$S_F^\eta : \mathrm{uco}(C) \to \mathrm{uco}(C)$$

$$S_F^\eta(\varphi) = \sqcup\{\delta \in \mathrm{uco}(C) \mid \delta \sqsubseteq \varphi, \langle \delta, \eta \rangle \in \Gamma(C, D, F)\}$$

**定义 4.4**[46]　设 $F \subseteq C^n \xrightarrow{m} D$，$\rho \in \mathrm{uco}(C)$，$\eta \in \mathrm{uco}(D)$。

(1) 若 $\langle \rho, C_F^\rho(\eta) \rangle \in \Gamma(C, D, F)$，则 $C_F^\rho(\eta)$ 称为 $\eta$ 关于 $F$ 相对于 $\rho$ 的完备核，以下简称为 $\eta$ 的相对完备核。

(2) 若 $\langle S_F^\eta(\rho), \eta \rangle \in \Gamma(C, D, F)$，则 $S_F^\eta(\rho)$ 称为 $\rho$ 关于 $F$ 相对于 $\eta$ 的完备壳，以下简称 $\rho$ 的相对完备壳。

我们有以下重要定理。

**定理 4.5**[46]　设 $F \subseteq C^n \xrightarrow{\mathrm{C}} D$，$\rho \in \mathrm{uco}(C)$，$\eta \in \mathrm{uco}(D)$。

(1) $\eta \sqcup L_F(\rho) \triangleq \eta \bigcap \{y \in D \mid \bigcup_{f \in F, i \in [1,n], \vec{x} \in C^n} \max((f_{\vec{x}}^i)^{-1}(\downarrow y)) \subseteq \rho\}$ 是 $\eta$ 相对于 $\rho$ 关于 $F$ 的完备核。

(2) $\rho \sqcap R_F(\rho) \triangleq M(\rho \bigcup (\bigcup_{f \in F, i \in [1,n], \vec{x} \in C^n, y \in \eta} \max((f_{\vec{x}}^i)^{-1}(\downarrow y))))$ 是 $\rho$ 相对于 $\eta$ 关于 $F$ 的完备壳，其中 $M$ 为 $C$ 上的 Moore 封闭算子。

注意上述定理，告诉我们 $F$ 是连续函数族。对于 $\langle \rho, \eta \rangle$，我们可以改良 $\rho$ 或 $\eta$，得到关于 $F$ 的完备域。如果 $F$ 是单调函数族，则相对完备壳未必存在，不过相对完备核总是存在，这就是下面的命题。

**命题**[46]　$F \subseteq C^n \xrightarrow{m} D$，则对任意 $\eta \in \mathrm{uco}(D)$ 存在关于 $F$ 相对于（任意）$\rho \in \mathrm{uco}(C)$ 的完备核。

3）绝对核和绝对壳

设 $F \subseteq C^n \xrightarrow{m} C$，定义

$$C_F : \mathrm{uco}(C) \to \mathrm{uco}(C), C_F(\rho) = \sqcap\{\varphi \in \mathrm{uco}(C) \mid \rho \sqsubseteq \varphi, \langle \varphi, \varphi \rangle \in \Gamma(C, C, F)\}$$

$$S_F : \mathrm{uco}(C) \to \mathrm{uco}(C), S_F(\rho) = \sqcup\{\varphi \in \mathrm{uco}(C) \mid \varphi \sqsubseteq \rho, \langle \varphi, \varphi \rangle \in \Gamma(C, C, F)\}$$

**定义 4.5**[46]　设 $F \subseteq C^n \xrightarrow{m} C$，$\rho \in \mathrm{uco}(C)$。

(1) 如果 $\langle C_F(\rho), C_F(\rho) \rangle \in \Gamma(C, C, F)$，则 $C_F(\rho)$ 称为 $\rho$ 关于 $F$ 绝对完备核，简称完备核或绝对核。

(2) 如果 $\langle S_F(\rho), S_F(\rho) \rangle \in \Gamma(C, C, F)$，则 $S_F(\rho)$ 称为 $\rho$ 关于 $F$ 绝对完备壳，简称完备壳或绝对壳。

我们有如下重要定理。

**定理 4.6** 设 $F \subseteq C^n \xrightarrow{C} C$，$\rho \in \mathrm{uco}(C)$，则 $\rho$ 关于 $F$ 的绝对壳和绝对核皆存在，且分别为 $\mathrm{gfp}(\mathcal{R}_F^\rho)$ 和 $\mathrm{lfp}(\mathcal{L}_F^\rho)$。其中，$\mathcal{R}_F^\rho: \mathrm{uco}(C) \to \mathrm{uco}(C)$，$\mathcal{R}_F^\rho \triangleq \rho \sqcap R_F(\rho)$，$\mathcal{L}_F^\rho: \mathrm{uco}(C) \to \mathrm{uco}(C)$，$\mathcal{L}_F^\rho = \rho \sqcup L_F(\rho)$。另外，$\mathrm{gfp}(\cdot)$ 和 $\mathrm{lfp}(\cdot)$ 分别是括号中函数的最大不动点和最小不动点。

4）不动点完备核和完备壳

给定 $G \subseteq C \xrightarrow{\mathrm{m}} C$，定义

$$\mathbb{C}_G: \mathrm{uco}(C) \to \mathrm{uco}(C), \mathbb{C}_G(\rho) \triangleq \sqcap\{\varphi \in \mathrm{uco}(C) \mid \rho \sqsubseteq \varphi, \varphi \in \Delta(C,G)\}$$

$$\mathbb{S}_G: \mathrm{uco}(C) \to \mathrm{uco}(C), \mathbb{S}_G(\rho) \triangleq \sqcup\{\varphi \in \mathrm{uco}(C) \mid \varphi \sqsubseteq \rho, \varphi \in \Delta(C,G)\}$$

**定义 4.6**[46] 设 $G \subseteq C \xrightarrow{m} C$，$\rho \in \mathrm{uco}(C)$。

(1) 若 $\mathbb{C}_G(\rho) \in \Delta(C,G)$，则 $\mathbb{C}_G(\rho)$ 称为 $\rho$ 关于 $G$ 的不动点完备核。

(2) 若 $\mathbb{S}_G(\rho) \in \Delta(C,G)$，则 $\mathbb{S}_G(\rho)$ 称为 $\rho$ 关于 $G$ 的不动点完备壳。

虽然一般地，未必能够保证不动点完备壳一定存在，但是我们有以下重要定理[46]。

**定理 4.7** 设 $G \subseteq C \xrightarrow{m} C$，$\rho \in \mathrm{uco}(C)$，则 $\rho$ 关于 $G$ 的不动点完备核存在，且是 $\mathrm{lfp}(\mathcal{F}_G^\rho)$，即算子 $\mathcal{F}_G^\rho$ 的最小不动点。其中，$\mathcal{F}_G^\rho: \mathrm{uco}(C) \to \mathrm{uco}(C)$，$\mathcal{F}_G^\rho(\varphi) \triangleq \rho \sqcup \{y \in C \mid \forall g \in G, \varphi(\mathrm{lfp}(g)) \leqslant y \Rightarrow \varphi(g(\varphi(\mathrm{lfp}(g)))) \leqslant y\}$。

综上所述，文献[46]对抽象解释的完备性进行了系统的研究，主要工作包括研究完备性（包括不动点完备性）构造性特征。对于完备性，引入相对完备核和相对完备壳等重要概念，直观地说，当我们讨论函数族 $F$ 在 $\langle \rho, \eta \rangle \in \mathrm{uco}(C) \times \mathrm{uco}(D)$（$C$，$D$ 为两个具体域）的完备性时，相对完备核指的是对 $\eta$"从抽象度的提升"，相对完备壳指的是对 $\rho$ 的"从精确度的改进"。绝对完备核和绝对完备壳与此类似，不再赘述。在此基础上，得到几个重要的定理和事实。例如，当 $F$ 是连续函数族时，对于 $\langle \rho, \eta \rangle \in \mathrm{uco}(C) \times \mathrm{uco}(D)$，我们可以改良 $\rho$ 或 $\eta$，得到关于 $F$ 的完备域。但是当 $F$ 是单调函数族时，相对完备壳未必存在，不过相对完备核总是存在的。另外，当 $F \subseteq C^n \xrightarrow{m} C$，文献[46]引入了绝对完备核和绝对完备壳等概念，简称完备核和完备壳，并用它讨论了不动点，得到了一些重要事实。例如，设 $G \subseteq C \xrightarrow{m} C$，$\rho \in \mathrm{uco}(C)$，则 $\rho$ 关于 $G$ 的不动点完备核存在，是 $\mathrm{uco}(C) \to \mathrm{uco}(C)$ 上算子 $\mathcal{F}_G^\rho$ 的最小不动点。同样，不动点完备壳未必存在，详情请参考文献[46]。

5）抽象领域的"智能"改良

文献[46]还讨论了并非一切完备化改良在模型检验里都是最好的举措。给定具体解释 $C$ 及其（不动点）完备抽象解释 $I$，如果 $J$ 是 $I$ 的最进一步抽象，则 $J$ 是 $C$ 的（不动点）完备，当且仅当 $J$ 是 $I$ 的（不动点）完备。这个性质使前面叙述的完备核和完备壳的计算更容易，因为抽象域较具体域更简单，所以计算 $J$ 关于 $I$ 的完备比计算 $J$ 关于 $C$ 的完备更容易些。特别地，上述性质可以引入"智能"改良技术。详情请参考文献[46]。

例如，设 $f: C^n \to C$，$A \in \mathcal{L}_C$，$\mathcal{R}: \mathcal{L}_C \to \mathcal{L}_C$，$\mathcal{R}$ 是抽象领域改良。假设 $A$ 关于 $\mathcal{R}(A)$ 的绝

对完备壳存在，记为 $S_{\mathcal{R}(A)}(A)$。一般地，$\mathcal{R}(A)\sqsubseteq S_{\mathcal{R}(A)}(A)\sqsubseteq A$。如果 $S_{\mathcal{R}(A)}(A)$ 是 $\mathcal{R}(A)$ 的真子集，则称 $\mathcal{R}(A)$ 是过分改良。于是定义 $\mathcal{R}^{*}\triangleq\lambda A.S_{\mathcal{R}(A)}(A)$，它便是改良 $\mathcal{R}$ 的面向效率的版本，并且 $\mathcal{R}^{*}(A)$ 往往还具有更好的性质。

**4. 抽象解释的一般化理论**

对于程序，文献[47]提出的抽象解释框架认为"从理论角度看，可以在不同的水平层次上理解程序运行时的行为，它们形成语义相互联系的体系。我们称描述程序在具体执行时的可能行为的语义为标准语义，于是相对于抽象'聚焦点'的不同可以得出不同层次抽象语义。例如，忽略程序运行时不相关的细节，聚集于程序运行时一类'本质'属性，这样得到的抽象解释可以是 Collecting 语义。更进一步，如果只考虑能够有效计算的程序属性，那么这样得到的语义便是人们通常所说的抽象语义。显然，抽象是相对的，如集合语义相对于标准语义是抽象语义，而相对于抽象语义它却是一个具体语义"。文献[47]为建立抽象解释提出必须要考虑的 5 个基本选择。

(1) 设计抽象语义领域 $\mathcal{P}^{\#}$，它应是具体语义领域 $\mathcal{P}^{\#}$ 的近似版本。

(2) 设计一个方法，使抽象语义 $a\in\mathcal{P}^{\#}$ 与程序联系。

(3) 在具体和抽象语义属性之间指定一个对应关系，称为合理性关系，即定义 $\sigma\in\wp(\mathcal{P}^{\natural}\times\mathcal{P}^{\#})$，其中 $\wp(\mathcal{P}^{\natural}\times\mathcal{P}^{\#})$ 是 $\mathcal{P}^{\natural}\times\mathcal{P}^{\#}$ 上幂集，于是 $\langle c,a\rangle\in\sigma$ 意味着程序的具体语义 $c$ 具有抽象属性 $a$。关于 $\sigma$，文献[47]提出若干个合理的假设，如满足所谓抽象近似存在假设

$$\forall c\in\mathcal{P}^{\natural}:\exists a\in\mathcal{P}^{\#}:\langle c,a\rangle\in\sigma$$

实际上，合理性关系即是一般文献中的近似性关系，文献[46]也称近似性关系为合理性关系。

由于考虑的程序语义通常与迭代相关，即通常意义的最小不动点语义，因此在抽象域上建立近似关系 $\leqslant^{\#}$ 以后，文献[47]提出第 4 个和第 5 个选择分别如下。

(4) 寻找方便的收敛性准则，并保证尽可能的精确性，如某种不动点准则。

(5) 设计方法保证抽象解释的终止，即要求收敛的迭代序列在有限步后最终稳定。

实际上，文献[47]提出的框架是比较一般的形式，许多抽象解释框架都可以统一到文献[47]的框架下。例如，它并不要求像标准抽象解释中的许多条件——域的格性或 cpo 性，甚至也不必有 GC 或 GI 的存在。然而，利用这种框架却可以讨论其他框架。例如，文献[47]运用上述基本选择建立 Galois 连接(GC)以及运用扩展(Widening)和收缩(Narrowing)等算子，提出实际中可以应用的迭代算法。文献[47]认为在实际中通常 GC 中的抽象关系(或函数)$\alpha$ 与具体化关系(或函数)$\gamma$ 并不是"同等"一样可以容易获得的。因此，文献[47]分别讨论了运用抽象函数引导的抽象解释算法的收敛性和运用具体化函数引导的抽象解释算法的收敛性。

正如上面所说，通常语义函数牵涉到迭代计算。为了迭代计算最终收敛或加速收敛，抽象解释理论中往往采用以下两个算子[47-48]。

1) 扩展算子$\nabla$

$\nabla \in \wp(\mathcal{P}^{\#}) \to \mathcal{P}^{\#}$，它满足性质

$$\forall x, y \in \mathcal{P}^{\#}, x \sqsubseteq x \nabla y, y \sqsubseteq x \nabla y$$

并且对所有上升链 $x^0 \sqsubseteq x^1 \sqsubseteq \cdots \sqsubseteq x^n \sqsubseteq \cdots$，运用算子$\nabla$得到上升链 $y^0 = x^0, \cdots, y^{i+1} = y^i \nabla x^{i+1}, \cdots$，不是严格上升的。

2) 收缩算子$\Delta$

$\Delta \in \wp(\mathcal{P}^{\#}) \to \mathcal{P}^{\#}$。它满足性质

$$\forall x, y \in \mathcal{P}^{\#}, x \Delta y \sqsubseteq x, x \Delta y \sqsubseteq y$$

并且对所有下降链 $x^0 \sqsupseteq x^1 \sqsupseteq \cdots$，运用$\Delta$算子得到 $y^0 = x^0, \cdots, y^{i+1} = y^i \Delta x^{i+1}, \cdots$，的序列不是严格下降的。

当然设计$\nabla$和$\Delta$算子，还可以提出别的要求。例如，文献[47]还把$\nabla$和$\Delta$作为合理性选择函数使用。例如，$\forall A \not\subseteq \mathcal{P}^{\#}$，有

$$(\nabla^{\#} A \text{ 存在}) \Rightarrow \forall c \in \mathcal{P}^{\natural}: (\exists a \in A: \langle c, a \rangle \in \sigma) \Rightarrow (\langle c, \nabla^{\#} A \rangle \in \sigma)$$

$$(\Delta^{\#} A \text{ 存在}) \Rightarrow \forall c \in \mathcal{P}^{\natural}: (\forall a \in A: \langle c, a \rangle \in \sigma) \Rightarrow (\langle c, \Delta^{\#} A \rangle \in \sigma)$$

文献[47]和文献[48]运用选择的算子，得到实际可行的迭代算法。

### 4.2.3 基本抽象解释理论的模型检验

首先概述一下抽象模型检验。

抽象模型检验的主要思想是通过抽象状态近似具体状态的某些性质，并在抽象状态之间定义抽象转换关系，从而构造出抽象模型，然后在抽象模型中检验时序性质，通过时序性质在抽象模型的结果，推导出在具体模型中是否满足。抽象模型检验已经在硬件验证领域取得巨大成功，特定情况下能验证有 $10^{1300}$ 可达状态的原子层沉积(Atomic Layer Deposition，ALD)电路。通常抽象主要有两种方式[49]：弱保留抽象和强保留抽象。对于弱保留抽象，可分为两类：向下近似抽象和向上近似抽象。给定具体模型和抽象模型以及性质 $\phi$，如果是按照向下近似抽象方式获得的抽象模型，则$\nvDash \phi \Rightarrow \nvDash \phi$，即性质在抽象模型不满足，推导出在具体模型中也不满足；如果是按照向上近似抽象方式获得的抽象模型，则$\vDash \phi \Rightarrow \vDash \phi$，即性质在抽象模型满足，推导出在具体模型也满足。Clarke 采用向上近似抽象方式，基于反例精化的思想进行抽象模型检验，即通过模型检验自动验证抽象模型是否满足所期望的性质，如果满足，则报告正确；否则给出抽象反例。检查抽象反例是否合理，若合理，则生成具体反例；否则依据不合理反例精化抽象模型。重复迭代精化直到给出满足性质的肯定回答或给出不满足性质的具体反例。对于性质强保留的抽象，时序性质在抽象模型满足当且仅当其在具体模型满足，即性质在抽象模型满足(或不满足)，则在具体模型中也满足(或不满足)。性质强保留是高期望的，且要获得最优的强保留抽象模型是困难的[49]。一般来说，根据抽象解释理论，完备抽象解释和性质强保留之间存在密切关系，Cousot 和 Giacobazzi 的研究表明抽象解释的完备性仅仅依赖于抽象域，是抽象域的性质。例如，抽象域对 CTL 标准算子(语义函数)是完备的，那么相对应的抽象划分强保留 CTL 性质。因此，

抽象解释理论包括了抽象域完备性研究，讨论构造完备抽象解释的方法，即通过抽象域的完备化，构造一个抽象状态划分且强保留时序性质的抽象模型[49]。以上内容是基本抽象解释模型检验的一些典型思想。

下面用例题阐述典型的抽象模型检验方法。

**例 4.1** 我们使用文献[48]介绍的运用抽象解释改良模型检验的基本做法。它显示利用抽象简化在于用有限转换系统或加速收敛去近似无限或大型转换系统，以致已经存在的为有限系统设计的算法能够实际应用。

(1) 假设(实时)并发系统已经由转换系统$\langle S,t,I,F\rangle$模型表达，其中 $S$ 为状态空间，$t\subseteq S\times S$ 为转换关系，$I\subseteq S$ 为初始状态集合，$F\subseteq S$ 为终止状态集合。

由转换关系 $t$ 可以确定 $\wp(S)$ 上的前像算子 $\mathrm{pre}[t]$ 及其对偶 $\widetilde{\mathrm{pre}}[t]$ 和系统后像算子 $\mathrm{post}[t]$ 及其对偶 $\widetilde{\mathrm{post}}[t]$。设 $P\subseteq S$，定义

$$\mathrm{pre}[t]P \triangleq \{s \mid \exists s':\langle s,s'\rangle \in t \wedge s' \in P\}$$

$$\widetilde{\mathrm{pre}}[t]P \triangleq \{s \mid \forall s':\langle s,s'\rangle \in t \Rightarrow s' \in P\}$$

$$\mathrm{post}[t]P \triangleq \{s' \mid \exists s:s \in P \wedge \langle s,s'\rangle \in t\}$$

$$\widetilde{\mathrm{post}}[t]P \triangleq \{s' \mid \forall s:\langle s,s'\rangle \in t \Rightarrow s \in P\}$$

于是，我们可以在 $\wp(S)$ 上定义算子：$\lambda X \cdot X \cup \mathrm{post}[t]X$，它是 $\wp(S)\rightarrow\wp(S)$ 单调不减(在$\subseteq$意义上)函数。例如，该算子作用在 $P\subseteq S$ 上，得到 $P\cup\mathrm{post}[t]P$，即是 $P$ 和它后像集的并集。

转换关系 $t$ 的迭代定义如下。

$$t_0 \triangleq I_s \triangleq \{\langle s,s\rangle \mid s \in S\}\ \text{(即状态空间上的恒等算子)}$$

$$t^{n+1} \triangleq t \circ t^n = t^n \circ t, \quad n \geqslant 0$$

其中，$\circ$是 $S$ 上的两个关系的合成运算符，即若令 $t$ 和 $r$ 是 $S$ 上的两个关系，则 $t\circ r \triangleq \{\langle s,s''\rangle \mid \exists s'\in S:\langle s,s'\rangle\in t \wedge \langle s',s''\rangle \in r\}$。

于是，$t^2=t\circ t=\{\langle s,s''\rangle \mid \exists s'\in S:\langle s,s'\rangle\in t\wedge\langle s',s''\rangle\in t\}$。直观上，$t^2\subseteq S\times S$ 是两次“转换”关系。即若$\langle s,s''\rangle\in t^2$，则从状态 $s$ 出发，经 $t$ 两次转换达到状态 $s''$。一般地，$n\geqslant 0$，$t^n$ 是 $S$ 上的 $n$ 次转换关系。

最后令 $t^* \triangleq \bigcup\limits_{n\geqslant 0} t^n$，它是转换关系 $t$(自反传递)闭包。

设$\mathcal{F}$为 $\wp(S)\rightarrow\wp(S)$(在$\subseteq$意义上)单调函数，且对 $M\subseteq S$，有 $M\subseteq\mathcal{F}(M)$，则用 $\mathrm{lfp}_M^{\subseteq}\,\mathcal{F}$ 表示$\mathcal{F}$关于$\subseteq$关系的 $M$ 的最小不动点，即

$$\mathcal{F}(\mathrm{lfp}_M^{\subseteq}\,\mathcal{F}) = \mathrm{lfp}_M^{\subseteq}\,\mathcal{F}$$

$$M \subseteq \mathrm{lfp}_M^{\subseteq}\,\mathcal{F}$$

$$(M \subseteq X) \wedge (\mathcal{F}(X) = X) \Rightarrow \mathrm{lfp}_M^{\subseteq}\,\mathcal{F} \subseteq X$$

于是，对函数 $\lambda X \cdot X\cup\mathrm{post}[t]X$ 有以下不动点特征刻画。

$$\mathrm{post}[t^*]I = \mathrm{lfp}_I^{\subseteq} \lambda X \cdot X \cup \mathrm{post}[t]X$$

现在我们讨论实时系统的不变式(或安全性)属性。于是不变式安全性性质 $P$ 可以用下面的关系表达。

$$\mathrm{post}[t^*]I \subseteq P \quad \text{或} \quad \mathrm{pre}[t^*]\neg p \subseteq \neg I$$

根据前面的叙述,关于不变式属性,能够运用不动点计算程序检查。例如,检查(下面也只讨论它)$\mathrm{post}[t^*]I \subseteq P$,如算法 1 所示。

**算法 1**

```
function f-ai1(I);
    X:= I;
    repeat
      Y:= X;
      X:= Y∪post[t]Y;
    until  X = Y;
    return  X;

function f-mc1(I,P)
    return  f-ail(I)⊆P;
```

实际上,上述著名的不动点计算程序直接来自 Kleene/Knaster/Tarski 不动点定理,即

$$\mathrm{lfp}_I^{\subseteq} \lambda X \cdot X \cup \mathrm{post}[t]X = \bigcup_{n \geqslant 0} X^n$$

其中,$X^0 = I, X^{n+1} = X^n \cup \mathrm{post}[t]X^n$。

然而,算法 1 一般会出现状态空间爆炸,仅对有限状态空间有效。为此,引入基于抽象解释的模型检验方法。

(2) 为了从上面的近似前向集合语义 $\mathrm{post}[t^*]I$,运用 GC

$$\langle \wp(S), \subseteq \rangle \underset{\gamma}{\overset{\alpha}{\rightleftarrows}} \langle L, \sqsubseteq \rangle$$

$$\forall p \in \wp(S): \forall Q \in L: \alpha(p) \sqsubseteq Q \Leftrightarrow p \subseteq \gamma(Q)$$

获得抽象领域 $\langle L, \sqsubseteq \rangle$,其中包含抽象初始状态 $I^{\#}$ 和抽象函数 $F^{\#} \in L \xrightarrow{m} L$,满足 $\alpha(I) \sqsubseteq I^{\#}$,即 $I \subseteq \gamma(I^{\#})$ 和 $\alpha \circ (\lambda X \cdot X \cup \mathrm{post}[t]X) \circ \gamma \sqsubseteq F^{\#}$,我们可以类似地得到下面的算法,称为算法 2。

**算法 2**

```
function f-ai2(I#);
    X:= I#;
    repeat
      Y:= X;
      X:= F#(Y);
    until  X = Y;
    return  X;

function f-mc2(I#,P);
    X:= f-ai2(I#);
    if γ(X)⊆P then
        return True
    else
        return unknown;
```

上述迭代算法得到的是 $\mathrm{lfp}_{I^{\#}}^{\sqsubseteq} F^{\#}$,实际上,我们在抽象领域 $\langle L, \sqsubseteq \rangle$ 上,已经获得了算法

1。也就是说，我们在抽象模型上运用了实时系统采用过的算法。由算法 2 去检查实时系统有关不动点的属性，它是抽象模型检验基于抽象解释的一般化。

(3) 更典型的是，从抽象函数 $\alpha$ 导入抽象转换系统。例如，假设 $\alpha$ 由(满射) $h \in s \twoheadrightarrow s^{\#}$ 产生，记为 $\alpha[h]$：$\langle \wp(S), \subseteq \rangle \to \langle L, \sqsubseteq \rangle$，这时 $\langle L, \sqsubseteq \rangle = \langle \wp(S^{\#}), \subseteq \rangle$。对 $\forall X \in \wp(S)$，$\alpha[h](X) \triangleq \{h(x) \mid x \in X\}$；同时，$\gamma$ 也可由 $h$ 界定；对 $\forall Y \in \wp(S^{\#})$，$\gamma[h](Y) \triangleq \{x \mid h(x) \in Y\}$。于是，我们得到抽象转换系统 $\langle S^{\#}, t^{\#}, I^{\#}, F^{\#} \rangle$，$\alpha[h](I) \subseteq I^{\#}$，$\alpha[h](F) \subseteq F^{\#}$，且 $\forall s, s' \in S$：$\langle s, s' \rangle \in t \Rightarrow \langle h(s), h(s') \rangle \in t^{\#}$，由此可以得到算法 3，它也类似于实时系统上的算法 1。

**算法 3**

```
function  f-ai3(I#);                 function f-mc3(I#,P);
    X:= I#;                              X:= f-ai3(I#);
    repeat                               if γ(X) ⊆P then
      Y:= X;                               return True
      X:= Y⋃post[ t# ]Y;                else
    until  X = Y;                            return unknown;
    return  X;
```

因为 $\alpha$ 是由 $h$ 导入，而 $h$ 保留了转换关系，所以精确地说，算法 3 是标准抽象模型检验，而算法 2 是抽象模型基于抽象解释的一般化。

(4) 回到算法 2 讨论的抽象领域，如果抽象域不满足 ACC 条件(即无限上升链必有限终止)，或者为了尽可能地加速收敛并且尽可能获得精确结果，可以引入算子▽和 Δ。于是，在抽象域上，对所有上升链 $x^0 \sqsubseteq x^1 \sqsubseteq \cdots \sqsubseteq x^i \sqsubseteq \cdots$，运用▽算子得到的上升链 $y^0 = x^0, \cdots, y^{i+1} = y^i \nabla x^{i+1}, \cdots$ 就不是严格上升的，并且在有限步收敛。同样对所有下降链 $x^0 \sqsupseteq x^1 \sqsupseteq \cdots$ 运用 Δ 算子得到 $y^0 = x^0, \cdots, y^{i+1} = y^i \Delta x^{i+1}, \cdots$ 就不是严格下降的，并且在有限步收敛。

因此，算法 2 中 $F^{\#}$ 函数从 $I^{\#}$ 开始向上迭代序列可以"改进"如下。

$$\begin{cases} \hat{F}^0 \triangleq I^{\#} \\ \hat{F}^{i+1} \triangleq \hat{F}^i, & F^{\#}(\hat{F}^i) \sqsubseteq \hat{F}^i \\ \hat{F}^{i+1} \triangleq \hat{F}^i \nabla F^{\#}(\hat{F}^i), & \text{其他} \end{cases}$$

根据扩展算子 ▽的定义，上述序列最终稳定，则它的极限 $\hat{F}$ 便是 $\mathrm{lfp}^{\sqsubseteq} F^{\#}$ 的合理(从上方)的近似，即

$$\mathrm{lfp}^{\sqsubseteq} F^{\#} \sqsubseteq \hat{F}$$

如果 $F^{\#}(\hat{F}) \sqsubset \hat{F}$，则运用收缩算子 Δ，从 $\hat{F}$ 开始定义向下迭代序列。

$$\begin{cases} \breve{F}^0 \triangleq \hat{F} \\ \breve{F}^{i+1} \triangleq \breve{F}^i, & F^{\#}(\breve{F}^i) = \breve{F}^i \\ \breve{F}^{i+1} \triangleq \breve{F}^i \Delta F^{\#}(\breve{F}^i), & \text{其他} \end{cases}$$

上述序列最终稳定，它的极限 $\breve{F}$ 就是 $\text{lfp}^{\sqsubseteq} F^{\#}$ 的合理(从上方)的近似，并且优于由扩展算子获得的近似 $\widehat{F}$，即

$$\text{lfp}^{\sqsubseteq}\ \mathcal{F}^{\#} \sqsubseteq \breve{F} \sqsubseteq \widehat{F}$$

因此，有单调性

$$\text{post}[t^*]I = \text{lfp}_I^{\subseteq} \lambda X \cdot X \cup \text{post}[t]X \subseteq \gamma(\breve{F}) \subseteq \gamma(\widehat{F})$$

很自然地，我们也可以运用 Δ 和∇算子对算法 3 进行改进，可以保证序列最终稳定，并且是不动点的合理(从上方)的近似，甚至是较优的近似。我们把改进算法称为算法 4。

**算法 4**

```
function f-ai4(I#);
    X:= I#;
    loop
      Y:= X;
      X:= post[t#]Y;
      exit  if  X ⊑Y;
      X:= Y ∇X;
    repeat;
    while  X≠Y  do
      Y:= X;
      X:= YΔpost[t#]Y;
    od;
    return X;

function f-mc4(I#,P);
    X:= f-ai4(I#);
    if γ(X)⊆P then
        return True
    else
        return unknown;
```

(5) 文献[48]把前面的算法称作基于前向抽象解释的模型检验，它检验 $\text{post}[t^*]I \subseteq P$ 公式；等价地，也可以检验 $\text{pre}[t^*]\neg P \subseteq \neg I$ 公式。文献[48]得到后向抽象解释的模型检验算法。除此之外，文献[48]还考虑前向和后向抽象解释相结合的模型检验算法，该算法还可以得到更精确的结果。特别是当抽象解释模型检验也不能胜任时(正如讨论最小/最大路径长度问题可能发生的情况)，文献[48]提出算法，它基于经典的前向和后向抽象解释相结合的部分结果(Partial Results)去减少(甚至是在线运行中)对具体状态空间的搜索规模。例如，利用抽象解释分别改进传统的最小延迟和最大延迟算法。有趣的是，文献[48]还提出一些算法，它们并行(Parallel)运行抽象解释和模型检验，去提高效率。

总之，标准符号模型检验和基于抽象解释的模型检验的区别只在于后者可能丢失具体模型的一些信息，以致有时不能得到确定的结果。无论是基于抽象解释的标准抽象模型检验(如抽象模型和具体系统都是转换系统)或是基于抽象解释一般化后的抽象模型检验，文献[48]指出在其上也可以运用已有的具体模型检验算法或对它们进行改进，使之更有效。即使当问题用抽象解释模型检验也不能解决时，我们也可以基于抽象解释的模型检验方法或将系统的抽象解释分析和模型检验方法结合起来，这样便能运用抽象解释自动推出的关于系统的属性(即抽象解释模型检验的部分结果)去提高符号模型检验算法的效率。

**例 4.2**　基于抽象解释完备性的强保留。以下叙述主要参考文献[49]和文献[50]。

本例显示如何利用抽象解释完备性的方法得到强保留抽象模型。

(1) 设 $Q$ 为任意(可能无限)的状态集合。$\wp(Q)$为状态集合 $Q$ 的幂集，于是在包含关系$\subseteq$下，$\wp(Q)_{\subseteq}$是一个偏序集，也可形成一个完备格$\langle \wp(Q),\subseteq,\cup,\cap,T,\perp\rangle$，其中 $T=Q,\perp=\varnothing$。

令 $\mu\in \mathrm{uco}(\wp(Q)_{\subseteq})$是任意一个闭包，它是具体域$\wp(Q)$上的一个抽象域。由 $\mu$ 可以在 $Q$ 中引入状态等价关系$\equiv_{\mu}$，即

$s\equiv_{\mu}s'\Leftrightarrow \forall S\in\mu(s\in S\Leftrightarrow s'\in S)$，即 $s\equiv_{\mu}s'$，当且仅当 $\mu(\{s\})=\mu(\{s'\})$

由$\equiv_{\mu}$ 可以得到 $Q$ 的一个分割。详细地说，对任意 $s\in Q$，令$[s]_{\mu}\triangleq\{s'\in Q\mid s\equiv_{\mu}s'\}=\{s'\in Q\mid \mu(\{s\})=\mu(\{s'\})\}$，它是 $Q$ 上由$\equiv_{\mu}$ 产生的一个等价类，或者说是由抽象域 $\mu$ 导出的含有 $s$ 的划分块，所有的等价类或所有的划分块组成 $Q$ 的一个分割。

实际上，$\mathrm{uco}(\wp(Q))$是$\wp(Q)$上所有闭包的集合。设 $\mu,\eta\in\mathrm{uco}(\wp(Q))$，若 $\eta(\wp(Q))\subseteq\mu(\wp(Q))$，则 $\mu\sqsubseteq\eta$，直观上，$\mu$ 的像集(不动点集合)包含 $\eta$ 的像集(不动点集合)，所以从抽象角度来看，$\mu$ 比 $\eta$ 更精确、具体一些，$\eta$ 比 $\mu$ 更泛化、抽象一些。注意，$\sqsubseteq$也是$\wp(Q)$上的一种逐点序。于是在序$\sqsubseteq$下，$\mathrm{uco}(\wp(Q))$是一个偏序集，而且也可以形成一个完备格。在 $\mathrm{uco}(\wp(Q))$上，定义算子$\mathbb{P}$，即对 $\forall\mu\in\mathrm{uco}(\wp(Q))$，$\mathbb{P}(\mu)\triangleq\sqcap\{\eta\in\mathrm{uco}(\wp(Q))\mid\equiv_{\eta}=\equiv_{\mu}\}$。$\mathbb{P}$ 是抽象域上的"精化"算子，直观上，$\mathbb{P}(\mu)$是 $\mathrm{uco}(\wp(Q))$中最接近 $\mu$ 的更精确闭包。称$\mathbb{P}$ 为可分壳算子(Partitioning Shell Operator)。

如果 $\mu=\mathbb{P}(\mu)$，则称 $\mu$ 是可划分的闭包。并用 $\mathrm{uco}^{P}(\wp(Q))$记所有可划分闭包的集合，有时简称可划分闭包为可分闭包。

可划分闭包的特征由以下命题描述：设 $\mu\in\mathrm{uco}(\wp(Q))$，则 $\mu\in\mathrm{uco}^{P}(\wp(Q))$，当且仅当 $\mu$ 是可加性的并且$\{\mu(\{q\})\}_{q\in Q}$ 是 $Q$ 的一个分割。

分割也是抽象。我们用 $\mathrm{Part}(Q)$表示 $Q$ 上所有分割集合，并在其上引入序$\leqslant$，$\forall P,P'\in\mathrm{part}(Q)$，$P\leqslant P'$表示$\forall B\in P$，存在 $B'\in P'$，使 $B\subseteq B'$。于是，在序$\leqslant$下，$\mathrm{part}(Q)$是一个偏序结构，也可以形成一个完备格。

现在我们在具体域$\wp(Q)$上得到两个抽象层次：$\mathrm{uco}^{P}(\wp(Q))$和 $\mathrm{part}(Q)$。定义两个映射 par 和 pcl 将它们联系起来，如下所示。

$\mathrm{par}:\mathrm{uco}^{P}(\wp(Q))\rightarrow\mathrm{part}(Q),\mathrm{par}(\mu)=\{\mu(\{q\})\mid q\in Q\}$

$\mathrm{pcl}:\mathrm{part}(Q)\rightarrow\mathrm{uco}^{P}(\wp(Q)),\mathrm{pcl}(P)\triangleq\mathbb{P}(M(P))=\lambda X\in\wp(Q).\cup\{B\in P\mid X\cap B\neq\varnothing\}$

其中，$M$ 为$\wp(\wp(Q))$上的 Moore 算子，它把 $P\subseteq\wp(Q)$精化为 $\mathrm{uco}(\wp(Q))$中的一个闭包 $M(P)$；$\mathbb{P}$ 是 $\mathrm{uco}(\wp(Q))$上的可分壳算子，它把 $M(P)$精化为 $\mathrm{uco}^{P}(\wp(Q))$中的一个可划分闭包。

于是，$\langle\mathrm{uco}^{P}(\wp(Q)),\sqsubseteq\rangle$和$\langle\mathrm{part}(Q),\leqslant\rangle$通过 par 和 pcl 两个映射同构。

(2) 现在假设模型检验 CTL 公式。CTL 公式由原子命题、布尔运算符、时态算子及路径量词构成。它的(状态)公式 $\varphi$ 可以归纳定义，其语法为

$$\varphi ::= P \mid f(\varphi_1, \varphi_2, \cdots, \varphi_i)$$

其中，$P \in \mathrm{AP}$，AP 为有限原子命题集合；$f \in \mathrm{OP}$，OP 为有限操作算子集合，$\mathrm{OP}=\{\neg, \vee, \mathrm{EX}, \mathrm{EU}, \mathrm{EG}\}$。任何 CTL 公式都可以用 OP 中的操作算子表达。注意，$\neg$、EX 和 EG 都是单目操作，其余的是二目操作。

现在，我们给出 CTL 公式的语义解释。

假设具体语义结构为 Kripke 结构$\mathcal{K}=\langle Q, R, \mathrm{AP}, L\rangle$。其中，$Q$ 为具体状态空间；$R$ 为 $Q$ 上转换关系；AP 是有限原子命题集合；$L$ 为标签函数 $Q \rightarrow \wp(\mathrm{AP})$。

设 $I$ 为 CTL 公式在具体语义域 $\wp(Q)$上的解释函数，$I$ 对 AP 中的命题的解释为

$$\forall P \in \mathrm{AP}, \quad I(P) \in \wp(Q)$$

直观上，$I(P)$意指状态空间 $Q$ 中使命题 $P$ 成立的具体状态集合。

OP 中算子便是定义在$\mathcal{K}$上的路径和标准算子的逻辑操作，其解释如下。

- $I(\vee)=\cup$(求并运算)；
- $I(\neg)=C$(求余运算)；
- $I(\mathrm{EX})=\mathrm{pre}_R$，$\mathrm{EX}\varphi$ 能通过求使 $\varphi$ 成立的状态集的前像集计算达到；
- $I(\mathrm{EU})=$ Existential Until，$\mathrm{EU}(\varphi,\psi)$能通过最小动点计算达到，即 $\mathrm{EU}(\varphi,\psi)=\mu Z.\psi \vee (\varphi \wedge \mathrm{EX}Z)$，$\mu$ 为最小化算子；
- $I(\mathrm{EG})=$“Existential Always”，$\mathrm{EG}\varphi$ 能通过最大不动点计算达到，即 $\mathrm{EG}\varphi=\upsilon Z.[\varphi \wedge \mathrm{EX}Z]$，$\upsilon$ 为最大化算子。

因为 CTL 公式是归纳定义的，于是我们就可以对任意 CTL 公式 $\varphi$ 通过上述 $I$ 的定义作出解释，直观上，就是在状态空间 $Q$ 中找出使 $\varphi$ 成立的状态集合。也就是说，我们定义了语义函数

$$[\![\cdot]\!]_I : \mathrm{CTL} \rightarrow \wp(Q)$$

如此一来，$[\![\varphi]\!]_I$ 即表示语义结构中使 CTL 中公式 $\varphi$ 为真的状态集。

一般地，$[\![f(\varphi_1,\varphi_2,\cdots,\varphi_i)]\!]_I=[\![f]\!]_I([\![\varphi_1]\!]_I,[\![\varphi_2]\!]_I,\cdots,[\![\varphi_i]\!]_I)$。例如，$[\![\mathrm{EX}\varphi]\!]=\mathrm{pre}_R[\![\varphi]\!]_I$，$[\![\mathrm{EU}(\varphi,\psi)]\!]_I$ 直观上是指语义结构中存在一条路径 $\pi=s_0s_1s_2\cdots s_j\cdots$，$\exists j \geqslant 0$，使 $s_j \vDash \psi$，而 $0 \leqslant i < j$，$s_i \vDash \varphi$，其中 $s_j \vDash \psi$ 表示状态 $s_j$ 满足 $\psi$，$s_i \vDash \varphi$ 表示状态 $s_i$ 满足公式 $\varphi$。$[\![\mathrm{EG}\varphi]\!]_I$ 直观上是指语义结构中存在一条路径 $\pi=s_0s_1s_2\cdots s_j\cdots$，$\forall j \geqslant 0$，使 $s_j \vDash \varphi$。

由具体语义域引入抽象域 $\mu \in \mathrm{uco}(\wp(Q))$，由此可导出抽象语义函数$[\![\cdot]\!]_I^\mu : \mathrm{CTL} \rightarrow \mu$。对于任意公式 $\varphi \in \mathrm{CTL}$，抽象值$[\![\varphi]\!]_I^\mu \in \mu$，它由最正确近似定义。例如，$[\![P]\!]_I^\mu=\mu(I(P))$，$P \in \mathrm{AP}$，即根据具体语义解释，$I(P)$是 $\wp(Q)$中的一个元素，该元素通过闭包 $\mu$(它也是 $\wp(Q)$上的算子)映入 $\mu$ 中，即作为 $\mu$ 中的一个元素，该元素便是 $P$ 的抽象解释。其他 CTL 公式的抽象语义，可类似推导。有时，也简记抽象语义解释为 $I^\mu$。

同样，对于 $\forall P \in \mathrm{part}(Q)$，它也是具体语义域上的一个抽象域。因为 $P$ 通过 pcl 算子对应一个可分闭包 $\mu$，所以可以定义抽象域 $P$ 上的语义函数$[\![\cdot]\!]_I^P=[\![\cdot]\!]_I^{\mathrm{pcl}(P)}$。也就是说，若 $\mathrm{pcl}(P)=\mu$，则$[\![\cdot]\!]_I^P$ 是通过$[\![\cdot]\!]_I^\mu$ 界定的。

(3) 闭包完备性与强保留。

- 闭包完备性定义：令 $C$ 是完备格，$f:C^n \to C$ 是单调语义函数，$\mu \in \mathrm{uco}(C)$，如果 $\mu \circ f = \mu \circ f \circ \mu$，那么 $\mu$ 是 $f$-完备的。令 $\mathrm{Fun}(C)$ 为 $C$ 上所有形如上述 $f$ 函数的集合，其中 $n \geqslant 0$，如果 $F \subseteq \mathrm{Fun}(C)$，$\forall f \in F, \mu \circ f = \mu \circ f \circ \mu$，那么 $\mu$ 是 $F$ 完备的。
- 抽象强保留定义：对于性质强保留的抽象模型，时序性质在抽象模型满足当且仅当其在具体模型满足。也就是说，性质在抽象模型满足(或不满足)，则在具体模型也满足(或不满足)。

性质强保留是高期望的，要获得最优的强保留抽象模型是困难的。然而，抽象模型的强保留性和其完备性存在一定的关系。有以下几个重要结论。

- $\mu \in \mathrm{uco}(\wp(Q))$，$\mu$ 对 CTL 是完备的 $\Leftrightarrow \mu$ 对 AP 和 OP 是完备的。
- 假定算子集 $\mathrm{OP} = \{\neg, \vee, \mathrm{EX}, \mathrm{EU}, \mathrm{EG}\}$，$\mu \in \mathrm{uco}(\wp(Q))$，$\mu$ 是 OP 完备的当且仅当 $\mu$ 是 $\{C, \mathrm{pre}_R\}$ 是完备的。
- 假定 $\mu \in \mathrm{uco}(\wp(Q))$，$S^\mu = \langle \mu, I^\mu \rangle$ 是抽象语义结构，$[\![\cdot]\!]_I^\mu$：CTL$\to \mu$ 是对应的抽象语义函数，则抽象语义结构 $S^\mu$ 对 CTL 性质强保留当且仅当 $(\mu, [\![\cdot]\!]_I^\mu)$ 是完备的。

Cousot 和 Giacobazzi 的研究表明，抽象解释的完备性不依赖于抽象语义算子，而仅依赖于抽象域，因而是抽象域的性质。因此，如果 $\mu$ 不完备，这时若想得到高期望的结果，就必须改良 $\mu$ 使其完备化。理论上，我们有如下重要事实：$F \subseteq \mathrm{Fun}(\wp(Q))$，如果 $\mu \in \mathrm{uco}(\wp(Q))$，$\mu$ 的最小 $F$ 完备精化 $\varepsilon_F(\mu) \triangleq \sqcup\{\rho \in \mathrm{uco}(\wp(Q)) \mid \rho \sqsubseteq \mu, \rho$ 关于 $F$ 是完备的$\}$ 总是存在。根据上述定理，只要精化 $\mu$ 使其对 $\{C, \mathrm{pre}_R\}$ 完备，就可以得到对 CTL 完备的闭包，这样得到的 $\varepsilon_{(C,\mathrm{Pre}_R)}(\mu)$ 便对 CTL 性质强保留。又由于 $\mu \in \mathrm{uco}^P(\wp(Q))$，当且仅当 $\mu$ 是 $C$ 完备的，即对求余运算完备。因此，精化的闭包 $\varepsilon_{(C,\mathrm{pre}_R)}(\mu)$ 还是一个最优可分割闭包，能够证明它是一个算子最大不动点且能通过 Kleene 迭代序列计算。最后将算子 par 运用于 $\varepsilon_{(C,\mathrm{pre}_R)}(\mu)$ 便得到最优抽象划分。

实际上，$\varepsilon_{(C,\mathrm{pre}_R)}(\mu) = \mathrm{gfp}(\lambda\rho.\, M(\mathbb{P}(\rho) \sqcap \mathrm{pre}_R(\rho)))$，如果 $Q$ 是有限状态空间，利用 Kleene 迭代序列计算如下。

令 $\mu_0 \triangleq \mu$，$\mu_1 \triangleq M(\mathbb{P}(\mu_0) \sqcap \mathrm{pre}_R(\mu_0))$，对 $i \in N$，$\mu_{i+2} \triangleq M(P(\mu_{i+1}) \sqcap \mathrm{pre}_R(\mu_{i+1} \setminus \mu_i))$，那么存在 $n \in \mathbb{N}$，使 $\varepsilon_{(C,\mathrm{pre}_R)}(\mu) = \mu_n$。

最后将算子 par 运用于 $\varepsilon_{(C,\mathrm{pre}_R)}(\mu)$ 便得到最优抽象划分。

(4) 具体算法如下。

初始闭包 $\mu_{\mathrm{AP}} = M(\{I(P) \mid P \in \mathrm{AP}\})$。其中，$I$ 为具体语义解释函数；$M$ 为 $\wp(\wp(Q))$ 上 Moore 封闭算子。

通过 Kleene 迭代序列计算 $\varepsilon_{(C,\mathrm{pre}_R)}(\mu_{\mathrm{AP}})$ 得到最优可划分闭包 $\mu_{\mathrm{CTL}}$。

$\mathrm{par}(\mu_{\mathrm{CTL}})$ 便得到最优抽象划分 $P_{\mathrm{CTL}}$。

令 $R^\# = R^{\exists\exists}$，$\forall B \in P_{\mathrm{CTL}}$，$L^\#(B) = \bigcup_{s \in B} L(s) = L^{\exists}(B)$。于是便得到抽象 Kripke 结构。$\mathcal{A} = (P_{\mathrm{CTL}}, R^\#, \mathrm{AP}, L^\#)$，它是一个对 CTL 性质强保留的 Kripke 结构。

注意，具体 Kripke 结构为$\mathcal{K}=\langle Q,R,\mathrm{AP},L\rangle$，而抽象 Kripke 结构为$\mathcal{A}=(P_{\mathrm{CTL}},R^{\#},\mathrm{AP},L^{\#})$，后者强保留 CTL。其中，$R^{\#}$为$P_{\mathrm{CTL}}$上的抽象转换关系，$L^{\#}$为抽象标签函数$P_{\mathrm{CTL}}\to\wp(\mathrm{AP})$。$R^{\#}$的意义如下：对$\forall B_1,B_2\in P_{\mathrm{CTL}}$，$B_1\in \mathrm{pre}_{R^{\#}}(\{B_2\})$，当且仅当$B_1\subseteq \mathrm{pre}_R\{B_2\}$，也就是$B_1\subseteq \mathrm{pre}_R\{B_2\}$，当且仅当$B_1\xrightarrow{R^{\#}}B_2$。实际上，我们可以定义函数$h: Q\to P_{\mathrm{CTL}}$，$\forall s\in Q$，令$h(s)=B$，其中$s\in B$。于是可以在$P_{\mathrm{CTL}}$上定义抽象转换关系$R^{\exists\exists}$如下。

$$h(s_1)R^{\exists\exists}h(s_2)\Leftrightarrow \exists s_1',s_2',h(s_1')=h(s_1)\wedge h(s_2')=h(s_2)\wedge s_1'Rs_2'$$

换言之，$R^{\exists\exists}$是一个“存在性”定义，它是$P_{\mathrm{CTL}}$上的转换关系。

类似地，$P_{\mathrm{CTL}}$上的抽象标签函数$L^{\exists}$也有如下直观意义：$\forall P\in \mathrm{AP}$，$\forall B\in P_{\mathrm{CTL}}$，若$P\in L^{\exists}(B)$，则必存在$s\in B$，使$P\in L(s)$。故$L^{\exists}$也是一个“存在性”定义。

显然，$B_1\subseteq \mathrm{pre}_R\{B_2\}$，当且仅当$B_1\xrightarrow{R^{\exists\exists}}B_2$，所以可得$R^{\#}=R^{\exists\exists}$。又因为$P_{\mathrm{CTL}}=\mathrm{par}(\mu_{\mathrm{CTL}})=\{\mu_{\mathrm{CTL}}(\{s\})\}_{s\in Q}$，所以$L^{\#}(B)=\bigcup_{s\in B}L(s)=L^{\exists}(B)$。

### 4.2.4 运用抽象解释理论对(抽象模型)标准方法的改良

文献[51]叙述了用抽象解释理论一般化标准抽象模型(如抽象 Kripke 结构)关于指定语言的强保留问题并把它划归为一般抽象领域(可以作为抽象模型)前向完备性的属性的研究。下面介绍几种方法，显示抽象解释一般化及对标准方法的改进。

**1. CEGAR 和 EGAS 方法**

运用伪反例(Spurious Counterexample)引导精化抽象，正如文献[44]中描述的 Counterexample-Guided Abstraction Refinement(CEGAR)方法；运用例子引导简化抽象，正如文献[52]中描述的 Example-Guided Abstraction Simplification(EGAS)方法，二者为相互对偶方法。前者精化抽象以致消除假的反例，后者简化抽象模型$A$得到抽象模型$A_S$，简化后和$A$一样具有相同的近似行为。换言之，如果$\pi_{A_S}$是简化后抽象模型$A_S$的一条伪例路径，则在抽象模型$A$中也存在一条伪例路径$\pi_A$，使$\pi_{A_S}$是$\pi_A$的抽象。

1) CEGAR 方法

给定程序$P$和一个$\mathrm{ACTL}^*$公式$\varphi$，目标是检查与$P$对应的 Kripke 结构$M$是否满足$\varphi$。CEGAR 方法的步骤如下。

(1) 产生初始抽象。例如，利用(满足一定条件的)抽象函数$h$从$M$得到抽象 Kripke 结构$\hat{M}$，$\hat{M}$是$M$的一种划分。

(2) 模型检查抽象结构。检查是否$\hat{M}\vDash\varphi$。如果肯定，则给出结论$M\vDash\varphi$。如果检查揭示出反例$\hat{T}$，则要检查$\hat{T}$是否合理，若合理，则生成具体反例，并返回给用户。若$\hat{T}$是伪反例，则进入步骤(3)。

(3) 改良抽象模型。为了简单起见，不讨论循环结构反例，设$\hat{T}=\{\hat{s}_1,\hat{s}_2,\cdots,\hat{s}_n\}$，计算

$h^{-1}(\hat{T})$为

$$\left\{\langle s_1,s_2,\cdots,s_n\rangle \mid \bigwedge_{i=1}^{n} h(s_i)=\hat{s}_i \wedge I(s_1)\bigwedge_{i=1}^{n-1} R(s_i,s_{i+1})\right\}$$

令 $S_1=h^{-1}(\hat{s}_1)\cap I$($I$ 是 $M$ 中的初始状态集合),对所有的 $i$,$1<i\leqslant n$,令 $S_i=\mathrm{img}(S_{i-1},R)\cap h^{-1}(\hat{s}_i)$。其中,$\mathrm{img}(S_{i-1},R)$为 $S_{i-1}$ 关于 $M$ 结构中转换关系 $R$ 的(前向)像。因为 $\hat{T}$ 是伪反例,必存在最小的 $i$,使 $S_{i+1}=\varnothing$。于是 $\hat{s}_i$ 称为失败抽象状态。抽象到 $\hat{s}_i$ 中(即$\{s\mid h(s)=\hat{s}_i\}$集合)的具体状态分为 3 种类型。

- dead-end 状态,它们构成子集合$\mathcal{S}_{\mathrm{D}}$,$\mathcal{S}_{\mathrm{D}}=S_i$。
- bad 状态,它们构成子集合$\mathcal{S}_{\mathrm{B}}=\{s\in h^{-1}(\hat{s}_i)\mid \exists s'\in h^{-1}(\hat{s}_{i+1}),R(s,s')\}$。
- 不相关状态,它们构成子集合,$\mathcal{S}_{\mathrm{I}}=h^{-1}(\hat{s}_i)\backslash(\mathcal{S}_{\mathrm{D}}\cup\mathcal{S}_{\mathrm{B}})$。

然后改良抽象函数 $h$,使新的抽象模型中不再包含伪反例 $\hat{T}$。但是,最优即最抽象精化是 NP-困难问题。所以,文献[44]采用启发式策略分离$\mathcal{S}_{\mathrm{D}}$和$\mathcal{S}_{\mathrm{B}}$。例如,把$\mathcal{S}_{\mathrm{I}}$与$\mathcal{S}_{\mathrm{B}}$集合合并,从而得到新的抽象函数和新的划分抽象结构。然后返回步骤(2)。

2) EGAS 方法

先给出一个定义,设 $C$ 是具体域。用 $\mathrm{Abs}(C)$表示 $C$ 上的抽象域构成的格$\langle\mathrm{Abs}(C),\sqsubseteq\rangle$,它与 $C$ 上的格闭包$\langle\mathrm{uco}(C),\sqsubseteq\rangle$同构。给定具体语义函数 $f:C\rightarrow C$,对任意 $A,B\in\mathrm{Abs}(C)$,用 $f^A$ 和 $f^B$ 分别表示 $f$ 在 $A$ 上和 $B$ 上的最正确近似(Best Correct Approximation,简记为 bca)。对于它们的抽象值,当 $f^A$ 和 $f^B$ 相同到它们的同构表示,即若用 $\mu_A$ 和 $\mu_B$ 分别表示 $A$ 和 $B$ 相应的闭包,则 $\mu_A\circ f\circ\mu_A=\mu_B\circ f\circ\mu_B$,这时称 $f^A$ 和 $f^B$ 是 $f$ 的相同的最正确近似,并记为 $f^A=f^B$。对于具体语义函数集合 $F\subseteq C\rightarrow C$,则 $F^A=F^B$ 表示 $\forall f\in F$,有 $f^A=f^B$。因此,对于给定的 $A\in\mathrm{Abs}(C)$,定义

$$A_S\triangleq\sqcup\{B\in\mathrm{Abs}(C)\mid F^B=F^A\}$$

于是,检验 $F^{A_S}=F^A$ 是否成立,如果成立,则称 $A_S$ 是 $A$ 关于 $F$ 的最优简化。

为了讨论上面的问题。文献[52]引入 $A$ 关于 $F$ 的正确核概念:令$\mathcal{K}_F(A)\triangleq\sqcup\{B\in\mathrm{Abs}(C)\mid F^B=F^A\}$,若有 $F^{\mathcal{K}_F(A)}=F^A$,则称$\mathcal{K}_F(A)$是 $A$ 关于 $F$ 的正确核。

为了讨论 $A$ 关于 $F$ 的正确核存在问题,首先定义几个概念。

一般地,具体域 $C$ 是偏序集(或完备格),设为$\langle D,\leqslant\rangle$,因此$\langle\mathrm{Abs}(C),\sqsubseteq\rangle$及其同构的$\langle\mathrm{uco}(C),\sqsubseteq\rangle$也是偏序集(或完备格)。设对于给定的抽象域 $A\in\mathrm{Abs}(C)$,$\mu_A\in\mathrm{uco}(C)$是其对应的闭包。

(1) $f\circ\mu_A$: $C\rightarrow C$ 连续,意指:对任意 $C$ 中的链 $d_0\leqslant d_1\leqslant d_2\leqslant\cdots$,若其最小上界存在,记为$\vee d_i$,则 $f(\vee d_i)=\vee f(d_i)$,也就是说,$f\circ\mu_A$ 保留链的最小上界。

(2) 用 $\mathrm{img}(f)$表示函数 $f$ 的像集,即 $\mathrm{img}(f)=\{f(x)\mid x\in C\}$,有时记 $\mathrm{img}(f)$为 $f(C)$。同理,$\mathrm{img}(f^A)$表示相应 $f$ 的抽象函数 $f^A$ 的像集。

(3) 设 $S\subseteq C$,定义 $\max(S)\triangleq\{x\in S\mid\forall y\in S,x\leqslant y\Rightarrow x=y\}$。也就是说,$\max(S)$是 $S$

在 $C$ 中最大元素的集合。同理，这个概念也可应用于抽象域 $A$ 中的子集上。

如果 $\forall f\in F, f\circ\mu_A$ 连续，则 $A$ 关于 $F$ 的正确核存在，并且它可以通过下式计算。

$$\mathcal{K}_F(A)=Cl_{\wedge}\left(\bigcup_{f\in F}\mathrm{img}(f^A)\cup\bigcup_{y\in\mathrm{img}(f^A)}\max(\{x\in A\mid f^A(x)=y\})\right)$$

其中，$\forall X\subseteq A, Cl_{\wedge}(X)\triangleq\{\wedge s\in S\mid S\subseteq X\}$。因此，上述问题得到解决，即 $\forall f, f\circ\mu_A$ 连续，则关于 $F$，$\mathcal{K}_F(A)$ 就是最优简化 $A_S$，而且它能用上述公式构造出。

在模型检验中运用正确核的主要精神是：正确核对状态空间 $\Sigma$ 的一个抽象分割 $\boldsymbol{P}$ 产生的抽象域 $\wp(\boldsymbol{P})$ 提供一个简化，使它保持关于前向(pre)和后向(post)两个语义操作的最正确近似，从而在最简化的模型(即 $A_S$)讨论检验问题。

设 $\mathcal{K}=\langle\Sigma,\rightarrow\rangle$ 是转换系统，原先的抽象转换系统 $\mathcal{A}=\langle\boldsymbol{P},\rightarrow^{\exists\exists}\rangle$，$\boldsymbol{P}$ 是 $\Sigma$ 的一个分割，

其中，$\boldsymbol{P}$ 中块与块之间的抽象转换关系 $\rightarrow^{\exists\exists}$ 定义为

$$\forall B,C\in\boldsymbol{P}, B\rightarrow^{\exists\exists}C \text{ 当且仅当 } \exists x\in B,\exists y\in C, x\rightarrow y$$

于是，我们可以在抽象转换系统 $\mathcal{A}=\langle\boldsymbol{P},\rightarrow^{\exists\exists}\rangle$ 上定义前向和后向两个抽象语义操作 $\mathrm{pre}^{\exists\exists}$ 和 $\mathrm{post}^{\exists\exists}$ 如下。

$$\mathrm{pre}^{\exists\exists}(C)\triangleq\{B\in\boldsymbol{P}\mid B\rightarrow^{\exists\exists}C\}$$

$$\mathrm{post}^{\exists\exists}(B)\triangleq\{C\in\boldsymbol{P}\mid B\rightarrow^{\exists\exists}C\}$$

若用 $\mathcal{K}_{\rightarrow}(\boldsymbol{P})$ 表示 $\wp(\boldsymbol{P})$ 关于语义操作{pre,post}的正确核，则原先的抽象转换系统 $\mathcal{A}=\langle\boldsymbol{P},\rightarrow^{\exists\exists}\rangle$ 简化为 $\mathcal{A}_S=\langle\mathcal{K}_{\rightarrow}(\boldsymbol{P}),\rightarrow^{\exists\exists}\rangle$。如果 $\pi$ 是 $A_S$ 中的一个抽象路径，使 $\mathrm{Paths}(\pi)=\varnothing$(即 $\pi$ 是伪反例路径)，则在 $\mathcal{A}$ 中也存在一个抽象路径 $\pi'$，使 $\pi'\sqsubseteq\pi$，并且 $\mathrm{Paths}(\pi')=\varnothing$。其中，若 $\pi=\langle B_1,B_2,\cdots,B_n\rangle$，则 $\mathrm{Paths}(\pi)\triangleq\{\langle s_1,s_2,\cdots,s_n\rangle\in\Sigma^n\mid\forall i\in[1,n], s_i\in B_i\ \wp\ \forall i\in[1,n], s_i\rightarrow s_{i+1}\}$。换言之，由正确核引入的抽象简化并不增加伪反例路径。

因此，在 CEGAR 方法中可以结合 EGAS 方法。这样可以利用 EGAS 方法改良 CEGAR 方法。例如，在抽象域 $A$，利用 CEGAR 方法发现伪反例路径 $\pi$，如果找到失败抽象板块 $B_K$，并把它分解为 $B_K^{\mathrm{dead}}$、$B_K^{\mathrm{bad}}$ 和 $B_K^{\mathrm{irr}}$ 3 个子板块。文献[52]提供了新的启发式，通常比文献[44]提供的启发式更有效，即能找到更有效的分离 $B_K^{\mathrm{dead}}$ 和 $B_K^{\mathrm{bad}}$ 的改良方法，精化抽象 $\mathcal{A}$，以便消除伪反例 $\pi$。

在基于谓词抽象的模型检验中，上述正确核也能得到应用。我们将在 4.3 节介绍另一个特殊谓词抽象模型。文献[53]利用谓词 $P_1,P_2,\cdots,P_n$ 得到布尔抽象域 $B\triangleq\langle\wp(\{0,1\}^n),\subseteq\rangle$，为了检验可达到属性，通过笛卡尔抽象(Cartesian Abstraction)，以及对它的改良进行模型检验，这是由于 $B$ 过于昂贵。文献[52]通过一个简单实例表明 $\mathcal{K}_F(B)$ 比笛卡尔抽象要好，其中 $F$ 是具体域上关于变量的赋值操作。总之，类似上述 EGAS 方法，在一般文献中还是少见的，关于它的进一步研究还是很有意义的。

最后值得一提的是，文献[44]提出的 CEGAR 方法是基于存在抽象框架的，而文献[52]提出的 EGAR 方法是基于抽象解释框架的。因此，可以看出这两个抽象框架(如根据文献[47]的观点)在某种意义上是相通的。

另外，还有许多文献是有关抽象改良技术的(包括不运用反例改良技术)，在运用反例改良抽象模型的方法中，Govindaraju 和 Dill 分别将随机和重叠投影技术运用到基本近似体系中(参见文献[44])。

**2. 基于抽象解释的一般强保留模型检验框架**

基于抽象解释可以设计比抽象 Kripke 结构更为一般的抽象模型。文献[54]介绍如何利用基于抽象解释模型以便指定一般强保留抽象模型检验框架。特别对包含标准时态算子在内的规范语言，叙述了不动点强保留特征。由于许多基本内容前面已经介绍，这里不再赘述，只介绍前面没有讨论过的概念和定理。并且声明下面叙述中涉及的符号，如果自明则不加解释，今后也作如此规定，并不再赘述。

首先介绍几个概念。$(C,\alpha,\gamma,A)$是一个 GI，关于一般语言$\mathcal{L}$，设$[\![\cdot]\!]$: $\mathcal{L}\to C$ 和$[\![\cdot]\!]^{\#}$ : $\mathcal{L}\to A$ 分别是具体和抽象语义。如果对任意 $\varphi\in\mathcal{L}$，$\alpha([\![\varphi]\!])\leqslant_A[\![\varphi]\!]^{\#}$，则称抽象语义$[\![\cdot]\!]^{\#}$是合理的；如果 $\forall\varphi\in\mathcal{L}$，$\alpha([\![\varphi]\!])=[\![\varphi]\!]^{\#}$，则称抽象语义$[\![\cdot]\!]^{\#}$是后向完备的；如果 $\forall\varphi\in\mathcal{L}$，$[\![\varphi]\!]=\gamma([\![\varphi]\!]^{\#})$，则称抽象语义$\langle A,[\![\cdot]\!]^{\#}\rangle$是前向完备的。

仍然沿用上述符号，如果对 $\forall S\subset C$，$\forall\varphi\in\mathcal{L}$，有等价关系 $S\subseteq[\![\varphi]\!]\Leftrightarrow\alpha(S)\leqslant_A[\![\varphi]\!]^{\#}$，则称抽象语义$[\![\cdot]\!]^{\#}$相对具体语义$[\![\cdot]\!]$强保留$\mathcal{L}$。特别地，设 $\delta=(\Sigma,I)$和 $\delta^{\#}=(A,I^{\#})$分别为$\mathcal{L}$的具体和抽象语义结构，即由它们可以分别得到具体语义域 $\wp(\Sigma)=C$，以及抽象语义域 $A$ 的具体语义$[\![\cdot]\!]_\delta$ 函数和抽象域语义$[\![\cdot]\!]_{\delta^{\#}}$ 函数，这时若有上面的等价关系，则称 $\delta^{\#}$ 相对 $\delta$ 关于$\mathcal{L}$强保留。

**定理 4.8** $\delta^{\#}$ 关于$\mathcal{L}$强保留，当且仅当抽象语义$\langle A,[\![\cdot]\!]_{\delta^{\#}}\rangle$是前向完备的[54]。

在某种意义上，强保留也是抽象域的属性，因此当上述定理成立时，也称抽象域 $A$ 是语言前向完备的。然而，要验证语言前向完备性是困难的，为此引入下面的概念。

仍沿用前面的符号，用 $\mathrm{AP}_{\mathcal{L}}\cup\mathrm{OP}_{\mathcal{L}}$ 表示语言$\mathcal{L}$的原子命题和运算子在具体域的解释，如果抽象域 $A$ 关于它们是前向完备的(如 $f\in\mathrm{OP}_{\mathcal{L}}$，即有等式 $\gamma\circ\alpha\circ f\circ\gamma\circ\alpha=f\circ\gamma\circ\alpha$)，则称抽象域 $A$ 是运算子方式前向完备的。

一般的运算子方式前向完备可以推出语言前向完备即强保留，但反之未必成立。为此，我们定义以下概念。

设 $\delta=(\Sigma,I)$是$\mathcal{L}$的具体语义结构，$(\wp(\Sigma)_{\subseteq},\alpha,\gamma,A)$是一个 GI。如果 $\forall a\in A$，则存在 $\varphi\in\mathcal{L}$，使 $\gamma(a)=[\![\varphi]\!]_\delta$，这时便称 $A$ 被具体语义$[\![\cdot]\!]_\delta$(或简单地称为 $\delta$)$\mathcal{L}$-覆盖($\mathcal{L}$-Covered)[54]。

这样，我们便得到下面的重要定理。

**定理 4.9**[54] 设 $A$ 为$\mathcal{L}$-覆盖(关于 $\delta$)，则 $A$ 关于$\mathcal{L}$语言前向完备，当且仅当 $A$ 关于所有 $\mathrm{AP}_{\mathcal{L}}\cup\mathrm{OP}_{\mathcal{L}}$ 是运算子方式前向完备。

运算子方式前向完备性相对语言前向完备性较容易检验，只要证实了运算子方式前向完备性就可以得到强保留性质。然而，一般来说，对于给定的抽象域 $A$，可能存在定义在 $A$ 上不同的强保留抽象语言结构。但是，如果 $A$ 是$\mathcal{L}$-覆盖，不仅强保留(等价于语言前向完备性)也能推出运算子方式前向完备性,还能得出下面的重要性质。

**定理 4.10**[54] 如果 $A$ 是关于 $\delta$ 的一个 $\mathcal{L}$-覆盖,假设 $\delta^{\#}=(A,I^{\#})$ 关于 $\mathcal{L}$ 强保留,则抽象结构 $\delta^{A}=(A,I^{A})$ 关于 $\mathcal{L}$ 也是强保留,且 $I^{\#}=I^{A}$,其中 $I^{A}$ 是关于 $\delta=(\Sigma,I)$ 的最正确近似解释。例如,设 $f\in \mathrm{OP}_{\mathcal{L}}$,则 $I^{A}(f)=\alpha\circ f\circ\gamma$。

因此,若 $A$ 是 $\delta$ 的一个 $\mathcal{L}$-覆盖,在抽象域 $A$ 上关于 $\mathrm{AP}_{\mathcal{L}}\cup\mathrm{OP}_{\mathcal{L}}$ 可能存在唯一的解释,它关于 $\mathcal{L}$ 强保留,即等同于它们的最正确近似解释。

在上面的理论框架下,文献[54]讨论了基于抽象解释的抽象模型检验问题,如下所示。

(1) 标准抽象模型检验一般是指基于状态空间的分割 $\boldsymbol{P}\in\mathrm{part}(\Sigma)$,以 $\wp(\boldsymbol{P})_{\subseteq}$ 为抽象语义域,并建立 $\mathrm{GI}(\wp(\Sigma)_{\subseteq},\alpha_{\boldsymbol{P}},\gamma_{\boldsymbol{P}},\wp(\boldsymbol{P})_{\subseteq})$。其中,$\alpha_{\boldsymbol{P}}(S)=\{B\in\boldsymbol{P}\mid B\cap S\neq\varnothing\}$,$\gamma_{\boldsymbol{P}}(X)=\bigcup_{B\in X}B$。如果 $I$ 是基于具体 Kripke 结构 $\mathcal{K}$ 上的具体语义函数,则抽象解释 $I^{\#}$ 就是 $I$ 在抽象 Kripke 结构 $\mathcal{A}=(\boldsymbol{P},R^{\#},\mathrm{AP},l^{\#})$ 上的简单估算。

(2) 关于标准基于不动点运算的时态语言,在上述标准抽象模型检验中,如果 $\mathcal{S}=(\wp(\Sigma)_{\subseteq},\alpha_{\boldsymbol{P}},\gamma_{\boldsymbol{P}},A=\wp(\boldsymbol{P})_{\subseteq})$ 是相应的可分割 GI,且是前向完备关于某些不动点的运算子 $F$,则它们最正确近似也可以写成不动点运算式样。特别对某些基于不动点运算的时态语言,如果强保留,则它们还可以通过抽象 Kripke 结构 $\mathcal{A}_{\boldsymbol{P}}=(\boldsymbol{P},R^{\exists\exists},\mathrm{AP},l_{\boldsymbol{P}})$ 产生。

(3) 文献[54]还举例说明了分割 $\boldsymbol{P}$ 关于 $\mathcal{L}$ 语言存在强保留抽象语言模型,但是对于语言 $\mathcal{L}$,这个抽象语义却不能由 $\boldsymbol{P}$ 上的抽象 Kripke 结构产生。

值得注意的是,对于某些抽象模型,文献[55]还举例说明对于不动点计算,若用标准抽象模型(抽象 Kripke 结构),相对于基于抽象解释一般方法所需要的迭代次数更多,这说明基于抽象解释的一般方法更有效。

**3. 标准强保留算法的基于抽象解释的分析与推广**

文献[55]首先叙述了一个 GI:$(\mathrm{par},\mathrm{uco}(\wp(\Sigma))_{\sqsupseteq},\mathrm{part}(\Sigma)_{\geqslant},\mathrm{pcl})$,其中 $\mathrm{par}(\mu)=\{[s]_{\mu}\mid s\in\Sigma\}$,$\mathrm{pcl}(\boldsymbol{P})=\{\bigcup_{i}B_{i}\mid\{B_{i}\}\subseteq\boldsymbol{P}\}$,这样分割领域便作为闭包领域的抽象领域了。但是,如果定义 $\mathrm{puco}(\wp(\Sigma))$ 为所有可分割的 uco 集合,则 $\mathrm{puco}(\wp(\Sigma))_{\sqsubseteq}\cong\mathrm{par}(\Sigma)_{\leqslant}$ 通过 par 和 pcl 两个映射。

如果语言 $\mathcal{L}$ 的公式运用语义结构 $\mathcal{S}=(\Sigma,I,\mathrm{AP},l)$ 加以解释,则通过上述等价性可得:$\boldsymbol{P}$ 关于 $\mathcal{L}$ 强保留,当且仅当 $\mathrm{pcl}(\boldsymbol{P})$ 关于 $\mathcal{L}$ 强保留。这样便为将强保留看作前向完备性属性提供了一个合理框架。文献[55]的目标是在 $\mathrm{part}(\Sigma)$ 上通过 $\mathrm{uco}(\wp(\Sigma))$ 的前向完备壳 $\mathscr{S}_{F}(\mu)=\mathrm{gfp}(F_{\mu})$ 实行完备抽象计算。其中,$F$ 为 $\mathcal{L}$ 上的语义算子;$F_{\mu}:\mathrm{uco}(\wp(\Sigma))\rightarrow\mathrm{uco}(\wp(\Sigma))$;$F_{\mu}(\rho)=M(\mu\sqcup F(\rho))$;$F(\rho)$ 是 $F$ 在 $\rho$ 上的像集;而 $\mathrm{gfp}(F_{\mu})$ 可以通过迭代运算得到。

基于上述思想,文献[55]分析了标准 Paige and Tarjan 算法(以下简称 PT)。$\mathrm{PT}(\boldsymbol{P})$ 是 PT 算法在输入 $\boldsymbol{P}\in\mathrm{part}(\Sigma)$ 上的输出,在上述抽象解释理论的框架下,它可以看作 $\mathrm{pcl}(\boldsymbol{P})$ 关于 $\{\mathrm{pre},\boldsymbol{C}\}$ 前向完备壳通过映射 par 的抽象,即 $\mathrm{PT}(\boldsymbol{P})=\mathrm{par}(\mathscr{S}_{\{\mathrm{pre},c\}}(\mathrm{pcl}(\boldsymbol{P})))$。

通过分析 PT 算法的基本步骤,文献[55]从抽象解释角度推广它,得到一个前向完备壳的一般抽象算法,称为 GPT(Generalized Paige-Tarjan Refinement Algorithm)。简略地说,

当抽象域 $A$ 和语义算子 $F$(关于$\mathcal{L}$语言)满足一定的条件，以 $F$ 和 $A$ 为参数的一般 $\mathrm{GPT}_F^A$ 算法终止而且对任意 $a \in A$，$\mathrm{GPT}_F^A(a)=\alpha(\mathscr{S}_F(\gamma(a)))$。其中，$(\alpha, \mathrm{uco}(\wp(\Sigma))_{\sqsupseteq}, A_{\geqslant}, \gamma)$是一个 GI。

文献[55]还利用 GPT 算法分析了以下标准模型检验算法。

(1) 模拟等价的 Henzinger 算法。

(2) “丛快等价”的 Groote-Vaandrager 算法。

(3) 强保留表达可达到性的(即包括算子 EF)语言$\mathcal{L}$的算法。

上述分析把标准基于分割模型检验方法中求关于语言$\mathcal{L}$的最优(即最粗分割)$P_{\mathcal{L}}$ 问题统一在广义 GPT 算法中。例如，如果$\mathcal{L}$在合取和求余逻辑运算下封闭，则 $\mathrm{GPT}_{\mathrm{OP}}^{\mathrm{Part}}(P_l)=P_{\mathcal{L}}$。其中，OP 是$\mathcal{L}$语言中的运算子；$P_l=\{[s]_l \mid s\in\Sigma\}\in \mathrm{part}(\Sigma)$；$l$ 是解释语言$\mathcal{L}$中公式的语言结构 $S=\langle \Sigma, I, \mathrm{AP}, l\rangle$ 中的标签函数 $l: \Sigma \to \wp(\mathrm{AP})$，$\forall s\in\Sigma, [s]_l=\{s' \mid l(s')=l(s)\}$，故 $P_l$ 是 $\Sigma$ 上由 $l$ 等价类组成的分割。

**4. 基于抽象解释的一个有效的模拟算法**

设 $K=(\Sigma, \to, l)$是原子命题集合 AP 上的 Kripke 结构，其中，$\Sigma$ 是状态空间，$\to$是 $\Sigma$ 上转换关系，$l$ 是标签函数。如果 $R\subseteq \Sigma\times\Sigma$，$\forall s, s'\in\Sigma$，$(s, s')\in R$ 满足两个条件：①$l(s)=l(s')$；②对任意的 $t$，若 $s\to t$，则存在 $t'\in\Sigma$，有 $s'\to t'$且$(t, t')\in R$，则称 $R$ 为模拟(Simulation)关系。若$(s, s')\in R$，则称 $s'$模拟 $s$。显然，当 $R=\varnothing$时，$R$ 也是一个模拟关系，而且模拟关系的并也是模拟关系。所以，最大模拟关系存在。最大模拟关系是一个前序关系(Preorder Relation)，称它为 $K$ 上的模拟前序(Simulation Preorder)关系，并记为 $R_{\mathrm{sim}}$。模拟等价 $\sim_{\mathrm{sim}}\subseteq\Sigma\times\Sigma$ 是 $R_{\mathrm{sim}}$ 的对称归约，即 $\sim_{\mathrm{sim}}=R_{\mathrm{sim}}\cap R_{\mathrm{sim}}^{-1}$，由 $\sim_{\mathrm{sim}}$ 产生的分割 $P_{\mathrm{sim}}\in\mathrm{part}(\Sigma)$称为模拟分割。

根据模型检验的熟知的结果，关于$\sim_{\mathrm{sim}}$ 把 $K$ 归约，可以定义抽象 Kripke 结构。$\mathcal{A}_{\mathrm{sim}}=\langle P_{\mathrm{sim}}, \to^{\exists}, l^{\exists}\rangle$，它强保留时态逻辑 $\mathrm{ACTL}^*$。其中，$P_{\mathrm{sim}}$ 为抽象状态空间；$\to^{\exists}$ 为模拟等价(集合)块之间的抽象转换关系；$\forall B\in P_{\mathrm{sim}}, l^{\exists}(B)\triangleq l(s), s\in B$ 是任意的代表。$\forall\varphi\in\mathrm{ACTL}^*$，$\forall s\in\Sigma, s\vDash^K\varphi$，当且仅当 $P_{\mathrm{sim}}(s)\vDash^{\mathcal{A}_{\mathrm{sim}}}\varphi$，至于如何求 $P_{\mathrm{sim}}$ 和 $R_{\mathrm{sim}}$，许多文献都提出了算法，其中 HHK 算法和 Gentilini 等提出的算法都是很好的例子(参见文献[56])。但是，文献[56]在抽象解释理论框架下，证明了模拟前序关系能够作为集合并和前像转换算子(Predecessor Transformer)两种运算的前向完备壳。回到 $K=(\Sigma, \to, l)$，设 $l$ 产生状态分割 $P_l=\{[s]_l \mid s\in\Sigma\}$。将 Moore 闭包算子作用于 $P_l$，得抽象域 $\mu_l\triangleq M(P_l)\in\mathrm{uco}(\wp(\Sigma))$，即 $\mu_l=cl_{\cap}(\{[s]_l \mid s\in\Sigma\})$，其中 $cl_{\cap}(X)\triangleq\{\cap S \mid S\subset X\}$，其中$\cap\varnothing=X\in cl_{\cap}(X)$。实际上，简单地增加空集$\varnothing$和整个状态空间 $\Sigma$ 到 $P_l$ 中便形成$\mu_l$。文献[56]提出定理：设 $\mu_K=S_{\cup,\mathrm{pre}}(\mu_l)$是 $\mu_l$ 关于$\{\cup, \mathrm{pre}\}$操作的前向完备壳，则 $R_{\mathrm{sim}}\triangleq\{(s, s')\in\Sigma\times\Sigma \mid s'\in\mu_K(\{s\})\}$，$P_{\mathrm{sim}}=\mathrm{par}(\mu_K)$。

在上述定理的基础上，文献[56]提出新的模拟算法，称为 SA。它的时间复杂度为

$O(|P_{sim}\|\rightarrow|)$，空间复杂度为$O(|P_{sim}\|\Sigma|\log|\Sigma|)$，因此，在时间、空间复杂性方面（与其他算法相比）都是有效的。例如，HHK 的空间复杂度为$O(|\Sigma|^2\log|\Sigma|)$。

设$P\in \mathrm{part}(\Sigma)$，$R\subseteq P\times P$是$P$上的任意一个关系。称$\langle P,R\rangle$是分割-关系序对(Partition-Relation Pair)，简写为 PR。一个 PR$\langle P,R\rangle$产生一个析取闭包(Disjunctive Closure)$\mu_{\langle P,R\rangle}\in \mathrm{uco}^d(\wp(\Sigma)_{\subseteq})$，如下所示。

$$\forall X\in\wp(\Sigma),\mu_{\langle P,R\rangle}(X)\triangleq\{C\in P\mid\exists B\in P,B\cap X\neq\varnothing,\langle B,C\rangle\in R^*\}$$

其中，$R^*$是$R$的反身传递闭包(Reflexive Transitive Closure)，$\mathrm{uco}^d(\wp(\Sigma))\subseteq\mathrm{uco}(\wp(\Sigma))$是所有析取抽象域的集合，当$\mu$是可加的且它的像$\mathrm{img}(\mu)$恰好在任意并运算下封闭，则$\mu$是析取抽象域，这时有$\forall X\subseteq\Sigma,\mu(X)=\bigcup_{x\in X}\mu(\{x\})$。

对任意$\mu\in\mathrm{uco}(\wp(\Sigma))$，令$\mu^d=cl_{\cup}(\mathrm{img}(\mu))\triangleq\{\cup s\mid s\subseteq\mathrm{img}(\mu)\}$。其中，$\cup\phi=\phi\in cl_{\cup}(\mathrm{img}(\mu))$，则$\mu^d\in\mathrm{uco}^d(\wp(\Sigma))$。$\mu^d$是$\mu$的改良。注意，有如下性质：$\mathrm{par}(\mu)=\mathrm{par}(\mu^d)$。

$\forall\mu\in\mathrm{uco}(\wp(\Sigma))$，定义$P_\mu\triangleq\mathrm{par}(\mu)$，$R_\mu\triangleq\{(B,C)\in P_\mu\times P_\mu\mid C\subseteq\mu(B)\}$，则$\langle P_\mu,R_\mu\rangle$是一个 PR，它由$\mu$产生。我们有以下两个重要引理[56]。

(1) 设$\langle P,R\rangle$是一个 PR，$\mu\in\mathrm{uco}(\wp(\Sigma))$，则$P\leqslant\mathrm{par}(\mu_{\langle P,R\rangle})$，$\langle P_\mu,R_\mu\rangle=\langle P_{\mu^d},R_{\mu^d}\rangle$。

(2) $\forall P\in\mathrm{par}(\Sigma)$，偏序关系$R\subseteq P\times P$，以及$\mu\in\mathrm{uco}^d(\wp(\Sigma))$，则$\langle P_{\mu\langle P,R\rangle},R_{\mu\langle P,R\rangle}\rangle=\langle P,R\rangle$，且$\mu_{\langle P_\mu,R_\mu\rangle}=\mu$。

设$\langle\Sigma,\rightarrow\rangle$是转换系统，$\langle P,R\rangle$是一个 PR，其中$R$是反身的(Reflexive)，即$\forall B\in P$，有$(B,B)\in R$。假设$\forall B,C\in P$，如果$C\cap\mathrm{pre}(B)\neq\varnothing$，就有$\bigcup R(C)\subseteq\mathrm{pre}(\bigcup R(B))$，则$\mu_{\langle P,R\rangle}$对 pre 是前向完备的[56]。注意，所谓$\mu\in\mathrm{uco}(\wp(\Sigma))$对 pre 是前向完备的，是指对任意$X\in\wp(\Sigma)$，有$\mu(\mathrm{pre}(\mu(X)))=\mathrm{pre}(\mu(X))$。

在上述概念的基础上，SA 对 HHK 算法进行了修改。文献[56]研究了把 HHK 算法中的状态集合簇$S=\{\mathrm{sim}(s)\}_{s\in\Sigma}$用分割-关系对$\langle P,\mathrm{Rel}\rangle$替换后，其算法的逻辑结构能否保持。其中，$\mathrm{sim}(s)$直观意义是能模拟状态$s$的候选状态集合，即模拟者集合；Rel 是$P$上反身但未必是传递关系。而数据结构的逻辑意义是，如果$B,C\in P$并且$\langle B,C\rangle\in\mathrm{Rel}$，则$C$中的任意元素都是模拟$B$中每个元素（目前）的候选者。而两个在$B$中的状态也是目前模拟等价的候选序对。因此，在 SA 算法中，一个分割-关系$\langle P,\mathrm{Rel}\rangle$序对表达了目前模拟前序的近似。特别地，$P$表达了目前模拟等价体(Simulation Equivalence)的近似。于是，包含在分割-关系序对中的信息足以保持 HHK 的逻辑结构。类似于 HHK 的逐步(Stepwise)设计，上述方法引导我们设计一个基本程序，称为 BasicSA，它基于分割-关系序对，然后改良两次，以便能获得最终模拟算法 SA。下面简述一下 BasicSA 算法。BasicSA 的基本想法是通过标签函数得到初始 PR$\langle P,\mathrm{Rel}\rangle$，然后迭代改良它直到满足文献[56]引理 4.4 的条件，即

对所有 $B, C \in P, C \cap \mathrm{pre}(B) \neq \varnothing \Rightarrow \bigcup \mathrm{Rel}(C) \subseteq \mathrm{pre}(\bigcup \mathrm{Rel}(B))$

由此产生的基本算法称为 BasicSA。它可以看作抽象域改良算法，即有以下定理。

**定理 4.11**[56] 设 $\Sigma$ 是有限的，BasicSA 对任意输入 $\mu \in \mathrm{uco}(\wp(\Sigma))$ 都终止，且 $\mathrm{BasicSA}(\mu) = S_{\cup,\mathrm{pre}}(\mu)$。

本定理的含义是指 $\forall \mu \in \mathrm{uco}(\wp(\Sigma))$，得到 $\mu' = \mathrm{BasicSA}(\mu)$，即当 BasicSA 在输入 PR $\langle P_\mu, R_\mu \rangle$ 上终止并且输出一个 PR$\langle P', K' \rangle$，就有 $\mu' = \mu_{\langle P', R' \rangle}$。最后，我们有以下结论[56]。

设 $K = (\Sigma, \rightarrow, l)$ 是有限 Kripke 结构，$\mu_l \in \mathrm{uco}(\wp(\Sigma))$ 是由 $l$ 产生的抽象域，则 $\mathrm{BasicSA}(\mu_l) = \langle P', R' \rangle$。其中，$P' = P_{\mathrm{sim}}$ 并且 $\forall s_1, s_2 \in \Sigma, (s_1, s_2) \in R_{\mathrm{sim}} \Leftrightarrow (P'(s_1), P'(s_2)) \in R'$。

SA 是对 HHK 算法的修改，它主要是基于分割-关系序对的概念和基本程序（称为 BasicSA）而得到的。这里值得一提的是，虽然分割-关系序对也在一些文献中得到应用（参见文献[56]），但是它们和文献[56]的应用具有不同的特征。文献[56]把 PR 逻辑地看作抽象域，并运用抽象解释的理论改进 HHK 算法以及证实自己算法 SA 的正确性。因此，文献[56]表明基于抽象解释理论对标准算法的改进是有效的，并且还通过实验证实 SA 算法是有效的。

### 4.2.5 抽象模型检验总结

现在将抽象模型检验的思想总结如下[49,55]。

(1) 在模型检验中，抽象是解决状态空间爆炸的一种有效方法，其目标是构造足够小的抽象模型，通过在其上的搜索保证软硬件设计正确性，并在不满足规格时给出反例。

(2) 一般地，抽象模型是通过抽象状态近似具体状态的某些时序性质，而抽象通常有两种方式：弱保留抽象和强保留抽象。前者又可分为两类：向下近似抽象和向上近似抽象。给定具体模型和抽象模型，对于给定时序性质 $\phi$，若抽象模型是按照向下近似抽象方式获得的，则 $\phi$ 在抽象模型不满足，可推导出它在具体模型也不满足。对于给定的具体模型和抽象模型以及给定的时序性质 $\phi$，若抽象模型是按照向上近似抽象方式获得的，则 $\phi$ 在抽象模型满足，可推导出它在具体模型也满足。至于由强保留抽象方式得到的抽象模型，时序性质 $\phi$ 在抽象模型满足，当且仅当它在具体模型满足。最优的强保留抽象模型的构造实属不易，它是高期望的。

(3) 一般地，例如 Clarke 采用向上近似抽象方式，基于反例精化的思想改良抽象模型进行抽象模型检验，基本步骤如下。首先，通过模型检验自动验证抽象模型是否满足所期望的性质，如果满足，则报告正确；否则给出抽象反例。其次，检查抽象反例是否合理，若合理，则生成具体反例；否则依据不合理反例精化抽象模型。如此重复迭代精化，直到给出满足性质的肯定回答或给出不满足性质的具体反例。

(4) 典型的（或者说是标准的）抽象模型是基于状态划分和抽象 Kripke 结构的，它通常是由具体状态转换系统或具体的 Kripke 结构通过抽象映射而获得的。另外，在抽象解释框架下，有两种等价方式获得抽象域：或者通过具体状态幂集的抽象解释（闭包操作）；或者通过具体域和抽象域之间的 Galois 连接(或 GI)的抽象解释。在抽象域上,可以导出近似于具体语义的抽象语义。Cousot 首先把上述抽象解释框架运用于静态程序分析,从而在具体性质域和抽象性质域之间建立联系,并证明对任意具体性质,存在唯一的最优抽象近似。

(5) 设具体域为 $C$,抽象域为 $A$,定义$(\alpha,C,A,\gamma)$为一个 GC,它通过抽象映射 $\alpha$: $C\rightarrow A$ 和具体化映射 $\gamma$: $A\rightarrow C$ 在具体域 $C$ 和抽象域 $A$ 之间建立联系。当且仅当 $\alpha$ 为满射,或 $\gamma$ 为一一映射,GC 称为 GI。如果 $C$ 是一个偏序集(或完备格),则在 $C$ 上所有 GI 关于精确性可以定义偏序,即设$\mathcal{G}_1=(\alpha_1,C,A_1,\gamma_1)$,$\mathcal{G}_2=(\alpha_2,C,A_2,\gamma_2)$,当且仅当 $\gamma_1\circ\alpha_1\sqsubseteq\gamma_2\circ\alpha_2$,有$\mathcal{G}_1\sqsubseteq\mathcal{G}_2$。直观上,在逐点序下,$A_1$ 比 $A_2$ 更精确,或者说 $A_2$ 比 $A_1$ 更抽象。

设$(\alpha,C,A,\gamma)$是一个 GI,$f$:$C\rightarrow C$ 是某个具体语义函数,为了简单起见,我们只讨论单目函数。如果 $f^{\#}$:$A\rightarrow A$ 是相应的抽象函数,$\alpha\circ f\sqsubseteq f^{\#}\circ\alpha$,或者 $f\circ\gamma\sqsubseteq\gamma\circ f^{\#}$,这两个关系是等价的,我们称$\langle A,f^{\#}\rangle$是一个合理抽象解释,或者说是一个近似抽象解释。特别地,若令 $f^{A}=\alpha\circ f\circ\gamma$: $A\rightarrow A$,它便是 $f$ 在 $A$ 中的最正确近似。如果 $\alpha\circ f=f^{\#}\circ\alpha$,或者 $f\circ\gamma\sqsubseteq\gamma\circ f^{\#}$,那么抽象解释是完备的,前者称为后向完备,后者称为前向完备。Giacobazzi 指出,前向和后向两种完备性,都仅依赖抽象映射,与抽象语义函数无关,也就是说是抽象域的特性。事实上,存在抽象函数 $f^{\#}$,使$\langle A,f^{\#}\rangle$是后向完备(或前向完备的),其充要条件是 $\gamma\circ\alpha\circ f\circ\gamma\circ\alpha=\gamma\circ\alpha\circ f$(或 $\gamma\circ\alpha\circ f\circ\gamma\circ\alpha=f\circ\gamma\circ\alpha$)。

(6) 设具体域 $C$ 是一个完备格,在 $C$ 上可以通过向上闭包操作 $\mu$ 获得抽象域,抽象域也记为 $\mu$,简称 $\mu$ 为 uco 或闭包。向上闭包操作 $\mu$ 是 $C\rightarrow C$ 的一个单调、幂等和扩展(Extensive)(即 $x\leqslant\mu(x)$)函数。假设在上述定义中,用缩减(Reductive)(即 $\mu(x)\leqslant x$)代替扩展性质,则称 $\mu$ 是一个向下闭包操作,记为 lco,它是原 $C$ 的对偶格(Dual Lattice)$C_{\geqslant}$上的一个 uco。由于这种"对偶"性,我们并不讨论向下闭包。

实际上,$C$ 上的任意闭包 $\mu$ 都唯一地由它在 $C$ 上的不动点(即 $x=\mu(x)$)确定。有趣的是,$\mu$ 不动点的集合与 $\mu$ 的像集一致,而且是 Meet 封闭,即若令 $X$ 是 $\mu$ 不动点集合,则 $\mu(C)=X=M(X)\triangleq\{\wedge Y|Y\subseteq X\}$,其中 $\wedge\varnothing=T\in M(X)$,$T$ 是 $C$ 上的最大元。称 $M(\cdot)$为 $\wp(C)$上 Moore 算子,如果 $X\subseteq C$,并且 $X=M(X)$,则称 $X$ 是一个 Moore 族。闭包 $\mu$ 的不动点集合就是一个 Moore 族,也就是说它是 Meet 封闭的。因而闭包 $\mu$ 有两种表示:一种是函数表示,另一种是不动点集合表示。值得注意的是,用闭包表示抽象域,具有很多优点。它独立于抽象域的对象表示,且在推论抽象域性质时,当性质与抽象域中对象具体表示无关时,尤为适宜。

记 $C$ 上所有 uco 的集合为 uco($C$),并在其上定义逐点序$\sqsubseteq$,于是$\langle$uco($C$),$\subseteq$,$\sqcup$,$\sqcap$,$\lambda x.T$,$\lambda x.x\rangle$也是一个完备格。对$\forall\rho,\mu\in$ uco($C$),当且仅当 $\rho(C)\subseteq\mu(C)$时,有 $\mu\sqsubseteq\rho$。直观上,$\mu$ 的不动点集合包含 $\rho$ 的不动点集合,所以从抽象角度看,$\mu$ 更精确,$\rho$ 更抽象。

在 uco($C$)完备格上,可以定义两种操作。假定$\{A_n\}_{n\in N}\subseteq$uco($C$),$\sqcup_{n\in N}A_n$ 是在所有 $A_n$ 抽象域中最具体的,即最小公共抽象;$\sqcap_{n\in N}A_n$ 是在所有 $A_n$ 抽象域中最抽象的。它们通常分别是关于$\{A_n\}_{n\in N}$ 的最小上确界 lub 和最大下确界 glb 的操作。有时也称$\sqcup_{n\in N}A_n$ 为$\{A_n\}_{n\in N}$ 的壳(Shell),$\sqcap_{n\in N}A_n$ 为$\{A_n\}_{n\in N}$ 的核(Core)。

设 $f:C\to C$ 是具体域上的语义函数，前面说过，关于 $f$ 的前向完备和后向完备解释是抽象域的属性，因此该抽象域性质可以通过闭包形式化：对任意抽象领域 $\mu\in \mathrm{uco}(C)$，当且仅当 $\mu\circ f=\mu\circ f\circ\mu$ 成立时，抽象域 $\mu$ 是后向完备的；而当且仅当 $f\circ\mu=\mu\circ f\circ\mu$ 成立时，抽象域 $\mu$ 是前向完备的。

(7) 既然抽象解释的完备性是抽象域的属性，因此人们对抽象域的完备精化(Refinements)进行了许多研究。现在，我们注重讨论抽象域的壳(Shell)概念。设 $P_{\leqslant}$ 是一般的关于语义对象的偏序集，对任意 $x,y\in P$，$x\leqslant y$，直觉上认为 $x$ 是 $y$ 的一个精化，即 $x$ 比 $y$ 更精确些。给定属性 $\mathcal{P}\subseteq P$，$\mathcal{P}$是 $P$ 的一个子集，直觉上其中每个对象满足给定的属性。我们定义，$P$ 中任意一个对象 $x$ 的$\mathcal{P}$-shell 是一个 $P$ 中对象 $s_x$，它满足以下性质：① $s_x$ 满足属性$\mathcal{P}$；② $s_x$ 是 $x$ 的精化；③ $s_x$ 是所有满足①和②的对象中最大的一个。注意，如果 $\mathcal{P}$-shell 存在，则它必是唯一的。

我们讨论抽象域的壳。给定一个具体域 $C$ 和一个抽象领域属性$\mathcal{P}\subseteq \mathrm{uco}(C)$，对任意一个闭包 $\mu\in \mathrm{uco}(C)$，如果 $\mu$ 的$\mathcal{P}$-shell 存在，则它是一个精化 $\mu$ 并且满足$\mathcal{P}$的最抽象的领域。Giacobazzi 证明后向完备壳永远存在，只要具体语义操作是连续的。

考虑前向完备性质。令 $F\subseteq \mathrm{Fun}(C)$，$\mathrm{Fun}(C)$是具体语义域 $C$ 上语义函数集合，$F$ 中函数可能有任意“目”。令 $S\in\wp(C)$，定义 $F(S)\triangleq\{f(\vec{s})\mid f\in F,\vec{s}\in S^{\mathrm{ar}(f)}\}$，ar 表示函数 $f$ 的目，$F(S)$是 $F$ 在 $S$ 上的像。如果 $F(S)\subseteq S$，则称 $S$ 是 $F$ 封闭的。如果 $\mu\in \mathrm{uco}(C)$对于 $F$ 中每个函数 $f$ 是前向完备的，则称 $\mu$ 是$F$ 前向完备的。我们可以定义前向 $F$ 完备壳算子 $\varphi_F$：$\mathrm{uco}(C)\to \mathrm{uco}(C)$，$\varphi_F(\mu)\triangleq\sqcup\{\eta\in \mathrm{uco}(C)\mid \eta\sqsubseteq\mu,\eta$ 是前向 $F$ 完备$\}$。Giacobazzi 和 Quintarelli 指出，对任意抽象域 $\mu$，$\varphi_F(\mu)$是前向 $F$ 完备的，即前向完备壳总是存在。$\varphi_F(\mu)$是最小(在集合包含意义上)的一个集合，该集合包含 $\mu$ 且是 $F$ 封闭和 Meet 封闭的。当 $C$ 是有限集合，定义 Meet 操作为 $\wedge$：$C^2\to C$，于是对任意 $F$，$\varphi_F(\mu)=\varphi_{F\cup\{\wedge\}}(\mu)$，因为闭包是 Meet 封闭的。

令 $F^{\mathrm{uco}}$：$\mathrm{uco}(C)\to \mathrm{uco}(C)$，$F^{\mathrm{uco}}\triangleq M\circ F$，即 $F^{\mathrm{uco}}(\rho)=M(\{f(\vec{x})\mid f\in F,\vec{x}\in\rho^{\mathrm{ar}(f)}\})$。$F^{\mathrm{uco}}$ 描述了前向 $F$ 完备性质。我们有：当且仅当 $\rho\sqsubseteq F^{\mathrm{uco}}(\rho)$成立时，$\rho$ 是前向 $F$ 完备的。此外，给定 $\mu\in \mathrm{uco}(C)$，定义 $F_\mu$：$\mathrm{uco}(C)\to \mathrm{uco}(C)$，$F_\mu(\rho)\triangleq\mu\sqcap F^{\mathrm{uco}}(\rho)$。很容易推知 $F_\mu=M(\mu\cup F(\rho))$。$F_\mu$ 是 $\mathrm{uco}(C)$上的单调算子，因此它有最小和最大不动点。进而推知，壳 $\varphi_F(\mu)$可以用 $\mathrm{uco}(C)$上关于算子 $F_\mu$ 的最大不动点(记为 glp)刻画，即 $\varphi_F(\mu)=\mathrm{glp}(F_\mu)$。

(8) 实际上，完备抽象解释和性质强保留之间存在一定的联系。

若抽象域 $A$ 对 CTL 算子是完备的，则 $A$ 对 CTL 是性质强保留的。所以，精化抽象模型满足 CTL 性质强保留，可转化为抽象解释中抽象域的完备精化[49]。

设 $\delta=(\Sigma,I)$和 $\delta^{\#}=(A,I^{\#})$分别是语言$\mathcal{L}$的具体和抽象语言结构，由它们可以分别得到具体语义域 $\wp(\Sigma)=C_*$ 和抽象语义域 $A$ 的具体语义$[\![\cdot]\!]_\delta$ 函数以及抽象域语义函数 $[\![\cdot]\!]_{\delta^{\#}}$。一般地，$\delta^{\#}$ 关于$\mathcal{L}$是强保留，当且仅当抽象语义$\langle A,[\![\cdot]\!]_{\delta^{\#}}\rangle$是前向完备的[54]。

设 $\delta=(\Sigma,I)$是$\mathcal{L}$的具体语义结构，$(\wp(\Sigma)_{\subseteq},\alpha,\gamma,A)$是一个 GI。如果 $\forall a\in A$，则存在

$\varphi\in\mathcal{L}$，使 $\gamma(a)=[\![\varphi]\!]_\delta$，这时 $A$ 关于$\mathcal{L}$语言前向完备，当且仅当 $A$ 关于所有 $AP_{\mathcal{L}}\cup OP_{\mathcal{L}}$ 是运算子方式前向完备的[54]。

设$(\Sigma,I)$是$\mathcal{L}$的具体语义结构，因为 $uco^P(\wp(\Sigma))$和 $part(\Sigma)$通过 par 和 pcl 两个映射等价，所以 $P$ 关于$\mathcal{L}$强保留，当且仅当 $pcl(P)$关于$\mathcal{L}$强保留，这样便把强保留看作前向完备性属性，提供了一个合理框架[55]。

## 4.3 综合方法

我们提到过验证软硬件主要有 4 个基本方法体系：(物理)模拟、测试、模型检验和定理证明，因此在模型检验中结合其他方法，特别是定理证明，是非常重要的。但是问题是，怎样结合这两种具有不同风格的推理方式，形成一个框架，以便人们能够自然地整合利用每种方法已获得的结果。也许这个框架也要基于抽象解释理论。实际上，目前许多学者对抽象模型检验的基础和原则进行了研究，出现了特殊的抽象解释形式，如 Graf 和 Saidi 的谓词抽象，实现了抽象的自动化。基于谓词抽象的技术已应用到软件系统的模型检验中，如验证 Java 程序的 Bandera 和 Java PathFinder，以及验证 C 语言的 SLAM、MAGIC 和 BLAST[49]。下面将人们在这方面的努力总结为“综合方法”加以介绍。

### 4.3.1 谓词抽象

文献[57]运用原型验证系统(Prototype Verification System，PVS)为无限系统构造抽象状态图。

**1. 基本定义**

Name：$P$；Declarations：$x_1:T_1,\cdots,x_n:T_n$；Transitions：$\tau_1,\cdots,\tau_P$；Initial states：init

其中，$P$ 是过程(Processes)名；$\forall i\in[1,n]$，$x_i$ 是具有类型(Type)$T_i$(可以是 PVS 定义的任意类型)的变量，它们(实质上)是全局变量；init 是初始状态谓词；每个转换 $\tau_i$ 是一个具有如下形式被保护的赋值操作。

$$g_i(\bar{x})\ \bot\!\!\rightarrow \bar{x}:=\mathrm{ass}_i(\bar{x}) \tag{4.1}$$

其中，$g_i(\bar{x})$是 PVS 布尔表达式；$\bot\!\!\rightarrow$表示严格映射；$\bar{x}$ 表示“多元”变量；$\mathrm{ass}_i(\bar{x})$是分别具有类型 $T_i$ 的 PVS 表达式 $\mathrm{ass}_{ij}$ 组成的元组。

**2. 具体(过程)语义**

关于分析由许多过程组成的平行系统，在某种意义上仅考虑单一过程 $P$ 并不丧失一般性。定义一个状态图 $S_P=(Q_P,R_P,I_P)$，其中

$$Q_P=T_1\times\cdots\times T_n$$

$$R_P=\bigcup_{i=1}^{P}\tau_i,\ \tau_i(q)=\begin{cases}\bot, & g_i(q)\equiv \text{False}\\ \mathrm{ass}_i(q), & \text{其他}\end{cases}$$

$I_P=\{q\mid \mathrm{init}(q)\equiv\text{True}\}$是初始状态集合。

因为程序 $P$ 具有 $n$ 个(类型)变量,所以直观上 $Q$ 是 $n$ 维状态空间,每维变量都有确定类型。于是,对 $\forall q\in Q$,$q$ 是 $n$ 维(类型)向量。如果没有指定程序 $P$,下面的状态空间 $Q$ 作一般多维(类型)空间理解。

**3.(具体语义操作)谓词转换算子**

设 $R$ 是 $Q$ 上的二元关系,谓词 $\varphi\in\mathcal{P}(Q)$ 表达 $Q$ 上的一个子集,则定义

$$\text{post}[R](\varphi)=\exists q'.R(q',q)\wedge\varphi(q')$$
$$\widetilde{\text{pre}}[R](\varphi)=\forall q'.(R(q,q')\Rightarrow\varphi(q'))$$

$\text{post}[R](\varphi)$ 为强后置条件; $\widetilde{\text{pre}}[R](\varphi)$ 为弱前置条件。对于式(4.1)所示的"守卫命令",弱前置条件可以表达为

$$\widetilde{\text{pre}}[\tau_i](\varphi)\equiv(g_i(\bar{x})\Rightarrow\varphi[\text{ass}_i(\bar{x})/\bar{x}])\tag{4.2}$$

这可以消除量词,但是一般地,后置条件不能系统地消除量词,所以(符号)前向分析比后向分析更困难。因此,在抽象解释理论中采用(向上)近似方法处理后置条件。另外,有以下重要性质。

$$\text{post}[R](\varphi)\Rightarrow\varphi' \text{ 当且仅当 } \varphi\Rightarrow\widetilde{\text{pre}}[R](\varphi')\tag{4.3}$$

**4. 抽象状态图**

设 $S=(Q,R_P=\bigcup\tau_i,I)$(即 $S_P$)是程序 $P$ 的状态图。$\boldsymbol{Q}^A$ 是抽象状态空间(结构是格),并且 $\alpha$: $\mathcal{P}(Q)\rightarrow\boldsymbol{Q}^A$,$\gamma$: $\boldsymbol{Q}^A\rightarrow\mathcal{P}(Q)$ 是 GC。称 $S^A=(\boldsymbol{Q}^A,\bigcup\tau_i^A,I^A)$ 是 $S$ 的一个抽象状态图,当且仅当

$$I\subseteq\gamma(I^A)$$
$$\forall I,\forall Q^A\in\boldsymbol{Q}^A,\text{post}[\tau_i](\gamma(Q^A))\subseteq\gamma(\tau_i^A(Q^A))$$

1) 抽象状态空间(格)的确定

在上述基本概念的基础上,具体程序 $P$ 的变量决定 $l$ 个谓词 $\{\varphi_1,\varphi_2,\cdots,\varphi_l\}$,可以选择由 $l$ 个布尔变量 $B_1,B_2,\cdots,B_l$ 决定的谓词集合作为抽象状态空间,其中每个变量 $B_i$ 表达所有满足谓词 $\varphi_i$ 的具体状态集合。于是有

$$\gamma(\exp^A(B_1,B_2,\cdots,B_l))=\exp^A[\bar{\varphi}/\bar{B}]$$

由此推出抽象函数 $\alpha$ 的定义为

$$\alpha(\varphi)=\wedge\{\exp^A(B_1,B_2,\cdots,B_l)\mid\varphi\Rightarrow\exp^A[\bar{\varphi}/\bar{B}]\}$$

然而,由于(一般地说)它很难计算,所以采用(向上)近似方法,现在仅考虑特殊的抽象状态格,即由 $B_1,B_2,\cdots,B_l$ 组成的单项式(Monomials)构成的格,记为 $M$,于是抽象函数定义为

$$\alpha'(\varphi)=\wedge_{i=1}^{l}\{B_i\mid\varphi\Rightarrow\varphi_i\}$$

注意,$M$ 是一个完备格,可以认为它由 $2^l$ 个正则单项式组成,每个正则单项式是一个抽象状态,它是 $l$ 个 $B_i$ 或 $\neg B_i$ 的合取。谓词 False 也作为单项式。并且 $(\alpha',\gamma)$ 是一个从具体谓词集合(即 $\mathcal{P}(Q)$)到 $M$ 的 GC。

2) 抽象转换的确定

对每个具体转换 $\tau_i$,定义一个抽象转换函数 $\tau_i^A$ 为

$$\tau_i^A(\exp^A) \triangleq \alpha(\text{post}[\tau_i](\gamma(\exp^A)))$$

因为我们已经看到它很难计算，所以采用近似 $\alpha'(\text{post}[\tau_i](\gamma(\exp^A)))$。这样对于抽象状态空间 $M$，$\tau_i^A$ 便容易计算，如式(4.4)所示。

$$\tau_i^A(\exp^A) = \begin{cases} \text{False}, & \exp^A[\bar{\varphi}/\bar{B}] \Rightarrow \neg g_i \\ \bigwedge_{j=1}^{l} \begin{cases} B_j, & \text{post}[\tau_i](\exp^A[\bar{\varphi}/\bar{B}]) \Rightarrow \varphi_j \\ \neg B_j, & \text{post}[\tau_i](\exp^A[\bar{\varphi}/\bar{B}]) \Rightarrow \neg \varphi_j \\ \text{True}, & \text{其他} \end{cases} \end{cases} \tag{4.4}$$

注意，利用式(4.2)和式(4.3)可以很容易计算式(4.4)中的蕴涵关系(不必使用量词)。例如，式(4.4)中的第 2 个分式表达为

$$\exp^A[\bar{\varphi}/\bar{B}] \wedge g_i \Rightarrow \varphi_j[\text{ass}_i(\bar{x})/\bar{x}] \tag{4.5}$$

3）初始抽象状态的确定

可以选择 $I^A = \alpha'(\text{init})$。

在上述计算过程中，文献[57]运用 PVS 定理证明器(PVS Theorem Prover)和 PVS 接口(PVS Interface)，主要是判定形如式(4.4)的蕴涵式。

**5. 抽象状态空间搜索方法和抽象状态图实现算法**

对于可达到状态(不变式)，可以定义不同的(向上)近似。

第 1 阶近似 $\mathcal{I}_1 = \bigsqcup_{j=0}^{\infty} X_j$，其中 $X_0 = I^A$，$X_{j+1} = \sqcup_{i=1}^{p} \tau_i^A(X_j)$。

第 2 阶近似 $\mathcal{I}_2 = \bigvee_{j=0}^{\infty} X_j$，其中 $X_0 = I^A$，$X_{j+1} = \vee(\tau_i^A(\widehat{m}^C) \mid \widehat{m}^C \Rightarrow X_j, i = 1, 2, \cdots, P)$，$\widehat{m}^C(B_1, B_2, \cdots, B_l)$ 表示正则单项式。

上面两种近似方法允许我们从抽象初始状态出发，运用抽象转换函数 $\tau_i^A$，在抽象状态空间 $M$ 中进行探索。我们有两种从上方近似可达到状态集合(即不变式)的方法。

关于第 1 阶近似，所有近似 $X_j$ 是单项式，因为 $M$ 中最长的链长度为 $l$，所以 $\mathcal{I}_1$ 最多在 $l$ 次迭代后计算完毕，其中 $\sqcup$ 为 $M$(格)的最小上确界(lub)算子。关于第 2 阶近似，虽然 $\tau_i^A$ 仅作用在正则单项式 $\widehat{m}^C$ 上，但是近似 $X_j$ 可以是(关于 $B_1, B_2, \cdots, B_l$ 布尔表达式)抽象格中的任意元素，因此它是很强的近似。

文献[57]还提出抽象状态图构造算法和对它的改良方法以及谓词 $\varphi_1, \varphi_2, \cdots, \varphi_l$ 的选择方法。其中，抽象状态图构造中最昂贵的部分是一个抽象后代的计算，因为它要求若干个有效性检查，这可以递交给 PVS 定理证明器(但是仅仅相对较小的状态图才能够被构造，虽然为转换关系增加的存储代价是可以忽略的)。在这个意义上，文献[57]提出的方法也是整合 PVS 定理证明器和决策程序的应用。

一个抽象状态图能够在模型检验中验证由一些时态逻辑公式(但不包含存在量词的路

径公式)表达的属性。它还能运用到其他领域。特别是它引进系统的守卫命令,使抽象状态图构造更有效,并使其成为控制图而得到应用。最后文献[57]运用这个方法,自动验证了一个有约束重复发送协议(Bounded Retransmission Protocol)的正确性。

## 4.3.2 模型检验和定理证明

### 1. 抽象模型检验通过假设—承诺和定理证明结合

为证实无限状态反应系统的任意线性时间时态逻辑(如LTL和ACTL)属性,文献[58]提出一个方法,该方法结合数据抽象、模型检验和定理证明,其关键是通过假设-承诺和解除假设的推理方式把抽象模型检验和定理证明结合起来。文献[58]的基本思想总结在下面的定理中。

**定理4.12**[58] 设$M$和$M'$是两个转换系统,$A_E$是环境假设(Environment Assumption),$A_A$是抽象系统假设,$C$是用LTL公式给出的承诺(Commitment)。如果以下条件都满足,则$M \vDash A_E \rightarrow C$。

① $M' \vDash (A_A \wedge A_E) \rightarrow C$;

② $M \vDash A_A$;

③ $h$是$M$和$M'$之间的同态。

非形式地说,如果抽象系统$M'$在假定$A_A$和$A_E$条件下满足承诺$C$,并且抽象系统假设$A_A$在具体系统$M$中能够被解除以及抽象系统$M'$模拟具体系统$M$(通过从$M$到$M'$的同态映射$h$),则具体系统$M$在环境假设$A_E$成立时也满足承诺$C$。如果抽象系统$M'$是有限系统(这正是我们抽象的目标),则条件①可以运用抽象模型检验证实。因为一般地,具体系统$M$都是无限的,所以后两个条件必须依赖定理证明去检验。

现在把文献[58]的方法概括为以下4个步骤。

(1) 建立抽象转换系统。给定一个无限状态反应系统,由于它往往是面向控制的,所以数据往往并不占据重要地位。因此,通过状态空间每个领域(如整数、集合、队列)的数据抽象可以形成抽象有限状态空间。一个领域数据抽象包括从具体数值到抽象数值的映射和相应于具体数值运算的抽象数值运算。于是从原先具体系统的描述可以得到抽象系统的描述,由此产生抽象转换系统。通常要求它是有限的,并且可以由用户给出。

(2) 确定系统应该满足的承诺。待检验的性质即承诺由LTL公式指定。由ACTL公式指定的性质也可以类似处理。

(3) 抽象模型检验。假设模型检验支持假定-承诺风格的推理并能产生反例。初始化当前假设集合为空集,迭代进行下述过程:如果抽象状态系统在当前假设集合下满足承诺,就能够继续在具体系统中解除假设;如果承诺不满足,我们分析由此产生的反例,看它是否是相应于具体系统真实的程序错误或是强加于原程序不真实的反例。对于前者,我们调整具体系统并且从头再开始;对于后者,我们寻找一个假设以便排除反例,增加它到原先的假设集合形成当前的假设集合并检查现在系统在已增加的假设下是否满足承诺。在这个过程中,人们当然也可以作出是否需要改变数据抽象的决策,并从头开始整个过程,即使用传统的利用反例改良抽象模型的方法。但这个方法并不是文献[58]方法的主要精神。文献[58]只注重提出假设去消除反例。简言之，这里是抽象模型检验—伪反例—提出新假设合并到假设集里的循环，即使原来的抽象模型是非常粗糙的。

(4) 假设解除证明。假设集中的每个假设限制环境或系统本身的行为。为了保证系统假设仅排除了由于近似抽象而增加在抽象系统中的行为，人们必须证明具体系统满足这些假设而环境假设也必须在具体系统运行时加以解除。由于系统是无限的，必须运用定理证明器证明具体系统满足假设。同样，定理证明器也用来建立具体系统和抽象系统的同态对应。不过定理证明器典型地需要与用户相互作用以及用户的专业知识。作为实例，文献[58]为读/写问题(数据结构(如集合和队列)没有限制)的调度程序证明了安全性和应用可靠性。它的实现用一个 VHDL-Like(即非常接近 VHDL 的)命令程序语言编写，运用 SVE 模型检查器和一阶定理证明器 SEDUCT 进行检验和证明。

文献[58]最富有特色的部分是它并不依赖抽象的“颗粒状”(Granularity)，它主要采用通过伪反例增加假设的方法消除由于抽象强加于具体系统的“伪”行为。这样给用户产生抽象模型提供了很大的自由度。然而，过于粗糙的抽象会导致过强的假设，这样为解除它的证明更困难。因此，该方法也是在寻找合适抽象和自动性方面的一种权衡。另外，在执行语言里定义称谓属性变量。在某种意义上，它是程序注释虚变量，该变量在抽象模型的(形式)假设的构造中是有用的。并且在具体系统中证明假设时，利用归纳法可以分解证明并且归并到 Hoare-Triples 简单范式，即前置条件成立并且经过一步程序行动，则后置条件成立。总之，在一定程度上，文献[58]实现了模型检验和定理证明的有效自动结合。

**2. 通过 PVS 集成模型检验和定理证明**

文献[59]的目标是在 PVS 的内容中集成模型检验和定理证明。下面对文献[59]的主要想法和基本做法进行叙述。

设 $\Sigma$ 是有限符号集合，每个符号或者是命题变量，或者是谓词变量(具有 $n$-ary, $n>0$)。语法项分为公式和关系两个范畴。关于公式项和关系项的语法定义，我们不再详细给出。实际上，如此定义的命题 $\mu$-calculus 是命题 calculus 的扩展。简略地说，它包含形如 $\exists z.f$ 或 $\forall z.f$ 的公式(其中 $f$ 是公式)，以及形如 $\mu z.P[z]$ 或 $\nu z.P[z]$ 分别由最小、最大不动点运算定义的谓词，其中 $z$ 是一个 $n$-ary 谓词变量，$P[z]$ 是一个关系项，它正规单调于 $z$(即在 $P[z]$ 中 $z$ 出现在符号 $\neg$ 下，是偶数次)。命题 $\mu$-calculus 能够更进一步，粗糙地说，即在命题 $\mu$-calculas 中引入关于类型的表达和计算。实际上，命题 $\mu$-calculus 提供了一个框架，表达时态逻辑，如 CTL 和它的 Fairness 延展 FairCTL 以及其他时态。对于时态逻辑(如 CTL 运算子)，运用命题 $\mu$-calculus 给出它们通常的(不动点)定义(其中 $N$ 表示 next-state 关系)如下。

$$(\mathrm{EX}P)(x) = \exists z.P(z) \wedge N(x,z)$$

$$(\mathrm{EG}P)(x) = (\nu Z.(\lambda z.P(z) \wedge (\mathrm{EX}Z)(z)))(x)$$

$$(\mathrm{E}(p\mathrm{U}q))(x) = (\mu Z.\lambda z.q(z) \vee (p(z) \wedge (\mathrm{EX}Z)(z)))(x)$$

在上面的 CTL 运算子表达式中，$N$ 是状态类型 $\sigma$ 上的双目关系；$p$ 和 $q$ 是有关类型 $\sigma$

的(谓词)项；而 $Z$ 是状态空间上谓词变量。直观上，如果 $p$ 在某个 $x$ 的后继状态上成立，(EX$P$)在状态 $x$ 成立。谓词 EG$P$ 在状态 $x$ 成立，是指如果存在某个从 $x$ 出发的由所有后继状态组成的无限路径，$p$ 在该路径上每个状态上都成立。EG$P$ 由最大不动点运算子刻画。谓词 E($p$U$q$)在状态 $x$ 成立，是指存在一个状态 $y$，谓词 $q$ 在状态 $y$ 成立并且沿着从 $x$ 出发的一个由后继状态组成的路径可达到 $y$ 以及 $p$ 在该路径上一直成立直到 $q$ 成立为止，它由最小不动点运算子刻画。注意，EX$P$、EG$P$ 和 E($p$U$q$)都是选出来的 CTL 运算子，因为它们更"适宜表达"线性时态逻辑，今后只讨论它们。

运用 PVS 简单类型高阶逻辑描述语言，表达和推广命题 $\mu$-calculus。例如，[$S$→$T$]表达从类型 $S$ 到类型 $T$ 的函数类型；[$T$→bool]简写为 PRED[$T$]，表达在类型 $T$ 上谓词类型，其中 bool 是由 True 和 False 组成的布尔类型。另外，每处都正确(Everywhere-True)谓词 $T$ 和每处都不正确(Everywhere-False)谓词⊥分别表示为：LAMBDA($x$:$T$):True 和 LAMBDA($x$:$T$):False。并且谓词逐点序<=定义为：如果 $P_1$，$P_2$ 是类型 PRED[$T$]，则定义($P_1$<=$P_2$)=(FORALL($x$:$T$):$P_1$($x$) IMPLIES$P_2$($x$))。这时称 $P_1$ 强于 $P_2$，或者 $P_2$ 弱于 $P_1$。

文献[59]提升逻辑运算到谓词运算，即把相应的像合取、析取和非等布尔运算利用超载(Overloading)符号方法提升到谓词上。例如，$P_1$ AND $P_2$ 定义为 FOR ALL($x$:$T$):$P_1$($x$)AND $P_2$($x$)。定义在 $T$ 上的谓词转换为类型[PRED[$T$]→PRED[$T$]]。一个谓词转换是单调的，是指它在谓词上保持逐点序。如果 PP 是单调的谓词转换，则 mu(PP)和 nu(PP)分别表示 PP 的最小和最大不动点。于是 CTL 运算子也能够定义。它们参数化在 next-state 关系 $N$ 上，$N$ 的类型是[$T$，$T$→bool]，而 $f$、$g$ 和 $h$ 便是在状态类型谓词上的变动。

EX($N$,$f$)($u$):bool=(EXISTS $v$:($f$($v$) AND $N$($u$,$v$)))

EG($N$,$f$): PRED[$T$]=nu(LAMBDA $Q$:($f$AND EX($N$,$Q$)))

EU($N$,$f$,$g$):PRED[$T$]=mu(LAMBDA $Q$:($g$OR ($f$AND EX($N$,$Q$))))

关于公平性(Fairness)的定义，最简单、最有用的是公平路径(Fair Paths)的概念，即沿着该路径，一个公平性谓词无限次成立，它不能在 CTL 表达，却很容易在 $\mu$-calculus 中定义。设 FairEG($N$,$f$)($h$)($u$)断定一条公平路径存在，它从 $u$ 出发，沿着该路径 $f$ 成立且 $h$ 无限次经常成立。将 $\mu$-calculus 运用在 PVS 中，它定义为

FairEG($N$,$f$)($h$)=nu(LAMBDA $P$. EU($N$,$f$,$f$AND $h$AND EX($N$,$P$)))

对于 Fairness 的清晰表达使我们能够检验公平路径的存在性。可以定义 PVS 这样的片断(Fragment)，它能够转换到有限状态类型以及从基本类型归纳定义的结构形成的 $\mu$-calculus。

同样，我们也能从 PVS 转换到命题 $\mu$-calculus，这是必须要做的，因为低层次模型检验只能接受命题 $\mu$-calculus 语言，并且这些转换在 PVS 中是自动实现的。通过$\mu$-calculus，模型检验和定理证明已经"光滑地"集成于 PVS，模型检验器作为 PVS 的一个良定义片断部分的判定程序，是实现文献[59]目标最基本的一步。

值得注意的是,以上叙述都是基于有限情况。

运用模型检验器验证有限状态系统的 CTL 或其他 $\mu$-calculus 性质,现在已经是直接的事情了。系统的状态在 PVS 中表达为有限类型。系统用一个初始谓词和一个 next-state 关系加以描述。系统的性质能够在 CTL 或其他能够运用 $\mu$-calculus 定义的操作项中表达,并且运用一个称为 model-check 的命令就可以证明。

实际上,一个复杂系统的验证,牵涉到抽象、归纳和组合推理。文献[59]运用 PVS,基本想法是找到表达系统属性的一种形式化方法,即用 PVS 的"片断"语言,形式刻画时态逻辑及其运算,以及抽象、归纳、分解和组合方法,以便把模型检验(适用于有限转换系统)方法作为一个决策过程融于 PVS 证明体系之中。虽然如此,该方法仍然存在缺陷,如最小和最大不动点计算交替时,状态呈指数增长。

定理证明和模型检验的结合的运用基础是抽象的运用。文献[59]还用一个小型实例说明在抽象基础上上述方法的使用。

**3. 模型检验和定理证明其他结合方法简介**

因为定理证明检验和模型检验是相互补充的技术方法,因此结合它们是合理的。

实际上,HOL/Voss 系统[60]是这个方向上的早期尝试。HOL 证明器[61]和 Voss 符号模型检验器连接在 HOL/Voss 系统中,Voss 建立(输入 HOL)一些常量的属性,并把这些论断结果作为引理反馈给 HOL 证明器,HOL 对它们进行处理。

基于 HOL-Voss 系统,文献[60]为形式硬件验证提供符号计算与定理证明相结合的方法。符号计算是基于二元决策图(Binary Decision Diagram,BDD)关于状态轨迹的论断证实,从而获得有关电路(Circuit)行为和同步调速的精确模型和高程度的自动化。定理证明是基于与用户互动与用户的专业知识,从中使我们能够运用强有力的数学工具和手段,如归纳和抽象。为了发展这种混合方法,人们花了很多精力开发"证明"的基础结构,如数学和逻辑运算、HCL(Higher-level Constraint Language)以及一般化证明程序,并且用一个实例说明两个层次证明系统的优越性。除此之外,文献[60]混合方法的优点是适用于不同水平的用户,即对系统的掌握技能不同,使用系统完成的任务也不同;缺点是两个系统的联系较松散,Voss 建立的属性不能直接被 HOL 证明。

Kurshan 和 Lamport 也在 TLP 定理证明器和自动推理(Automata-Theoretic)模型检验器 COSPAN 之间建立了一个类似的连结[62]。TLP 验证用行为时态逻辑(Temporal Logic of Actions,TLA)编写的模型,COSPAN 验证用 S/R 语言编写的模型。COSPAN 是语言容纳系统,可以容纳符号模型检验器(Language Containment Verifier based on BDDS)。在原则上,模型在上述两种语言中都可以编写且能相互转换。这两种语言都很简单,且有类似的基本语义基础。

证实一个复杂系统的关键是分解它的证明。在 TLA 编写的模型中,一个系统的说明能够分解为它的各个成分的说明的联合。例如,我们可以用 TLA 公式 $E \wedge B_1 \wedge \cdots \wedge B_n$ 表达由 $n$ 个成分组成的系统。其中,$E$ 是环境说明,$B_i$ 是第 $i$ 个成分的说明。如果要求系统满足某个性质 $F$,我们(如利用抽象)可以为每个成分 $i$ 写出它的高阶(High-Level)说明

$M_i$，然后证明

$$\vDash E \wedge M_1 \wedge \cdots \wedge M_n \Rightarrow F$$

$$\vDash E \wedge B_1 \wedge \cdots \wedge B_n \Rightarrow E \wedge M_1 \wedge \cdots \wedge M_n$$

前者用标准的 TLA 推理，即用 TLP 工具证明；后者可以用一个称为分解定理(Decomposition Theorem)的方法得到。而分解定理的假设可以用不同的方法加以证实，或者用 TLP 证明，或者用模型检验（此时 TLA 公式应转换 S/R 公式）加以证实（特别是牵涉到低层次的模型），而且分解定理的结构表明它还可以适用于递归方法（因为它的结论和它的部分假设具有相同的构造）。这样，文献[62]提出的方法就在定理证明中尽可能使用模型检验方法，从而使定理证明简化。虽然如此，但通过以上叙述，可以看出这两个系统并没有真正结合在一起。文献[62]证明，8-bit 乘法器能够运用 COSPAN 证实，而由 8-bit 乘法器组成的 $N$-bit 乘法器能够运用 TLP 证实，并通过 64-bit 的乘法器的验证说明问题。

Hungar 描述了一个类似方法，其中运用模型检验去证实过程的属性，而用语法形式化 MCTL 证实各个过程的组合。还有其他相关工作，如 Müller 和 Nipkow 在 I/O 自动系统中关于模型检验和演绎的结合[63]等，这里不再赘述。

## 4.3.3 其他方面的努力

由于模型检验越来越受到人们的关注，人们还从不同的方面对模型检验的原理和方法进行探索。下面尽我们所知介绍若干这方面的工作。

**1. 时态抽象解释**

文献[64]提出基于时间对称轨迹时态模型，该模型是由所有轨迹集合组成的，而一条轨迹是在某个（考虑的）确定时刻计算的路径。时间是分立的，时间域是整数域$\mathbb{Z}$。于是一条轨迹$\langle i,\sigma\rangle$便记录了现在时刻 $i\in\mathbb{Z}$ 和计算的路径 $\sigma$。这条计算的路径 $\sigma\in\mathbb{Z}\mapsto\mathbb{S}$ 记录了过去所有时刻 $j<i$ 的曾经所处的状态 $\sigma_j$，现在时刻 $i$ 所处的状态 $\sigma_i$ 和所有在未来时刻 $j>i$ 时计算的未来状态 $\sigma_j$。因此，一条路径在过去和未来两个时间方向上都是无穷的，这和一般文献只考虑有限的过去和无穷的未来的传统路径不对称表示法不同，这里的路径表示法在时间方向上是对称的。按照传统做法，对于一个能终止的执行，它有一个终止状态，其状态将永远重复在未来时间表示中。类似地，一个有开始的执行，它的开始状态也永远重复在过去时间表示中。状态集合（即状态空间）是给定的。上述直观描述形式化如下。

$\mathbb{S}$：states（状态集）　　$\mathbb{P}\triangleq\mathbb{Z}\mapsto\mathbb{S}$：paths（路径集）

$\mathbb{T}\triangleq\mathbb{Z}\times\mathbb{P}$：traces（轨迹集）　$\mathbb{M}\triangleq\wp(\mathbb{T})$：temporal model（时态模型）

如此一来，时态公式就可以解释为是无限时间对称轨迹的集合，从而定义由转换系统产生的程序基于轨迹的语义。利用时间在两个方向上的无限性，文献[64]还定义了反转转换(Reversal Transformer)。路径反转 $\sigma^{\frown}\triangleq\lambda j.\sigma_{-j}$；轨迹反转$\langle i,\sigma\rangle^{\frown}\triangleq\langle -i,\sigma^{\frown}\rangle$。注意，反转是指过去和未来时间相对于时间原点的交换，而不是相对于“现在”时刻。对于任意时态

模型 $M \in \mathbb{M}$，它的反转为

$$\curvearrowleft\{|M|\} \triangleq \{\langle i,\sigma\rangle^{\curvearrowleft} \mid \langle i,\sigma\rangle \in M\}$$

算子$\curvearrowleft\{|\cdot|\}$是$\subseteq$单调。反转转换对于形式化时间对称论证特别有用，例如，反向程序分析只须利用唯一反转运算子就可以从前向程序分析反转得到，而不必像在时间不对称时态模型时的做法，对所有反向形态都要重复论证。此外，关于时态模型 $M$，文献[64]还定义了它的前任(Predecessor)和后继(Successor)。$M$ 的前任$\oplus\{|M|\} \triangleq \{\langle i-1,\sigma\rangle \in \mathbb{T} \mid \langle i,\sigma\rangle \in M\} = \{\langle i,\sigma\rangle \in \mathbb{T} \mid \langle i+1,\sigma\rangle \in M\}$。直观上，它是在前一时刻考虑的 $M$；而 $M$ 的后继便是在下一时刻考虑的 $M$，即$\ominus\{|M|\} \triangleq \{\langle i+1,\sigma\rangle \in \mathbb{T} \mid \langle i,\sigma\rangle \in M\} = \{\langle i,\sigma\rangle \in \mathbb{T} \mid \langle i-1,\sigma\rangle \in M\}$。

运用上述概念，文献[64]推广 $\mu$-calculus 为 $\overset{\curvearrowleft}{\mu}{}^{*}$-calculus，使它具有可逆和抽象模态以及新的时间对称轨迹语义。粗略地说，Kozen 的 $\mu$-calculus 是一种关于命题的演算，而 $\overset{\curvearrowleft}{\mu}{}^{*}$-calculus 将它推广到包括反转运算上。在此基础上，文献[64]还分别把 CTL$^*$ 和 CTL 推广到 $\overset{\curvearrowleft}{\text{CTL}}{}^{*}$ 和 $\overset{\curvearrowleft}{\text{CTL}}$，这种推广也包括反转运算。文献[64]研究了基于轨迹集合模型概念上的诸如原点封闭、前向封闭、后向封闭和状态封闭等时态模型范畴。例如，称时态模型 $M \in \mathbb{M}$ 是原点封闭的，条件是沿着 $M$ 中任意轨迹，其中现在时刻能够(相对于原点)任意转换而不会改变模型 $M$。也就是说，我们在$\mathbb{M}$ 上定义一个拓扑算子 or，$\text{or}(M) \triangleq \{\langle i+k, \lambda j.\sigma_{j-k}\rangle \mid \langle i,\sigma\rangle \in M \wedge k \in \mathbb{Z}\}$，于是，如果 $M$ 是原点封闭的，则 $M = \text{or}(M)$。文献[64]开发了一般的具体和抽象语义结构，即它们参数化适用于一般的语义域和语义操作算子。为此，特别处理单调和反序，即引入肯定性(Positiveness)符号 $P ::= + \mid -$ 于语义转换算子和抽象解释。例如，为了使一切推理都像在单调运算上进行一样，我们定义$\leqslant^{+} \triangleq \leqslant$，$\leqslant^{-} \triangleq \geqslant$；$\boldsymbol{f}^{+}$ 表示最小不动点$\boldsymbol{\mu}$，而 $\boldsymbol{f}^{-}$ 表示最大不动点$\boldsymbol{\nu}$。这样抽象解释的合理性就可以按通常熟知的方式表达，而且对抽象语义类型而言一次就可以包括所有情况进行处理，抽象解释的合理性和完备性、不完备性也可以一起进行讨论。最一般经典的具体语义域上基于集合的语义能够作为基于轨道的语义的抽象解释，这样便使我们能够讨论模型检验和数据流分析问题，从而讨论时态抽象解释的合理性、完备性和不完备性。文献[64]指出产生不完备性的根源。但是按 CTL 方式定义的子逻辑(Sublogics)是相对完备的。

时态抽象解释模型具有很多优点。至少在抽象解释性质的理论证明时具有一般性的优点。

(1) 由于时态模型关于时间是对称的，所以关于前向、反向性质的讨论可以统一处理。

(2) 抽象解释理论中的合理性和完备性的讨论更具有一般的格式，并对检验抽象(Checking Abstraction)这一概念进行了深刻阐述。

(3) 推广了 $\mu$-calculus 和一些其他逻辑。

**2. 反例研究**

违反指定性质的反例(Counterexamples)对于系统调试工作提供重要信息，并且许多抽象模型检验都借助伪反例改进模型，因此反例的提供是模型检验的一个重要优点。

然而，一般文献很少把精力投入反例研究中，或者只局限于相对简单的反例。例如，Clarke 和他的同事以及 Hojati 和他的同事提出生成线性反例的算法并且广泛应用于实际以后，很少有人专门从事这方面的研究。现在，文献[65]为反例研究提供了一般的框架。

假设 Kripke 结构 $K$ 违反了一个 ACTL 公式 $\varphi$，即 $K \nvDash \varphi$。对反例 $C$ 的要求如下。

(1) $C$ 违反 $\varphi$。

(2) $\varphi$ 在 $C$ 上的违反应该能够说明 $K$ 对 $\varphi$ 的违反。

(3) $C$ 是切实可行的。

根据上述 3 个合理要求，我们可以得到反例的形式定义。也就是把上述 3 个假设分别形式化叙述如下。

(1) $C \nvDash \varphi$，或者等价地说，$C \vDash \neg \varphi$。注意，$\neg \varphi$ 是 ECTL(ACTL 的对偶)中的公式，于是 $C$ 是 $\neg \varphi$ 的见证(Witness)。

(2) $K \geqslant C$。注意，$\geqslant$是模型检验中有关模拟关系的符号，模拟关系保留 ACTL 公式。即对 ACTL 公式 $\psi$，若 $K \geqslant C$ 且 $K \vDash \psi$，则 $C \vDash \psi$。于是由 $C$ 违反 ACTL 公式 $\varphi = \neg \psi$，则 $K$ 也违反 $\varphi$。这也可以看出在一般文献中也只产生线性反例并通过 Kripke 结构模拟执行。

(3) C 是树形反例。所谓树形反例，是一个特殊的 Kripke 结构[65] $K=(S,R,L,\{S_{\text{init}}\})$，它的状态转换图$(S,R)$是一个有限树形方向图，该树形图的根是 $K$ 的初始状态 $S_{\text{init}}$。一个图 $G$ 是树形的，是指它是一个有向图，其顶点由强连接成分(Strongly Connected Components，SCC)组成，每个 SCC 还是循环的；两个顶点之间只要在相应的两个 SCC 中存在一条边就用该边相互连接起来，方向不变。简言之，在树形反例 $K$ 中转换关系 SCC 形成一个有限方向树，并且节点 SCC 是有向循环的。要求如此结构是有效的且切实可行的，即要求它满足以下 3 个条件。

- 完备性(Completeness)：$C$ 对于包括 ACTL 在内的时态语言很大的一类应该是完备的，即对 ACTL 每个指定公式违反，在 $C$ 中都有一个反例成为见证；
- 智能性(Intelligibility)：$C$ 中每个元素都应该简单和明确，容易分析；
- 有效性(Effectiveness)：应该存在(可能是符号)有效算法使人们在 $C$ 中产生和操作反例。

文献[65]证明了一个重要定理：ACTL 有树形反例。由此得到推论：ECTL 有树形模型性质。

文献[65]给出 CEX 算法，给定 $K$，$s$ 和 $\varphi$，如果 $K,s \nvDash \varphi$，则调用 CEX$(K,s^0,\varphi)$为 $K$，$s \vDash \varphi$ 计算树形反例。并且，文献[65]提出 AΩ 逻辑，其中 Ω 是时态运算子的集合(可能是无限的)，它的全称为分枝线性时间逻辑，ACTL 和 ACTL* 可以定义为 AΩ 具有有限联合(Conjunction)的子逻辑。对于 AΩ 这个扩展了的逻辑，文献[65]证明了它有树形反例且能有效计算。

**3. 接口组合模型检验**

为了解决由许多并行过程组成的系统关于时态逻辑模型检验的复杂性问题，一般的文献都是从检验系统的组成成分的属性推出全局的属性这样的方法论着手。这种方法论的主要困难在于局部的属性未必在全局上也能够保持。文献[66]提出运用接口过程(Interface Processes)模拟系统成分的环境,把系统成分和接口过程组合在一起,然后检验这种组合的性质,就能保证局部属性也在全局上保持。

设 $P_1$ 和 $P_2$ 是两个过程,系统是 $P_1$ 和 $P_2$ 的并行组合,记为 $P_1 \parallel P_2 \triangleq \mathcal{P}$,$A_1$ 和 $A_2$ 是分别附加于 $P_1$ 和 $P_2$ 关于 $P_2$ 和 $P_1$ 的接口过程。

文献[66]的思想完全包括在以下接口规则中。

$$
\begin{array}{ll}
P_1 \downarrow \Sigma_{P_2} \equiv A_1 & P_2 \downarrow \Sigma_{P_1} \equiv A_2 \\
\varphi \in \mathcal{L}(\Sigma_{P_2}) & \psi \in \mathcal{L}(\Sigma_{P_1}) \\
\dfrac{A_1 \parallel P_2 \vDash \varphi}{P_1 \parallel P_2 \vDash \varphi} & \dfrac{P_1 \parallel A_2 \vDash \psi}{P_1 \parallel P_2 \vDash \psi}
\end{array}
$$

其中,$\varphi$ 是逻辑$\mathcal{L}$的公式(表达系统要检验的性质),每个公式都是从某些原子命题集合构造出来的,如 $\varphi \in \mathcal{L}(\Sigma_{P_2})$表示包含在 $\varphi$ 中的原子命题都是 $\Sigma_{P_2}$ 的子集,而 $\Sigma_{P_2}$ 表示联系于过程 $P_2$ 的原子命题集合。记号 $P \downarrow \Sigma$,如 $P_1 \downarrow \Sigma_{P_2}$,表示 $P_1$ 过程约束到 $\Sigma_{P_2}$ 形成的过程,它是在 $\Sigma_{P_1}$ 中隐藏不属于 $\Sigma_{P_2}$ 的符号所形成。

上述规则的精神,$A_1$ 联系于 $P_1$,但它却是 $P_2$ 的接口;同样 $A_2$ 联系于 $P_2$,却是 $P_1$ 的接口。直觉上,$A_1$ 是所有通过线路由 $P_2$ 能够观察到的 $P_1$,它是 $P_2$ 的环境,故 $A_1 \equiv P_1 \downarrow \Sigma_{P_2}$,因而由 $A_1 \parallel P_2 \vDash \varphi$,就能够推出 $P_1 \parallel P_2 \vDash \varphi$(注意 $\varphi \in \mathcal{L}(\Sigma_{P_2})$)。类似的关系在 $A_2$ 与 $P_1$ 之间也成立。由于接口过程通常要比(一个组成成分)整个环境要小得多,这样就减少了检验复杂性。关于接口规则的合理性,文献[66]提出 4 个充分条件。

文献[66]在 CTL* 逻辑上给出两个组合系统模型检验的例子:异步过程模型和逻辑、同步模型和逻辑,并分别证明它们满足可以运用接口规则的 4 个条件。

**4. 离散时间-连续时间实时系统模型检验**

文献[37]讨论两种形式的实时系统模型检验。对于离散时间实时系统,在 CTL 时态算子中引入界限(Bounds)。例如,$f \sqcup_{[a,b]} q$ 公式就是由有界限制的 U(Until)算子产生的。$[a,b]$定义一个时间区间,在这个区间内性质必须成立。于是我们说 $f \sqcup_{[a,b]} q$ 在轨道 $\pi = s_0, s_1, \cdots$是成立的,就是指在轨道某个将来状态 $s$ 上 $q$ 成立,并且在所有从 $s_0$ 到 $s$ 的状态上 $f$ 成立,而且还要求从 $s_0$ 到 $s$ 的距离在区间$[a,b]$内。这种扩展的逻辑称为 RTCTL,于是离散时间系统的模型检验就是关于 RTCTL 的模型检验。除此之外,还介绍了其他处理方法以及关于最小延迟和最大延迟两个算法。

关于连续时间实时系统,文献[37]介绍了定时自动机(Timed Automata)模型,并把连续时间实时系统模型化为定时自动机的并行组合系统。为了解决状态空间无限问题,文献[37]介绍了两种方法:Clock Regions 和 Clock Zones,后者还能用差分有界矩阵(Difference Bound Matrix)简洁表达。

# 4.4 应用和其他重要方法概览

我们沿着标准方法→抽象(解释)方法→综合方法的线索,介绍了几十年来人们在模型检验方面的主要工作。本节将着重介绍一些与它们有关的重要应用以及一些其他重要方法。由于篇幅限制,这些介绍知识是梗概性的。

## 4.4.1 模型检验理论在程序分析中的应用简介

### 1. Mycroft 严格性分析

Mycroft 描述了关于函数程序的严格性分析。所谓严格性分析,在于确定当它的项没有定义时,函数的结果是否没有定义,该分析对加速序列或平行执行 Lazy 函数语言是有用的。抽象解释方法能运用到该分析中,如文献[47]介绍了 G. L. Burn 和他的同事关于高阶函数严格性分析的抽象解释并指出从语义角度推出抽象解释的一种实际可行的途径。一般地,抽象语义主要关心严格性和终止性分析。

### 2. 逻辑程序的基础分析

基础(Groundness)分析是基于逻辑程序语言最重要的分析之一,主要思想是静态(Statically)检查逻辑变量和谓词项在运行时期是否被约束到基础项。它是逻辑变量和谓词项之间基础依赖性的一般化。抽象解释方法也能运用到该分析中,如文献[46]提出的 Intelligent Disjunctive Refinement of Ground Dependency Analysis(基础依赖性分析的智能析取修正方法)。

### 3. 数据流分析

Cousot 等提出基于布尔抽象解释的数据流分析,Schmidt,Steffen 和 Cousot 从不同方面对数据流分析进行阐述(参见文献[64])。此外,文献[64]也从时态规范的抽象解释角度对它进行讨论。

## 4.4.2 其他重要方法

### 1. 不用 BDDS 的符号模型检验

标准模型检验的最基本的缺点是它仅在较小的状态空间上运行有效。这种限制通过运用 BDDS 和符号模型检验得到部分解决。因为 BDDS 是一个特别有用的数据结构,它不仅能简洁表达布尔函数,而且能有效计算表达式 $s_1=s_2$,这在不动点计算中很重要,所以符号模型检验算法通常运用 BDDS(即它表示的布尔函数)表达状态集合(而不是单个状态)和转换关系。即使这样,状态爆炸仍然限制模型检验在实际中的应用,因为 BDDS 要求更多的注意关心变量的排序,以及把实际问题抽象为有限状态空间。鉴于此,像 Biere 等提出的 SAT 程序和 Silva 等运用 GRASP 搜索算法,都是试图在符号模型检验中寻找 BDDS 替代方法的研究[44,67]。

**2. 其他逻辑和语法**

经典的逻辑系统使用真值集{0,1},它认为任何命题确定地为真或确定地为假。也就是说,命题不是被肯定就是被否定,二者必居其一。然而,3 值逻辑则使用{0,1,$u$}(例如)作为真值集。其中,0 和 1 的真值意义与经典逻辑一样,$u$ 的真值随着不同的逻辑哲学主张有不同的意义。有的主张 $u$ 是真值间隙(Truth Value Gap),是介于真与假之间的一种真值;有的主张 $u$ 是这样命题的真值,即它既无理由确定为真,也无理由确定为假;还有的主张 $u$ 是对无意义命题所约定的真值。在模型检验中,有研究者提出运用 3 值逻辑,它能给出正面和反面正确论断,但是可能用未知或近似结论终止(见文献[44])。

Maidl 还研究了用 ACTL∩LTL 逻辑公式描述系统属性,如当这些属性违背时仅能产生线性反例;Kupferman 和 Grumberg 研究了 Buy one Get one Free 逻辑;Thomas 研究了具有 $\omega$-正则算子的计算树时态逻辑;Sistla 研究以量词限定的时态逻辑等[65]。此外,Shtadler 和 Grumberg 提出网络语法、Vigna 和 Ghezzi 提出图语法,等等,这些逻辑和语法都具有各自的特点,或者针对特定目的而设计,例如它们之中有许多是为了解决无限系统验证问题而设计的。

**3. 向上、向下近似处理 CTL**

Lind-Nielsen 和 Andersen 提出向上、向下近似处理整个 CTL。他们的方法可以在每步改良以后避免重新检查整个模型而能保证完备性。

**4. 变量依赖图和最小函数图**

1993 年,Balarin 和 Sangiovanni-Vincentelli 在初始抽象和改良过程中运用变量依赖图,抽象运用变量距离概念;Jones 和 Mycroft 在数据流分析中运用最小函数图。

**5. 局部改善方法**

Granger 提出局部减少迭代方法改善程序静态分析结果,旨在改善抽象简化算子的逻辑合取。Kurshan 提出的局部简化实际上是基于反例改良抽象模型最早研究之一,基本概念是 $L$-过程。他把并发系统用 $L$-过程 $L_1, L_2, \cdots, L_n$ 的组合模型表示,局部简化是一个迭代技术,它开始于有重大关系的 $L$-过程的一个较小子集,这些子集在变量依赖图中和性质指派说明较接近,所有其他程序变量用非确定性指派抽象。如果发现伪反例,则增加额外变量消除这个反例。至于选择额外变量,也是根据变量依赖图的信息,如根据变量接近性质指派的距离进行决策。

由于篇幅所限,还有许多模型检验方法和应用,如基于 Polyhedrul 的抽象解释,可以运用到(线性)实时系统和混合系统的抽象分析中。此外,Giacobazzi 和 Mastroeni 在他们的理论中有关抽象解释领域的简化和压缩方法的应用[68];Cousot 等基于 PER(直观解释为部分等价关系)的抽象解释框架及其应用[45];Classen 和 Legay 研究模型检验软件生产线(Software Product Line,SPL)行为,提出了表达 SPL 行为的特征转换系统,并给出相关算法;Fillieri 等发展了实时概率模型检验,等等,我们就不介绍了。另外,同样由于篇幅所限,在上面所作的梗概性介绍的知识,其具体内容,有的稍作解释,有的根本就没有涉及,其详细论述,可以在参考文献中找到它们的出处。

## 4.5　小结

模型检验是一个重要的软硬件验证手段，至今已经形成一个庞大的方法体系，本章分为标准方法、抽象解释方法和综合方法 3 部分加以介绍，由于抽象解释最初引入是作为对标准方法的一种近似，所以也把它称为非标准方法。在这种分类框架下，我们试图总结模型检验在各个方面的成果，认为这样介绍容易形成人们对模型检验总的印象，从而全面地掌握模型检验的方法。当然，由于文献太多，这样做也可能遗漏一些方法，但是我们相信，模型检验主要方面已经包括在其中了，这对于今后的研究是有帮助的。

# 第 5 章 抽象解释的两个理论模型

第 4 章比较详细地介绍了模型检验方法。我们知道，抽象解释首先由 Cousot 等于 1977 年提出，它作为程序设计和程序静态分析的统一框架，现在已经成为描述具体系统近似语义的一个基本方法理论，应用到许多计算机科学领域，其中包括程序检验。

经典抽象解释理论是在 Galois 连接或与之等价的闭包算子的关于抽象论域的框架下进行的，许多学者在这方面做了大量工作。本章将给出抽象解释的两个新的理论模型。因为这两个新模型是基于经典的全总域模型[69]和部分等价模型[70]的理论构造的，所以我们也把它们分别称为抽象解释全总域模型和抽象解释部分等价逻辑关系模型。但为了简便，常把“抽象解释”几个字省略，从上下文看，并不会引起混淆。

全总域模型也是在经典抽象解释理论方向上的工作，但是作为一个综合统一模型，它是对经典抽象解释的总结。就我们所知，它与目前现存的一切有关抽象解释文献所采取的框架是相容和等价的。全总域模型的主要作用如下。

(1) 作为经典抽象解释理论的统一模型，使我们可以进一步讨论一些有关抽象解释理论需要解决的几个基本问题，如完备性问题。

(2) 模型深化了经典抽象理论的一些概念。例如，我们提出了本质函数和亚本质函数概念，对泛型概念进行广义表述，它们在模型检验理论中都是有用的理念。

(3) 模型可以启发我们把抽象解释理论应用到软件工程领域(从设计到实现的过程)，即从抽象设计到具体论域的实践。

如果说，我们提出的抽象解释全总域模型仍然符合传统抽象解释模型范式，是“抽象即简化”思维的发展，那么我们提出的抽象解释部分等价逻辑关系模型却和传统抽象解释模型根本不同，是“抽象即本质”思维的发展。

部分等价逻辑关系模型不像全总域模型那样是对原系统在“近似”意义上的抽象，而是对原系统上的一切关系(包括逻辑关系)在“本质”意义上的抽象。因此，它不是原系统的“简化”，而是原系统的一个“深化”。部分等价逻辑关系模型的主要作用如下。

(1) 模型认为，抽象论域是“部分等价关系”的集聚，而语义操作算子是“逻辑部分等价关系”的集聚。因此，除了要求具体或抽象语义算子具有一定的逻辑关系以外，该模型并不要求它们具有什么特殊性质，如单调性。

(2) 模型没有从“近似”意义上对具体域进行抽象，而是从“本质”上深化原系统。它分离出原系统的“性质”单元，比原系统可能更复杂。因此，该模型从另外角度深化了我们对抽象解释理论的理解。

(3) 它可以启发我们讨论与传统模型不同的问题，如复杂性和多态性问题。

# 5.1 抽象解释全总域模型

## 5.1.1 构造全总域模型

### 1. 具体语义论域

用 $S$ 表示一个具体系统，其中元素可以是无限的。例如，在经典模型检验中，$S$ 是一个(具体的)Kripke 结构，$S$ 中的元素表示系统的状态。下面我们用状态指称 $S$ 中的元素，假设 $S$ 是可数无限的，并称它为状态空间。我们用 $\wp(S)$ 表示 $S$ 的幂集，用它表示系统 $S$ 的语义论域。$\wp(S)$ 中的元素是 $S$ 的子集，它是 $S$ 中状态组成的集合。对于任意 $a \in \wp(S)$，它可以是 $S$ 中有限子集合或是 $S$ 中无限子集合。即

$$a = \{s_1, s_2, \cdots, s_n\} \text{ 或 } a = \{s_1, s_2, \cdots, s_n, \cdots\}$$

其中，$s_i \in S$ 是 $S$ 中的状态，$i = 1, 2, \cdots, n, \cdots$。关于 $a$ 的意义叙述如下。

(1) $a$ 可以表示一个(成员关系)谓词 $P$，即每个 $s_i$ 使该谓词 $P$ 为真。如果适当扩展 $\wp(S)$ 和/或 $S$(扩展后仍记为 $\wp(S)$)，则 $a$ 还可以表示一个(任意元)的谓词。

(2) $a$ 可以表示某一属性(性质)$\varphi$，即每个 $s_i$ 具有该属性(或该性质)$\varphi$。为了简单叙述下面引进的语义操作算子的单调性，在考虑属性 $\varphi$ 时，我们限制“否定性质”到基本原子层次上，这和(模型检验)讨论 LTL 逻辑公式时所作的限制一样。

(3) $a$ 可以表示状态空间 $S$ 的某些轨道可达到的状态集合。例如，在考虑程序“不变式”属性时，我们常常是这样做的[64]。当然，$a$ 也可以表示状态空间 $S$ 中的一条(具有某性质)轨道，即 $s_1, s_2, \cdots$ 是从 $s_1$ 出发的一条轨道的顺序出现的状态集合。不过为了表示循环轨道，必须扩展语义域 $\wp(S)$ 和/或 $S$，仍记为 $\wp(S)$，则 $a$ 也可以表示状态空间中的循环轨道。

(4) $a$ 可以表示一个类型 $T$，准确地说，它是类型 $T$ 的值域，即 $a$ 中所有元素 $s_i$ 都属于类型 $T$。

总之，我们在非常广泛的意义上，理解 $\wp(S)$ 中的元素的语义特征，如果需要，还可以扩展 $S$ 和/或 $\wp(S)$ 使它们可以表达更多的内容，如文献[64]的时序模型(Temporal Models)。为了确定起见，我们称 $\wp(S)$ 中的元素为属性，这样也较直观些。同样，我们也可以在 $\wp(S)$ 上建立(一般)格结构。例如，在集合包含的自然序下，$\wp(S)$ 的任意子集都有最小上界和最大下界，所以 $\wp(S)$ 是一个完备格。为了确定起见，不妨认为 $\wp(S)$ 是一个完备

格，且沿用集合论包含符号$\subseteq$，作为格中序关系，并在直观上也把它作为集合包含关系理解。也就是说，$\wp(S)$是权当作在集合论包含自然序下组成的格。但这时，若$a,b\in\wp(S)$，$a\subseteq b$，则认为$a$较$b$更精确，即$b$是$a$的近似。

**2. 抽象语义总域**

在经典抽象解释框架中，依据具体状态幂集的抽象解释，Golois 连接和闭包操作是等价的。闭包操作具有独立于抽象元素表示法的优点，如果推理不涉及抽象表示内涵，用闭包操作作为抽象语义领域是比较方便的。因此，我们用$\mathrm{uco}(\wp(S))$表示系统$S$的抽象语义全总域，其中任意元素$\mu\in\mathrm{uco}(\wp(S))$是一个闭包，即$\mu$是具体语义域$\wp(S)$的一个抽象语义域，而全总域$\mathrm{uco}(\wp(S))$是所有抽象语义域的集合。对于闭包$\mu\in\mathrm{uco}(\wp(S))$，它可以从以下两个等价角度定义。

(1) $\mu$是$\wp(S)$上单调、幂等、扩展的操作，因此可以把$\mu$看作函数。即设$a$和$b$是$\wp(S)$中任意两个元素，若$a\subseteq b$，则$\mu(a)\subseteq\mu(b)$（单调性）；$\mu\circ\mu(a)\triangleq\mu(\mu(a))=\mu(a)$（幂等性）；$\mu(a)\supseteq a$（扩展性）。

(2) $\mu$是由它的不动点唯一确定的，且$\mu$在$\wp(S)$上操作的所有不动点组成的集合与$\mu$的像集$\mu(\wp(S))$一致。因此，可以把$\mu$看作$\wp(S)$中的子集合，即

$$\mu(\wp(S))=\{a\in\wp(S)\mid\mu(a)=a\}$$

今后称任意闭包$\mu\in\mathrm{uco}(\wp(S))$，我们互用它的函数和集合两种表示。值得注意的是，$a\in\wp(S)$表示系统$S$某个属性$\varphi$，于是由$\mu\in\mathrm{uco}(\wp(S))$的扩展性$\mu(a)\supseteq a$，就可以认为一个闭包是将一个任意的$a\in\wp(S)$到$a$的满足某个性质的最小超集的映射，而那个最小超集可以看作属性$\varphi$的从上面的一个最“精确”近似。实质上，关于$\mu$的两种等价定义，我们有：$\forall a\in\wp(S)$，$\forall\mu\in\mathrm{uco}(\wp(S))$，$\mu(a)=\bigcap\{b\mid a\subseteq b\text{ 且 }b\in\mu\}$。

所以，若$\mu(a)=b'$，$b'$就是最接近$a$的一个近似表示。

在经典抽象解释框架下，这种近似就称为抽象。这也是我们称任意闭包$\mu\in\mathrm{uco}(\wp(S))$为具体语义域$\wp(S)$的一个抽象语义域的原因，而$\mathrm{uco}(\wp(S))$就是所有抽象语义域的全总域。

对于任意闭包$\mu\in\mathrm{uco}(\wp(S))$，$\mu$由$S$的子集合组成，按照集合的包含自然序，$\mu$可以构成一个完备格，虽然它未必是$\wp(S)$上的完备子格。若$a,b\in\mu$，$a\subseteq b$，则称$a$较$b$精确，即$b$是$a$的一个近似。对于全总域$\mathrm{uco}(\wp(S))$，我们在抽象域之间规定一个序$\sqsubseteq$，它就是通用的函数之间的逐点序。这样任意两个闭包$\rho,\eta\in\mathrm{uco}(\wp(S))$，$\rho\sqsubseteq\eta$，即$\forall a\in\wp(S)$，都有$\rho(a)\subseteq\eta(a)$（等价地，$\eta(\wp(S))\subseteq\rho(\wp(S))$），它表示在$\mathrm{uco}(\wp(S))$全总域，$\rho$较$\eta$精确，$\eta$较$\rho$抽象。于是，$\mathrm{uco}(\wp(S))$在逐点序$\sqsubseteq$下也构成一个完备格。

**3. 具体语义操作和抽象语义操作**

我们用$f$表示$\wp(S)$具体语义域上的一个语义操作，为了简单起见，只考虑$f:\wp(S)\to\wp(S)$是$\wp(S)$上的一元单调函数情形。因为对一般情况的单调函数可以类似处理，例如，当我们考虑完备性问题时，文献[46]指出，可以把$n$元函数的完备性问题划归为一组一元函数的完备性问题。更复杂一些，回忆前面说过的扩充$\wp(S)$和/或$S$，可以使$\wp(S)$具有需

要的语义属性，同样能使用递归配对函数或参数分离处理多元函数，甚至利用并行系统还可以处理不确定的语义操作，因此只考虑一元单调函数并不丧失一般性。下面互用语义操作和语义函数两个术语。

对于任意语义函数 $f$，若 $\rho,\eta\in \mathrm{uco}(\wp(S))$ 是两个任意闭包，令

$$f^{\rho,\eta}\triangleq\eta\circ f\circ\rho \tag{5.1}$$

为 $f$ 的关于 $\langle\rho,\eta\rangle$ 的抽象语义操作。在经典抽象解释框架中，$f^{\rho,\eta}$ 为 $f$ 在抽象域 $\rho,\eta$ 上的最正确近似抽象语义操作。注意 $\rho$ 和 $\eta$ 也可以是同一个闭包。

合理性和完备性是经典抽象解释理论里最基本的两个概念[45-47]。

$f$ 是任意具体的语义函数，$\rho$ 和 $\eta$ 是任意两个闭包，$f^{\#}:\rho\rightarrow\eta$ 是对应的在 $\langle\rho,\eta\rangle$ 上的抽象语义函数，若

$$\eta\circ f\sqsubseteq f^{\#}\circ\rho \tag{5.2}$$

则称 $f^{\#}$ 为合理抽象语义函数。注意，合理性与近似性等价。由此观之，最正确近似 $f^{\rho,\eta}$ 自动满足式(5.2)，这是由于 $\rho,\eta$ 都是单调函数且满足幂等性的缘故。若 $f^{\#}$ 是 $\langle\rho,\eta\rangle$ 上的任意一个合理抽象函数，因为 $\eta\circ f\sqsubseteq f^{\#}\circ\rho$，于是 $\eta\circ f\circ\rho\sqsubseteq f^{\#}\circ\rho\circ\rho$，根据 $\rho$ 的幂等性，可得 $\eta\circ f\circ\rho\sqsubseteq f^{\#}\circ\rho$，再根据 $f^{\rho,\eta}$ 的定义和 $f^{\#}$ 的定义域，所以 $f^{\rho,\eta}\sqsubseteq f^{\#}$ 关系成立，这也是我们称 $f^{\rho,\eta}$ 是最正确近似的原因。

沿用上面的术语，如果式(5.2)成立，即

$$\eta\circ f=f^{\#}\circ\rho \tag{5.3}$$

则称抽象解释 $f^{\#}$ 关于 $f$ 在 $\langle\rho,\eta\rangle$ 上是完备的。下面我们将证明这时 $f^{\rho,\eta}$ 关于 $f$ 在 $\langle\rho,\eta\rangle$ 上也是完备的。所以，为了方便，这时也称 $\langle\rho,\eta\rangle$ 关于 $f$ 是完备的。上下文不会混淆，我们互用 $f^{\#}(f^{\rho,\eta})$ 完备或 $\langle\rho,\eta\rangle$ 完备两个术语。

更进一步，如果给定 $\langle\rho,\eta\rangle$，$f^{\#}$ 关于 $f$ 是完备的，则 $f^{\rho,\eta}$ 也是完备的，并且 $f^{\rho,\eta}$ 与 $f^{\#}$ 一致。实际上

$f^{\#}=$(因为 $\rho,\eta$ 的幂等性)

$f^{\#}\circ\rho=$(由 $f^{\#}$ 完备性定义：式(5.3))

$\eta\circ f\sqsubseteq$(由 $f^{\rho,\eta}$ 的合理性：式(5.2))

$\eta\circ f\circ\rho\sqsubseteq$(由近似性：$f^{\rho,\eta}\sqsubseteq f^{\#}$)

$f^{\#}$

鉴于此，式(5.3)也可以改写为 $\eta\circ f=\eta\circ f\circ\rho$(今后将此式也记为式(5.3))。

所以这里只讨论最正确近似抽象 $f^{\rho,\eta}$，除非特殊声明，我们把 $f^{\rho,\eta}$ 简记为 $f^{\#}$，即在定义抽象语义操作时，只用式(5.1)。因为 $f^{\#}=f^{\rho,\eta}=\eta\circ f\circ\rho$，它是 $\rho\rightarrow\eta$ 上相应于 $f$ 的抽象语义函数，所以直观上它是这样的抽象语义函数：首先强制实参 $x\in\wp(S)$ 为闭包 $\rho$ 中的元素，接着应用 $f$，然后强制结果为闭包 $\eta$ 中的元素。可以看出，若 $x\in\rho$，则 $f^{\rho,\eta}(x)=\eta\circ f\circ\rho(x)\in\eta$，因此，$f^{\rho,\eta}$ 实质上是一个特殊的"具体"语义函数，限制它的定义域和值域分别到 $\rho$ 闭包集合和 $\eta$ 闭包集合上，即 $f^{\rho,\eta}$ 是 $\rho\rightarrow\eta$ 函数，是在 $\langle\rho,\eta\rangle$ 上关于 $f$ 的抽象语义

操作。

令$\mathcal{F}=\{f \mid f: \wp(S) \rightarrow \wp(S)$,(单调)具体语义函数$\}$是所有具体语义函数的集合,用$F \subset \mathcal{F}$表示$\mathcal{F}$的子集合,它是若干个语义操作的集聚。并用$\mathcal{F}^{\#}=\{f^{\#} \mid \exists f \in \mathcal{F}, \exists \rho, \eta \in \mathrm{uco}(\wp(S))$,使$f^{\#}=\eta \circ f \circ \rho\}$表示所有抽象语义函数的集合,同样记$F^{\#} \subset \mathcal{F}^{\#}$为相应于具体语义函数集聚$F$的抽象语义函数集聚。

**4. 全总域模型**

按照前面的叙述,实际上我们已经为抽象解释框架构造了一个模型,称为全总域模型,它是一个5元组

$$\mathcal{A}=\{S, \wp(S), \mathrm{uco}(\wp(S)), \mathcal{F}, \mathcal{F}^{\#}\} \tag{5.4}$$

其中,每个符号的解释如上所述。

**例 5.1** 闭包示例[45,46,71]

$Z$表示整数集合,$\wp(Z)$是$Z$中所有子集合组成的集合。用集合包含关系,$(Z, \wp(Z))$构成具体语义论域体系,它是一个完备格。现在考查经典符号关系,令$0+=\{x \mid x \in Z, x \geqslant 0\}$,$-0=\{x \mid x \in Z, x \leqslant 0\}$,$0=\{0\}$;$\varnothing$表示空集,$Z$表示全集。使用上述符号可以定义$\wp(Z)$上的一个闭包$\rho_s=\{Z,-0,0+,0,\varnothing\}$。

考虑具体逐点乘法运算$*: \wp(Z)^2 \rightarrow \wp(Z)$,其定义为:$\forall X \in \wp(Z), \forall Y \in \wp(Z)$,$X * Y=\{x \cdot y \mid x \in X, y \in Y\}$,以及抽象乘法运算$*^{\#}: \rho_s{}^2 \rightarrow \rho_s$。按通常乘法符号法则定义,有$-0 *^{\#} 0+=-0$;$0 *^{\#} 0+=0$;$-0 *^{\#} -0=0+$,等等。

下面证明,$*^{\#}$关于$*$在$\langle \rho_s^2, \rho_s \rangle$上是完备的。因为,对于$\forall Z_1, Z_2 \in \wp(Z)$,有

$$\rho_s(Z_1 * Z_2)=\rho_s(Z_1) *^{\#} \rho_s(Z_2)$$

若记$f=*$,则$f^{\#}=*^{\#}$,且把$Z_1 * Z_2$写成$*(Z_1, Z_2)$形式,类似地,$\rho_s(Z_1) *^{\#} \rho_s(Z_2)$写成$*^{\#}(\rho_s(Z_1), \rho_s(Z_2))$形式,则上式即为$\rho_s \circ f=f^{\#} \circ \rho_s^2$。它符合完备性定义(式(5.3)),只要在式(5.3)中令$\eta=\rho_s$,$\rho=\rho_s \times \rho_s=\rho_s^2$即可得到。例如,$\rho_s(\{-1\} * \{-2\})=\rho_s(\{2\})=0+=-0 *^{\#} -0=\rho_s(\{-1\}) *^{\#} \rho_s(\{-2\})$。于是,用闭包$\rho_s^2$和$\rho_s$描述具体乘法符号规则是适宜的。严格地说,这里所说的$f$和$f^{\#}$的定义域分别是前面定义中情况的扩充。前面只是为了叙述简便,才做了一些简化,并不失一般性。

**例 5.2** 全总域示例[45,46,71]

沿用例5.1中的符号,定义$\mathrm{sign}=\{Z,-0,0+,0,\varnothing\}$,现在把sign当作具体域,我们可以考虑sign所有可能的抽象闭包如下。

$\rho_1=\{Z\}, \rho_2=\{Z, 0+\}, \rho_3=\{Z, 0\}, \rho_4=\{Z, \varnothing\}, \rho_5=\{Z,-0\}, \rho_6=\{Z, 0+, \varnothing\}$

$\rho_7=\{Z, 0+, 0\}, \rho_8=\{Z, 0, \varnothing\}, \rho_9=\{Z,-0,0\}, \rho_{10}=\{Z,-0, \varnothing\}$

$\rho_{11}=\{Z, 0+, 0, \varnothing\}, \rho_{12}=\{Z,-0,+0,0\}, \rho_{13}=\{Z,-0,0, \varnothing\}, \rho_s=\mathrm{sign}$

于是,uco(sign)在逐点序$\sqsubseteq$下也构成一个完备格。所有可能抽象闭包构成的完备格如图5.1所示。

从上述模型的构造流程中可以看出现今文献关于经典抽象解释所采用的框架,在隐蔽

形式或等价形式下，都与式(5.4)的框架相容。利用式(5.4)模型，至少可以讨论有关抽象解释的大部分重要问题。

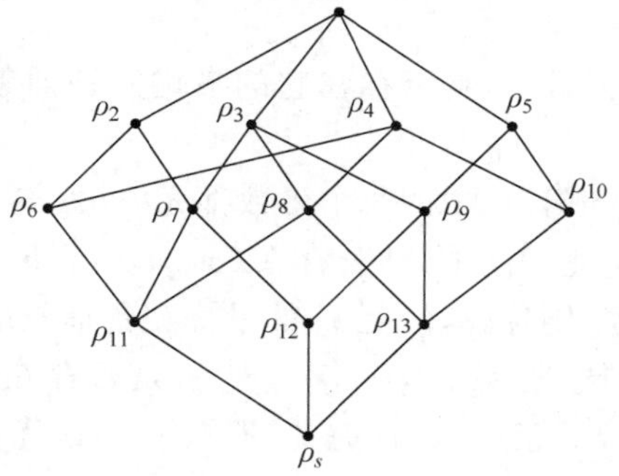


图 5.1　uco(sign)完备格

(转摘于文献[46]图 2)

## 5.1.2　理论性问题

### 1. 最优完备存在性

在式(5.4)框架中，对任意具体语义函数 $f$，无论 $\eta$ 如何确定，只要令 $\rho=\wp(S)$，则式(5.3)成立，即

$$\eta\circ f=\eta\circ f\circ\rho$$

也就是说，只要选择 $\rho=\wp(S)$，对任意的 $f$ 和 $\eta$，抽象语义函数 $f^{\rho,\eta}$ 关于 $f$ 是平凡完备的。

同样，若选择 $\eta=\{S\}$，即 $\eta$ 映射 $\wp(S)$ 任意子集为基本集合 $S$，对于任意 $f\in\mathcal{F}$，任意 $\rho\in\text{uco}(\wp(S))$，式(5.3)也成立，即

$$\eta\circ f=\eta\circ f\circ\rho=\{S\}$$

也就是说，只要选择 $\eta=\{S\}$，$\forall f\in\mathcal{F}$，$\forall\rho\in\text{uco}(\wp(S))$，抽象语义函数 $f^{\rho,\eta}$ 关于 $f$ 是平凡完备的。

根据文献[46]，若 $\langle\rho,\eta\rangle$ 关于 $f$ 完备，$\rho\sqsupseteq\delta\in\text{uco}(\wp(S))$ 和 $\eta\sqsubseteq\beta\in\text{uco}(\wp(S))$，则 $\langle\delta,\beta\rangle$ 也关于 $f$ 完备。也就是说，若 $\langle\rho,\eta\rangle$ 关于 $f$ 完备，将 $\rho$"精确化"到 $\delta(\delta(\wp(S))\supseteq\rho(\wp(S)))$，将 $\eta$"抽象化"到 $\beta(\beta(\wp(S))\subseteq\eta(\wp(S)))$，则 $\langle\delta,\beta\rangle$ 也关于 $f$ 完备。注意 $\delta$ 和 $\beta$ 是从两个不同方向分别对 $\rho$ 和 $\eta$ 的"改良"，$\rho\to\delta$ 是延展，$\eta\to\beta$ 是简化。

鉴于上述考虑，我们提出最优完备的定义。

**定义 5.1**(最优完备)　设 $\langle\rho,\eta\rangle$ 关于 $f$ 完备，如果对任意关于 $f$ 的完备抽象 $\langle\rho',\eta'\rangle$，都有

$$\rho\sqsupseteq\rho',\quad \eta\sqsubseteq\eta' \tag{5.5}$$

则称 $\eta\circ f\circ\rho$ 是 $f$ 的最优完备抽象语义函数，也称 $\langle\rho,\eta\rangle$ 是 $f$ 的最优完备抽象语义域。

根据文献[46]，对于最优完备 $\langle\rho,\eta\rangle$，无须进一步对 $\rho$ 在精确化方向和对 $\eta$ 在抽象化方

向分别加以改进。同样，也无法进一步对 $\rho$ 在抽象化方向和对 $\eta$ 在精确化方向分别加以改进，若存在这样的改进 $\langle\delta,\beta\rangle$，由于 $\delta$ 是 $\rho$ 的抽象化，即 $\rho\sqsubseteq\delta$，由最优完备定义，$\rho\sqsupseteq\delta$，所以 $\rho=\delta$；由于 $\beta$ 是 $\eta$ 的精确化，即 $\beta\sqsubseteq\eta$，由最优完备定义，$\eta\sqsubseteq\beta$，所以 $\beta=\eta$。

因此，提出以下问题。

**问题 1** 对于具体语义函数 $f$，是否存在它的最优完备抽象语义函数 $f^{\#}$，或者它的最优完备抽象语义域？

对于函数族 $F$，若 $\langle\rho,\eta\rangle$ 对于 $F$ 中的每个函数都完备，则称 $\langle\rho,\eta\rangle$ 关于 $F$ 完备。同样，也可以对于函数族 $F$ 定义最优完备问题，即若存在 $\langle\rho,\eta\rangle$ 关于 $F$ 完备，且对任意关于 $F$ 的完备 $\langle\rho',\eta'\rangle$，式(5.5)条件成立，则称 $\langle\rho,\eta\rangle$ 是 $F$ 的最优完备抽象语义域。

**问题 2** 对于语义函数族 $F=\{f_1,f_2,\cdots,f_n\}$，是否存在它的最优完备抽象语义域？如果 $\forall i=1,2,\cdots,n$，$\langle\rho_i,\eta_i\rangle$ 关于 $f_i$ 最优完备，那么 $F$ 的最优完备抽象语义域（如果存在）与 $\langle\rho_i,\eta_i\rangle$ 之间有什么样关系？即能否从 $\langle\rho_i,\eta_i\rangle(i=1,2,\cdots,n)$ 构造 $F$ 的最优完备？

根据文献[46]，设 $F$ 为具体语义函数族，$\rho,\eta\in\mathrm{uco}(\wp(S))$，定义算子 $C_F^{\rho}$ 和 $S_F^{n}$ 如下。

$$C_F^{\rho}:\mathrm{uco}(\wp(S))\rightarrow\mathrm{uco}(\wp(S))$$

其中，$C_F^{\rho}(\eta)\triangleq\sqcap\{\beta\in\mathrm{uco}(\wp(S))\mid\mu\sqsubseteq\beta,\langle\rho,\beta\rangle$ 关于 $F$ 完备$\}$。

$$S_F^{n}:\mathrm{uco}(\wp(S))\rightarrow\mathrm{uco}(\wp(S))$$

其中，$S_F^{\eta}(\rho)\triangleq\sqcup\{\delta\in\mathrm{uco}(\wp(S))\mid\delta\sqsubseteq\rho,\langle\delta,\eta\rangle$ 关于 $F$ 完备$\}$。

再根据文献[46]，设 $F$ 为具体语义函数族，$\rho,\eta\in\mathrm{uco}(\wp(S))$，若 $\langle\rho,C_F^{\rho}(\eta)\rangle$ 关于 $F$ 完备，则称 $C_F^{\rho}(\eta)$ 是关于 $F$ 相对于 $\rho$ 的 $\eta$ 完备核；若 $\langle S_F^{\eta}(\rho),\eta\rangle$ 关于 $F$ 完备，则称 $S_F^{\eta}(\rho)$ 是关于 $F$ 相对于 $\eta$ 的 $\rho$ 的完备壳。

根据 $S_F^{\eta}(\rho)$ 的定义，可知 $S_F^{\eta}(\rho)$ 是一切满足定义的 $\delta(\delta\sqsubseteq\rho)$ 的上确界，于是 $S_F^{\eta}(\rho)\sqsubseteq\rho$，若它是（相对于 $\eta$ 关于 $F$）$\rho$ 的完备壳，则 $\langle S_F^{\eta}(\rho),\eta\rangle$ 是 $\langle\rho,\eta\rangle$ 在 $\rho$ 上向精确化方向的一次改良。

同样，$C_F^{\rho}(\eta)\sqsupseteq\eta$，若它是（相对于 $\rho$ 关于 $F$）$\eta$ 的完备核，则 $\langle\rho,C_F^{\rho}(\eta)\rangle$ 是 $\langle\rho,\eta\rangle$ 在 $\eta$ 上向抽象化方向的一次改良。

**问题 3** 给定具体语义函数族 $F$，其最优完备（如果存在的话）$\langle\rho,\eta\rangle$ 能否通过初始化 $\rho=\{S\}$，$\eta=\wp(S)$ 递归运用 $S_F^{\eta}(\rho)$、$C_F^{\rho}(\eta)$ 算子分别对 $\rho$ 在精确化方向、对 $\eta$ 在抽象化方向进行改良而得？

**2. 最优函数存在性**

回忆前面关于抽象语义函数 $f^{\#}=\eta\circ f\circ\rho$ 的解释，对于给定的闭包 $\rho,\eta\in\mathrm{uco}(\wp(S))$，仿照 $\lambda$ 演算，定义

$$\rho\rightarrow\eta\triangleq\lambda f:\mathcal{F}.\,\eta\circ f\circ\rho \tag{5.6}$$

其中，$f:\mathcal{F}$，表示 $f\in\mathcal{F}$，其直观意义是所有的关于闭包 $\langle\rho,\eta\rangle$ 上的抽象语义函数的集合。现在我们证明 $\rho\rightarrow\eta$ 中的元素是外延的。

$\rho\rightarrow\eta$ 的任务是取任意具体语义函数 $f$，并产生这样的函数 $\eta\circ f\circ\rho$，即它把每个函数 $f$

强制为从 $\rho$ 的值域到 $\eta$ 的值域的抽象函数。因此，若对所有 $x\in\rho$，有

$$(\eta\circ f_1\circ\rho)x=(\eta\circ f_2\circ\rho)x$$

又注意到限制 $x\in\rho$ 是无关紧要的，所以 $\forall x\in\wp(S)$，都有 $(\eta\circ f_1\circ\rho)x=(\eta\circ f_2\circ\rho)x$，于是

$$\lambda x.(\eta\circ f_1\circ\rho)x=\lambda x.(\eta\circ f_2\circ\rho)x \tag{5.7}$$

根据复合的意义，在式(5.7)成立的意义上，应该有 $\eta\circ f_1\circ\rho=\eta\circ f_2\circ\rho$，这意味着 $\rho\to\eta$ 的值域对于每个在 $\wp(S)$上入射 $\rho$ 到 $\eta$ 的单调函数恰好包含一个代表，这说明 $\rho\to\eta$ 模型是外延的。下面的讨论就是基于上面叙述的直观意义，把 $\rho\to\eta$ 看作关于闭包 $\langle\rho,\eta\rangle$ 上的抽象语义函数的集合。

可以看出，若 $f$ 已经是一个从 $\rho$ 到 $\eta$ 的(具体)语义函数，也就是说，一旦 $x\in\rho$，就有 $f(x)\in\eta$，那么对所有的 $x\in\rho$，有 $f^{\#}(x)=\eta\circ f\circ\rho(x)=f(x)$，基于这样的观察，我们引入下面的定义。

**定义 5.2**(本质函数和亚本质函数)

(1) 若对任意 $\forall x\in\rho$，$f(x)=f^{\#}(x)\in\eta$，则称 $f$ 是 $\rho\to\eta$ 中的本质(具体)函数。换言之，把 $f$ 的定义域限制到 $\rho$ 闭包上，记为 $f_{\downarrow\rho}$，则 $f_{\downarrow\rho}\equiv f^{\#}$。

(2) 若对任意 $\forall x\in\wp(S)$，$\eta\circ f=f^{\#}=\eta\circ f\circ\rho$，则称 $f$ 是 $\rho\to\eta$ 中的亚本质(具体)函数。对于亚本质函数 $f$，$\langle\rho,\eta\rangle$ 是完备的抽象语义域。

因此，(亚)本质函数是 $\rho\to\eta$ 类中的特殊函数族。直观意义是，设计一个系统(检验一个系统也一样)时，我们对系统的特性、功能和行为都应有一个预先的设想，这些设想就是抽象语义域及其在抽象域上的操作。当我们实现系统时，具体的语义域及其上的操作受到技术及其环境的限制，自然要复杂迂回得多。所以，本质函数和亚本质函数反映了理想操作的忠实可靠的实现。在这个意义上，它们都是最优函数族。

**问题 4** 如果 $\rho$ 和 $\eta$ 抽象语义域构想完美，能否解决技术上的问题，使实现 $\rho$ 和 $\eta$ 的具体语义域上的操作都是本质函数或亚本质函数？或者说，能否改进具体语义操作到至多是只用亚本质函数就能解决的实际问题(如完备性)？

在一般意义上，$\langle\rho,\eta\rangle$ 抽象域比具体语义域 $\wp(S)$ 简单，而 $\rho\to\eta$ 上的抽象语义函数也比 $\wp(S)\to\wp(S)$ 上的具体语义函数少。所以在模型检验应用中，我们从两方面(域和操作)做了简化，只要解决了完备性问题，那么模型检验中的高期望强保留特性就能满足。

可惜的是，从问题 1 到问题 4，至今仍然没有“彻底”解决。文献[46]指出：以可能最好的方式，即最小化延展或简化正在考虑的抽象域和操作算子，使抽象解释完备，仍然是一个开放问题。甚至，寻找某些合理的很强的条件施加于具体语义域和/或具体操作算子，使抽象域的不动点完备壳存在，一般来说都是不能保证的。因此，对于上述问题，是否能够定义某种“近似”标准和“近似”计算，寻找相关问题的某种意义上的“最优”解决，这些都是值得探讨的。

### 3. 与不可预知多态模型类比

简写 $\mathcal{V}=\mathrm{uco}(\wp(S))$，并用记号 $\rho:\mathcal{V}$ 表示 $\rho\in\mathrm{uco}(\wp(S))$，定义

$$\to^{\#}\triangleq\lambda\rho:\mathcal{V}.\lambda\eta:\mathcal{V}.(\lambda f:\mathcal{F}.\eta\circ f\circ\rho) \tag{5.8}$$

表示所有的抽象函数的集合。式(5.8)表明它可以看作式(5.4)全总域模型$\mathcal{A}$中的元素$\mathcal{F}^{\#}$，即$\rightarrow^{\#}=\mathcal{F}^{\#}$。

改写$\rightarrow^{\#}$为$\forall$，即

$$\forall=\lambda f:\mathcal{F}.(\lambda\rho:\mathcal{V}.\lambda\eta:\mathcal{V}.\eta\circ f\circ\rho)=\lambda f:\mathcal{F}.(\lambda\langle\rho,\eta\rangle:\mathcal{V}\times\mathcal{V}.\eta\circ f\circ\rho) \tag{5.9}$$

于是，$\forall f$ 的定义域为$\mathcal{V}\times\mathcal{V}=\mathrm{uco}(\wp(S))\times\mathrm{uco}(\wp(S))$，值域为$\{\eta\circ f\circ\rho\}$，即

$$\forall f=\lambda\langle\rho,\eta\rangle:\mathcal{V}\times\mathcal{V}.\eta\circ f\circ\rho:\mathcal{V}\times\mathcal{V}\rightarrow\eta\circ f\circ\rho \tag{5.10}$$

直观上，$\forall f$ 是抽象函数族，它是具体操作 $f$ 的泛化，在不同的$\langle\rho,\eta\rangle$上呈现出不同的特性，具有多态特征。在某种意义上，它体现了多态性或泛型性。

现在扩展式(5.4)的全总域模型$\mathcal{A}$如下，扩展后记为$\mathcal{A}'$。

$$\mathcal{A}'=\{S,\wp(S),\mathrm{uco}(\wp(S)),\mathcal{F},\mathcal{F}\sharp,\{\rho\rightarrow\eta\},\{\forall f\}\} \tag{5.11}$$

$\mathcal{A}'$是7元组，其中符号是自明的。例如，$\{\rho\rightarrow\eta\}$是一切形如式(5.6)定义的函数族的集聚，其中 $\rho\rightarrow\eta$ 是在固定的闭包对$\langle\rho,\eta\rangle$上讨论每个具体操作相应的抽象操作，重点是具体操作和抽象操作之间的对应关系；$\{\forall f\}$是一切形如式(5.10)定义的函数族的集合，其中$\forall f$ 是讨论具体操作 $f$ 的在每对$\langle\rho,\eta\rangle$闭包上的多态表现，即$\forall f$ 是 $f$ 的泛型。

式(5.11)模型总的想法是：一个多态函数是一种可以作用在多种"类型"实参上的函数。在某种意义上，该多态函数在各个类型上使用了"本质同样的算法"。例如，对于具体语义函数 $f$，式(5.10)定义的$\forall f$，它可以作用在所有"类型"的$\langle\rho,\eta\rangle$上，因为在每个$\langle\rho,\eta\rangle$上，它都是相应于 $f$ 的抽象语义函数 $\eta\circ f\circ\rho$，所以它们的算法在本质上具有"共性"。关于它的具体实例可以参考文献[39]中的$\mathcal{P}_w$模型。

随着网络技术的发展，现代社会已经处于一个信息爆炸的时代。为了能够从大量数据中寻找有意义的新的关系和模式，数据挖掘技术从而诞生。事实上，人类研究自然现象、社会现象，大都采用一般途径。根据大量经验数据，通过各种定性分析或定量分析，对数据加以整理，归纳产生抽象解释，进一步将这种抽象解释总结成理论，甚至上升到"定律"高度。如果从这个角度考虑问题，式(5.4)和式(5.11)所示的模型还具有方法论意义。

数据挖掘是指从大型数据库中提取潜在有用的知识，将这些知识表达为概念、规则、规律和模式等形式。抽象解释也和人类认知思维类似，从大量的数据中提取感兴趣的知识，加以抽象，上升为模型。

前面提出的问题1到问题3，都是立足在$\{\rho\rightarrow\eta\}$上讨论，怎样改良$\langle\rho,\eta\rangle$使具体语义函数和抽象语义函数之间满足(例如)完备性关系；而问题4立足于$\{\forall f\}$，讨论怎样设计良好操作，使它具有"安全"的泛型，即它一切泛化都具有完备特性。再把$\mathcal{A}'$与文献[39]相比较，$\mathcal{A}'$与其使用$\mathcal{P}_\omega$的闭包构造出来的模型在许多方面都是类似的。实际上，$\mathcal{A}$和$\mathcal{A}'$模型都是受到文献[39]的启发构造出来的。文献[39]构造的模型是$\lambda^{\rightarrow,\forall}$(不可预知多态)模型，因此有以下问题。

**问题5** 基于$\mathcal{A}'$，能否构造一个有关抽象解释的计算理论？

综上所述，针对现有的抽象解释理论构造了一个统一模型，并把它称为抽象解释全总域模型。在该模型上，可以很方便地讨论经典抽象理论的一些问题，如完备性问题等。并且在

该模型的基础上,提出了本质函数和亚本质函数的概念,以及对泛型概念给出了其广义表达方式。这个模型一方面可以深化我们对经典抽象理论概念的理解,另一方面可以作为抽象解释理论的基础。如果以上提出的开放性问题能够得到解决,那么通用性模型将有助于人们处理各个应用领域中存在的复杂结构及特性等问题。

## 5.2 抽象解释部分等价逻辑关系模型

现在采取另外的观点,认为抽象论域是"部分等价关系"的集聚,而语义操作算子是"逻辑部分等价关系"的集聚,提出一个新模型-部分等价逻辑关系模型。这个模型除了要求具体或抽象语义算子具有一定的逻辑关系以外,并不要求它们具有什么特殊性质,如单调性,因此它与传统模型不同,同样也与全总域模型不同。尤为重要的是,该模型并没有从"近似"意义上对具体域进行简化,反而是从"性质"上深化原系统,在某种意义上,它分离出原系统的"性质"单元,比原系统可能要复杂些。因此,基于这样的模型,可以讨论与传统模型不同的问题,如复杂性和多态性问题,从而深化我们对抽象解释理论的理解。

### 5.2.1 具体语义域和语义函数

用 $S$ 表示一个(可能是无限)的具体系统,例如在模型检验中,经典的方式通常将系统 $S$ 表达为一个 Kripke 结构,$S$ 中的元素表示具体系统的状态。以下称 $S$ 中的元素为状态,并认为 $S$ 是可数无限的,称 $S$ 为(具体)状态空间。

通常,系统 $S$ 由许多组件组成,各个组件内部和各个组件之间都存在着一定的关系,下面用部分等价关系和逻辑部分等价关系分别概括组件内部的元素性质和组件内部元素之间以及组件和组件之间的相互作用。首先引入几个概念。

(1) 部分等价关系 per 的含义就是一个成员关系谓词和一个等价关系[39]。具体地说,系统 $S$ 上的一个部分等价关系是 $S$ 的某个子集上的等价关系。例如,序偶 $\langle S', R\rangle$,其中 $S' \subseteq S$,且 $R \subseteq S' \times S'$ 是一个等价关系。然而,由于只通过 $S' = \{a \mid aRa\}$ 就可以决定 $S'$,所以子集 $S'$ 在技术上是多余的。注意到,$R$ 是子集 $S'$ 上的等价关系,当且仅当 $R$ 在(全域)$S$ 上是对称和传递的。因此,一个部分等价关系是一个 $S$ 上的对称和传递关系。部分等价关系的一个直接有用的事实是:对于任意 per $R$,若 $aRb$,则 $aRa$[39]。今后当我们说 $R$ 是一个部分等价关系时,用 $|R| \triangleq \{a \mid aRa\}$ 指代 $R$ 在其上是一个等价关系的子集 $S'$。

(2) 若 $S$ 上的一个部分等价关系是逻辑关系时,则称此部分等价关系为逻辑部分等价关系。逻辑关系和逻辑部分等价关系的定义可以参阅文献[39]。粗略地说,文献[39]认为,逻辑关系 $R$ 在本质上是类型化关系的集聚 $\{R^{\sigma} \mid \sigma$ 是一个类型$\}$,使类型 $\sigma \to \tau$ 的关系 $R^{\sigma\to\tau}$ 以保证在作用和 $\lambda$ 抽象下闭合的方法意义上由关系 $R^{\sigma}$ 和 $R^{\tau}$ 确定。类似部分等价关系 per 的定义,逻辑部分等价关系(逻辑 per)$R$ 是指它使每个 $R^{\sigma}$ 是对称和传递的。我们的模型主要是在思想原理上借用上述概念阐述的理念。

下面举例阐述本章用到的有关函数之间的逻辑关系的含义。设 $f, g: A \to B$ 是映射 $A$

到 $B$ 上的两个函数，如 $A$ 内和 $B$ 内元素之间分别存在关系 $R$，$T$，若 $\forall x,y\in A$，$xRy$，都有 $f(x),g(y)\in B$ 且 $f(x)Tg(y)$，则称 $f,g$ 满足 $A\to B$ 上关于函数的逻辑关系。注意，在函数的逻辑关系定义中，并没有考虑 $R$ 和 $T$ 的 per 性。但在下面我们将看到，当考虑系统所有部分等价关系“对”上的函数逻辑关系时，如果上述函数逻辑关系是所讨论的系统中的一个对称和传递关系，则称它为（函数）逻辑部分等价关系，这里只用到此类型的逻辑 per。

下面构造具体语义域及其上的语义操作算子。

用 $\{R\}$ 表示 $S$ 上所有部分等价关系集聚，更直观些，$\{R\}=\{\langle S',R\rangle\}$，其中序偶 $\langle S',R\rangle$，表示 $R$ 是 $S$ 的子集 $S'$ 上的等价关系，即 $|R|=S'$。下面互用 $\{R\}$、$\{\langle S',R\rangle\}$ 和 $\{\langle |R|,R\rangle\}$ 等记号。$\{R\}$ 就是我们在 $S$ 上构造出来的具体语义域，简记为 $\mathcal{U}$，即 $\mathcal{U}=\{R\}=\{\langle S',R\rangle\}=\{\langle |R|,R\rangle\}$。需要强调的是，也有可能在一个子集 $S'$ 上存在不同的等价关系。例如，有两个等价关系 $R_1$ 和 $R_2$，则 $\langle S',R_1\rangle$ 和 $\langle S',R_2\rangle$ 应视为是 $\mathcal{U}$ 中的不同元素。当把部分等价关系看作全域上的一个对称和传递关系时，更容易理解上述规定。

设 $\langle S_1,R_1\rangle$ 和 $\langle S_2,R_2\rangle\in\mathcal{U}$，只讨论从 $S_1$ 到 $S_2$ 满足以下性质的函数，$f:S_1\to S_2$，即对任意 $x,y\in S_1$，且 $xR_1y$，有 $f(x),f(y)\in S_2$ 且 $f(x)R_2f(y)$。直观上看，$f$ 和它自身满足 $S_1\to S_2$ 上的函数逻辑关系。为了强调此种类型逻辑关系，特别用符号 $f:\langle S_1,R_1\rangle\to\langle S_2,R_2\rangle$ 表示满足上述性质的函数，并称 $f$ 为从 $\langle S_1,R_1\rangle$ 到 $\langle S_2,R_2\rangle$ 上的语义函数（或语义算子），有时简称它为从 $S_1$ 到 $S_2$ 的语义函数（操作），如果不会产生歧义，简称 $f$ 为函数。注意在上述定义中，也有可能 $\langle S_1,R_1\rangle=\langle S_2,R_2\rangle$，即它们是同一个部分等价关系，这时 $f$ 就是一个部分等价关系内部的语义操作。也就是说，部分等价关系内部以及部分等价关系之间的操作，我们都视为满足函数逻辑关系的操作。

用符号 $[\langle S_1,R_1\rangle\to\langle S_2,R_2\rangle]$（或简记为 $[R_1\to R_2]$）表示从 $\langle S_1,R_1\rangle$ 到 $\langle S_2,R_2\rangle$ 所有语义操作的集合，在 $[\langle S_1,R_1\rangle\to\langle S_2,R_2\rangle]$ 集合上定义一个等价关系如下：即若 $f,g\in[\langle S_1,R_1\rangle\to\langle S_2,R_2\rangle]$，对 $\forall x,y\in S_1$，$xR_1y$，有 $f(x),g(y)\in S_2$，且 $f(x)R_2g(y)$，也就是我们前面所说的 $f,g$ 满足 $S_1$ 到 $S_2$ 上函数逻辑关系，显然如此定义的关系是等价关系。

用符号 $\mathcal{U}\to\mathcal{U}=\{[\langle S_1,R_1\rangle\to\langle S_2,R_2\rangle]\}$ 表示系统 $S$ 所有的语义操作的集合，则上面在 $[\langle S_1,R_1\rangle\to\langle S_2,R_2\rangle]$ 上定义的等价关系（即 $S_1\to S_2$ 的函数逻辑关系）就是整个讨论的 $\mathcal{U}\to\mathcal{U}$ 上的一个逻辑部分等价关系。今后记语义操作集合 $\mathcal{U}\to\mathcal{U}$ 上的一个部分等价关系为 $R\to T$，它是 $[R\to T]=[\langle |R|,R\rangle\to\langle |T|,T\rangle]$ 上的等价关系。因此，$\mathcal{U}\to\mathcal{U}$ 上的部分等价关系详细写出来应是一个序偶 $\langle [R\to T],R\to T\rangle$，但我们简写它为 $R\to T$，因为对这个序偶的成员关系谓词，有

$$[R\to T]=\{f\mid f(R\to T)f\}$$

它也可以通过 $R\to T$ 唯一确定。

鉴于我们的目的是“关注”（部分）逻辑关系，所以常常局限语义操作算子集合 $\mathcal{U}\to\mathcal{U}$ 为其上的部分等价关系的集聚。即使这样，为了节省符号，仍然用 $\mathcal{U}\to\mathcal{U}$ 符号表示。总之，对于具体系统，在其状态空间上规定了语义域 $\mathcal{U}=\{R\}=\{\langle |R|,R\rangle\}$ 以及语义操作算子集合 $\mathcal{U}\to\mathcal{U}=\{(R\to T)\}=\{\langle [R\to T],R\to T\rangle\}$。直观上，$\mathcal{U}$ 中的每个 per 表示系统中一些元素间

的某个固有性质关系，而$\mathcal{U}\to\mathcal{U}$中的每个 per 表示系统中一些元素之间的动态联系或相互作用的关系。注意，这里的符号虽然有点混用，即现在仍用$\mathcal{U}\to\mathcal{U}$表示所有函数逻辑部分等价关系的集合，通过上下文应不至于混淆。

## 5.2.2 抽象解释

首先引入几个概念和符号。

(1) 因为一个 per $R\subseteq S\times S$ 是一个子集$|R|=\{s\mid sRs\}$上的等价关系，这样的 per $R$ 的"元素"就是等价类$[s]_R=\{t\mid sRt\}$，对于 $s\in|R|$[39]。

(2) 因为一个逻辑 per $R\to T\in\mathcal{U}\times\mathcal{U}$是一个函数子集$[R\to T]$上的等价关系，因此 $R\to T$ 中的"元素"就是等价类$[f]_{R\to T}=\{g\mid f(R\to T)g\}$，对于 $f\in[R\to T]$。

下面构造抽象语义域和抽象语义操作。

对每个 per $R\subseteq S\times S$，它的成员关系谓词成立的集合为$|R|$，令$|R|^*$由$|R|$中元素的等价类组成，即$|R|^*=\{[s]_R\mid s\in|R|\}$。于是，如果 $R^*$ 为 $R$ 的抽象，它也应为$|R|^*$上的等价关系，显然，$R^*$ 应是$|R|^*$上的恒等关系。直观上，在抽象层次上，$R^*$ 与$|R|^*$应视为等同，即原先在$|R|$上的等价关系 $R$ 已经转变为$|R|^*$上恒等关系 $R^*$。于是令$\mathcal{U}^*=\{R^*\}=\{\langle|R|^*,R^*\rangle\}$，$R^*$ 就是$\mathcal{U}^*$上的一个部分等价关系，它相应于$\mathcal{U}=\{R\}$中具体的 per $R$。特别地，若 $R_1$ 与 $R_2$ 都具有相同的成员关系谓词 $S'$，则$|R_1|^*$和$|R_2|^*$应视为两个不同的集合，前者为$\{[s]_{R_1}\mid s\in S'\}$，后者为$\{[s]_{R_2}\mid s\in S'\}$。对于元素 $s\in S'$，$[s]_{R_1}$ 和$[s]_{R_2}$ 是 $s$ 在 $S$ 中不同的两个副本。

类似地，若记$[R\to T]^*$为$[R\to T]$上(函数)元素等价类的集合，$[R\to T]^*=\{[f]_{R\to T}\mid f\in[R\to T]\}$，则应定义 $R\to T$ 的抽象$(R\to T)^*$是$[R\to T]^*$上的恒等关系。在抽象层次上，$(R\to T)^*$与其成员关系谓词成立的集合$[R\to T]^*$等同。若记$(\mathcal{U}\to\mathcal{U})^*=\{(R\to T)^*\mid(R\to T)^*$是$[R\to T]^*$上的恒等关系$\}$，则$(R\to T)^*$就是$(\mathcal{U}\to\mathcal{U})^*$论域上的一个部分等价逻辑关系。今后称$(R\to T)^*$中的元素$[f]_{R\to T}$是抽象语义操作算子，$(\mathcal{U}\to\mathcal{U})^*$是相应于所有具体语义操作算子的抽象语义操作算子集合。特别要强调的是，$[f]_{R\to T}$ 实际上是$|R|^*\to|T|^*$上的函数，即把原先定义在$|R|\to|T|$上的函数转化为该函数所属等价类$[f]_{R\to T}$ 表达的一个从$|R|^*$到$|T|^*$的函数，而且与等价类$[f]_{R\to T}$ 的代表无关。

总结如下：对应于具体状态空间 $S=\{s\}$，具体语义域$\mathcal{U}=\{R\}$，具体语义操作算子集聚$\mathcal{U}\to\mathcal{U}=\{R\to T\}$，我们定义抽象状态空间 $S^*=\{[s]_R\mid\exists R,s\in|R|\}$，抽象语义域$\mathcal{U}^*=\{R^*\mid$视$R^*=\{[s]_R\mid s\in|R|\}\}$，抽象语义算子集聚$(\mathcal{U}\to\mathcal{U})^*=\{(R\to T)^*\mid$视$(R\to T)^*=\{[f]_{R\to T}\mid f\in[R\to T]\}\}$。这样，便构造了抽象解释的一个部分等价关系模型，它是一个六元组

$$\mathcal{A}=\{S,\mathcal{U},\mathcal{U}\to\mathcal{U},S^*,\mathcal{U}^*,(\mathcal{U}\to\mathcal{U})^*\}$$

这个模型的优点是它并不要求具体的或抽象的语义操作算子有特殊的性质(如单调性)，它只反映系统功能上的逻辑关系。所以，这里的抽象并不是经典意义上的抽象，经典处

理方法大致把对具体状态的某种近似称为抽象，并要求具体语义域和抽象语义域是特殊的数学结构，如是格或 cpo，这是由“近似”作为抽象的基本内涵所致。而这个模型利用部分等价关系和逻辑部分等价关系，把具体系统 $S$ 从语义域和语义操作两个方面结构化，即把它们的组件一一析取出来，最后形成在$\{[s]_R\}$集合上讨论语义域和语义算子，其中语义域$\mathcal{U}^*$ 由$\{[s]_R\}$上的一些子集组成，即$\mathcal{U}^* \subseteq \wp(\{[s]_R\})$，而语义算子便是定义在$\mathcal{U}^*$ 上的一些(部分)函数。

### 5.2.3 理论问题

**1. 复杂性问题**

从前面的叙述不难看出，$\forall f\in[R\to T]$，$[f]_{R\to T}$ 在功能上与 $f$ 完全一致，所以在我们的模型中并不存在经典抽象框架中遇到的完备性问题。然而，我们的模型却存在另一个问题。表面上抽象状态$[s]_R$ 是具体状态的一个等价类，似乎把状态空间 $S=\{s\}$换成抽象状态空间 $S^*=\{[s]_R\}$时，已经对具体状态空间进行了压缩。但事实并非如此，当 $S'\subset S$ 上存在不同的(部分)等价关系，或者 $s\in S$ 使不同的部分等价关系成员关系谓词成立时，则 $S^*$ 中便存在许多形如$[s]_{R_1}$，$[s]_{R_2}$，…的副本。同样，对于操作函数也有类似的情况。例如，$f:S\to S$ 是这样的函数，当它局限到$|R_1|\to|T_1|$时，$f\in[R_1\to T_1]$，也许它能局限到$|R_2|\to|T_2|$成为$[R_2\to T_2]$中的一个函数，即 $f\in[R_2\to T_2]$，于是在抽象结构中，也有$[f]_{R_1\to T_1}$，$[f]_{R_2\to T_2}$，…等副本。特别地，在全域 $S$ 上，因恒等关系 $I$ 是一个等价关系，所以可以视$\langle S,I\rangle$为一个特殊的部分等价关系，这样抽象结构也可能有$[f]_{I\to I}$ 这个副本。前面已经说过，部分等价关系模型是非常细致地把原系统的组件按照特征析取出来，当考虑不同特征时，“同一”实体往往分离成“不同”的实体，因此，我们提出如下问题。

能否选取适当的部分等价关系和逻辑部分等价关系，使抽象结构不至于太庞杂？更进一步，能否在此抽象结构上，再使用基于“近似”意义的抽象解释手段，进行传统上的分析？

**2. 与多态的关系**

固定某一操作算子 $f:|R|\to|T|$，能否将它扩展使之成为$\mathcal{U}\to\mathcal{U}$中不同元素中的成员，即在抽象结构中，应该有 $f$ 的不同版本：$[f]_{R\to T}$，$[f]_{R'\to T'}$，$[f]_{R''\to T''}$，…。这与程序设计语言多态理论有点相似。实际上，我们的模型就是受到 $\lambda^{\to,\forall}$ 的部分等价关系模型[39]的启发构造的(尽管与它在许多地方不同)。另外，文献[72]也提出了基于特殊定义的 per 发展的抽象解释的框架，但是它与我们模型的立足点是不同的。现在把上面的叙述总结为如下问题。

对任意的 $f$，能否将它的逻辑功能泛化，使之在系统中不同的满足一定性质(表达为部分等价关系)的组件上都发挥相应的功能？

抽象解释的部分等价逻辑关系模型是基于部分等价关系和逻辑部分等价关系的一个模型。该模型认为抽象领域是“部分等价关系”的集聚，语义操作算子是“逻辑部分等价关系”的集聚。在该模型上，可以很方便地讨论经典抽象理论的一些问题，如复杂性和多态性问题等。这个模型一方面可以深化我们对经典抽象理论概念的理解，另一方面可以作为抽象解释理论的基础。

# 第 6 章

# 程序正确性形式演绎证明

伽利略的伟大在于他发现大自然的语言是数学语言，他开创了定量分析实验科学之先河。牛顿的伟大在于他发明了微积分，在数学框架下把天上运动和地上运动统一起来，拉开了近代自然科学的帷幕。麦克斯韦的伟大在于他明确指出科学研究首先是要创造数学概念，他的著名的电磁运动微分方程组预言了电磁波的存在。爱因斯坦的伟大在于他深知理性推理的巨大创造力，基于和数学公理化类似方法，提出原理性假设，并用黎曼几何框架创立广义相对论，从而彻底革新了人们对时间和空间的认识，加上他提出的光量子概念，从而引发了 20 世纪物理学两大革命。

量子力学的伟大在于揭示数学并不仅仅是自然科学的工具，而它本身就是自然科学的本质特征。自然现象的背后是数学现象，数学演算决定了量子现象的规律。量子力学中许多有悖于人们常识的理念，能够且只能够通过抽象数学解释、理解和发现。数学不可思议的有效性已经被人们广泛认可，以致任何学科一旦运用了数学及其推理，人们对该学科的结论很少怀疑，即使目前尚未有实验结果支持，甚至发现很难找到验证方式也是如此。

利用数学证明一些"事实"的正确性，是人类大脑中根深蒂固的观念。在计算机科学发展的早期，利用数学方法严格证明程序的正确性是软件业界追求的目标。1967 年，R. W. Floyd 提出验证流程图程序正确性的前后断言法，引起计算机科学界研究程序正确性证明热潮。在他的研究基础上，1969 年，C. A. R. Hoare 提出一个公理系统，为命令式程序的验证工作构建一组证明规则。到了 1975 年，E. W. Dijkstra 又提出最弱前置条件概念，利用谓词转换器方法把程序开发工作和验证工作结合在一起。上述 3 种具有代表性的关于程序正确性的形式化证明方法富有启发性，对软件验证工作影响深远。随后，形式化证明方法从不同方向继续发展。首先，人们扩展演绎证明方法到不同的程序结构上。例如，第 3 章提到的 Manna-Pnueli 证明系统就是一个用来验证并发系统正确性的形式化规则体系。其次，深刻的理解相当于一个严格的形式证明，演绎式形式化验证中的概念也在软件开发方法学中得到非形式化的应用。例如，前面多次提到的净室开发技术，如果将正确性证明与设计和编程相结合，即使使用非形式化的证明技术也会使软件质量得到提高。特别地，程序员的编程风格也会受到他们在证明程序性质时希望采用的方法的影响；潜在地，开发人员就会从证明程序性质的角度发展他们的开发方法。最后，人们发明了许多自动验证工具和手段，如 Manna-Pnueli 证明系统的实验可通过 SteP(Standford Theorem Prover)工具进行。

形式化证明非常耗时，其过程大部分要手工完成，它极大地依赖于验证人员的智慧，而且很有可能包含错误。总之，形式化证明是一个困难和有可能出错的过程。虽然如此，演绎证明规则提供了程序能够运行的直观解释。一般来说，只要对程序的正确性给出有说服力的证明，就会使人们对程序产生信心，让程序证明和程序一起发展，就会趋向于减少错误的数量。因此，形式化方法及其应用仍在继续发展中，其发展趋势可能预示着一个强有力的软件工程技术的时代即将到来。正如 A. Pnueli 指出的，在软件界，"验证工程"正在形成，其主要表现如下[36]。

(1) 对并发、实时与混成系统的计算模型和语义理论的研究进一步深化，相应的形式归约和验证方法被相继提出。

(2) 模型检测的理论与技术取得了突破性的进展。目前已能处理状态数达 $10^{200}$ 的系统，使形式化方法应用于实际应用系统的验证成为可能。

(3) 出现了高效的、用户界面友好的分析和验证工具，在很多复杂的实例研究中发挥了关键性的作用。

实际上，上述几个方面的突破使形式化方法获得了广泛应用，包括航空、航天、网络协议、安全协议、嵌入式系统等。例如，空中防撞系统(Traffic Collision Avoidance System, TCAS)是保障飞行安全的重要系统，由于该系统的复杂性使其难以用英语书写归约，故采用需求状态机语言(Requirements State Machine Language, RSML)刻画它的归约属性，并且形式化验证了归约的一致性和完备性。

如果成本-效益分析法指出，软件的正确性证明的巨大成本也比因为没有进行正确性证明而导致的软件错误的成本要小得多，那么软件开发组织对于自己的产品就应该进行正确性证明，尤其是在人命关天的场合。有许多重要产品，包括操作系统内核、编译器、通信系统和算法，都已经成功地被证明是正确的。20 世纪 90 年代后期，美、英、德、法等国出现了提供形式归约和验证技术产品的高科技公司。世界许多著名公司(如 AT&T、Fujitsu、Intel、IBM、Microsotf、Lucent 和 Siemens 等)纷纷在其产品开发中使用形式化方法，在许多复杂的实例研究中发挥了重要的作用。为了更好地发展形式化证明技术，美国国家航空航天局(NASA)于 1995 年 7 月和 1997 年 5 月分别发布了《形式化方法规范和验证指南》(*Formal Methods Specification and Verification Guidebook*)第 1 卷和第 2 卷。1999—2001 年，NASA 等又先后建议并启动大规模的有关形式化方法的若干研究计划，以资助对高可信软件系统的原理和相应支撑工具的探索。

## 6.1 公理化

自从公元前 3 世纪欧几里得的《几何原本》问世，公理化系统便成为数学学科生存及其发展的规范形式。只要一组公理满足相容性和完备性两个主要条件，那么由它支撑的数学学科就获得坚实可靠的基础，在它的逻辑渠道中流淌的定理和结论便成了“真理”。之所以如此，是因为相容性保证由该组公理不会推出相互矛盾的结论，完备性保证由该组公理能推出它所支撑的学科论题范畴中一切正确的“东西”。如此，其他学科只要运用数学就能获得成功，即使得到错误的结果，细查起来还是该学科目前所做的假定有误，与数学无关。这样一来，数学思想、数学方法以及数学模式成为所有学科存在和发展的典范和依靠。这个事实已被几千年人类文明史所证实。在这个意义上，由《几何原本》开始，数学向演绎证明方向转变，可以认为是人类文明史上最伟大的一次思想革命。正如爱因斯坦所说：“世界第一次目睹了一个逻辑体系的奇迹，这个逻辑体系如此精密地一步一步推进，以致它的每个命题都是绝对不容置疑的——我这里说的是欧几里得几何。推理的这种可赞叹的胜利，使人类的理智获得了为取得以后成就所必需的信心。”

在计算机科学发展的早期，软件业界遵循公理化思想，努力为软件创建逻辑体系，希望由严密的逻辑结构保证和证实软件的可靠性。20 世纪 70 至 80 年代，最著名的两个逻辑体系先后被提出，一个是霍尔为命令式程序式程序(或者说串行程序)的可靠性而建立的证明规则结构；另一个是 Manna 和 Pnueli 为并发程序(或者说多进程程序)的可靠性而建立的证明规则结构。后者是基于时序逻辑的演绎证明系统，我们在第 3 章已经进行了介绍，这里不再赘述。前者是基于数学中常见的定理证明思想的演绎证明系统，现在，我们来讨论它。

### 6.1.1　霍尔逻辑及其证明规则

霍尔逻辑是由一组证明规则构成的演绎证明系统。这个证明系统是针对命令式串行程序而构建的。任意一个串行程序都可以细分为若干个“原子”语法单位，霍尔为程序的每个基本语法单位建立一条证明规则，每条证明规则相当于该程序语法单元必须遵守的“公理”，于是程序的所有语法复合部分的执行乃至整个程序的执行，便由这些基本公理制导，在正确的逻辑轨道上进行。实质上，霍尔规则集提供了人们对程序结构含义的一种直观理解方式，因此，习惯上也把这种理解程序含义的方法称作命令式程序的公理语义。

一个简单的命令式程序，其行为依赖于可赋予值的变量值。简单、直观地说，每个变量的值都存储在相应“位置”上，而所有存储的变量的值构成程序的“当前”状态，随着程序的执行，变量的值会有所改变，从而导致存储状态的变化。

霍尔逻辑中的公式为 3 元组

$$\{\varphi\}S\{\psi\}$$

其中，$S$ 为程序的一部分，甚至也可以是整个程序；$\varphi$ 和 $\psi$ 为一阶公式。$\varphi$ 和 $\psi$ 都是程序运行中关于存储状态的断言，而 3 元组$\{\varphi\}S\{\psi\}$本身也是关于程序的一个断言。直观上，$\varphi$ 描述了执行 $S$ 前变量的值，$\psi$ 描述了执行 $S$ 后变量的值。因此，上述 3 元组的含义是：若一阶公式 $\varphi$ 在开始存储的状态下成立，则执行 $S$ 后，其后的存储状态满足一阶公式 $\psi$。然而，$S$ 也有可能不停止，所以必须对我们要证明的上述 3 元组表示的断言进一步加以精确界定。存在两种自然选择，一种是终止性断言，另一种是部分正确性断言。证明终止性断言是指：若 $\varphi$ 开始为真，则 $S$ 将停止于 $\psi$ 为真的存储状态。证明部分正确性断言是指：若 $\varphi$ 在开始时为真，则若 $S$ 能停止，程序将停止于 $\psi$ 为真的存储状态。在 $\varphi$ 满足执行 $S$ 前的状态条件下，要证明终止性断言显然比证明部分正确性断言复杂和困难得多。前者比后者要多一项证明，即必须证明 $S$ 终将停止。现在，我们只考虑 3 元组的部分正确性断言的逻辑方法。这方面的参考文献很多，本节基本内容取自于文献[16,32,36,39,73]相关章节。

如果不考虑 goto 语句，霍尔逻辑所适应的程序及其片断的语法可用巴科斯范式给出，如下所示。

$$S::=\nu:=e \mid \text{skip} \mid S:S \mid \text{if } p \text{ then } S \text{ else } S \text{ fi} \mid \text{while } p \text{ do } S \text{ end}$$

对于上述每个语法片段，霍尔给出相应规则。

(1) 赋值规则

$$\{\varphi[e/\nu]\}\nu:=e\{\varphi\}$$

(2) skip 规则

$$\{\varphi\}\text{skip}\{\varphi\}$$

(3) 顺序复合规则

$$\frac{\{\varphi\}S_1\{\eta\},\{\eta\}S_2\{\psi\}}{\{\varphi\}S_1:S_2\{\psi\}}$$

(4) 条件规则

$$\frac{\{\varphi \wedge p\}S_1\{\psi\},\{\varphi \wedge \neg p\}S_2\{\psi\}}{\{\varphi\}\text{if } p \text{ then } S_1 \text{ else } S_2 \text{ fi}\{\psi\}}$$

(5) while 循环规则

$$\frac{\{\varphi \wedge p\}S\{\varphi\}}{\{\varphi\} \text{ while } p \text{ do } S \text{ end}\{\varphi \wedge \neg p\}}$$

(6) 推论规则

$$\frac{\varphi \rightarrow \varphi',\{\varphi'\}S\{\psi'\},\psi' \rightarrow \psi}{\{\varphi\}S\{\psi\}}$$

推论规则的前提包括有效蕴含式。根据 $\varphi\rightarrow\varphi'$ 蕴含式的意义，如果存储状态满足 $\varphi$，则它也满足 $\varphi'$。在这个意义上，我们说 $\varphi$ 强于 $\varphi'$，或者说 $\varphi'$ 弱于 $\varphi$。

推论规则可以细分为两个子规则。

(1) 左强化规则

$$\frac{\varphi \rightarrow \varphi',\{\varphi'\}S\{\psi\}}{\{\varphi\}S\{\psi\}}$$

该规则用于加强前置条件。若 $\{\varphi'\}S\{\psi\}$ 已被证明，将前置条件 $\varphi'$ 强化为 $\varphi$（即 $\varphi\rightarrow\varphi'$），则会得到 $\{\varphi\}S\{\psi\}$ 的结论。

(2) 右弱化规则

$$\frac{\{\varphi\}S\{\psi'\},\psi' \rightarrow \{\psi\}}{\{\varphi\}S\{\psi\}}$$

该规则用于弱化后置条件。若 $\{\varphi\}S\{\psi'\}$ 已被证明，将后置条件 $\psi'$ 弱化为 $\{\psi\}$（即 $\psi'\rightarrow\psi$），则会得到 $\{\varphi\}S\{\psi\}$ 的结论。

由此看来，推论规则是左强化规则和右弱化规则的组合规则。它们表明在霍尔证明系统中，既可以强化前置条件，可以弱化后置条件，也可以对前置条件强化和对后置条件弱化“同时”进行。

如今，任何一个严密的数学体系都采取公理化方法。在数学体系中，公理组的作用有二。其一是在该体系中成立的任何“事实”(即定理)，追本穷源，最后都归结到公理组。也就是说，只要公理组为真，由它推出的定理也就为真。数学体系是由一系列定理和概念组成的。对于一系列概念，按照逻辑顺序，后面的概念总是在前面的概念的基础上加以定义。如此，对数学体系中任何有定义的概念追本穷源，必定要到某些概念那里终止。数学体系的成功便在于精选不加定义的一组基本概念，以它们为基石，构成数学体系概念大厦。这组基本概念的选取和公理组的选取密切相关。也就是说，公理组的第 2 个作用便是对这些基本概念的性质加以刻画和界定。例如，在(希尔伯特公理系统)几何学中，点、直线和平面是我们最为熟悉的几个无定义的基本概念，它们的性质及其关系，如我们通常所说的，“两个不同点能且只能决定一条直线”“不在一直线上的 3 个不同点能且只能决定一个平面”等性质都是通过公理严格加以刻画后才被我们知晓的。

现在讨论霍尔逻辑。仔细考查命令式程序语法结构和霍尔规则集，我们发现这些证明规则是语法制导的，它们把证明一条复合命令的部分正确性断言划归到证明它的直接子命令的部分正确性断言。因为有了霍尔规则，就存在霍尔规则的推导，而且一切推导都可以追本穷源到这个规则集，所以从这个意义上说，霍尔规则就是一组公理，是它奠定了一个证明系统。套用数学中的术语，我们把该系统中的推导称为证明，而推导出的结论称为定理。如此，霍尔规则集在推导上的作为，确实体现了数学体系中公理组起到的第 1 种作用。

再来考查程序的公理语义，即考查霍尔规则是怎样刻画程序语法结构中每个片断的含义的。也就是说，我们要研究每个规则是否合理，它们能否正确反映相应语法片断应有的性质，或者说能否符合我们对程序命令的执行通常应有的体验。若能，则这组规则集确实发挥了数学中公理组所起到的第 2 种(刻画基本概念性质)的作用。

在霍尔规则集中，最难理解是赋值规则和 while 循环规则，其他规则都比较容易理解。我们先考查规则集中较易理解的部分，最后再谈最难理解的规则。

执行一个空语句指令不改变任何程序变量的值，所以在 skip 规则中，取相同的公式作为前置条件和后置条件。很自然地，如果在 skip 执行之前的状态下断言为真，那么在 skip 执行之后的断言仍为真，这就是该规则告诉我们的内容。

顺序复合规则表示：如果$\{\varphi\}S_1\{\eta\}$和$\{\eta\}S_2\{\psi\}$是有效的，则$\{\varphi\}S_1;S_2\{\psi\}$也是有效的。也就是说，如果在满足 $\varphi$ 的状态下，$S_1$ 的成功执行终止于满足 $\eta$ 的状态，且在满足 $\eta$ 的状态下，$S_2$ 的成功执行终止于满足 $\psi$ 的状态，则在满足 $\varphi$ 的状态下，任何 $S_1$ 和 $S_2$ 的相继成功执行也终止于满足 $\psi$ 的状态。顺序复合规则是通过首先分别验证代码的组件验证代码的一种有用的策略。

条件规则也容易理解。它的两个前提分别与条件命令的两个分支对应。在条件语句 if $p$ then $S_1$ else $S_2$ fi 中，有两个语句可能会执行。如果想要在 if-then-else 结构结束时 $\psi$ 为真，则只要当 $p$ 为真时，由 $S_1$ 执行就可以了，而当 $p$ 为假时，由 $S_2$ 来执行。无论是 $S_1$ 和 $S_2$ 哪个执行，都要产生满足 $\psi$ 的状态。因此，由这个直观想法，当 $S_1$ 执行前 $\varphi \wedge p$ 成立，而当 $S_2$ 执行前，$\varphi \wedge \neg p$ 成立，它们都可以被用作 if $p$ then $S_1$ else $S_2$ fi 中 $p$ 成立或不成立两种情况下的前置条件，于是当 if-then-else 结构结束时，$\psi$ 在这两种情况下都成立，就有该条件规则。

推论规则有些特殊，它不像其他规则适用于命令式程序中的一种语法片断，它的前提包括有效蕴涵式，因此是一个逻辑因果规则。在运用这个规则时，原则上我们可以自由地使用任意有效的一阶蕴涵，而不涉及所使用的一阶断言的形式证明。从满足关系的定义来看，“因果”推理规则是可靠的。这是因为若对所有存储在某些环境中假设是成立的，则在所有的存储中（对同样的环境而言）结论也是成立的。这个事实本身还可以得到证明。

while 循环规则，while $p$ do $s$ end 规则中的断言 $\varphi$ 称为循环不变式，因为规则的前提 $\{\varphi \wedge p\}S\{\varphi\}$ 是有效的，它表示循环体一次完全的执行后断言 $\varphi$ 保持为真，而且 while 循环中这样的执行只发生在满足 $p$ 的状态下。从满足 $\varphi$ 的状态开始，while 循环的执行要么不终止，要么循环体有限次被执行，且循环的每次执行都从满足 $p$ 的状态开始。如果循环不终止，显然规则的结论是绝对满足的（在部分正确性断言证明意义上）。若循环执行的次数是有限的（包括零执行），由于 $\varphi$ 是不变式，所以终态也要满足 $\varphi$，又因为循环只在 $p$ 为假时终止，所以循环只能以存储满足 $\varphi \wedge \neg p$ 停止。这就是 while 循环规则的结论。

最后讨论赋值规则。表面上看，赋值是我们最为熟悉的微不足道的“操作”，但是当 20 世纪 70 年代初期形式化证明领域发展时，写出可靠的赋值公理却是绊脚石之一。且不说含数组变量的赋值操作，即使简单命令式程序的霍尔赋值规则，乍看起来也很复杂。因为赋值前后的状态是不同的，所以为了建立赋值公理，我们必须在某种“一致性”条件下考虑赋值操作前后的断言。这样就得到了奇怪的赋值规则：$\{\varphi[e/\nu]\}\nu := e\{\varphi\}$。它规定了用表达式 $e$ 代替后置断言 $\varphi$ 中的变量 $\nu$ 的每个自由出现，并用它作前置断言。直观上，如果说赋值是以正向的方式运行，那么上述从后置断言到前置断言的替换就是以逆向的方式运行。因此，若 $\varphi$ 在赋值 $\nu := e$ 操作后存储状态下满足，则还原后的断言 $\varphi[e/\nu]$ 必在赋值前的存储状态下满足。

为了更好地理解这个规则，考虑两组变量，一组代表了在赋值前状态下变量的值，另一组是这组变量的带撇号的版本，代表了恰在执行赋值后的变量的值。显然，两组变量的关系是：对每个不同于 $\nu$ 的变量 $u$，$u' \equiv u$，而 $\nu' \equiv e$。即赋值后状态，除了 $\nu'$ 不同于 $\nu$ 以外，其他变量都相同。这里注意 $e$ 仅用不带撇号的变量来表达，因为赋值表达式使用的是基于赋值前状态的值。这样一来，前置断言就能按如下方式得到。首先，用带撇号的变量重写 $\varphi$，即用程序变量的带撇号副本替代其自由出现。我们现在需要写代表赋值前状态的公式。于是根据上述的带撇号与不带撇号变量的关系，用 $e$ 替代 $\nu'$，而其他带撇号变量都自动消除撇号，从而得到没有加撇号的版本。这便得出了 $\varphi[e/\nu]$。

举一个简单的例子。考查简单赋值语句 $v := v + 3$，如果在赋值语句执行后，断言 $\varphi: v = 3$ 成立。很自然想到，在赋值语句执行前，$v$ 变量的值必定为 0。运用赋值规则，有

$$\{v=3[v+3/v]\}v:=v+3\{v=3\}$$

即$\{v+3=3\}v:=v+3\{v=3\}$成立。换言之，断言$\{v=0\}v:=v+3\{v=3\}$有效是赋值规则“合理性”的例证。

## 6.1.2 霍尔逻辑系统的可靠性和完备性

就像数学公理化要研究数学逻辑系统的相容性和完备性，对于霍尔规则，我们也要考虑该逻辑系统的两个普遍性质：可靠性和完备性。

前面已经定义了程序的存储状态概念，下面再引入几个概念。

(1) 解释。因为简单命令式程序在基于存储单元的状态下进行操作，而状态依赖的存储单元的内容仅是整数和整数的运算，所以这里所说的解释是指这样一个函数，它把一个整数值赋给整型变量，记作 $I$：Intvar→$N$。

(2) 有效性。前面多次直观地谈论有效性术语，现在给它明确的定义。对于任意断言$\varphi$，当且仅当对于所有的解释 $I$ 和所有的状态$\sigma$ 它都为真，则称 $\varphi$ 是有效的，记作$\vDash\varphi$。类似地，对任意部分正确性断言$\{\varphi\}S\{\psi\}$，当且仅当对所有的解释 $I$ 和所有的状态$\sigma$ 它都为真，则称部分正确性断言$\{\varphi\}S\{\psi\}$是有效的，记作$\vDash\{\varphi\}S\{\psi\}$。

现在，我们可以定义霍尔逻辑的可靠性和完备性。

**可靠性** 如果假设某条规则的前提是有效的，那么它的结论也是有效的，即规则的有效性能够保持，这时称这条规则是可靠的，或者说是正确的。如果一个证明系统的每条规则都是可靠的，则称这个证明系统本身也是可靠的。

如果霍尔规则都是可靠的，如前面所说的，霍尔证明系统是把证明一条复合命令的部分正确性断言化简到证明它的直接子命令的部分正确性断言，因此，根据规则归纳法原理(实质上和数学中常用的归纳方法一样)可知，从霍尔证明规则系统中得到的每条定理都是有效的部分正确性断言。

**完备性** 如果证明系统足够强大，使所有有效的部分正确性断言都能作为定理，从这个意义上，称这个证明系统是完备的。

证明系统的可靠性，保证了它推出的部分正确性断言都是定理，即都是可靠的。证明系统的完备性，保证了凡是有效的部分正确性断言，都能在该证明系统中得到证明。直观上，若证明系统既可靠又完备，那是最理想不过的了。

那么霍尔证明系统如何呢？

**1. 可靠性**

在 6.1.1 节，我们讨论霍尔规则时曾说过，霍尔规则是以公理方式规定了操作的性质，是一种公理语义。这种公理语义是否符合程序真实的实际行为呢？虽然我们对每条规则的合理性做了阐述，但只是从公理语义角度直观地理解操作性论据来证明它们是有效的，这种推理是不精确的。例如，在对于各种语言的霍尔逻辑的早期开发中，有时不能检测出不可靠的规则。因此，更仔细地证明可靠性是值得做的。也就是说，我们不能满足于前面对每条规则的正确性的非形式叙述，而必须做某种形式化证明。

简单命令式程序的含义，除了公理语义以外，还有操作语义和指称语义。简单来说，操作语义是指对诸如顺序、while 循环、赋值和 if-then-else 选择等编程结构如何执行进行了定义，从而在表达式中的基本符号作了解释时，可以对表达式求值和命令的执行进行形式化表述。例如，用 $c$ 表示某个命令，用 $\sigma$ 表示某个状态，用序偶 $\langle c,\sigma\rangle$ 表示命令的格局，它表示在状态 $\sigma$ 下将要执行命令 $c$。定义 $\langle c,\sigma\rangle\rightarrow\sigma'$ 关系，它表示在状态 $\sigma$ 下，执行命令 $c$ 终止于状态 $\sigma'$。若 $c$ 是 skip，则 $\langle \text{skip},\sigma\rangle\rightarrow\sigma$，它是 skip 运行时的行为操作。指称语义是指用一组数学对象形式化地定义编程语言的语义，如用 $\sigma$ 表示任意状态，$\Sigma$ 是所有状态集合（即状态空间），com 是所有命令集合，若用 $\wp[\![c]\!]$ 表示命令 $c\in\text{com}$ 的指称函数，则它是 $\Sigma\rightarrow\Sigma$ 上的一个部分函数。举一个最简单的例子，若 $c=\text{skip}$，则

$$\wp[\![\text{skip}]\!]=\{(\sigma,\sigma)\mid\sigma\in\Sigma\}$$

它表示是 $\Sigma\rightarrow\Sigma$ 上的一个“恒等”函数。

我们可以从指称语义着手，形式化证明霍尔证明系统的可靠性，基本思想是要证明语义函数的定义与霍尔证明系统之间的一致性。例如，从 skip 的语义函数看出，它的定义和 $\{\varphi\}\text{skip}\{\varphi\}$ 规则是一致的，所以 skip 规则是可靠的。类似地，我们也可以从操作语义着手，形式化证明霍尔系统的可靠性，基本思想是霍尔规则按操作的定义是有效的。例如，从 skip 的操作定义 $\langle\text{skip},\sigma\rangle\rightarrow\sigma$ 来看，霍尔 skip 规则 $\{\varphi\}\text{skip}\{\varphi\}$ 是有效的，所以 skip 规则是可靠的。顺便提一下，对于简单命令式程序，操作语义和指称语义是等价的。但是一般来说，由于同样存在程序及其模型间的差异，实际程序的行为可能会不同。

由指称语义（或操作语义）证明霍尔证明系统的完备性的细节，这里就不叙述了，可以参考有关文献，如前面提到的文献[39]和文献[32]。

**2. 完备性**

因为程序是用来实现需求的，所以每个用归约机制表示的（关于需求的）正确性断言都应该能够得到证明系统验证。推而广之，我们要求所选择的证明系统能够证明自己的体系论及领域内一切正确性断言，这就是对证明系统完备性的要求。可惜，大多数证明系统都达不到这个要求。具体到软件正确性证明系统，阻碍程序验证系统实现完备性要求的原因，大体上可分为以下两方面[16]。

(1) 域原因。在某些域上的基础性逻辑可能本身就不具备一个完整的公理和证明规则集合。例如，我们经常想要使用自然数域上的一阶逻辑，然而早在 20 世纪 30 年代，哥德尔就用以他名字命名的不完备性定理明确指出，自然数的完备的证明系统是不存在的。当时，这个定理震动了整个数学界和科学界，它对数学基础研究产生了巨大影响。精确地讲，这里所说的域原因是对域上的结构而言的。因为在自然数域，我们通常使用带加法和乘法运算的结构，即所谓的 Peano 算术，对于这种结构的一阶系统不可能是完备的。

(2) 可表达性原因。证明所需的关联于程序的某些不变式或中间断言可能不能用基础的（一阶）逻辑来表达。例如，假设程序使用了某种关系 $R$ 和它的传递闭包（Transitive Closure）$R^*$，这时，对于任意两个元素 $x$ 和 $y$，$xR^*y$ 仅当有一组 $x$ 到 $y$ 的元素序列，其中相连的元素由 $R$ 关联。可以证明一阶逻辑不能表达 $x$ 和 $y$ 是由一个给定关系的传递闭包

关联的(尽管在一阶逻辑中可以相当简单地表达一个关系 $R$ 在传递关系下是闭合的)。

虽然一般来说不存在完备的程序正确性证明系统,但是程序验证支持者认为,如果导致证明失效的原因仅限于上面两个原因,那么它就和处理程序的证明系统无关。因此,可以就不同原因解决证明完备性问题。这种关于完备性"弱化"的概念,称为证明系统的相对完备性。在以下两种(可能并不现实)假设情况下,任何正确的断言都能被证明时,这个证明系统就是相对完备的[16]。

(1) 每个证明中需要的正确的(一阶的)逻辑断言即已经作为公理包括在证明系统中。也就是说,存在一个无所不知的判定规则(Oracle)负责判定断言的正确与否。

(2) 每个需要的不变式或中间断言都是可表达的。

具体到霍尔逻辑证明系统,可以证明霍尔系统是不完备的。正如哥德尔不完备性定理所说的那样,能精确建立有效断言的完备的证明系统是不存在的,而在霍尔逻辑(例如)推理规则中就需要证明一阶蕴含式,这样就可能遇到困难。

程序验证支持者认为,若相信程序是正确的,并以断言$\{\varphi\}S\{\psi\}$对此形式化时,那么对"程序是正确的"的理解部分就是理解"为什么在证明$\{\varphi\}S\{\psi\}$中用到的一阶蕴含式是关于计算中所用的值为真的"。因此,我们不应期望任意复杂的、关于自然数的语句都是需要的,而只需要那些反映我们对程序的理解的语句。这些可能是从 Peano 公理可证的。对于实际程序使用霍尔(或其他)逻辑证明其正确性这个实质性任务来说,上述观点可以理解为是合理的[39]。

在上述观念背景下,人们把断言语言的不完备性与由于程序语言结构的公理和规则的不当选择而引起的不完备性分开,从而得到库克(Cook)的相对完备性。实际上库克建立的部分正确性的霍尔规则的相对完备性与算术运算的有效断言有关。这样,人们就把程序及其推理从算术运算及其证明系统的不完备性中分离出来。

相对完备性的证明依赖于最弱前置条件这一概念,它是由 Dijkstra 首先公式化表述的。关于最弱前置条件,后续将详细叙述。直观上,$\varphi$ 是$\{\varphi\}S\{\psi\}$断言中关于 $S$ 执行后 $\psi$ 成立的最弱前置条件,是指对于任意 $\varphi'$,若$\{\varphi'\}S\{\psi\}$断言有效,则 $\varphi'\rightarrow\varphi$ 成立。

这样我们就可以考虑如何证明一个部分正确性断言在某些结构中为真。特别地,是如何证明$\{\varphi\}S_1:S_2\{\psi\}$成立。这时我们就将通过考虑顺序复合规则证明$\{\varphi\}S_1:S_2\{\psi\}$所需的、对中间断言 $\eta$ 的要求。这是逐步定义问题,是库克在 1978 年首次提出的,至今尚未被实质性修改过[74]。首先对 $\eta$ 的要求,它必须蕴含:执行程序 $S_2$ 后 $\psi$ 将成立。其次,我们要求 $\eta$ 是"最弱"的一个中间断言。原因是 $\varphi$ 蕴含由 $S_1$ 到达的存储具有"执行 $S_2$ 后 $\psi$ 将成立"的性质,于是不论是哪个中间断言,若 $\eta$"最弱",则$\{\varphi\}S_1\{\eta\}$应该为真。

我们选择的算术运算是整数集上的加、减、乘运算,并使算术表达式包括整型变量。这样,我们就可以扩充布尔表达式,使之包括更一般的算术表达式、量词和蕴含关系。我们称扩充的布尔断言的集合为断言语言,记为 Assn。

对于上述结构,可以证明对每条命令和后置条件,都能够找到它们的最弱前置条件。这就是 Assn 可表达性。在逻辑等价意义上,表示最弱前置条件的断言是唯一的。

根据 Assn 可表达性，我们可以证明相对完备性。也就是说，如果一个部分正确性断言是有效的，则使用霍尔规则存在该断言的一个证明。注意在证明的每步中，人们都要知道 Assn 断言是否有效。具体证明细节不再给出，请参考文献[32,39,74]。

霍尔相对完备性定理充分说明证明系统相对完备性具有的特性。它不涉及有效断言的确认，因为哥德尔定理告诉我们，不存在这样的程序，给定输入断言，对有效的断言返回一个确认值。另外，它要求每个我们需要的断言都是可表达的。

相对完备性是一个重要而深刻的概念，主要表现在以下几方面[16]。

(1) 它能识别检验中发现的问题到底出自哪里，而且有助于描述哪些是可能的，哪些是不可能的。

(2) 它能提出规避问题的方法。例如，有一个称为布利斯博格算术（Presburger Arithmetic）的结构，它只包括加法、减法和常量乘积（可以用重复的加法来编写），是自然数上的可判定理论，即在该结构上存在完备的公理化方法。因此，当证明不需要乘法时，可以使用布利斯博格算术。

(3) 它给出了正确性证明存在的希望。尽管不可能证明所有基础逻辑和域的正确定理，但一个写好的程序很可能是基于已证明的属性。否则，就没有好的理由去相信它确实是正确的。

## 6.2 不变式

无论是在数学公理化演绎证明系统成为数学学科存在和发展的标准范式之前还是之后，为了保证数学的正确性，人们还采取了不同的方法。特别地，在数学发现的创造性活动中，人们（至少在潜意识里）相信：充分的理解相当于一个严格证明。一系列图形，甚至是一个好的理由，足以保证发现的数学事实是正确无误的。实际上，大部分时候，证明在数学发展中只起到验证作用。

类似地，公理化演绎证明系统并不是软件界采用的唯一形式化证明软件正确性的方法，更不是标准方法。实际上，霍尔逻辑是公理化证明系统中 Floyd 提出的论证程序流程图规则的扩充和修改。Floyd 方法和后来 Dijkstra 提出的基于谓词逻辑演算的程序证明方法，都是程序验证形式化方法。换言之，形式化验证程序的正确性，公理化只是其中一种方法。在软件界，人们更相信“充分理解相当于一个严格证明”这个理念。

### 6.2.1 程序流程图

正确性证明是显示软件正确的一种数学技术。在程序代码编好以后，软件组织要对程序的正确性进行验证。对于串行程序，1967 年，Floyd 提出一个验证系统，它是第 1 个用于程序验证的形式化证明系统[75]。

为确定起见，假设我们讨论的程序就是 6.1 节所说的关于简单整数算术运算的命令式程序，该程序可以用流程图表示，即从操作的观点来看，程序代码与流程图等效。Floyd 证明系统便是为了验证流程图程序正确性而设立的规则集合。下面介绍流程图有关概念[16]，如果在叙述中涉及的概念已在6.1节中作过说明，这里就不再赘述。

一个流程图有4类节点，它们分别对应程序中不同的语句(代码)。

(1) 有一条出边但无入边的椭圆形节点代表开始(Begin)语句。

(2) 有一条入边但无出边的椭圆形节点代表终止(End)语句。

(3) 有一条或多条入边和一条出边的平行四边形节点代表赋值(Assignment)语句。

(4) 有一条或多条入边和两条分别标记着真(True)和假(False)的出边的菱形节点代表判定(Decision)语句。

这4类节点通过边相互连接，从而构成节点间的变迁流动图，称为程序流程图，程序流程图从操作角度将程序可视化。

因为程序是为算术计算任务而编写的，所以节点之间的变迁反映了"数据"随着程序的执行而流动的情况。我们知道，数据是用变量在其存储单元的存储值表示的。所有变量的值代表程序当下的状态，或者说程序的状态是程序变量的一组赋值。因此，节点的变迁一般都会引起程序状态的变化。

为了简化标识，从程序变量集中特地分出一类变量，称作输入变量，记为$x_0, x_1, \cdots$，用于存储程序的初始值。输入变量的值(即初始值)在程序执行过程中不发生改变，所以输入变量不会出现在赋值语句的左侧。输入变量的值称为程序执行开始时的初始条件。

程序有skip、赋值、if-then-else和while循环等命令语言。程序通过这些命令执行运作，从而导致一个有限或无限的状态序列。状态序列在程序流程图中的表示如下。

程序流程图的第1个状态便是满足初始条件的状态，其余每个后继状态$b$都由前驱状态$a$按以下方式获得。

(1) 若$a$是谓词为$p$的判定节点入边上的状态，$b$是该节点标记为True的出边上的状态，且$a$满足$p$，则$b$与$a$相同。

(2) 若$a$是谓词为$p$的判定节点入边上的状态，$b$是该节点标记为False的出边上的状态，且$a$不满足$p$，即$a$使$\neg p$成立，则$b$与$a$相同。

(3) 若$a$是赋值$v:=e$前的状态，即$a$是赋值节点入边上的状态，$b$是紧跟该赋值后的状态，即$b$是赋值节点出边上的状态，则$b$为$a[T_a[e]/v]$。其中，$T_a[e]$是在状态$a$下计算表达式$e$所得的值，而$a[d/v]$表示这样一个状态：除了变量$v$的值是$d$以外，其余变量的赋值都和$a$状态下的赋值一样。因此，赋值操作$v:=e$后的状态$b$，除了$v$的值以外，其余的都和赋值操作前的状态$a$相同，而$v$的值是表达式$e$根据赋值前状态$a$计算得到的值。

### 6.2.2 不变式概念

证明程序的正确性，等价于证明与程序等效的流程图的正确性。Floyd的关键思想首先是在流程图的每条边上放置一个"适当"断言(Assertion)，它是刻画该处程序状态的一阶谓词公式，也就是说，在每个应该拥有某个数学属性的地方作了一个声明。然后从前断言逐步向后断言推导，也就是逐条语句推导，证明程序的正确性。如果程序是正确的，或者说程序流程图是正确的，不仅前后断言逻辑相关，并且在放置断言的地方，程序的状态应该使该断言成立。特别地，把初始条件也看作一个由输入变量的赋值构成的一阶断言，该断言放在流程图开始节点的出边上，把程序执行后的最终状态应该拥有的数学属性写成最终断言，该断言放在终止节点的入边上。若程序是正确的，那么程序在用初始条件初始化后被执行，则每次执行后的最终状态都会满足最终断言，并且在程序执行过程中，流程图每条边上的断言都会"一致"成立。这些断言现在称为不变式。这是从 Floyd 方法引出的关于程序正确性验证的最为重要的一个概念。

### 6.2.3 不变式之间的一致性

从程序正确性证明观点来看，初始条件应该满足程序输入规格说明，最终断言应该满足程序输出规格说明。程序流程图中的任意一条边，它连接两个流程图节点，相当于程序代码两条语句之间的"地方"，称为位置(Location)，有时也称为断言。在每个位置(即在每条边)，程序都处在"特定"状态，也就是说，所有变量都有特定的赋值。程序为了确保在满足输入规格说明的初始条件下执行后，得到满足程序输出规格说明的结果，就必须在每个位置都有"正确"状态。精确地说，某个位置上状态的正确性是指它和其他位置上的状态逻辑相关，使程序正确运行。于是，每个位置上状态的正确性，就是指它所拥有的数学属性在逻辑上和其他位置状态所拥有的数学属性存在正确的"因果"关系。我们已经用断言形式表达数学属性，并称之为不变式。其实为了获得程序正确性证明，必须证明断言确实是"不变式"，Floyd 给出了证明规则。直观上，这些证明规则就是要确认不变式之间的一致性，换言之，只要程序正确，当运行到每个位置，和它关联的不变式确实是不变地成立。

程序正确性可以分为部分正确性和完全正确性。程序的部分正确性是一个 3 元组的断言：初始条件 $\varphi$，程序 $P$ 和最终断言 $\psi$，如 6.1 节那样，记为 $\{\varphi\}P\{\psi\}$，意指若程序从满足 $\varphi$ 的状态运行，当其终结于终止节点时，最终状态满足 $\psi$。这个定义并不保证程序终止，部分正确性恰如其分地表明它不能给出程序正确性的完整依据。如果把终止性和部分正确性相结合，就得到程序的完全正确性。为了证明程序的完全正确性，可以同时证明程序的部分正确性和终止性。当然，也可以分开独立证明。Floyd 是用归纳断言法(或称为前后断言法)证明程序的部分正确性，用良序集法证明终止性。由于本书只偏重思想原理阐述，为了简单起见，我们只讨论证明程序的部分正确性方法。

为证明部分正确性，如前所述，我们需要表明若程序从满足初始条件的状态开始，当它执行到对应流程图某边特定位置时，满足该位置的不变式。从逻辑上讲，就是从前面的断言成立能够推出后面的断言成立，这种逻辑链条保证若初始条件成立，且程序终止，则最终断言成立。直觉上，这些断言首尾一致，好像它们在程序运行时永远成立。不变式恰如其分地表明断言的这种特性，Floyd 的前后断言法的要旨就在于要证明断言之间(即不变式之间)的这种一致性。

在节点入边上的不变式称为该节点的前置条件；在节点出边上的不变式称为该节点的

后置条件。为了简便，我们把一个节点和一条特别选定的出边（如果该节点有两条出边）组合在一起，称为极化极点。因为赋值节点只有一条出边，故每个赋值语句都构成一个极化节点。因为每个判定节点有两条出边，于是每个判定节点都构成两个极化节点：一个出边标记为 True 的肯定判定极化极点和一个出边标记为 False 的否定判定节点。

令 $c$ 为一个极化节点，其前置条件为 pre($c$)，后置条件为 post($c$)，要证明形如{pre($c$)}$c${post($c$)}的断言成立，也就是要证明如下命题（注意，post($c$)标记在极化节点所选定的出边上）。

若程序控制点恰在 $c$ 之前，即在 $c$ 的入边上，其状态满足 pre($c$)，当 $c$ 执行后控制点移到标记有 post($c$)的边上，那么此时状态满足 post($c$)。如果上述命题成立，对此极化节点，我们说它的前置条件和后置条件一致。因为极化极点有 3 种类型，所以不变式也有 3 类一致性条件。也就是说，视极化节点 $c$ 的类型，要分别处理{pre($c$)}$c${post($c$)}的证明事宜。

(1) $c$ 是肯定判定极化极点，即 post($c$)是在判定节点 $c$ 取谓词 $p$ 为 True 的出边上的后置条件。根据前面所述，此判定节点前后的状态保持相同。这样，需要证明若 pre($c$)在该状态下成立，且判定谓词的解释为 True，那么 post($c$)也成立。换句话说，若要证明该极化极点前置条件和后置条件的一致性，必须证明蕴涵式

$$(\mathrm{pre}(c)\ \wedge\ p) \rightarrow \mathrm{post}(c)$$

(2) $c$ 是否定判定极化极点，即 post($c$)是在判定节点 $c$ 取谓词 $p$ 为 False 的出边上的后置条件。如同前面的分析，除了 $\neg p$ 成立，其余与前述情况相同。因此，这时要证明一致性，就必须证明蕴涵式

$$(\mathrm{pre}(c)\ \wedge\ \neg p) \rightarrow \mathrm{post}(c)$$

(3) $c$ 是赋值语句 $v := e$。因为赋值前后的状态是不同的，因而 pre($c$)和 post($c$)不是就相同的状态进行推论。为了使这两个公式推断同一状态，可以相对化(Relativizing) post($c$)得到断言 relpost($c$)，使之推断赋值前的状态。实际上，只要令 relpost($c$)＝post($c$)[$e/v$]即可。因为当 $c$ 是 $v := e$ 节点时，出边上的状态除了变量 $v$ 的值是 $e$ 外，其他变量的值与该节点入边上变量的值相同，而且 $e$ 的值还是根据节点前的状态计算的。所以，若把后置条件中变量 $v$ 的每个自由出现都用表达式 $e$ 替换，则所得的公式便在赋值前状态下立论。回忆我们在 6.1 节也进行过类似讨论。换言之，把 post($c$)相对化得到 relpost($c$)，即得到 post($c$)[$e/v$]，则 pre($c$)和 post($c$)[$e/v$]就在推断同一个状态。于是，在部分正确性证明中，在赋值节点 $c$，需要证明每个满足 pre($c$)的状态也满足 relpost($c$)。如果它满足了 relpost(c)，就保证了执行赋值后的结果状态满足 post($c$)。这样，要证明此时的一致性，就必须证明蕴涵式

$$\mathrm{pre}(c) \rightarrow \mathrm{post}(c)[e/v]$$

### 6.2.4 一个更强的属性

原则上，只要对流程图上的每个极化节点证明了其前置条件和后置条件的一致性，就能保证程序的部分正确性。我们一直是这样说的。虽然如此，事实上，由上述一致性还可以证明一个更强的属性：“每次执行，若其开始于满足程序的初始条件的状态，当程序的控制点

在某位置时，那么关联在该位置的条件成立。”这样，当到达了程序终止节点的入边时，关联在该位置的最终断言必然成立。倘若程序终止，或者说能证明程序终止，则程序正确性自然不会引起人们质疑。于是，程序从满足输入规格说明的初始条件开始，就会肯定无疑地输出满足规格说明的结论。

上述命题可以用简单归纳法证明，我们在满足初始条件状态开始的执行序列的前缀长度上进行归纳。首先，归纳的奠基条件显然成立。其次，假设该前缀以某位置的状态 $a$ 结尾，该位置的不变式为 $\varphi$，由归纳步骤，假设状态 $a$ 满足 $\varphi$。根据极化节点的定义可知，同一个不变式既可以是一个节点的前置条件，又可以是另一个节点的后置条件。因此，当执行序列前缀到达状态是 $a$ 的结尾位置时，如果该位置的下一个节点是 $c$，则 $\varphi=\text{pre}(c)$，并且 $a$ 满足 $\text{pre}(c)$。由极化节点的 3 种类型规定的前置条件和后置条件一致性的对应关系，保证了若 $c$ 被执行，则到达了满足 $\text{post}(c)$ 的状态 $b$。状态 $b$ 使原前缀的长度增加一，形成新的前缀，其中每个状态都满足流程图中对应位置上的条件。于是归纳步骤得证，从而整个命题成立。

### 6.2.5 流程图程序验证实例

下面举一个实例说明 Floyd 程序流程图部分正确性验证方法。图 6.1 所示的代码段是关于 $x_1$ 除以 $x_2$ 运算的，要证明部分正确性的程序。其中，$x_1$ 和 $x_2$ 是输入变量。输入规格说明要求 $x_1$ 和 $x_2$ 都是非负整数，且 $x_2>0$。程序结束时，$y_1$ 变量存放商，$y_2$ 变量存放余数。与程序等效的流程图如图 6.2 所示。

```
y1 : = 0;
y2 := x1;
while (y2≥x2) do
        y2: = y2 − x2;
        y1 := y1 +1;
end
```

图 6.1 证明是(部分)正确的代码段

在图 6.2 中，关联在位置 A 上是初始条件：$x_1\geqslant 0\wedge x_2>0$，记为 $\varphi(\text{A})$。关联在位置 F 上是最终断言：$(x_1\equiv y_1\times x_2+y_2)\wedge y_2\geqslant 0\wedge y_2<x_2$，记为 $\varphi(\text{F})$。我们在流程图其他位置也关联额外的断言。例如，关联在位置 C 的断言是 $\varphi(\text{C})$，$\varphi(\text{C})=(x_1\equiv y_1\times x_2+y_2)\wedge y_2\geqslant 0$。为什么？由于程序开始时，$y_1$ 值是 0，由 $y_2$ 得到 $x_1$ 值。在主循环中，只要 $y_2\geqslant x_2$，就从 $y_2$ 中减去 $x_2$，并给 $y_1$ 加 1。因而在位置 C，从 $y_2$ 中减去 $x_2$ 的次数是 $y_1$。总的来说，共从 $y_2$ 中减去了 $y_1\times x_2$。显然，将此乘积加上 $y_2$ 中剩余的值，其和应是 $x_1$ 的初始值(注意初始值不变，也是目前值。)也就是说，在位置 C，有 $x_1\equiv y_1\times x_2+y_2$。进一步地，很容易看出 $y_2\geqslant 0$ 在此处必成立。故得到上述 $\varphi(\text{C})$断言。一般来说，当我们遇到循环语句时，则需要找到一个断言，使这个断言在执行循环时成立，在退出循环时仍然成立。例如，上面找到的断言 $\varphi(\text{C})$，无论是在循环执行时或是退出时都应成立。因此，$\varphi(\text{D})=(x_1\equiv y_1\times x_2+y_2)\wedge y_2\geqslant x_2$；$\varphi(\text{F})=(x_1\equiv y_1\times x_2+y_2)\wedge y_2\geqslant 0\wedge y_2<x_2$，此即最终断言。在流程图的位置上找出证明所需的不变式可能是一项并不轻松的工作，上述寻找 $\varphi(\text{C})$的过程就显示出这项工作的艰巨性。并不存在全自动发现不变式的方法，通常要仔细观察程序，研究其行为。例如，可模拟一些执行，从中发现在每个位置的不同程序变量间的关系；也可以通过试错法，从一组初步的位置不变式出发，继而通过尝试验证极化节点的前置条件和后置条件间的一

致性条件不断加以改进。找出循环不变式更加困难。假设 $c$ 是一个肯定判定极化节点，如果不能证明 $\mathrm{pre}(c) \wedge p \rightarrow \mathrm{post}(c)$，可能是因为 $\mathrm{pre}(c)$ 过弱，没有包含在进入 $c$ 位置时程序变量间的足够的关联信息；或者 $\mathrm{post}(c)$ 可能不是在离开 $c$ 位置时的正确不变式，从而当程序控制点在该位置时，一些它规定的关联信息并不成立。由此看出，Floyd 方法和数学中的证明方法，需要人的智慧，这也是一切程序正确性证明方法无法避免的缺陷。

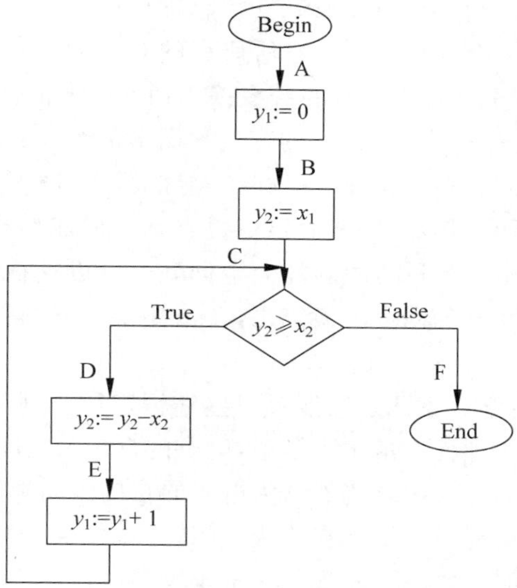


图 6.2　整数除法程序流程图

回到图 6.2，类似地，可以推出其他位置上的断言。$\varphi(\mathrm{B})=x_1 \geqslant 0 \wedge x_2>0 \wedge y_1 \equiv 0$；$\varphi(\mathrm{E})=(x_1 \equiv (y_1+1) \times x_2+y_2) \wedge y_2 \geqslant 0$。注意，在 E 处，由于状态已经和 D 处的状态不同，计算 $x_1$ 的恒等式必然不同于在 D 处状态下计算 $x_1$ 的恒等式。所以我们把文献[16]的有关 $\varphi(\mathrm{E})$ 断言以及随后与它有关的一致性条件等疏漏之处都做了改正。

为证明这些断言的一致性，需要使用一些一阶逻辑证明系统证明以下蕴涵式。

$\varphi(\mathrm{A}) \rightarrow \varphi(\mathrm{B})[0/y_1]=(x_1 \geqslant 0 \wedge x_2>0) \rightarrow (x_1 \geqslant 0 \wedge x_2>0 \wedge 0 \equiv 0)$

$\varphi(\mathrm{B}) \rightarrow \varphi(c)[x_1/y_2]=(x_1 \geqslant 0 \wedge x_2>0 \wedge y_1 \equiv 0) \rightarrow ((x_1 \equiv y_1 \times x_2+x_1) \wedge x_1 \geqslant 0)$

$(\varphi(\mathrm{C}) \wedge y_2 \geqslant x_2) \rightarrow \varphi(\mathrm{D})=((x_1 \equiv y_1 \times x_2+y_2) \wedge y_2 \geqslant 0 \wedge y_2 \geqslant x_2) \rightarrow$
$\quad ((x_1 \equiv y_1 \times x_2+y_2) \wedge y_2 \geqslant x_2)$

$(\varphi(\mathrm{C}) \wedge \neg y_2 \geqslant x_2) \rightarrow \varphi(\mathrm{F})=((x_1 \equiv y_1 \times x_2+y_2) \wedge y_2 \geqslant 0 \wedge \neg y_2 \geqslant x_2) \rightarrow$
$\quad ((x_1 \equiv y_1 \times x_2+y_2) \wedge y_2 \geqslant 0 \wedge y_2<x_2)$

$\varphi(\mathrm{D}) \rightarrow \varphi(\mathrm{E})[y_2-x_2/y_2]=((x_1 \equiv y_1 \times x_2+y_2) \wedge y_2 \geqslant x_2) \rightarrow$
$\quad ((x_1 \equiv (y_1+1) \times x_2+y_2-x_2) \wedge y_2-x_2 \geqslant 0)$

$\varphi(\mathrm{E}) \rightarrow \varphi(\mathrm{C})[y_1+1/y_1]=((x_1 \equiv (y_1+1) \times x_2+y_2) \wedge y_2 \geqslant 0) \rightarrow$
$\quad ((x_1 \equiv (y_1+1) \times x_2+y_2) \wedge y_2 \geqslant 0)$

### 6.2.6 不变式方法评论

Floyd 的归纳断言(或者说前后断言)方法,提供了人们对正确程序的一种理解方式,即从中引出的不变式及他们之间的一致性。由于流程图是节点相互连接而成,它们反映了程序的执行情况。在这个意义上,Floyd 的方法提供的程序的含义是一种操作语义。也就是说,我们从蕴涵关系 pre($c$)→post($c$)去理解节点 $c$(即程序的语句)的"操作"意义。

每个数学学科都是在某个变换下讨论它所研究的对象的某种不变性质。例如,拓扑学的讨论对象是几何图形,研究几何图形在拓扑变换下而不改变的性质。其中,拓扑变换是指正逆两方面都单值(Eindeutig)而又都连续的变换。图形的性质经过拓扑变换而不改变的,叫作拓扑性质。两个图形间若有一拓扑变换存在,能把两个图形中的一个换成另一个,则这两个图形就叫作同胚的图形。例如,一曲面能弯扭成另一曲面,它们就同胚。这样,球面、立方形就与椭圆面同胚;平环与有限高的圆柱面也同胚。可以这样说,是在连续变形下图形不变的整体性质决定了拓扑学的内容。换言之,在拓扑变换下图形不变的性质为我们提供了对图形属性的一种理解方式。

在自然科学中,每个科学分支几乎都涉及一些守恒定律。例如,对于物理学科,自旋角动量守恒是一个金科玉律。即使在量子力学中,电子的自旋与空间的运动没有任何关系(因为电子是一个无内部结构的点粒子),仍然认为电子的自旋角动量是守恒的。爱因斯坦等利用电子自旋角动量守恒定律提出一个现在称为 EPR 悖论的关于量子力学是不完整理论的悖论,后来经过贝尔定理和精密实验,发现了在量子世界中存在一种奇怪的纠缠现象。自旋角动量守恒是一种不变性,这个案例说明诸如此类物理科学中的守恒定律,它们表征的不变性对自然科学的发展所起的作用是举足轻重的。守恒定律是人类深刻理解物理世界本质的一种重要方式。

类似地,在软件中,不变式是正确程序的一种本质属性。因此,基于不变式的 Floyd 方法不仅可以用来验证程序的正确性,而且可以用来作为保证代码高质量的一种开发手段。我们可以把不变式插入代码中,作为软件运行时的一种检查机制,当有不变式不满足时,程序就会中断并给出警告信息,从而便于程序员修改代码,提高软件质量。

有趣的是,在拓扑学中,我们是寻找几何图形在拓扑变换下的不变性质,加深人类对几何图形的理解;在物理学中,我们是在一些守恒不变性质观念下检验物理理论的正确性,如果发现悖论,则寻找产生悖论的机理,不是修改理论,就是发现了新的物理事实。根据我们对不变式的阐述,在程序中,不变式具有两种属性:既是程序性质,又是开发和检验工具。

## 6.3 最弱前置条件

### 6.3.1 最弱前置条件的概念

Floyd 前后断言方法是从"理解"的角度对程序正确性作出证明的方法,类似数学体系中的非公理化形式方法。随后，霍尔提出的逻辑是 Floyd 方法在公理化方向上的扩充。而 1975 年，Dijkstra 提出的最弱前置条件方法是 Floyd 方法向程序设计演算方向上的扩充，仍从理解角度对程序正确性进行形式验证，并使它与程序设计同时进行。

我们把在 6.1 节引入的命令式串行程序稍作扩充(扩充"语法"见后文)，并针对这种程序讨论 Dijkstra 方法。在 6.1 节讨论霍尔证明系统相对完备性时，已经提到最弱前置条件的概念。一般来说，对于任意程序片断 $S$，特别是当 $S$ 是单独命令语句时，我们可以用下面的断言对 $S$ 的执行进行解释。

$$\{\varphi\}S\{\psi\}$$

其中，$\varphi$ 是 $S$ 执行的前置条件；$\psi$ 是 $S$ 执行的后置条件。前置条件 $\varphi$ 是保证语句 $S$ 执行正常结束并满足后置条件 $\psi$ 的先决条件。一般来说，$\varphi$ 只是 $S$ 执行正常结束于 $\psi$ 成立的一个充分条件，未必是必要的。换句话说，保证 $S$ 执行正常结束于 $\psi$ 成立的前置条件可能不止一个。Dijkstra 提出最弱前置条件的概念，用 $\mathrm{WP}(S,\psi)$ 表示，在某种意义上，$\mathrm{WP}(S,\psi)$ 是 $S$ 执行正常结束于 $\psi$ 成立的一个充分必要条件。其最弱性是指，若 $\varphi$ 是 $S$ 执行正常结束于 $\psi$ 成立的任意一个前置条件，则在蕴涵意义上，有 $\varphi\rightarrow \mathrm{WP}(S,\psi)$。

在最弱前置条件概念的基础上，Dijkstra 提出这样的观点：程序设计过程中应该贯穿程序正确性理论。于是，他为应用形式证明系统证明程序正确性方面提供了另外一种方式，该方式基于程序的指称语义。为此，需要从指称语义角度叙述 Dijkstra 的最弱前置条件概念。

程序的所有变量的赋值，构成程序的一个状态。用 $\sigma$ 表示任意一个状态，用 $\Sigma$ 表示所有状态的集合。我们把程序中的任意命令 $c$ 抽象地表示成从状态集合 $\Sigma$ 到状态集合 $\Sigma_\perp$ 的一个函数：$\wp[\![c]\!]:\Sigma\rightarrow\Sigma_\perp$，其中 $\Sigma_\perp=\Sigma\cup\{\perp\}$，$\perp$ 表示无定义状态。例如，在讨论部分正确性时，$\perp$ 表示不终结状态。函数 $\wp[\![c]\!]$ 通常称为命令 $c$ 的指称函数，有时也把它称为状态转换器，因为对任意状态 $\sigma\in\Sigma$，有 $\wp[\![c]\!]\sigma=\sigma'$，$\sigma'\in\Sigma$ 或 $\sigma'=\perp$。命令 $c$ 指称函数提供了命令 $c$ 的一种新的语义，称这种语义为指称语义。

对程序其他部分也可以提供指称语义。简略地说，对算术表达式 $a$，定义指称函数 $\mathcal{A}[\![a]\!]:\Sigma\rightarrow N$，该函数是从状态集到整数集的映射。意即 $\forall\sigma\in\Sigma$，在该状态下计算出 $a$ 的值。该值必为某个整数 $n$，记为 $\mathcal{A}[\![a]\!]\sigma=n$。类似地，对布尔表达式 $b$，定义指称函数 $\mathcal{B}[\![b]\!]:\Sigma\rightarrow T$，该函数是从状态集到真值集 $T=\{\mathrm{True},\mathrm{False}\}$ 的映射。例如，$\mathcal{B}[\![b]\!]\sigma=\mathrm{True}$，意指在状态 $\sigma$ 下，布尔表达式 $b$ 为真。

指称语义的应用非常广泛，尽管它的基本框架不适于描述并行性和公平性，但是它实际上可以描述几乎所有的程序设计语言。对于简单命令式程序设计语言，其指称语义和操作语义是等价的。操作语义与语言的实现相当紧密，实际上，我们在前面解释指称函数的语义时，已经带有操作语义风味[32]。

回忆在 6.1 节定义"解释"为一个将整数值赋给整型变量的函数 $I$：$\mathrm{Intvar}\rightarrow N$。对于任意断言 $\varphi$，$\sigma\in\Sigma$ 和解释 $I$，用 $\sigma\vDash^I\varphi$ 表示在解释 $I$ 下状态 $\sigma$ 满足 $\varphi$，即在解释 $I$ 下，当状态为 $\sigma$ 时断言 $\varphi$ 为真，这时称断言是有效的。

当对程序进行解释时，可以引入谓词概念，于是断言都可以看作谓词。对于任意谓词可以指称它的语义为一个状态集合,集合中每个状态都满足该断言。实际上,Dijkstra 是从谓词转换角度,或者精确地讲,是从谓词指称的状态集之间的转换角度,把最弱前置条件看作一种谓词转换函数。当 $S$ 是某命令语句,$\psi$ 是一个谓词时,关于解释 $I$,我们把 $\psi$ 关于解释 $I$ 对应于 $S$ 的最弱前置条件定义为一个谓词,用 $\mathrm{WP}^I[\![S,\psi]\!]$表示,它指称一个状态集合

$$\mathrm{WP}^I[\![S,\psi]\!]=\{\sigma\in\Sigma_\perp \mid \wp[\![S]\!]\sigma\vDash^I\psi\}$$

即 $\mathrm{WP}^I[\![S,\psi]\!]$是所有状态的集合,在这些状态下,执行 $S$ 或者发散,或者终止于满足 $\psi$ 的终态。也就是说,这些状态指称的谓词便是前述直观意义上的 $\mathrm{WP}(S,\psi)$。现在,它的最弱性也得到了形式刻画,即如果 $\sigma\vDash^I\{\varphi\}S\{\psi\}$,则谓词 $\varphi$ 关于解释 $I$ 指称的状态集合 $\varphi^I$,$\varphi^I\subseteq\mathrm{WP}^I[\![S,\psi]\!]$,反之亦然。于是有$\vDash^I\{\varphi\}S\{\psi\}$当且仅当 $\varphi^I\subseteq\mathrm{WP}^I[\![S,\psi]\!]$,其中 $\varphi^I$ 的严格定义是 $\varphi^I=\{\sigma\in\Sigma_\perp\mid\sigma\vDash^I\varphi\}$,它是在讨论部分正确性时采用的断言 $\varphi$ 的指称定义,即 $\varphi$ 的指称语义,它指称使 $\varphi$ 为真的状态的集合[32]。

我们用与操作语义等价的指称语义严格定义了最弱前置条件的概念。从定义可以看出最弱前置条件存在且唯一。在哲学上代表一种普遍性质,此种普遍性从特殊性中抽象出来。例如,要求 $x\geqslant0$ 成立就比要求 $x>5$ 弱得多,前者可以在更多的状态下成立,所以比后者更具普遍性。

Dijkstra 在讨论完全程序正确性时把命令的含义规定为谓词转换器[76],并认为理解一条命令等于理解确保后置条件为真的最弱前置条件。为了简洁,下面默认解释 $I$,并用 $\mathrm{WP}(S,\psi)$讨论 Dijkstra 的基于最弱前置条件的非公理化的形式证明程序部分正确性方法[36]。

### 6.3.2 谓词转换函数 WP 性质

利用最弱前置条件的指称语义,可以证明 WP 的一些性质。

在下面所述的定律中,$S$ 代表任意(语义)语句,$\psi_1$ 和 $\psi_2$ 代表任意两个后置条件。

(1) 排奇律:WP($S$,False)=False。

因为 WP($S$,False)指称这样一个状态集合,从其中任意一个状态开始执行 $S$ 将保证终止于满足 False 的一个状态。但是 False 指称一个空集,因为没有一个状态会使 False 为真。因此,不可能存在一个状态,从这个状态开始执行 $S$ 并保证终止于满足 False 的状态。

(2) 单调律:假设 $\psi_1\to\psi_2$,则 $\mathrm{WP}(S,\psi_1)\to\mathrm{WP}(S,\psi_1)$。

直观上,根据指称语义,满足 $\psi_1$ 的状态集合包含于满足 $\psi_2$ 的状态集合,从而固定语句 $S$,$\psi_1$ 的最弱前置条件指称的状态集也包含于 $\psi_2$ 的最弱前置条件指称的状态集。很容易将上述直观描述转为严格证明。

(3) 合取分配律:$\mathrm{WP}(S,\psi_1)\wedge\mathrm{WP}(S,\psi_2)=\mathrm{WP}(S,\psi_1\wedge\psi_2)$。

(4) 析取分配律:$\mathrm{WP}(S,\psi_1)\vee\mathrm{WP}(S,\psi_2)=\mathrm{WP}(S,\psi_1\vee\psi_2)$。

两种分配律根据指称语义的定义,很容易理解,不再赘述。

### 6.3.3 程序设计语言控制成分的语义

任意一条命令语句 $S$ 是程序的控制成分,它的执行显示程序的功能特征。在做了 $S$ 要

终止的假定下，如果要求 $S$ 执行终止于某个后置条件，则最弱前置条件概念就是描述程序控制成分 $S$ 不会产生错误结果的充要条件。Dijkstra 认为应该这样理解命令语句的含义。

在我们讨论的程序中，有 skip、赋值、顺序复合、条件、循环等命令语句，它们是程序的控制成分。其中条件语句和循环语句分别是 6.1 节相应语句的（实质上并无不同的）扩充，其他语句和 6.1 节中的语句一样。现在我们从谓词转换角度理解它们的语义。

**1. skip 语句**

因为 skip 语句的执行不做任何事情，所以定义 skip 的语义为

$$\mathrm{WP}(\mathrm{skip},\psi)=\psi$$

**2. 赋值语句**

对于形如 $v := e$ 的简单赋值语句，有

$$\mathrm{WP}(v := e,\psi)=\psi[e/v]$$

其中，$\psi[e/v]$表示把谓词 $\psi$ 中的 $v$ 的所有自由出现都用 $e$ 替换。这个定义的正确性前面已多次说明，不再赘述。如果推广到一般情况，如谓词 $\psi$ 中还出现量词，要把所有约束变量改成与 $e$ 不同的名字。

**3. 顺序复合语句**

对于最基本的顺序复合语句 $S_1;S_2$，有

$$\mathrm{WP}(S_1;S_2,\psi)=\mathrm{WP}(S_1,\mathrm{WP}(S_2,\psi))$$

如果令 $\eta=\mathrm{WP}(S_2,\psi)$，$\eta$ 便是顺序执行 $S_1$ 和 $S_2$ 并最后使 $\psi$ 成立的中间断言。因此，上式定义的意义是显然的。

**4. 条件语句**

把 if-then-else 语句扩充为一般形式

```
if  B₁ → S₁;
□  B₂ → S₂;
…
□  Bₙ → Sₙ;
fi
```

它表示任选一条监督条件 $B_i$ 为真的语句 $S_i$ 执行，并在执行完毕后离开条件语句；如果所有的监督条件都不成立，则认为出现了错误情况。令 IF 代表上述条件语句，BB 表示 $B_1 \lor B_2 \lor \cdots \lor B_n$。对于如此 if 语句，则有

$$\mathrm{WP}(\mathrm{IF},\psi)=\mathrm{BB} \land \forall i: 1 \leqslant i \leqslant n: B_i \to \mathrm{WP}(S_i,\psi)$$

因为讨论的是确定性的串行程序，上面的 $B_1, B_2, \cdots, B_n$ 之间互斥，所以它只是 if-then-else 的并无实质性差别的推广。所以当 $B_i$ 为真时，if 语句的语义必然是保证 $S_i$ 执行终止于 $\psi$ 成立的最弱前置条件：$\mathrm{WP}(S_i,\psi)$。

**5. 循环语句**

把 5.1 节的 while 循环语句扩充为一般形式

$$
\begin{array}{l}
\text{do } B_1 \rightarrow S_1 \\
\square \quad B_2 \rightarrow S_2 \\
\cdots \\
\square \quad B_n \rightarrow S_n \\
\text{od}
\end{array}
$$

它表示任选其中一条监督条件 $B_i$ 为真的语句 $S_i$ 执行，执行完毕后重复上述过程，直到所有的监督条件都不成立时才离开循环语句。用 BB 表示 $B_1 \lor B_2 \lor \cdots \lor B_n$，因此，上面的语句等价于

$$
\begin{array}{lll}
\text{do} & \text{BB} \rightarrow \text{if} & B_1 \rightarrow S_1 \\
 & \quad\ \square & B_2 \rightarrow S_2 \\
 & \quad\ \cdots & \\
 & \quad\ \square & B_n \rightarrow S_n \\
 & \quad\ \text{fi} & \\
\text{od} & &
\end{array}
$$

令 DO 代表该循环语句，IF 代表其中的条件语句。为了利用最弱前置条件 WP(DO,$\psi$)对 DO 的语义定义，首先引入一系列谓词 $H_k(\psi)$，$k=0,1,2,\cdots$。

$$
\begin{aligned}
& H_0(\psi) = \neg \text{BB} \land \psi \\
& H_1(\psi) = H_0(\psi) \lor \text{WP}(\text{IF}, H_0(\psi)) \\
& \cdots \\
& H_k(\psi) = H_0(\psi) \lor \text{WP}(\text{IF}, H_{k-1}(\psi))
\end{aligned}
$$

其中，$H_0(\psi)$是这样的谓词，在该谓词指称的状态集合中，任意状态都使 DO 执行零次循环后便使 $\psi$ 为真终止，显然 $H_0(\psi)$表示的状态集合中一切状态都不满足 BB，所以 $H_0(\psi)=\neg \text{BB} \land \psi$。

$H_1(\psi)$表示这样的状态集合，在其中任意状态下，DO 语句最多执行一次循环后便终止且满足后置条件 $\psi$。如果一个状态使循环只能执行一次，则循环体中的 if 语句也只能执行一次。在这个状态下，BB 为真，但执行 if 语句后，循环终止且 $\psi$ 为真，也就是 $\neg \text{BB} \land \psi$ 成立。所以，这个保证循环只能执行一次且终止于 $\psi$ 的状态正是 WP(IF, $\neg \text{BB} \land \psi$)中的一个状态。于是 $H_1(\psi)=H_0(\psi) \lor \text{WP}(\text{IF}, \neg \text{BB} \land \psi)$。又 $\neg \text{BB} \land \psi = H_0(\psi)$，故得到 $H_1(\psi)=H_0(\psi) \lor \text{WP}(\text{IF}, H_0(\psi))$。如果 DO 只执行一次循环，可以把程序看作 if 语句和零次循环的顺序复合语句，所以零次循环的最弱前置便是 if 语句的后置条件。

一般地，当 $k>0$ 时，用 $H_k(\psi)$表示这样的状态集合，在其中任意状态下，DO 语句最多执行 $k$ 次循环后终止且满足后置条件 $\psi$。只要循环没有终止，循环体中的 if 语句就要执行。当循环体中的 if 语句至少执行一次时，在初始条件下 BB 为真，且当 BB 依然为真时就要重复执行 if 语句，这样第 $j-1$ 次执行 if 语句的前置条件便将成为第 $j$ 次执行 if 语句的后置条件。鉴于 if 语句的执行必定在不超过 $k-1$ 次重复时终止且满足 $\psi$，所以对于 $k>0$，有

$$H_k(\psi) = H_0(\psi) \vee \mathrm{WP}(\mathrm{IF}, H_{k-1}(\psi))$$

这里，$H_k(\psi)$借助于 $H_{k-1}(\psi)$定义，因此循环语句的最弱前置条件的定义是递归的。于是，循环语句的谓词转换函数可表示为

$$\mathrm{WP}(\mathrm{DO}, \psi) = \exists k, k > 0 : H_k(\psi)$$

### 6.3.4　程序正确性证明方法

程序行为是由命令语句控制的，对程序命令语句作了定义，也就是对程序的行为作了规范。因此，程序的正确性可以通过编写的代码是否实现了"设计演算"来验证。代码的"设计演算"就是采用最弱前置条件把命令语句理解为谓词转换函数，并且求解控制成分的最弱前置条件 WP，也就是对程序在每个控制点的功能作了严格抽象规定。软件的正确性就依赖于验证程序在控制语句前"真正"实现的前置条件是否蕴涵由"设计演算"得到的最弱前置条件 WP 来判定。Dijkstra 的这种验证方法是在对语句指称语义的理解上进行的一种形式证明方法，它和 Floyd 的在语句操作语义上的理解的形式证明方法，以及霍尔在语句公理语义上的理解的形式证明方法都是串行程序正确性形式证明的典范。不变式、最弱前置条件和霍尔规则是关于程序正确性的 3 个最重要的概念，程序的设计和验证都可以采取它们作为理论根据和实践手段。

直接求解 WP 很困难，这在我们刻画 WP(IF,$\psi$)和 WP(DO,$\psi$)中已经看出，所以在实际中，有时不必求出它们，可采用其他途径证明上面提到的蕴涵关系的成立情况。这些方法总结在下面的定理中，而且在完全正确性意义上立论。

下面定理的证明中，条件语句、循环语句的定义及其有关概念和符号都与前文相同，不再赘述。

**1. 关于条件语句 IF 的蕴涵关系定理**

**定理 6.1**[36]　对于条件语句 IF，如果谓词 $P$ 满足

(1) $\forall i: 1 \leqslant i \leqslant n: P \wedge B_i \rightarrow \mathrm{WP}(S_i, \psi)$

(2) $P \rightarrow \mathrm{BB}$

则 $P \rightarrow \mathrm{WP}(\mathrm{IF}, \psi)$。

**证明**　首先改写条件(1)，将 $P$ 从全称量词作用域提出。

$$\begin{aligned}
&\forall i: 1 \leqslant i \leqslant n : P \wedge B_i \rightarrow \mathrm{WP}(S_i, \psi)\\
&\quad = \forall i: 1 \leqslant i \leqslant n: \neg(P \wedge B_i) \vee \mathrm{WP}(S_i, \psi)\\
&\quad = \forall i: 1 \leqslant i \leqslant n: \neg P \vee \neg B_i \vee \mathrm{WP}(S_i, \psi)\\
&\quad = \neg P \vee (\forall i: 1 \leqslant i \leqslant n: \neg B_i \vee \mathrm{WP}(S_i, \psi))\\
&\quad = P \rightarrow (\forall i: 1 \leqslant i \leqslant n: B_i \rightarrow \mathrm{WP}(S_i, \psi))
\end{aligned}$$

再把条件(2)与改写了的条件(1)结合，得到两个条件的合取为

$$\begin{aligned}
&(P \rightarrow \mathrm{BB}) \wedge (P \rightarrow (\forall i: 1 \leqslant i \leqslant n: B_i \rightarrow \mathrm{WP}(S_i, \psi)))\\
&= P \rightarrow (\mathrm{BB} \wedge \forall i: 1 \leqslant i \leqslant n: B_i \rightarrow \mathrm{WP}(S_i, \psi))
\end{aligned}$$

因为 $BB \wedge \forall i: 1 \leqslant i \leqslant n: B_i \rightarrow WP(S_i, \psi) = WP(IF, \psi)$，所以 $P \rightarrow WP(IF, \psi)$，定理得证。

**2. 关于循环语句 DO 的蕴涵关系定理**

首先证明两个引理。

**引理 6.1**[36] 对于循环语句 DO，如果谓词 $P$ 满足

$$\forall i: 1 \leqslant i \leqslant n: P \wedge B_i \rightarrow WP(S_i, P)$$

则 $P \wedge WP(DO, True) \rightarrow WP(DO, P \wedge \neg BB)$。

WP(DO,True)表示循环语句 DO 的执行一定终止的最弱条件，引理 6.1 的假定是说，$P$ 是这样的谓词，对于任意 $i$，$P \wedge B_i$ 能导致 $S_i$ 执行后终止的状态又使 $P$ 成立。换言之，引理 6.1 的假定指 $P$ 是能够导致循环语句 DO 不断执行的前置条件。这样的 $P$ 就是关于循环 DO 的一个循环不变式，即 $P$ 在每次循环后都保持不变，只要初始时 $P$ 成立。可见，若循环终止，则必有 $P \wedge \neg BB$。因而对于任意一个具有引理 6.1 给定属性的谓词 $P$，当把它限制在循环终止的条件下时，则会导致 DO 执行终止，并且终止状态满足后置条件 $P \wedge \neg BB$。把上面的直观想法严格化，就得到这个引理的证明。

**证明** 因为 $BB = B_1 \vee B_2 \vee \cdots \vee B_n$，$B_1, B_2, \cdots, B_n$ 两两互斥，所以 $P \wedge BB \wedge B_i = P \wedge B_i$。这样，可以改写引理 6.1 的条件为

$$\forall i: 1 \leqslant i \leqslant n: P \wedge BB \wedge B_i \rightarrow WP(S_i, P)$$

又因为 $P \wedge BB \rightarrow BB$。把上面两个条件与定理 6.1 中的两个条件对照，得到蕴涵关系

$$P \wedge BB \rightarrow WP(IF, P) \tag{6.1}$$

利用循环语句的最弱前置条件定义，有

$$WP(DO, True) = \exists k: k > 0: H_k(True)$$

其中，$H_0(True) = \neg BB$，$H_k(True) = \neg BB \vee WP(IF, H_{k-1}(True))$。

$$WP(DO, P \wedge \neg BB) = \exists k: k > 0: H_k(P \wedge \neg BB)$$

其中，$H_0(P \wedge \neg BB) = P \wedge \neg BB$，$H_k(P \wedge \neg BB) = (P \wedge \neg BB) \vee WP(IF, H_{k-1}(P \wedge \neg BB))$。

显然，欲证 $P \wedge WP(DO, True) \rightarrow WP(DO, P \wedge \neg BB)$，可以采用数学归纳法，对 $k$ 进行归纳，现在证明一下蕴涵式

$$P \wedge H_k(True) \rightarrow H_k(P \wedge \neg BB), \quad k \geqslant 0$$

奠基：当 $k=0$ 时，$P \wedge H_0(True) \rightarrow H_0(P \wedge \neg BB) = P \wedge \neg BB \rightarrow P \wedge \neg BB$，显然成立。

归纳步骤：假设 $P \wedge H_{k-1}(True) \rightarrow H_{k-1}(P \wedge \neg BB)$ 成立，由于 $P \wedge H_k(True) = P \wedge (\neg BB \vee WP(IF, H_{k-1}(True)))$。

如果注意到集合运算有 $\vee$ 对 $\wedge$ 的分配律，即

$$A \vee (B \wedge C) = (A \vee B) \wedge (A \vee C) \text{ 或 } (A \vee B) \wedge (A \vee C) = A \vee (B \wedge C)$$

则因 $\neg BB \vee BB = T$，有

$$\begin{aligned}
&\neg BB \vee WP(IF, H_{k-1}(True)) \\
&= (\neg BB \vee BB) \wedge (\neg BB \vee (WP(IF, H_{k-1}(True)))) \\
&= \neg BB \vee (BB \wedge (WP(IF, H_{k-1}(True))))
\end{aligned}$$

于是，接续前面的等式，有

$= P \wedge (\neg BB \vee (BB \wedge (WP(IF, H_{k-1}(True)))))$

$= (P \wedge \neg BB) \vee (P \wedge BB \wedge WP(IF, H_{k-1}(True)))$

$\xrightarrow{\text{由式(6.1)}} (P \wedge \neg BB) \vee (WP(IF, P) \wedge WP(IF, H_{k-1}(True)))$

$= (P \wedge \neg BB) \vee WP(IF, P \wedge H_{k-1}(True))$ （由 WP 合取分配律可得）

$\xrightarrow{\text{由归纳假设}} (P \wedge \neg BB) \vee WP(IF, H_{k-1}(P \wedge \neg BB))$

$= H_k(P \wedge \neg BB)$

故归纳步骤得证。从而，$\forall k: k \geqslant 0: P \wedge H_k(True) \rightarrow H_k(P \wedge \neg BB)$成立。

最后，可得

$$P \wedge WP(DO, True) = \exists k: k \geqslant 0: P \wedge H_k(True)$$
$$\rightarrow \exists k: k \geqslant 0: H_k(P \wedge \neg BB) = WP(DO, P \wedge \neg BB)$$

证毕。

**引理 6.2**[36] 设 $t$ 是依赖于程序变量的一个整型函数，满足

(1) $P \wedge BB \rightarrow t > 0$

(2) 对满足 $P \wedge B_i \wedge t \leqslant t_0 + 1$ 的任意正常量值 $t_0$，有

$$P \wedge B_i \wedge t \leqslant t_0 + 1 \rightarrow WP(S_i, P \wedge t \leqslant t_0), \quad 1 \leqslant i \leqslant n$$

则 $P \rightarrow WP(DO, True)$。

一般来说，为了证明程序终止性，都采用一种依赖程序变量的界函数，其直观意义是指明程序“终止”条件：如果随着程序的进行，界函数（至少在关键断点）严格不增，则程序就会终止。引理 6.2 中的整型函数 $t$ 可以作为循环的界函数，因为由引理 6.1 可知，$P$ 是循环语句 DO 的一个不变式。由于初始时，$P$ 成立且整型函数 $t>0$，而且随着每次循环，$t$ 的值都会减少。由于 $t$ 有下界，故可以推知，循环决不会无限次进行，即 $P$ 必会导致循环终止。此引理的证明与引理 6.1 证明类似，故不再赘述。

现在可以得到关于循环语句 DO 的蕴涵关系方法了。

**定理 6.2**[36] 对于循环语句 DO，假定存在谓词 $P$ 和依赖于程序变量的一个整型变量 $t$ 满足

(1) $\forall i: 1 \leqslant i \leqslant n: P \wedge B_i \rightarrow WP(S_i, P)$

(2) $P \wedge BB \rightarrow t > 0$

(3) $\forall i: 1 \leqslant i \leqslant n: P \wedge B_i \rightarrow WP(\text{“}t_0 := t, S_i\text{”}, t < t_0)$

则 $P \rightarrow WP(DO, P \wedge \neg BB)$。

**证明** 根据条件(1)，由引理 6.1 可得

$$P \wedge WP(DO, True) \rightarrow WP(DO, P \wedge \neg BB)$$

注意，我们实质上已经证明了 $P$ 是循环语句 DO 的一个循环不变式，若循环终止，则肯定有 $P \wedge \neg BB$ 成立。

下面证明程序必会终止。我们定义的整型变量 $t$ 依赖于程序变量，因而诸如 $t>0$、$t<t_0$ 等断言也是谓词。$t_0 := t$ 属于程序命令语句，通过 $t$ 的值表明循环终止条件。

因为 $P \wedge B_i \wedge t \leqslant t_0+1 \rightarrow P \wedge B_i$，所以由条件(1)可得到

$$\forall i: 1 \leqslant i \leqslant n: P \wedge B_i \wedge t \leqslant t_0+1 \rightarrow \mathrm{WP}(S_i, P)$$

把上述断言和条件(3)相结合，注意谓词 WP(“$t_0 := t, S_i$”, $t < t_0$)表示这样的最弱前置条件，当 $t=t_0$ 时，执行 $S_i$ 进行再一次循环后，状态满足 $t<t_0$ 断言，就有

$$P \wedge B_i \wedge t \leqslant t_0+1 \rightarrow \mathrm{WP}(“t_0 := t, S_i”, P \wedge t \leqslant t_0)$$

此结论和条件(2)是引理 6.2 的条件，由引理 6.2 可得到

$$P \rightarrow \mathrm{WP}(\mathrm{DO}, \mathrm{True})$$

该结论表示 $P$ 能导致循环 DO 终止。前面已经证明 $P$ 是循环 DO 的一个不变式，即在部分正确性意义上证明了 $P \wedge \mathrm{WP}(\mathrm{DO}, \mathrm{True}) \rightarrow \mathrm{WP}(\mathrm{DO}, P \wedge \neg \mathrm{BB})$。

若把两个已证结论相结合，便在完全正确性意义上证明了结论。事实上，有

$$P \wedge P \rightarrow P \wedge \mathrm{WP}(\mathrm{DO}, \mathrm{True}) \rightarrow \mathrm{WP}(\mathrm{DO}, P \wedge \neg \mathrm{BB})$$

因此，得到定理的结论为

$$P \rightarrow \mathrm{WP}(\mathrm{DO}, P \wedge \neg \mathrm{BB})$$

证毕。

在定理 6.2 的证明中，我们边证边叙，实际上已经看出可以用什么方法证明程序的完全正确性。对于串行简单命令式程序，程序不终止情况通常发生在循环语句中，即循环不终止。因而定理 6.2 的证明方法指出证明一个程序完全正确性的方法，即循环终止证明和循环部分正确性证明相结合的方法。

(1) 程序的某个谓词 $P$ 在循环开始执行前为真。

(2) 证明在每次循环后，$P$ 总是保持为真，也就是说，证明 $P$ 是循环不变式。

(3) $P \wedge \neg \mathrm{BB} \rightarrow \psi$，即循环结束时，该程序的后置条件总是满足。当后置条件是程序的输出断言时，此时程序的部分正确性得证。

(4) $P \wedge \mathrm{BB} \rightarrow t>0$，$t$ 是依赖程序变量的一个整型函数，在循环过程中，$t$ 保持有下界。

(5) 每次循环界函数 $t$ 都在减少。定理 6.2 是利用构造谓词转换函数：WP(“$t_0 := t$, $S_i$”, $t<t_0$)，并证明在循环过程中它总是为真，借此表明界函数 $t$ 在减少。

显然，前面 3 点保证了程序的部分正确性，而后两点保证了程序必定终止，从而证明了程序的完全正确性。

### 3. 举例说明 Dijkstra 最弱前置条件方法的应用[36]

斐波那契数列$\{f_n\}$，$n \geqslant 0$：0,1,1,2,3,5,…，它的规律是：$f_0=0$，$f_1=1$，$f_2=f_0+f_1=1$，$f_3=f_1+f_2=2$，…，即从 $n \geqslant 2$ 起，每个斐波那契数 $f_n$ 都是前面两个斐波那契数 $f_{n-2}$ 与 $f_{n-1}$ 之和。

用程序计算斐波那契数 $f_n$，$n>0$，其(伪)代码如下。

```
i,a,b:= 1,0,1;
do
    i<n→i,a,b = i+1,b,a+b;
od
```

这个程序实际上是由循环语句控制的，它通过迭代计算出 $f_n(n>0)$ 的值。现在采用最弱前置条件方法，按照前面的步骤证明它的完全正确性。

首先写出该程序循环不变式 $P$、后置条件 $\psi$、界函数 $t$、监督条件 BB，如下所示。

$$P:(1\leqslant i\leqslant n)\wedge(a=f_{i-1})\wedge(b=f_i)$$

$$\psi: b=f_n$$

$$t: n-i$$

$$\text{BB}: i<n$$

（有待证明的）循环不变式 $P$ 体现了程序员在编写代码时设置变量的"用意"，因此找到它需要人的"智力"。界函数 $t$ 通常比较容易确定，其他条件都是显然的。

(1) 证明 $P$ 在循环开始执行前为真。

由于循环是在初始条件下开始的，所以 $P$ 是否在进入循环前为真，可通过以下最弱前置条件考查（注意 $n>0$）。

$$\begin{aligned}&\text{WP}(\text{“}i,a,b:=1,0,1\text{”},(1\leqslant i\leqslant n)\wedge(a=f_{i-1})\wedge(b=f_i))\\&=(1\leqslant 1\leqslant n)\wedge(0=f_0)\wedge(1=f_1)\\&=\text{True}\end{aligned}$$

(2) 证明 $P$ 的确是循环不变式。

$$\begin{aligned}\text{WP}(S,P)&=\text{WP}(\text{“}i,a,b:=i+1,b,a+b\text{”},(1\leqslant i\leqslant n)\wedge(a=f_{i-1})\wedge(b=f_i))\\&=(1\leqslant i+1\leqslant n)\wedge(b=f_i)\wedge(a+b=f_{i+1})\\&=(0\leqslant i<n)\wedge(b=f_i)\wedge(a=f_{i+1}-f_i)\\&=(0\leqslant i<n)\wedge(a=f_{i-1})\wedge(b=f_i)\end{aligned}$$

因为 $P\wedge(i<n)$ 蕴含 $\text{WP}(S,P)$，所以循环得以执行且执行后 $P$ 都不改变，故 $P$ 的确是循环不变式。

(3) 证明循环终止时后置条件 $\psi$ 为真。

$$\begin{aligned}P\wedge\neg\text{BB}&=(0\leqslant i\leqslant n)\wedge(a=f_{i-1})\wedge(b=f_i)\wedge(i\geqslant n)\\&=(i=n)\wedge(a=f_{n-1})\wedge(b=f_n)\\&\rightarrow b=f_n\end{aligned}$$

上述 3 个方面的证明，表明了程序的部分正确性。

(4) 证明界函数 $t$ 在循环终止前总是有下界的。

$$P\wedge\text{BB}\rightarrow(0\leqslant i\leqslant n)\wedge(i<n)\rightarrow(n-i>0)$$

此即 $P\wedge\text{BB}\rightarrow t>0$。BB 为真，表示循环未结束，所以该蕴涵式表明界函数 $t$ 在循环终止前保持有下界。

(5) 证明每次循环迭代，界函数 $t$ 减少。

构造以下谓词转换函数，证明每次循环，$t$ 减少。

$$\begin{aligned}
&\mathrm{WP}(\text{“}t_0 := t;\ S\text{”}, t < t_0)\\
&= \mathrm{WP}(\text{“}t_0 := n - i;\ S\text{”}, n - i < t_0)\\
&= \mathrm{WP}(\text{“}t_0 := n - i\text{”}, \mathrm{WP}(\text{“}i, a, b := i + 1, b, a + b\text{”}, n - i < t_0))\\
&= \mathrm{WP}(\text{“}t_0 := n - i\text{”}, n - i - 1 < t_0)\\
&= n - i - 1 < n - i\\
&= \mathrm{True}
\end{aligned}$$

后面两方面的证明，证实在循环过程中，控制循环的界函数有下界且每次循环后都在减少，故循环必将终止。

综上所述，该程序的完全正确性得到证明。

第 7 章

# 程序正确性概率演绎证明

软件有效性不完全依赖于程序代码编写的正确性，有时还依赖于用户的操作方式，网络软件更是如此。一般地，用户使用方式是一种随机行为，偏重人机交互的软件产品，如果没有考虑用户使用方式的随机性，则往往达不到质量要求。有时，系统与人之间的交互致使系统本身行为类似于一个随机系统，即随机性成为该系统的本质特征。这时我们更要研究系统的随机行为。关于随机现象，概率论和数理统计两个数学分支早就对其规律进行了深刻理论研究。因此，牵涉到系统具有随机行为的程序正确性的验证问题，很自然地要对系统的执行进行抽样，并在此基础上，运用概率理论，或者构造概率模型，选择概率逻辑，用数学中严格的概率演绎方式证明程序的正确性。或者用非形式方法，抽象出用户操作方式的概率规律，直接地对软件正确性进行近似估计和验证。

## 7.1 概率论数学基础知识

### 7.1.1 概率空间[77]

#### 1. 样本空间与$\sigma$-代数

设 $\Omega$ 是抽象点 $w$ 组成的集合，$\Omega=(w)$。$\Omega$ 中任意元素（即抽象点）$w$ 也称为 $\Omega$ 的样本点，因此 $\Omega$ 也称为样本空间。$\Omega$ 的某些子集所成的集 $\mathcal{F}=\{A\}$ 如果满足以下条件：

(1) $\Omega\in\mathcal{F}$

(2) 若 $A\in\mathcal{F}$，则 $\overline{A}=\Omega-A\in\mathcal{F}$

(3) 若 $A_i\in\mathcal{F}, i=1,2,\cdots$，则 $\bigcup\limits_{i=1}^{\infty}A_i\in\mathcal{F}$

则称 $\mathcal{F}$ 为 $\Omega$ 中的 $\sigma$-代数。$\mathcal{F}$ 中的任意元素（即集）$A$ 也称为事件，其中 $\overline{A}=\Omega-A$ 表示 $A$ 在 $\Omega$ 中的余集，它是和 $A$ 相对应事件。

由 $\mathcal{F}$ 的定义，可以推出 $\mathcal{F}$ 还有以下性质：

(4) $\varnothing=\Omega-\Omega\in\mathcal{F}$

(5) 若 $A_i \in \mathcal{F}, i=1,2,\cdots$，则 $\bigcap_{i=1}^{\infty} A_i = \overline{\bigcup_{i=1}^{\infty} \overline{A}_i} \in \mathcal{F}$

由$\mathcal{F}$的性质(3)和性质(5)可知，$\mathcal{F}$对可列事件的并和交运算都封闭。注意，之所以选择 $\Omega$ 中满足上述定义要求的子集组成$\sigma$-代数构成事件集，是因为(如当 $\Omega$ 是实数集时)若取 $\Omega$ 一切子集构成事件域，则过于庞大，不适宜数学处理。而且满足定义要求的 $\Omega$ 中的子集组成的集，即$\sigma$-代数$\mathcal{F}$ 对于实际运用也足够了。它具有许多好的性质，从它的定义推出的性质(4)和性质(5)可以看出。值得强调的是，当 $\Omega$ 是可列集时，有时取 $\Omega$ 所有子集作为$\sigma$-代数$\mathcal{F}$。另外，在实用中，往往取 $\Omega$ 中某些具有特殊性质的一些子集作为基础事件，然后在基础事件上构造包含它们的最小 $\sigma$-代数。直观上，该 $\sigma$-代数就是在基础事件之上，通过一切可列并、可列交和求余运算而得到。一般地，对于 $\Omega$ 的子集的任意一个集合，在 $\Omega$ 上都存在一个唯一的最小$\sigma$-代数包含它。

**2. 概率测度**

定义在$\mathcal{F}$上的集函数 $P(A)(A\in\mathcal{F})$，如果满足以下条件：

(1) $\forall A\in\mathcal{F}, 0\leqslant P(A)\leqslant 1$

(2) $P(\Omega)=1$

(3) 对有穷或可列个集 $A_i \in \mathcal{F}, i=1,2,\cdots, A_i \cap A_j = \varnothing, i \neq j$，有

$$P\left(\bigcup_{i=1} A_i\right) = \sum_{i=1} P(A_i)$$

则称 $P$ 为$\mathcal{F}$上的概率测度。其中，条件(3)称为 $P$ 的完全可加性。由概率测度定义，又容易推知以下条件：

(4) $P(\varnothing)=0$

(5) 另外，由概率理论可知，若事件 $A_i, i=1,2,\cdots,n$ 相互独立，直观上，任意事件 $A_i$ 的发生均与其他事件 $A_j (i\neq j)$发生无关，则

$$P\left(\bigcap_{i=1}^{n} A_i\right) = \prod_{i=1}^{n} P(A_i)$$

即相互独立事件共同发生的概率等于各个事件发生概率的积。

**3. 可测空间和概率空间**

若在样本空间 $\Omega$ 上，定义了 $\sigma$-代数$\mathcal{F}$，则称 $\Omega$ 为可测空间，通常记此可测空间为$(\Omega,\mathcal{F})$。又若在$\mathcal{F}$上定义了概率测度 $P$，把 3 个对象 $\Omega$、$\mathcal{F}$、$P$ 写在一起，称$(\Omega,\mathcal{F},P)$为概率空间。

一般地，讨论随机现象，都假定存在一个概率空间$(\Omega,\mathcal{F},P)$，任意随机事件 $A$ 都是$\mathcal{F}$中的事件，或者说是$\mathcal{F}$-可测集(简称为可测集)，即 $A\in\mathcal{F}$。随机事件 $A$ 出现的概率由 $P(A)$给出。不过，在大多数实际应用中，概率空间$(\Omega,\mathcal{F},P)$并不明显给出，只是在理论上存在。

## 7.1.2 随机变量理论知识

### 1. 随机变量及其分布函数

定义在概率空间$(\Omega,\mathcal{F},P)$上而在实数域$R$中取实值点的函数$\xi(w)$称为随机变量，对$R$中的每个$x$，集合$\{w: \xi(w)\leqslant x\}\in\mathcal{F}$。

随机变量$\xi$可以看作从$\Omega$到$R$中的一个映射。因此，给定$R$中任意一个点集$S$，在$\Omega$中总存在映射到$S$中的点集。这个点集称为$S$的原象，并记作$\xi^{-1}(S)$。用此符号时，$\xi$为随机变量的充要条件为

$$\xi^{-1}(-\infty,x]\in\mathcal{F}$$

该充要条件对$R$中每个$x$都成立。以后我们会看到可以在更一般的条件下定义随机变量，但是可以证明这些不同的定义都是等价的。

设$\xi$是上述定义中的随机变量，在$R$上定义的点函数

$$F(x)=P(w: \xi(w)\leqslant x)=P(\xi^{-1}(-\infty,x])$$

称为$\xi$的分布函数。这样定义的分布函数具有许多重要性质，它是对随机变量$\xi$的随机特性的一个重要定量刻画工具。今后采用简单记号$P(\xi\leqslant x)=P(w: \xi(w)\leqslant x)$，而且通常并不明显指出定义$\xi$的概率空间。

分布函数主要有以下几个性质。

(1) $F(-\infty)=0, F(\infty)=1$，即$\lim\limits_{x\to-\infty}F(x)=0, \lim\limits_{x\to\infty}F(x)=1$；

(2) $F$是单调非减函数，即若$a<b$，则$F(a)\leqslant F(b)$；

(3) $F$右连续，即对$\forall x\in R$，$\lim\limits_{y\to x+0}F(y)=F(x)$。

这些初等性质很容易由分布函数的定义推出。

随机变量主要有两种类型，一种是离散型随机变量，另一种是连续型随机变量。前者指随机变量的取值是有穷个或至多可列个；后者指随机变量的取值不止可列个，通常能取某个区间(例如)$[c,d]$或$(-\infty,\infty)$中的一切值，下面分别讨论。

### 2. 离散型随机变量及其分布列

设$\{x_i\}$为离散型随机变量$\xi$的所有可能值，且$\xi$取每个$x_i$的概率已知，记为$P(x_i)$，即

$$P(\xi=x_i)=P(x_i),\quad i=1,2,\cdots$$

称$\{P(x_i), i=1,2,\cdots\}$为随机变量$\xi$的概率分布(有时也称为概率质量分布)，应满足下面两个条件。

$$P(x_i)\geqslant 0,\quad i=1,2,\cdots$$

$$\sum_{i=1}^{\infty}P(x_i)=1$$

通常离散型随机变量$\xi$服从的概率分布表示为

$$\begin{pmatrix} x_1, & x_2, & \cdots, & x_n, & \cdots \\ P(x_1), & P(x_2), & \cdots, & P(x_n), & \cdots \end{pmatrix}$$

这称为随机变量 $\xi$ 的分布列。由分布列能清楚地看出随机变量 $\xi$ 的取值范围及其取值概率。

$\xi$ 的分布函数可以很容易地从分布列中获得，即

$$F(x)=P(\xi \leqslant x)=\sum_{x_k \leqslant x} P(x_k)$$

显然，$F(x)$的图形是阶梯形的。$F(x)$是个跳跃函数，它在每个间断点 $x_k$ 处的跳跃度为 $P(x_k)$。注意，若知道 $\xi$ 的分布函数 $F(x)$，也很容易从 $F(x)$中求得 $\xi$ 的概率分布(分布列)。因此，用分布列或分布函数都能描述离散型随机变量。

已经发现，许多随机现象可以利用泊松(Poisson)分布描述，它是一个比较著名的离散型随机变量。

若随机变量 $\xi$ 可取一切非负整数值，且

$$P(k)=P(\xi=k)=\frac{\lambda^k}{k!}\mathrm{e}^{-\lambda}, \quad k=0,1,2,\cdots$$

其中，$\lambda>0$，是一个常数，则称 $\xi$ 服从泊松分布。

在社会生活中，诸如来到公共汽车站的乘客数量、到达电话交换台的呼叫次数，都近似服从泊松分布；在自然界领域，诸如放射性分裂落到某区域的质点数、显微镜下落在某区域的微生物的数量，都服从泊松分布。因此，对泊松分布进行深入研究具有重要的实际意义。特别地，人们还发现它在理论上非常重要，甚至可以认为它是构造随机现象的“基本粒子”之一。

**3. 连续型随机变量及其分布密度**

类似离散型随机变量可以用概率分布(或者说分布列)描述，一个可在某个区间(例如)$[c,d]$或可在$(-\infty,\infty)$中取一切值的连续型随机变量，可以用一个密度函数描述它。

不妨认为连续型随机变量 $\xi$ 在$(-\infty,\infty)$中取值，它的密度函数 $f(x)$应满足

$$f(x) \geqslant 0$$

$$\int_{-\infty}^{\infty} f(x)\mathrm{d}x=1$$

直观上，$f(x)\mathrm{d}x$ 是 $\xi$ 在“无穷小”区间$(x,x+\mathrm{d}x)$取值的概率。

一般地，$\xi$ 的分布函数和密度函数可以相互确定。若已知 $\xi$ 的密度函数 $f(x)$，则对于任意 $x$，$\xi$ 的分布函数 $F(x)$为

$$F(x)=\int_{-\infty}^{x} f(y)\mathrm{d}y$$

反之，若 $f(x)$在 $x$ 点处连续，则 $F'(x)=f(x)$。

由 $\xi$ 的密度函数很容易得到

$$P(a<\xi \leqslant b)=F(b)-F(a)=\int_a^b f(x)\mathrm{d}x$$

由这个公式很容易推知，对任意实数值 $c$，$P(\xi=c)=0$，即连续型随机变量取个别值的概率为 0，这是连续型和离散型两种类型随机变量截然不同的地方。

从对连续型随机变量的描述中可知，一个事件（如 $\xi=c$）的概率等于零，这个事件并不一定是一件不可能事件（即 $\xi$ 可能取得 $c$ 值）。进而可知，一个事件（如 $\xi\neq c$）的概率等于 1，这个事件也不一定是必然事情（即 $\xi$ 取值未必不等于 $c$）。

有两个连续型随机变量分布值得提供。

1）正态分布

正态分布的密度函数为

$$f(x)=\frac{1}{\sqrt{2\pi}\sigma}\mathrm{e}^{-\frac{(x-\mu)^2}{2\sigma^2}},\quad -\infty<x<\infty$$

其中，$\sigma>0$，$\mu$ 和 $\sigma$ 均为常数，相应的分布函数为

$$F(x)=\frac{1}{\sqrt{2\pi}\sigma}\int_{-\infty}^{x}\mathrm{e}^{-\frac{(y-\mu)^2}{2\sigma^2}}\mathrm{d}y,\quad -\infty<x<\infty$$

这个分布称为正态分布，简记为 $N(\mu,\sigma^2)$。特别地，当 $\mu=0$，$\sigma=1$，$N(0,1)$ 称为标准正态分布。

正态分布也可以认为是构造随机现象的一个“基本粒子”，无论在社会生活中或是在自然界领域都有大量随机变量服从正态分布。大体上，当影响某一现象的数学指标的随机因素很多，而每个因素所起的作用并不大时，则这个现象的数量指标会服从正态分布。例如，工厂产品的尺寸：直径、长度、宽度、高度等，每个指标一般来说都（近似）服从正态分布。

2）指数分布

指数分布的密度函数为

$$f(x)=\begin{cases}\lambda\mathrm{e}^{-\lambda x}, & x\geqslant 0\\ 0, & x<0\end{cases}$$

它相应的分布函数为

$$F(x)=\begin{cases}1-\mathrm{e}^{-\lambda x}, & x\geqslant 0\\ 0, & x<0\end{cases}$$

其中，$\lambda>0$ 为常数。

指数分布在讨论各种“寿命”分布时是非常有用的。确定产品的寿命是产品可靠性的重要指标，因此指数分布是可靠性理论中最基本、最常用的分布。

实际上，在可靠性理论中，指数分布通常作为失效分布，$\lambda$ 作为失效率，于是在 $t$ 单位时间内，产品失效概率为 $1-\mathrm{e}^{-\lambda t}$，而“寿命”超过 $t$ 单位时间的概率便为 $\mathrm{e}^{-\lambda t}$。由此可见，失效率 $\lambda$ 越大，“寿命”越短。把 $\lambda$ 作为失效率参数，确实“名副其实”。

指数分布有一个重要性质，即“无记忆性”。数学表示为

$$P(\xi>k+t\mid\xi>k)=P(\xi>t)$$

也就是说，如果产品已经工作了 $k$ 小时，则它能再工作 $t$ 小时的概率与以前工作过的时间长短无关。这就意味着在发现一个服从指数分布的产品仍然完好时，无论它工作了

多少时间，仍然像刚刚开始工作一样“充满活力”，因此这时替换它至少在理论上是不必要的。

**4. 随机变量的数字特征**

1）数学期望

若 $\xi$ 的分布函数为 $F(x)$，则定义

$$E(\xi)=\int_{-\infty}^{+\infty} x\,\mathrm{d}F(x)$$

为 $\xi$ 的数学期望。这里我们要求上述积分绝对收敛，即要求 $\int_{-\infty}^{+\infty}|x|\,\mathrm{d}F(x)<\infty$，否则称 $\xi$ 的数学期望不存在。

若 $\xi$ 为离散型随机变量，其概率分布为 $P(x_i)$，$i=1,2,\cdots$。$\xi$ 的数学期望如果存在，则 $E(\xi)$ 可以计算为

$$E(\xi)=\sum_{i=1}^{\infty} x_i P(x_i)$$

若 $\xi$ 为连续型随机变量，其密度函数为 $f(x)$。$\xi$ 的数学期望如果存在，则 $E(\xi)$ 可以计算为

$$E(\xi)=\int_{-\infty}^{+\infty} x f(x)\,\mathrm{d}x$$

2）方差

若 $\xi$ 的分布函数为 $F(x)$，且 $E(\xi)$ 存在，则定义

$$D(\xi)=\int_{-\infty}^{+\infty}[x-E(\xi)]^2\,\mathrm{d}F(x)$$

为 $\xi$ 的方差。而 $\sqrt{D(\xi)}$ 称为 $\xi$ 的标准差。注意，这里自然要求上述积分存在。

对于离散型随机变量 $\xi$，有

$$D(\xi)=\sum_{i=1}^{\infty}[x_i-E(\xi)]^2 P(x_i)$$

其中，$P(x_i)$，$i=1,2,\cdots$ 为 $\xi$ 的概率分布，且上述无穷级数收敛。

对于连续型随机变量 $\xi$，有

$$D(\xi)=\int_{-\infty}^{+\infty}[x-E(\xi)]^2 f(x)\,\mathrm{d}x$$

其中，$f(x)$，$-\infty<x<\infty$ 为 $\xi$ 的密度函数，且上述积分收敛。

3）几个重要分布的数字特征

直观上，数学期望描述了随机变量取值（理论上）的平均值，而方差描述了随机变量取值相对于它的数学期望的离散程度。这两个数字特征对于了解随机变量行为都是重要指标，它们在概率论和数理统计中都十分重要。下面是前面介绍的几个分布的数学期望和方差（计算从略）。

(1) $\xi$ 服从泊松分布，概率分布为 $P(k)=\frac{\lambda^k}{k!}\mathrm{e}^{-\lambda}$，$k=0,1,2,\cdots$，其中 $\lambda>0$，则 $E(\xi)=$

$\lambda, D(\xi)=\lambda$。这表明泊松分布的数学期望和方差相等，都等于它概率分布中的参数 $\lambda$。

(2) $\xi$ 服从正态分布 $N(\mu,\sigma^2)$，则 $E(\xi)=\mu, D(\xi)=\sigma^2$。这表明正态分布密度函数中的参数具有统计意义。

(3) $\xi$ 服从指数分布，密度函数为 $f(x)=\lambda e^{-\lambda x}, x\geqslant 0$，其中 $\lambda>0$。$E(\xi)=\dfrac{1}{\lambda}, D(\xi)=\dfrac{1}{\lambda^2}$。因为 $\xi$ 的平均寿命与失效率互为倒数，失效率越小，其平均寿命越长。

### 7.1.3　马尔可夫过程

**定义 7.1**[77]　设 $\{x_t(w), t\in T\}(T\subset R)$ 为定义在概率空间 $(\Omega,\mathcal{F},P)$，取值于可测空间 $(E,\mathcal{A})$ 的随机过程。如果对任意有穷多个 $t_1<t_2\cdots<t_n, t_i\in T$，任意 $A\in\mathcal{A}$，以概率 1 有

$$P(x_n\in A\mid x_{t_1},\cdots,x_{t_{n-1}})=P(x_{t_n}\in A\mid x_{t_{n-1}}) \tag{7.1}$$

则称此过程为马尔可夫过程（简称马氏过程）。式(7.1)表述的性质称为马尔可夫性。

在上述定义中，$R$ 表示一维实数空间，其中每个点都是实数。对 $\forall t\in T, x_t(w)$ 是定义在概率空间 $(\Omega,\mathcal{F},P)$ 而取值于 $(E,\mathcal{A})$ 中的随机变量，其意义是：对任意 $A\in\mathcal{A}$，$w$ 集 $(w\mid x(w)\in A)\in\mathcal{F}$。这样随机过程实际上是由随机变量族 $x_t(w)\ (t\in T)$ 所组成的，$T\subset R$ 是某实数集，它可解释为时间的集。一般地，为了便于数学处理，随机过程中任意随机变量 $x_t(w)$ 取值空间并不推广到任意可测空间 $(E,\mathcal{A})$。

对于大多数应用，通常把 $(E,\mathcal{A})$ 中的 $E$ 取为 $R$，这时若 $x_t(w)$ 取值可以为任意实数，则其中的 $\mathcal{A}$ 可以取为一维实数空间中的博雷尔(Borel)$\sigma$-代数，记为 $\mathcal{B}$。直观上，博雷尔 $\sigma$-代数 $\mathcal{B}$ 为 $R$ 中的全体开集（如 $(a,b)$ 是一个开集，$a,b\in R$）和闭集（如 $[a,b]$ 是一个闭集，$a,b\in R$）经过可列交和可列并以及求余等集合运算而生成的 $\sigma$-代数。如此定义 $(E,\mathcal{A})=(R,\mathcal{B})$ 后，$x_t(w)\ (t\in T)$ 就是我们熟知的随机变量的定义，它取值于实数集 $R$。再回到一般情况，精确地讲，对 $\forall t\in T, x_t(w)$ 是定义在 $\Omega$ 上，取值于 $E$ 上的函数，只是由于 $\Omega$ 是概率空间，该函数在 $E$ 中的取值具有"随机"性，应由概率定量刻画。但是，为了书写简洁，兼顾到实际应用中通常都不明显给出 $\Omega$，所以无论概率空间明显给定与否，随机变量 $x_t(w)$ 有时简写为 $x_t$。至于式(7.1)表述的马尔可夫性，其直观解释为，当考查 $x_{t_1},\cdots,x_{t_{n-1}},x_{t_n}(t_1<t_2<\cdots<t_n)$，一系列随机变量时，$x_{t_n}$ 的随机行为并不依赖历史，仅与 $x_{t_{n-1}}$ 随机变量有关。其中（例如）$P(x_{t_n}\in A\mid x_{t_{n-1}})$ 为条件概率符号，意思是指已知随机变量 $x_{t_{n-1}}$ 的"行为"，在此条件下，寻求随机变量 $x_{t_n}$ 的概率规律。

实际上，条件概率是概率论中最基本而且很重要的概率。例如，在概率空间 $(\Omega,\mathcal{F},P)$ 中，任意两个事件 $A,B\in\mathcal{F}$，若 $P(B)>0$，则已知 $B$ 发生求 $A$ 发生的概率定义为条件概率，记为 $P(A\mid B)$。$P(A\mid B)=\dfrac{P(A\cap B)}{P(B)}$，即用 $A$ 和 $B$ 共同发生的概率除以 $B$ 发生的概率而得到。如果 $P(A\mid B)=P(A)$，则称 $A$ 和 $B$ 相互独立，意思是指无论 $B$ 发生与否，对 $A$ 的发生均无影响，并且这时也有关系 $P(B\mid A)=P(B)$。

在上述马尔可夫过程的定义中，我们说过 $T$ 可解释时间的集，形象地说，马尔可夫过程 $\{x_t, t \in T\}$ 是随着时间在 $E$ 中作随机运动的过程。$T$ 是 $R$ 的子集，根据 $T$ 类型不同，以及马尔可夫过程在 $E$ 中的取值情况，我们在形式上把马尔可夫过程分成 4 类：$T,E$ 均可列；$T,E$ 均不可列；$T$ 可列，$E$ 不可列；$T$ 不可列，$E$ 可列。

**1. 离散时间马尔可夫链(简称马氏链)**

直观背景如下：设想有一随机运动体系 $\Sigma$(如运动着的质点等)，它可能的状态(或位置)记为 $E_0, E_1, E_2, \cdots, E_n, \cdots$，总数共有可列多个或有穷个。这个体系只可能在时刻 $t=0,1,2,\cdots,n,\cdots$ 上改变它的状态。随着 $\Sigma$ 的运动进程，定义一系列随机变量 $x_n(n=0,1,2,\cdots)$，其中

$$x_n = E_k, t = n \text{ 时 } \Sigma \text{ 位于 } E_k \tag{7.2}$$

于是，$\{x_n\}(n=0,1,2,\cdots)$ 是取值于 $\{E_m\}(m=0,1,2,\cdots)$ 上的随机过程。

一般地，$\{x_n\}$ 未必是相互独立的。倘若运动体系 $\Sigma$ 有下述性质：如果已知它在 $t=n$ 时的状态，则关于它在 $n$ 时以前所处的状态的补充知识，对预言 $\Sigma$ 在 $n$ 时以后所处的状态不起任何作用。这种性质最初由 A. A. MapkoB 发现并加以研究。直观上，该性质表明在已知“现在”的条件下，“将来”与“过去”是独立的。这种直观马尔可夫性(简称马氏性)也称为“无后效性”[77]。

很容易把上述直观、形象的描述转换成一个正式定义，但我们不再写出它。只要注意到，这时的马尔可夫链定义只是上面马尔可夫过程定义的特殊情形，其中 $E=(E_0, E_1, E_2, \cdots)$，$\mathcal{A}$ 为 $E$ 中一切子集构成的 $\sigma$-代数，$T=(0,1,2,\cdots)$。这样，得到 $T,E$ 均可列类型的马尔可夫过程，称它为离散时间马尔可夫链。值得注意的是，为了便于数学处理，通常把式(7.2)写成下面的形式

$$x_n = k, t = n \text{ 时 } \Sigma \text{ 位于 } E_k$$

于是上面直观描述的随机体系 $\Sigma$ 可以用更便于数学处理的定义给出，它也是一般马尔可夫过程的特殊类型，其中 $T=(0,1,2,\cdots)$，$E=(0,1,2,\cdots)$，$\mathcal{A}$ 为 $E$ 中一切子集构成的 $\sigma$-代数。

**2. 连续时间马尔可夫链**

如果在马尔可夫过程定义中，$E=(E_0, E_1, E_2, \cdots)$，或者改记为 $E=(0,1,2,\cdots)$，$\mathcal{A}$ 为 $E$ 中一切子集构成的 $\sigma$-代数，但 $T=[0,\infty)$。这时我们便得到马尔可夫过程的另一特殊类型，即 $E$ 可列而 $T$ 不可列，我们称这种类型的马尔可夫过程为连续时间马尔可夫链。

为了深入研究连续时间马尔可夫链，下面对它进行一些无穷小分析。不过值得注意的是，下面的叙述中忽略了严格的数学细节，只给出一些结论，并不阐述它们成立的条件，也不给予证明。这样做只是为了保持直观理解，而结论成立的条件对于我们今后的应用来说是满足的。

设 $S=\{0,1,2,\cdots,n\}$ 为只含 $n+1$ 个点的集合。$\mathcal{B}$ 为 $S$ 中一切子集构成的 $\sigma$-代数。在 $S$ 上建立拓扑结构，令 $\rho(i,j)=0, i=j$；$\rho(i,j)=1, i \neq j$。于是 $S$ 称为距离空间，这种拓扑也称为离散拓扑。

设 $\{p_{ij}(t)\}$ 为 $S$ 上的概率转移函数，而且满足条件

$$p_{ij}(t) \to p_{ij}(0) = \delta_{ij}, \quad t \to 0+$$

其中，$\delta_{ij}=1, i=j$；$\delta_{ij}=0, i \neq j$。

可以证明，存在极限

$$q_{ij} = \lim_{t \to 0+} \frac{p_{ij}(t) - \delta_{ij}}{t}$$

而且 $q_{ij} \geqslant 0 \ (i \neq j)$；$\sum_{j=0}^{n} q_{ij} = 1, i = 0, 1, 2, \cdots, n$。

设 $\boldsymbol{Q}=[q_{ij}]$，即由 $q_{ij}$ 组成矩阵 $\boldsymbol{Q}$。设 $\boldsymbol{\Pi}_t=[p_{ij}(t)]$，即由 $p_{ij}$ 组成矩阵 $\boldsymbol{\Pi}_t$。我们称 $\boldsymbol{Q}$ 为 $\boldsymbol{\Pi}_t$ 的无穷小算子(或者说无穷小生成矩阵)[77]。

$p_{ij}(t)$的含义是，系统从状态 $i$ 出发，于时刻 $t$(或者说经过 $t$ 单位时间)处于(或者说转移到)状态 $j$ 的概率。据此，可以认为 $\boldsymbol{\Pi}_t$ 是连续时间马尔可夫链在时刻 $t$ 的瞬时转移概率矩阵。由于马尔可夫性，很容易推知，$\boldsymbol{\Pi}_t \cdot \boldsymbol{\Pi}_h = \boldsymbol{\Pi}_{t+h}$，这在数学上称为半群性质。

$e^{Qt}$ 也具有半群性质，因为 $e^{Q(t+h)} = e^{Qt} \cdot e^{Qh}$。可以证明 $e^{Qt}$ 的无穷小算子也是 $\boldsymbol{Q}$。再根据唯一性定理，在一定条件下，转移函数由它的无穷小算子唯一决定[77]，因此得到如下关系。

$$\boldsymbol{\Pi}_t = e^{Qt}$$

也可以证明：$\boldsymbol{\Pi}'_t = \boldsymbol{Q}\boldsymbol{\Pi}_t$，其中 $\boldsymbol{\Pi}'_t = [P'_{ij}(t)]$，从而也可以得到上述 $\boldsymbol{\Pi}_t$ 和 $\boldsymbol{Q}$ 之间的关系，即 $\boldsymbol{\Pi}_t = e^{Qt}$[77]。

上面我们在 $E$ 可列的情况下，讨论了两类特殊的马尔可夫过程，一类是时间离散的，另一类是时间连续的。由于 $E$ 可列，两类马尔可夫过程呈现出的状态序列是“链条”型的。然而，当 $T$ 可列时，状态的改变“节奏明快”，即知道在什么时候过程会改变自己的状态。而当 $T$ 不可列时，过程通常会在某个状态出现“滞留”现象，即在一段时间内，过程停留在某个状态，并不知道什么时候过程才会改变自己的状态。虽然我们还可以在 $E$ 不可列的情况下分别讨论 $T$ 可列和 $T$ 不可列两种特殊类型，但对于软件正确性概率演绎证明，离散时间和连续时间马尔可夫链就足够了。下面我们着手建立有关验证软件随机行为的两类模型。

## 7.2 概率模型

在计算机软硬件设计和分析中，针对不同的系统特征，主要应用两类概率模型：一类是离散时间马尔可夫链，另一类是连续时间马尔可夫链。前者特征只有概率选择，后者是对连续时间和概率选择的系统建模。

### 7.2.1 离散时间马尔可夫链

离散时间马尔可夫链(Discrete Time Markov Chain，DTMC)是一个 4 元组[36]，记为 $D=(S, s_{\text{init}}, P, L)$。其中，$S$ 是有穷状态集合；$s_{\text{init}} \in S$ 是初始状态；$P: S \times S \to [0,1]$ 是

迁移概率(或称为转移概率)函数,对于所有 $s \in S$,有 $\sum_{s' \neq s} P(s,s')=1$; $L: S \to \wp(\mathrm{AP})$ 是标签函数。AP 是所有原子命题集合,$\wp(\mathrm{AP})$ 是 AP 的幂集。对任意 $s \in S$,$L(s)$ 为在状态 $s$ 上成立的原子命题集,即 $L(s) \in \wp(\mathrm{AP})$,也即 $L(s) \subset \mathrm{AP}$。

对于迁移概率函数,$\forall s \in S$,除了 $s$ 是结束状态或吸收状态以外,都至少存在一个 $s'$,使 $P(s,s')>0$。至于 $s$ 是结束状态或吸收状态时,则有 $P(s,s)=1$,这时对于任意 $s' \neq s$,皆有 $P(s,s')=0$。结束状态可以由系统设定。

由迁移概率函数 $P$,可以得到迁移概率矩阵,记为 $\boldsymbol{P}$。矩阵 $\boldsymbol{P}$ 中任意元素 $P(s,s')$ 表示系统在一个时间间隔内从状态 $s$ 迁移到状态 $s'$ 的概率。矩阵 $\boldsymbol{P}$ 中每行表示从某状态 $s$ 出发,在一个时间间隔内分别迁移到系统各个状态的概率,由迁移概率函数定义,该行之和等于 1。如果 $s$ 不是终止状态或吸收状态,则至少存在一个 $s' \neq s$,使 $P(s,s')>0$。矩阵 $\boldsymbol{P}$ 中每列分别表示从系统各个状态,在一个时间间隔内迁移到某个状态的概率,自然该列之和未必等于 1。

实际上,迁移概率函数(或矩阵)$P$,它所描述的迁移概率都是一步迁移概率。然而,系统的执行通常是多步,甚至是无穷多步。因此,系统的执行应该用路径表示。一条路径是一个状态序列,记为 $w=s_0 s_1 s_2 \cdots$,其中 $s_i \in S$,且对所有的 $i \geqslant 0$,有 $P(s_i, s_i+1)>0$。由于马尔可夫性,一条路径(如 $w=s_0 s_1 s_2 \cdots s_n$)的概率就是该路径上各个迁移(或转换)的概率的乘积,即 $\prod_{i=0}^{n-1} P(s_i, s_{i+1})$。如此一来,我们可以对系统的执行进行概率描述,因为系统的行为通过它的执行显示,而系统的每次执行实质上是与某一路径相对应的。

用 Path($s$)表示始于状态 $s$ 的所有无穷路径集,特别地,$s$ 是初始状态。为了获得系统的概率行为,首先建立概率空间,这个概率空间自然要定义在与系统的执行行为相对应的路径集合上。

注意我们前面的约定,Path($s$)是所有从状态 $s$ 开始的无穷路径的集合。取 $s$ 为初始状态,则 Path($s$)可以看作对系统执行抽样得到的样本空间。令 $\Omega=\mathrm{Path}(s)$,则从 $s$ 开始的任意一条无穷路径皆为 $\Omega$ 中的一个抽象点(即样本点)。

令 $w$ 是一个有穷路径,定义圆柱集(Cylinder Set)Cyl($w$)为 Path($s$)中所有具有有限前缀 $w$ 的无穷路径组成的集。对于任意有穷路径 $w$,Cyl($w$)可以看作 $\Omega$ 中的一个基础事件。令 $\mathcal{F}$ 是 $\Omega$(即 Path($s$))上包含所有 Cyl($w$)的最小 $\sigma$-代数。直观上,$\mathcal{F}$ 是所有基础事件通过一切可列并和可列交以及求余运算而得到的 $\sigma$-代数。于是 $\mathcal{F}$ 中的任意元素都是一个事件,其中 Cyl($w$)是 $\mathcal{F}$ 中的基础事件。直观上,事件是指从状态 $s$ 开始的无穷路径集。

在 $\mathcal{F}$ 上,定义概率测度 Pr。对于基础事件 Cyl($w$),若 $w=s s_1 s_2 \cdots s_n$,则令 $\Pr(\mathrm{Cyl}(w))=P(s,s_1)P(s_1,s_2)\cdots P(s_{n-1},s_n)$。也就是说,Pr 可以通过它在基础事件的概率定义而得到。可以证明,这样得到的 Pr 确实是 $\mathcal{F}$ 上的概率测度,并且是描述系统随机行为的概率测度。

综上所述,我们已经为计算机软硬件设计、分析和验证构造了一个离散时间马尔可夫链

(DTMC)模型。它的特征是从一个状态迁移到另一个状态具有概率量度,因此可以用来作为单一的概率系统或几个类似系统的同步组合的模型。对于这个模型,我们考查它的路径集合,并在此路径上构造一个能描述系统"真实"执行行为的概率空间($\Omega,\mathcal{F}$,Pr)。

最后,还要指出的,描述系统执行行为,除了上述概率空间($\Omega,\mathcal{F},\boldsymbol{P}$)以外,还可以用DTMC 模型中的迁移概率矩阵 $\boldsymbol{P}$ 做到。

前面已经指出,概率矩阵 $\boldsymbol{P}$ 中每个元素 $P(s,s')$是系统在一个时间间隔内从状态 $s$ 迁移到 $s'$的概率。或者说,$P(s,s')$是系统从状态 $s$ 一步迁移到 $s'$的概率,因此,可以称迁移概率矩阵是系统一步迁移概率矩阵。其中,任意行元素是指从某个状态(例如)$s$ 一步分别迁移到系统各个状态 $s_i(s_i\in S)$的概率,把该行称为与状态 $s$ 相应的行;而每列元素是指分别从系统各个状态 $s_i(s_i\in S)$一步迁移到(例如)$s'$的概率,把该列称为与状态 $s'$相应的列。于是,$P(s,s')$是矩阵 $\boldsymbol{P}$ 中第 $s$ 行 $s'$列的元素。

定义 $P^2(s,s')=\sum\limits_{s_i\in S}P(s,s_i)P(s_i,s')$,其意义是从状态 $s$ 出发,经过所有中间状态 $s_i(s_i\in S)$ 到达状态 $s'$ 的概率,称它为从 $s$ 两步迁移到 $s'$ 的概率。根据矩阵乘法的定义,$P^2(s,s')$ 显然是矩阵 $\boldsymbol{P}$ 中与 $s$ 行与 $s'$ 列相对应元素的乘积之和,即 $P^2(s,s')$ 是 $\boldsymbol{P}^2=\boldsymbol{P}\cdot\boldsymbol{P}$ 矩阵中相应 $s$ 状态的行且相应 $s'$ 状态的列的元素。很容易证明 $\boldsymbol{P}^2$ 是一个概率矩阵,实际上,它与 $s$ 状态相应的行中各元素之和为

$$\begin{aligned}\sum_{s'\in S}P^2(s,s')&=\sum_{s'\in S}\sum_{s_i\in S}P(s,s_i)P(s_i,s')\\&=\sum_{s_i\in S}\sum_{s'\in S}P(s,s_i)P(s_i,s')\\&=\sum_{s_i\in S}P(s,s_i)\sum_{s'\in S}P(s_i,s')\\&=\sum_{s_i\in S}P(s,s_i)=1\end{aligned}$$

因为 $S$ 是有穷状态空间,所以可以从第 1 个等式通过交换求和运算顺序得到第 2 个等式,随后等式的成立根据 $\boldsymbol{P}$ 的定义得到。

定义 $\boldsymbol{P}^2=\boldsymbol{P}\cdot\boldsymbol{P}$ 为系统两步迁移矩阵,其中每行都与 $S$ 中某个状态(例如)$s$ 相应,$\boldsymbol{P}^2$ 矩阵中与状态 $s$ 相应的行中各个元素分别表示从 $s$ 开始两步迁移到 $S$ 中各个状态的概率之和,刚才已经证明该行各元素之和等于 1,此行称为 $\boldsymbol{P}^2$ 中与状态 $s$ 相应的行。同样,$\boldsymbol{P}^2$ 中每列的各个元素分别表示 $S$ 中各个状态两步迁移到(例如)某个状态 $s'$的概率,该列称为与 $s'$状态相应的列,此列元素之和未必等于 1。

定义 3 步迁移矩阵 $\boldsymbol{P}^3=\boldsymbol{P}^2\cdot\boldsymbol{P}$,其中元素 $P^3(s,s')=\sum\limits_{s_i\in S}P^2(s,s_i)P(s_i,s')$。显然,$\boldsymbol{P}^3$ 中与 $s$ 相应的行中各元素之和等于 1,实际上

$$\sum_{s'\in S}P^3(s,s')=\sum_{s'\in S}\sum_{s_i\in S}P^2(s,s_i)P(s_i,s')$$
$$=\sum_{s_i\in S}P^2(s,s_i)\sum_{s'\in S}P(s_i,s')$$
$$=\sum_{s_i\in S}P^2(s,s_i)=1$$

同理，定义$\boldsymbol{P}^4=\boldsymbol{P}^3\cdot\boldsymbol{P}$，称它为系统4步迁移概率矩阵。推而广之，理论上可以定义任意步迁移概率矩阵，乃至无穷。这在某种意义上说明我们定义的Pr的合理性。

## 7.2.2 连续时间马尔可夫链

连续时间马尔可夫链(Continuous Time Markov Chain，CTMC)模型虽然在许多方面和离散时间马尔可夫链DTMC模型相同，但是其状态转换不像后者那样是一步一步地“节奏分明”，它强调状态转化的速率，并在此“格调”上计算，而不是在一个相同的时间间隔上计算状态迁移的概率。

用$\mathcal{R}_{\geqslant 0}$表示一个非负实数集合，连续时间马尔可夫链(CTMC)定义为一个4元组[36]，记为$C=(S,s_{\text{init}},R,L)$。其中，$S$是有穷状态集合；$s_{\text{init}}\in S$是初始状态；$R:S\times S\to\mathcal{R}_{\geqslant 0}$是迁移速率函数；$L:S\to\wp(\text{AP})$是标签函数。

4元组$C$中的$S$、$s_{\text{init}}$和$L$与7.2.1节中4元组$D$中的相应符号意义相同。下面考查迁移速率函数$R$，它对$S$中的每对状态都赋予了一个非负实数值，如对$s$和$s'$，$R(s,s')$的直观意义是从$s$迁移到$s'$这一对状态之间的迁移速率，作为与这对状态之间迁移概率分布的参数，因为我们把这一对状态之间迁移概率看作依赖于它的关于时间的负指数分布。如果一个状态$s$使所有的状态$s'$都满足$R(s,s')=0$，那么$s$称为吸收状态。一个状态$s$可以迁移到状态$s'$，当且仅当它们满足$R(s,s')>0$。状态之间(如$s$和$s'$之间)的迁移概率服从负指数分布。该迁移在$t$时刻之前进行的概率是$1-\mathrm{e}^{-R(s,s')t}$，因此精确地讲，是从状态$s$迁移到状态$s'$的延迟满足参数$R(s,s')$的负指数分布。于是从状态$s$迁移到状态$s'$在$t$时刻之后的概率为$\mathrm{e}^{-R(s,s')t}$，如此一来，$R(s,s')$越大，在$t$时刻以后才发生迁移的概率越小，这也是把$R(s,s')$称作迁移速率的原因。如果用可靠性统计学中的常用术语“寿命”来说，系统不发生状态$s$迁移到$s'$事件，其寿命延续到$t$时刻以后的概率是$\mathrm{e}^{-R(s,s')t}$。令$\xi$表示服从这种负指数分布的随机变量，我们已经知道它有一个重要特征：$P(\xi>k+t\mid\xi>k)=P(\xi>t)$，即已知$\xi$的寿命超过$k$，则$\xi$的寿命超过$k+t$的概率就等于超过$t$的概率。因此，已知$\xi$的寿命大于$k$，那么$\xi$再继续活$t$的概率与已活过的$k$无关，这种无记忆性说明该负指数分布也具有“马尔可夫性”。值得强调的是，如同我们在DTMC中把$\boldsymbol{P}$用作迁移概率矩阵符号一样，这里把$\boldsymbol{R}$用作迁移速率矩阵符号。

在大部分情况下，对于一个状态$s$，往往有多于一个的状态$s'$满足$R(s,s')>0$，而且状态$s$迁移到状态$s'$的速率通常也不尽相同。这种情形称为竞争条件，只有第1个被触发的迁移才能决定下一个状态。因此，状态$s$的后续状态的选择是概率性的。为了确定这种概率选择,我们先计算在一个迁移发生前,系统在状态 $s$ 持续的时间。类似可靠性统计中常用的"寿命"模型,我们定义该持续时间服从参数为 $E(s)$ 的负指数分布,其中 $E(s)=\sum_{s'\in S}R(s,s')$。称 $E(s)$ 为系统离开状态 $s$ 的速率(Exit Rate)。显然,若一个状态 $s$ 是吸收状态,那么 $E(s)=0$。除此以外,对于任意状态 $s$,都有 $E(s)>0$。于是在 $[0,t]$ 内离开状态 $s$ 的概率为 $1-\mathrm{e}^{-E(s)t}$,而 $t$ 以后离开 $s$ 迁移到下一个状态的概率为 $\mathrm{e}^{-E(s)t}$。直观上,离开率越小,寿命越长。

系统处在状态 $s$ 时,$E(s)$ 只能表明系统离开该状态的速率,并不能确定系统从 $s$ 迁移到 $S$ 中各个状态的概率分布。然而,在 DTMC 模型中,这种迁移概率是确定的。由于 CTMC 模型和 DTMC 模型的主要区别是时间参数的不同,如果把 CTMC 模型时间参数"虚拟"离散化,就可以得到一个和它有近似行为特征的 DTMC 模型。因此想到,CTMC 的状态转化发生的概率可以借助一个嵌入(Embedded)其中的 DTMC 模型计算和表述。

令嵌入 CTMC 模型 $C=(S,s_{\text{init}},R,L)$ 中的 DTMC 为 $\text{emb}(C)=(S,s_{\text{init}},P^{\text{emb}(C)},L)$,其中 $\text{emb}(C)$ 中的 $S$、$s_{\text{init}}$、$L$ 与原模型 $C$ 中相应符号相同,而 $P^{\text{emb}(C)}$ 是利用原模型 $C$ 中的迁移速率和离开速率计算得到的迁移概率函数(或迁移概率矩阵),其定义如下。

$$P^{\text{emb}(C)}(s,s')=\begin{cases}\dfrac{R(s,s')}{E(s)}, & E(s)>0\\ 1, & E(s)=0\text{ 且 }s=s'\\ 0, & \text{其他}\end{cases}$$

显然,这个定义十分合理。例如,当 $s$ 不是吸收状态,而 $R(s,s')>0$ 时,表明 $s$ 有可能迁移到状态 $s'$,在一切使 $R(s,s')>0$ 的 $s'$ 中,自然视 $s$ 迁移到各 $s'$ 的速率大小决定 $s$ 分别迁移到各个 $s'$ 的可能性,因为 $E(s)=\sum_{s'\in S}R(s,s')$,所以将上述可能性分布归一化便得到迁移概率函数。

我们可以这样理解 CTMC 模型表述的系统的行为,系统先在状态 $s$ 按参数 $E(s)$ 的指数分布持续一段时间,然后按照概率 $P^{\text{emb}(C)}(s,s')$ 选择一个动作执行,从而系统到达下一个状态 $s'$。再在 $s'$ 处重复上述过程,理论上可以得到表述系统执行的(无穷)路径。

对于一个 CTMC,一个无穷路径 $w$ 是这样一个序列:$s_0t_0s_1t_1s_2t_2\cdots$。该序列满足对任意 $i\in N$,都有 $R(s_i,s_{i+1})>0$ 和 $t_i\in\mathcal{R}_{\geqslant 0}$,其中 $t_i$ 表示系统在状态 $s_i$ 持续的时间量。一个有穷的路径 $w$ 是这样一个序列:$s_0t_0s_1t_1\cdots t_{n-1}s_n$。该序列满足对任意 $i<n$ 都有 $R(s_i,s_{i+1})>0$ 和 $t_i\in\mathcal{R}_{\geqslant 0}$,而 $s_n$ 是一个吸收状态,即系统将"永远"停留在状态 $s_n$ 处。

用 $w(i)$ 表示一个路径 $w$ 上的第 $i$ 个状态 $s_i$。对于一个无穷路径 $w$,用 $\text{time}(w,i)$ 表示停留在第 $i$ 个状态 $s_i$ 的时间,即上面路径 $w$ 表示式中的 $t_i$。用 $w@t$ 表示在时刻 $t$ 路径上的状态,假如 $w@t=s_j$,因为系统到达 $s_j$ 总花费时间是系统在路径 $w$ 中状态 $s_j$ 前各个状态上停留时间之和,即 $\sum_{i<j}t_i$,于是显然有:$\sum_{i<j}t_i\leqslant t\leqslant\sum_{i\leqslant j}t_i$。换句话说,当系统在 $t$ 时刻处在某个状态 $s_j$ 时,则 $s_j$ 必定是满足公式 $\sum_{i=0}^{j}t_i\geqslant t$ 的最小索引。

对于一个有穷路径 $s_0t_0s_1t_1\cdots t_{n-1}s_n$，time$(w,i)$仅在满足 $i\leqslant n$ 时才有意义。当 $i<n$ 时，time$(w,i)=t_i$；当 $i=n$ 时，time$(w,i)=\infty$。对于有穷路径 $w$，如果 $t<\sum\limits_{i<n}t_i$，这时 $w@t$ 的意义与无穷路径上的含义相同；而当 $t>\sum\limits_{i<n}t_i$ 时，$w@t=s_n$。有趣的是，当 $t=\sum\limits_{i<n}t_i$ 时，系统可能仍停留在 $s_{n-1}$ 处，也可能"飞跃"到 $s_n$ 处。

取 $s_0$ 为初始状态，则从状态 $s_0$ 开始的所有路径集合可以看作一个样本空间，令该样本空间为 $\Omega$。我们定义基础事件是圆柱集，它是有相同前缀的所有路径集合。注意任意圆柱集中皆包含时间间隔(Time Interval)，这和 DTMC 模型中的圆柱集有不同的地方。也就是说，这里的前缀定义是上述有穷路径的"一般化"。不仅指明存在状态(例如)$s_0,s_1,s_2,\cdots,s_n\in S$，对于所有 $0\leqslant i<n$ 满足 $R(s_i,s_{i+1})>0$，而且还要指明$\mathcal{R}_{\geqslant 0}$中的非空时间间隔 $I_0,I_1,I_2,\cdots,I_{n-1}$。于是，圆柱集 Cyl$(s_0,I_0,s_1,I_1,s_2,I_2,\cdots,I_{n-1},s_n)$被定义成包含上述前缀的所有路径的集合。即该圆柱集中任意一条路径 $w$，它满足如下性质：对所有 $i\leqslant n$，$w(i)=s_i$，并且对所有 $i<n$，time$(w,i)\in I_i$。理论上，可以令$\mathcal{F}$是由 $\Omega$ 中的子集组成的包括所有圆柱集的最小$\sigma$-代数，并且可以在$\mathcal{F}$中定义概率 Pr，即建立概率空间$(\Omega,\mathcal{F},\mathrm{Pr})$，理论细节与 7.1 节相同，不再赘述。下面只讨论怎样计算 Pr 在圆柱集上的值。甚至推到一般情形，设路径包含所有圆柱集 Cyl$(s_0,I_0,\cdots,I_{n-1},s_n)$，其中 $s_0,s_1,s_2,\cdots,s_n$ 可以在所有的状态中取值，但 $R(s_i,s_{i+1})>0(0\leqslant i<n)$；$I_0,\cdots,I_{n-1}$ 可以在所有$\mathcal{R}_{\geqslant 0}$的所有非空区间上任意取值。运用数学归纳法，可以很容易得到 $\mathrm{Pr}_{s_0}(\mathrm{Cyl}(s_0))=1$，当 $n\geqslant 0$ 时，$\mathrm{Pr}_{s_0}(\mathrm{Cyl}(s_0,I_0,\cdots,I_{n-1},s_n,I',s'))$ 等价于 $\mathrm{Pr}_{s_0}(\mathrm{Cyl}(s_0,I_0,\cdots,I_{n-1},s_n))\cdot P^{\mathrm{emb}(C)}(s_n,s')\cdot(\mathrm{e}^{-E(s_n)\inf I'}-\mathrm{e}^{-E(s_n)\sup I'})$。

在很多时候，我们要计算一个 CTMC 中的状态在某个给定时刻的概率，以及计算一个 CTMC 中的状态在稳定情况下的概率。前者描述了一个 CTMC 系统在某个给定时刻状态的概率分布；后者描述了一个 CTMC 系统在它的稳定情况下状态的概率分布。

令 CTMC 模型 $C=(S,s_{\mathrm{init}},R,L)$，它的瞬时概率分布为 $\underline{\pi}^C_{s,t}(s')$，或简写为 $\underline{\pi}_{s,t}(s')$，$s'\in S$。其含义是指由状态 $s$ 开始，在时刻 $t$ 处于状态 $s'$的概率，计算式为

$$\underline{\pi}_{s,t}(s')=\mathrm{Pr}_s\{w\in \mathrm{Path}(s)\mid w@t=s'\}$$

稳定状态可以看作时间是无限的。用 $\underline{\pi}^C_s(s')$(或简写为 $\underline{\pi}_s(s')$)，$s'\in S$ 表示稳定情况下状态的概率分布，其含义是指从状态 $s$ 开始，在时间无限长的时刻系统处于状态 $s'$的概率，计算式为

$$\underline{\pi}_s(s')=\lim_{t\to\infty}\underline{\pi}_{s,t}(s')$$

稳定状态概率分布 $\underline{\pi}_s(s')$，$s'\in S$，可以用来推断在无限长的时间内 CTMC 处于任何一种状态的时间比例。也就是说，在无限长的时间内，抹平了系统在时间上的"波动"，视连续时间马尔可夫链为一个简单的转换系统。于是，$\underline{\pi}_s(s')$，$s'\in S$ 便是一个概率矩阵相应于起点为状态 $s$ 的行，其中各个元素分别是从 $s$ 出发在无限长时间内处于各个 $s'$的概率。

一般地，稳定状态概率分布，是由瞬时状态概率分布决定的。定义瞬时概率矩阵$\boldsymbol{\Pi}_t$，矩阵第 $s$ 行 $s'$列的元素$\boldsymbol{\Pi}_t(s,s')=\pi_{s,t}(s')$，$s,s'\in S$。$\boldsymbol{\Pi}_t$ 有点类似于 DTMC 的迁移概率矩阵 $\boldsymbol{P}^n$。

为了精确研究$\boldsymbol{\Pi}_t$，我们引入关于 CTMC 的无穷小生成矩阵概率。一个 CTMC 模型 $C=(S,s_{\text{init}},R,L)$的无穷小生成矩阵 $\boldsymbol{Q}$ 的定义如下。

$$Q(s,s')=\begin{cases}R(s,s'), & s'\neq s\\ -\sum_{s'\neq s}R(s,s'), & \text{其他}\end{cases}$$

$Q(s,s')$是无穷小生成矩阵 $\boldsymbol{Q}$ 中相应状态 $s$ 的行和相应状态 $s'$的列的元素。

根据数学理论，瞬时概率矩阵的微分方程是$\boldsymbol{\Pi}'_t=\boldsymbol{\Pi}_t\cdot\boldsymbol{Q}$。解这个方程，瞬时概率矩阵可以表示为一个矩阵指数，从而能通过幂级数计算。

$$\boldsymbol{\Pi}_t=\mathrm{e}^{\boldsymbol{Q}\cdot t}=\sum_{k=0}^{\infty}\frac{(\boldsymbol{Q}\cdot t)^k}{k!}$$

由于上式的计算存在潜在不稳定性，并且为无穷求和寻找到一个合适的终止标准也非常困难，所以下面使用标准(Uniformised)DTMC 计算此概率矩阵。

CTMC 模型 $C=(S,s_{\text{init}},R,L)$的标准 DTMC 表示为 $\text{unif}(C)=(S,s_{\text{init}},P^{\text{unif}(C)},L)$。其中，迁移概率矩阵 $\boldsymbol{P}^{\text{unif}(C)}=\boldsymbol{E}+\boldsymbol{Q}/q$，$E$ 为$|S|\times|S|$的单位矩阵，$|S|$为有穷状态集合 $S$ 的基数，$\boldsymbol{Q}$ 为无穷小生成矩阵，$q\geqslant\max\{E(s)\mid s\in S\}$，$q$ 为标准速率(Uniformisation Rate)。标准 DTMC 的每个时间步对应一个速率为 $q$ 的指数分布延迟。如果 $E(s)=q$，那么迁移概率矩阵 $\boldsymbol{P}^{\text{unif}(C)}$ 中与 $s$ 相应的一行就与嵌入 DTMC 的 $\boldsymbol{P}^{\text{emb}(C)}$ 中与 $s$ 相应的一行相同。也就是说，从 $s$ 出发迁移到其他状态的迁移概率无论在哪个模型中都是一样的(停留时间和一个时间步有着相同的分布)，如果 $E(s)<q$，那么就增加一个概率为 $1-E(s)/q$ 的自循环(停留时间比 $1/q$ 长，所以一个时间步可能不够)。

通过标准 DTMC，瞬时概率可以表示为

$$\begin{aligned}\boldsymbol{\Pi}_t&=\mathrm{e}^{\boldsymbol{Q}\cdot t}=\mathrm{e}^{q(\boldsymbol{P}^{\text{unif}(C)}-\boldsymbol{E})t}=\mathrm{e}^{(qt)\boldsymbol{P}^{\text{unif}(C)}}\cdot\mathrm{e}^{-qt}\\&=\mathrm{e}^{-qt}\cdot\left[\sum_{k=0}^{\infty}\frac{(qt)^k}{k!}\cdot(\boldsymbol{P}^{\text{unif}(C)})^k\right]\\&=\sum_{k=0}^{\infty}\left[\mathrm{e}^{-qt}\cdot\frac{(qt)^k}{k!}\right]\cdot(\boldsymbol{P}^{\text{unif}(C)})^k\\&=\sum_{k=0}^{\infty}\gamma_{qt,k}(\boldsymbol{P}^{\text{unif}(C)})^k\end{aligned}$$

其中，$\gamma_{qt,k}$ 是参数$\lambda=qt$ 时的泊松分布在$k$ 上的值，它指的是对于给定速率为 $q$ 的指数分布延迟在时间 $t$ 和$k$ 步时发生的概率；$\boldsymbol{P}^{\text{unif}(C)}$ 中的每项都在[0,1]中取值，并且行的和等于 1，因此用 $\boldsymbol{P}$ 计算比用$\boldsymbol{Q}$ 计算在数值上更稳定；$(\boldsymbol{P}^{\text{unif}(C)})^k$ 表示在 $k$ 步内两个状态之间发生转换的概率。对于计算给定状态 $s$ 和时间 $t$ 的 $\pi_{s,t}$，计算式如下。

$$\underline{\pi}_{s,t}=\underline{\pi}_{s,0}\cdot\boldsymbol{\Pi}_t=\underline{\pi}_{s,0}\cdot\sum_{k=0}^{\infty}\gamma_{qt,k}(\boldsymbol{P}^{\mathrm{unif}(C)})^k=\sum_{k=0}^{\infty}\gamma_{qt,k}\cdot\underline{\pi}_{s,0}\cdot(\boldsymbol{P}^{\mathrm{unif}(C)})^k$$

其中，$\underline{\pi}_{s,0}$ 为初始分布，其定义如下：若 $s'=s$，则 $\underline{\pi}_{s,0}(s')=1$；否则，$\underline{\pi}_{s,0}(s')=0$。

有了无穷小生成矩阵，CTMC 的稳定状态的概率矩阵还可以通过以下方程组获得。

$$\boldsymbol{\pi}\cdot\boldsymbol{Q}=0,\ \forall s\in S,\ \sum_{s'\in S}\underline{\pi}_s(s')=1$$

其中，$\boldsymbol{\pi}$ 为稳定状态的概率矩阵，即它是$|S|\times|S|$阶方阵，该方阵中相应状态 $s$ 的行中元素 $\underline{\pi}_s(s'),s\in S$ 分别表示从状态 $s$ 开始系统在无限长时间里处于状态 $s'$ 的概率。换言之，该行是系统从状态 $s$ 开始在无限长时间内的概率分布。

然而，系统是从初始状态开始“运作”的，所以通常是求从初始状态开始在无限长时间里的稳定状态概率分布。这时矩阵 $\boldsymbol{\pi}$ 是一个行矩阵。于是上述方程组写成 $\boldsymbol{\pi}\cdot\boldsymbol{Q}=0$，$\sum_{s'\in S}\underline{\pi}_s(s')=1$。直观上，$\boldsymbol{Q}$ 中的元素 $Q(s,s')$ 当 $s'\neq s$ 时表示离开 $s$ 迁移到 $s'$ 的速率(即 $R(s,s')$)；而当 $s'=s$ 时，为了符合逻辑，保持系统稳定性，故 $Q(s,s')=-\sum_{s'\neq s}R(s,s')$。因此，当系统稳定时，也应有$\underline{\boldsymbol{\pi}}\cdot\boldsymbol{Q}=0$ 的关系。

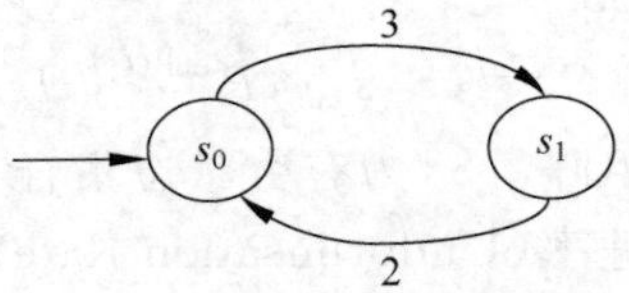

图 7.1　一个简单的 CTMC
(转摘于文献[36]图 11-6)

我们用如图 7.1 所示的 CTMC 为例，阐述一下前面介绍的几个重要概念。

该模型只有两个状态：$s_0$ 和 $s_1$。$s_0$ 是初始状态。它的迁移速率矩阵 $\boldsymbol{R}$、无穷小生成矩阵 $\boldsymbol{Q}$、嵌入的 DTMC 模型迁移概率矩阵 $\boldsymbol{P}^{\mathrm{emb}(C)}$ 和标准 DTMC 模型的迁移概率矩阵 $\boldsymbol{P}^{\mathrm{unif}(C)}$(取标准速率 $q=3$)等分别表示如下。

$$\boldsymbol{R}=\begin{bmatrix}0&3\\2&0\end{bmatrix},\boldsymbol{Q}=\begin{bmatrix}-3&3\\2&-2\end{bmatrix},\quad\boldsymbol{P}^{\mathrm{emb}(C)}=\begin{bmatrix}0&1\\1&0\end{bmatrix},\quad\boldsymbol{P}^{\mathrm{unif}(C)}=\begin{bmatrix}0&1\\\frac{2}{3}&\frac{1}{3}\end{bmatrix}$$

CTMC 模型的迁移速率矩阵 $\boldsymbol{R}$，由图 7.1 很容易得到。再根据无穷小生成矩阵的定义，由 $\boldsymbol{R}$ 很容易得到矩阵 $\boldsymbol{Q}$。显然，由 $\boldsymbol{R}$ 的第 1 行可得 $E(s_0)=0+3=3$；由 $\boldsymbol{R}$ 的第 2 行可得 $E(s_1)=2$。它们分别表示状态 $s_0$ 和 $s_1$ 的离开速率。因为 $s_0$ 和 $s_1$ 的离开速率不一样，所以 $\boldsymbol{P}^{\mathrm{emb}(C)}$ 中每行对应的时间步并不相同，其第 1 行对应一个速率为 3 的指数分布延迟，而第 2 行对应一个速率为 2 的指数分布延迟。形象地说，$\boldsymbol{P}^{\mathrm{emb}(C)}$ 中第 1 行概率分布和第 2 行概率分布在近似 CTMC 模型时采用的时间步并不相同，前者与 $s_0$ 停留时间有相同分布，后者与 $s_1$ 停留时间有相同分布。鉴于此，在讨论瞬时状态概率分布时，我们应该将它们“标准化”，即用一个尺度去考查近似 CTMC 模型的 DTMC 模型中迁移概率矩阵每行采用的时间步的分布情况，这样便引入了标准 DTMC 模型概率。很自然想到，取 $q\geqslant\max\{E(s)\mid s\in S\}=\max\{3,2\}$为标准速率，在我们的例子中，取 $q=3$，于是由定义有

$$\boldsymbol{P}^{\mathrm{unif}(C)}=\begin{bmatrix}1&0\\0&1\end{bmatrix}+\begin{bmatrix}-3&3\\2&-2\end{bmatrix}\cdot\frac{1}{3}=\begin{bmatrix}0&1\\\frac{2}{3}&\frac{1}{3}\end{bmatrix}$$

由上述计算，便验证了当 $q=E(s)$ 时，标准 DTMC 和嵌入 DTMC 的迁移概率都相同，正如 $\boldsymbol{P}^{\mathrm{emb}(C)}$ 的第 1 行和 $\boldsymbol{P}^{\mathrm{unif}(C)}$ 的第 1 行所示。而当 $q>E(s)$ 时，正如 $\boldsymbol{P}^{\mathrm{emb}(C)}$ 的第 2 行和 $\boldsymbol{P}^{\mathrm{unif}(C)}$ 的第 2 行所示，迁移概率是不同的。现在看 $\boldsymbol{P}^{\mathrm{unif}(C)}$ 第 2 行第 2 列的计算：$1+(-2/3)=1+\left(\frac{-2}{2}\times\frac{2}{3}\right)=1-\frac{2}{3}=1-\frac{E(s_1)}{q}$。这意味着增加了一个概率为 $1-\frac{E(s_1)}{q}$ $\left(即 1-\frac{2}{3}\right)$ 的自循环，如此一来，这就意味着在 $s_1$ 处停留时间比 $1/q$ 长，以致一个时间步可能不够。

我们再来求从 $s_0$ 出发在时刻 $t=1$ 时的瞬时概率分布。

$$
\begin{aligned}
\underline{\pi}_{s_0,1} &= \underline{\pi}_{s_0,0}\cdot\sum_{k=0}^{\infty}\gamma_{q\cdot t,k}\cdot(\boldsymbol{P}^{\mathrm{unif}(C)})^k \\
&= \gamma_{3,0}\cdot[1,0]\cdot\begin{bmatrix}1 & 0\\ 0 & 1\end{bmatrix}+\gamma_{3,1}\cdot[1,0]\cdot\begin{bmatrix}0 & 1\\ \frac{2}{3} & \frac{1}{3}\end{bmatrix}+ \\
&\quad \gamma_{3,2}\cdot[1,0]\cdot\begin{bmatrix}0 & 1\\ \frac{2}{3} & \frac{1}{3}\end{bmatrix}^2+\cdots \\
&\approx [0.404\,043, 0.595\,957]
\end{aligned}
$$

系统从初始状态出发，在时刻 $t=1$ 时，大约 40% 的可能性处在 $s_0$ 状态，60% 的可能性处在 $s_1$ 状态。

最后求从初始状态出发，在无限时间内，系统稳定分布。由无穷小生成矩阵 $\boldsymbol{Q}$ 得到方程组为

$$
\begin{cases}
-3\cdot\underline{\pi}(s_0)+2\underline{\pi}(s_1)=0\\
3\cdot\underline{\pi}(s_0)-2\underline{\pi}(s_1)=0\\
\underline{\pi}(s_0)+\underline{\pi}(s_1)=1
\end{cases}
$$

解此方程组得到 $\underline{\pi}=\left[\frac{2}{5},\frac{3}{5}\right]$。实际上，这个结果从图 7.1 也能直观地猜测到，即在无限长时间内，系统停留在 $s_1$ 的稳定概率为 3/5，停留在 $s_0$ 的稳定概率为 2/5。

## 7.3 概率模型验证

一般来说，为了验证存在随机行为系统的正确性，我们可以采用概率模型检测方法。该方法首先要构造能描述系统随机行为的概率模型，继而要找到能描述模型需要满足的属性的形式化规约的公式，后者涉及逻辑构建问题。7.2 节致力于为系统的随机行为建模，我们为不同的系统分别构造了 DTMC 和 CTMC 两种模型。本节讨论如何描述概率模型的属性规约以及在此基础上对系统正确性进行验证。

软件系统概率属性规约描述，视系统的概率模型不同，采用不同的概率时序逻辑。一般地，对于 DTMC 模型，采用概率计算树逻辑（Probabilistic Computation Tree Logic, PCTL），它是计算树逻辑的概率扩展；对于 CTMC 模型，采用连续随机逻辑（Continuous Stochastic Logic, CSL），它是在 CTL 和 PCTL 基础上的扩充。

## 7.3.1 系统 DTMC 模型的检测

假设我们为系统随机行为构造的概率模型是 DTMC 模型，现在讨论描述其属性规约的时序逻辑以及验证方法[36]。

**1. 概率计算树逻辑**

1）语法

PCTL 的语法如下。

$$\phi ::= \mathrm{True} \mid a \mid \phi \wedge \phi \mid \neg \phi \mid \mathrm{P}_{\sim p}[\varphi]$$

$$\varphi ::= \mathrm{X}\phi \mid \phi \mathrm{U}^{\leqslant k} \phi \mid \phi \mathrm{U} \phi$$

PCTL 语法分状态公式语法和路径公式语法两部分，$\phi$ 表示一个状态公式，$\varphi$ 表示一个路径公式。在 DTMC 模型中，状态和路径是分别进行计算的。路径是一系列相互关联的迁移状态，利用 P 操作符，可以由路径公式得到状态公式。同样，利用时序算子可以由状态公式得到路径公式。值得注意的是，用于描述系统概率属性规约的 PCTL 公式均为状态公式。路径公式只出现在 $P$ 操作符的内部。

在状态公式语法部分，$a$ 表示一个原子命题；$\sim \in \{>, <, \geqslant, \leqslant\}$，$p \in [0,1]$，这样对于一个路径公式 $\varphi$，若 $s$ 满足 $\mathrm{P}_{\sim p}[\varphi]$，则 $\mathrm{P}_{\sim p}[\varphi]$（如 $\mathrm{P}_{<0.7}[\varphi]$）表示所有从 $s$ 出发的满足 $\varphi$ 公式的事件发生的概率 $P$ 的值在区间 $\sim p$ 之内（如在 $[0,0.7]$ 之内）。其他公式容易理解。总之，状态公式是指具有这样属性的公式：公式的成立（或者说公式为真）均与状态有关。

在路径公式语法部分，X 和 U 都是标准的时序逻辑操作符。X 表示 next，一条路径使 $\mathrm{X}\phi$ 为真，只有在路径下一个状态满足 $\phi$ 时成立。而一条路径使 $\phi \mathrm{U}^{\leqslant k} \psi$ 为真，当 $\psi$ 在 $k$ 个时间步之内满足，而在 $\psi$ 满足之前 $\phi$ 一直满足。$\phi \mathrm{U} \psi$ 是一个没有迁移次数限制的公式。一条路径使 $\phi\ \mathrm{U}\psi$ 为真是指：在路径一系列状态上，最终在 $\phi$ 为假之前 $\psi$ 会发生。特别地，$\mathrm{True}\mathrm{U}\psi$ 用来判断在一条路径上 $\psi$ 最终是否会满足。总之，路径公式是指具有这样属性的公式：公式的成立（或者说公式为真）均与用状态序列表示的路径有关。

2）语义

对于一个状态公式 $\phi$，状态 $s$ 满足它这一事实，用 $s \vDash \phi$ 表示。对于一个路径公式 $\varphi$，路径 $w$ 满足它这一事实，用 $w \vDash \varphi$ 表示。前面我们已经直观地叙述了 PCTL 公式的含义，下面我们精确地定义它。

令 $D = (S, s_{\mathrm{init}}, P, L)$ 是一个 DTMC 模型，对于 PCTL 的状态公式，我们定义它们的语义如下。

（1）$s \vDash \mathrm{True}$，$\forall s \in S$，指 $S$ 中任意状态都满足 True。

（2）$s \vDash a$，$a \in L(s)$，指当原子命题 $a$ 属于 $s$ 的标签函数值域 $L(s)$ 时，则 $s$ 满足 $a$。换言

之，使 $a$ 为真的状态集合为$\{s \mid a \in L(s)\}$。

(3) $s \vDash \neg \phi, s \vDash \phi$ 为 False，指如果状态 $s$ 不满足 $\phi$，则 $s$ 一定满足 $\neg \phi$。$\neg \phi$ 是 $\phi$ 的否定。

(4) $s \vDash \phi \wedge \psi, s \vDash \phi \wedge s \vDash \psi$，当且仅当 $s$ 满足 $\phi$ 和 $\psi$ 时，$s$ 满足 $\phi \wedge \psi$。

(5) $s \vDash \mathrm{P}_{\sim p}[\varphi]$，$\mathrm{Prob}(s, \varphi) \sim p$，其中 $\mathrm{Prob}(s, \varphi) = \mathrm{Pr}_s\{w \in \mathrm{Path}(s) \mid w \vDash \varphi\}$。回忆我们已经在 DTMC 中定义从状态 $s$ 开始的所有无穷路径组成样本空间，其中无穷路径集都是事件，$\mathrm{Pr}_s$ 是该样本空间上的概率，这个概率依赖 $s$，$s$ 是路径的开始之状态。所以 $\mathrm{P}_{\sim p}[\varphi]$ 表示使事件$\{w \mid w \vDash \varphi\}$发生的概率$\sim p$ 区间之内的状态之集合。

再来定义 PCTL 中路径公式的语义。令 $w$ 是 DTMC 模型中的任意路径，它对路径公式的满足关系如下所示。

(1) $w \vDash \mathrm{X}\phi, w(1) \vDash \phi$。例如，$w = s_0 s_1 s_2 \cdots$，若 $s_1 \vDash \phi$，则 $w \vDash \mathrm{X}\phi$。

(2) $w \vDash \phi\ \mathrm{U}^{\leqslant k} \psi$，$\exists i \in N, i \leqslant k \wedge w(i) \vDash \psi \wedge \forall j < i, w(j) \vDash \phi$。例如，$w = s_0 s_1 s_2 \cdots s_i \cdots s_k \cdots$，若 $i \leqslant k$，有 $s_i \vDash \psi$ 且 $\forall s_j \in \{s_0, s_1, s_2, \cdots, s_{i-1}\}$，有 $s_j \vDash \phi$，则 $w \vDash \phi\ \mathrm{U}^{\leqslant k} \psi$。

(3) $w \vDash \phi \mathrm{U} \psi$，$\exists k \geqslant 0, w \vDash \phi\ \mathrm{U}^{\leqslant k} \psi$。或者说 $\exists k \geqslant 0, w(k) \vDash \psi \wedge \forall j < k, w(j) \vDash \phi$。

3）推广

下面是一些常用的时序逻辑状态公式。

(1) False$\equiv \neg$True，即满足 False 的状态集合是空集；

(2) $\phi \vee \psi \equiv \neg(\neg \phi \wedge \neg \psi)$；

(3) $\psi \rightarrow \psi \equiv \neg \phi \vee \psi$。

再引入一些时序逻辑操作符：G 代表"总是"，或写作□；F 代表"最终"，或写作◇，即有以下路径公式。

$$\mathrm{F}\phi \equiv \Diamond \phi \equiv \mathrm{True}\mathrm{U}\phi$$

$$\mathrm{G}\phi \equiv \Box \phi$$

对于上述两种公式，还有其变式：$\mathrm{F}^{\leqslant k}\phi$，$\mathrm{G}^{\leqslant k}\phi$。关于 G 操作符，如果一条路径上满足 $\mathrm{G}\phi$，表示该路径上所有状态都满足 $\phi$；类似地，对有限界的操作符公式 $\mathrm{G}^{\leqslant k}\phi$，表示在路径的前 $k$ 个状态，$\phi$ 为真。关于 F 操作符，如果一条路径满足 $\mathrm{F}\phi$，表示 $\phi$ 在该路径上最终被满足，限界 F 操作 $\mathrm{F}^{\leqslant k}\phi$ 表示 $\phi$ 将在 $k$ 步之内为真。

很容易获得操作符 G、F 和 U 之间的关系为

$$\mathrm{P}_{\sim p}[\mathrm{F}\phi] \equiv \mathrm{P}_{\sim p}[\mathrm{True}\mathrm{U}^{\leqslant \infty}\ \phi]$$

$$\mathrm{P}_{\sim p}[\mathrm{F}^{\leqslant k}\phi] \equiv \mathrm{P}_{\sim p}[\mathrm{True}\mathrm{U}^{\leqslant k}\phi]$$

$$\mathrm{G}\phi \equiv \neg(\mathrm{F} \neg \phi)$$

$$\mathrm{G}^{\leqslant k}\phi = \neg(\mathrm{F}^{\leqslant k} \neg \phi)$$

**2. DTMC 模型检测算法**

假设系统的概率模型为 DTMC$D = (S, s_{\mathrm{init}}, P, L)$，模型应满足的属性规约是一个 PCTL 的状态公式 $\phi$，于是，下面即将介绍的基于 PCTL 的 DTMC 模型检测算法就以它们作为输入，输出的结果是一个满足状态公式 $\phi$ 的状态集合 $\mathrm{Sat}(\phi) = \{s \in S \mid s \vDash \phi\}$。通常只关

注初始状态是否满足 $\phi$，借此判断系统的正确性。然而，概率模型检测不仅可以检测所有状态，甚至有时会关注量化结果，如计算 $P_{=?}[\text{F error}]$的结果或计算 $P_{=?}[\text{F}^{\leqslant k}\ \text{error}]$ $(k\geqslant 0)$的结果，这些结果也许更能加深我们对具有随机行为系统正确性的认识。

PCTL 上的模型检测算法大致可以分为两个步骤。首先构造公式 $\phi$ 的分析树，分析树上每个节点都是 $\phi$ 的子公式。根节点就是公式 $\phi$，从上到下“分解”公式 $\phi$ 的结构，直到叶子节点或者是 True，或者是原子命题 $a$ 为止。在构造分析树时，每个节点的形成实际上是由前面介绍的 PCTL 公式的语法制导的。然后自底向上，递归计算满足每个子公式的状态集合，最终得到判断是否满足公式 $\phi$ 的状态集合。在递归计算过程，可以利用下面的“规则”，这些规则实际上是由前面介绍的 PCTL 公式的语义制导的。也可以说，这些规则是算法的简要刻画。这些规则如下。

$$\text{Sat}(\text{True}) = S$$
$$\text{Sat}(a) = \{s \in S \mid a \in L(s)\}$$
$$\text{Sat}(\neg \phi) = S \setminus \text{Sat}(\phi)$$
$$\text{Sat}(\phi \wedge \psi) = \text{Sat}(\phi) \cap \text{Sat}(\psi)$$
$$\text{Sat}(P_{\sim p}[\varphi]) = \{s \in S \mid \text{Prob}(s,\varphi) \sim p\}$$

PCTL 上的模型检测算法在“常规”状态公式上的计算与通常的 CTL 上的模型检测算法类似。只是由于概率操作符的存在，才使概率模型检测与我们在第 4 章讨论过的模型检测有很大的不同。现在，令 $\varphi$ 是任意路径公式，下面专门考查验证公式 $P_{\sim p}[\varphi]$的方法。

根据前述规则，$\text{Sat}(P_{\sim p}[\varphi]) = \{s\in S \mid \text{Prob}(s,\varphi) \sim p\}$，可以看出，我们要计算所有状态 $s\in S$ 的概率 $\text{Prob}(s,\varphi)$。首先计算概率为 1 和 0 的所有状态，即

$$S^{\text{yes}} = \text{Sat}(P_{\geqslant 1}[\varphi])$$
$$S^{\text{no}} = \text{Sat}(P_{\leqslant 0}[\varphi])$$

这一步叫作预计算。预计算后，得到概率为 1 和 0 的状态，对于 S 中的其他状态 $s$，它们的 $\text{Prob}(s,\varphi)$值可以通过所谓的剩余状态方程组得到。这些剩余状态方程组是基于 DTMC 模型中的概率相关性得到的。这时，对于预计算得到的状态，它们的 $\text{Prob}(s,\varphi)$便是方程组中确定的值，或是 1，或是 0。计算所有状态 $s\in S$ 的概率 $\text{Prob}(s,\varphi)$的线性方程组为

$$\begin{cases} \text{Prob}(s,\varphi) = 1, & s \in S^{\text{yes}} \\ \text{Prob}(s,\varphi) = 0, & s \in S^{\text{no}} \\ \text{Prob}(s,\varphi) = \sum\limits_{s' \in S} P(s,s')\text{Prob}(s',\varphi), & \text{其他} \end{cases}$$

因为 S 是有穷状态集合，所以上述线性方程组是容易求解的。对于所有状态，知道了 $\text{Prob}(s,\varphi)$值，剩下来计算就很平凡了。

下面举一个算法实例[36]。根据图 7.2 中的 DTMC 计算 $P_{>0.8}[\neg a \cup b]$。

注意在图 7.2 中，是用数字标记状态的。但在下面的讨论中，为了叙述清晰，有时把状

态标记改写为 $s_i$ 的形式,即状态 $s_i$ 相应于图 7.2 中数字 $i$ 标明的状态,在不致混淆的地方,这两种写法有时混用。另外,状态 $s_1$ 的标签是原子命题 $a$,状态 $s_4$ 的标签是原子命题 $b$。

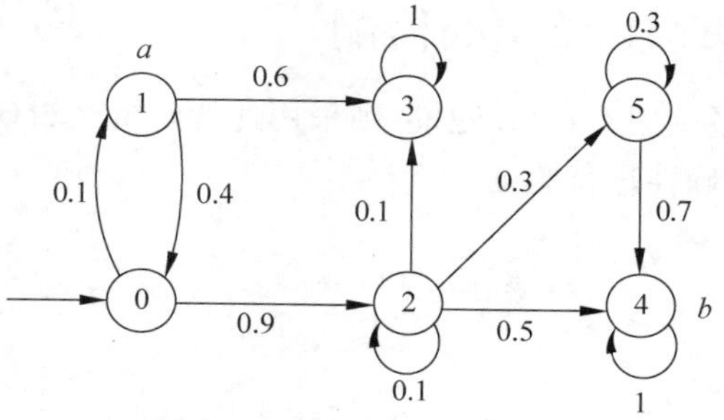


图 7.2 一个简单的 DTMC(转摘于文献[36]图 11-8)

为了计算 $\mathrm{Sat}(\mathrm{P}_{>0.8}[\neg a \cup b])$,我们需要对所有 $s \in S$,计算概率 $\mathrm{Prob}(s, \neg a \cup b)$ 的值。

令 $x_s = \mathrm{Prob}(s, \neg a \cup b)$,首先进行预计算。

从图 7.2 中可以看出,从 $x_4$ 出发的无穷路径只有一条,即 $w = s_4 s_4 \cdots$,而且在此路径上,$\neg a \cup b$ 成立,显然,$x_4 = \mathrm{Prob}(s_4, \neg a \cup b) = 1$。

从图 7.2 中还可以看出,从 $x_5$ 出发的无穷路径有无限多条

$$w_1 = s_5 s_4 s_4 \cdots, w_2 = s_5 s_5 s_4 s_4 \cdots, w_3 = s_5 s_5 s_5 s_4 s_4 \cdots, \cdots$$

一般地,$\forall k \geqslant 1, w_k = \underbrace{s_5 \cdots s_5}_{k个} s_4 s_4 \cdots$,上述形式每条路径都满足公式 $\neg a \cup b$,而且 $\forall k \geqslant 1, P(w_k) = 0.3^{k-1} \times 0.7$,所以 $x_5 = \mathrm{Prob}(s_5, \neg a \cup b) = \sum_{k \geqslant 1} 0.3^{k-1} \times 0.7 = 0.7 \times (1 + 0.3 + 0.3^2 + \cdots) = 1$。

从图 7.2 中看出,从 $s_3$ 出发的无穷路径只有一条,即 $w = s_3 s_3 \cdots$,在此路径上公式 $\neg a \cup b$ 不成立,所以 $x_3 = \mathrm{Prob}(s_3, \neg a \cup b) = 0$。因为在 $s_1$ 处 $a$ 成立,所以从 $s_1$ 出发的任何无穷路径都不满足 $\neg a \cup b$,故 $x_1 = \mathrm{Prob}(s_1, \neg a \cup b) = 0$。

知道了概率为 1 和 0 的状态,$x_4 = x_5 = 1, x_1 = x_3 = 0$,从图 7.2 中可知剩下的状态方程组为

$$\begin{cases} x_0 = 0.1x_1 + 0.9x_2 \\ x_2 = 0.1x_2 + 0.1x_3 + 0.3x_5 + 0.5x_4 \end{cases}$$

将已知值代入方程组,可得

$$\begin{cases} x_0 = 0.9x_2 \\ x_2 = 0.1x_2 + 0.3 + 0.5 \end{cases}$$

解上述方程组,得 $x_0 = 0.8, x_2 = 8/9$。

最后,得到 $\mathrm{Sat}(\mathrm{P}_{>0.8}[\neg a \cup b]) = \{x_2, x_4, x_5\}$。

顺便提一下,为了提高表达能力,有时采用 PCTL$^*$(包含 PCTL 和 LTL)公式描述属性

规约。例如，可以讨论 $P_{\geqslant 1}[\mathrm{GFready}]$：服务器总是会最终回到就绪状态的概率为 1 等实际问题。

## 7.3.2 系统 CTML 模型的检测

若对有随机行为的系统用 CTML 建模，则采用连续随机逻辑（CSL）状态公式描述模型归约属性，从而对系统正确性进行验证[36]。

**1. 连续随机逻辑**

1）语法

CSL 的语法如下。

$$\phi ::= \mathrm{True} \mid a \mid \phi \wedge \phi \mid \neg \phi \mid \mathrm{P}_{\sim p}[\varphi] \mid \mathrm{S}_{\sim p}[\phi]$$

$$\varphi ::= \mathrm{X}\phi \mid \phi \mathrm{U}^{I} \phi$$

其中，$a$ 是一个原子命题；$\sim \in \{>,<,\geqslant,\leqslant\}$；$p \in [0,1]$；$I$ 是$\mathcal{R}_{\geqslant 0}$的时间间隔。状态公式部分比 PCTL 多了一种公式类型，这是引进了操作符 S 后的结果。路径公式与 PCTL 路径公式表面上类似，实际上，它们是专门为描述连续时间特性而设计的公式，这是因为路径概念已经有所区别，这从后面的语义部分可以看出。操作符 S 描述有关 CTMC 模型中的稳定状态的表现，公式 $\mathrm{S}_{\sim p}[\phi]$表示满足公式 $\phi$ 的稳定状态概率满足$\sim p$ 要求。与 PCTL 上的模型检测一样，在 CSL 上的模型检测用于描述模型归约属性的公式也是状态公式，路径公式只出现在 P 操作符的内部。

2）语义

令 $C=(S, s_{\mathrm{init}}, R, L)$表示系统的 CTMC 模型，对于状态公式 $\phi$，用 $s \vDash \phi$ 表示 $S$ 中状态 $s$ 满足状态公式 $\phi$ 的关系。除了含有操作符 S 的公式以外，其他关系与前面的定义相同，有

$$s \vDash \mathrm{True}, \forall s \in S$$

$$s \vDash a, a \in L(s)$$

$$s \vDash \neg \phi, s \vDash \phi \text{ 为 False}$$

$$s \vDash \phi \wedge \psi, s \vDash \phi \wedge s \vDash \psi$$

$$s \vDash \mathrm{P}_{\sim p}[\varphi], \mathrm{Prob}(s, \varphi) \sim p$$

$$s \vDash \mathrm{S}_{\sim p}[\phi], \sum\nolimits_{s' \vDash \varphi} \underline{\pi}_{s}(s') \sim p$$

其中，$\mathrm{Prob}(s,\varphi)=\mathrm{Pr}_s\{w \in \mathrm{Path}(s) \mid w \vDash \varphi\}$；$\underline{\pi}_s(s')$描述的是由状态 $s$ 开始，在无限长时间内，处于状态 $s'$的概率。直观上，$\underline{\pi}_s(\cdot)$描述了从 $s$ 开始，系统在无限长时间内有关系统各状态的出现频率。于是，当满足 $\phi$ 的各个状态的出现频率（即它们的稳态概率）之和$\sim p$ 时，我们才说 $s \vDash \mathrm{S}_{\sim p}[\phi]$，由此可见，$\mathrm{S}_{\sim p}[\phi]$是在无限长时间内，考查系统稳定属性的。

对于路径公式，我们考查路径 $w$ 的满足关系，有以下结论。

（1）$w \vDash \mathrm{X}\phi$，$w(1)$存在并且 $w(1) \vDash \phi$。注意，如果 $w(0)$是吸收状态，这时 $w(1)$不存在。

（2）$w \vDash \phi \mathrm{U}^{I} \psi$，$\exists t \in I, w@t \vDash \psi \wedge t' \in [0,t), w@t' \vDash \phi$。

3）推广

下面给出一些常用的 CSL 中的时序逻辑等式。

(1) $\text{False} \equiv \neg \text{True}$；

(2) $\phi \vee \psi \equiv \neg(\neg \phi \wedge \neg \psi)$；

(3) $\phi \rightarrow \psi \equiv \neg \phi \vee \psi$；

(4) $\phi \mathrm{U} \psi \equiv \phi \mathrm{U}^{[0,\infty)} \psi$；

(5) $\mathrm{F}\phi \equiv \Diamond \phi \equiv \text{True}\mathrm{U}\phi$；

(6) $\mathrm{G}\phi \equiv \Box \phi \equiv \neg(\mathrm{F} \neg \phi)$；

(7) $\neg \mathrm{P}_{>p}[\phi \mathrm{U}^I \psi] = \mathrm{P}_{\leqslant p}[\phi \mathrm{U}^I \psi]$；

(8) $\neg \mathrm{S}_{>p}[\phi] = \mathrm{S}_{\leqslant p}[\phi]$；

(9) $\mathrm{P}_{>p}[\mathrm{G}\phi] = \mathrm{P}_{<1-p}[\mathrm{F} \neg \phi]$；

(10) $\mathrm{F}^I \phi \equiv \text{True}\mathrm{U}^I \phi$，即在区间 $I$ 内，$\phi$ 会变为 True；

(11) $\mathrm{G}^I \phi \equiv \neg(\mathrm{F}^I \neg \phi)$，即在区间 $I$ 内，$\phi$ 一直为 True。

**2. CTMC 模型检测算法**

在连续随机逻辑(CSL)上的模型检测算法也是从输入一个系统的 CTMC 模型和一个描述模型规约属性的 CSL 状态公式 $\phi$ 开始，通过构造分析树和寻求满足关系，从而得到一个满足状态公式 $\phi$ 的状态集合，作为输出结果而结束。其规则可以简要描述如下。

$$\text{Sat}(\text{True}) = S$$

$$\text{Sat}(a) = \{s \in S \mid a \in L(s)\}$$

$$\text{Sat}(\neg \phi) = S \setminus \text{Sat}(\phi)$$

$$\text{Sat}(\phi \wedge \psi) = \text{Sat}(\phi) \cap \text{Sat}(\psi)$$

$$\text{Sat}(P_{\sim p}[\varphi]) = \{s \in S \mid \text{Prob}(s, \varphi) \sim p\}$$

$$\text{Sat}(S_{\sim p}[\phi]) = \{s \in S \mid \Sigma_{s' \models \phi} \underline{\pi}_s(s') \sim p\}$$

下面给出一个实例，说明引入 CTMC 模型以及构造 CSL 公式在实际应用中是十分重要的[36]。

图 7.3 所示为一个工作站集群，该工作站集群包含两个子集群，它们通过星状拓扑结构分布，由一个主线连接。最低(Minimum)服务质量是至少有 3/4 的工作站工作并且通过转换机连接；最高(Premium)服务质量是所有工作站都工作并且通过转换机连接。可以认为，这些服务质量是系统必须要满足的属性、规约或者说是设计系统的一些规则说明。由于系统的随机本质，这些规约只能以一定概率加以保证。其形式刻画必须用概率语言表述。

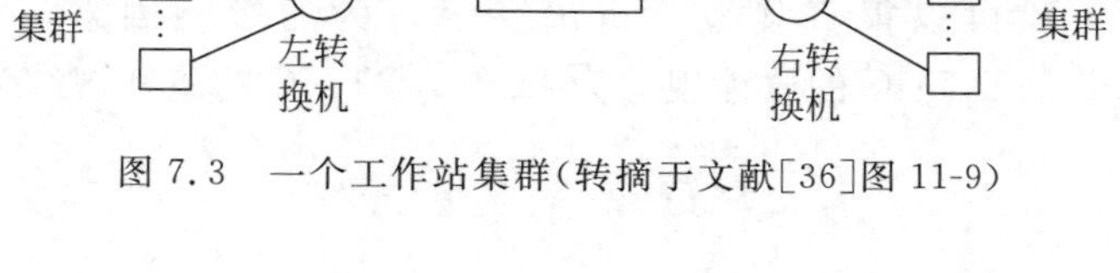

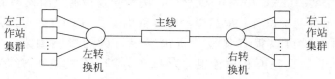

图 7.3　一个工作站集群(转摘于文献[36]图 11-9)

下面是一些与之相关的CSL公式和它的含义，可以看出，这些公式的计算与有关系统正确性的验证工作息息相关，说明连续概率模型演绎检测是一个保证随机系统正确性的一个难以用其他方法取代的方法。

(1) $S_{=?}[\text{minimum}]$：求在长时间运行时，拥有最低服务质量的概率。

(2) $P_{=?}[F^{[t,t]}\text{minimum}]$：求在时间 $t$ 时，拥有最低服务质量的概率。

(3) $P_{<0.05}[F^{[0,10]}\neg\text{minimum}]$：判断在10h内，服务质量低于最低服务质量的概率小于0.05。

(4) $\neg\text{minimum}\rightarrow P_{<0.1}[F^{[0,2]}\neg\text{minimum}]$：判断当服务质量低于最低服务质量时，在2h后仍然低于最低服务质量的概率小于0.1。

(5) $\text{minimum}\rightarrow P_{>0.8}[\text{minimum}\ U^{[0,t]}\ \text{premium}]$：判断在 $t$h内，从最低服务质量到达最高服务质量，并且在此之间保持最低服务质量的概率大于0.8。

(6) $P_{=?}[\neg\text{minimum}\ U^{[t,\infty]}\ \text{minimum}]$：求花费超过 $t$h不满足服务质量到满足的情况的概率。

(7) $\neg r\_\text{switch\_up}\rightarrow P_{<0.1}[\neg r\_\text{switch\_up}\ U\neg l\_\text{switch\_up}]$：判断如果右转换机已经失效，那么在它修好之前左转换机失效的概率小于0.1。

(8) $P_{=?}[F^{[2,\infty]}S_{>0.9}[\text{minimum}]]$：花费超过2h到达一个状态，并从该状态之后的长时间运行中，拥有最低服务质量的概率大于0.9，该式用来求到此状态的概率。

上述实例使我们对随机系统的规格说明或者说它要满足的属性的描述有了一些深切感受。换言之，系统的行为在本质上的随机性，使我们无法通过"普通"的抽样测试去肯定它或否定它。在某种意义上，通过对系统的"全面"考查，掌握系统的概率规律，才能合理地判断系统的正确性。对系统的全面考查可以通过为系统构造概率模型来实现，对系统随机属性的描述要用概率时序逻辑的公式刻画，并通过概率演绎方法对它加以验证。这有点类似于量子系统，它的性质的描述和验证只有在概率意义上才有效。

鉴于此，随着概率算法的出现和模型检测工具的成熟，20世纪80年代以后，软件界不断开发工具去支持概率模型检验工作。第1个结合概率计算分析和模型检测技术的概率模型检测工具是1994年开发的TPWB(Time and Probability Workbench)，它支持DTMC。目前，较为成功的概率模型检测工具是PRISM(Probabilitic Symbolic Model Checker)，它支持Windows、Linux和Mac OS X及Solaris操作系统，其主要功能之一是用于建模和分析具有随机性行为的系统，PRISM已经成功地应用于不同领域中的多个案例分析，包括随机分布算法、通信及多媒体协议、概率安全协议、轮询系统、工作站集群等。值得一提的是，PRISM中还定义了实验(Experiment)概念。一次实验是指通过给模型的所有状态变量赋初始值，遍历出模型的一次执行。根据模型中参数的变化，PRISM可以绘制出模型行为的变化趋势。因此，实验可以很直观地分析出系统行为的影响因素。PRISM工具支持DTMC和CTMC，并且DTMC的属性规约为PCTL，CTMC的属性规约为CSL[36]。

## 7.4 操作概要

前面我们着重从系统的随机本性观点，考查软件正确性验证问题。例如，前面举出的工作站集群的例子，当把这个工作站集群当作一个整体考虑时，由于每个工作站行为的随机性，致使这个整体成为随机系统，即随机成了它的本性，无论怎样设计都无法避免它的波动性。于是服务质量的规约描述及其验证都必须用概率方式加以解决。这时，通过设计一些测试用例进行检测，用这种检测确定性系统的方法去验证服务质量是否达到了标准，通常是无效的。因此，对于具有随机性的系统，利用概率模型把握它的概率规律，利用概率时序逻辑描述它的属性规约，从而从模型揭示的概率规律演绎证明由时序逻辑归约的公式，也许是验证具有随机性系统正确性的好方法。

然而，概率演绎证明与一切形式证明一样，都有很大的局限性。姑且不论它非常复杂并且非常耗时，也不论模型难以"正确"地获取，更不论谁也无法保证证明过程不会产生错误，仅考虑概率演绎证明需要人的坚深数学知识、才能和不平凡的智慧这一点，就使软件界对普遍采用它去验证随机系统的正确性这种做法产生畏惧，虽然软件界开发了 PRISM 等工具，希望使这方面工作进行得容易和有效些。

因此，现在转换考虑角度，不是一律地把具有随机行为的系统都当作一个具有随机性的整体看待。对于一些系统，如果能分离出生成系统随机行为的一些关键因素，我们认为只要研究这些关键因素的随机行为，就有可能把握系统的概率性质，就能描述该系统的属性，并对其正确性作出可信判断。

影响软件行为的一个最重要的因素就是用户的操作方式，这对于具有大量人机交互的系统来说尤其如此。人的操作方式因人因事相异，即使一个人的影响微不足道，但是巨大人群造成的效果却是显著的随机现象。这种现象首先在软件可靠性验证方面得到关注和研究。

一般地，度量系统可靠性时，通常都要建立操作简档。操作简档要找出系统输入的类型，以及在正常使用的状况下这些输入类型发生的可能性，即概率可靠性度量便在操作简档的建立基础上，构造一个能反映操作简档的测试数据集合，换言之，要获得具有相同概率分布的测试数据作为研究系统的测试数据。这通常可以使用测试数据生成器得到测试数据，然后使用生成的测试数据对系统进行测试，记录发现的失败和每个失败类型发生的次数。当观察到相当数量的失败后，就可以计算软件的可靠性了，即可以计算出适当的可靠性度量值。

上述方法有时称为统计测试，其目标是要评估系统的可靠性。系统可靠性的度量值依赖开发的操作简档的正确性。对于具有标准使用模式的系统（如远程通信系统），有完全的可能性开发出它的正确操作简档。Musa 为开发操作简档给出了规则，并且经过对他所在的公司（一家电信公司）的统计发现，在开发操作简档上的投资至少有 10 倍的回报。

不过操作简档可能无法精确反映系统真实的使用情况，不同的用户由于使用到的系统服务和功能有所差别，因而他们对系统可靠性的感觉并不一样。不同的用户对系统有不同的期待，他们的背景和经验不尽相同，因此用户对系统的使用方式往往超出了设计者的估计。再说上面提到的测试数据生成器能自动生成操作简档中规定的输入类型的测试数据，但是，对于交互式系统却不总是能自动产生所有的测试数据，因为输入通常是对系统输出的影响。这样便需要手工设计，成本很高。另外，当一个软件系统是新的而且有所创新的时候，预期它将如何使用来得到准确的操作简档是较难的一件事，更何况操作简档还会随着系统的使用而不断变更，即用户的能力和信心随着经验的增加会不断提高，他们会用更复杂的方式使用系统。鉴于此，Hamlet 认为，开发出一个值得依赖的操作简档有时几乎是不可能的。如果不能保证操作简档的正确性，就不能确信可靠性度量的精确性[33]。

虽然如此，我们现在从另一个角度考查操作简档的概念。为了和上面所说的理念有所区别，下面我们运用操作概要术语。这里考查的操作概要是从一个抽象角度描述实际用户怎样操作系统的。即认为系统可以分解到以操作为“原子”的层面上，因而把操作映射到程序代码上，这样就抹平了(至少是部分)由于用户经验和背景的不同而造成的在使用方式上的差异，从而更加客观地描述实际用户怎样使用系统的情况。这时操作概要提供的有关用户使用系统情况的概率分布，就成为验证程序正确性的一种工具。在这个意义上，利用操作概要概念验证系统正确性方法，是前述概率演绎证明方法的一种非形式应用。

## 7.4.1 操作的概念

操作是一个耳熟能详的术语，也是一个意义模糊的概念。为了能在验证程序正确性时使用它，首先必须给它一个精确定义。下面介绍这个重要概念[2]。

操作是一项专门、短期的系统逻辑任务。一个操作的关键特征如下。

(1) 专门(Major)，是指操作与软件系统的一个功能需求或特征相关联。

(2) 操作是一个逻辑概念。一个操作涉及软件、硬件和用户动作。不同的动作可能存在于处理的不同时间段。而这些处理的不同时间段可能是连续的、非连续的、串行的或并行的。

(3) 短期(Short Duration)，意味着软件系统每小时会处理数百个操作。

(4) 本质上不同的处理是指一个操作是以几行源代码的形式存在的一个实体，并且在这样的实体内很有可能包含其他实体中找不到的缺陷。

综上所述，操作是用户使用程序的“原子”行为的抽象表述。通过操作的概念，我们可以深入分析程序的每个细节。一个操作相当于处理程序的几行源代码，而当操作完成时，控制将返回到之前的操作者手中，并且它的处理在本质上不同于其他操作。于是整个系统在一个短期时间会处理大量本质上不同的操作。这是系统随机行为的产生机理。

## 7.4.2 操作概要表示

系统的操作概要是系统支持的操作集合及出现的概率。借用概率论术语，我们可以把操作概要定义为系统上的一个“广义”随机变量，该随机变量在一个操作集合中取值，且取操作集合中每个操作都有一定的概率。例如，一个系统支持 3 个操作：$A$、$B$、$C$。如果操作 $A$、$B$ 和 $C$ 发生的时间分别是 50%、30%和 20%，那么仿效概率论通常表示法，可以把操作概要表示如下。

$$\text{操作概要} \sim \begin{pmatrix} A & B & C \\ 0.5 & 0.3 & 0.2 \end{pmatrix}$$

由此可见，操作概要是从概率角度对程序随机行为进行定量刻画。这样描述程序随机行为就比较直接，不需要为系统建立概率模型，于是对系统正确性的形式演绎证明就可以简化为普通数理统计中的使用方式。

软件界通常用表格和图形两种方式表示操作概要。

### 1. 操作概要的表格表示

一个操作概要都可以用 3 列的表格表示，如表 7.1 所示。该表格是一个图书馆信息系统的示例。对于一个图书馆信息系统，可以把它的日常行为分解为一系列操作：图书借出、按时还书等。我们在表 7.1 的第一列给出了这些操作的名称。换言之，第 1 列给出了系统支持的操作集合。通过长时期的统计，可以得到每个操作在某个单位时间内发生的频率。我们以每小时操作次数表示这些操作的使用频率，把它列在第 2 列中。而最后一列显示了使用操作的概率，这些理论值在概率论和数理统计中不是根据系统的特征计算就是根据频率得到，这里是根据第 2 列的频率得到的。注意前面说过每个操作都涉及本质上不同的处理，所以对于还书事宜，特别地分为两种还书操作：按时还书和过期还书。这两个操作涉及不同的处理，如过期还书可能会遭到一些惩罚。另外，图书续借的操作是一种复合操作，它是两种还书操作之一和图书借出操作的组合[2]。

**表 7.1 图书馆信息系统操作概要**

（转摘于文献[2]表 15.1）

| 操　　作 | 每小时操作次数 | 概　　率 |
|---|---|---|
| 图书借出 | 45 | 0.450 |
| 按时还书 | 324 | 0.324 |
| 图书续借 | 81 | 0.081 |
| 过期还书 | 36 | 0.036 |
| 报告图书遗失 | 9 | 0.009 |
| … | … | … |
| 总计 | 1000 | 1.000 |

### 2. 操作概要的图形表示

操作概要也可以用图形表示。图 7.4 所示的就是上面的图书馆信息系统的操作概要。在图形形式中，操作概要被表示成一个由节点和分支组成的树状结构。节点表示操作的属性，而分支表示相关属性出现的概率值。图 7.4 有 4 个节点，分别用标号 1～4 展示。节点 1 表示操作的范围属性，有两个值：管理和用户服务。一个操作的范围是指该操作是用来管理信息系统还是用来为用户提供服务。图中显示操作的范围属性的管理值出现的概率为 0.1，而用户服务值出现的概率为 0.9。节点 2 表示一个管理操作，节点 3 表示一个用户操作。管理操作有两个属性，即账户管理和报告生成，相关出现概率分别为 0.4 和 0.6。用户操作有 4 个属性，即借书、续书、丢失和还书，相关出现概率分别为 0.5、0.09、0.01 和 0.4。节点 4 表示一个有两个属性值的还书操作，即过期和按时，出现概率分别为 0.1 和 0.9。

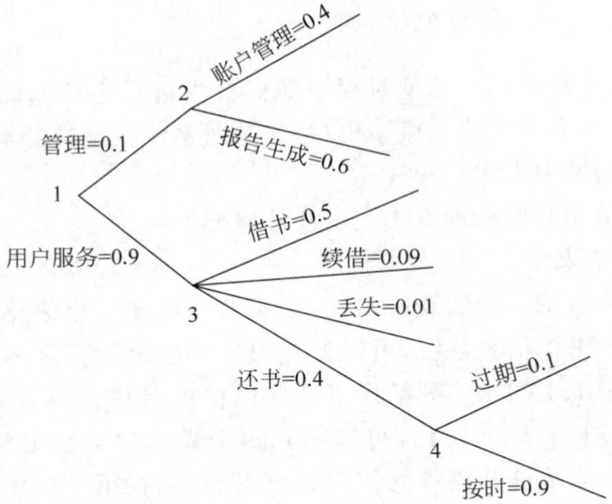


图 7.4　图书馆信息系统操作概要

（转摘于文献[2]图 15.2）

注意，很容易从操作概要的图形形式生成其表格形式。这只要考虑图形形式中所有可能的路径，并且乘以每个路径中出现的概率。例如，表 7.1 中过期还书的概率 0.036 就是由图 7.4 中的相关路径（即从起始路径到达该过期还书路径）出现概率的乘积，即（用户服务）0.9×（还书）0.4×（过期）0.1＝0.036。

一般来说，如果系统只涉及数量很小的操作，以表格形式表示操作概要很容易而且也很显眼。但是，如果一个系统涉及大量操作，或者操作之间还有逻辑关系（例如，同是还书，还有过期和按时之分），则使用图形形式会条理清晰，易于理解。对于想要容易地描述为更小的处理步骤序列的操作，图形形式表示更加合适。而且，在图形形式中更容易分辨出遗漏的操作。

## 7.4.3　操作概要的用途

**1. 在开发周期中的应用**

（1）在设计用户界面时作为一个指导文档。使用频率更高的操作，应该更容易学会和使用，以致降低不适当使用的可能性。

（2）开发一个用于早期发布的系统版本，或者是一个系统的原型，它们都包含使用频率更高的操作。前者便于及早占据市场，后者便于与用户沟通。

（3）在系统开发时，决定在哪里投入更多的资源，如为哪些使用频率更高的操作分配更多的资源。

(4) 作为组织用户手册的指导文档。例如,使用频率更高的操作应该比其他操作更早地描述。

**2. 在验证软件正确性方面的应用**

提出操作概要的概念主要是为了指导软件测试工程师的工作,让他们"有的放矢"地验证软件的可靠性或揭示软件的缺陷。理论上,每个操作都至少要选择一个测试用例进行测试。因为软件可靠性和故障密度的概念紧紧相关,所以在给定时间内首先要测试更高使用频率的操作,这样才能生产出有更高可靠性的软件系统。

由于时间紧迫或为了弥补以前造成的项目延误,通常软件产品可能没有经过充分的测试就交付。操作概要可以用来决定有关测试的多少及软件系统的什么部分应该受到更多的关注。这时,验证产品正确性方式和数理统计中的假设检验思想雷同。

简略地说,数理统计学是以概率理论为基础,讨论有关处理实际随机数据科学方法的一门学问。它除了研究大量数据的收集和统计问题以外,还要研究实验的设计、抽样检查的设计以及一些非常重要的推断决策等问题。

在实际生活中,人们经常要对某些事情作出决策,这时他们会从一些能够收集到的数据出发,去推断一般情况,从而作出决策。可能是随机现象普遍存在的原因,或者是人们收集到的部分数据根本无法达到完备性要求,无论哪个原因,人们都难以保证自己的决策无误,这时的决策必定存在风险。数理统计学研究怎样利用数据作出决策以及降低风险的科学方法,为人们提供了一系列的决策工具。

对于推断决策问题,假设检验便是其中最重要的一个科学方法和工具。

可以说,假设检验是一般判定问题,人们要对自己关于实际问题真实情况所作的具体假设作出接受或否定的决定。至于采取哪个决定,取决于人们对实际问题的观察而获得的信息内容。在数理统计中,这些信息内容是由抽象得到的随机变量值表征的,而该随机变量是实际系统随机性的刻画。所谓"检验"一个假设,就是要制定一个规则,这个规则对于人们获得的数据而言,能够唯一决定是接受假设或是否定它。基于人们所作的假设正确与否以及观察到的数据和真实系统情况符合与否,决策难免有对有错。对于决策的风险,假设检验方法区分出两类错误。第 1 类错误是弃真错误,并用概率表示弃真的可能性,这样便定量刻画了假设原本是正确的却被决策否决了的错误的概率;第 2 类错误是取伪错误,并用概率表示取伪的可能性,这样便定量刻画了假设原本是错误的却被决策接受了的错误的概率。

假设检验的一般过程如下。首先给出一个人们希望它成立的假设,称为零假设 $H$。同时给定一个备择假设 $H_1$,通常它和零假设是对立的。然后通过抽样,取得一些随机值,基于概率规律对这些数据值进行处理,这一般是通过寻找特定统计量处理。最后根据规则决定是接受零假设 $H$ 还是接受备择假设 $H_1$。很自然地想到,一个好的决策规则应该要做到使决策犯第 1 类错误和第 2 类错误的概率都很小。可惜"鱼与熊掌不可兼得",历史上和习惯上,假设检验采取控制第 1 类错误概率的原则,为此设定检验水平。所谓检验水平 $\alpha(0 \leqslant \alpha \leqslant 1)$,它表示假设检验制定的规则应该使犯第 1 类错误的概率不超过 $\alpha$。由此可见,将 $\alpha$ 定得很低,将使犯第 2 类错误的可能性大为增加,这是不可取的。在通常应用中,常取 $\alpha=$

0.01、0.05 和 0.10 等作为检验水平[78]。

综上所述，假设检验的基本思想还是基于“证明”论理念的。回到前面讨论的操作概要在系统测试期间的使用问题，我们说过，在时限压力下，操作概要可以帮助软件开发组织决定有关测试的多少以及软件系统的什么部分应该受到更多关注。这时，与假设检验一样，软件开发组织的零假设 $H_0$ 是让这个产品交付，其决策规则是如果有较高频率的操作都能通过特地为它们设计的测试或经过软件修正以后能够通过，就接受它。理论上，这就意味着软件产品可靠性的概率很高，我们没有理由拒绝它。由此可见，利用操作概要概念指导测试进行，实质上是概率演绎证明软件正确性方法的一个非形式应用。

然而，软件产品和假设检验方法处理的产品在实质上是不同的。软件产品并不是物质实体，它摸不着，看不见。因此，要建立软件产品的假设检验理论，必须要求有不同的概念体系。我们只是粗浅地讨论了一下利用操作概要在系统测试中的做法、理念和假设检验的基本思想之间的关系，主要意图是加深对具有随机性软件系统的正确性及其验证方法的认识。

最后要强调的是，测试工程师选择的测试用例操作一个系统的方式，可能与实际用户操作一个系统的方式很不一样，因此要准确估计软件的可靠性，需要用与在现场中实际使用的相同方式测试该系统。另外，一些概率很小的操作，如果它的代码不正确，会导致严重后果，这些部分也应该得到高度关注。

# 第8章 集成测试中的验证活动

当每个模块的代码都编好以后，自然就要将它们组装在一起，形成软件产品。与此同时，软件开发组织必须对组件集成开发活动进行相应的集成测试。一般地，自集成测试阶段起，专门司职测试工作的工程师将成为软件产品质量的主要评判者，他们将以“证伪”眼光看待产品，尽力从“反面”浮现出软件缺陷。虽然如此，但在各个模块组件集成成品时，要涉及具体的技术细节，测试工程师必须要与开发各个模块的具体技术工程师密切配合。这时的工作大都免不了是验证开发人员早在设计阶段就作出的“承诺”：各个组件是按正确的“接口”设计的，因此每个模块正确的编码必然会保证它们集成为一个完好的系统。

人们对待事物，经常要作出判断或推理。无论这些判断或推断看起来多么合理，它们通常都是在暗中的一些假定下成立，这种现象即使在科学研究中也会发生。在作暗中假定时，许多假定(如果不是全部的话)都被人们视为理所当然而不自知。如果假定错误，结论可能并不成立。科学研究往往从揭露许多“常识性”暗中假定中获益。例如，太阳从东边升起，从西边落下。近代科学出现以前，人们依据这个显而易见的事实，对地球是太阳系的中心这个假定深信不疑，致使托勒密的学说统治西方天文学长达1000多年。在我国，张衡的浑天仪也是根据地心说发明的。直到哥白尼提出日心说，破除了地心说这个人类潜意识里暗中存在的观念，才使整个科学找到了正确研究方向。

随着计算机时代的到来，软件几乎是人人都离不开的“产品”。满足现代人类需求的软件通常都很庞大，如此，一个软件产品由一个人单独开发已经不是一件可能的事情了，即使这个人是个全能天才。因此，生产软件产品的组织通常也很庞大。一般地，在一个软件开发组织中，是由数十甚至数千个程序员一道开发一个软件。每个人或几个人组成一个小组开发同一个模块，不同的小组可能在不同的地方工作。当公司跨国时，这些小组可能散布在不同的国度。如果在开发软件时，需要用到自己组织早先开发的或是别的组织早先开发的甚至是已经是市场上商品的组件时，那么开发同一个软件的人员就不仅被地域分开，也被时间隔开了。这些可能素昧平生的人“各自为政”开发的组件，即使是遵循了由正确设计规范了的编程说明，也很难保证把它们组装在一起仍能如设计所愿。

软件在组织集成时出现缺陷的原因很多。其中重要的一个原因就是人们潜意识中存在的挥之不去的并不为自己明白知晓的暗中假定。在时空上相距遥远的人们，由于他们的环境背景不同，他们相互之间更不能明白对方作了什么假定。

许多学者都注意到这个现象，如在谈到组件复用时，Sommerville[23]指出，为某个应用环境实现的组件，自然也就嵌入了对那个环境的假设，这种假设在当时设计该组件时，往往被程序员认为"理所当然"，或者是所有人都认为是"不言而喻"的，所以即使当时程序员清楚知道这个假设，也未必把它记录在案，更何况人们经常忽略自己习以为常的事，且对自己所作的假设经常也并不自知。因此，当组件复用或组合时，不可能追问那些被以往应用已经证明了是成功的组件的假设是什么，自然也不可能导出测试去检查原先隐蔽在程序员脑中的假设现在是否仍然有效。于是，人们在不同的环境中复用一个组件，就极有可能不会发现那个组件暗中的环境假设，直到人们在运行系统中使用了这个组件。

Sommerville 以阿丽亚娜 5 号空间运载火箭的失败为例，说明他的上述论断。

欧洲航天局在火箭和有效载体上大约花了 5 亿美元成本，却在 1996 年 6 月 4 日第 1 次发射阿丽亚娜 5 号空间运载火箭时，使这个巨额成本付诸流水。火箭升空后大约 37s 便爆炸了。这是一个重用以前组件导致软件失败的案例。

在开发阿丽亚娜 5 号的时候，设计者决定复用在阿丽亚娜 4 号中非常成功并被数学严格证明了是正确的惯性参照系软件。此惯性参照系软件维持火箭的稳定，他们决定不加改变地复用它到自己的系统中，尽管设计者知道阿丽亚娜 4 号包含了一些额外功能，超出了阿丽亚娜 5 号的需要。实际上，任何人在设计阿丽亚娜 5 号空间运载火箭时，都可能会作出这种决定，因为这在逻辑上并没有什么不妥。

但在阿丽亚娜 5 号首次发射中，惯性导航软件在升空中失效，火箭因而失去控制。地面控制人员只好发送指令令火箭自毁。于是火箭有效载荷便被摧毁。事后的调查发现导致该问题的原因是某个定点数到整数的转换中发生了数据溢出这个未处理的异常。因为阿丽亚娜 4 号的引擎功率比较小，所转换的值不会大到溢出的程度，所以在设计阿丽亚娜 4 号时，人们根本没有想到这个异常出现的可能性，从定点数到整数转换的安全性便成为人们不易发现的暗中假定。这个暗中假定的安全性在阿丽亚娜 5 号运行时失效了，数的溢出导致了运行系统关闭了惯性参照系系统，从而使火箭的稳定性得不到维持。

许多学者对这个案例都进行过分析，结论都和 Sommerville 一样。例如，Schach[22]指出，欧洲航天局使用了一个谨慎的软件开发过程，它包含了有效的软件质量保证成分。之所以会出现代码中没有处理这种可能发生的溢出错误的异常处理程序，是因为为了不加重计算机的负担，那些不可能导致溢出的转换被保留下来，没有采取任何保护措施。有问题的代码来源于控制阿丽亚娜 4 号火箭的软件，它已经存在了 10 年，在重用时没有进行任何修改，也没有进一步测试。具有讽刺意味的是，那个引起故障的数的转换是不必要的，而且校准惯性参考系统的计算也是有问题的，不过这段有问题的计算对于阿丽亚娜 4 号火箭是安全的，它是被数学分析证明了的事实。然而，该数学分析是在某种假设的前提下进行的，该假设对于阿丽亚娜 4 号火箭是正确的，但对于阿丽亚娜 5 号火箭却不是这样。所以，该分析不再适用，需要有异常处理程序的保护避免这种可能的溢出。

实际上，暗中假定（或者说程序员认为是理所当然、不言而喻、无须多加说明的事情）是一个普遍存在现象，它不仅在不同时间段（由不同部门）开发的组件中存在，就是在同一个组织中同时开发同一个软件时，各个组件开发者也暗中假定了他们对组件之间集成“接口”的理解，甚至同一个人在开发两个不同组件时也是如此。可见，在组件集成时，无论每个组件的正确性已经证实无误，也无论总体设计的正确性也已经证实无误，当把它们集成到一起时，应当把它看作一个未经任何测试的新产品，重新测试它们。既然暗中假定是人们认为是理所当然的假定，要发现它绝非易事。上述阿丽亚娜5号火箭失败案例充分说明了人们通常都是“事后诸葛亮”。在科学上，发现暗中假定通常依赖天才科学家的见识，如哥白尼发现旧天文学中的地心假定、爱因斯坦发现人们时间常识中的“同时”假定等，都是科学发展中的大事件。因此，指望在软件集成测试中发现各个组件组成之前的一切暗中假定是不现实的。下面我们从验证观念出发，讨论组件集成的产品的正确性，而不是寻找暗中假定的发现方法。

## 8.1 组合测试引言

严格地说，对每个模块进行“完整”的单元测试，应该按照总体设计规格说明，与它相关联的其他模块进行“接口”测试。例如，Myers 等在文献[17]第5章中，就把自顶向下测试和自底向上测试等这些传统上认为是集成测试的方法包括在完整的单元测试中。由于自顶向下测试，必须对正在测试的单元要调用的一些尚未编好代码的模块用桩模块代替，而在自底向上测试中，也必须对那些能够调用当前正在测试的单元的尚未存在的模块编写驱动模块。

桩模块和驱动模块都是真实模块的抽象模型，在设计它们时容易“混入”暗中假定。另外，由于它们有时也难以“真实”构建，所以在程序员潜意识里通常会存在不少错误理念。例如，在自顶向下测试中，要想对模块A调用的模块B设计“完整”的桩模块，使它尽可能多地模拟它自己的“内幕”，往往牵涉到它有不同的信息来源，其中某个信息来源会向下深入很多层次，如依赖模块J，模块J和模块B之间还有其他中间模块。于是在实践中，程序员和测试人员会趋向于这样想：“由于这需要投入很多工作，我现在就不执行模块A的所有测试用例，一直等到将模块J添加到程序中，此时引入测试用例就容易多了，我会记得在那时完成对模块A的测试。”[17]然而，到了那个“时刻”，由于“事过境迁”，即使测试人员或程序员没有忘记，有时他们可能认为再进行剩余测试已经没有必要了。由此观之，模块集成以后，对于所有模块能否真正构成符合总体设计要求的真实系统，必须要进行“完整”的组合验证测试。

当组件非常多时，在复合系统中组件之间的相互作用很复杂，当其中夹杂着暗中假定时，更难分析。姑且不论后者，只讨论前者。虽然理论上按照总体设计规格说明，各个组件之间的逻辑关系理应十分清晰，但是有两种原因，使这种逻辑关联模糊起来。一种是组件之间的“距离”，相距遥远的组件，它们之间的逻辑关系经过中间模块的介入，通常很难理清；另一种是根据现代讨论“复杂性”科学的研究，当系统很复杂时，即使不存在内部和外部的控制者或领导者，系统也会产生有组织的行为，称为自组织现象。并且当系统很复杂时，即使简单规则也会以难以预测的方式产生复杂行为，称为涌现现象[15]。如此一来，当组件复合时，大量简单组件相互缠绕纠结，加上暗中假定，企图根据逻辑按照总体设计方案选择验证方法是难以奏效的。这时前面所说的完整的组合测试在理论上，应该是对各个组件每个“行为”进行全面组合测试，以求达到以下目的：验证组合符合总体设计规格说明以及验证它没有产生有害的额外不当行为。然而，这在实践上是行不通的。例如，在航天飞机驾驶舱中存在大量的开关和操作按钮，这些开关可能会相互作用，如果在组合测试时，要把所有的可能存在相互作用的组件之间的组合都考虑到，那么需要考虑的测试用例数量将是一个天文数字。若系统具有 34 个开关，每个开关具有两种状态，根据全组合，我们需要验证的测试用例数量就为 $2^{34}\approx1.7\times10^{10}$ 数量级[79]。

那么，如何进行“完整”的组合测试呢？

美国国家标准和技术研究院（National Institute of Standards and Technology，NIST）研究了组合测试浏览器、服务器软件、NASA 分布式数据库、医疗设备 4 类系统的错误检测率。以 NASA 分布式数据系统为例，67％的错误是由单参数测试发现的，2 路参数组合测试发现 93％的缺陷，3 路参数组合测试发现 98％的缺陷。在其他 3 个系统中，统计结果虽有出入，但也有类似的关系。而且在 6 路参数组合下，测试上述 4 个系统几乎都可以做到发现 100％的缺陷。他们的研究揭示多种组合的测试效果随着组合强度的增加快速增长，在一般情况下，4～6 路参数组合已经满足了大部分测试需求。这样便为在显著不降低质量的前提下如何降低测试数量提供了合理的研究起点[79]。

Kobayashi 等的研究指出：有 20％～40％的软件故障是由某个系统参数引发的，大约 20％～40％的故障由某两个参数的相互作用引发的，而大约 70％的软件故障是由一个或两个参数的作用引发的[80]。

结合上述两项研究，可以推想，一个好的组合测试应对关注焦点进行分离，并在分离中保持均衡、整齐，并且在整体设计中突出若干个（如 2 个、3 个或 4 个）参数相互作用的效果。这样做就可以在控制测试用例数量的前提下达到以下效果：①可以使组合测试能够发现缺陷的可能性大大增加；②可以使确实能够发现软件缺陷的可能性大大增加。

这种测试验证可以采用正交试验设计方法。下面我们就来讨论它。

## 8.2 关于正交表的基础知识

本节内容取材于文献[81]。

### 8.2.1 正交表的一般定义

首先给出“完全对”的概念。设有两组元素 $a_1,a_2,\cdots,a_r$ 与 $b_1,b_2,\cdots,b_s$，我们把 $rs$ 个

“元素对”

$$(a_1,b_1),(a_1,b_2),\cdots,(a_1,b_s)$$
$$(a_2,b_1),(a_2,b_2),\cdots,(a_2,b_s)$$
$$\cdots$$
$$(a_r,b_1),(a_r,b_2),\cdots,(a_r,b_s)$$

叫作由元素 $a_1,a_2,\cdots,a_r$ 与 $b_1,b_2,\cdots,b_s$ 所构成的“完全对”。

为了书写方便，以后常用到的完全对由数码组成。再来介绍搭配均衡术语。下面将要定义的正交表通常用矩阵方式给出。因此，我们要讨论矩阵中列与列之间元素的搭配是否均衡的问题。

如果一个矩阵的某两列中，所有同在一行元素所构成的元素对(以后简称为这两列所构成的元素对)是一个“完全对”，而且每对出现的次数相同时，就称这两列搭配均衡，否则称这两列搭配不均衡。也就是说，这两列搭配不均衡是这两列所构成的元素对或者不是一个“完全对”，或者是一个“完全对”但并不是每个元素对出现的次数都一样。

显然，如果一个矩阵的第 $i$ 列和第 $j$ 列搭配均衡，则第 $j$ 列和第 $i$ 列也必然搭配均衡，反之亦然。所以，我们考查了第 $i,j$ 两列的元素对后，就不必再去考查第 $j,i$ 两列的元素对了。

现在，我们给出了正交表的一般定义[81]。

**定义 8.1** 设 $\boldsymbol{A}$ 是一个 $n\times m$ 阶矩阵，它的第 $j$ 列元素为由数码 $1,2,\cdots,t_j(j=1,2,\cdots,m)$ 构成(或者也可用别的元素代替这些数码)，如果 $\boldsymbol{A}$ 的任何两列都搭配均衡，则称 $\boldsymbol{A}$ 是一个正交表。

在多因素的正交试验中，常把正交表写成表格的形式。表格左侧的行号代表试验号，表格上方的列号代表因素号。也常把如此形式的正交表简记为 $\boldsymbol{L}_n(t_1\times t_2\times\cdots\times t_m)$，其中 $L$ 为正交表的代号，$n$ 表示这张表共有 $n$ 行，即有 $n$ 个试验，而 $t_1\times t_2\times\cdots\times t_m$ 表示这张表共有 $m$ 列，即有 $m$ 个因素，而 $t_j(j=1,2,\cdots,m)$ 是第 $j$ 个因素(表的第 $j$ 列)的水平数(即第 $j$ 列有 $t_j$ 个数码，每个数码分别代表第 $j$ 个因素不同的水平)。

正交表任意两列所构成的“元素对”也常称为“水平对”。

由正交表 $\boldsymbol{L}_n(t_1\times t_2\times\cdots\times t_m)$ 的一般定义可知，对正交表中任意两个因素(即任意两列)的水平对，它们都是均衡搭配的。因此，若按这样配置进行试验，那么这种试验虽然未必能对所有因素水平之间的全部组合进行全面试验，却能对任意两个因素都构成有相等重复的全面试验，在这种组合类型的全面试验中，各个水平搭配齐全、无重复。

由正交表 $\boldsymbol{L}_n(t_1\times t_2\times\cdots\times t_m)$ 的一般定义可以推出它的性质如下。

**性质 1** 在第 $i,j$ 两列所构成的水平对中，每个水平对都重复出现 $n/t_it_j$ 次。

事实上，由于第 $i,j$ 两列各有 $t_i,t_j$ 个水平，因此它们构成的“完全对”共有 $t_it_j$ 个“水平对”，再根据搭配均衡要求，每个水平对出现次数相同，考虑到共有 $n$ 行，即总共出现 $n$ 次，所以每个水平对重复次数为 $n/t_it_j$。

**性质 2** 每列中各水平出现的次数相同。例如，第 $j$ 列中每个水平都重复出现 $n/t_j$ 次

$(j=1,2,\cdots,m)$。

事实上,在包含第 $j$ 列在内的,如它和第 $i$ 列构成的“完全对”中有 $t_i t_j$ 个水平对,且由性质 1,每个水平对重复 $n/t_i t_j$ 次。因为,第 $j$ 列中任意水平必然会构成 $t_i$ 个水平对,所以该水平必然出现 $t_i n/t_i t_j = n/t_j$ 次。

构造正交表是一个比较复杂的问题,对任意给定的参数 $n,m,t_1,t_2,\cdots,t_m$,我们不一定能构造出一张正交表 $\boldsymbol{L}_n(t_1\times t_2\times\cdots\times t_m)$。事实上,很有可能根本就不存在这样的表,到目前为止,有些正交表的存在和构造问题仍然是未解决的数学问题。

根据各种正交表的构造特性,通常把正交表分成许多类型,其中最常见的是 $t$ 水平正交表和混合型正交表。前者指表中所有列的水平数都相等,如等于 $t$,即在 $\boldsymbol{L}_n(t_1\times t_2\times\cdots\times t_m)$中,$t_1=t_2=\cdots=t_m=t$,这时也可简记为 $\boldsymbol{L}_n(t^m)$;后者指在该表中至少有两列水平数不相等。

### 8.2.2 二水平正交表

二水平正交表 $\boldsymbol{L}_n(2^m)$中任意两列构成的“完全对”有 4 个水平对,即

$$(1,1),(1,2),(2,1),(2,2)$$

由搭配均衡性可知每个水平对出现 $n/4$ 次,因此凡二水平正交表,其行数(试验次数)一定是 4 的倍数。

我们一直在使用正交表术语,尚未对“正交”作过任何说明。所谓两个向量(如两个行向量)$(a_1,a_2,\cdots,a_n)$和$(b_1,b_2,\cdots,b_n)$正交,是指它们相应元素乘积之和(也称为内积)等于零,即 $a_1b_1+a_2b_2+\cdots+a_nb_n=0$。同样,对两个列向量的正交性也有类似定义。于是,若两个向量内积为零,则称这两个向量正交。

在一个正交表中,每个因素的水平用什么符号表示,这是非本质的事情。在讨论二水平正交表的构造时,如果把二水平正交表中的两个水平 1,2 改用 1,$-1$ 代替,就可以得到下面的重要定理[81]。

**定理 8.1** 二水平正交表的任意两列都是正交的(即内积为零),且每列都与全 1 列(即这一列全是 1)正交。反之,任意以 $\pm1$ 为元素的矩阵,如果任意两列正交,并且每列都与全 1 列正交,则这个矩阵是一个二水平正交表。

**证明** 在 $\boldsymbol{L}_n(2^m)$中任取两列,由这两列所构成的完全对有 4 个水平对:$(1,1)$,$(1,-1)$,$(-1,1)$,$(-1,-1)$。根据正交表性质 1,每个水平对出现的次数都为 $n/4$,于是这两列相应元素乘积之和(即内积)为

$$n/4\,[1\times1+1\times(-1)+(-1)\times1+(-1)\times(-1)]=0$$

再根据正交表性质 2,每列的水平 1 和 $-1$ 都出现 $n/2$ 次,即 $+1$ 和 $-1$ 各占一半,显然它与全 1 列正交。

反过来,设矩阵 $\boldsymbol{A}$ 是一个以 $\pm1$ 为元素的 $n\times m$ 矩阵,它的任两列正交,且每列都与全 1 列正交,我们要证明它必是一个二水平正交表 $\boldsymbol{L}_n(2^m)$。

由于每列都与全 1 列正交,所以 $+1$ 和 $-1$ 各占一半,即都出现 $n/2$ 次。现在,从 $\boldsymbol{A}$ 中

任取两列，设它们同行元素构成的元素对为

$$(1,1),(1,-1),(-1,1),(-1,-1)$$

这些元素对实际上是这两列元素构成的一个"完全对"。现在设上面4个元素对在 $n$ 行中各出现 $x_1,x_2,x_3,x_4$ 次，我们可以把这两列的全部元素对改排为以下次序。

$$\frac{n}{2}\text{个}\begin{cases}\left.\begin{matrix}(1,1)\\ \vdots\\ (1,1)\end{matrix}\right\}x_1\text{个}\\ \left.\begin{matrix}(1,-1)\\ \vdots\\ (1,-1)\end{matrix}\right\}x_2\text{个}\end{cases}$$

$$\frac{n}{2}\text{个}\begin{cases}\left.\begin{matrix}(-1,1)\\ \vdots\\ (-1,1)\end{matrix}\right\}x_3\text{个}\\ \left.\begin{matrix}(-1,-1)\\ \vdots\\ (-1,-1)\end{matrix}\right\}x_4\text{个}\end{cases}$$

由此可得

$x_1+x_2=n/2$；$x_3+x_4=n/2$（因为左列中 $\pm 1$ 各有 $n/2$ 个）

$x_1+x_3=n/2$；$x_2+x_4=n/2$（因为右列中 $\pm 1$ 各有 $n/2$ 个）

$x_1+x_4=x_2+x_3$（因为两列正交，两列相应元素乘积是1和 $-1$ 的次数相等）

很容易推得 $x_1=x_2=x_3=x_4=n/4$。

这就是说，$\boldsymbol{A}$ 中任意两列都是搭配均衡的，因此 $\boldsymbol{A}$ 是一个二水平正交表。定理证毕。

注意，把水平1,2改为1,−1，只经过一个非本质的改动，就揭示出用这种方法构造的 $\boldsymbol{L}_n(2^m)$ 正交表，其正交性的另一种属于严格数学的含义，即不是从两列搭配均衡角度意义上的正交性。根据上述定理，$\boldsymbol{L}_n(2^m)$ 中的列向量是两两正交的，线性代数告诉我们，如此两两正交的非零向量必是线性无关的。换言之，$\boldsymbol{L}_n(2^m)$ 中任意列都不会是其他各列的线性组合。这就意味着，每列和其他各列之间的相互作用不是线性关系，是非线性的，因素组合产生的效果与各因素各自产生的效果有本质上的区别。

在软件系统设计中，每个模块关注的最主要的功能焦点基本上是分离的，可以说任意模块的最主要功能都不是其他模块的最主要功能的"放大"和"缩小"，也不是其他若干模块各自最主要功能的某种"伸缩性"累加。因此，按如此方式构造的二水平正交表设计组合测试，其正交性就有可能揭示模块集成以后产生的不符合设计要求的甚至是事先没有估计到的缺陷。再考虑到 NIST 和 Kobayashi 等的研究，前者表明二路参数组合测试能发现93%左右的缺陷，后者表明大约70%的软件故障是由一个或两个参数的作用引起的。所以按正交表安排试验，各因素各水平两两之间既正交又搭配均衡，对任意两个因素之间的相互作用都同等考查，且与各因素所有水平的全部组合试验相比，在既能显著减少测试用例数又能满足我们对软件正确性高概率验证的期望上，它确实是一种优良的“全面”试验。

更有趣且重要的是，由如此非本质的标记水平数码改动，还使我们找到了 $\boldsymbol{L}_n(2^m)$ 的构造方法。这得从哈达马(Hadamard)矩阵谈起。

以 $\pm 1$ 为元素且任意两列正交的矩阵，称为哈达马矩阵。显然，交换哈达马矩阵的任意两行或任意两列，用 $-1$ 乘以任意一行或任意一列以后，所得的矩阵仍是哈达马矩阵。因此，对任意一个哈达马矩阵，总可以用对行乘以 $-1$ 的办法把它的第 1 列变成全 1 列，我们称这样的矩阵(即第 1 列为全 1 列)为标准哈达马矩阵。并且，把得到这个矩阵的过程称为标准化。

由于标准哈达马矩阵任两列都正交，而且第 1 列是全 1 列，这就是说，其他各列也和全 1 列正交，因此将标准哈达马矩阵去掉第 1 列，根据定理 8.1，所得的矩阵是一个二水平正交表。反过来，同样根据定理 8.1，二水平正交表添上一个全 1 列作为第 1 列，便是标准哈达马矩阵。将这个结果总结为以下定理。

**定理 8.2** 标准哈达马矩阵去掉第 1 列(即全 1 列)后，便是一个二水平正交表。反之，二水平正交表把全 1 列作为第 1 列添上，便是一个标准哈达马矩阵。

这样一来，构造二水平正交表的问题就转化为构造哈达马矩阵问题。只要会构造相应的哈达马矩阵，便可立即将其标准化再去掉全 1 列，得到二水平正交表。

数学已经“发明”了许多方法去构造哈达马矩阵，也从构造中得到有关二水平正交表 $\boldsymbol{L}_n(2^m)$ 的一些性质。例如，对任意的 $\boldsymbol{L}_n(2^m)$ 而言，其列数必小于它的行数，即 $m<n$。然而，并非所有类型的哈达马矩阵都找到了其构造方法，因此构造二水平正交表问题并没有得到彻底解决。

## 8.2.3 正交拉丁方

在正交表 $\boldsymbol{L}_n(t_1 \times t_2 \times \cdots \times t_m)$ 中，令 $t_1=t_2=\cdots=t_m=t$，且 $n=t^2$，便得到 $\boldsymbol{L}_{t^2}(t^m)$ 型正交表，它比二水平正交表要一般化一些。

设有正交表 $\boldsymbol{L}_{t^2}(t^m)$，不妨用 $1,2,\cdots,t$ 表示各列中的水平。由于任意两列都搭配均衡，根据正交表性质 1，这时这两列中任意水平对都要出现一次(即 $n/(t \cdot t)=t^2/t^2=1$)。这样，在这两列中出现的所有的水平对恰好是关于 $1,2,\cdots,t$ 的一个“完全对”，即

$$
\begin{gathered}
(1,1),(1,2),\cdots,(1,t)\\
(2,1),(2,2),\cdots,(2,t)\\
\cdots\\
(t,1),(t,2),\cdots,(t,t)
\end{gathered}
$$

鉴于此，我们总可以通过交换正交表的行，把它的第 1,2 两列变成按以上次序所构成的水平对。因此，今后不妨假设 $\boldsymbol{L}_{t^2}(t^m)$ 型正交表的第 1,2 两列都按这样的方式给出，并称它们是这个正交表的基本列，即

$$
\boldsymbol{L}_{t^2}(t^m)=\begin{pmatrix}
1 & 1 & a_{11} & b_{11} & \vdots & c_{11}\\
1 & 2 & a_{12} & b_{12} & \vdots & c_{12}\\
\vdots & \vdots & \vdots & \vdots & \vdots & \vdots\\
1 & t & a_{1t} & b_{1t} & \vdots & c_{1t}\\
2 & 1 & a_{21} & b_{21} & \vdots & c_{21}\\
2 & 2 & a_{22} & b_{22} & \vdots & c_{22}\\
\vdots & \vdots & \vdots & \vdots & \vdots & \vdots\\
2 & t & a_{2t} & b_{2t} & \vdots & c_{2t}\\
\vdots & \vdots & \vdots & \vdots & \vdots & \vdots\\
t & 1 & a_{t1} & b_{t1} & \vdots & c_{t1}\\
t & 2 & a_{t2} & b_{t2} & \vdots & c_{t2}\\
\vdots & \vdots & \vdots & \vdots & \vdots & \vdots\\
t & t & a_{tt} & b_{tt} & \vdots & c_{tt}
\end{pmatrix}
$$

基本列已经清楚了，再来讨论其他各列应具有的特征。

把后面每列元素按照它们出现的次序排成一个 $t$ 阶方阵，分别得到 $m-2$ 个 $t$ 阶方阵。

$$
\boldsymbol{A}=\begin{pmatrix}
a_{11} & a_{12} & \cdots & a_{1t}\\
a_{21} & a_{22} & \cdots & a_{2t}\\
\cdots & \cdots & \cdots & \cdots\\
a_{t1} & a_{t2} & \cdots & a_{tt}
\end{pmatrix},\boldsymbol{B}=\begin{pmatrix}
b_{11} & b_{12} & \cdots & b_{1t}\\
b_{21} & b_{22} & \cdots & b_{2t}\\
\cdots & \cdots & \cdots & \cdots\\
b_{t1} & b_{t2} & \cdots & b_{tt}
\end{pmatrix},\cdots,\boldsymbol{C}=\begin{pmatrix}
c_{11} & c_{12} & \cdots & c_{1t}\\
c_{21} & c_{22} & \cdots & c_{2t}\\
\cdots & \cdots & \cdots & \cdots\\
c_{t1} & c_{t2} & \cdots & c_{tt}
\end{pmatrix}
$$

考查每个方阵，如 $\boldsymbol{A}$。$\boldsymbol{A}$ 是 $\boldsymbol{L}_{t^2}(t^m)$ 表中第 3 列（以下简称 $\boldsymbol{A}$ 列）元素排成的，因此，$\boldsymbol{A}$ 中的元素只能是 $1,2,\cdots,t$，而且由于 $\boldsymbol{L}_{t^2}(t^m)$ 的 $\boldsymbol{A}$ 列（即第 3 列）与第 1 列搭配均衡，所以 $\boldsymbol{A}$ 中的每行元素中不仅不能有相同的，而且各行由 $1,2,\cdots,t$ 形成的全排列还是相异的。同样，由于 $\boldsymbol{A}$ 列与第 2 列搭配均衡，故方阵 $\boldsymbol{A}$ 的每列也不能有相同元素，且每列的排列也是相异的。于是方阵 $\boldsymbol{A}$ 具有这样的特性：$1,2,\cdots,t$ 中每个数字在每行，在每列都只出现一次，但是行与行之间的排列相异，列与列之间的排列也相异。这种特殊方阵，我们称它为拉丁方阵，因为最早研究它时是以拉丁字母为元素标志的。拉丁方阵的正式定义如下。

**定义 8.2** 以 $1,2,\cdots,n$ 为元素（自然也可用别的 $n$ 个记号代替）的 $n$ 阶方阵，如果每行以及每列中的元素又都互不相同，则称它是一个 $n$ 阶拉丁方。

按照上述定义，$\boldsymbol{A}$ 是一个元素为 $1,2,\cdots,t$ 的 $t$ 阶拉丁方。根据同样的理由，$\boldsymbol{L}_{t^2}(t^m)$ 中第 4 列（以下简称 $\boldsymbol{B}$ 列）元素排成的方阵 $\boldsymbol{B}$ 也是一个元素为 $1,2,\cdots,t$ 的 $t$ 阶拉丁方。也就是说，每列元素都排成一个元素为 $1,2,\cdots,t$ 的 $t$ 阶拉丁方阵。例如，第 $m$ 列（以下简称 $\boldsymbol{C}$ 列）元素构成的 $\boldsymbol{C}$ 是 $t$ 阶拉丁方。

那么，这些 $t$ 阶拉丁方之间存在什么关系呢？考查 $\boldsymbol{A}$ 和 $\boldsymbol{B}$ 两个 $t$ 阶拉丁方。由于 $\boldsymbol{B}$ 列还必须和 $\boldsymbol{A}$ 列搭配均衡，因此，我们还必须要求 $\boldsymbol{A}$ 和 $\boldsymbol{B}$ 两个方阵中同位置的元素所构成的所有元素对是一个“完全对”，这也是从正交表的性质 1 推得的结论。

我们把拉丁方 **A** 和 **B** 具有的上述关系称为正交关系，为二水平正交表的正交性在多水平中的推广。正交关系的正式定义如下。

**定义 8.3** 设 **F** 和 **G** 是两个 $n$ 阶拉丁方，如果它们同位置的元素所构成的 $n^2$ 元素对正好是一个“完全对”，则称 **F** 和 **G** 为正交拉丁方，简称 **F** 与 **G** 正交。

显然，由定义可知，**F** 和 **G** 正交，则 **G** 和 **F** 也正交，反之亦然。

对照定义，上面提到的 **A** 和 **B** 是两个正交的 $t$ 阶拉丁方，不难把这个结论推到一般情形。例如，**A** 和 **C** 也是两个正交的 $t$ 阶拉丁方。

至此，我们已经得到一个重要发现。考查 $L_{t^2}(t^m)$ 正交表中第 3 列到第 $m$ 列，每列元素构成的拉丁方 **A**，**B**，…，**C**，还必须满足是一组两两正交的 $t$ 阶拉丁方这样的要求。

有趣的是，这个发现表明，如果构造二水平正交表可以转化为构造哈达马矩阵，构造 $\boldsymbol{L}_{t^2}(t^m)$ 型正交表也可以转化为构造拉丁方和正交拉丁方。也就是说，构造 $\boldsymbol{L}_{t^2}(t^m)$ 时，倘若能够构造 $m-2$ 个两两正交的拉丁方，那么，以这些拉丁方为列（就是先排拉丁方的第 1 行元素，再排第 2 行元素，…，最后排第 $t$ 行元素所得到的一列），再把它们添加到基本列上，就会得到所要的 $\boldsymbol{L}_{t^2}(t^m)$ 型正交表。总之，构造 $\boldsymbol{L}_{t^2}(t^m)$ 型正交表完全等价于构造两两正交的 $t$ 阶拉丁方。

然而，通过拉丁方和正交拉丁方的研究发现，有的阶（如二阶和 6 阶）的拉丁方并不存在正交拉丁方。即使在有的阶中存在正方拉丁方，但是究竟存在多少个拉丁方两两正交，仍然不清楚。目前最好的结论只是“在 $n$ 阶拉丁方中，如果有两两正交的拉丁方（即一组拉丁方中每两个都正交），则最多只能有 $n-1$ 个”。在数学上，若在 $n$ 阶拉丁方中，存在 $n-1$ 个两两相交的拉丁方，便把这 $n-1$ 个拉丁方称为一个正交方完全组。这样一来，想从构造相应数量（$m-2$ 个）的一组两两正交的 $t$ 阶拉丁方的一般方法中构造 $\boldsymbol{L}_{t^2}(t^m)$ 型正交表，若不对 $t$ 和 $m$ 有所限制，未必真能如愿实现。换言之，对任意的参数 $t$ 和 $m$，不一定都有 $\boldsymbol{L}_{t^2}(t^m)$ 型正交表。最为明显的事实是，因为在 $t$ 阶拉丁方中至多能找到 $t-1$ 个两两正交的一组拉丁方，这样应有 $m\leqslant 2+t-1$ 的关系，即凡 $\boldsymbol{L}_{t^2}(t^m)$ 型正交表，其列数不能大于其水平数加 1。

那么，究竟对什么样的水平数 $t$，才能使 $\boldsymbol{L}_{t^2}(t^m)$ 的列数 $m$ 能达到最大值 $t+1$ 呢？也就是说，对什么样的 $t$，我们能够找到 $t-1$ 个两两正交的一组 $t$ 阶拉丁方，即一个 $t$ 阶正交拉丁方完全组，这是一个很复杂、至今仍未彻底解决的问题。虽然如此，对一些特殊的 $t$ 值，如当 $t$ 为素数或为素数的幂时，数学已经证明，有 $t$ 阶的正交拉丁方完全组存在，这样也就为如此 $t$ 值的 $\boldsymbol{L}_{t^2}(t^m)$ 型正交表（$m\leqslant t+1$）提供了构造原理以及构造方法。而当 $t$ 不为素数或素数的幂时，数学降低要求，对有些数提供了求最小个数的正交拉丁方的方法。例如，当 $t=12$，15 和 20 时，数学能为 12 阶、15 阶和 20 阶正交方分别提供（最小个数）两个、两个和 3 个正交拉丁方的构造原理以及构造方法，这样我们就可以构造 $\boldsymbol{L}_{12^2}(12^4)$ 型、$\boldsymbol{L}_{15^2}(15^4)$ 型和 $\boldsymbol{L}_{20^2}(20^5)$ 型正交表了[81]。

### 8.2.4　$L_{t^u}(t^m)$型正交表

能够用正交拉丁方构造$L_{t^2}(t^m)$型正交表，是基于它任意两列所构成的水平对都正好是一个完全对的特点，即每个水平对都出现一次。很自然地，我们可以讨论更一般的$L_{t^u}(t^m)$型正交表的构造原理以及构造方法。

**1. 当 $t$ 为素数或素数的幂时**

若$m=\dfrac{t^u-1}{t-1}$，数学已经提供了$L_{t^u}(t^m)$型正交表的基于向量内积原理的构造方法。

我们用$L_8(2^7)$正交表为例，说明基于向量内积原理构造$L_{t^u}(t^m)$型正交表的方法。

在$L_{t^u}(t^m)$中，若令$t=2,u=3$，则得$L_8(2^7)$，其中$7=m=\dfrac{t^u-1}{t-1}$。

先给出一个$t$阶有限域，通常是以$t$为模剩余类域$R_t=\{0,1,\cdots,t-1\}$，因为$t=2$，即给出一个二阶有限域，它是以2为模的剩余类域$R_2=\{0,1\}$。关于以$t$为模剩余类域的概念，可参考下面介绍的以3为模的剩余类域的概念。

在$R_t$上作一个$u$维空间$V_u=\{$一切$u$维向量$(a_1,a_2,\cdots,a_u)\mid a_i\in R_t$ 且 $u>1\}$，显然，$V_u$有$t^u$个向量。对应地，在$R_2$上作三维空间$V_3=\{$一切3维向量$(a_1,a_2,a_3)\mid a_i\in R_2\}$，$V_3$有8个向量。

在空间$V_u$中，存在$m=\dfrac{t^u-1}{t-1}$个向量是两两线性无关的，通常把这些向量记为$\boldsymbol{\beta}_1$，$\boldsymbol{\beta}_2,\cdots,\boldsymbol{\beta}_m$，并把它们中的每个都取为(或者说化为)最后一个不等于零的分量都为1的标准向量形式。实际上，$V_u$中每个向量都可由它们其中的一个线性表示。相应地，在$V_3$中存在7个向量是两两线性无关的，这7个标准向量为

$$\boldsymbol{\beta}_1=(1,0,0),\quad \boldsymbol{\beta}_2=(0,1,0),\quad \boldsymbol{\beta}_3=(1,1,0),\quad \boldsymbol{\beta}_4=(0,0,1)$$
$$\boldsymbol{\beta}_5=(1,0,1),\quad \boldsymbol{\beta}_6=(0,1,1),\quad \boldsymbol{\beta}_7=(1,1,1)$$

用全体$t^u$个向量作为行号，用全体$m$个标准向量作为列号，对它们作出所有内积，所有内积便构成$L_{t^u}(t^m)$型正交表。

相应地，$V_3$中有8个向量，除了前面7个标准向量外，还有一个向量，把它记为$\boldsymbol{\alpha}=(0,0,0)$。于是我们便以全体8个向量作为行号，全体7个标准向量作为列号，并按表8.1作出所有内积。

注意，在上面的内积计算中，均按$R_2$域上的乘法和加法规则进行。即在$R_2$域中：$0\times0=0,0\times1=1\times0=0,1\times1=1$；$0+0=0,0+1=1+0=1,1+1=0$。

在表8.1中，若把0换成1,1换成2，再适当交换行的位置，就得到通常所熟知的正交表$L_8(2^7)$，如表8.2所示。

表 8.1 全体向量与标准向量的内积

| 全体向量 | 标准向量 | | | | | | |
|---|---|---|---|---|---|---|---|
| | $\boldsymbol{\beta}_1$ | $\boldsymbol{\beta}_2$ | $\boldsymbol{\beta}_3$ | $\boldsymbol{\beta}_4$ | $\boldsymbol{\beta}_5$ | $\boldsymbol{\beta}_6$ | $\boldsymbol{\beta}_7$ |
| $\boldsymbol{\alpha}=(0,0,0)$ | 0 | 0 | 0 | 0 | 0 | 0 | 0 |
| $\boldsymbol{\beta}_1=(1,0,0)$ | 1 | 0 | 1 | 0 | 1 | 0 | 1 |
| $\boldsymbol{\beta}_2=(0,1,0)$ | 0 | 1 | 1 | 0 | 0 | 1 | 1 |
| $\boldsymbol{\beta}_3=(1,1,0)$ | 1 | 1 | 0 | 0 | 1 | 1 | 0 |
| $\boldsymbol{\beta}_4=(0,0,1)$ | 0 | 0 | 0 | 1 | 1 | 1 | 1 |
| $\boldsymbol{\beta}_5=(1,0,1)$ | 1 | 0 | 1 | 1 | 0 | 1 | 0 |
| $\boldsymbol{\beta}_6=(0,1,1)$ | 0 | 1 | 1 | 1 | 1 | 0 | 0 |
| $\boldsymbol{\beta}_7=(1,1,1)$ | 1 | 1 | 0 | 1 | 0 | 0 | 1 |

表 8.2 $L_8(2^7)$正交表

| | 1 | 2 | 3 | 4 | 5 | 6 | 7 |
|---|---|---|---|---|---|---|---|
| 1 | 1 | 1 | 1 | 1 | 1 | 1 | 1 |
| 2 | 1 | 1 | 1 | 2 | 2 | 2 | 2 |
| 3 | 1 | 2 | 2 | 1 | 1 | 2 | 2 |
| 4 | 1 | 2 | 2 | 2 | 2 | 1 | 1 |
| 5 | 2 | 1 | 2 | 1 | 2 | 1 | 2 |
| 6 | 2 | 1 | 2 | 2 | 1 | 2 | 1 |
| 7 | 2 | 2 | 1 | 1 | 2 | 2 | 1 |
| 8 | 2 | 2 | 1 | 2 | 1 | 1 | 2 |

### 2. 当 $t$ 为任意一个大于 1 的整数

若有 $s$ 个两两正交的 $t$ 阶拉丁方，就能构造正交表 $\boldsymbol{L}_{t^u}(t^{u+s})$，其中 $u\geqslant 2$[81]。特别地，$\boldsymbol{L}_{t^u}(t^{u+1})$型正交表总是存在。

值得注意的是，当 $t$ 为素数或素数的幂时，我们知道有 $t$ 阶正交拉丁方完全组，即有 $t-1$ 个两两正交的 $t$ 阶拉丁方，从而当 $u\geqslant 2$ 时，能构造出 $\boldsymbol{L}_{t^u}(t^{u+t-1})$型正交表，其中当 $u=2$ 时，就是前面讨论过的 $\boldsymbol{L}_{t^2}(t^{t+1})$型正交表。不过，当 $u>2$ 时，由于 $u+t-1<\dfrac{t^u-1}{t-1}$，这样运用正交拉丁方方法构造正交表时，其列数就达不到$\dfrac{t^u-1}{t-1}$。顺便提一下，在正交表 $L_{t^u}(t^m)$中，若 $m=\dfrac{t^u-1}{t-1}$，则它是饱和正交表，即它的列数已达到最大值[81]。

### 3. 交互列

在讨论 $\boldsymbol{L}_{t^u}(t^m)$型正交表时，我们也遇到了一些新概念，其中一个重要的概念是 $\boldsymbol{L}_{t^u}(t^m)$型正交表中的交互列。下面除非有特殊说明，否则认为 $t$ 为素数或素数的幂。在正

交表 $\boldsymbol{L}_{t^u}(t^m)$ 中，如果第 $k$ 列可由另外第 $i,j$ 两列线性表示，则称第 $k$ 列为第 $i,j$ 两列的一个交互列[81]。若第 $k$ 列是第 $i,j$ 两列的交互列，则在第 $k$ 列中，任意两个不同水平相应的第 $i,j$ 两列所成的水平对必不相同，反之亦然[81]。注意，这里的线性“加”和“乘”运算是在一定的有限域上进行的。例如，当水平数 $t=3$ 时，我们可以在以 3 为模的剩余类{0,1,2}上定义加法和乘法如下。

| + | 0 | 1 | 2 |
|---|---|---|---|
| 0 | 0 | 1 | 2 |
| 1 | 1 | 2 | 0 |
| 2 | 2 | 0 | 1 |

| × | 0 | 1 | 2 |
|---|---|---|---|
| 0 | 0 | 0 | 0 |
| 1 | 0 | 1 | 2 |
| 2 | 0 | 2 | 1 |

这样我们便得到一个“以 3 为模的剩余类域”，并把该域记为 $R_3$。实际上，当 $t$ 为素数或素数的幂时，就应用以 $t$ 为模的剩余类域“工具”构造 $\boldsymbol{L}_{t^u}(t^m)$ 正交表 $\left(m=\dfrac{t^u-1}{t-1}\right)$。通常也把构造正交表 $\boldsymbol{L}_{t^u}(t^m)$ 时应用到的有限域称为基域。例如，普通给出的 $\boldsymbol{L}_9(3^4)$ 正交表，它是从以 3 为模的剩余类{0,1,2}中的数码作为各个水平标志的形式转换得到的(即把 0 换作 1,1 换作 2,2 换作 3)。按数学给出的算法，$\boldsymbol{L}_9(3^4)$ 正交表的“原始”形式如表 8.3 所示。

**表 8.3 $\boldsymbol{L}_9(3^4)$ 正交表的“原始”形式**

| | 1 | 2 | 3 | 4 |
|---|---|---|---|---|
| 1 | 0 | 0 | 0 | 0 |
| 2 | 0 | 1 | 1 | 1 |
| 3 | 0 | 2 | 2 | 2 |
| 4 | 1 | 0 | 1 | 2 |
| 5 | 1 | 1 | 2 | 0 |
| 6 | 1 | 2 | 0 | 1 |
| 7 | 2 | 0 | 2 | 1 |
| 8 | 2 | 1 | 0 | 2 |
| 9 | 2 | 2 | 1 | 0 |

按基域 $R_3$ 中的加法和乘法运算，显然可以看出表 8.3 中任意两列的交互列为另外两列。例如，第 3 列是第 1 列和第 2 列的线性组合，即第 1 列＋第 2 列＝第 3 列。第 4 列是第 1 列和第 2 列的线性组合，即 2×第 1 列＋第 2 列＝第 4 列。也就是说，若把第 1,2 列作为独立的基本列，则第 3,4 列都是它们的交互列。

由交互列的概念，对于 $\boldsymbol{L}_{t^u}(t^m)$ 型正交表，可以通过找出任意两列的所有交互列的方法，构造出它们的交互列表[81]。事实上，在正交表 $\boldsymbol{L}_{t^u}(t^m)$ 中，$m=\dfrac{t^u-1}{t-1}$，任意两列都有 $t-1$ 个交互列[81]。例如，在 $\boldsymbol{L}_9(3^4)$ 正交表中，任意两列的交互列数都有 $t-1=3-1=2$ 列。

**4. 线性无关性**

我们可以把两列搭配均衡的概念加以推广，表述在下面的定义中。

**定义 8.4**[81] 在正交表 $\boldsymbol{L}_{t^u}(t^m)$中，若某 $k$ 列同行元素所构成的有序组$(x_1, x_2, \cdots, x_k)$是一个"完全组"，就是说，每个 $x_i$ 取遍基域中的所有元素，而且每个有序组出现的次数相同，都是 $t^{u-k}$ 次时，则称这 $k$ 列搭配均衡。

若从试验角度看，若有 $k$ 列搭配均衡，则这 $k$ 列必然构成 $k$ 个因素的等重复的全面试验，反之亦然。关于 $k$ 列搭配均衡的研究，有下面一些事实。

(1) 在正交表 $\boldsymbol{L}_{t^u}(t^m)$中，某 $k$ 列搭配均衡的充分必要条件是这 $k$ 列独立，也就是说它们线性无关[81]

(2) 在正交表 $\boldsymbol{L}_{t^u}(t^m)$中，存在 $u$ 列是搭配均衡的，而且，任意 $u+1$ 列都是搭配不均衡的[81]。换言之，在正交表 $\boldsymbol{L}_{t^u}(t^m)$中，可以找到且只能找到 $u$ 个线性无关列。

至此，我们已经介绍了 $\boldsymbol{L}_n(2^m)$、$\boldsymbol{L}_{t^2}(t^m)$和 $\boldsymbol{L}_{t^u}(t^m)$3 种类型正交表的性质和基本构造法，即 $\boldsymbol{L}_n(2^m)$型是基于哈达马矩阵构造；$\boldsymbol{L}_{t^2}(t^m)$是基于正交拉丁方构造；$\boldsymbol{L}_{t^u}(t^m)$是基于有限域上内积运算构造，在作内积时，对于域中元素的加法和乘法，必须按照域中的相应运算法则进行。值得注意的是，对于 $\boldsymbol{L}_{t^u}(t^m)$，$m=\dfrac{t^u-1}{t-1}$，当 $t=2$ 时，我们便得到 $\boldsymbol{L}_{2^u}(2^{2^u-1})$型正交表；而当 $u=2$ 时，我们便得到 $\boldsymbol{L}_{t^2}(t^{t+1})$型正交表。由此可见，$\boldsymbol{L}_{t^u}(t^m)$型正交表运用内积方法构造方法也包括了由哈达马矩阵构造出的 $\boldsymbol{L}_{2^u}(2^{2^u-1})$型正交表和由正交拉丁方完全组构造出的 $\boldsymbol{L}_{t^2}(t^{t+1})$型正交表。但是，一般来说，$\boldsymbol{L}_n(2^m)$型和 $\boldsymbol{L}_{t^2}(t^m)$型正交表的构造还是不用内积方法构造为好，如果它们能分别用基于哈达马矩阵方法和基于正交拉丁方方法构造出来的话[81]。

关于 $\boldsymbol{L}_{t^u}(t^m)$的研究还给了我们一个启示。在组件组合时，如果组件之间既存在功能焦点分离现象，又存在组件之间相互依存现象，那么可以设计如此试验，把功能焦点分离的组件作为基本列（即它们是独立的），而把依赖其他组件的组件作为交互列。按照正交表构造原理，这种试验更有可能验证组件集成时的行为特征。

## 8.2.5 一般正交表 $\boldsymbol{L}_n(t_1 \times t_2 \times \cdots \times t_m)$

在某种意义上，$\boldsymbol{L}_n(2^m)$、$\boldsymbol{L}_{t^2}(t^m)$和 $\boldsymbol{L}_{t^u}(t^m)$3 种类型的正交表构造原理和构造方法是最基本的正交表构造原理和构造方法。例如，我们可以利用"并列原则"从 $\boldsymbol{L}_{t^u}(t^m)$正交表中构造诸如 $\boldsymbol{L}_{t^u}(t_1 \times t^r)$、$\boldsymbol{L}_{t^u}(t_1 \times t_2 \times \cdots \times t_r \times t^w)$，以及诸如 $\boldsymbol{L}_{t^u}(t_1^r \times t_2^s)$等混合型表。此外，数学还利用其他原理和方法构造出具有其他型正交表。下面用一个实例介绍用"并列原则"构造 $\boldsymbol{L}_{t^u}(t_1 \times t^r)$正交表的方法，除此以外，我们不再打算讨论其他型正交表的构造原理和构造方法，只对一般正交表性质作简略介绍。

**1. 按照“并列原则”从 $L_{t^u}(t^m)$ 正交表构造形如 $L_{t^u}(t_1\times t^r)$ 正交表实例——由 $L_8(2^7)$ 正交表构造 $L_8(4\times 2^4)$ 正交表**

(1) $L_{t^u}(t^m)$ 中独立列的最大个数为 $u$，可以取 $k<u$ 个独立列进行并联。对应地，$L_8(2^7)$ 中的独立列的最大个数是 $3$，$k<3$。现在取两个独立列进行并联。

(2) 在利用向量内积方法构造 $L_{t^u}(t^m)$ 时，用了 $V_u$ 空间，它有 $\frac{t^u-1}{t-1}=m$ 个标准向量，可以证明 $V_u$ 中 $k$ 维子空间有且只有 $\frac{t^k-1}{t-1}$ 个标准向量[81]。因此，把 $L_{t^u}(t^m)$ 正交表中能用这 $k$ 个独立列线性表示的所有列去掉以后，剩下任意列皆与这 $k$ 列线性无关，共有 $r=m-\frac{t^k-1}{t-1}$ 个。于是，剩下来的是 $L_{t^u}(t^r)$ 型正交表。

为了阅读方便，把前面已经得到的 $L_8(2^7)$ 正交表(见表 8.2)再写在下面。

| | 1 | 2 | 3 | 4 | 5 | 6 | 7 |
|---|---|---|---|---|---|---|---|
| 1 | 1 | 1 | 1 | 1 | 1 | 1 | 1 |
| 2 | 1 | 1 | 1 | 2 | 2 | 2 | 2 |
| 3 | 1 | 2 | 2 | 1 | 1 | 2 | 2 |
| 4 | 1 | 2 | 2 | 2 | 2 | 1 | 1 |
| 5 | 2 | 1 | 2 | 1 | 2 | 1 | 2 |
| 6 | 2 | 1 | 2 | 2 | 1 | 2 | 1 |
| 7 | 2 | 2 | 1 | 1 | 2 | 2 | 1 |
| 8 | 2 | 2 | 1 | 2 | 1 | 1 | 2 |

由于任意两列都是独立的，所以，可以任选两列进行“并列”。但为确定起见，现在选定第 1 列和第 2 列进行“并列”，则由这两列线性表示的列只有第 3 列，(注意线性表示是在 $R_2$ 域上的运算意义上进行的，这要把该表恢复到原始形态，即用 0 代替 1，1 代替 2)。

从 $L_8(2^7)$ 正交表中除掉第 1～3 列，便得到 $L_8(2^4)$ 正交表，其中剩下的列数 4 符合前面计算 $r$ 的公式。

注意剩下的第 4～7 列都和第 1，2 列线性无关。

(3) 从 $L_{t^u}(t^m)$ 中选出的 $k$ 个独立列，将它们同行元素构成的 $t^k$ 个互异的有序组(构成 $t^{u-k}$ 个“完全组”，每个“完全组”包含 $t^k$ 个互异的有序组)按字典排序法与自然数 $1,2,\cdots,t^k$ 一一对应，这时这 $k$ 列所构成的每个有序组均换成它所对应的自然数，于是就把这 $k$ 列“并列”称一个新列，新列共有 $t^k$ 个水平。把这个新列添加到 $L_{t^u}(t^r)$ 上去，便得到 $L_{t^u}(t_1\times t^r)$ 正交表，其中 $t_1=t^k$。上述从 $L_{t^u}(t^m)$ 正交表构造 $L_{t^u}(t_1\times t^r)$ 正交表的过程称为对 $L_{t^u}(t^m)$ 的 $k$ 列施行“并列”。具体到 $L_8(2^7)$ 正交表中，我们已得到 $L_8(2^4)$ 正交表。现在对 $L_8(2^7)$ 中的第 1，2 列进行“并列”。因为第 1，2 列所构成的 $2^2$ 个互异的有序组，即“完全对”(按字典序)为：(1，1)，(1，2)，(2，1)，(2，2)。把它们和 $2^2$ 个自然数 1，2，3，4 一一对应，即：

(1,1)→1,(1,2)→2,(2,1)→(3),(2,2)→4。于是我们就把第1,2两列“并列”成一个新列,把它添加到去掉第1～3列后的$L_8(2^4)$中,便得到如表8.4所示的$L_8(4\times 2^4)$正交表。顺便提一下,如果不是对第1,2列施行“并列”,而是对另两列施行“并列”,得到的$L_8(4\times 2^4)$与表8.4并无本质上的区别,我们总可以通过行或列的置换,由一个而得到另一个[81]。

**表8.4　$L_8(4\times 2^4)$正交表**

| | 1 | 2 | 3 | 4 | 5 |
|---|---|---|---|---|---|
| 1 | 1 | 1 | 1 | 1 | 1 |
| 2 | 1 | 2 | 2 | 2 | 2 |
| 3 | 2 | 1 | 1 | 2 | 2 |
| 4 | 2 | 2 | 2 | 1 | 1 |
| 5 | 3 | 1 | 2 | 1 | 2 |
| 6 | 3 | 2 | 1 | 2 | 1 |
| 7 | 4 | 1 | 2 | 2 | 1 |
| 8 | 4 | 2 | 1 | 1 | 2 |

**2. 一般正交表中行数、水平数与列数之间的关系**

若有正交表$L_n(t_1\times t_2\times\cdots\times t_m)$,则有

$$n\geqslant 1+\sum_{j=1}^{m}(t_j-1)$$

回忆一下,正交表$L_{t^u}(t^m)$,$m=\dfrac{t^u-1}{t-1}$是饱和正交列,即列数已达到最大值。由$m=\dfrac{t^u-1}{t-1}$推得$t^u=1+m(t-1)$,说明这时上述公式中等号成立。

**3. 一般正交表中交互列的概念**

**定义8.5**　对于正交表$L_n(t_1\times t_2\times\cdots\times t_m)$,若第$k$列中任两个不同水平相应的第$i$,$j$两列的水平对不相同,则称第$k$列为第$i$,$j$两列的交互列[81]。注意,这个定义由于仅从列中水平间的关系确定交互列概念,所以它可以作为任意正交表中交互列的定义。例如,它可以取代我们在$L_{t^u}(t^m)$型正交表中采用的交互列的基于线性表示的定义。实际上,这种列中水平关系表述的交互列特征还是从$L_{t^u}(t^m)$原来的交互列定义推出的性质。

关于交互列水平数公式,对于正交表$L_n(t_1\times t_2\times\cdots\times t_m)$,用$[i,j]$表示第$i$,$j$两列在这个表中的交互列数,有可能第$i$,$j$两列并不存在交互列,即$[i,j]=0$。但是有以下重要事实[81]。

**定理8.3**　设在正交表$L_n(t_1\times t_2\times\cdots\times t_m)$中,第$i$,$j$两列的交互列是第$l_1,l_2,\cdots,l_s$列,即$[i,j]=s$。则有

$$(t_{l_1}-1)+(t_{l_2}-1)+\cdots+(t_{l_s}-1)\leqslant(t_i-1)(t_j-1)$$

即任意两列水平数减1的乘积不小于其所有交互列水平数减1的和。

关于交互列数目的上界，回忆当 $t$ 是素数或素数的幂时，$\boldsymbol{L}_{t^u}(t^m)\left(m=\dfrac{t^u-1}{t-1}\right)$ 中任意两列都有 $t-1$ 个交互列，这时在定理 8.3 的公式中等号成立。

但是对于一般的 $\boldsymbol{L}_n(t^s)$，其中 $t$ 为任意大于 1 的整数，有以下结论：$\boldsymbol{L}_n(t^s)$ 中任意两列的交互列数不能超过 $t-1$[81]。这是因为对任意两列来说，如第 $i,j$ 两列，根据定理 8.3 中的公式，有

$$[i,j](t-1)\leqslant(t-1)^2$$

此即 $[i,j]\leqslant t-1$。

**定义 8.6** （完备交互列和完备正交表）

由定理 8.3 可知，在正交表 $\boldsymbol{L}_n(t_1\times t_2\times\cdots\times t_m)$ 中，若第 $i,j$ 两列的全部交互列是第 $l_1,l_2,\cdots,l_s$ 列，则必有关系

$$(t_{l_1}-1)+(t_{l_2}-1)+\cdots+(t_{l_s}-1)\leqslant(t_i-1)(t_j-1)$$

倘若上述公式中等号成立，即

$$(t_{l_1}-1)+(t_{l_2}-1)+\cdots+(t_{l_s}-1)=(t_i-1)(t_j-1)$$

则称第 $i,j$ 两列有完备交互列[81]。

于是，当 $\boldsymbol{L}_n(t_1\times t_2\times\cdots\times t_m)$ 中任意两列都有完备交互列，则称此表为完备正交表[81]。

完备正交表是存在的。对于用内积方法构造出的 $\boldsymbol{L}_{t^u}(t^m)$ 型正交表，我们说过，它的任意两列都有 $t-1$ 个交互列，交互列数已达到最大值，这使定理 8.3 公式中等号成立，因此任意两列都是完备交互列，故 $\boldsymbol{L}_{t^u}(t^m)$ 是一个完备正交表。

正如上所述，按照向量内积方法构造出的 $\boldsymbol{L}_{t^u}(t^m)$ 型表是完备正交表，所以任意两列的交互列都在表中。但是，用其他方法构造出的正交表，并不能保证其完备性。有些表，因其中存在两列没有完备交互列，使它不完备。有趣的是，还存在这样的表，有些列的交互列在表中，但同时有些列的交互列又不在表中。可以证明，在正交表 $\boldsymbol{L}_n(2^s)$ 中，当 $s\geqslant 4$，并且 $n$ 不能被 8 整除时，该表中任意两列的交互列均不在表中。这样基于哈达马矩阵原理构造出来的一些二水平正交表，如 $\boldsymbol{L}_{12}(2^{11})$、$\boldsymbol{L}_{20}(2^{19})$、$\boldsymbol{L}_{28}(2^{27})$ 等，由于 12、20、28 均不能被 8 整除，表中任两列的交互列均不在表中。

对于一个软件系统，一般来说，每个组件都有自己关注的功能焦点，并且组件之间也存在功能上的关联现象。形象地说，可以把组件在系统中发挥出来的功能作用分别用该组件的各个水平代表。于是，第 $i$ 个组件有 $t_i$ 个水平，意味着它将呈现 $t_i$ 个功能作用。如果在每个组件的功能中都只有一个是该组件自己关注的不同于其他组件的功能，那么第 $i$ 个组件会有 $t_i-1$ 个功能将与其他组件有关。这样一来，第 $i,j$ 两列共有 $(t_i-1)(t_j-1)$ 个功能"对"会与其他组件相关。于是，若这两列有完备交互列，那么它们的所有交互列被影响的功能数必然使定理 8.3 公式中的等号成立。因此，按完备正交表设计测试用例，更能验证组件集成系统的正确性。综上所述，利用列之间的独立性可以验证它们在各自关注的焦点上是

否正确，利用列之间的交互性可以验证它们在功能的逻辑关联上是否正确，加上至少是两列之间的水平对是搭配均衡重复的，可以推知按正交表设计的组合测试是验证组件集成正确性的一个好方法。特别是，结合 NIST 和 Kobayashi 等的研究成果，更能确定按正交表设计组合测试的优越性，因为二路参数测试能发现 90%左右的缺陷，而 70%的软件缺陷故障是由一个或两个参数的作用引起的。

## 8.3 正交试验组合测试方法

8.2 节比较全面地介绍了正交表的构造原理和方法，从中可以看出正交表有许多优良特征，这些特征使它在各个领域都能获得广泛的应用。历史上，正交表最初是由修道士们研究的。20 世纪 40 年代后期，统计学家 C. R. Rao 做了进一步研究。Genichi Taguchi 在他的全面质量管理的实验设计中，首次使用了正交表的思想。该方法称为 Taguchi 方法，已用于制造领域的实验设计中，它提供一种有效和系统性的方式来优化设计的性能、质量和成本。在日本和美国的汽车与消费电子行业，已成功将其用于以较低成本设计可靠、高品质的产品[2]。现在，许多数理统计学采用正交表设计试验，并在其上进行统计分析，如方差分析。统计学家把这种试验方法称作正交试验。正交试验是研究多因素多水平的一种方法，它根据正交性从全面试验中抽取数量较少的部分试验，使其具备搭配均衡且能兼顾各组试验数据以及各因素影响之间的某种交互可比性。同样，在软件界，许多学者将正交试验法运用于组合测试领域。

当组件集成时，对所有组件各种水平的全部搭配都进行试验是不经济的，大多时候也是不可能的。因此，利用正交表得到的“均匀分散，整齐可比”的设计方案，就是组合测试一种高效且经济的方法。值得一提的是，Mandl 首先使用正交表概念为成对测试编译器设计测试用例。

利用正交表安排测试用例，进行组合测试的一般步骤如下[2]。

(1) 确定被测系统输入变量数。每个输入变量代表不同的因素(Factor)。

(2) 确定每个变量的取值数。每个变量的取值代表它所对应的因素所取的水平(Level)。

(3) 找到运行次数(即需要的测试用例)最少的合适正交表 $\boldsymbol{L}_n(t_1 \times t_2 \times \cdots \times t_m)$。所谓合适正交表，是指它的列数和各列的水平数恰好与步骤(1)和步骤(2)确定的变量数和每个变量的取值数一致，否则取正交表尽量接近系统“原始状况”，即略大一些的正交表，使它至少具有步骤(1)所需的因素数，同时至少具有步骤(2)为每个因素确定的水平数。如果有若干个合适正交表，则在这些合适正交表中选出行数 $n$ 为最小的那个正交表。

(4) 在找到的正交表 $\boldsymbol{L}_n(t_1 \times t_2 \times \cdots \times t_m)$中，把变量映射到表中的因素列上，每个变量的值映射到对应列的水平上。

(5) 如果有多余的列，直接去掉。检查每列中没有被映射的剩余水平。为这些剩余水平选择任意的有效值(一般也会根据其他原则选择有效值)填充。

(6) 将每行都转化成测试用例，于是便得到合适的测试用例组。

下面举一个网络实例进行说明[2]。

考查一个网站,其上具有各种插件和操作系统(Operating System,OS)的浏览器,并具有不同的连接,它们都是组合中需要测试的变量和值,如表 8.5 所示。

**表 8.5　组合中需要测试的变量和值**

| 变　量 | 值 |
|---|---|
| Browser | Netscape,Internet Explorer (IE),Mozilla |
| Plug-in | Realplayer,Mediaplayer |
| OS | Windows,Linux,Macintosh |
| Connection | LAN(局域网),PPP(点到点协议),ISDN(综合业务数字网) |

现在,需要用输入值的不同组合测试系统。为此,根据前面所设的步骤,设计一个正交表,以此创建一套个数较少的测试用例组进行组合测试。

第 1 步,有 4 个独立变量,即 Browser、Plug-in、OS 和 Connection。

第 2 步,每个变量最多能取 3 个值。

第 3 步,显然 $\boldsymbol{L}_9(3^4)$正交表足够完成任务。该表能够表示有 4 个变量,每个变量有 3 个水平的数组组合,符合第 1 步和第 2 步的要求,行数为 9。

第 4 步,把变量映射到 $\boldsymbol{L}_9(3^4)$中的因素列上,将变量值映射到其对应列的水平上。Browser、Plug-in、OS、Connection 4 个变量分别映射为第 1～4 列。在 Browser 对应的第 1 列中,令 1＝Netscape,2＝IE,3＝Mozilla；在 Plug-in 对应的第 2 列中,令 1＝Realplayer,3＝Mediaplayer；在 OS 对应的第 3 列中,令 1＝Windows,2＝Linux,3＝Macintosh；在 Connection 对应的第 4 列中,令 1＝LAN,2＝PPP,3＝ISDN。重写 $\boldsymbol{L}_9(3^4)$正交表,如表 8.6 所示。

**表 8.6　重写 $\boldsymbol{L}_9(3^4)$正交表**

| | 1 | 2 | 3 | 4 |
|---|---|---|---|---|
| 1 | 1 | 1 | 1 | 1 |
| 2 | 1 | 2 | 2 | 2 |
| 3 | 1 | 3 | 3 | 3 |
| 4 | 2 | 1 | 2 | 3 |
| 5 | 2 | 2 | 3 | 1 |
| 6 | 2 | 3 | 1 | 2 |
| 7 | 3 | 1 | 3 | 2 |
| 8 | 3 | 2 | 1 | 3 |
| 9 | 3 | 3 | 2 | 1 |

根据该正交表,由第 4 步所述的映射得到的测试用例数组如表 8.7 所示。

**表 8.7 测试用例数组(1)**

| 测试用例 ID | Browser | Plug-in | OS | Connection |
|---|---|---|---|---|
| $TC_1$ | Netscape | Realplayer | Windows | LAN |
| $TC_2$ | Netscape | 2 | Linux | PPP |
| $TC_3$ | Netscape | Mediaplayer | Macintosh | ISDN |
| $TC_4$ | IE | Realplayer | Linux | ISDN |
| $TC_5$ | IE | 2 | Macintosh | LAN |
| $TC_6$ | IE | Mediaplayer | Windows | PPP |
| $TC_7$ | Mozilla | Realplayer | Macintosh | PPP |
| $TC_8$ | Mozilla | 2 | Windows | ISDN |
| $TC_9$ | Mozilla | Mediaplayer | Linux | LAN |

第 5 步,第 2 列(即 Plug-in)在原正交表被指定有 3 个水平。但是变量 Plug-in 只有两个可能的值,这导致映射后 Plug-in 列还有一个剩余水平(即水平 2)没有被填充。填充时原则上可以是任意一个可选值,但为了有一个覆盖,在填充剩余水平时,从 Plug-in 列上方开始,遍历循环可能的值。如果利用这个循环技术填充剩余水平,则得到测试用例数组如表 8.8 所示。

**表 8.8 测试用例数组(2)**

| 测试用例 ID | Browser | Plug-in | OS | Connection |
|---|---|---|---|---|
| $TC_1$ | Netscape | Realplayer | Windows | LAN |
| $TC_2$ | Netscape | Realplayer | Linux | PPP |
| $TC_3$ | Netscape | Mediaplayer | Macintosh | ISDN |
| $TC_4$ | IE | Realplayer | Linux | ISDN |
| $TC_5$ | IE | Mediaplayer | Macintosh | LAN |
| $TC_6$ | IE | Mediaplayer | Windows | PPP |
| $TC_7$ | Mozilla | Realplayer | Macintosh | PPP |
| $TC_8$ | Mozilla | Realplayer | Windows | ISDN |
| $TC_9$ | Mozilla | Mediaplayer | Linux | LAN |

注意：在应用因素可选值填充时,也可以遵循其他原则。

(1) 随机填充：任意选择因素的一个值进行填充。

(2) 依据因素的不同可选值,可能发现问题的概率进行填充,如边界值。

(3) 依据该因素和其他因素的交互方式进行填充。

(4) 依据行业经验的意见进行填充[79]。

第 6 步,从每行取测试用例值,产生 9 个测试用例。

现在检测一下结果。

(1) 用每个 Plug-in、OS、Connection 测试每个 Browser。

(2) 用每个 Browser、OS、Connection 测试每个 Plug-in。

(3) 用每个 Browser、Plug-in、Connection 测试每个 OS。

(4) 用每个 Browser、Plug-in、OS 测试每个 Connection。

由这个具体实例可见，正交表提供的技术，能够从 $3\times2\times3\times3=54$ 个全面组合测试套件中筛选出 9 个具有以下属性的测试用例的子集[2]。

(1) 该技术能保证测试所有被选变量的成对组合。

(2) 该技术能比所有组合方法生成更少的测试用例。

(3) 该技术生成一个测试套件，具有所有成对的均匀分布。

(4) 该技术可以自动化实现。

# 8.4　其他组合测试方法概览

设待测软件(Software Under Testing, SUT)的因素为 $P_1, P_2, \cdots, P_n$，共有 $n$ 个。对于因素 $P_i$，$1\leqslant i\leqslant n$，记它可能取值的集合为 $V_i$，用 $|V_i|$ 表示 $V_i$ 中包含数值的个数，若有 $a_i$ 个值，则 $|V_i|=a_i$。从每个因素取值集合中各取一个值，这些值组成一个元组，称它为组合测试的一个测试用例，若干个测试用例组成一个测试用例集。例如，有 $m$ 个测试用例组成一个测试用例集，对任意 $j(1\leqslant j\leqslant m)$，第 $j$ 个测试用例记为 $T_j=(v_{j1}, v_{j2}, \cdots, v_{jn})$，其中 $v_{j1}\in V_1, v_{j2}\in V_2, \cdots, v_{jn}\in V_n$。

一般来说，一个测试用例集是根据一定覆盖准则设计的测试用例的集合。前面介绍的测试用例集是用正交表生成的。可以说它是根据一种特殊的成对原则设计的。

## 8.4.1　基于覆盖组合的“类型”设计测试用例集

根据测试用例集对于组合覆盖的强度，可以分为单一选择测试、基本选择测试、成对组合测试、$N$ 维组合测试等。

### 1. 单一选择测试

一个 SUT 中所有因素的所有可能取值至少被测试用例集中的一个测试用例覆盖。该覆盖准则由 Ammann 和 Offutt 提出。

在单一选择测试[79]中，最少的测试用例个数由所有因素中取值最多的因素的取值个数决定。即若用 $N_{\min}$ 表示按单一选择测试原则生成的测试用例集中的最少用例个数，则 $N_{\min}=\max(|V_i|, 1\leqslant i\leqslant n)$。

满足单一选择的测试用例集可以按照以下方法产生。从所有因素中，分别随机选择一个可能的取值，构成第 1 个测试用例。在所有因素的余下取值中各取一个值构成新的测试用例。依此类推，但若某个因素的所有取值都已经被使用，而其他因素(特别是那个取值最多的因素)还存在未使用的取值，则该因素可以在已经使用过的取值中(随机地或按某种需求线索)取一个，构成新的测试用例。由单一选择测试原则产生的测试用例数相对较少，它并没有考虑信息语义关系，只是机械地让每个因素的取值出现一次，故使用这种方法发现缺陷的能力相对较弱。

**2. 基本选择测试**

一个 SUT 中的测试用例集每次仅由一个因素的可能选项变化而构成。

使用这个原则可以通过以下方法生成测试用例集。第 1 个测试用例可以随机生成，或者根据其他信息（如因素取值的重要性或取值出现的频率）决定。第 1 个测试用例中每个因素的取值均为初始值。第 2 个测试用例根据第 1 个因素的取值变化而其他因素值保持初始值不变。在第 1 个因素取完所有值以后，再根据第 2 个因素的取值变化产生测试用例，即若第 1 个因素有 $|V_1|=a_1$ 个值，这样便得到了第 2，3，…，$a_1$ 个均由第 1 个因素取值变化产生的测试用例。然后再由第 1 个测试用例通过第 2 个因素取值变化得到第 $|V_1|+1$，…，$|V_1|+|V_2|-1$ 个测试用例。以此类推，总之在上述所有变化过程中，不涉及变化的因素均保持初始不变。设有 $n$ 个因素，它们各自可能的取值分别为 $a_1, a_2, \cdots, a_n$，则生成的测试用例数为 $a_1+a_2-1+a_3-1+\cdots+a_n-1=a_1+a_2+\cdots+a_n-(n-1)$。

使用基本选择测试原则产生测试用例集，第 1 个测试用例的选取特别重要，因此一般将使用频率最高的因素取值或出错可能性最大的因素值作为初始值是个不错选择。显然，除了初始值以外，每个因素其他取值在测试用例集中只出现一次，而对任意 $i$，因素 $p_i$ 的初始值在所有测试用例集中的出现次数为 $|V_1-1|+\cdots+|V_{i-1}-1|+|V_{i+1}-1|+\cdots+|V_n-1|+1$。满足基本选择的测试用例集，必然也满足单一选择准则。

**3. 成对组合测试**

成对组合测试也称二维组合测试，对于一个软件的任意两个因素，它们的任意一对有效取值至少被一个测试用例所覆盖。二维组合测试是 $N$ 维组合测试中最简单且最重要的组合测试方法，$N$ 维组合测试我们就不介绍了，下面只重点讨论成对组合测试。

人们为实现满足成对测试需求且使生成的测试用例个数尽可能少的目标，发明了许多算法，下面简略介绍几个主要算法[79]。

1）CATS 算法

Sherwood 提出的 CATS（Constrained Array Test System）算法采用一次生成一个测试用例，最终生成所需要的组合测试用例的方法。基本做法如下：先将所有因素取值构成的全组合放在集合 $Q$ 中，同时把所有两个因素取值组合放在集合 UC 中，从全组合集合 $Q$ 中选取当前覆盖最多成对组合的组合作为第 1 个测试用例。然后从 $Q$ 中除去由第 1 个测试用例表达的全组合，同时从 UC 中除去由第 1 个测试用例覆盖的所有两因素组成的成对组合，更新后的集合仍记为 $Q$ 和 UC，再重复上述做法，选取第 2 个测试用例，依此类推，直到 UC 为空，这时测试用例集生成。

2）AETG 算法

Cohen 提出的 AETG（Automatic Efficient Test Generator）算法与 CATS 算法一样，也是一次生成一个测试用例，但是生成的策略不同，该算法在生成过程中引入随机技术的启示式组合。也就是说，AETG 算法和 CATS 算法一样设置集合 $Q$ 和 UC，每当生成一个测试用例，AETG 也和 CATS 一样用相同的方法更新 $Q$ 和 UC，不过在生成每个测试用例时比 CATS 算法更"精致"些。AETG 算法把生成每个测试用例的过程看作一轮，每轮中都设置

一个正数 $M$，通过 $M$ 次运作，得到 $M$ 个候选测试用例，再在这 $M$ 个中选择覆盖 UC 最多的元素，把它作为这一轮产生的测试用例。下面用一个实例说明一下 ATEG 算法过程。

假设一个系统有 4 个因素 $P_1,P_2,P_3,P_4$，它们各自的取值集合为：$V_1=\{a_1,a_2,a_3\}$，$V_2=\{b_1,b_2\}$，$V_3=\{c_1,c_2\}$，$V_4=\{d_1,d_2,d_3\}$。$Q$ 的初始值包含所有因素取值的组合，共有 36 个。假设经过 3 轮循环后，产生了 3 个测试用例如下。

| $P_1$ | $P_2$ | $P_3$ | $P_4$ |
|---|---|---|---|
| $a_1$ | $b_2$ | $c_1$ | $d_2$ |
| $a_2$ | $b_2$ | $c_1$ | $d_3$ |
| $a_3$ | $b_1$ | $c_2$ | $d_1$ |

这时 UC(更新后)所包含的集合为

UC$=\{(a_1,b_1),(a_1,c_2),(a_1,d_1),(a_1,d_3),(a_2,b_1),(a_2,c_2),(a_2,d_1),(a_2,d_2),(a_3,b_2),(a_3,c_1),(a_3,d_2),(a_3,d_3),(b_1,c_1),(b_1,d_2),(b_1,d_3),(b_2,c_2),(b_2,d_1),(c_1,d_1),(c_2,d_2),(c_2,d_3)\}$

在第 4 轮选择新的测试用例时，首先预选 $M$ 个候选测试用例。我们在 UC 中计算出现次数最多的因素取值，发现 $c_2$ 和 $b_1$ 都出现了 5 次，均为最多。若(随机)选择参数值 $c_2$，那么将产生测试用例模板为

$$(-,-,c_2,-)$$

对于除了因素 $P_3$ 以外的其他因素进行随机排序，假设为 $P_4$、$P_1$ 和 $P_2$。于是，先考虑因素 $P_4$ 的 3 种取值情况：$(-,-,c_2,d_1)$、$(-,-,c_2,d_2)$和$(-,-,c_2,d_3)$，其中第 1 个没有覆盖 UC 中的任何组合，而第 2 个和第 3 个各覆盖了一个组合。假设算法(随机)选择 $d_2$，那么产生了

$$(-,-,c_2,d_2)$$

接下来选择因素 $P_1$ 的 3 种取值情况，其中$(a_1,-,c_2,d_2)$和$(a_3,-,c_2,d_2)$各覆盖 UC 中的一个组合，而$(a_2,-,c_2,d_2)$覆盖 UC 中的两个组合，因此因素 $P_1$ 选择 $a_2$，这样得到

$$(a_2,-,c_2,d_2)$$

最后考虑因素 $P_2$ 取值的两种情况，由于$(a_2,b_2,c_2,d_2)$只覆盖 UC 中的一个组合，而$(a_2,b_1,c_2,d_2)$覆盖两个，自然选择 $P_2$ 的值为 $b_1$。至此，产生了第 1 个候选的测试用例为

$$(a_2,b_1,c_2,d_2)$$

这样的过程需要重复 $M$ 遍。在这 $M$ 个候选中，依据其覆盖 UC 最多的元素确定本轮的测试用例。

其他步骤与 CATS 方法相同。

3) IPO 算法

Lei 等提出 IPO(In Parameter Order)算法，其基本思想是首先生成任意两个因素的所有组合，然后依次进行水平扩展和垂直扩展。水平扩展即每次新加入一个因素，并确定其取

值；在水平扩展后，通过垂直扩张补充尚未被覆盖的配对组合。它不像 CATS 和 AETG 那样一次生成一个测试用例，也就是说，它并不同时考虑所有因素，而是每次渐进考虑一个因素。IPO 算法依据前两个因素生成满足成对覆盖准则的测试用例集，然后扩展测试用例使之能够满足 3 个因素的成对组合覆盖，直至所有因素都包括在测试用例中，从而得到测试用例集。

下面利用一个实例说明 IPO 算法的实现过程。设系统有 3 个因素：$P_1$，$P_2$，$P_3$，它们的取值集合分别为：$V_1=\{a,b\}$，$V_2=\{1,2\}$，$V_3=\{x,y,z\}$。

首先依据前两个因素 $P_1$ 和 $P_2$ 的取值两两覆盖准则构建测试用例集 TS，这时 TS 共有 4 个(有待扩展)元素，如下所示。

| $P_1$ | $P_2$ |
|---|---|
| $a$ | 1 |
| $a$ | 2 |
| $b$ | 1 |
| $b$ | 2 |

接下来，对 TS 作水平扩展。为此，考虑因素 $P_3$，由于它有 3 个取值，而现在 TS 已有 4 个测试用例，依据水平扩展算法，TS 前 3 个测试用例直接取 $P_3$ 的有效值。如此产生的测试用例集仍记为 TS，如下所示。

| $P_1$ | $P_2$ | $P_3$ |
|---|---|---|
| $a$ | 1 | $x$ |
| $a$ | 2 | $y$ |
| $b$ | 1 | $z$ |
| $b$ | 2 | — |

这时第 4 个测试用例的 $P_3$ 值没有确定，它可以根据某个实用原则从 $x$，$y$，$z$ 中选择任何一个。现在按如下方法选择 $P_3$ 的值。令 $\pi$ 为当前尚未被 TS 中测试用例覆盖到的两两配对组合，$\pi=\{(a,z),(b,x),(b,y),(1,y),(2,x),(2,z)\}$。若选 $x$，则形成测试用例 $(b,2,x)$，它可覆盖 $\pi$ 中的两个元素；若选择 $y$ 或 $z$，则形成测试用例 $(b,2,y)$ 或 $(b,2,z)$，它们都只能覆盖 $\pi$ 中的一个元素。因此，选择 $x$ 作为因素 $P_3$ 的值，这时构成的 TS 集合如下。

| $P_1$ | $P_2$ | $P_3$ |
|---|---|---|
| $a$ | 1 | $x$ |
| $a$ | 2 | $y$ |
| $b$ | 1 | $z$ |
| $b$ | 2 | $x$ |

经过水平扩展，TS 已经有了 4 个测试用例。这时，未被 TS 覆盖的两两配对组合 $\pi=\{(a,z),(b,y),(1,y),(2,z)\}$。在水平扩展后，TSO 算法紧接着进行垂直扩展，以便覆盖 $\pi$ 中的值对。令 TS′为垂直扩张得到的测试用例集，初始值 TS′$=\varnothing$。对 $\pi$ 中的第 1 个值对 $(a,z)$ 构造覆盖它的测试用例：$(a,-,z)$，其中“$-$”表示当前暂时不关心其取值。将其添加到 TS′中，于是 TS′$=\{(a,-,z)\}$。再考虑 $\pi$ 中的第 2 个值对 $(b,y)$，因为 $b$ 和 $y$ 均未在 TS′测试用例中出现过，所以产生新的测试用例 $(b,-,y)$，并把它添加到 TS′中，使 TS′$=\{(a,-,z),(b,-,y)\}$。接下来，考虑 $\pi$ 中的第 3 个值对 $(1,y)$，由于 $y$ 在 TS′中出现过，并且 $P_2$ 因素对应的值为“$-$”，所以将 TS′中的测试用例 $(b,-,y)$ 修改为 $(b,1,y)$。对于 $\pi$ 中的第 4 个值对 $(2,z)$，同样由于 $z$ 在 TS′中的测试用例 $(a,-,z)$ 中出现，且因素 $P_2$ 的值为“$-$”，所以将 $(a,-,z)$ 修改为 $(a,2,z)$，这时 TS′$=\{(a,2,z),(b,1,y)\}$。令 TS′$=$TS$\cup$TS′。

如果系统还有 $P_4,P_5,\cdots$ 其他因素，那么还要重复上述过程，对因素集合中剩余因素依次进行水平扩充和垂直扩充，得到最终成对组合覆盖表。若表中仍有未填的值“$-$”，则可从该因素可选值中随机选择或根据某种线索选择产生一个值替换“$-$”。

Lei 等分析 IPO 算法的优点如下。

（1）IPO 策略允许在水平扩展和垂直扩展时采取不同的优化策略生成测试用例。

（2）在软件更新、接口增加新因素时能够复用已有的测试用例。假设对于系统 $S$，已经生成测试用例集 TS。若新版本为 $S'$，则运用 IPO 策略，即可通过扩展 TS 产生新的测试用例集 TS′，可以节省产生测试用例的精力。

（3）在软件更新时，若某个因素增加新的取值，能够复用已有的测试用例。在这种情况下，仅应用垂直扩展就能增加新的测试用例。或许这时得到的测试用例集中的测试用例数量可能比重新生成新测试用例集的数量要多，但节省了比较多的精力。

## 8.4.2 可变强度和具有约束的组合测试

8.4.1 节是从覆盖组合的强度的角度讨论对系统进行的组合测试，或单一选择，对每个因素的每个取值“一视同仁”，只要被测试集中的某个测试用例覆盖即可，不问多寡；或基本选择，除了对第 1 个测试用例所用的初始值“垂青”以外，各个因素其他取值都一律同等看待，出现的可能性均为 1；或成对组合测试，只关心各因素之间两两配对组合是否被测试用例完全覆盖，即使涉及被覆盖的数量计算，那也只是作为生成测试用例的策略考虑。一言以蔽之，在发明这些组合测试方法时，假设系统中任意 $k$ 个因素之间的交互关系都相同。然而，在实际系统中，因素之间的关系通常不是这样。在系统所有输入因素中，有些可能存在约束关系，有些可能并不存在；而且当因素之间存在交互关系时，不同因素之间的组合要求的强度也是不同的。鉴于此，我们必须研究其他组合测试策略[79]。

**1. 混合强度的组合测试**

设用组合方法产生测试用例集 TS，它可以表示为一个 $m\times n$ 矩阵，其中 $n$ 为系统因素

(或者被测配置的因素),$m$ 为测试用例集 TS 所包含的测试用例数量。对于一个正整数 $k(1\leqslant k\leqslant n)$,如果 TS 中任意 $k$ 列,均要求满足 $k$ 路组合,则称 $k$ 为组合强度。这时产生的测试用例集为固定强度组合测试用例套件,$k$ 为这个套件的组合强度,固定强度组合测试可以表示为

$$\mathrm{TS_{Inv}}(P,m,k)$$

其中,$P$ 为因素集合;$m$ 为测试用例个数;$k$ 为组合强度。

若组合强度为 $k$ 的组合测试集 TS 存在 $t$ 个子集 $\mathrm{TS}_i\subseteq\mathrm{TS}(i=1,2,\cdots,t)$,其中 $\mathrm{TS}_i$ 包括 $n_i$ 个因素,这 $n_i$ 个因素构成一个 $m\times n_i$ 阶矩阵,它是 TS 子矩阵。若 $\mathrm{TS}_i$ 为强度 $k_i(k_i\neq k)$的固定组合强度测试集,则称其为混合强度的组合测试,它具有 $n_i$ 因素子集及其强度 $k_i$,可以表示如下。

$$C_i=\{P_{i_1},P_{i_2},\cdots,P_{i_{n_i}}\}@k_i$$

混合强度的组合的基本含义为:在全局基础上,对于部分因素的组合提出了更高的要求。

对于变强度的组合测试,其组合要求可以在固定强度组合的基础上添加约束表示,该约束用因素集合及其组合强度表示。变强度的组合表示为

$$\mathrm{TS}_v(P,m,k,C)$$

其中,$P$ 为因素集合;$m$ 为测试用例的个数;$k$ 为全局的组合强度;$C=\{C_1,C_2,\cdots,C_t\}$为个性化的强度要求的集合。

举一个实例说明以上概念。设一个系统包含 4 个因素:$P_1,P_2,P_3,P_4$。它们的取值集合分别表示为:$V_1=\{1,2\},V_2=\{a,b\},V_3=\{\text{Ⅰ},\text{Ⅱ}\},V_4=\{x,y,z\}$。

若采用一个成对组合测试,可以找到一个测试用例数为 6 的测试用例集 $\mathrm{TS_{Inv}}(P,6,2)$,即固定强度为 2 的测试用例集,如下所示。

| $P_1$ | $P_2$ | $P_3$ | $P_4$ |
|---|---|---|---|
| 1 | $a$ | Ⅰ | $x$ |
| 1 | $a$ | Ⅱ | $y$ |
| 1 | $b$ | Ⅰ | $z$ |
| 2 | $a$ | Ⅱ | $z$ |
| 2 | $b$ | Ⅰ | $y$ |
| 2 | $b$ | Ⅱ | $x$ |

若根据系统的特征分析,认为 $P_1$、$P_2$ 和 $P_3$ 3 个因素必须满足强度为 3 的组合测试要求,即增加了一个强度要求

$$C_1=\{P_1,P_2,P_3\}\ @\ 3$$

显然,上述测试用例集并不能满足要求,一个满足要求的测试用例表示如下。

| $P_1$ | $P_2$ | $P_3$ | $P_4$ |
|---|---|---|---|
| 1 | $a$ | Ⅰ | $x$ |
| 1 | $a$ | Ⅱ | $y$ |
| 1 | $b$ | Ⅰ | $z$ |
| 1 | $b$ | Ⅱ | $x$ |
| 2 | $a$ | Ⅰ | $y$ |
| 2 | $a$ | Ⅱ | $z$ |
| 2 | $b$ | Ⅰ | $x$ |
| 2 | $b$ | Ⅱ | $y$ |

注意，变强度的测试用例生成基本上都是以"一次生成一个用例"的方式生成的。具体算法不再介绍。

**2. 因素值之间的约束**

系统的不同因素之间，也在为系统的测试场景而配置的因素与系统原有因素之间，通常都存在一定的约束关系，有些来自系统之外的约束关系还无法通过程序自动处理。如果不考虑系统因素(或与配置的因素)之间的约束关系，往往会产生许多无效测试用例。仅删除无效测试用例会导致最终的测试用例集不能实现两因素或多因素覆盖。当系统的因素之间存在约束关系时，应在生成测试用例之前确定这些约束关系，让组合测试工具根据约束关系生成有效的测试用例集。例如，微软公司的 PICT 是可以根据约束关系生成测试用例集的组合测试工具。

约束关系一般通过条件表达式、逻辑表达式、关系表达式实现。

例如，表 8.9 给出了 PICT 中的各种约束表达方式。

**表 8.9　PICT 中的各种约束表达方式**

| 约束表达方式 | 设计运算符 |
|---|---|
| 条件表达式 | IF Condition 1 THEN Condition 2 ELSE Condition 3 |
| 逻辑运算符 | NOT，AND，OR |
| 关系运算符 | =，<>，>，>=，<，<= |
| 通配符 | * 表示任何字符，? 表示一个字符 |
| 集合关系 | IN |

举一个实例说明，增加约束，并不一定减少测试用例。例如，$a$、$b$、$c$ 3 个因素取值均为 0 或 1，在没有约束的条件下，且在组合强度为 2 的情况下，PICT 产生有 4 个测试用例的测试用例集。我们把模型文件内容和测试用例集分别列在下面。

| 模型文件内容 | | PICT 产生的测试用例集 | | |
|---|---|---|---|---|
| | | $a$ | $b$ | $c$ |
| $a$： | 0,1 | 0 | 1 | 0 |
| $b$： | 0,1 | 0 | 0 | 1 |
| $c$： | 0,1 | 1 | 1 | 1 |
| | | 1 | 0 | 0 |

若加上约束，当因素 $a$ 取值为 0 时，因素 $b$ 取值也一定为 0。则此时的模型文件内容以及在强度为 2 的情况下 PICT 产生的测试用例集分别如下。

| 模型文件内容 | PICT 产生的测试用例集 | | |
|---|---|---|---|
| | $a$ | $b$ | $c$ |
| $a$： 0,1 | 1 | 1 | 1 |
| $b$： 0,1 | 0 | 0 | 1 |
| $c$： 0,1 | 1 | 1 | 0 |
| IF [$a$]=0,THEN [$b$]=0 | 0 | 0 | 0 |
| | 1 | 0 | 0 |

**3. 种子组合**

上面所讨论的约束都是对因素取值之间的逻辑关系的约束。但在实际应用中，由于有些因素值之间组合的重要性，要求在实际测试过程中，测试必须覆盖到该组合。这种必须测试到的因素取值组合称为种子组合。

一般而言，种子组合用于测试一些关键因素取值组合，详情不再介绍。

## 8.5 组合测试模式分析模型及其理论

寻求高性能软件的测试方法和调试方法，一直是软件界重视的问题。现今的研究主要关注测试用例的设计方法，关于它们的性能主要是通过实际操作和实验加以验证。虽然在软件界根据某种理论提出的软件测试和调试方法也很多，如在组合测试中根据正交表构造数学理论提出了正交表测试方法，但是寻求理论去分析软件测试和调试工作还是比较少见的。下面就组合测试这一课题，我们引入 Walsh 函数工具，建立 Walsh 模式分析模型，并用模型分析许多学者以前所做的工作[82]。

文献[83]指出，目前人们关于组合测试的研究主要集中在组合覆盖用例的生成方面，基于组合测试的软件调试方法的研究还未见到。文献[83]提出了一种根据测试结果和附加测试用例的测试结果进行软件故障原因定位的方法。该方法是基于这样的假设之上：软件故障仅由系统的某些取值模式引起，并且这些模式的任意父模式也引发同样的故障。不过该文献又指出，实际系统是非常复杂的，完全有可能出现与上述假设相反的情况，即某个模式引发一个系统故障，但它的父模式不会引发这个故障，或者引发其他故障。因此，文献[83]认为其提出的方法有一定的适用范围，只能作为一个有益的参考。

那么怎样利用更为普适的原理构造理论界定文献[83]中基本假设的成立情况，从而使他们提出的方法具有可行性呢？另外，文献[83]作者和其他许多学者还在组合测试工作上作了一系列研究[84−88]，这些研究所基于的假设也有待理论分析。

Walsh 函数[89]是美国数学家 J. L. Walsh 于 1923 年引入的一个函数系。在数字信号处理中，可提供类似傅里叶变换的表示方法，许多结果便于在计算机上实现，在有些方面优越于傅里叶分析。1980 年，A. D. Bethke 首次提出了应用 Walsh 函数进行遗传算法的模式处理，并引入 Walsh 模式变换的概念，采用 Walsh 函数的离散形式有效地计算模式的平均适应度，从而对遗传算法的优化过程的特征进行分析。在 Bethke 工作的基础上，Goldbery 于 1989 年进一步发展了这一分析方法[90-93]。现在，我们受到他们的启发，把 Walsh 函数引入软件测试领域，为软件组合测试建立模式分析理论，并利用它对上述文献[83-88]的基本假设和调试方法进行分析。我们的分析结果不仅和上述文献的结果基本一致，而且还指出了上述文献中假设成立的式样。

下面我们互用故障与缺陷两个术语。

## 8.5.1 Walsh 函数基础知识

本节是有关 Walsh 函数基础知识的简要叙述，取材于文献[89]，针对原文疏漏之处，以及为了叙述方便，对原文作了一些补充和修改，并且略去一些有关 Walsh 函数的性质的证明。这些知识有助于后续的讨论。

1. 记号

设 $B_n$ 为小于 $2^n$ 的非负整数集合，即 $B_n=\{0,1,2,\cdots,2^n-1\}$，其中 $n$ 为非负整数。特别地，由 0 和 1 两个数组成的集合，记为 $B_1=\{0,1\}$。

2. Rademacher 函数

**定义 8.7** Rademacher 函数(简称 R 函数)

$$\phi(0,x)=\begin{cases}1, & 0\leqslant x<\dfrac{1}{2}\\ -1, & \dfrac{1}{2}\leqslant x<1\end{cases}$$

$$\phi(0,x+1)=\phi(0,x)$$

$$\phi(n,x)=\phi(0,2^n x),\quad n=1,2,\cdots \tag{8.1}$$

则称 $\phi(n,x)(0\leqslant x<1)$为 R 函数，所有的 R 函数组成 R 函数系。实际上，上面的定义已经规定 $\phi(n,x)$在 $x$ 处右连续，即有 $\phi(n,x)=\lim\limits_{\varepsilon\to 0^+}\phi(n,x+\varepsilon)$。今后我们皆作这样的约定。

用 $\phi(n,x)$表示 R 函数，其中 $n$ 表示指标，上面的定义是在自变量 $x$ 取值于$[0,1)$内的一切值上立论的(这时称它在该区间是连续的)。更一般地，也可以在这个区间内取离散值(这时称它在该区间内是离散的)。在区间外的点，可用周期延拓的方法得到函数值，此即定义中有 $\phi(0,x+1)=\phi(0,x)$这样要求的原因，由此便不难得到 $\phi(0,2^n x)(0\leqslant x<1)$的值，它便是 $\phi(n,x)$函数的值。也就是说，当 $n\geqslant 1$ 时，$\phi(n,\cdot)$是基于 $\phi(0,\cdot)$定义的。例如，

$\phi(1,x)=\phi(0,2x)$，若令 $2x=y$，则 $\phi(1,x)=\phi(0,y)$。于是，当 $x\geqslant\frac{1}{2}$时，$y\geqslant 1$。根据 $\phi(0,y)$的周期延拓，我们只须考虑 $x<\frac{1}{2}$时 $\phi(1,x)$的值。因为当 $0\leqslant x<\frac{1}{4}$时，$0\leqslant y<\frac{1}{2}$，所以有 $\phi(1,x)=\phi(0,y)=1$；而当$\frac{1}{4}\leqslant x<\frac{1}{2}$时，$\frac{1}{2}\leqslant y<1$，所以有 $\phi(1,x)=\phi(0,y)=-1$。根据周期延拓性，可以得到 $x\geqslant\frac{1}{2}$时，$\phi(1,x)=\phi(0,2x)$的值，如图 8.1 所示。可以证明 R 函数系$\{\phi(n,x)\}(n=0,1,2,\cdots)$是正交函数系（但不完备），其实它是 Walsh 函数系的子集。R 函数系中前 4 个 R 函数的图形如图 8.1 所示。

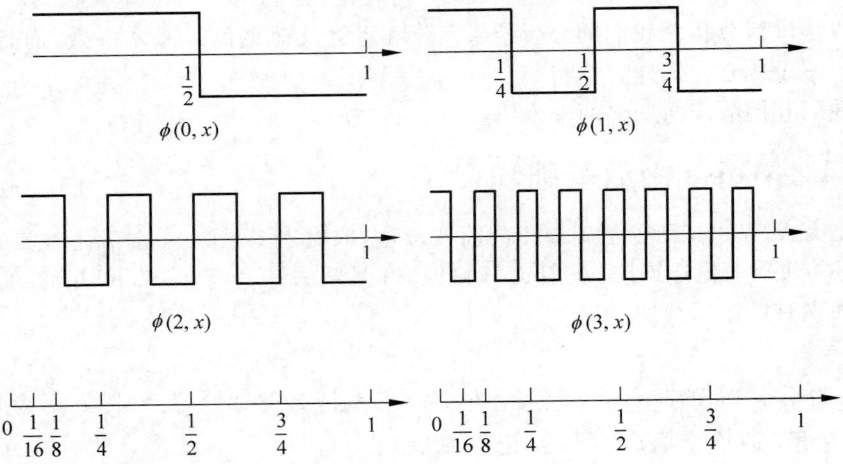


图 8.1　R 函数（$n=0,1,2,3$）

形象地说，$\phi(1,x)$的图形是把 $\phi(0,x)$在$[0,1)$区间上的图形"压缩"到$\left[0,\frac{1}{2}\right)$区间上，然后"对称式"地周期延拓到$\left[\frac{1}{2},1\right)$区间上；$\phi(2,x)$的图形是把 $\phi(0,x)$在$[0,1)$区间上的图形"压缩"到$\left[0,\frac{1}{4}\right)$区间上，然后"对称式"分别周期延拓到$\left[\frac{1}{4},\frac{1}{2}\right)$、$\left[\frac{1}{2},\frac{3}{4}\right)$、$\left[\frac{3}{4},1\right)$区间上；$\phi(3,x)$的图形是把 $\phi(0,x)$在$[0,1)$区间上的图形"压缩"到$\left[0,\frac{1}{8}\right)$区间上，然后"对称式"分别周期延拓到$\left[\frac{1}{8},\frac{1}{4}\right)$，$\left[\frac{1}{4},\frac{3}{8}\right)$，$\left[\frac{3}{8},\frac{1}{2}\right)$，$\cdots$，$\left[\frac{7}{8},1\right)$等区间上。

### 3. Walsh-Paley 函数

**定义 8.8**　二进制顺序的 Walsh-Paley 函数

对任意非负整数 $m\in B_n$，把 $m$ 表示为二进制数，$m=(b_{n-1}b_{n-2}\cdots b_0)$，其中 $b_i\in B_1=\{0,1\}$，$i=0,1,2,\cdots,n-1$，对任意 $t\in[0,1)$，令

$$\mathrm{wal}_p(m,t)=\prod_{j=0}^{n-1}(\phi(j,t))^{b_j},\quad 0\leqslant t<1 \tag{8.2}$$

且 $\mathrm{wal}_p(m,t+1)=\mathrm{wal}_p(m,t)$，则称 $\mathrm{wal}_p(m,t)$ 为 Walsh-Paley 函数。

由于我们不讨论其他类型的 Walsh 函数，所以下面称 Walsh-Paley 函数为 Walsh 函数，简称 W 函数，并把 $\mathrm{wal}_p(m,t)$ 简记为 $\mathrm{wal}(m,t)$。注意，这样的称谓和写法仅为我们叙述方便。

由定义可知，$\mathrm{wal}(m,t)$ 只与 $b_j=1$ 有关，因此可以写成

$$\mathrm{wal}(m,t)=\mathrm{wal}((b_{n-1}b_{n-2}\cdots b_0),t)=\prod_{\substack{j\\(b_j=1)}}\phi(j,t),\quad 0\leqslant t<1$$

特别地，$\mathrm{wal}(0,t)=1$。

同样，所有的 Walsh 函数组成 Walsh 函数系，不过我们经常讨论的是 Walsh 子函数系。图 8.2 所示为 $m=0,1,2,3,4,5,6,7$ 等 8 个 W 函数，它们构成一个 Walsh 子函数系。

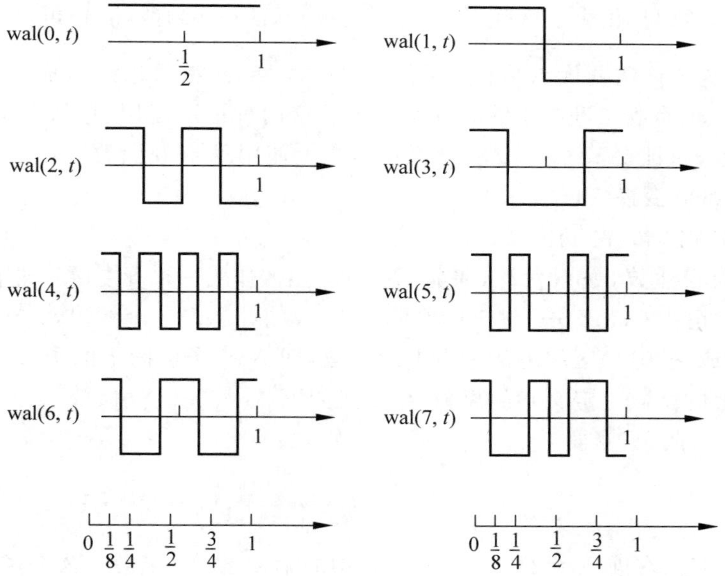


图 8.2　W 函数($m=0,1,2,3,4,5,6,7$)

值得强调的是，Walsh 子函数系是由标号属于 $B_n$ 集合的 W 函数组成的。也就是说，该函数系有 $2^n$ 个 W 函数，在该函数系下，每个标号都写成 $b_{n-1}b_{n-2}\cdots b_0$ 的统一形式。它们不仅是“完全”Walsh 函数系(即所有 Walsh 函数组成的系)中由前 $2^n$ 个 W 函数组成的子函数系，也是由标号属于 $B_{n+k}(k\geqslant 1)$ 集合共有 $2^{n+k}$ 个 W 函数组成的子函数系中的前 $2^n$ 个 W 函数，即是该子函数系的子系。例如，对于 $B_3=\{0,1,2,\cdots,7\}$，前面指出有 8 个 W 函数组成的 Walsh 子函数系，这 8 个函数的标号分别为 000,001,010,011,100,101,110,111(二进制形式)。它们是 Walsh 完全函数系中的前 8 个函数，也是任意 $B_n(n>3)$ 上子函数

系中的前 8 个函数，但作为 $B_n$ 上子函数系中的 W 函数时，标号应统一写成 $b_{n-1}b_{n-2}\cdots b_0$ 二进制形式。详细来讲，当指一个 Walsh 子函数系时，该系必由（某）$2^n$ 个 Walsh 函数组成。在该子函数系中，每个 Walsh 函数的标号应写成 $n$ 位二进制数，因为该函数的定义依赖标号的二进制数写法。但是由于（例如）$\text{wal}(m,t)$ 的值只与 $m$ 的二进制数写法中的 $b_j=1$ 有关，故把该函数看作扩大了的由 $2^{n+k}$ 个函数组成的子函数系中的函数时，虽然 $m$ 标号应写成 $n+k$ 位二进制数的统一形式，由于只是在原先 $n$ 位数码“前面”多加了 $k$ 个零，并不影响它函数值计算。

W 函数 $\text{wal}(m,t)(0\leqslant t<1)$ 的计算也可以这样表述，当 $m=(b_{n-1}b_{n-2}\cdots b_1b_0)$ 时，把 $[0,1)$ 等分为 $2^n$ 个子区间，因为 $\text{wal}(m,t)$，当 $t$ 在同一个子区间上时，其值都是相等的，所以若 $t$ 属于 $k$ 子区间（$k=0,1,2,\cdots,2^n-1$，注意右连续的约定），则 $\text{wal}(m,t)$ 可以记为 $\text{wal}(m,k)$。这时，$\text{wal}(m,t)$ 是离散型 W 函数，即它在 $2^{n-1}$ 个区间号上定义，或者等价地在这些区间左端点上定义。例如，在图 8.2 中可见 $\text{wal}(7,3/4)=+1$，因为 3/4 属于 6 子区间（子区间标号从 0 算起，每个子区间形如 $\left[\frac{k}{8},\frac{k+1}{8}\right)$），所以 $\text{wal}(7,3/4)$ 可以写成 $\text{wal}(7,6)$，它也等于 $+1$。这样记法的优点是在 $\text{wal}(m,k)$ 中，$m$ 和 $k$ 都可以表示成二进制数，从而避免把 $t(0\leqslant t<1)$ 转换成二进制小数的麻烦。今后这两种记法互用，且从上下文中不难看出是在用哪种记法，而且大多时候，是在离散型意义上使用 Walsh 函数。

**4. 离散 Walsh 变换**

我们首先定义离散 W 变换及其逆变换。

设 $n$ 为任意自然数，令 $N=2^n$，取前 $N$ 个 W 函数作为一个函数系。把 $[0,1)$ 区间等分为 $N$ 个子区间，记为 $0,1,2,\cdots,N-1$ 等子区间。如果 $\{f(i)\}$，$i=0,1,2,\cdots,N-1$ 是一个序列，它可以看成是 $[0,1)$ 区间上离散点上的函数，即 $N$ 个子区间上的函数，或者说是 $N$ 个子区间左端点上的函数。定义它的离散 W 变换如下。

**定义 8.9** 离散 W 变换

$$w_m=\sum_{i=0}^{N-1}f(i)\text{wal}(m,i),\quad m=0,1,\cdots,N-1 \tag{8.3}$$

其中，$\text{wal}(m,i)$ 表示在前 $N=2^n$ 个 W 函数系中的第 $m$ 个 W 函数。这个函数是把原 W 函数看作“离散”函数，它可以用定义在区间号上（或等价地定义在区间左端点上）的值表示，即在单位区间 $[0,1)$ 中的第 $i$ 个子区间上，该 W 函数值为 $\text{wal}(m,i)$。定义 $F(m)=w_m$，$m=0,1,\cdots,N-1$，则称 $F(m)$ 为 $f(i)$ 的离散 W 变换，简称 W 变换。

式(8.3)的逆变换为

$$f(i)=\frac{1}{N}\sum_{m=0}^{N-1}w_m\text{wal}(m,i)=\frac{1}{N}\sum_{m=0}^{N-1}F(m)\text{wal}(m,i),\quad i=0,1,\cdots,N-1,N=2^n \tag{8.4}$$

式(8.3)与式(8.4)构成变换对，即 $F(m)\leftrightarrow f(i)$。

现在再来讨论（离散）W 变换的重要性质。

(1) 正交性。

$$\frac{1}{N}\sum_{i=0}^{N-1}\mathrm{wal}(m,i)\mathrm{wal}(k,i)=\delta_{mk},\quad m,k=0,1,\cdots,N-1,N=2^n \tag{8.5}$$

其中,$\delta_{mk}$ 为 Kronecker 符号,若 $m=k$,则 $\delta_{mk}=1$;若 $m\neq k$,则 $\delta_{mk}=0$。

(2)
$$\phi(i,(k_{n-1}k_{n-2}\cdots k_1k_0))=(-1)^{k_{n-1-i}}。 \tag{8.6}$$

证明见文献[89],但这里的表示法不同。

(3) 对称性。

$$\mathrm{wal}(m,i)=\mathrm{wal}(i,m) \tag{8.7}$$

其中,$m,i=0,1,\cdots,N-1,N=2^n$。

(4) 设 $f(t)$为[0,1)上的可积函数,则

$$\lim_{n\to\infty}\int_0^1 f(x)\mathrm{wal}(n,x)\mathrm{d}x=0 \tag{8.8}$$

虽然这个定理是在连续 Walsh 函数上立论的,但对离散函数也是正确的。直观上,当 $n$ 很大时,$\mathrm{wal}(n,x)$波动很大。也就是说,[0,1)区间被分成很多长度很小的子区间,$\mathrm{wal}(n,x)$取值在+1 和−1 之间频繁快速波动,而 $f(t)$在相邻小区间上的取值几乎相同,故乘积就会相互抵消,从而从直观上看不难理解其正确性。

直观上,离散 W 变换类似于傅里叶变换,$w_m$ 类似于傅里叶系数。实际上,逆变换式(8.4)可以从式(8.3)根据离散 W 变换的正交性和对称性推出,它也类似于傅里叶逆变换。

## 8.5.2 Walsh 函数模式分析模型及其基础理论

### 1. Walsh 函数模式分析模型

1) 确定区间[0,1)的划分与测试用例集理论表示

为了探讨现象的本质,无论什么理论研究,首先都要构建简化模型。例如,计算机科学中关于程序语言设计的研究,就构建了诸如 PCF、IMP、while 等程序模型。实际系统总是相当复杂的,只要把实际系统的另外一些特征加入我们构建的简化模型中时并不破坏模型的本质,那么对于模型所作的简化假设,就不会影响该模型得出的结论的正确性。

为此,我们考虑二水平多因素系统[84]。设待测系统由 $n$ 个因素 $c_1,c_2,\cdots,c_n$ 组成,这些因素可以按(例如)在系统中的"相邻"关系排列。现在我们假设每个因素在离散值集 $T_i(i=1,2,\cdots,n)$中取值,现设每个 $T_i$ 中元素个数 $a_i$ 为 2,不妨认为这两个元素为 0 或 1。于是总共有 $a_1\times a_2\times\cdots\times a_n=2^n$ 个测试用例,每个用例形式为$(v_1,v_2,\cdots,v_n)$,其中 $v_i\in\{0,1\},i=1,2,\cdots,n$。用二进制数 $m=(b_{n-1}b_{n-2}\cdots b_0)$表示用例$(v_1,v_2,\cdots,v_n)$,即令$(b_{n-1}b_{n-2}\cdots b_0)=(v_1v_2\cdots v_n)$,也就是 $b_{n-i}=v_i,i=1,2,\cdots,n$。设 $N=2^n$,把[0,1)区间分成 $N$ 个子区间,每个子区间形式如 $\left[\frac{k}{N},\frac{k+1}{N}\right),k=0,1,\cdots,N-1$。上述二进制数 $m=(b_{n-1}b_{n-2}\cdots b_0)$即为某子区间号,或者说它是相应的测试用例$(v_1,v_2,\cdots,v_n)$的子区间号,有时也把它对应于某子区间的左端点(右连续约定)。为了分析方便,今后用上述二进

制数($b_{n-1}b_{n-2}\cdots b_0$)表示测试用例,记为 test,简记为 $t$。所有的测试用例组成测试用例集 $T$,$T=\{\text{test}_i \mid i=0,1,\cdots,N-1,N=2^n\}=\{(b_{n-1}b_{n-2}\cdots b_0)\mid b_i\in B_1,i=0,1,\cdots,n-1=\{(v_1v_2\cdots v_n)\mid v_i\in B_1,i=0,1,\cdots,n\}$,$T$ 是[0,1)区间 $N$ 个子区间号的集合,或是[0,1)区间上 $N$ 个离散点(每个子区间左端点)的集合。

2) 理论和经验缺陷函数

设 $T=\{\text{test}_i \mid i=0,1,2,\cdots,N-1\}$,理论上,每个测试用例都要对软件进行测试。设缺陷函数 $f(\text{test})$是定义在 $T$ 上取值为 0 或 1 的函数([0,1)区间离散型),即

$$f(\text{test})=\begin{cases}1, & \text{若实施 test 进行测试,发现缺陷}\\ 0, & \text{若实施 test 进行测试,未发现缺陷}\end{cases}$$

回忆 $N=2^n$,当因素个数 $n$ 增加时,$N$ 呈指数增长。因此,实施完整 $N$ 个测试是不可能的,而且也没有必要。设一个待测系统 SUT 在应用测试用例集 TS($|\text{TS}|=m,m\leqslant N$)进行测试时,有 $l$ 个测试用例(组成子集合 TS1)在测试中发现某个故障,而其他 $m-l$ 个测试用例(组成子集合 TS2)未发现故障。经验上可以认为平均每个测试用例发现 $l/m$(个)缺陷。未测试用例组成的集合(该集合共有 $N-m$ 个用例)用 TS3 表示,并规定其中每个测试用例发现的缺陷数均为 $l/m$。现在,可以用下述经验缺陷函数 $f(\text{test})$代替理论缺陷函数$f(\text{test})$,两个函数都用同一个符号,这是为了记法简洁,且从上下文中并不会引起混淆。

$$f(\text{test})=\begin{cases}1, & \text{test}\in \text{TS1}\\ 0, & \text{test}\in \text{TS2}\\ \dfrac{l}{m}, & \text{test}\in \text{TS3}\end{cases}$$

3) 缺陷函数的 W 变换

设 $f(t)$是 $T$ 上的缺陷函数,其离散 W 变换为 $F(j)=w_j$,$j=0,1,\cdots,N-1$。即 $w_j=F(j)=\sum_{t=0}^{N-1}f(t)\text{wal}(j,t)$,$f(t)=\dfrac{1}{N}\sum_{j=0}^{N-1}F(j)\text{wal}(j,t)=\dfrac{1}{N}\sum_{j=0}^{N-1}w_j\,\text{wal}(j,t)$。

如果考虑一般多因素系统,有 $S$ 个因素参数 $c_1,c_2,\cdots,c_S$,每个参数 $c_i$ 取值集 $T_i$ 中的元素个数 $a_i$ 未必等于 2。令 $M=a_1\times a_2\times\cdots\times a_S$,对任意 $T_i$ 中 $a_i$ 个元素按任意次序排序,不妨认为这 $a_i$ 个元素就是 $1,2,\cdots,a_i$ 等 $a_i$ 个自然数,次序为自然序。然后对 $M$ 个测试用例集 $T^*=\{(v_1v_2\cdots v_S)\mid v_i\in T_i,i=0,1,\cdots,S\}$按字典序(从小到大)排序,这样便得到一个有序集 $T^*$。寻找自然数 $n$,使 $2^{n-1}<M\leqslant 2^n$,并令 $2^n=N$。

设 $N-M$ 个元素为虚拟测试用例,记为 $\Delta^1,\Delta^2,\cdots,\Delta^{N-M}$。把 $N-M$ 个虚拟用例按概率$\dfrac{N-M}{N}$插入已经排好次序的 $T^*$ 集中,插不进前 $M$ 个次序的虚拟用例,统统作为最后元素(按任意次序排列于后),从而得到新的测试用例集 $T$,它是 $T^*$ 的扩充。令 $T$ 中 $N$ 个按上述方法得到的测试用例依次与[0,1)区间等分的 $N$ 个子区间的左端点对应,于是便得到一般多因素系统的测试用例(包括虚拟用例)的理论表示,重新记为 $T=\{\text{test}_i \mid i=0,1,\cdots,$

$N-1\}$。

直观上，软件是一个形式系统，它在运行时往往由于事前无法预料的原因会产生故障。现在$M<N$，它提供了$N-M$个"机会"让我们检验这些无法预料的原因，也就是说，可以根据历史经验对$\Delta^1,\Delta^2,\cdots,\Delta^{N-M}$等虚拟用例赋予意义，并估计这些事件发生的概率$P_1$，$P_2,\cdots,P_{N-M}$，或者按统计学上的"同等无知"原则，赋给每个虚拟用例发生软件故障概率为$P_1=P_2=\cdots=P_{N-M}=\dfrac{1}{N-M}$。

TS、TS1、TS2符号含义如前所述，$|\mathrm{TS}|=m$，$|\mathrm{TS1}|=l$，$|\mathrm{TS2}|=m-l$。$T$为添加虚拟测试用例后的测试用例集，则在$T$上定义缺陷函数$f(\text{test})$为

$$f(\text{test})=\begin{cases}1, & \text{test}\in\mathrm{TS1}\\ \dfrac{l}{m}, & \text{test 是未测试用例，但不是虚拟用例}\\ P_j, & \text{test 是某个虚拟用例 }\Delta^j\\ 0, & \text{test}\in\mathrm{TS2}\end{cases}$$

可惜的是，通常$N-M$比较大，于是虚拟用例充斥了整个测试空间$T$，使测试用例空间$T$的意义模糊。因此，理论上我们放弃了运用"无法预料情况"发现故障的机会，只是关注前两段所刻画的测试用例空间$T$和缺陷函数$f(\text{test})$。

**2. Walsh函数模型基础理论**

上面所得到的Walsh函数模型实质上是一个4元组$(T,W,f,F)$。其中，$T$是$n$个因素的系统(每个因素有两个水平)所有测试用例的集合，它已经抽象为$[0,1)$区间等分$N=2^n$个子区间的区号或子区间左端点的集合；$W$是$T$上的Walsh函数系，是由前$N$个W函数组成的；$f$是定义在$T$上的函数，它可以是任意一般函数，视问题需要选择，但这里规定$f$是测试用例集$T$上的缺陷函数；$F$是$f$的W变换。今后如无特殊声明，所有讨论都在此模型WMOD$=(T,W,f,F)$上进行。特别地，测试用例是一个二进制数，即$(b_{n-1}b_{n-2}\cdots b_1b_0)$，它有$n$位。

下面介绍一些重要术语及其性质。

1) 模式及模式所包含的用例

一个可能包含未确定位的二进制数称为模式。例如，当$n=8$时，$H=(**01**1*)$就是一个模式，其中$*$表示未确定位，而有"确定数字"(0或1)的位称为确定位。若一个测试用例$m$与模式$H$的确定位相对应的位上的值与该模式$H$的确定位值相同，则称此用例$m$属于$H$，或者称$H$包含用例$m$，记为$m\in H$。例如，对于模式$H=(**01**1*)$，测试用例$m=(01010010)$就为$H$所包含，即$m\in H$。显然，$H$总共包含$2^5$个用例。一般地，$H$所包含的用例组成一个集合，因为在$H$的每个未确定位可以有两个选择，所以$H$包含的测试用例总个数为$2^{n-k}$，其中$k$是$H$的确定位个数。今后，仍用$H$表示$H$包含的用例组成的集合，用$|H|$表示该集合元素的个数。

直观上，模式$H$是一些测试用例的相似样板，建立它是想它说明系统的缺陷主要受到

$H$ 的确定位上的配置的影响，而未确定位的任意配置并不是系统缺陷的主要原因，它们只是“暴露”机制，或者说它们只是模式确定位配置导致系统缺陷“出现”的机制。应该注意到，$T$ 上总共有 $3^n$ 个模式，在每个模式包含的用例集中，用例都是“成对”出现的，即成对的两个用例在某个未确定位上的取值分别为 0 和 1。

2）模式的阶和距

模式 $H$ 确定位的个数称为模式 $H$ 的阶。模式 $H$ 从左数起的第 1 个确定位到右面最后 1 个确定位的距离称为模式的距。例如，当 $n=8$ 时，$H=(**01**1*)$ 的阶为 3，距为 4。模式及其阶、距等概念类似于人工智能遗传算法中相同的概念，可参考文献[90]。

3）父模式、子模式、全模式

设 $H_1$ 和 $H_2$ 是任意两个模式，如果 $H_1$ 的确定位都是 $H_2$ 的确定位，且值相同，则称 $H_1$ 是 $H_2$ 的子模式，$H_2$ 是 $H_1$ 的父模式，记为 $H_1 \prec H_2$。设 $t=(t_{n-1}t_{n-2}\cdots t_1t_0)$ 是任意测试用例，它是一个模式，称这样的模式为全模式，它的所有子模式构成一个偏序集，记为 $(M_t,\prec)$。显然，当 $H_1 \prec H_2$ 时，$H_2$ 包含的用例集合是 $H_1$ 包含的用例集合的子集，即当 $H_1 \prec H_2$ 时，$H_2 \subset H_1$。特别地，在 $(M_t,\prec)$ 中，$t$ 被它任意一个子模式所包含。这里的术语和记法取自文献[83]。

不难得到以下两个重要性质。

(1) 设 $H_1 \prec H_2$，$H_2$ 的阶为 $r$，$H_1$ 的阶为 $k$，则 $k \leqslant r$，$|H_1|=2^{r-k}|H_2|$。

(2) 设 $H$ 是任意模式，阶为 $k$。则 $H$ 的所有子模式的个数等于 $2^k$。事实上，从 $k$ 个确定位中选 $0,1,2,\cdots,k$ 个确定位“固定不动”，其他均为不确定位，便可得到 $H$ 的所有子模式，所以子模式个数等于 $C_k^0+C_k^1+C_k^2+\cdots+C_k^k=2^k$。

4）逆序

设 $k=(k_{n-1}k_{n-2}\cdots k_1k_0)$，则称二进制数 $(k_0k_1\cdots k_{n-2}k_{n-1})$ 为 $k$ 的逆顺序二进制数，简称逆序，记为 $\langle k\rangle=(k_0k_1\cdots k_{n-2}k_{n-1})$，即 $\langle k\rangle$ 的从右数起（注意是从 0 开始计数的）的第 $i$ 位值等于 $k$ 的（也从右数起）的第 $n-i-1$ 位值，即 $\langle k\rangle_i=k_{n-1-i}$。详细写出来就是 $\langle k\rangle=(\langle k\rangle_{n-1}\langle k\rangle_{n-2}\cdots\langle k\rangle_1\langle k\rangle_0)=(k_0k_1\cdots k_{n-2}k_{n-1})$。例如，当 $n=8$ 时，$k=(01000101)$，则 $\langle k\rangle=(10100010)$。

设 $k$ 为任意二进制数，$\langle k\rangle$ 是 $k$ 的逆序，它也是二进制数，再求它的逆序 $\langle\langle k\rangle\rangle$，显然 $\langle\langle k\rangle\rangle=k$。如果 $k=(k_{n-1}k_{n-2}\cdots k_1k_0)$，则 $\langle\langle k\rangle\rangle_i=k_i$，$i=0,1,\cdots,n-1$。

5）模式的序号集合

设 $H$ 为任意模式，其所有子模式为 $H_1,H_2,\cdots,H_r$，将每个子模式的确定位都置 1，未确定位都置 0，这样得到 $r$ 个二进制数 $h^1,h^2,\cdots,h^r$，令它们的逆序为 $\langle h^1\rangle,\langle h^2\rangle,\cdots,\langle h^r\rangle$，则称 $\langle h^j\rangle(j=0,1,\cdots,r)$ 为 $H$ 子模式 $H_j$ 的序号，所有序号组成的集合记为 $J(H)$。为了节省符号，模式 $H_j$ 的序号 $\langle h^j\rangle$ 记为 $\langle H_j\rangle$。注意 $\langle H_j\rangle$ 的算法，首先将 $H_j$ 的确定位都置 1，未确定位都置 0，然后求其逆序即得。于是 $J(H)=\{\langle h^1\rangle,\langle h^2\rangle,\cdots,\langle h^r\rangle\}=\{\langle H_1\rangle,\langle H_2\rangle,\cdots,\langle H_r\rangle\}$。

例如，当 $n=3$ 时，$H=01*$，它的子模式有 $H_1=***$，$H_2=*1*$，$H_3=0**$，$H_4=01*$。将确定位置 1，未确定位置 0，得到 $h^1=000$，$h^2=010$，$h^3=100$，$h^4=110$。于是，$H_1$，$H_2$，$H_3$，$H_4$ 的序号分别为 $\langle h^1\rangle=0$，$\langle h^2\rangle=2$，$\langle h^3\rangle=\langle 100\rangle=(001)=1$，$\langle h^4\rangle=\langle 110\rangle=(011)=3$。所以，$J(H)=\{\langle h^1\rangle,\langle h^2\rangle,\langle h^3\rangle,\langle h^4\rangle\}=\{(000),(010),(001),(011)\}=\{0,2,1,3\}$。

模式平均缺陷率与模式 Walsh 变换的定义如下。

**定义 8.10**（模式平均缺陷率） 设 $H$ 为任意模式，称 $f(H)=\frac{1}{|H|}\sum_{t\in H}f(t)$ 为 $H$ 平均缺陷率，简称 $H$ 的缺陷率。

由定义可知，$0\leqslant f(H)\leqslant 1$。进而有

$$f(H)=\frac{1}{|H|}\sum_{t\in H}\frac{1}{N}\sum_{j=0}^{N-1}w_j\,\mathrm{wal}(j,t)=\frac{1}{N}\sum_{j=0}^{N-1}w_j\,\frac{1}{|H|}\sum_{t\in H}\mathrm{wal}(j,t)$$

注意，$\frac{1}{|H|}\sum_{t\in H}\mathrm{wal}(j,t)$ 与缺陷函数 $f(t)$ 的具体形式无关。

**定义 8.11**（模式 Walsh 变换） 设 $H$ 为任意模式，称 $S(H,j)=\frac{1}{|H|}\sum_{t\in H}\mathrm{wal}(j,t)$ 为 $H$ 关于第 $j$ 个 Walsh 函数的变换值，简称为 $H$ 的 Walsh 变换或 $H$ 的 W 变换。

$S(H,j)$ 只与模式和 $\mathrm{wal}(j,\cdot)$ 有关。它是 $\mathrm{WMOD}=(T,W,f,F)$ 中关于 $(T,W)$ 上的固定结构。对于不同的 $f$ 及其 W 变换 $F$，都可以应用同一个 $S(H,j)$（$H$ 为 $T$ 上的模式，$j$ 为 Walsh 函数编号）结构进行分析。这里是讨论缺陷函数，于是根据定义 8.10 和定义 8.11，模式平均缺陷率可以表示为

$$f(H)=\frac{1}{N}\sum_{j=0}^{N-1}w_jS(H,j) \tag{8.9}$$

这两个概念的提出也是受到遗传算法中应用 W 函数相关概念的启发，也可参考文献[90]。

有关 $S(H,j)$ 和 $f(H)$ 理论的若干引理如下。

**引理 8.1** 设 $b=(b_{n-1}b_{n-2}\cdots b_1b_0)$，$k=(k_{n-1}k_{n-2}\cdots k_1k_0)$，则

$$\mathrm{wal}(b,k)=\prod_{i=0}^{n-1}(-1)^{b_ik_{n-1-i}}=\prod_{i=0}^{n-1}(-1)^{b_i\langle k\rangle_i} \tag{8.10}$$

**证明** 由 Walsh 函数定义，$\mathrm{wal}(b,k)=\prod_{i=0}^{n-1}\phi(i,k)^{b_i}$，对每个 $\phi(i,k)$ 应用式(8.6)计算 $\phi(i,k)=\phi(i,(k_{n-1}k_{n-2}\cdots k_1k_0))=(-1)^{k_{n-1-i}}$，最后得到 $\mathrm{wal}(b,k)=\mathrm{wal}((b_{n-1}b_{n-2}\cdots b_1b_0),(k_{n-1}k_{n-2}\cdots k_1k_0))=\prod_{i=0}^{n-1}\phi(i,(k_{n-1}k_{n-2}\cdots k_1k_0))^{b_i}=\prod_{i=0}^{n-1}((-1)^{k_{n-1-i}})^{b_i}=\prod_{i=0}^{n-1}(-1)^{b_ik_{n-1-i}}$。回忆逆序概念，便可得 $\mathrm{wal}(b,k)=\prod_{i=0}^{n-1}(-1)^{b_i\langle k\rangle_i}$。证毕。

式(8.10)表明 $\text{wal}(b,k)$的值只与 $b_i\neq 0$ 且$\langle k\rangle_i=k_{n-1-i}\neq 0$ 有关,即

$$\text{wal}(b,k)=\prod_{i:b_i\neq 0,\langle k\rangle_i\neq 0}(-1)^{b_i\langle k\rangle_i} \tag{8.11}$$

**引理 8.2**

(1) 设 $H$ 为任意模式,$H$ 的阶为 $r(0\leqslant r\leqslant n)$,则$|H|=2^{n-r}$;

(2) 设 $H_1$ 和 $H_2$ 为任意模式,$H_1\prec H_2$,则 $H_2\subset H_1$。又若 $H_1$ 的阶为 $k$,$H_2$ 的阶为 $r$,则 $r\geqslant k$ 且$|H_1|=2^{r-k}|H_2|$。

**证明** 本引理已经在本节"重要术语及其性质"一段说明。

**引理 8.3** 设 $H$ 为任意模式,其 W 变换为 $S(H,j)$,$j=0,1,2,\cdots,N-1$,$J(H)$为其模式序号集合,则 $S(H,j)$的值域为$\{-1,0,1\}$,当且仅当 $j\notin J(H)$时,$S(H,j)=0$。

**证明** $S(H,j)=\dfrac{1}{|H|}\sum\limits_{t\in H}\text{wal}(j,t)$,讨论和式 $\sum\limits_{t\in H}\text{wal}(j,t)$,由 W 变换对称性式(8.7)可得$\sum\limits_{t\in H}\text{wal}(t,j)$,再由引理 8.1 可得$\sum\limits_{t\in H}\prod\limits_{i=0}^{n-1}(-1)^{t_i\langle j\rangle_i}$,其中 $t=(t_{n-1}t_{n-2}\cdots t_1t_0)\in H$,$j=(j_{n-1}j_{n-2}\cdots j_1j_0)$,$\langle j\rangle=(j_0j_1\cdots j_{n-2}j_{n-1})$。

如果 $j\in J(H)$,则 $j$ 为 $H$ 某个子模式 $H'$ 的序号,设 $H'$ 对应的序号为$\langle h'\rangle$,其中 $h'$ 是将 $H'$ 模式中未确定位置 0,确定位置 1 所得,$h'$ 的逆序便为序号$\langle h'\rangle$。注意现在 $j=\langle h'\rangle$,将它代入上面的和式,便得$\sum\limits_{t\in H}\prod\limits_{i=0}^{n-1}(-1)^{t_i\langle\langle h'\rangle\rangle_i}$,由于$\langle\langle h'\rangle\rangle=h'$,故 $S(H,j)=\dfrac{1}{|H|}\sum\limits_{t\in H}\prod\limits_{i=0}^{n-1}(-1)^{t_ih'_i}$,因为当且仅当 $h'_i$ 是 $H'$ 确定位参数时才为 1,所以乘积项只与 $H'$ 的确定位有关,显然它为 1 或 $-1$。又由于 $H'\prec H$,对 $\forall t\in H$,推出 $t\in H'$。$t$ 在 $H$ 的确定位上的值是固定的,故在上式求和符号下每个乘积项都等于常数$+1$或$-1$,所以 $S(H,j)=+1$ 或 $-1$。如果 $j\notin J(H)$,则对任意 $H$ 的子模式 $H'\prec H$,$j\neq\langle H'\rangle$。令 $j=(j_{n-1}j_{n-2}\cdots j_1j_0)$,则 $H$ 中至少有一个未确定位,不妨设 $l$ 位,$j$ 的相应 $n-1-l$ 位上的值 $j_{n-1-l}=1$。否则,当 $j$ 中相应 $H$ 的未确定位的值都等于 0 时,则不论其他位上的值如何,$j$ 即为 $H$ 的某个序号$\langle H'\rangle$。于是在表达式 $S(H,j)=\dfrac{1}{|H|}\sum\limits_{t\in H}\prod\limits_{i=0}^{n-1}(-1)^{t_ij_{n-1-i}}$ 的每个乘积项中都有如此因子$(-1)^{t_lj_{n-1-l}}$。我们知道 $H$ 中的用例,在未确定位上的取值是成对出现的,现在 $j_{n-1-l}=1$,所以整个乘积项在成对的用例上取相反符号,所以整个和式等于 0。证毕。

由这个引理,我们可以改写 $f(H)$表达式(8.9)为

$$f(H)=\frac{1}{N}\sum_{j\in J(H)}w_jS(H,j) \tag{8.12}$$

**引理 8.4** 设 $H_1\prec H_2$,则 $J(H_1)\subset J(H_2)$,且对$\forall j\in J(H_1)$有 $S(H_1,j)=S(H_2,j)$。

**证明** $H_1\prec H_2$,$H_1$ 是 $H_2$ 的子模式,故 $H_1$ 所有子模式皆为 $H_2$ 的子模式,从而

$J(H_1)\subset J(H_2)$成立。

故当$j\in J(H_1)$时，便可推出$j\in J(H_2)$。

考虑

$$S(H_1,j)=\frac{1}{|H_1|}\sum_{t\in H_1}\prod_{i=0}^{n-1}(-1)^{t_ij_i}=\frac{1}{|H_1|}\sum_{t\in H_1}\prod_{i:j_i=1}(-1)^{t_ij_i}$$

$$S(H_2,j)=\frac{1}{|H_2|}\sum_{t\in H_2}\prod_{i=0}^{n-1}(-1)^{t_ij_i}=\frac{1}{|H_2|}\sum_{t\in H_2}\prod_{i:j_i=1}(-1)^{t_ij_i}$$

注意，当且仅当$i$是$H_1$的确定位时，才有$j_i=1$。故上面两式和式中的符号只与$H_1$的确定位有关。问题是求和符号$\sum\limits_{t\in H_1}$和$\sum\limits_{t\in H_2}$中测试用例集合并不相等。由引理8.2，$H_2\subset H_1$，若$H_2$的阶为$r$，$H_1$的阶为$k$，则$r\geqslant k$，且$|H_1|=2^{r-k}|H_2|$。对任意$t\in H_2$，把$t$的属于$H_2$的任意确定位但却不是$H_1$的确定位的值修改，便得$t'$，$t'$自然不是$H_2$的用例，却是$H_1$的用例，用这种方法可将$H_2$每个用例扩充为$2^{r-k}$个$H_1$的用例。注意$|H_1|=2^{r-k}|H_2|$等式，便知$H_1$集合可由$H_2$用例集合用此法产生，但当计算$S(H_1,j)$时，它虽然由$\sum\limits_{t\in H_1}\prod\limits_{i:j_i=1}(-1)^{t_ij_i}$计算，由于只与$j_i=1$有关，所以所有的测试用例乘积$\prod\limits_{i:j_i=1}(-1)^{t_ij_i}$取相等的符号，不是$+1$就是$-1$，总和是$|H_1|$或$-|H_1|$，所以$S(H_1,j)=+1$或$-1$，它恰好就是$S(H_2,j)$的值。

**引理 8.5**　$H$是任意模式，$j\in J(H)$，设$j=\langle H_1\rangle$，$H_1\prec H$。如果$H_1$确定位上参数值为1的个数为偶数，则$S(H,j)=1$，否则为$-1$。

**证明**　当$j\in J(H)$，且$j=\langle H_1\rangle$时，因为$H_1\prec H$，由引理8.4可得$S(H,j)=S(H_1,j)$。设$H_1$的阶为$k$，且确定位是$i_1,i_2,\cdots,i_k$位，则$S(H_1,j)=\frac{1}{|H_1|}\sum\limits_{t\in H_1}(-1)^{t_{i_1}}(-1)^{t_{i_2}}\cdots(-1)^{t_{i_k}}$。对$\forall t\in H_1$，$t$在$H_1$确定位的值与$H_1$确定位上的值相等，所以上面和式中的乘积是常数，取值为$\pm1$，视$t_{i_1},t_{i_2},\cdots,t_{i_k}$中包含1的个数的奇偶性而定。证毕。

现在我们已经将WMOD上的结构$S(H,j)$构造出来，总结如下。

**引理 8.6**　$H$是任意模式，则

$$S(H,j)=\begin{cases}0, & j\notin J(H)\\ -1, & j\in J(H),j=\langle H_1\rangle,H_1\text{ 确定位上取 1 的个数为奇数}\\ 1, & j\in J(H),j=\langle H_1\rangle,H_1\text{ 确定位上取 1 的个数为偶数}\end{cases}\tag{8.13}$$

例如，当$n=3$时，$H=01*$，子模式$H_1=***$，$H_2=*1*$，$H_3=0**$，$H_4=01*$。相应的序号$\langle H_1\rangle=0$，$\langle H_2\rangle=2$，$\langle H_3\rangle=1$，$\langle H_4\rangle=3$。故$S(H,0)=1$，$S(H,1)=1$，$S(H,2)=-1$，$S(H,3)=-1$，$S(H,j)=0$，$j=4,5,6,7$。

### 8.5.3 模型在组合测试中的应用

**1. 几个原理**

1）生物系统原理

文献[93]认为，生物系统为了获得某种复杂功能，是通过协调大量冗余神经元的活动来达到的。大量有“噪声”的神经元往往在统计上是相互独立的，这样就能在总体平均上把噪声平均掉。“如果你想以 42%的命中率在 3 倍距离之外击中同样的目标，…，你所需要的神经元数将是你在标准的短距离投掷运动中使用的神经元数的 729 倍。”同样的原理也见于心脏的活动，它使心脏跳动更加规则。起搏细胞数增加 4 倍可以使心脏颤动降低一半。总之，依赖大量冗余元件，致使在平均意义上呈现出复杂功能的正确性是自然界生物系统构造原理。

2）机械系统原理

人造的机械系统为了完成复杂功能，虽然也需要大量元件组件，但这些元件相互之间是靠控制关系维系的。各种元件都有了一定的设计目的，相互之间的关系或增进、或抑制。即使为了可靠性，系统中有冗余元件，那也绝不是为了统计上的平均性。

3）软件系统原理

软件系统是一种形式系统，它的设计原理类似于机械系统，但是在运行时，由于环境的不确定性，往往致使软件表现出统计行为。软件故障既有构造本身问题，也有随机因素干扰问题。对于前者，软件测试发现的可能性很大；对于后者，软件测试发现的可能性很难估计。

**2. 示例**

设 $n=3$，考虑三因素（二水平）系统的模型 WMOD=$(T,W,f,F)$。其中，$T=\{(000),\cdots,(111)\}$有 8 个测试用例；$W$ 函数系包含 wal$(0,t)$，wal$(1,t)$，…，wal$(7,t)$等 8 个 Walsh 函数。由 $T$ 和 $W$ 可以构造模式变换 $S(H,j)$，其结构如表 8.10 所示。$f$ 及其 W 变换由应用测试集 TS 进行测试的结果确定。现在用文献[84]和文献[85]的策略选择应用测试集 TS 为{(001)，(010)，(100)，(111)}。分别考虑两个系统。

**表 8.10 $S(H,j)$结构**

| $H$ | $S(H,j)$ | | | | | | | |
|---|---|---|---|---|---|---|---|---|
| | $j=0$ | $j=1$ | $j=2$ | $j=3$ | $j=4$ | $j=5$ | $j=6$ | $j=7$ |
| *** | 1 | 0 | 0 | 0 | 0 | 0 | 0 | 0 |
| **0 | 1 | 0 | 0 | 0 | 1 | 0 | 0 | 0 |
| **1 | 1 | 0 | 0 | 0 | −1 | 0 | 0 | 0 |
| *0* | 1 | 0 | 1 | 0 | 0 | 0 | 0 | 0 |
| *00 | 1 | 0 | 1 | 0 | 1 | 0 | 1 | 0 |
| *01 | 1 | 0 | 1 | 0 | −1 | 0 | −1 | 0 |
| *1* | 1 | 0 | −1 | 0 | 0 | 0 | 0 | 0 |

续表

| H | S(H,j) | | | | | | | |
|---|---|---|---|---|---|---|---|---|
| | j=0 | j=1 | j=2 | j=3 | j=4 | j=5 | j=6 | j=7 |
| *10 | 1 | 0 | −1 | 0 | 1 | 0 | −1 | 0 |
| *11 | 1 | 0 | −1 | 0 | −1 | 0 | 1 | 0 |
| 0** | 1 | 1 | 0 | 0 | 0 | 0 | 0 | 0 |
| 0*0 | 1 | 1 | 0 | 0 | 1 | 1 | 0 | 0 |
| 0*1 | 1 | 1 | 0 | 0 | −1 | −1 | 0 | 0 |
| 00* | 1 | 1 | 1 | 1 | 0 | 0 | 0 | 0 |
| 000 | 1 | 1 | 1 | 1 | 1 | 1 | 1 | 1 |
| 001 | 1 | 1 | 1 | 1 | −1 | −1 | −1 | −1 |
| 01* | 1 | 1 | −1 | −1 | 0 | 0 | 0 | 0 |
| 010 | 1 | 1 | −1 | −1 | 1 | 1 | −1 | −1 |
| 011 | 1 | 1 | −1 | −1 | −1 | −1 | 1 | 1 |
| 1** | 1 | −1 | 0 | 0 | 0 | 0 | 0 | 0 |
| 1*0 | 1 | −1 | 0 | 0 | 1 | −1 | 0 | 0 |
| 1*1 | 1 | −1 | 0 | 0 | −1 | 1 | 0 | 0 |
| 10* | 1 | −1 | 1 | −1 | 0 | 0 | 0 | 0 |
| 100 | 1 | −1 | 1 | −1 | 1 | −1 | 1 | −1 |
| 101 | 1 | −1 | 1 | −1 | −1 | 1 | −1 | 1 |
| 11* | 1 | −1 | −1 | 1 | 0 | 0 | 0 | 0 |
| 110 | 1 | −1 | −1 | 1 | 1 | −1 | −1 | 1 |
| 111 | 1 | −1 | −1 | 1 | −1 | 1 | 1 | −1 |

1）系统 A

用 TS 进行测试，除了用例(111)未发现缺陷外，其他 3 个用例皆发现缺陷，缺陷率为 3/4。于是定义 $f(t)$为

$$f(t)=\begin{cases}1, & t\in\{(001),(010),(100)\}\\ 0, & t=(111)\\ \dfrac{3}{4}, & t\notin \text{TS}\end{cases}$$

$f(t)$的 W 变换如下：$w_0=6, w_1=1, w_2=1, w_3=-1, w_4=1, w_5=-1, w_6=-1, w_7=0$。

应用式(8.9)和表 8.10，计算下面几个模式的缺陷率。

$$f(111)=\frac{1}{8}(w_0-w_1-w_2+w_3-w_4+w_5+w_6-w_7)=0$$

$$f(11*)=\frac{1}{8}(w_0-w_1-w_2+w_3)=\frac{3}{8};\ f(1*1)=\frac{1}{8}(w_0-w_1-w_4+w_5)=\frac{3}{8}$$

$$f(*11)=\frac{1}{8}(w_0-w_2-w_4+w_6)=\frac{3}{8};\ f(1**)=\frac{1}{8}(w_0-w_1)=\frac{5}{8}$$

$$f(*1*)=\frac{1}{8}(w_0-w_2)=\frac{5}{8};\ f(**1)=\frac{1}{8}(w_0-w_4)=\frac{5}{8};\ f(***)=\frac{6}{8}$$

可以看出，当全模式(111)的缺陷率为零时，它的3个二阶子模式的缺陷率都不超过1/2，然而一阶子模式却未必如此。再计算一组模式缺陷率如下。

$$f(100)=\frac{1}{8}(w_0-w_1+w_2-w_3+w_4-w_5+w_6-w_7)=1$$

$$f(10*)=\frac{1}{8}(w_0-w_1+w_2-w_3)=\frac{7}{8};\ f(1*0)=\frac{1}{8}(w_0-w_1+w_4-w_5)=\frac{7}{8}$$

$$f(*00)=\frac{1}{8}(w_0+w_2+w_4+w_6)=\frac{7}{8};\ f(1**)=\frac{5}{8};\ f(*0*)=\frac{7}{8};\ f(**0)=\frac{7}{8}$$

$$f(***)=\frac{6}{8}$$

可以看出，当全模式(100)缺陷率为1时，它的二阶及一阶子模式缺陷率都很高，超过1/2，只有(1 **)较其他为低，因为它也是(111)的子模式。

2）系统B

用同样的TS进行测试，这个系统在用例(111)处发现缺陷，而在其他3个用例未发现缺陷，缺陷率为1/4。定义$f(t)$为

$$f(t)=\begin{cases}0, & t\in\{(001),(010),(100)\}\\ 1, & t=(111)\\ \frac{1}{4}, & t\notin \mathrm{TS}\end{cases}$$

$f(t)$的W变换为：$w_0=2, w_1=-1, w_2=-1, w_3=1, w_4=-1, w_5=1, w_6=1, w_7=0$。

应用式(8.9)和表8.10，计算下面几个模式的缺陷率。

$$f(111)=\frac{1}{8}(w_0-w_1-w_2+w_3-w_4+w_5+w_6-w_7)=1$$

$$f(11*)=\frac{1}{8}(w_0-w_1-w_2+w_3)=\frac{5}{8};\ f(1*1)=\frac{1}{8}(w_0-w_1-w_4+w_5)=\frac{5}{8}$$

$$f(*11)=\frac{1}{8}(w_0-w_2-w_4+w_6)=\frac{5}{8};\ f(1**)=\frac{1}{8}(w_0-w_1)=\frac{3}{8}$$

$$f(*1*)=\frac{1}{8}(w_0-w_2)=\frac{3}{8};\ f(**1)=\frac{1}{8}(w_0-w_4)=\frac{3}{8};\ f(***)=\frac{2}{8}$$

可以看出，全模式(111)的缺陷率为1时，它的3个二阶子模式的缺陷率都超过1/2，但3个一阶子模式和零阶子模式分别为3/8和2/8，都小于1/2。

再计算一组模式的缺陷率。

$$f(100)=\frac{1}{8}(w_0-w_1+w_2-w_3+w_4-w_5+w_6-w_7)=0$$

$f(10*)=\frac{1}{8}(w_0-w_1+w_2-w_3)=\frac{1}{8}$；$f(1*0)=\frac{1}{8}(w_0-w_1+w_4-w_5)=\frac{1}{8}$

$f(*00)=\frac{1}{8}(w_0+w_2+w_4+w_6)=\frac{1}{8}$；$f(1**)=\frac{1}{8}(w_0-w_1)=\frac{3}{8}$

$f(*0*)=\frac{1}{8}(w_0+w_2)=\frac{1}{8}$；$f(**0)=\frac{1}{8}(w_0+w_4)=\frac{1}{8}$；$f(***)=\frac{2}{8}$

可以看出，当全模式(100)的缺陷率为0时，它的3个二阶子模式、两个一阶子模式的缺陷率都为1/8，小于1/2。但其中一阶子模式(1 **)的缺陷率却为3/8，如果注意到它也是缺陷率为1的全模式(111)的一阶子模式，便不难理解它比其他一阶子模式的缺陷率要高些的原因了。同样的理由，也可说明 $f(***)$ 的值。

**3. 模式应用**

1) 文献[83]中的最基本假设

在比较一般的情况下，如果模式 $H$ 引起某个故障，那么它的任意父模式也引起这个故障。

用模式进行分析：如果 $H_1 \prec H_2$，$f(H_1)=\sum_{j\in J(H_1)} w'_j S(H_1,j)$，$f(H_2)=\sum_{j\in J(H_2)} w'_j S(H_2,j)$，其中 $w'_j=\frac{w_j}{N}$。

由引理8.4可得到

$$\delta=f(H_2)-f(H_1)=\sum_{j\in J(H_2)\setminus J(H_1)} w'_j S(H,j)$$

若 $\delta>0$，则 $H_1$ 引起故障，其父模式引起故障的概率增大；若 $\delta<0$，则父模式引起的故障的概率减小，这就是文献[83]的最基本假设的精髓。然而，即使 $\delta<0$，父模式引起故障的概率减小，但软件系统原理指出，这概率的减小可能源自某些“噪声”的对消，这仍然是不安全因素。因此，文献[83]在子模式引起故障，则父模式也引起故障的前提下讨论问题是个慎重的举措。

2) 文献[83]的推论4

待测系统SUT应用测试用例集TS进行测试时，在执行中发现某个故障的测试用例组成集合TS1，未发现故障的测试用例组成集合TS2。若 $H\in\bigcup_{t\in \mathrm{TS1}} M_t-\bigcup_{t\in \mathrm{TS2}} M_t$，则模式 $H$ 是可能引起故障的因素；而若 $H\in\bigcup_{t\in \mathrm{TS2}} M_t$，则模式不可能是引起故障的因素。因为 $H\in\bigcup_{t\in \mathrm{TS2}} M_t$，$H$ 也可能属于 $\bigcup_{t\in \mathrm{TS1}} M_t$，故推论4第2个结论最好改为与前一结论对称的形式：$H\in\bigcup_{t\in \mathrm{TS2}} M_t-\bigcup_{t\in \mathrm{TS1}} M_t$，则模式可能是不引起故障的因素。

我们前面举的例子支持文献[83]的推理4。

首先分析系统A。只有 $t=(111)$ 未发现故障，其他3个测试用例 $t\in\{(001),(010),$

(100)}均发现故障，即 TS1={(001),(010),(100)}，TS2={(111)}，令

$$M_1=\bigcup_{t\in TS1}M_t-\bigcup_{t\in TS2}M_t=\{(0**),(*0*),(00*),(0*1),(*01),(001),(**0),$$

$$(01*),(0*0),(*10),(010),(10*),(1*0),(*00),(100)\}$$

经过计算(部分计算已经在前面显示)，发现 $M_1$ 中任意模式 $H$，其 $f(H)\geqslant 7/8=0.875\approx 0.9$，系统 A 共有 $3^3=27$ 个模式，$M_1$ 中共有 15 个模式，占总模式的 $5/9=0.55\cdots\approx 0.6$，即有 60%的模式极大可能是“高危”因素组合。

令 $M_2=\bigcup_{t\in TS2}M_t-\bigcup_{t\in TS1}M_t=\{(111),(11*),(1*1),(*11)\}$。已经显示，对任意 $H\in M_2$，均有 $f(H)\leqslant 3/8=0.375\approx 0.4$，可以说，$M_2$ 中 4 个模式是较少可能引起故障的因素。由于 $M_2$ 中的模式只占总模式的 $4/27\approx 0.148\approx 0.15$，该系统只有 15% 的模式比较“安全”，但把握不大。

令不在 $M_1$ 和 $M_2$ 中的模式集合为 $M_3=\{(***),(1**),(*1*),(**1),(011),(101),(110),(000)\}$，共有 8 个模式，占总模式的 $8/27\approx 0.296\approx 0.3$。$M_3$ 中的元素或者是未测试过的用例，或者是既属于 $\bigcup_{t\in TS1}M_t$ 又属于 $\bigcup_{t\in TS2}M_t$ 的模式。它们的缺陷率，按 $M_3$ 中模式出现次序计算为：$f_1=\frac{6}{8}$，$f_2=\frac{5}{8}$，$f_3=\frac{5}{8}$，$f_4=\frac{5}{8}$，$f_5=f_6=f_7=f_8=\frac{3}{4}$，即对 $M_3$ 中任意模式 $H$，都有 $f(H)\geqslant 0.75$。

通过计算模式缺陷率可知系统 A 极差，只有 15%的模式以 0.4 的概率可能不会引起故障，而 85%的模式以 0.75 以上的概率可能出错，其中近全系统 60%的模式出错的可能性高达 0.9 以上。从模式计算结果看出，每个组件用“0”水平表示的功能因子可能是出错的根源。

再来分析系统 B。情况恰好相反，这时 TS1={(111)}，TS2={(001),(010),(100)}。

令 $M_1=\bigcup_{t\in TS1}M_t-\bigcup_{t\in TS2}M_t=\{(111),(11*),(1*1),(*11)\}$，共有 4 个模式，占总模式的 $4/27\approx 0.148\approx 0.15$。经过计算(已经显示)，其中任意模式 $H$，其 $f(H)\geqslant 5/8=0.625$。系统 B 大约有 15% 的模式以 0.6 的概率可能不安全。

令

$$M_2=\bigcup_{t\in TS2}M_t-\bigcup_{t\in TS1}M_t=\{(0**),(*0*),(00*),(0*1),(*01),(001),(**0),$$

$$(01*),(0*0),(*10),(010),(10*),(1*0),(*00),(100)\}$$

共有 15 个模式，占总模式的 $5/9=0.55\cdots\approx 0.6$，经过计算(部分计算已经在前面显示)，对于 $M_2$ 中任意模式，都有 $f(H)\leqslant 1/8=0.125$。系统 B 大约 60%的模式可能不会引起故障，因为出错概率不到 0.13。

令 $M_3=\{(***),(1**),(*1*),(**1),(011),(101),(110),(000)\}$，共有 8 个模式，占总模式的 $8/27\approx 0.296\approx 0.3$。$M_3$ 中元素或者是未测试过的用例，或者是既属于

$\bigcup_{t\in TS1} M_t$ 又属于 $\bigcup_{t\in TS2} M_t$ 的模式。它们的缺陷率，按 $M_3$ 中模式出现次序计算为：$f_1=\frac{2}{8}$，$f_2=\frac{3}{8}$，$f_3=\frac{3}{8}$，$f_4=\frac{3}{8}$，$f_5=f_6=f_7=f_8=\frac{1}{4}$，即 $M_3$ 中任意模式 $H$，其缺陷率 $f(H)\leqslant 3/8=0.375\approx 0.4$。

通过模式缺陷率的计算可知，系统 B 较好，只有 15%的模式以 0.6 的概率可能不安全，而 85%的模式以不到 0.4 的概率可能引发故障，其中还有全系统 60%的模式引发故障可能性低于 0.13。从模式计算结果来看，每个组件用"1"水平表示的功能因子可能是出错的根源。

总之，大体上说，若 $t$ 是发现故障的测试用例，则与它最接近的(通常是高阶）模式不大可能是未发现缺陷用例的子模式，因此，该子模式有很大可能是引起故障的模式。而与它不太接近的(通常是低阶）子模式也可能是未发现故障的测试用例的子模式，所以该子模式引发故障的可能性会相应减小。这便是文献[83]推论 4 的第 1 个结论，即最有可能引发故障模式 $H\in\bigcup_{t\in TS1} M_t-\bigcup_{t\in TS2} M_t$。这个结论在前面的详尽分析中已经得到佐证。系统 B 中，用例(111）发现故障，与它最为接近的不是未发现缺陷用例的二阶子模式，发现缺陷的可能性很大，而由于它所有的一阶子模式和零阶子模式也是未发现缺陷故障用例(001)，(010)，(100）的子模式，这才致使它们能发现故障的可能性均不超过 1/2。不过系统 A 比较特殊，如用例(100）发现故障，它的所有子模式发现故障的可能性都超过 1/2。这说明该系统很有问题，应该被拒绝。

对于未发现故障的测试用例，进行类似分析可得：若 $H$ 是 $t$ 的高阶子模式，则 $H$ 发现故障的可能性不会超过 1/2。但是对于 $t$ 的较低阶子模式，因它最有可能是发现故障用例的子模式，所以该低阶子模式发现故障的概率可能比较大。因此，文献[83]推论 4 中的结论最好改写为对称形式，却将"若 $H\in\bigcup_{t\in TS2} M_t$"写为"若 $H\in\bigcup_{t\in TS2} M_t-\bigcup_{t\in TS1} M_t$"，且将结论改为"则模式引起故障的可能性很小"。前面的示例也说明了这一点。对于正常系统 B，用例(100）未发现故障，除了 $f(1**)=\frac{3}{8}$，$f(***)=\frac{2}{8}$，因它们也是发现故障的用例(111）的子模式，用例(100）其他的二阶子模式和一阶子模式发现故障的概率都很小，为 1/8。但对于异常系统 A，用例(111）未发现故障，但其二阶、一阶、零阶子模式发现故障的概率都很高。虽然由于(1**)，(*1*)，(**1)，(***）也是发现故障用例(001)，(010)，(100）的子模式，所以它们有较高的概率，但是(111）的二阶子模式发现故障概率仍然很高，这也说明了该系统很差。

通过分析，若用例 $t$ 发现故障，它的较高阶子模式发现故障的可能性很大；若用例 $t$ 未发现故障，它的较高阶子模式发现故障的可能性较小。因此，在文献[83]所作的基本假设上得到的推论 4，在模式理论中也是合理的。特别是文献[83]又为发生某个故障的测试用例设计 $n$ 个附加测试用例(用该文献的符号)：$t_1(*,\nu_{2i_2},\cdots,\nu_{ni_n})$，$t_2(\nu_{1i_1},*,\cdots,\nu_{ni_n})$，…，

$t_n(\nu_{1i_1},\nu_{2i_2},\cdots,\nu_{(n-1)i_{n-1}},*)$进行测试，它们实质上就是测试用例的 $n-1$ 阶子模式的某种具体实现，这是担心阶数较低的子模式有可能也是未发现故障用例的子模式，从而概率很小被忽略掉。这些策略矫正了在其基本假设下得出的推论 4 运用于一般情况下的可能偏差，而且完全和我们的模式分析一致，因此文献[83]在其推论 4 及其附加用例基础上得出的实际故障调试方法是行之有效的。

3）单因素、双因素、相邻因素

文献[80]指出：有 20%～40%的软件故障是由某个系统参数引发的，20%～40%的故障是由某两个参数的相互作用引发的，而大约 70%的软件故障是由一个或两个参数的作用引发的。

用模式进行分析，前面已经分析过，对于发现故障的测试用例，其子模式都有较高的概率发现故障；即使对于未发现故障的测试用例，其子模式往往也有可能是发现故障的测试用例的子模式，故也有相当的可能性发现故障。这些都充分说明了低阶模式发现故障的可能性很大，这特别对一阶和二阶模式是正确的，从前面的示例中已经看到。换言之，它们即使是未发现故障用例的子模式，也极大可能属于发现故障用例的子模式。所谓一阶和二阶模式，它们反映的便是一个参数和两个参数的作用状况，所以文献[80]的结果得到我们模式的支持。

文献[85]认为实际的软件系统一般很少出现任意两个因素之间都存在相互作用的情况，比较常见的是相邻因素之间存在较强的相互关系。

用模式进行分析，设 $H$ 是任意模式，距为 $k$，$f(H)=\frac{1}{N}\sum_{j\in J(H)} w_j S(H,j)$。当距 $k$ 很大时，在 $f(H)$ 和式中存在具有很大标号的 $w_j$。由 W 函数性质，参考式(8.8)，这些 $w_j$ 很小，所以对 $f(H)$ 的贡献不大。模式的距这一概念反映了确定位之间的分散程度，它也是软件因素之间分散程度的刻画，当分散程度很大时，它对模式发现故障的作用不大，也就说明了相邻因素的相互作用才是系统真正需要关心的。这一点也可在前面的示例中看出，在两个系统中都有 $w_7=0$。这个分析是很重要的，它预示实际系统如果不完全是文献[85]所作的假定，但应用该文献介绍的技术也可以捕获它们之间相互作用所引发的故障。

4）总结："积木块"假设

总结模型支持的假设：①大约有 70%左右的故障由一个或两个参数引起[80]；②故障大都是相邻因素之间的相互作用引发[85]；③子模式引发故障，导致父模式也引发故障[83]。对比一下遗传算法中著名的积木块假设：遗传算法通过短定义距、低阶以及高平均适应的模式，在遗传操作作用下相互结合，最终接近全局最优解[90]。因此，可以指望通过文献[83]中的方法找到软件故障的真正源头。在不同的领域有相似原理，在科学研究中是屡见不鲜的现象。现在，Walsh 函数捕获了组合测试和遗传算法共同的本性。

随着程序语言相继开发，计算机科学中也就出现了研究程序语言的相关理论。现今软件界已经积累了大量的软件测试经验，将这些经验上升为理论(这一方面已经在软件工程总体框架下有所发展)，无论是对计算机科学还是对软件测试实践都是有重大作用的。我们就是基于上述想法，为软件组合测试及与之相关的排除故障的调试方法寻找适当的理论。8.5.4 节利用 Walsh 函数工具从多个侧面分析许多文献，如文献[83-85]的测试方法及其假设，得出了有益的结论。这间接证明了基于 Walsh 函数的模型 WMOD 充当软件测试（至少是部分）理论是可行的。

也可以把 WMOD 看成 5 元组($T$，$W$，$S$，$f$，$F$)。其中，$T$，$W$，$S$ 都是固定结构，而 $f$ 可以由用户定义。能否考虑 $T$ 上不同的函数 $f$ 及其 W 变换 $F$，或其他有关的软件理论问题，从这种进一步深化中找出更深刻的结果，从而研究其他测试问题。

# 第2篇　软件测试中的证伪论思想原理

第 9 章　软件开发过程中的“证伪”活动
第 10 章　软件测试理论
第 11 章　随机 TBFL 算法讨论
第 12 章　众包软件测试技术

第 9 章

# 软件开发过程中的“证伪”活动

## 9.1 软件开发过程中的“证伪”活动概述

看到数学在自然科学中的非凡功效，一直以来，特别是早期，软件界向往在软件开发及其软件过程中引进数学方法去“证明”软件的正确性，并付诸行动，至今也获得了许多成就。然而，由于软件是非物质产品，亦非纯粹精神产品，它不可捉摸，并非真实“存在”，致使它不像自然现象一样，背后仅隐藏着数学规律，所以即使数学在软件产品正确性验证方面能发挥主导作用，我们也不能纯粹依赖数学证明的结果去判定软件可靠性，否则是不明智的，至少是不够的。下面是一个正确性小型实例研究案例，可以充分说明这一点[22]。

1969 年，Naur 报告了一种构造和证明产品正确的技术。Naur 用现今被看作文本处理的“行编辑”问题对他的技术进行了阐述。行编辑问题如下所述。

给定一个文本，包含以空格符或新行符分隔的单词，依照以下原则转换为一行接一行的格式。

(1) 只在包含空格符或新行符的地方才能断行。

(2) 只要可能，尽可能填充每行。

(3) 每行不会包含超过“最长”符的字符。

Naur 使用他的技术构造了一个过程，该过程大约包含 25 行代码，并且非形式地证明了它的正确性。

1971 年，London 在 Naur 的过程中检测到 3 个错误，其中一个是该过程不能终止，除非有一个词的长度比“最长”符还要长。London 提出了该过程的一个修正版，鉴于 Naur 使用的只是非形式的证明技术，London 采用形式化方法，形式地证明他的修正版是正确的。

有趣的是，1975 年，Goodenough 和 Gerhart 发现了 London 没有发现的 3 个错误，尽管 London 给出了他的形式“证明”。错误中包括最后一个词不会输出，除非它后面有空格符或新行符。

实际上，早在 Leavenworth 对 Naur 的论文进行评审时，就发现在 Naur 过程的输出中，第 1 行的第 1 个词前面有一个空格，除非第 1 个词正好有“最长”符那么长，尽管 Naur 对他的程序做了“证明”，但不是形式化的。

值得注意的是，由 Leavenworth、London、Goodenough 和 Gerhart 发现的总共 7 个错误，只要用测试数据运行该过程就能检测到其中 4 个错误。例如，前面提到的几个错误，肯定或可能会在测试过程中检测出来，只要合理选择测试数据即可。

依赖数学和逻辑的形式证明也许是验证行为的最好方式。但是，这个案例告诉我们，即使对一个只有 25 行代码的过程，用形式化手段或非形式化方法证明它是正确的，谁也无法保证软件没有错误，还需要对它进行全面测试。回忆前面我们提到的欧洲航天局阿丽亚娜 5 号火箭升空后 37s 便爆炸的事故，就是使用经过数学分析证明了的阿丽亚娜 4 号火箭的组件，没有想到“事过境迁”，在新环境还必须重新进行测试。

如何选择合理数据对程序进行测试，可以发现连程序正确性形式证明也无法(或者说很难)发现的错误，这牵涉到人们头脑中的潜在观念。

1983 年，Bill Hetzel 给软件测试下了这样的定义：软件测试就是一系列活动，这些活动是为了评估一个程序或软件系统的特性或能力，并确定其是否达到了预期结果[94]。可以这样说，Bill Hetzel 的定义的背后机理是验证程序的正确性，是证明论哲学理念的体现。当然，软件开发的产品必须依赖这些活动加以确认，然而过分依赖“验证”测试，至少难以发现那些形式证明发现不了的错误。为此，Myers 认为如果将“验证软件是工作的”作为测试的目的，从心理学角度看，即从人们潜在意识观念看，它非常不利于测试人员发现软件错误。测试是一种破坏性活动，它应尽力找出程序的错误。因为所有程序都隐藏着错误(不管你发现与否)，所以“测试是为发现错误而执行程序的过程”[17]。在某种意义上，这种“证伪论”哲学理念更有助于发现程序的“古怪”行为，即发现程序做了它不该做的事情。我们知道，当事情达到一定复杂程度，许多意外都有极大可能发生。正是软件出现了人们预料不到的错误，才导致软件产生严重危害结果。针对这种类型错误，测试人员没有证伪倾向意念，是难以设计合适的数据进行测试工作的。也许比较有说服力的是 Myers 举的有关测试三角形程序的数据选择案例[17]。

三角形程序描述如下：从一个输入对话框中读取 3 个整数值，这 3 个整数值代表了三角形 3 条边的长度。程序显示提示信息，指出该三角形是不规则三角形、等腰三角形还是等边三角形。

文献[17]把这个程序作为“一次自评价测试”案例，让读者设计一组测试用例并与它列出的 14 个问题对比，借以对其进行评价。例如，第 4,6,8,11,12 等 5 个问题分别如下。

- 4. 是否至少有 3 个这样的测试用例，代表有效的等腰三角形，从而可以测试到两等边的所有 3 种可能情况(如 3、3、4；3、4、3；4、3、3)？
- 6. 是否有这样的测试用例，某边的长度为负数？
- 8. 是否至少有 3 个这样类型的测试用例，列举了一边等于另外两边之和的全部可能情况(如 1、2、3；1、3、2；3、1、2)？
- 11. 是否有这样的测试用例，3 边长度皆为 0？
- 12. 是否至少有一个这样的测试用例，输入的边长为非整数值(如 2.5、3.5、5.5)？

如果读者设计的测试用例集对文献[17]列出的14个问题一一回答，对每个回答“是”的答案，就可以得1分，满分为14分。文献[17]指出：“以我们的经验来看，高水平的专业程序员平均得分仅为7.8。”事实上，我们观察许多人做的这种自测，发现不是没有设计相应问题所要求的类型测试用例，就是设计了相应类型但是不完整。究其原因，人们潜在意识还是力图从“正面”验证程序的正确性，即使想到从“反面”否定程序，如第8问，也没有想到一边等于两边之和的全部3种可能情况。

在整个软件产品制造过程中，测试是伴随开发一道进行的，而且贯穿在测试过程中的理念一直是证明论和证伪论。验证和反驳相辅相成。然而，我们在不同的开发阶段，对证明和证伪两种测试方式进行了大致划分。我们以组件集成开发阶段为分界点，伴随以前开发活动(如需求分析、系统设计和模块编码)的测试工作主要是验证程序员的工作，并且大多时候还要仰仗程序员的介入。但是在组件集成、软件成品、发布产品等开发阶段，测试人员通过介入前面的具体开发活动，对软件内部结构已经有了某种程度的理解。如果说在组件集成时还需要程序员介入的话，那么当软件成型以后，无须依赖程序员的具体技术知识，测试人员就可以凭借产品规格说明或系统设计说明独立对软件进行测试了。在这些开发阶段，测试工作以测试人员为主，他们只为产品最后能够被用户接受着想，潜意识很少受到程序员那种“偏爱”自己开发的东西的影响，可以公平地在证伪论理念下进行测试活动。

## 9.2 集成测试

### 9.2.1 概述

在软件开发时，模块化是一项重要原则，几乎所有软件产品都是通过模块之间的接口交互实现系统的功能需求。由于各个模块是由不同的程序员开发，他们可能工作在不同的地方，对于大型企业，甚至这些程序员还可能分散在世界各处。当使用一些“重用”组件时，开发工作可能还相隔不同的时间段。尽管系统设计正确无误，或对其进行了详尽说明，这些程序员仍然不可避免地会犯错误，至少存在误解和疏忽。他们基本上都是“各自为政”，甚至由同一个开发人员创建的两个模块，它们之间的接口错误也不乏多见。虽然在每个模块单元测试时，程序员们也用桩模块或驱动模块对组件集成进行了“验证”，但是桩模块和驱动模块并不是真正的模块，它们只是模型，并且是在一种可控环境下使用它们，何况有时程序员并没有特别认真地对待它们，因为他们最关心的是自己模块功能的正确性。这样一来，当我们把所有模块组合成一个整体时，这些原先无法察觉到的和无法控制的接口错误便会成为系统失败的隐蔽根源。

接口错误是一些和结构相关的错误。这些结构位于模块的局部环境之外，但为该模块所用。在这个意义上，接口错误往往是预料不到的。1987年，Perry和Evangelist[95]指出接口错误占到系统中发现的所有错误的1/4。他们说，在一个模块中需要修复的所有错误中，多半是由接口错误造成的。Perry和Evangelist将接口错误进行了详尽分类，如接口误解便是其中一种常见的错误。调用模块可能会误解一个被调用模块的接口说明，而被调用模块也可能假设了某些传入参数需要满足的一些特定条件。被调用模块可能这样认为，既然调用者需要“我”做某些事情，那么它输入的参数肯定符合“我”为之服务的算法。例如，调用模块需要被调用模块返回一个整型数组中某个元素的下标，但没有将该数组排序就直接输入被调用模块中，可是被调用模块误认为该数组是有序数组，从而使用了二分查找算法实现。这个接口误解错误仅从表面上考查调用能否实现上是不易察觉的。

Naik 和 Tripathy[2] 在介绍了 Perry 和 Evangelist 的工作后指出，在模块上进行的单元测试只能测试该模块内的计算。为了发现接口错误，模块间必须有一定交互，这是只执行模块单元测试无法检查出接口错误的主要原因。另外，由于接口错误又是隐藏在系统内部，只进行“笼统”的系统层次的测试，也是很难发现它们的。因而，集成测试是一种既必要又重要的测试活动。

文献[2]提出，集成测试可以按一种增量方式进行，它通常由包含少量模块的小型子组整体扩大到包含越来越多的大型组装体。大型、复杂的软件产品在完全集成前需要进行几个周期的“构建-测试”循环。在每次构建把模块放到一起时，都执行测试找到与接口相关的不同类型的错误，从而创建一个系统的“起作用版本”。在这个“起作用版本”下，文献[2]讨论了各种粒度的系统集成测试、常用的系统集成技术、软件和硬件的集成以及 OTS 组件（即从第三方厂商购买现成组件）和其他组件的集成，并提供了进修集成测试的一个计划框架。Myers 说：“一个成功的测试用例，通过诱发程序发生错误，可以在这个方向上促进软件质量的改进。当然，最终我们还是要通过软件测试建立某种程度的信心，即软件做了其应该做的，未做其不应该做的。但是通过对错误的不断研究是实现这个目的最佳途径。”[17] 实际上，这段话已经说明现今一切软件测试（不仅是这里讨论的集成测试）已经是证明论和证伪论混合理念的产物。所以，包括文献[2]在内的一切文献都是在上述框架下对集成测试方法加以论述的。

如果以何种理念（证明论或证伪论）为主导对整个测试过程分类，那么在组件集成开发阶段进行的集成测试就是证明论和证伪论“平分秋色”的测试活动，第 8 章从“验证”角度讨论了集成测试，现在从“反证”角度讨论集成测试活动。

### 9.2.2 负面测试

所谓负面测试[79]，其核心思想是输入不合法数据，用于确认程序是否正确处理了错误的输入。当然，从广义角度来看，Myers 的理念“测试不仅是验证程序是否做了它该做的，还要看它是否做了它不该做的”，对后者的考查而进行的测试都应该是一种负面测试。

第 8 章把组件集成的软件系统抽象为能取不同水平数值的因素组合，并按各个因素的不同水平的组合形成不同的测试用例，以此考查代表各个组件的因素之间的交互作用。为了更好地揭露接口错误，我们进行负面测试。在这里讨论的负面测试过程，每个测试用例中，我们最好仅允许出现一个因素取值为不合法的值。这是因为一般的程序在第 1 次遇到一个错误时，会立即进入异常处理，这样就有可能屏蔽后面不合法数据的检测功能。

使用负面测试技术，需要在产生组合测试用例之前，对每个因素确定哪些是非法数据，哪些是合法数据，并把这些数据作为它“取值”集合中的元素。然后，遵照一定覆盖准则设计一组测试用例或测试用例集合。换言之，可按第8章介绍的“常规”方法生成由这些数值组成的测试用例集，只是要注意，在最后产生的测试用例中，避免在一个测试用例中同时出现多个非法数据值。

### 9.2.3 遗传算法

达尔文用自然选择(Natural Selection)解释物种的起源和生物的进化。他认为生物进化是在自然选择作用下的一种渐变式过程。为了物种稳定，生物采用遗传(Heredity)方式，亲代把生物信息交给子代，子代按照所得信息发育成长。因此，子代总是和亲代具有相似的形态。然而，相似并非完全相同，稳定并非一成不变。为了发展，在子代和亲代之间以及子代的不同个体之间，总存在差异。这种差异就称为变异(Variation)，它是随机发生的，变异的选择和积累是生物进化以及生命多样性的根源。由于生物环境资源有限，生物生存并非易事。由于生存斗争，自然选择让那些具有适应性变异的个体保留下来，而把那些一成不变或适应性不强的变异个体淘汰掉，这就是所谓的适者生存原则。

随着生物学研究向分子水平方向深入，达尔文生物进化理论也得到长足发展。例如，在染色体、基因等概念的基础上，种群遗传学是以种群为单位，而不是以个体为单位的遗传学，它是研究种群中基因的组成及其变化的生物学。所谓染色体(Chromosome)，是指生物细胞中含有的一种微小的丝状化合物，它是遗传物质的主要载体，由多个遗传因子(即基因)组成。而所谓基因(Gene)，是附着在染色体上的遗传因子，遗传形状是由基因决定的，但不是简单地取决于单个基因，而是不同基因相互作用的结果。并且在不同环境下可以产生不同的表现性。生物的进化实际上是种群的进化，种群的主要特征是种群内的雌雄个体能够通过有性生殖实现基因的交流，即使没有生存斗争，单是个体繁殖机会的差异也能造成后代遗传组成的改变，使自然选择也能够进行。这种综合进化论对达尔文进化论给予了新的更加精确的解释[90]。

在上述背景下，20世纪60年代末，John Holland提出遗传算法(Genetic Algorithm，GA)。其基本思想是从代表问题可能潜在解集的一个种群(Population)开始，让其进化，使后生代种群包含问题的一些更优近似解。至于一个种群，是由经过基因编码(Coding)的一定数量的个体(Individual)组成的。仿照生物学，每个个体实际上是具有一定特征的染色体的实体。染色体是多个基因的集合，作为遗传物质的主要载体，其内部表现(即基因型)是某种基因组合，它决定了个体形状的外部表现。既然种群中每个个体都代表问题的某个潜在解，那么在一开始我们需要实现从表现型(即是问题的一个解)到基因型(即染色体特征的基因组合)的映射，这个映射便是编码工作。如果一味地仿照生物学，则基因编码的工作很复杂，所以我们通常进行简化，如采用二进制编码，这样种群演化也便于计算机实现。根据生物进化法则，初代种群产生以后，按照适者生存和优胜劣汰原理，逐代(Generation)演化产生越来越好的近似解。进化是这样进行的，在每一代，根据问题域中个体的适应度

(Fitness)大小挑选(Selection)个体,并借助于自然遗传学的遗传算子(Genetic Operators)进行组合交叉(Crossover)和变异(Mutation),产生出代表新的解集的种群。如同自然进化产生的后代种群比前代更适应环境一样,上述过程将导致末代种群中会出现最优个体。末代种群中最优个体经过解码(Decoding),即从基因型转化表现型,可以作为问题的近似最优解[90]。

软件产品总是有错的,既然设计测试用例的目的是揭露软件错误,那么评价一个测试用例的优劣,自然是看它找到软件缺陷的功效。可惜的是,如果不执行测试,很难估计测试用例捕获软件错误的能力,所以在设计测试用例时通常是从它符合测试目的方面考查其功效。我们可以采用遗传算法(GA)生成有效的测试用例集。GA 详细叙述如下[79]。

沿用第 8 章的记号和术语。我们把组件集成后待测软件 SUT 抽象为是因素的组合,每个因素能够取的值称为它的水平,各个因素具有的水平数未必相等。用 $P=\{P_1,P_2,\cdots,P_n\}$表示 SUT 的 $n$ 个因素组成的集合,每个因素 $P_i(1\leqslant i\leqslant n)$取值集合为 $V_i$,$V_i$ 中每个数值代表因素 $P_i$ 的一个水平,其水平总数记为 $a_i$。在如此假定下,从每个因素中各取一个值,它们构成的数组便是组合测试的一个测试用例。任意测试用例 $T$ 可以表示为 $T=(v_{1i},v_{2i},\cdots,v_{ni})$,其中 $v_{1i}\in V_1,v_{2i}\in V_2,\cdots,v_{ni}\in V_n$。根据一定的覆盖准则设计一组测试用例,并用 TS 表示所得到的测试用例集。这里选择的覆盖准则是:对于 SUT 的任意两个因素,它们的任意一对有效取值至少被一个测试用例所覆盖。为了方便,今后称如此覆盖准则为成对覆盖准则。依照成对覆盖准则获得测试用例集合 TS,进而用 TS 中每个测试用例 $T$ 对 SUT 进行测试,这称为成对测试。在成对测试中,用 UC 表示所有两个因素取值的组合。例如,设 SUT 系统由 $P_1,P_2,P_3$ 这 3 个因素组成,$P_1$ 取值集合 $V_1=\{a,b\}$,$P_2$ 取值集合 $V_2=\{1,2\}$,$P_3$ 取值集合 $V_3=\{x,y,z\}$,即 $P_1,P_2,P_3$ 各因素的水平个数分别为 2,2 和 3。这时 $\mathrm{UC}=\{(a,1),(a,2),(b,1),(b,2),(a,x),(a,y),(a,z),(b,x),(b,y),(b,z),(1,x),(1,y),(1,z),(2,x),(2,y),(2,z)\}$。我们既然是按照成对覆盖准则设计测试用例,那么在直观上,一个测试用例覆盖 UC 中的组合数越多,它就越好,这样由它们构成的 TS 集合,其中包含的测试用例个数也就减少。遗传算法实际上是按照上述直观想法进化测试用例群体的。

上面我们对测试用例 $T=(v_{1i},v_{2i},\cdots,v_{ni})$的描述,应该说是测试用例的外在"表现型",要用遗传算法产生组合测试用例,必须执行测试用例的编码,把它映射成内在"基因型"。我们说过,为了简便,采用二进制编码方式,将问题的潜在解写成是基因组合的染色体实体。对于组合测试,就是要把因素映射成二进制编码。不同因素因其取值个数并不相同,在基因编码中的位数也会不相同。对于任意 $i$,$1\leqslant i\leqslant n$,因素 $P_i$ 取值个数为 $a_i$,如果有 $2^{m-1}<a_i\leqslant 2^m$ 成立,就令该因素的编码长度为 $m$。

于是,$P_i$ 的取值就可以用 $m$ 位二进制数表示。具体些说,若 $a_i=2^m$,就用因素取值的序号代替因素的实际值;而当 $a_i<2^m$ 时,在 $a_i$ 和 $2^m$ 之间随机填充所允许的因素的有效值。这样一来,一个测试用例 $T=(v_{1i},v_{2i},\cdots,v_{ni})$就可以用总长度为 $m_1+m_2+\cdots+m_n$

位的二进制数编码，其中 $m_1, m_2, \cdots, m_n$ 分别为因素 $P_1, P_2, \cdots, P_n$ 的编码长度。编码后，测试用例 $T$ 便变成"基因型"，它是这样的染色体，前 $m_1$ 位二进制数对应于因素 $P_1$ 的实际值 $v_{1i}$（或者说是 $v_{1i}$ 的序号），依此类推，直到最后 $m_n$ 位二进制数，它对应于 $P_n$ 的实际值 $v_{ni}$（或者说是 $v_{ni}$ 的序号）。

举一个简单实例说明上面的编码方法。令 SUT 系统 $S$ 是由 4 个因素 $P=(P_1, P_2, P_3 P_4)$ 组成，$P_1, P_2, P_3, P_4$ 取值个数分别为 4,2,2,3。由于组合测试关注点在于测试用例的生成，因此用因素取值的序号表示因素的实际值，就可以避免因素类型的转换。这样 $P_1$ 取值集合 $V_1=\{v_{10}, v_{11}, v_{12}, v_{13}\}$ 中的元素可以依次用 00,01,10,11 这 4 个二进制数表示，它们分别是相应的实际值的序号（注意序号是从 0 开始的）。类似地，$P_2$ 取值集合中元素 $V_2=\{v_{20}, v_{21}\}$ 可以用 0 和 1 两个二进制序号表示；$P_3$ 也是如此，即也用 0,1 编码它的实际值 $\{v_{30}, v_{31}\}$。至于 $P_4$，因为 $2<3<2^2$，故 $P_4$ 取值集合 $V_4=\{v_{40}, v_{41}, v_{42}\}$ 中元素依次与 00,01,10 序号对应，因为 $P_4$ 编码长度为 2，所以"多"出来的序号 11 可以随机为 $v_{40}$，$v_{41}, v_{42}$ 中任意一个，也可按问题情景从 $P_4$ 实际值中选取（例如）比较重要的关键数值。现在，用来测试系统 $S$ 的任意测试用例可以用 6 位二进制数 $b_0 b_1 b_2 b_3 b_4 b_5$ 编码，$b_0 b_1$ 是 $P_1$ 占用位，$b_2$ 是 $P_2$ 占用位，$b_3$ 是 $P_3$ 占用位，$b_4 b_5$ 是 $P_4$ 占用位。例如，测试用例 $T=(v_{13}, v_{20}, v_{31}, v_{42})$，或者写成 $T=(3,0,1,2)$ 这样的"最佳"表现形式，因其容易编码和解码，它可以编码为(110110)型染色体。$T=(v_{13}, v_{20}, v_{31}, v_{42})=(3,0,1,2)$ 是测试用例"表现型"，它表示：$P_1$ 取 $V_1$ 中第 3 个实际值；$P_2$ 取 $V_2$ 中第 0 个实际值；$P_3$ 取 $V_3$ 中第 1 个实际值；$P_4$ 取 $V_4$ 中第 2 实际值。而编码是把测试用例从"表现型"映射为"基因型"。

我们可以用启发式方式（如仅凭粗略估计覆盖 UC 中组合数目）产生初始种群，或者干脆用随机方法产生的一个 $m_1+m_2+\cdots+m_n$ 位二进制数串染色体作为一个个体的"基因"码，如此产生一定数量的个体，设为 $N$ 个，它们构成初始种群。此种群大小即为 $N$。

利用遗传算法生成测试用例集，自然要求在满足成对覆盖准则的前提下，测试用例数尽可能少。因此，在每代进化时选择尽可能多覆盖 UC 中因素组合的测试用例。

现在，种群数量为 $N$，对任意 $j$，$1 \leqslant j \leqslant N$，每个个体（即测试用例）$T_j$ 覆盖 UC 中因素组合数为 $c_j$，则定义个体 $T_j$ 的适应度 $f_j$ 为

$$f_j = \frac{c_j}{\sum_{i=1}^{N} c_i}$$

显然 $\sum_{j=1}^{N} f_j = 1$。

计算出当前群体的适应度函数以后，再从当前群体中选择一些个体作为新一代群体的父辈。可以按适应度概率随机选择父辈，这样若个体的适应度高，则被选中的机会较大，而且还可能多次被选中；反之，被选中的机会较小，甚至不会被选中。例如，我们可以按赌轮方式选择个体，方法如下。

根据个体的适应度值 $f_i$ 确定选择的概率 $\mathrm{PS}_i = f_i$，继而定义累积概率函数 $C_j$ 为

$$C_j = \sum_{i=1}^{j} \mathrm{PS}_i$$

于是，按照赌轮方式选择新个体时，每个个体 $T_j$ 就处在选择区间$[C_j, C_{j+1})$。计算时，每次产生一个选择随机数，那个处在对应选择区间的个体将被选中作为父辈进化。

选择出父辈后，主要利用两种遗传算子实现进化。其一是交叉(组合)，其二是变异。

交叉(例如)可以采用单点交叉的方式实现，从两个父辈个体产生两个新一代个体，它对应于生物学上两个亲代之间的基因交流。单点交叉方法是从某个点“断开”两个父辈个体染色体，以此点为分界并把断开后的“部分”基因组相互交换形成两个新生代个体。设两个父辈个体基因型长度为 $m$，可以在$[1, m-1]$任选一个点作为交叉点，设选定交叉点为 $k$，注意这是(从左到右)从 1 数起的第 $k$ 个点，则以 $k$ 为分界相互交换它们部分基因组得到新一代两个个体，如下所示。为了醒目，在选择的单点处用竖线标明。

$$\begin{array}{ll} \text{父个体 1} & a_0\, a_1 \cdots a_{k-1} \mid a_k \cdots a_{m-1} \\ \text{父个体 2} & b_0\, b_1 \cdots b_{k-1} \mid b_k \cdots b_{m-1} \end{array} \Rightarrow \begin{array}{ll} \text{子个体 1} & a_0\, a_1 \cdots a_{k-1} \mid b_k \cdots b_{m-1} \\ \text{子个体 2} & b_0\, b_1 \cdots b_{k-1} \mid a_k \cdots a_{m-1} \end{array}$$

对应于前述系统 $S$，它的两个测试及其编码为

$$\begin{array}{l} T_1 = (3,0,1,2) \\ T_2 = (1,1,0,2) \end{array} \Rightarrow \begin{array}{l} \mathrm{CD}_1 = 110110 \\ \mathrm{CD}_2 = 011010 \end{array}$$

如果它们都被选中作为父辈，进行单点交叉组合。设交叉点选择在第 4 位，若在第 4 位前用竖线分开，得

$$\begin{array}{l} \mathrm{CD}_1 = 110 \mid 110 \\ \mathrm{CD}_2 = 011 \mid 010 \end{array}$$

那么交叉以后的编码及其相应的测试用例分别为：$\mathrm{CD}'_1 = 110010$，$\mathrm{CD}'_2 = 011110 \Rightarrow T'_1 = (3,0,0,2)$，$T'_2 = (1,1,1,2)$，即 $T'_1 = (v_{13}, v_{20}, v_{30}, v_{42})$，$T'_2 = (v_{11}, v_{21}, v_{31}, v_{42})$，后面实际是做了“解码”工作。顺便提一下，这样的编解码交织便于计算基因型的适应度。

在变异概率控制下，将变异位用随机数替换，变异过程是从一个父辈产生一个新个体，添加到新一代种群中，它对应于生物学上的变异。生物学上的变异选择和积累是生命多样性的根源，类似地，遗传算子变异也可以促进群体的多样化，防止群体进化过早地收敛，即防止群体进化停滞不前。若无变异，则新群体中的测试数值就会局限于初始化的那些数值。由于我们采用的是二进制编码，所以对于一个个体，只需将变异位取反就可以得到新的个体。现以用于前述系统 $S$ 的测试用例 $T = (3,0,1,2)$为例，$T$ 的编码 CD=(110110)，若在第 2 位和第 3 位(注意这里也是从 1 数起)分别以某种概率发生变异，则变异后得到新个体，其编码为 CD′=(101110)，它对应的测试用例为 $T' = (2,1,1,2)$，此即原测试用例 $T$ 经过变异演化而成的新测试用例。

一般来说，大的初始种群可以同时处理更多的解，因而容易找到全局最优解，但是它增加了每次的迭代时间，一般取值为 20～100。交叉率的选择决定了交叉操作的频率，频率越高，可以使种群越快地收敛到最有希望拥有最优解区域，但是太高又可能导致种群进化在没

有来得及“全面”搜索情况下就过早地收敛到某个区域，一般取值为 0.4～0.9。变异率的选取一般受到种群大小、染色体长度等因素影响，通常取很小的值，一般取值为 0.001～0.1，若选择的变异率高，虽然可促进种群多样化，但也可能引起种群不稳定。染色体长度主要取决于问题域情况以及我们对求解精度的要求，精度越高，染色体长度就会越长，这样搜索空间越大，相应地便会要求种群数量要设置得大一些。至于最大进化代数的设定，要视问题具体情况决定，它是遗传算法的终止条件，一般取 100～500 代[90]。上述参数都要在事前确定，它们对遗传算法的性能都有很重要的影响。通过调整参数以及其他改进技术，可以有效地提高遗传算法的性能。总之，遗传算法能够保证新生代种群比前代更加适应环境，末代种群中最优个体经过解码，可以作为问题的近似最优解。

回到生成测试用例集遗传算法的讨论。假设我们从初始种群开始，每次运用选择、交叉和变异 3 种基本操作将种群进化，并终止在末代种群上，那么将末代种群中每个染色体都解码，令解码后的所有个体组合的集合为 $Q$，便可以得到生成测试用例的具体算法。

(1) 初始化 UC 集合和 TS 集合，初始化 UC 为系统所有两个因素取值对构成的组合的集合，初始化测试用例集合 TS 为空。

(2) 将 $Q$ 中覆盖 UC 中组合最多的个体取出，作为新测试用例 $T$，并把它添加到 TS 中，即 $\mathrm{TS}=\mathrm{TS}\cup T$。同时删除 $T$ 覆盖的 UC 中的组合，即 UC＝UC－{$T$ 覆盖的组合}。

(3) 重复步骤(2)，直到 UC 为空或 $Q$ 为空。若 UC 为空，则算法终止，并输出测试用例集合 TS；若 $Q$ 为空，但 UC 非空，则转到步骤(4)。

(4) 利用任意方法构造新 $l$ 个测试用例 $T_1, T_2, \cdots, T_l$，使它们完全覆盖 UC 中的所有组合。令 $\mathrm{TS}=\mathrm{TS}\cup\{T_1, T_2, \cdots, T_l\}$，并把它输出作为测试用例集。实践上，步骤(4)很少会执行，这里仅为理论完整起见，考虑到这一罕见现象。至于用什么方法产生新测试用例，可参见第 8 章成对测试算法部分。

# 9.3 系统测试

## 9.3.1 概述

把所有模块组装在一起，其接口没有错误得到验证或由集成测试发现的模块之间接口错误均得到修复，这时开发已经进入软件成品阶段。相应地，测试也进入系统测试阶段。

所谓软件成品，是指这时软件已经脱离了程序员成为独立的存在，其行为未必和设计它的程序员所做的规范完全一致，它和程序员将“各行其是”。不仅如此，它还要和计算机硬件、支持或与它关联的其他软件、外部数据以及平台等其他部件在外部真实环境下一起运行，成为整个计算机系统的一个部分。然而，在客户眼中，软件运行所依赖的其他计算机部件是“理所当然”的存在，而软件才是关注的焦点，它才是真正的系统。这是软件成品的真正潜在的含义。

鉴于此，Myers 认为完成了对模块的集成测试以后，整个测试过程才刚刚开始，尤其对大型或复杂的软件更是如此。Myers 说：“当程序无法实现其最终用户要求的合理功能时，就发生了一个软件错误。”[17]根据这个定义，在前面的开发过程中，主要是依赖程序员并且主要是验证软件的正确性的一切软件测试活动，不管它们做得多么完美，都无法代替系统测试。

Desikan 和 Ramesh 也总结道，实施系统测试有以下理由[96]。

(1) 在测试中引入独立视角。

(2) 在测试中引入客户视角。

(3) 引入“新目光”，发现以前的测试没有发现的缺陷。

(4) 在一种正式、完备和现实的环境中测试产品行为。

(5) 测试产品功能和非功能方面的问题。

(6) 建立对产品的信心。

(7) 分析和降低产品发布的风险。

(8) 保证已满足所有需求，产品已具备交付确认测试的条件。

既然成品后的软件不再属于开发人员，它即将被客户拥有，因此在一种正式、完备和现实中的环境中用客户的视角去测试产品行为就是一件顺理成章的事情。在理想情况下，单元测试和集成测试是依据正确的产品规格说明和正确的设计规格说明对软件模块代码以及使它们能够成型的接口规范进行测试和验证，这类测试的关注点是技术和产品实现，通常在实验室条件下进行的。而当软件即将上市，软件企业必须努力在客户发现缺陷之前尽可能多地发现软件缺陷，因此客户场景和他们的使用模式便成了系统测试的基础。

Myers 认为，软件开发过程在很大程度上是沟通有关最终程序的信息，并将信息从一种形式转换到另一种形式[17]。在这个意义，软件开发实质性过程是从获取用户需求开始到代码编完为止，如图 9.1 所示。

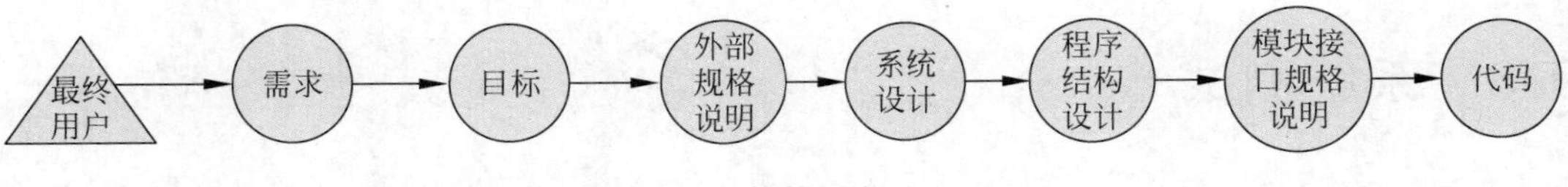


图 9.1 软件开发过程

(转摘于文献[17]图 6.1)

在图 9.1 中，从最终用户获得要求，并将这些要求转换为一系列书面的需求，它们是要实现的“规范”；通过评估可行性和成本，并消除与用户相抵触的需求，建立优先级和平衡关系，将用户需求转换为具体的目标；再将上述目标转换为一个准确的产品规格说明。如果将产品视为一个黑盒，仅考虑其接口以及与最终用户的交互，该规格说明被称为“外部规格说明”。上述 3 个步骤具体描述了我们所说的需求分析开发阶段。当软件产品不仅仅是一个单一程序，而是作为系统需求时，那么下一步就是系统设计，它将采取模块化原则，把系统分割为单独的程序、部件或子系统，并定义它们的接口。接着具体定义每个模块的功能、模块的层次结构以及模块间的接口，此为程序结构设计。进而，设计一份精确的模块接口规格说明，明确定义每个模块的接口和功能。这3个步骤具体描述了我们所说的系统设计开发阶段。最后一个步骤就是我们所说的模块编码开发阶段。它通过众多程序员，并且经过一个或更多的子步骤，将每个模块功能以及模块接口规格说明转换成每个模块的源代码算法。

软件的庞大和复杂，其开发避免不了上述步骤。然而，正是由于这些步骤的存在，使大部分软件错误都来自信息沟通和转换时发生的故障、差错和干扰。伴随这些开发过程，除了辅助的软件测试和“证伪”活动努力消除软件技术和实现上的错误以外，主要是靠软件测试中的“证明”活动努力杜绝上述信息沟通和转换时发生的差错。公平地说，上述每个步骤得以延续，是在前一个步骤得到正确性确认以后才进行的。于是，经过上述实质性开发步骤以后，我们获得系统所有构件，下面的开发过程便是将所有部件组装成型。然而，这样得到的软件作为独立存在，它仍能符合前面所有的验证得到的结论吗？

文献[17]给出的答案是：不！因为软件错误不可避免(第10章将从理论上阐述这一点)，它就在那里。所以，接下来的开发过程实质上是围绕软件测试工作展开的，虽然集成测试可能是开发人员和测试人员协力进行，但是在随后的活动中，程序员可能只承担修复缺陷等工作。这时软件测试团队独立出现，甚至有的软件开发组织还将自己的部分或全部测试工作外包给组织外的独立测试机构进行。

独立测试团队基本上是采用黑盒测试技术。他们在“情感”上与软件并无多少瓜葛，可以公平地、“无情”地揭露软件缺陷。由于这种独立视角以及局外人身份，他们没有先入为主的成见，自然是以一种“新目光”看待软件。这种“新目光”主要就是一种“证伪”视野，它主要寻找软件的“黑暗面”，并把自己的发现作为“成就”记录在案。Myers认为，如果从一开始我们的定位就是为了证明软件能够正常工作或假定程序符合规格说明和设计目标，那么按这种潜在理念行事的测试必将存在先天性“苍白无力”的缺陷。只有从一开始就试图证明软件不能正常工作以及假定程序没有满足其规格说明和设计目标，这样的测试才可能做到彻底，且能促进软件“成熟”。也就是说，只有经过如此严峻的测试，软件才能获得更多的修改机会，修改缺陷后的软件将更加健壮，不仅能降低“失效”风险，还能提高市场竞争力，最终使开发人员获得对自己产品上市的信心。

依据文献[17]，开发实质性过程到代码编写完为止，此后的开发阶段也就是测试阶段。首先是集成测试，而集成测试只是配合部件组装而进行的测试兼验证活动。一旦软件成品，在其上市之前，属于软件组织自己掌控的活动就是系统测试，它是软件发布前(即在软件转交给客户之前)最后一次由“自己”发现缺陷的测试活动。系统测试的重要性是不言而喻的，它可能是整个开发过程结束之前最关键的一次活动，软件质量全依赖此项活动的成败。即使因为开发和测试所需的时间和工作量问题以及最后时刻变更所带来的潜在风险，致使软件企业不能修改代码中已经发现的全部缺陷，也可以通过系统测试对这些缺陷进行影响分析，从而降低发布带有缺陷产品的风险。如果客户受这些缺陷影响的风险很高，那么在发布前需要修改缺陷，否则可以原封不动地发布产品。对缺陷进行分析和分类还可以使企业了解产品发布后客户发现缺陷的可能性，这类信息有助于策划采取回避和文档修改等措施[96]，或者策划在此后的维护活动(即产品上市后的服务)中采取使系统恢复、根除故障等的技术。理想情况下，系统测试能发现所有缺陷并能得到完全恢复；或者不尽人意，不是所有缺陷能够得以发现或发现了的缺陷未必都能修复，不管哪种情况，成功的系统测试都能使软件企业建立对产品的信心，认为产品可以上市，它已满足了所有需求，具备了被客户确认、进行验收测试的条件。

系统测试包括功能测试和非功能测试。功能测试要测试产品的功能和特性，非功能测试要测试产品的质量因素[96]。

实际上，功能测试已经在单元测试和集成测试执行过，但那时的关注焦点是技术和产品实现。现在的软件作为一个整体已经出现在我们面前，就再不能用分析方法考查它的功能和特性了。这时要在应用环境中，模拟用户实际操作，在各个部件之间以及部件和环境之间的相互作用下，考查软件的功能是否真的满足客户要求。虽然针对不同应用系统，功能测试的内容差异很大，但是执行系统测试的原理是一样的。很容易理解，这主要是根据产品规格说明书检测成品系统作为整体是否仍然满足客户各方面功能的使用要求。在图 9.1 所示的基本开发步骤中，外部规格说明是一份从最终用户的角度对程序行为的精确描述。外部规格说明使我们有可能视软件为一个黑盒，让我们在(可能是佯装)不知它内部结构的情况下设计测试用例，去发现程序与它不一致的地方；可以对无效的和程序员开发时未预料到的输入条件对软件进行“攻击性”测试，跟踪哪些功能暴露出的错误最多，利用这类信息，对有关功能继续测试，等等。总之，是以发现软件与外部规格说明书不一致为目标设计测试用例，并用它去“考量”软件的功能及其特性[17]。

既然非功能测试关注的是产品的质量因素，我们就可以这样说，它是系统测试中更为关键的任务。一般来说，软件非功能性质量因素只有在系统测试中才得到测试，系统测试是整个测试过程(或者说整个开发过程)中唯一对软件进行非功能测试的测试阶段。

除了说非功能不包含功能以外，非功能测试应该测试软件的哪些质量因素很难准确界定，这也是非功能测试最容易被错误理解，也是最困难的测试过程。大体上说，非功能测试要测试的质量因素是一些非功能需求，如可靠性和易用性，这些需求应以定性和定量方式描述在文档中。非功能测试需要大量资源，对于不同的配置和资源，其结果也是不同的。非功能测试还需要收集和分析大量数据，所以执行非功能测试时，测试员要具备分析和统计技能。在某种意义上，非功能测试的关注点是评判产品，这样就不仅要测试产品行为，还要评判产品在运行测试时的“经历”，所以测试结果就不能仅用通过或不通过标明。值得注意的是，非功能测试结果还受到执行测试工作量和执行测试期间所遇问题的制约，如果对测试设计“不当”，即使测试满足了通过准则，那也未必能够说明问题，也许所采取的测试过程需要修改才能得到正确结论[96]。

非功能测试并不局限于系统的特性，它在产品没有一组书面的、可度量的目标情况下是无法执行的。可以预料，倘若非功能测试没有通过，它对软件的设计和体系结构的影响远远超过对软件代码的影响。为此，文献[17]特地把主要对代码产生影响的功能测试从系统测试中划出去，而把系统测试仅指为非功能测试。不过我们这里仍然按照前面的术语叙述。一如既往，文献[17]要求非功能测试的任务是寻找软件错误，但这一次是寻找成品软件与

图 9.1 中“目标”之间的不一致，并且强调在寻找程序与其目标之间不一致的过程中，重点应注意那些在设计外部规格说明的过程中所犯的转换错误。文献[17]认为，从实质性步骤“目标”转换到实质性步骤“外部规格说明”时，就软件产品本身和所犯错误的数量及其严重性而言，它是开发人员在整个开发周期中最容易出错的地方。因为非功能质量因素的测试需要稳定产品，所以程序员在上述开发阶段中的错误通常只能在系统测试中发现了。鉴于非功能测试的重要性和特殊性，系统测试最好应将很大一部分工作量放在非功能测试方面，非功能测试和功能测试三七开应该是比较理想的情况，五五开也是不错的起点。当然，这只是一般而论，更为合适的比例应取决于背景情况、发布类型、需求和产品[96]。

那么，怎样进行非功能测试呢？或者，我们要从哪里获得要测试的非功能类型，又要从哪里获得测试这些质量因素的测试用例从而进行测试呢？很明显，外部规格说明不能作为获得非功能测试用例的基础。然而，非功能测试虽然是要将系统或程序与初始目标进行比较，可是我们也不能利用目标文档本身表示测试用例，这是因为(根据定义可知)这些文档并不包含对程序外部接口的精确描述。通过上述分析，Myers 建议利用程序的用户文档或书面材料克服上述两难局面[17]。一方面，通过分析目标文档设计非功能测试；另一方面，分析用户文档阐明测试用例。前者可以决定非功能测试内容，后者可以决定非功能测试用例。这个方法能产生两方面的作用，一是将软件与其目标和用户文档相比较，二是(与此同时)将用户文档与程序目标相比较。

将软件目标和用户文档相比较，我们可以纠正从需求到目标转换的错误。将软件与其目标进行比较，是非功能测试的核心目的，它决定我们要测试什么。但是没有说明怎样测试，即没有说明使用什么样的测试用例设计方法。这是因为目标文档阐述了软件应该做什么以及做到什么程度，却没有说明软件功能如何表现。因此，当我们试图证明程序不能实现目标文档中的目标时，就没有具体方法，由此，非功能测试必须创造性地依据用户文档设计出测试用例。这样一来，非功能测试应采取一种不同的测试用例设计方法，它不是描述一项技术，而是讨论可能有的不同类型的非功能测试用例。文献[17]列出了 15 种类型的测试用例，并作了简短讨论。为了避免有所遗漏，在进行非功能测试时，应设计尽可能多类型的测试用例。

我们只介绍文献[17]列出的 15 种类型测试用例，如表 9.1 所示，各种类型测试的具体内容就不赘述了。

**表 9.1 测试用例的 15 个分类(转摘于文献[17]表 6.1)**

| 分　类 | 说　明 |
|---|---|
| 能力测试 | 确保程序的目标功能实现 |
| 容量测试 | 发现处理大容量数据时的程序异常 |
| 强度测试 | 发现在大规模负载、高强度不间断持续的数据处理中的异常 |
| 可用性测试 | 评估最终用户在使用软件并与软件交互时的可用性问题 |
| 安全性测试 | 试图攻破程序的安全防线 |
| 性能测试 | 评估程序的响应时间以及吞吐量瓶颈 |

续表

| 分　类 | 说　明 |
|---|---|
| 存储测试 | 确保程序可以正确处理其对存储的需求，包括系统的存储和物理上的存储 |
| 配置测试 | 检查程序是否能在推荐配置上流畅运行 |
| 兼容性/转换测试 | 评估新版本是否能兼容老版本 |
| 安装测试 | 确保能够在所有支持的平台上安装软件 |
| 可靠性测试 | 评估程序是否能达到规格说明中的运行时正常和 MTBF（平均故障间隔时间）要求 |
| 可恢复性测试 | 测试系统恢复相关的功能是否按设计要求实现 |
| 服务/可维护性测试 | 评估系统是否拥有良好的数据处理和日志机制，以备技术支持和调试之需 |
| 文档测试 | 检验所有的用户文档是否准确 |
| 过程测试 | 对软件系统操作或维护所需涉及的流程进行评估和确定 |

体现在系统测试上的“证伪”活动，在某种意义上也类似生物进化，为了适应环境、获得更好的生存机会，生物个体必须改变自己的某些“机能”或“组件”。一般来说，生物体的变异都有积极作用，取代旧一代的新个体更能适应变化了的环境。但是也有这种现象发生，变异以后的个体反而不如亲代，或者变异的组件致使内部一些部件不协调，竞争力下降。

在系统测试过程中，软件大量的功能缺陷和非功能缺陷被揭示出来。除了极为罕见地宣布整个系统设计有严重问题必须重新开发以外，开发人员都要尽力修补缺陷，而缺陷大都是通过改变代码来修复的。于是，类似生物变异的问题产生了，这些修复能正确运行吗？它会不会使原先能正确运行的部分反而不能运行了呢？确实如此，文献[97]指出，每次改变代码的修复都可能会引起以下 4 种不同情况之一发生。

(1) 缺陷被修复。

(2) 尽管做了努力，但是修复不了缺陷。

(3) 缺陷修复了，但是以前运行的某些部分却不能运行了。

(4) 尽管做出了努力，但修复不了缺陷，而且以前运行的某些部分也不能运行了。

由此可见，对于缺陷修复，我们还必须证伪其修复结果，这种测试称为回归测试。实际上，每当软件发生了改变，这不仅仅指代码改变，也指（例如）因需求变更或某种原因导致的功能的增减，特别是前一版本没有修复的缺陷当前得到修复，无论改变发生在软件开发的哪个阶段，都应该进行回归测试。因此，实践中有两种类型的回归测试，一种是常规回归测试，它在测试任何阶段执行，以确保在该阶段相应的开发阶段出现的缺陷都已经修复，且不影响以前开发的有效性；另一种便是最终回归测试，它是为了要在发布前确认最终版本而做的。软件配置管理工程师提交要交付给客户的版本，包括介质和其他内容。这时最终回归测试便要在开发和测试团队共同约定的具体时间段内进行，有时也称它为回归测试的“烹饪时间”，烹饪时间对于持续测试产品一段时间是必要的，因为有些缺陷（如内存泄漏）只有在用过一段时间后才能发觉。最终回归测试在下述意义上比任何其他类型或阶段的测试都关键，它是保证到达客户的是经过测试的版本的唯一测试。一方面，产品在烹饪时间内持续运行，使与时间有关的一类缺陷能够被发现；另一方面，有些测试用例重复执行，以便发现就要交付给客户的最终产品是否存在缺陷。发布版的所有缺陷修复都应该在最终回归测试阶段版本中完成[96]。虽然不管产品处于哪个测试阶段都可以实施回归测试，但是系统测试最后阶段以最终回归测试结束，意义更大。

回归测试的主要思想是为了确保无论是增强型还是改正型修复，修复后的软件都能正常运行，而且当系统的某处发生变化时，不会给没有变化的部分引入缺陷。因此，通常在这类测试中，不会涉及新的测试用例，而是从已存在的测试集合中选择新测试用例来执行。当然，如果在修复软件缺陷的同时还使软件具有了新功能，那么还应该增加新测试用例。回归测试是一个代价高昂的任务，许多学者都研究了回归测试的策略和方法，总的来说，这些策略和方法大都是怎样从现存的测试套件中选择一个测试用例子集，使得最大化揭示新缺陷的可能，以及降低测试的代价。

为回归测试提出的测试选择技术大致可分为两类：基于规范和基于代码。具体做法这里不再介绍，读者可参考文献[2]第12章综述的讨论。

## 9.3.2　系统测试对计算机科学发展的作用

系统测试不仅是保证软件产品质量的重要方法，对它的研究也会促进计算机科学以及软件工程学科的发展，现以安全测试为例说明。

没有计算机系统是安全的，计算机系统通常都处于受攻击的状态。例如，黑客想控制我们的计算机，或者想获取其上的数据。人们都关注自己的“个人隐私”，许多资料往往涉及他们的权益，他们需要安全性级别高的软件。例如，他们要求基于Web的应用程序要有很高的安全性，对于电子商务网站尤其如此。因此，我们在安全性测试时，必须设法攻破程序的安全防线。换一个角度考虑，黑客的攻击也是对软件安全性的一种怀着恶意的测试。因此，注意黑客们的行为，研究他们是如何破坏大大小小的系统的，对于安全性测试也有一定参考价值。

Patton指出，要充分、全面地讲述攻击软件产品所有可能的方法是不可能的，不同产品各有其不同的安全漏洞[14]。但是在安全性测试中发现，也在黑客们的行为中发现，任何软件产品中都有一个共同性安全问题，那就是缓冲区溢出。为此，他给出了一个简单缓冲区溢出的例子，如图9.2给出的程序所示。

图9.2的程序中，输入字符串pSourceStr的长度是未知的，而目的字符串pDestStr的长度是100B。然而，如代码中所写，源字符串会复制到目的字符串中，不管长度有多少。这样如果源字符串超过100B，就会填满目的字符串，并且会继续覆盖本地变量的值。糟糕的是，如果源字符串足够长，就有可能覆盖掉myBufferCopy()函数的返回地址进而覆盖myValidate()函数执行代码的内容。于是，黑客(并不需要有多高超的技巧)会输入一个超级长的口令，用手写的汇编代码替代数字和文字的ASCII字符串，并覆盖原本执行口令验证的myValidate()函数，这就可能获得访问系统的权限。

由于字符串的不正确处理引起的缓冲区溢出是目前最常见的一种代码编写错误，它导致安全漏洞。系统测试揭露出这种类型错误可以启示早期的代码审核应该注意这些缺陷。但是它可以启示计算机科学，寻找这类错误的预防办法，使我们能在第一时间和地点防止它们发生。

```
void myBufferCopy (char *pSourceStr){
        char pDestStr[100];
        int nLocalVar1 = 123;
        int nLocalVar2 = 456;
        strcpy(pDestStr, pSourceStr);
    }
void myValidate( )
{
/*
      Assume this function's code validates a user password
      and grants access to millions of private customer records
/*
}
```

图 9.2　简单缓冲区溢出的程序例子

（转摘于文献[14]清单 13-1）

2002 年，Microsoft 开始主动确认 C 和 C++ 函数中容易引起缓冲区溢出的编码错误。他们发现这些函数自身并不差，但是要安全地使用它们，在程序员那里就需要进行更为深入的错误检测。鉴于程序员经常都会忽略这种错误检测，致使代码产生安全漏洞这一事实，最好不要把堵死漏洞完全寄希望于程序员的谨慎上，应该开发或改进一组新的函数，即用强壮、完全测试过的、文档齐全的新函数集替代这些容易引起问题的函数集。

这些新函数，称为安全字符串函数（Safe String Functions），在 Microsoft 的 Windows XP SP1、Windows DDK 和平台 SDK 中已经具有。常用的操作系统、编译器、处理器也具有其他很多实现了安全字符串的商用的或免费的库。文献[14]还给出了不安全函数及其替代函数的清单，显然，程序员应该使用安全版本的函数。如果没有使用，在代码评审阶段和系统测试阶段就要更加关注不安全函数及其使用，要确保能够发现任何可能的安全漏洞并解决。下面列出使用新函数的优点[14]。

（1）每个函数接受目标缓冲的长度作为输入，这样函数就能确保在写入时不会超过缓冲区的长度。

（2）函数空字符中止所有的输出字符串，即使操作截断了预期的结果。在返回字符串上进行操作的代码就能安全地假定其会最终遇到空字符，它表示字符串的结束。在空字符前的数据是有效的，并且字符不会无穷尽地延长。

（3）所有函数返回一个 NTSTATUS 值，该值只有一个可能成功的代码。调用函数能轻易地确定函数的执行是否成功。

(4) 每个都提供版本。一个支持单字节的ASCII字符，另一个支持双字节的Unicode字符。当要支持多国语言的字符或象形文字时，字符必须占用超过1B的空间。为了节省时间，减少烦恼和软件缺陷，软件测试员和程序员在进行“本地化”时，都应该摆脱“古老ASCII”的束缚，而转向Unicode。

更为严重的事是，有些由缓冲区溢出导致的安全漏洞在事前还被认为是不可能发生的。Patton举了JPEG病毒的例子说明这个问题。2004年9月，一个病毒被发现嵌入几幅图片中并上传至一个互联网新闻组。在查看图片时，病毒被下载到用户的计算机。事前没有人认为这是可能的，直到这个事情确实发生了。因为人们总认为，比一幅图片更安全的是数据，而不是可执行代码。这里病毒的下载基于数据对缓冲区溢出的利用。

JPEG文件格式，除了存储图片数据外，还存储嵌入的注释和评论。例如，许多编辑图片的软件使用“我们家在沙滩”“出售住宅”等这种格式注释图片。这些注释域以十六进制值0xFFFE(标记码)开头，接下来是2B的值。该值说明注释的长度，加上2B(注释域长度)。使用这种格式，不超过65 533B长度的注释都是合理的。如果没有注释，区域的值就应该是2。问题在于如果此值为非法的1或0，就会发生缓冲区溢出。

解释JPEG数据格式并将其转换为可见的图片的程序在读注释前，将文件长度减去2，变为正常长度。例如，如果区域的值设置为(非法的)0，则减去2后就得到−2。因为解释程序的代码被写成只能可以处理正整数，就会理解为“4GB”。如此意想不到的错误来源于有符号到无符号的隐式强制转换。这样下面4GB的“注释”内容就被读入，从而不正确地覆盖了有效的数据和程序。如果“注释”数据被精心地构造、编码、编译，就可能用来获得系统(即用户的个人计算机)的访问权限。为了从根源处解决此类漏洞问题，Microsoft曾经发布过一个关键更新，针对系统所有加载和查看JPEG图片的组件。这也应看作由于发现安全漏洞而对计算机系统的改进。

不幸的是，类似上述预想不到的事还发生在对软件正确性的证明活动中。在非形式证明方法中，有一种把有关程序(如不变式)特性的断言插入代码中，以此有效验证或检测程序是否正确的方法。如果在执行时某断言不成立，则产品停止运行，开发人员就可以查清是终止执行的断言不正确，还是代码中真的有错。这种通过触发断言的检测方法，得到一些语言的支持，如Java(1.4版本以上)支持通过assert语句直接进行断言。假设一个非形式的证明要求代码中特定点的变量xxx的值是正的，即使程序员确信变量xxx不可能是负的或是零，为了更可靠，程序员可以指定下面的语句出现在代码中那个点上。

```
assert(xxx > 0)
```

如果xxx≤0，停止运行，于是程序员就可以查明这种情况。

一旦用户确认产品运行正确，就可以关闭断言检验，以提高运行速度。但是关闭断言检验，将不会找到由断言能够明白检测出的错误。这时我们会遇到一个权衡决策问题。一般地，用户都采取不关闭断言检验的做法。可惜的是，这却引发了安全漏洞，这也是由黑客利用缓冲区溢出造成的。为了软件正确性的证明反而招致安全漏洞，不能不说，这是一件令人尴尬的事。

原来像Java这样的语言,有一个特性是边界检验,例如可以在执行时检查每个数组索引以确保它在声明的范围内。霍尔建议在开发产品时使用边界检验,一旦产品运行正确就停止使用它。他作了一个比喻,说这像在陆地上穿着救生衣在学习航海,然后真正在大海上时脱掉救生衣。霍尔在他的图灵奖讲稿中,以下面一个事例说明人们并不愿意脱掉救生衣。1961年,霍尔开发了一种编译器,当给用户提供在编译器的最终安装后关掉边界检验的机会时,他们一致拒绝了。理由很简单,他们在该编译器的先前版本的测试运行期间,已经遇到了许多变量值超出范围的事件。

边界检验也是一种断言检验,因此,霍尔的建议及其救生衣比喻与一旦安装了最终版本就可以关闭断言检测一样。

霍尔的评论不幸被言中了。前面已经叙述,黑客们渗透计算机的一项主要技术就是向操作系统发送一个长数据流,故意造成缓冲区溢出,进而用恶意的可执行代码覆盖一部分操作系统。这一次是因为程序员没有关闭边界检验,黑客们才有机可乘,虽然边界检验可以起到防止黑客利用缓冲区溢出攻击操作系统的作用。例如,C和C++语言没有边界检验,如果程序员忽略了在代码中包含边界检验,缓冲区溢出也会在向它们编写的操作系统的缓冲区中读数据的情况下发生,而且当程序的代码中包含了边界检验但忽略了关闭时也是如此[22]。

计算机的安全问题似乎威胁到每个计算机用户。现在,黑客、病毒、蠕虫、间谍软件、后台程序、木马、拒绝服务攻击等已经成了人们熟悉的术语。因此,计算机科学不仅要尽力从根源上寻找解决办法,还要尽力改进测试工作,使测试人员能够发现在产品特性设置方面(这也许会关联到计算机科学领域)那些可能会引起安全漏洞的地方,从而从代码审查起就全力关注产品安全性问题。为此,Patton认为在Michael Howard和David LeBlance所著的*Writing Secure Code*一书中讨论的“威胁模式分析”过程可以看作“检查代码”正规审查的一个变形方式。Patton还介绍了一个威胁模式分析过程,其步骤如下[14]。

(1) 构建威胁模型分析小组。要注意的是,对于该小组,他们的最初目标不是解决安全问题,而是确定安全问题。只有在后期,在可以由一些小规模特定团队参加的会议上,以隔离安全威胁,设计解决方案。这样做,使系统在初始设计时就要求全体开发人员理解和认可可能存在的安全威胁。

(2) 确认价值。考虑系统所有的东西对于一个入侵者来说价值有多大,即评估不安全带来的损失。

(3) 创建一个体系结构总体图。创建体系结构图,主要是为了确认在不同技术及其证明之间的“信任边界”(Trust Boundaries)以及为了访问数据必须发生的授权。

(4) 分解应用程序。该步骤应基于设计的数据流图和状态转换图,如果没有这些图,需要创建它们。该步骤是一个格式化过程,用来确认数据所在位置以及如何通过系统。这样,我们可以想想哪些可以作为容器的数据以及哪些数据使容器安全。例如,进入容器查看数据的手段是什么?数据是否加密?口令得到了保护了吗?

(5) 确认威胁。一旦完全理解了所有部分(价值、体系结构、数据),威胁模型分析小组可以转向确认威胁。每部分都应该考虑为威胁目标,并且应假设它们会受到攻击,想想是否每部分都可能被不正确地看待,以致每部分是否都能被修改?黑客是否能阻止授权用户使用系统?是否有人能获得系统的访问权限并控制系统?

(6) 记录威胁。每个威胁必须用文档记录,并且应进行跟踪以确保其被解决。文档是一种简单方式,用于描述威胁(用一句或更少)、目标、攻击可能采用的方式、系统用于防御攻击有哪些反制手段。这些文档也可以在系统测试时帮助测试人员生成测试用例。

(7) 威胁等级评定。并非所有威胁都有相同等级,而且威胁的严重性和威胁的易发性也不是一个概念。可以利用一个所谓“恐怖公式”(DREAD Formula)表示,如下。

- 潜在的损害:如果这部分被害了,损害有多大(物理上,金钱上、整体性上等)?
- 可反复性:黑客不间断利用漏洞的容易度如何?是否每次尝试都能成功?或是1000次尝试成功一次?或是100万次尝试成功1次?
- 可利用性:获得对系统或数据访问权限的技术难度有多大?仅仅通过互联网发送电子邮件就可以?或是要用几行简单的宏代码?还是需要具有很专业编程技能的人员来实现?
- 受影响的用户:黑客成功入侵会使多少用户受害?是单个用户,还是众多用户?还是数量极其庞大的用户?
- 可发现性:黑客发现漏洞的可能性有多大?例如,一个保密的“后门”登录口令可能不会被发现,除非心怀怨恨的雇员被解雇后把这些信息贴到Web上。

一般地,可以权衡上述5个方面给每个威胁赋予一个安全等级。据此,威胁模型分析小组可以首先计划对最严重的问题进行设计和测试,然后在时间允许时继续对其他等级的威胁进行设计和测试。

当然,如果真想自己的系统免受外部意外或故意攻击,从而使自己的系统安全,那么最好不要连接互联网,这时安全性问题就局限于确保授权用户不会滥用系统。然而这是行不通的,也是极不划算的,至少对大多数系统来说是如此。因为互联网的应用已经不仅仅局限于商业,几乎一切部门都在提供对外服务的互联网窗口。

现今互联网几乎已经渗透进每个人的日常生活。于是,对互联网应用的测试成了专门的研究课题。例如,文献[17]用专门一章(第10章)讨论了“互联网应用测试”问题。通常情况下,测试主要包括3个层面:表现层(或用户交互接口)、业务层和数据层。这3个层次是测试基于互联网应用系统时最为重要的,也是最应该关注的测试领域。文献[17]举出了在这3个层次测试的例子,它们有助于确保用户在使用网站时获得积极体验,如表9.2所示。

对于测试工作,我们面临许多挑战,其中安全性问题,尤其是那些用户基数庞大的电子商务网站,对于数据准确性和安全性提出了更高的要求。这是不言而喻的,由于网站对外公开,我们必须保护其免受黑客攻击。黑客会发起拒绝服务攻击(Denial of Service,DoS)使网站陷入瘫痪,或盗窃客户的信用卡信息。

表 9.2 表示层、业务层和数据层测试的例子(转摘于文献[17]表 10-1)

| 表 示 层 | 业 务 层 | 数 据 层 |
|---|---|---|
| • 确保字体在不同浏览器中都相同<br>• 检查以确保每个链接都指向正确的文件或站点<br>• 检查图形以确保其分辨率和大小正确<br>• 对每页进行拼写检查<br>• 让文字编辑检查语法和风格<br>• 在页面载入时检查光标位置,以确保其在正确的文本框中<br>• 检查以确保在页面载入时选中了默认的按钮<br>• 检查交互性操作的用户友好度反馈以及体验一致性<br>• 检查商业或行业的特定术语与风格的使用 | • 检查消费税和送货费计算是否正确<br>• 确保提出的响应时间、吞吐率等性质指标得到了满足<br>• 验证事务正确完成<br>• 确保失败的事务回滚正确<br>• 确保正确采集数据 | • 确保数据库操作满足性能要求<br>• 验证数据存储适当且正确<br>• 验证可使用当前备份来恢复<br>• 测试故障处理和冗余功能<br>• 测试数据加密和安全性(特别是信用卡和用户私人信息)<br>• 测试后端数据输入与管理功能的可用性以及准确性 |

尽管我们已经有了足够多的技术(如密码学)允许客户在因特网上安全地完成交易,但是也不能单纯依赖技术的应用确保安全。顺便提一下,如果一旦量子计算机研发成功,那么目前的一切密码都会在极短时间内遭到破解,因而密码学将要面临新的发展机遇。除此之外,我们必须向客户群证明软件是安全的,否则就会有失去客户的风险。文献[17]第 10 章提供了许多有关基于因特网的应用程序的安全性测试的资料,如,在业务层进行用户身份验证、事务准确性(确保事务正确完成、确保被取消的事务回滚正确和对用户输入进行验证是否能满足安全性和准确要求)和数据有效性等有关测试。我们知道电子商务网站必须在全部时间内正确处理事务,消费者不可能容忍事务出错。除了声誉受损,客流流失之外,公司还可能因事务处理出错而承担法律责任。因此,可以将事务测试视为对业务层进行的系统测试,并且要自始至终测试业务层,尽量发现错误。另外,在数据层进行的数据完整性测试、容错性和可恢复性测试,特别是对数据加密和安全性(信用卡和用户私人信息)测试对安全性来说都是重要的测试。

以上讨论的内容属于信息安全性范畴,信息不安全起源于系统遭受到外部攻击事件。因此,要使软件具有信息安全性属性,必须采取防止或防御措施,避免黑客、病毒、蠕虫、木马等的攻击。一般地,许多软件都有特别的安全性目标,前面叙述的威胁模型分析小组成立的目的就是使安全性目标渗透到开发过程的每个实质性步骤中去完成。系统测试中的安全性测试就是要设计测试用例突破程序安全检查的过程。例如,我们可以设计测试用例,用来规避操作系统的内存保护机制,破坏数据库管理系统的数据安全机制。这种测试方法有点类似于黑客行为,实际上它也是从系统可能会存在的安全漏洞方面着手设计测试用例的。

然而，软件产品除了要具有信息安全性这个系统属性以外，还要具有另一类的系统安全性属性。这个属性与软件可靠性有关，但是它的表现特征是“安全”性。也就是说，这时系统总是安全运行是至关重要的事。我们要求系统永远也不能伤害人或损害系统环境，即使是在系统失效时也应该如此。安全要求极高的系统关乎人们的生命财产，如飞机监控系统、汽车控制系统、医疗系统、化学和医学工程中的过程控制系统、导弹发射系统等，它们的不安全造成的损失是巨大的。

虽然系统可依赖性和系统安全性相关，但是可依赖的系统也是不安全的，反之亦然。软件可能一直以一种不健康的方式工作，由此产生的系统行为将导致意外发生。以下4个原因说明可依赖软件系统未必是安全的系统[23]。

(1) 我们不能“完全地”确信软件系统是无缺陷的和能容错的。未被发现的缺陷可能潜伏很长一段时间，软件失败也许会发生在多年的可信赖运行之后。

(2) 需求描述会是不完备的，因为它可能没有描述一些关键时刻的必要的系统行为。高比例的系统误操作来自需求描述错误而非设计错误。在嵌入式系统错误的研究中，Lutz总结道：“…需求中的困难是引起安全类软件错误的主要原因，它会一直存在直到集成和系统测试。”

(3) 硬件误动作会引起系统无法预测的行为，使软件所处的环境无法预测。当组件与物理失败很紧密时，它们会产生不规律的行为，其产生的信号会超出软件所能处理的范围。

(4) 有时候单独看起来系统操作员做了正确的输入，但在某些情形下它可能导致系统误操作。这种情形在使用系统时会不经意地经常发生。

由上所述，即使值得依赖的系统也难免发生意外，因而确保安全性的关键在于保证要么意外不会发生，要么意外发生的后果并不严重。

对意外发生的研究显示，意外最容易发生在多个方面同时出错的时候。Perrow关于严重意外事件的分析表明，它们几乎都源于系统不同部分失败的组合情形，对于系统的未预料的组合导致整个系统失败的交互。例如，空调系统的失败可能导致环境过热，而这又会导致系统硬件产生不正确的信号。Perrow认为：不太可能预测所有可能的失败组合。这样看来，意外是使用复杂系统不可避免的一部分，正如我们前面提到的那样，复杂性会导致“涌现”[23]。

我们可以像威胁模型分析那样，对安全性要求极高的系统进行安全性描述，从而识别出能将系统失败发生概率降到最小的需求[23]。安全性描述首要的是保护性需求，与普通的系统操作没有关系。它们可能明确说明系统应该被关闭，这样安全性才得以保持。例如，国际电工委员会(International Electrotechnical Commission，IEC)为保护系统(如在一些危险情况发生时系统能激活自我保护机制)定义了一个安全性管理的标准。保护系统的一个例子是当一列火车穿过红色信号灯时能自动停下来。该标准包括了大量有关安全性描述过程的指导。其次，安全性描述在导出不同的安全性需求时，还需要在安全性和功能性之间找出一个可接受的平衡来避免过度保护。在一个花费合理的前提下研究构建非常安全的系统才是有意义的。

安全性描述通常是关注在一定条件下可能产生的危险，以及可能导致这些危险产生的事件。因而基于风险的安全性描述过程包括以下几方面。

(1) 风险识别：在安全性描述中，这是识别可能危害系统的危险的过程。

(2) 风险分析：这是危险评估过程，以决定哪个危险是最危险并且(或)是最可能发生的。应该在给安全性需求分类时对其进行优先级排序。

(3) 风险分解：这个过程是关于发现能导致危险发生的事件。

(4) 风险降低：这个过程基于前述活动的结果，它可能是关于确保一个危险不会引起或导致事故，或者是如果一个事故发生了，将相关的损失最小化。

安全性描述使我们在开发过程初期就能明白安全性需求以便管理风险，从而找到一些互补的办法以确保不发生意外或使意外的后果不严重。这也是风险降低应该(即安全性描述最后)要达到的目标。具体目标如下。

(1) 危险避免。系统设计使危险不能发生。例如，切割系统要求操作员使用双手同时分别按住一个按钮，以避免操作员的手在切刀的路径上这种意外事情发生。

(2) 危险检测和排除。系统设计使可以在危险导致事故之前检测出危险并排除它。例如，一个化学工厂系统会检测过大的压力并开启减压阀，在爆炸发生之前降低这些压力。

(3) 灾害限制。系统设计使事故后果影响达到最小。例如，飞机引擎在正常情况下带有自动的灭火器。如果失火，通常可以在其对飞机造成威胁之前得到控制。

一般地，安全性要求极高的系统设计者都会综合使用这些方法。举例来说，对于处理无法忍受的危险，要最大可能降低其发生的可能性，并增加一个保护系统以防止这个危险发生。

因为意外可能是系统不安全的主要根源，而它又是最容易发生在多个方面同时出错的时候，诚如 Perrow 所说，我们又不太能预测到所有可能的失败组合，所以在系统测试时，对于安全性测试设计好的测试用例非常困难。就像 Myers 所说："设计好的系统测试用例比设计系统或程序需要更多的创造性、智慧和经验。"[17] 意外造成的损害风险和系统测试的困难都促使软件开发过程采取新的有效办法防止系统意外事故发生或在其发生时将损害达到最小化。也许把安全性描述加入需求目标中是一个好办法，它使我们在系统测试软件安全时，可以尽力找到成品的软件在安全性方面和需求目标不一致的地方，即帮助测试人员产生好的测试用例。

最后，系统测试软件的安全性，也许最重要的一点是让我们理解到系统安全的程度，进而社会不得不决定是否某个意外突发事件会产生恶劣后果，必须要动用先进的技术去处理。同时，如何部署有限的国家资源，降低民众的风险，也属于社会和政治的决策[23]。

### 9.3.3 系统测试对度量科学的贡献

**1. 软件度量**

系统测试必然会引发软件度量问题，特别是在非功能测试领域。对软件被测试的特性，人们必须找到对其进行度量的方法，这样才能由测试得出的相应度量值正确评估出软件被测试特性的度量。此外，对软件特性建立度量指标，也是评估系统何时停止系统测试时必须要依据的准则，甚至这些指标还帮助用户明确自己真正所需。

在古代，像温度、时间这样的物理量，人们很怀疑对它们能够精确测量。如今人们做到了，在研究温度的科学领域，人们可以制造接近绝对温度零度(即－273℃)的温度环境。在应用时间的测量领域中，如在一些运动项目中，计时可以精确到毫秒。

在软件界，一直也在追求对软件质量特性的度量方法。现以软件可靠性度量为例进行说明。

总的来说，可靠性可以描述为系统在一个指定的操作环境中运行时发生失败的概率。若用这个观念理解软件的可靠性，那么我们可以应用下面的一些度量及其度量指标[23]。

(1) 请求失败的概率(Probability of Failure on Demand，POFOD)，这个度量定义了对软件系统在要求得到服务时失败的可能性。

(2) 失败发生率(Rate of Occurrence of Failure，ROCOF)，这个度量阐明了在一段时间或在一定的系统执行次数之内，能够观察到的失败的次数。

(3) 失败发生的平均时间(Mean Time to Failure，MTTF)，这个度量指已发现的系统失败的平均时间。该度量是失败发生率 ROCOF 的倒数。例如，如果 ROCOF 为每小时两次，则 MTTF 是 30min，即平均每 30min 系统会失败一次。注意，有时采用平均故障间隔时间(Mean Time Between Failure，MTBF)术语。严格地讲，MTTF 是一个不可修复系统可靠性的基本度量，而 MTBF 从技术上讲应该只用于可修复项目。但是 MTBF 通常既可用于可修复项目，又可用于不可修复项目[2]。

(4) 可用性(Availability，AVAIL)，系统可用性反映出当需要它的时候它提供服务的能力。也就是说，AVAIL 是当向某个服务提出要求时系统的可操作性。例如，0.999 的可用性是指，平均来说系统在 99.9%的操作时间是可用的，或者说系统能够在 1000 次请求中成功提供 999 次服务。

当请求失败会产生一个严重的系统失败的时候，POFOD 是一个重要的应该被用到的可靠性度量。该度量与提出请求的频率无关。虽然如此，应用这个度量时有时也会考虑请求频率。例如，对安全性要求极高的系统，在处理无法忍受的危险时，设计者都会增加一个保护系统以防止这个危险发生。因为保护系统是在所有修复措施都失效之后的最后防线，因此对它的要求是不经常的。如果我们从对它请求失败的后果的严重性考虑，POFOD＝0.001(1000 次请求中只有一次是失败的)，看起来也可能是有风险的。但是如果在整个系统整个生命周期中只有两三次对保护系统有所请求，那么依据这个度量值就可能永远见不到系统失败。也就是说，这时从(无关的)请求频率角度考虑，POFOD＝0.001 是可接受的可靠性质量指标。

ROCOF 是在对系统做有规律的请求而不是断断续续的请求时应该采用的一个最恰当的有关系统可靠性的度量。例如，在一个处理大量事务的系统中，失败是免不了时，人们可能要求系统只允许有一定的失败发生率。这时我们可以从一段时间内或系统执行次数两个角度考虑 ROCOF 度量。从时间角度，比如我们要求一个每天 ROCOF 为 10 的失败发生率，这就意味着我们愿意接受平均每天 10 次事务处理不能成功完成并必须取消的事实。另外，我们也可以从系统每执行多少次可以允许的失败次数的角度定义可靠性，如定义ROCOF为每1000次事务中失败两次，这就意味着我们愿意接受系统平均在1000次事务处理中有两次不能够成功完成并必须取消的事实。

如果失败之间的绝对时间很重要的话，我们就需要使用MTTF可靠性度量指标。例如，当我们在为一个有限长的事务处理序列的系统定义可靠性需求时，那么就应该把可靠性定义为长的失败平均间隔时间。例如，MIIT应该比普通用户在他们的模型上连续工作而未存盘的平均时间要长得多，这样就意味着用户在哪一个工作阶段中都不太可能由于失败而丢失数据。

至于作为可靠性的可用性度量指标，对于有故障可以忍受且能修复的系统，用户不仅关心AVAIL数值，而且当系统发生故障导致不能提供服务时，用户还十分关心其维修和重启所需的时间。这时，可用性不仅取决于平均故障间隔时间，而且取决于系统恢复运行的时间。换言之，这时我们把可恢复性测试中的度量指标平均恢复时间(Mean Time to Repair，MTTR)也纳入可靠性度量中。

(1) 平均故障间隔时间(MTBF)：系统两次相继失败之间的平均时间，技术上讲，它应该只用于可恢复项目，不过有时也应用于不可修复项目。

(2) 平均修复时间(MTTR)：系统崩溃到系统被修复且所有功能正常运行之间所用的时间。MTTR表示设备不能提供服务的时间间隔。

自然，我们还可以考虑一些其他可靠性度量，如平均发现 $k$ 个缺陷的时间。这个度量对于评估产品稳定性是个不错的指标，由于产品不稳定，发现 $k$ 个缺陷所需的时间就短，产品逐渐稳定后，发现 $k$ 个缺陷所需的时间就趋于变长。因此，这个度量值也可以作为决定系统测试结束的准则之一使用。

可靠性通常是一个广泛的概念，在人们心目中它可能指产品的所有质量因素和功能。如果从这个视角讨论软件可靠性，则基本上较少与测试有直接联系，更多地与产品开发的总体方法有关。例如，在前面讨论安全性时，如果认为软件的安全性就是软件可靠性问题，而我们讨论的威胁模型分析和安全性描述就是试图从包括需求、设计、编码、测试和文档等的整个软件开发过程活动中保证软件开发组织所有成员理解安全性需求并力求实现的方法。虽然我们说它是从安全性测试寻找软件安全漏洞活动中引发出来的对软件工程科学的贡献，但与具体可靠性测试无关。这里的意思是指，我们必须界定可靠性概念内涵，使系统测试中有关可靠性测试有具体内容。这样看来，上述的一些有关可靠性的具体度量指标才能准确界定可靠性概念。它们直接与系统测试有关，一般都是在一段时间内对软件进行持续不断的可靠性测试以后才能获得。例如，系统测试主要考虑的因素是缺陷，那么平均发现 $k$ 个缺陷的时间就可从系统测试的整个过程中获得。进一步说，系统测试中的可靠性测试促使软件界对软件可靠性的度量科学进行研究，创立可靠性度量概念体系并寻找度量方法。

对于可靠性测试，我们要做两项科学研究工作：软件可靠性定义和软件可靠性度量。

1）软件可靠性定义

软件可靠性的定义与我们对软件可靠性的理解有关。为了把可靠性与对它的测试直接联系起来，我们从下面几方面理清软件可靠性的概念[2]。

（1）缺陷与故障

以前为了简便，我们互用缺陷和故障两个术语。在可靠性定义中，我们严格地区分它们的意义。

故障是指一个程序执行的可观测结果和预期结果不同的事件。预期结果指定为系统需求，可观测结果指程序执行时的实际呈现。因此，故障是可观测概念，它与程序的执行联系在一起。

缺陷是故障发生的原因，它是不可见的，隐蔽在程序中，通常都是代码中的错误。仅存在缺陷未必会导致系统故障，只有当软件中有缺陷的部分执行时，运行环境使缺陷真正暴露出来才会诱发系统故障。

（2）时间

人们希望系统能够连续不断地运行而不出错，即使系统出现可以忍受的故障，也希望它不是经常的，并且修复起来比较容易，花费时间也不长。这些都说明在理解可靠性概念时必须考虑时间因素。

为了更好地理解软件可靠性，可以就故障和时间之间的关系考虑以下几个度量。

**故障之间的时间间隔**。考查故障之间的时间间隔，极容易判断软件可靠性。如果连续故障之间的时间间隔很短，意味着系统经常发生故障，可靠性级别很低；如果连续故障之间时间间隔很长，意味着系统只是偶尔出现故障，可靠性级别很高。当然，运用上面的标准判定系统可靠性，还要靠用户的感受以及系统故障造成的后果的严重性来决定。

考查故障之间的时间间隔，还可判断系统的稳定性。一般地，在系统测试初期，通常会发现很大数量的故障，这样连续故障之间的时间间隔就很短，说明系统很不稳定，很不可靠。随着缺陷不断被修正，后续的系统测试发现的缺陷便随之减少，即连续故障之间的时间间隔也相应扩大，说明系统越来越稳定，越来越可靠。

鉴于考查故障之间的时间间隔的重要性，应用于可靠性测试就引入了许多有关的指标。例如，前面提出的平均失败时间（MTTF）、平均修复时间（MTTR），以及平均故障间隔时间（MTBF）。如果认为软件故障出现就是软件失败，然后进行修复工作，而且假定修复系统时系统不运转，那么它们之间存在关系：MTBF＝MTTF＋MTTR。

**时间间隔中的故障数量**。如果讨论时间间隔和系统发生的故障数量之间的关系，我们可以引入两个故障相关的量用于刻画软件的可靠性：累积故障（Cumulative Failure），用符号 $\mu$ 表示；故障密度（Failure Intensity），用符号 $\lambda$ 表示。故障密度表示为单位时间内观察到的故障数量，而累积故障表示在一段时间间隔里观察到的故障总数。

一般地，我们考虑的时间是程序执行时间，用符号 $\tau$ 表示。于是，累积故障 $\mu$ 和故障密度 $\lambda$ 都是执行时间 $\tau$ 的函数。$\mu(\tau)$表示从系统开始执行到当前执行时间 $\tau$ 观察到的故障总数。$\lambda(\tau)$表示从系统开始执行后 $\tau$ 单位时间观察到的故障数量，换言之，是在单位时间 $\tau$ 观察到的故障密度。由此不难理解,$\mu(\tau)$和$\lambda(\tau)$之间存在以下关系。

$$\lambda(\tau)=\frac{\mathrm{d}\mu(\tau)}{\mathrm{d}\tau} \tag{9.1}$$

和

$$\mu(\tau)=\int_0^\tau \lambda(x)\mathrm{d}x \tag{9.2}$$

现在,我们给软件可靠性下两个成式定义[2]。

**定义 9.1** 软件可靠性是指一个软件系统在一个特定的环境和特定的时间段中无故障运转的概率。

这个定义等价于讨论软件系统在一个指定的操作环境中运行时发生失败的概率。

由于大多数大型复杂软件系统存在未知数量的缺陷,而且根据它们的执行方式在任何时候都可能出现故障,所以把软件可靠性抽象为一个连续随机变量,用概率术语描述它是适宜且有用的。

为了准确界定软件可靠性,在定义 9.1 中,特别指明两个核心条件:时间和环境。文献[2]指出,执行环境概念是软件可靠性定义的一个核心部分。考虑一个软件系统能支持 10 种不同的功能 $f_1,f_2,\cdots,f_{10}$,并且有两组用户。第 1 组用户只使用功能 $f_1,f_2,\cdots,f_7$,恰巧 $f_1,f_2,\cdots,f_7$ 之中任何一个功能都没有缺陷,于是该组用户将观察不到任何故障,软件无故障运转的概率为 1.0。第 2 组用户使用了全部功能,而 $f_8,f_9,f_{10}$ 中存在缺陷。第 2 组用户将时常观察到故障,这取决于他们使用 $f_8,f_9,f_{10}$ 的频率。于是他们认为软件可靠性的级别必将低于第 1 组用户的认可的级别。由此可见,不固定讨论执行环境,将无法精确刻画可靠性随机本性。同样,用户大多只对完成他们的任务感兴趣,重要的是需要在某个时间段无故障运转。例如,办公室秘书上午 8:30 打开计算机上班,下午 16:30 关闭计算机下班,希望计算机能无故障运行 8h。如果一年工作 200 天,假如几年中秘书发现在每年的不同日子里,计算机约有 5 次崩溃,那么我们可以计算这台计算机无故障运行 8h 的概率是 0.975=(200－5)/200。由此可见,讨论软件无故障运行概率,无故障运转的时间长度也是定义的一个关键因素。

值得一提的是,主要讨论产品寿命指标的一门学科是可靠性统计学。该学科定义“可靠性”为产品在规定的条件下和规定的时间内,完成规定功能的能力。这个定义和我们对软件可靠性的定义完全一致[98]。

**定义 9.2** 故障密度是在给定环境中运行的软件系统可靠性的一个度量。

显然,软件系统的故障密度越低,它的可靠性越高。要表示一个软件系统当前的可靠性级别,可以简单地用当前系统故障密度陈述。例如,在系统测试阶段,测试员发现故障率是每执行 8h 有两个故障,那么,当前系统可靠性级别是每小时 0.25 个故障(2 个故障/8 小时)。

这两个定义反映了用户在软件系统可靠性期望上的微妙差别。定义 9.1 强调软件系统无故障运行的重要性,在最短时间长度内完成一个事务处理。持有这种期望的用户,可靠性是他们对系统能成功完成的事务处理量与要处理的事务总量之间比例的度量。定义 9.2 只是要求尽可能少的故障。持有这种期望的用户，他们认为在任意时间点的故障风险是非常重要的事。换句话说，定义 9.2 说明，用户并不考虑系统已经无故障运行了多长时间。相反，一个故障发生所导致的后果非常严重，无论系统能够运行多长时间。定义 9.1 适合所有事务处理，用户要求工作正常运行；定义 9.2 特别适合安全性要求极高的系统，用户更注意故障发生时带来的风险。

2）软件可靠性度量

软件可靠性度量科学的研究方式与自然科学通用的研究方式类似，最有成效的仍然是采用数学模型方法。下面我们介绍通用的比较简单的可靠性模型[2]。

在建立可靠性模型时，我们事前作一些假设。

- 程序中的缺陷是独立的。
- 故障之间的执行时间相对于指令执行时间是较长的。
- 潜在的测试空间覆盖了使用空间。
- 随机选择测试输入。
- 所有的故障都是可观察的。
- 导致故障的缺陷能立即修复，或者不再重复计数。

上述 6 个假设对于建立“有用”的可靠性模型都是必要的。下面我们简略叙述它们的必要性。

之所以作第 1 个假设，是因为一般来说，由软件中的缺陷引发软件故障，大都是一个缺陷引发一个故障或几个故障，很少看到几个缺陷引发同一个故障事件。这特别表现在修复缺陷工作中，程序员经常是修复一个缺陷便解决了一个或几个故障，很少看到程序员要同时修复几个缺陷才能消除一个故障的现象。在这个意义上，我们说程序中的缺陷是独立的。另外，软件中的缺陷通常是程序员不经意“制造”出来的，很少有“系统性”原因，说它们相互独立也不无道理。即使缺陷之间有联系，但作独立性假设对于分析系统随机行为仍然近似有效。

关于故障之间的执行时间相对于指令执行时间是较长的第 2 个假设，是要求系统本身是稳定的，即它并不经常发生故障。因为可靠性模型是用来对系统的可靠性指标作出预测，从而让可靠性测试去“证伪”它，如果没有证伪它，系统就是通过了可靠性测试。倘若系统极不稳定，故障频繁，则可靠性模型的预测将变得毫无意义。再说，“精心”开发出来的成品软件，其中的缺陷几乎是隐蔽的，它们随机地引发软件故障，对这样的软件进行系统测试才有必要。总之，一个合理的、稳定的系统是可靠性模型有效的前提。

潜在的测试空间覆盖了使用空间这个假设的意思是指要根据使用系统的方式测试系统，一般地，这可以通过对用户的操作概要来描述。实际上，在软件可靠性的两个定义中，都强调了执行环境这个关键元素。执行环境是指用户是怎样操作一个软件系统的。前面我们曾经介绍过的操作概要的概念（也称为操作简档、操作剖面），就是对实际用户怎样操作一个系统的描述。操作概要可以指导测试员选择测试用例。根据操作概要设计测试用例，会使可靠性判定更加贴近实际执行情景，这样可靠性就与系统测试密切相关。例如，使用故障密度刻画可靠性，我们就应该在给定时间内首先测试有更高使用频率的操作，以确保能生产出有更高可靠性的软件系统。这样看来，潜在的测试空间覆盖使用空间是建立可靠性模型的必要假设是理所当然的，因为可靠性模型的有用性正是取决于系统测试是否考虑了系统的使用空间，这里使用空间主要就是用用户的操作概要描述的。

第 4 个假设强调随机选择测试输入的必要性，这是因为我们把可靠性表示成一个连续随机变量。选择过程中的随机性减少了对特定的测试数据组的偏向，能真正体现作为随机变量的可靠性"数据"的概率本性。

关于所有故障都是可观察的第 5 个假设，仅告诉我们只需要考虑实际的系统行为和期望的系统行为之间的最终差异。即使系统正处于出错状态，也可能因为容错设计而不会产生系统故障。实际上，可观察性是一切实验科学的最基本要求。前面我们已经界定故障是与实际程序执行联系在一起的可观测量，这样才能使可靠性度量模型有坚实的科学基础。因此，可靠性是观察到的故障这种"物理量"的统计规律，而不是讨论发生故障或者说是(例如)缺陷能诱发故障的可能性。

既然研究可靠性只须考虑观察到的故障，那么如何计算故障的数量就是一个重要问题。第 6 个假设告诉我们如何计算故障的数量，它要求对一个故障只计算一次。如果认为故障的起因是缺陷，那么为了避免重复计算，当观察到一个故障，就应该假定发现并且修复了相应的缺陷。这样我们就不会再次观察到这个故障了，这是因为缺陷已经(由第 1 个假设)假定是独立的，所以我们不会遇到有其他未知缺陷而引发同样故障的事件。如果缺陷修复不了，那个由它导致的故障就不应该重复计数。

注意，可靠性度量与系统测试密切相关。前面我们已经定义了累积故障 $\mu(\tau)$ 和故障密度 $\lambda(\tau)$ 两个(执行)时间函数。由于我们把可靠性表示为一个连续随机变量，严格地说，$\mu(\tau)$ 和 $\lambda(\tau)$ 也是随机变量。因为我们无法进行"完整"的实验(理论上，那要复制无穷多个软件并对每个进行独立的系统测试)，所以对可靠性以及 $\mu(\tau)$ 和 $\lambda(\tau)$ 等度量的概率规律也无法精确获得。如此看来，从系统测试中获得的 $\mu(\tau)$ 和 $\lambda(\tau)$ 都是可靠性随机变量在一次执行时间中的样本值。虽然如此，如果系统测试进行得充分和彻底，应该说得到的 $\mu(\tau)$ 和 $\lambda(\tau)$ 皆具有代表性，它们能真实反映系统可靠性特征。也就是说，可以把 $\mu(\tau)$ 和 $\lambda(\tau)$ 的一次实现看作理论上无穷次实现得到的平均值，至少可以认为它们是平均值的很好的近似值。事实上，我们对即将建立的可靠性度量模型的上述 6 条假设，就是为了保证统计值 $\mu(\tau)$ 和 $\lambda(\tau)$ 具有代表性。总的来说，我们认为两个统计量 $\mu(\tau)$ 和 $\lambda(\tau)$ 是系统在执行时间中关于累积故障数量和故障密度两个随机变量的期望值，即平均值。

明白了基本假定以后，下面介绍两个可靠性度量模型。这两个模型都是基于以下直观想法开发的：随着发现其他系统故障且相应的缺陷被修复，系统中剩余的缺陷数量会更少，从而随后在系统中出现故障的概率也会降低。如果用我们前面定义过的累积故障和故障密度两个术语叙述，在这两个模型中，都认为系统的故障密度随着每个故障被修复而变小。换言之，随着累积故障的增加，故障密度随之下降。

从直观想法上看，两个模型都是这样把可靠性度量与系统测试联系在一起：故障密度是累积故障数量的一个衰减函数。但是对于衰减特征，两个模型所作的先验假设并不相同。我们首先看第 1 个模型，即基本模型。

(1) 基本模型

基本模型考虑如下衰减过程：发现一个故障并修复相应的缺陷后，故障密度的减少量是恒定的。

假设 $\lambda_0$ 表示系统测试初期观察到的初始故障密度，$v_0$ 表示从系统测试开始期望观察到的系统故障的总数，则系统的故障密度的衰减率等于 $-\lambda_0/v_0$（每单位时间），它是恒定的。

令 $\mu$ 为观察到的故障的数量，$\lambda$ 为故障密度。现在把故障密度看作累积故障的函数，即 $\lambda(\mu)$。$\lambda(\mu)$表示在观察到累积故障为 $\mu$ 个时，系统当时的故障密度。因为每当一个故障被发现并修复相应的缺陷，故障密度衰减率都为 $-\lambda_0/v_0$，这样在观察到 $\mu$ 个故障的时刻，故障密度应为 $\lambda_0-\mu\cdot\frac{\lambda_0}{v_0}$。于是我们得到 $\lambda(\mu)$和 $\mu$ 之间的函数关系为

$$\lambda(\mu)=\lambda_0\left(1-\frac{\mu}{v_0}\right) \tag{9.3}$$

由式(9.3)可以看出，系统测试刚开始时，观察到的 $\mu=0$，这时故障密度等于系统测试初期假定的(或者说是初期观察到的)故障密度 $\lambda_0$，当我们观察到累积故障 $\mu$ 等于对系统期望的故障总数 $v_0$ 时，则这时故障密度等于零。这时经过系统测试，系统已经很可靠了。显然，若用故障密度作为纵坐标，累积故障作为横坐标，它的图像是一条直线，直线斜率即是故障密度的衰减率，如图 9.3 所示，图中直线表示基本模型的故障衰减过程。最初，观察到的故障密度是每单位时间 9 个故障。经过无限的时间，假定观察到的故障总数为 500 个，则每个观察到的故障所造成的故障密度的恒定衰减率，等于每单位时间 $-\lambda_0/v_0=-9/500$，它为直线的斜率。而当观察到最后故障时，因为所有 500 个故障都被发现并且相应的缺陷都已被修复，将不会再观察到系统故障，故这时故障密度就变成了 0。

在式(9.3)中，$\mu$ 可看作执行时间 $\tau$ 的函数，通过 $\mu$，$\lambda$ 也可以看作执行时间 $\tau$ 的函数，即 $\lambda(\tau)=\lambda(\mu(\tau))$。这样，如果我们想得到作为时间函数的 $\mu(\tau)$和 $\lambda(\tau)$的表达式，回到式(9.1)，即由 $\lambda(\tau)$是 $\mu(\tau)$的导数关系，得到

$$\frac{d\mu(\tau)}{d\tau}=\lambda_0\left[1-\frac{\mu(\tau)}{v_0}\right]$$

解微分方程，得到

$$\mu(\tau)=v_0(1-e^{-\lambda_0\tau/v_0}) \tag{9.4}$$

以及

$$\lambda(\tau)=\lambda_0 e^{-\lambda_0\tau/v_0} \tag{9.5}$$

(2) 对数模型

对数模型考虑如下衰减过程：发现一个故障并修复相应的缺陷后，故障密度的减少量一次比一次少。换句话说，修复导致早期故障的缺陷所造成的故障密度的减少量比修复导

致后期故障的缺陷所造成的减少量更大。

在数学上,当讨论两个相互依赖的变量的变化过程像上述故障密度随着故障总数的增加具有的衰减特征时,一般都采用负指数函数描述它们之间的函数关系。也就是说,对于对数模型,故障密度应是发现的故障数量的负指数函数。在讨论对数模型时,我们引入的变量 $\mu$ 和 $\lambda$ 以及常数 $\lambda_0$,它们的意义和基本模型相同。不过,对数模型认为,经过无限的时间,观察到的故障总数是无限的。由于这时故障密度的减少量不是恒定的,所以特地引入参数 $\theta$,用它描述对数模型中故障密度的减少量。精确地讲,我们是把故障密度的非线性降低表示为和一个负指数函数相关的衰减参数 $\theta$。在某种意义上,参数 $\theta$ 是故障密度的"衰减率"。在故障密度变化过程中,其衰减率 $\theta$ 是常数,但软件故障密度的"绝对"减少量却随着故障总数的增加而逐渐减少。于是,在对数模型中,$\lambda$ 和 $\mu$ 的关系为

$$\lambda(\mu)=\lambda_0 e^{-\theta\mu} \tag{9.6}$$

在数学上,我们用 $\lambda'(\mu)$表示故障密度在故障总数为 $\mu$ 时的变化率。当 $\lambda'(\mu)<0$,故障密度减少;$\lambda'(\mu)>0$,故障密度增加。计算 $\lambda'(\mu)$与 $\lambda(\mu)$之比,有

$$\frac{\lambda'(\mu)}{\lambda(\mu)}=\frac{\lambda_0 e^{-\theta\mu}(-\theta)}{\lambda_0 e^{-\theta\mu}}=-\theta$$

可见,$\theta$ 参数具有我们所说的意义:故障密度随着故障总数的增加而减少,虽然减少量也在衰减,但衰减率却是不变的参数 $\theta$。实际上,$\theta$ 参数的背景可能更加有趣,它体现了系统测试的功效,或者说是软件开发组织在系统测试期间修复缺陷使故障减少的"能力"。

式(9.6)的图形如图 9.3 中的曲线所示。注意,不管选择哪个可靠性模型,观察到的故障密度依然是一样的。特别地,对数模型应用到的最初观察到的故障密度和基本模型是一样的,即每单位时间 9 个故障。但是,在对数模型中,故障密度永远不会达到 0,因为它假定

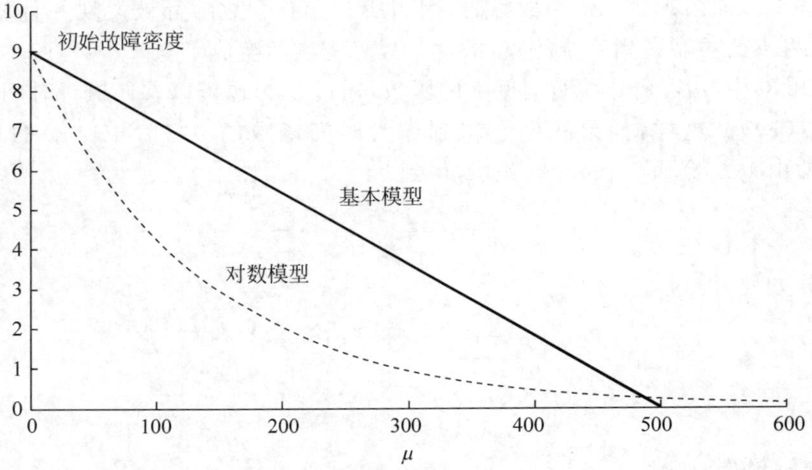


图 9.3 故障密度 $\lambda$ 作为累积故障 $\mu$ 的函数($\lambda_0$=每单位时间 9 个故障,$v_0$=500 个故障,$\theta$=0.0075)

(转摘于文献[2]图 15.3)

经过无限的时间，观察到的故障总数是无限的。从图 9.3 中表示的对数模型中每观察到一个故障其故障密度的衰减情况来看，确实初期修复的缺陷比起后期修复的缺陷所导致的故障密度的衰减量更大。

同样，视 $\lambda$ 和 $\mu$ 都是执行时间 $\tau$ 的函数，由式(9.1)可得

$$\frac{\mathrm{d}\mu(\tau)}{\mathrm{d}\tau}=\lambda(\tau)=\lambda[\mu(\tau)]=\lambda_0\mathrm{e}^{-\theta\mu(\tau)}$$

解微分方程，有

$$\mu(\tau)=\frac{\ln(\lambda_0\theta\tau+1)}{\theta} \tag{9.7}$$

和

$$\lambda(\tau)=\frac{\lambda_0}{\lambda_0\theta\tau+1} \tag{9.8}$$

两个模型中的 $\lambda(\tau)$ 的图形如图 9.4 所示，而两个模型中的 $\mu(\tau)$ 的图形如图 9.5 所示。

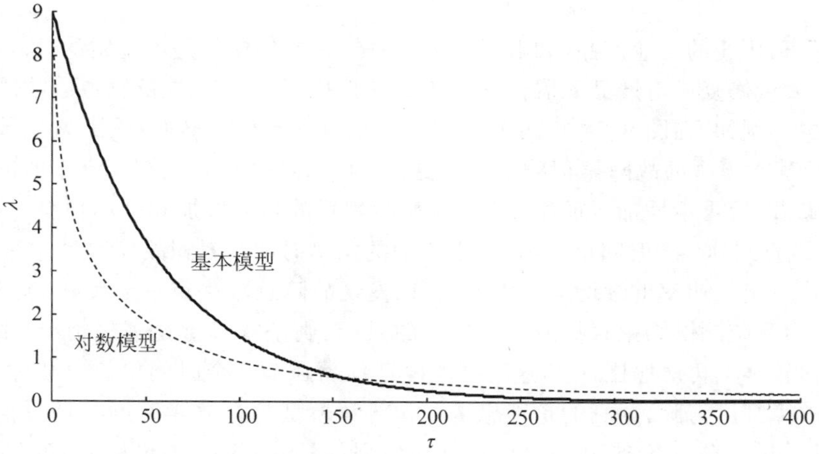


图 9.4　故障密度 $\lambda$ 作为执行时间 $\tau$ 的函数($\lambda_0$ = 每单位时间 9 个故障，$v_0$ = 500 个故障，$\theta$ = 0.0075)

(转摘于文献[2]图 15.4)

下面，我们分析一下两个可靠性模型，并将它们做一个比较。

关于对故障密度衰减量的看法，对数模型和真实系统是一致的。系统测试在发现故障并修复缺陷的能力在一段时间内应该是恒定的，只是因为(例如)那些以多种方式造成系统故障的缺陷，比起那些只造成少量故障的缺陷更早被发现。因此，通过尽早修复缺陷，可以观察到比在后期修复的缺陷所导致的故障密度大大减少。从图 9.3 中看出，对数模型早期故障密度大幅度降低，而后平稳降低，但总不为 0，不像基本模型那样“均匀”下降为 0。这意味着虽然两个模型都假定缺陷是独立的，但在基本模型中缺陷和故障之间似乎是一对一关系，而在对数模型中，缺陷和故障之间似乎有不少是一对多的关系。一般地说，后者比较贴近实际。

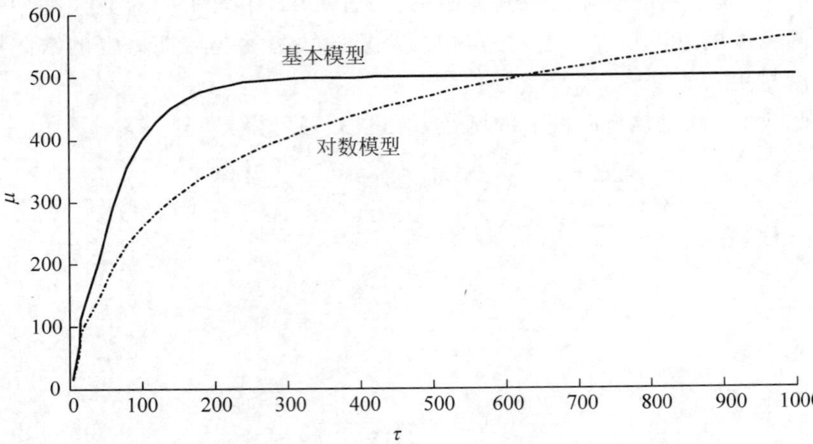


图 9.5　累积故障 $\mu$ 作为执行时间 $\tau$ 的函数($\lambda_0$＝每单位时间 9 个故障，$v_0$＝500 个故障，$\theta$＝0.0075)

(转摘于文献[2]图 15.5)

软件产品和普通的工业产品(如电子产品)一样，在其早期都是不稳定的，即故障容易出现，只有经过大量修复或对产品元器件进行大量筛选以后，产品才趋于稳定，故障出现数量才会大大减少。例如，在图 9.5 中，两个模型都显示：执行时间早期，故障累积数量几乎呈 90°直线上升，基本模型的故障累积数量增加更快，到一定时间，大约在 300 个时间单位便达到 500 个故障，以后再不增加；而对数模型开始时累积故障的增加和基本模型一样快，后来增加趋势渐缓，直到 600 个时间单位(是基本模型的两倍时间)，累积故障数量才达到 500 个，以后仍然保持一定的速率继续增加。因此，若以发现故障总数达到一定数量(包括对相应缺陷的修复)作为系统测试结束目标或系统稳定的目标，则基本模型是理想情况，由它决定的交付时间会比较早。再对照图 9.4，这时基本模型预示在 300 个时间单位时故障密度为零，即系统所有故障都已清除，这真的是理想情况。对数模型却在故障密度早期近似直线垂直迅速下降以后，却又平稳下降，故障密度比基本模型预示的要高，总不为 0。对照两幅图，若仍以发现故障的总数作为系统测试停止指标，则以对数模型为妥。另外，如果以故障密度指标确定系统测试结束时间，那么也以对数模型为妥。

软件系统的故障密度是客观存在的，我们使用哪个模型讨论它，只是在不同的方法论和理念下进行的科学活动，因此这里只存在哪个模型更贴切的问题。然而，这又与讨论的软件对象有关，也与实际进行的系统测试活动有关。当然，还存在许多可靠性数学模型，上面介绍的两个模型只是作为可靠性度量科学的实例，以说明系统测试与可靠性的确定之间应该有的关系。

因此，如果选择两个模型之一应用到真实的软件系统，那么下一个任务就是估计模型的参数。

我们可以记录某 $k$ 个故障发生的时间点 $\tau_1,\tau_2,\cdots,\tau_k$(如前 $k$ 个故障发生时间点)，那么在相应点得到的累积故障数量分别为 $\mu(\tau_1),\mu(\tau_2),\cdots,\mu(\tau_k)$(如 $\tau_1,\tau_2,\cdots,\tau_k$ 为前 $k$ 个

故障发生点)，则 $\mu(\tau_1),\mu(\tau_2),\cdots,\mu(\tau_k)$ 就分别为 1,2,…,k。于是，我们在图 9.5 中得到 $k$ 个数据点 $(\tau_1,\mu(\tau_1)),(\tau_2,\mu(\tau_2)),\cdots,(\tau_k,\mu(\tau_k))$。特别地，当 $\tau_1,\tau_2,\cdots,\tau_k$ 是前 $k$ 个故障发生点时，则在图 9.5 中得到如下 $k$ 个数据点：$(\tau_1,1),(\tau_2,2),\cdots,(\tau_k,k)$。依据这些样本点，决定我们所选的模型参数，使所得的曲线符合上述实际观察到的点的集合。这称为曲线拟合方法，在统计学上大都采用一种最小平方误差技术。即若用 $\mu^*(\tau_1),\mu^*(\tau_2),\cdots,\mu^*(\tau_k)$ 表示模型曲线分别在时间点 $\tau_1,\tau_2,\cdots,\tau_k$ 上的理论值，则选择模型参数使模型曲线的点 $(\tau_1,\mu^*(\tau_1)),(\tau_2,\mu^*(\tau_2)),\cdots,(\tau_k,\mu^*(\tau_k))$ 与实际数据点 $(\tau_1,\mu(\tau_1)),(\tau_2,\mu(\tau_2)),\cdots,(\tau_k,\mu(\tau_k))$ 差值的平方和 $(\mu(\tau_1)-\mu^*(\tau_1))^2+(\mu(\tau_2)-\mu^*(\tau_2))^2+\cdots+(\mu(\tau_k)-\mu^*(\tau_k))^2$ 达到最小。

在可靠性统计学中，介绍了许多决定理论模型参数的方法。上面的最小平方误差技术是最常用的方法，它也是用理论曲线拟合实际数据最常用的方法。有的模型参数还要借用其他模型才能获得，如电器中的元件一般都有很长的“寿命”，要在可靠性模型中应用到它的寿命参数，我们统计在正常条件下有关它寿命的实验数据是不经济的，统计学通常都采用极端方法确定这个参数值，(例如)用高压在极短时间摧毁元件，然后根据压强与元件寿命之间的关系模型推算在正常条件下，元件的寿命参数值。在这种方法中应用到的试验，被可靠性统计学称为加速寿命试验，以示区别在正常条件下的寿命试验。加速寿命试验方法的基本思想是用加大应力(如热应力、电应力、机械应力等)的办法，加快产品失效，缩短试验时间，运用加速寿命模型，估计出产品在正常工作应力下的可靠性特征[98]。

在系统测试阶段，一般都要对软件产品进行强度测试，或称为压力测试。它是对软件产品承受高负载或高强度的一种检验。由于强度测试涉及时间因素，而且它所需的过程、数据采集和分析都与可靠性测试非常接近，因此有关它的测试也有利于对软件可靠性特征的估计。用软件在正常条件下不可能发生的极端情况进行试验，软件出现故障，那么这个故障也可能发生在现实中强度较低的环境中。特别地，有些缺陷，如内存泄漏这样的缺陷，因为在正常条件下需要极长时间才能发现，而运用强度测试很容易被检测到，这样它就可以像加速寿命试验在可靠性统计学中那样发挥自己在可靠性测试中的作用。不过，把强度测试和可靠性测试联系起来还有待进一步研究。因为在系统测试中，虽然强度测试故意制造产品过载情况，模拟资源出现问题，观察产品的行为，使它有点像可靠性统计学中的加速寿命模型，但是强度测试有它自己的目标，它主要是为了发现在极端条件下或没有必要的资源时产品行为的退化情况，并且最终要求在强度测试期间系统在任何时刻都不应该崩溃。只是在能发现其他任何测试都难以发现的像内存泄漏这样的缺陷上，它才能起到加速寿命试验在可靠性统计学中的类似作用。顺便提一下，强度测试还有助于发现像死锁、线程泄漏这样的并发和同步问题。

下面我们用并不严格的数学语言叙述有关随机过程的一些有趣特征。令 $T=[0,\infty)$，考虑概率空间 $(\Omega,\mathcal{F},P)$ 及定义于其上的实值随机过程 $\{x(t,\omega),t\in T\}$，即对每个 $t\in T$，$x(t,\omega)$ 都是样本空间 $\Omega=(\omega)$ 上的实值函数，$x(t,\omega)$ 有时简写为 $x_t$。我们考虑一个特殊的随机过程$\{x_t, t\in T\}$，即 $x_t$ 独立同分布，直观上，它们的"发生"相互无关且具有相同的概率规律，这在数学上可以称为平稳过程。对于平稳随机过程$\{x_t, t\in T\}$，若在选定的时刻 $\tau_0$，$\tau_1, \tau_2, \cdots, \tau_k \cdots$考查它们，不妨简写这些时刻为 $0,1,2,\cdots,k,\cdots$，则得到一个特殊的平稳序列$\{x_n, n\geqslant 0\}$，其中 $x_n$ 为样本空间 $\Omega=(\omega)$上的随机变量，它们相互独立且具有相同分布。这时，下面公式在样本空间上几乎处处成立。

$$\lim_{n\to\infty}\frac{x_0+\cdots+x_n}{n+1}=E(x_0) \tag{9.9}$$

式(9.9)的直观意义可理解为对时间的平均等于 $x_0$ 对 $\omega$ 的平均。因为 $x_n$ 同分布，所以对时间的平均也等于任意 $x_n$ 对 $\omega$ 的平均。上述随机变量序列$\{x_n, n\geqslant 0\}$，在数学上也称为遍历的平稳序列，而式(9.9)称为该序列的遍历性[77]。

我们曾把可靠性看作执行时间上的连续随机变量，鉴于我们在建立模型时的假设，缺陷是独立的，而且故障并不重复计数且其数量巨大，甚至在无限时间内，软件故障数也是无限的。所以，当我们把可靠性随机变量看作执行时间 $T=[0,\infty)$上的函数时，至少在系统测试进行得很充分以后，软件系统趋于稳定，可以近似认为它是一个平稳过程。因此，在系统测试后期，软件可靠性的表现也应该近似具有遍历性。即我们从随后的执行时间上考查软件的平均行为与我们从空间上考查软件的平均行为，都应该具有相同的数量特征。这里的从空间上考查软件可靠性是指在同一时间段由许多人在各自的计算机上执行软件程序。实际上，前面我们讨论可靠性度量指标时，曾经说过它们都是平均数值。这样一来，可靠性模型中的参数，那些与时间有关的就可以用与空间有关的数量来估计。例如，我们寻求系统测试结束时的故障密度，就可以用相应时间段所有计算机执行程序时产生的故障数量的平均值来估计。这就为模型中的参数估计提供了一个新的途径。

在系统测试中，有一个特殊有效的方法，称作 Beta 测试。Beta 测试一般是在对产品进行系统测试将结束时进行，理想情况下用作确认软件产品准备向实际客户发布。Beta 测试是把软件分发给选定的潜在客户人数众多的群体，让他们在实际环境中使用软件。经证实，它是一种使独立、翔实的测试数据回归软件的好方法。现在我们从可靠性、遍历性对它进行了新的诠释。也就是说，在某种平均意义上，Beta 测试发现问题的"数量"等于今后客户在长时间内使用时发现问题的数量，因此，修复由这种方式发现的缺陷是很重要的。

可靠性模型中的参数确定方法还有很多。例如，Musa 等[99]讨论了 5 种确定参数的方法：预测、估计、识别、准则或检验、数据。他们讲解了更多模型，如泊松模型和二项式模型。Lyu[100]讲解了几个其他的可靠性模型，以及来自大型软件系统现场操作的实际故障数据。我们前面提出的方法是试图用新的视角讨论模型参数确定问题。

下面我们用一个示例[2]说明可靠性模型的应用。

假设一个软件系统正在接受系统测试。系统初始的故障密度为每 CPU 小时 25 个故障，而当前的故障密度为每 CPU 小时 5 个故障。项目经理已经决定在系统的可靠性级别达到每 CPU 小时 0.001 个故障时发布系统。管理小组根据经验估计经过无限的时间，系统将有总共 1200 个故障。于是，软件开发组织当前估计在系统可以发布以前，系统测试还需要多少额外时间。

根据系统测试人员的感觉，发现一个故障并修复相应缺陷后，故障密度的减少量似乎恒定，又因为管理小组已经假定经过无限时间系统发现的故障总数将为1200个，所以选择基本模型作为可靠性模型比较合适。

把当前的故障密度和发布时期望的故障密度分别表示为 $\lambda_c$ 和 $\lambda_r$。假设系统执行了 $\tau_c$ 时间后达到当前的故障密度 $\lambda_c$。设测试系统总时间 $\tau_r$ 时间后达到发布时的故障密度 $\lambda_r$。利用式(9.5)，可以得到 $\lambda_c$ 和 $\lambda_r$ 为

$$\lambda_c = \lambda_0 e^{-\lambda_0 \tau_c / v_0} \tag{9.10}$$

$$\lambda_r = \lambda_0 e^{-\lambda_0 \tau_r / v_0} \tag{9.11}$$

显然，要在发布时达到可靠性 $\lambda_r$ 所需的额外系统测试时间为 $\tau_r - \tau_c$，这可以从式(9.10)和式(9.11)中解出。首先，我们有

$$\frac{\lambda_c}{\lambda_r} = \frac{\lambda_0 e^{-\lambda_0 \tau_c / v_0}}{\lambda_0 e^{-\lambda_0 \tau_r / v_0}} = e^{-\lambda_0 (\tau_c - \tau_r)/v_0}$$

两边求对数，得

$$\ln \frac{\lambda_c}{\lambda_r} = (\tau_r - \tau_c)\lambda_0 / v_0$$

即

$$\tau_r - \tau_c = \frac{v_0}{\lambda_0} \ln \frac{\lambda_c}{\lambda_r} = \frac{1200}{25} \ln \frac{5}{0.001} = 408.825\text{h}$$

因此，还需要更多的时间进行测试系统，以便CPU运行另外408.825h，以到达每小时0.001个故障的可靠性级别。另外，可以利用前面的思想，在系统测试即将结束时，进行Beta测试阶段，并利用收集到的故障密度数据验证是否达到每CPU小时0.001个故障密度或更低。

**2. 测试工作的度量**

软件测试，特别是系统测试的终极目的是评估软件产品的质量，以决定产品是否能够上市以及什么时候上市。显然，系统测试乃至所有的测试必须足够好和彻底，否则我们无法信赖它们对软件质量的判定。这又牵涉到对软件测试(如系统测试)的评价和管理问题。现今，一切实验科学都基于度量之上，没有度量，就没有科学。同样对于科学项目，不能度量的过程就没有办法管理。因此，对系统测试本身的管理促使了对测试工作进行度量的方法的研究。

因为系统测试以发现和修复软件缺陷为主要目标，所以我们就以发现和修复缺陷为例讨论对系统测试工作的度量问题。为了行文方便，本节不再区分缺陷和故障两个概念，并且有时还把缺陷或故障称作错误。我们主要从缺陷方面立论，而且所谈的测试也不仅仅局限于系统测试，有时还指整个测试过程或某类测试。

1) 代码审查的有效性及其推广

首先，我们以代码审查为例，说明如何从错误发现方面评价它的有效性[22]。

(1) 错误密度：用每千行代码检查或每页检查的错误数计算。

这些度量可分解为每单元材料的主要错误数和每单元材料的最小错误数。

(2) 错误检测率：每小时检测到的主要和最小的错误数。

(3) 错误检测效率：每人时检测到的主要和最小错误数。

欲使上述指标能够正确评估代码审查的质量，并当代码审查评估合格后结束代码审查测试活动，我们必须将实际(例如)错误密度与软件统计的错误密度进行比较。这里统计的错误密度指的是对每千行代码或每页出错数的统计数据，它可以从软件开发组织或软件界长期积累的资料中获得。实际上，我们还可以根据软件实验研究，估计一行代码包含一个错误的概率，从而计算每页或每千行代码存在的错误密度。因此，根据统计数据或预测数据，应用得到的错误密度指标可以较好地判断代码审查工作的成效，以及估计当前代码的书写质量。许多学者的研究都指出：软件错误数确实与整体上软件产品的规模有关[101-102]。这为代码质量及其审查有效性的研究奠定了基调。

尽管这些度量的目的是测量审查过程的效果，但是也要注意这些结果也可能不足以表示审查功效。例如，如果错误检测率从每千行代码 20 个错误突然上升到 30 个，不一定意味着审查小组突然效率提高 50%，可能是另一种情况，代码质量下降了，致使检测出更多错误而已。也许还可能存在“错误不足”的情况，即代码质量很高，致使代码审查没有发现错误或发现的错误很少，达不到软件开发组织的估计或软件界公认的平均标准。这时可以根据情况或根据常识判断审查功效。

根据前述，对代码审查的评估，依赖关于每行代码错误率的统计数据。软件界认为，这种错误统计数据又依赖于代码制品的复杂度。显然，当一个代码制品比另一个代码制品更复杂时，复杂代码制品的每行出错率肯定高于简单代码制品的每行出错率。因为程序员在复杂度高的软件产品中更容易出错。

于是，这导致计算机科学家开发一些软件复杂性度量，以帮助确定哪些代码制品更可能出错，并且软件界已经努力寻找基于产品复杂性度量的错误预报器。理论上，人们普遍认为基于软件复杂性度量统计每行代码的出错率，不仅是对代码审查，也是对一切软件测试包括系统测试工作的评估工作奠定了科学基础。甚至人们还认为在早期(如设计)测试时，应该拒绝复杂度高得不合理的代码制品，因为它里面的缺陷必将很多，修复它还不如推倒它重新设计和实现来得快和经济。

一个典型的复杂性度量是 McCabe 提出的秩复杂性度量，它本质上是代码制品中的分支数。秩复杂度的优点是计算容易，但是它只是对软件控制复杂度的测量，而忽略了数据复杂度，即它不测量像表中的值这样的数据驱动的代码制品的复杂度。例如，假定一名设计者不知道 C++库函数 toascii，从头开始设计了一个这样的代码制品：读取用户输入的字符并返回相应的 ASCII 码值(0～127 的整数)。第 1 个设计方法是使用依靠 switch 语句实现的 128 路分支；第 2 个设计方法是用包含按 ASCII 代码顺序排列的 128 个字符的数组，并利用循环将用户输入的字符与字符数组的每个元素进行比较，当得到一个匹配时退出循环，这个循环变量的当前值便是相应的 ASCII 码值。虽然这两个设计在功能上是等效的，但是具有的秩复杂度分别为 128 和 1[22]。

因为由软件产品传统范型，可以将软件结构化设计表示为以一个有向图为基础。在有向图中，用节点表示模块，用弧线表示模块间的流（过程和函数调用）。一个模块的扇入(Fan-in)可以定义为流入模块的流数，加上模块访问的全局数据结构的数量。同样，扇出(Fan-out)是流出模块的流数，加上模块更新的全局数据结构的数量。若把模块规模（即模块中信息流数、过程数、文件数之和）定义为模块长度，Henry 和 Kafura 认为模块的复杂度度量可由公式长度×（扇入×扇出）$^2$ 给出，显然这个度量具有数据相关的组成部分。然而，许多学者的研究显示，这个度量比起像秩复杂度这样简单的度量，并不是对复杂度的一个更好的度量[22]。

在某些情况下已经显示出，基于秩复杂性度量是预报错误的一个很好的度量。秩复杂性度量越高，一个代码制品包含的错误的可能性越大。例如，Walsh 分析了 Aegis 系统（一个舰只海战系统）中的 276 个模块。Walsh 测量了秩复杂度，发现 23%的秩复杂度大于或等于 10 的模块含有 53%的检出错误。另外，秩复杂度大于或等于 10 的模块与有较小秩复杂度的模块相比，每行代码含有的错误多 21%[22]。

虽然理论上认为软件复杂性度量是预报错误正确性的一个很好的依据，而且 Walsh 的分析实例也说明了这一点，不过在软件界对软件复杂性度量的有效性的看法并不一致。例如，Shepperd 和 Ince 对于 McCabe 的度量的有效性，无论对其理论根据，还是对其试验的基础都提出了严厉的质疑。Musa 等分析了有关错误密度的可用数据[99]，他们得出结论，多数复杂性度量（包括 McCabe 的度量）显示出与代码行数很高的相关性，或者更准确地说，与交付的可执行的源代码指令数有很高的相关性。换言之，当人们测量一个代码制品或软件产品的复杂度时，得到的结果很大程度上可能是代码行数的反映，它又与错误数有很强的相关性。这样看来，复杂性度量对通过代码行数预报错误几乎没有什么改进[22]。实际上，上面讨论可靠性时，我们曾视故障密度 $\lambda$ 为累积故障数 $\mu$ 的函数，而累积故障数 $\mu$ 是程序执行时间或执行次数的函数。这样，我们又返璞归真了。

2）测试用例数量指标

软件复杂度的研究对于测试工作的评估还有其他方面的作用。例如，如何评估系统测试的“彻底性”，通常要问的问题是：我们在系统测试期间，必须要花费多少时间？与此等价地，我们必须设计多少测试用例并加以执行？这实质上是在问：我们要用多少测试用例才能发现足够多的缺陷（理想情况是所有缺陷）从而修复它们使软件具有高质量？

在软件界，计算测试用例数量的指标是基于对软件功能点的度量，这是比较流行的方法。功能点的概念及其数量计算方法最早是由 A. J. Albrecht 于 1979 年提出的，其中心思想是：给定系统功能的视角，以用户输入数、用户输出数、用户在线查询数、逻辑文件数、外部接口数的形式，人们可以通过实现所需要的代码行数和测试系统所需要的测试用例数估计项目的规模大小，从而通过功能点概念分析需求文档估算资源。在这种估算中，就包括了彻底进行系统测试的指标。

Albrecht 指出，以一个软件系统执行的“功能”数量的形式衡量一个软件系统是有效的,并且他给出了一种"计算"功能数量的方法。这些功能的计量称为功能点(Function Point)。一个系统的功能点是由软件生成的输入、输出、主文件、查询数量的加权总和。系统功能点的计算共有4个步骤[2]。

(1) 在计算机软件系统中,确定以下5个"用户功能类型",并通过分析需求文档对它们计数。

- 外部输入类型(NI)数:这是用户数据或用户控制输入进入系统边界的一个明确数值。有时简称NI数值为输入项数。
- 外部输出类型(NO)数:这是用户数据或用户控制输出离开系统边界的一个明确数值。有时简称NO数值为输出项数。
- 外部查询类型(NQ)数:这是一些独立的输入-输出组合的明确数值,其中一个输入引发并产生一个立即输出。每个明确的输入-输出对被认为是一个查询类型。有时简称NQ数值为查询数。
- 内部逻辑文件类型(NF)数:这是系统中用户数组和控制信息的主要逻辑组的一个明确数值。将每个逻辑组看作一个逻辑文件,也称为主文件。每个逻辑组或主文件中的数据由系统产生、使用和维护。有时简称NF数值为主文件数。
- 外部接口文件类型(NE)数:这是在系统间传递或共享的文件数的一个明确数值。每个离开系统边界的数据或控制信息的主要组,将作为外部接口文件类型计数。有时简称NE数值为接口数。

直观上,上述5个类型是软件系统的基本组件,它们的数量分别是系统的输入项数、输出项数、查询数、主文件数和接口数。简言之,步骤(1)通过分析需求文档将软件系统5个类型组件的数量计算出来。

(2) 分析上述5种用户功能类型中每种类型的复杂性,并按简单、平均(即一般)和复杂3个级别进行分类。但是每种组件在软件系统中的"功能作用"并非完全相同,所以在计算功能点数值时,必须通过把各种功能类型复杂性级别用不同的因子加权,才能显示它们各自的"真正"贡献。例如,即使在计算功能点时,NI和NO的复杂性级别都是"简单",但是它们对功能点计算的贡献值要分别用3和4加权。5种用户功能类型的复杂性级别的加权因子如表9.3所示。

**表9.3 功能点计算时加权因子取值**

| 用户功能类型 | 加权因子 | | |
|---|---|---|---|
| | 简单 | 平均 | 复杂 |
| 外部输入类型NI | 3 | 4 | 6 |
| 外部输出类型NO | 4 | 5 | 7 |
| 外部查询类型NQ | 3 | 4 | 6 |
| 内部逻辑文件类型NF | 7 | 10 | 15 |
| 外部接口文件类型NE | 5 | 7 | 10 |

设 WFNI、WFNO、WFNQ、WFNF 和 WFNE 分别为 NI、NO、NQ、NF 和 NE 类型复杂性级别的加权因子，则软件系统的功能点可以初步计算为各个组件数量的加权和。这种初步计算出来的功能点，称为原始的功能点，或者说是未经调整的功能点（Unadjusted Function Point），记为 UFP。

UFP 的计算可以写为

$$\mathrm{UFP}=\mathrm{WFNI}\times\mathrm{NI}+\mathrm{WFNO}\times\mathrm{NO}+\mathrm{WFNQ}\times\mathrm{NQ}+\mathrm{WFNF}\times\mathrm{NF}+\mathrm{WFNE}\times\mathrm{NE} \tag{9.12}$$

例如，如果 NI、NO、NQ、NF 和 NE 的复杂性级别分别为简单、简单、平均、平均、复杂，则软件系统的未经调整的功能点 UFP 为

$$\mathrm{UFP}=3\times\mathrm{NI}+4\times\mathrm{NO}+4\times\mathrm{NQ}+10\times\mathrm{NF}+10\times\mathrm{NE}$$

(3) Albrecht 指出，有 14 种因子（见表 9.4）会影响一个项目的必需开发工作量。通常，在开发项目时，我们都要评定每个因子对项目开发工作量的“影响”级别。一般地，对于开发项目，14 个因子中的每个都会指定一个 0～5 的评级，其中 0 代表不存在或存在但无影响，1 代表微小影响，2 代表中等程度的影响，3 代表平均程度的影响，4 代表显著的影响，5 代表非常大的影响。

Albrecht 指出的影响开发工作量的 14 种因子是计算功能点时必须考虑的技术因素。表 9.4 中列出的 14 个因子分别是对计算机软件系统提出的可维护性、数据通信、分布式数据处理、性能准则、大量使用的硬件、在线数据入口、高事务处理率、在线更新、端用户效率、复杂计算、重用性、易于安装、可移植性和易于操作等技术要求[22]。因此，在计算功能点时，我们要用技术复杂因子（Technical Complexity Factor，TCF）“修正”原始功能点。TCF 是对 14 个技术因子的影响的测量。计算它的经验公式为

**表 9.4 影响开发工作量的因子（转摘于文献[2]表 12.8）**

| 影响开发工作量的因子 | 功能点计算的技术因素 |
|---|---|
| 1. 可靠的备份和恢复需求 | 1. 可维护性 |
| 2. 数据通信的需求 | 2. 数据通信 |
| 3. 分布式处理的程度 | 3. 分布式数据处理 |
| 4. 性能需求 | 4. 性能准则 |
| 5. 预期操作环境 | 5. 大量使用的硬件 |
| 6. 在线数据入口的程度 | 6. 在线数据入口 |
| 7. 多屏幕和多操作数据输入的程度 | 7. 高事务处理率 |
| 8. 主文件在线更新的程度 | 8. 在线更新 |
| 9. 复杂输入/输出、在线查询和文件的程度 | 9. 端用户效率 |
| 10. 复杂数据处理的程度 | 10. 复杂计算 |
| 11. 当前开发的代码可重用的程度 | 11. 重用性 |
| 12. 设计中包括的转换与安装的程度 | 12. 易于安装 |
| 13. 一个组件中软件的多次安装与客户组织多样的程度 | 13. 可移植性 |
| 14. 变更或关注易用性的程度 | 14. 易于操作 |

$$TCF = 0.65 + 0.01 \times PCA \tag{9.13}$$

其中，PCA 为 14 个因子评级的总和，它被认为是处理复杂度调整因子。PCA 的数值可以为 0～70，故 TCF 的值可以为 0.65～1.35。

(4) 现在，我们用下面的经验公式计算一个计算机软件系统的功能点 FP 值。

$$FP = UFP \times TCF \tag{9.14}$$

式(9.14)表示，通过使用未经调整的功能点 UFP 乘以技术复杂因子 TCF 的方法，使原始功能点得到一个可以调整 ±35% 的机会，从而得到功能点 FP 值。我们看以下两种极限值。

若 PCA=0，则 TCF=0.65。于是 FP=0.65×UFP，它是原始功能点的 −35% 调整，即 FP=UFP−0.35×UFP。

若 PCA=70，则 TCF=1.35。于是 FP=1.35×UFP，它是原始功能点的 35% 调整，即 FP=UFP+0.35×UFP。

由此可见，FP 的值可以在 0.65×UFP 到 1.35×UFP 的范围内波动。因此，通过一个 PCA(或者说一个 TCF 的中间值)进行调整，则 FP 值在 UFP 的 ±35% 范围内波动。

功能点方法在产业中变得更流行。到 2000 年，至少有 40 个 Albrecht 功能点的变种和扩展已被提出。Mk II 功能点由 Symons 于 1991 年提出，它提供了一个计算未经调整的功能点 UFP 的更精确方式。软件可分解成一系列组件事务，每个组件事务包含一个输入、一个过程和一个输出。然后，根据这些输入、过程和输出计算 UFP 的值。Mk Ⅱ 功能点在全世界得到广泛应用[22]。

功能点是通过从需求数据库中检查系统需求的细节并且通过上述 4 个步骤计算出来的。一个软件系统是通过代码实现自己所需的，用不同编程语言实现的系统会产生不同的代码行数度量。因此，功能点和代码行数之间的关系依赖于编程语言的选择。Caper Jones[103] 给出了相对于不同的编程语言，一个功能点与实现软件系统代码行数的经验关系，如表 9.5 所示。

**表 9.5　功能点与代码行数之间的经验关系(转摘于文献[2]表 12.9)**

| 编 程 语 言 | 每功能点平均代码行数 |
|---|---|
| 汇编语言 | 320 |
| C | 128 |
| COBOL | 106 |
| FORTRAN | 106 |
| C++ | 64 |
| Visual Basic | 32 |

根据一个系统的功能点数，可以估计用一种编程语言实现系统所产生的代码行数。于是我们可以通过实现系统所需要的代码行数和测试系统所需要的测试用例数估计项目的规模大小[2]。

归根结底，软件测试的目的是使软件能够实现用户需求的功能。在这个最广泛的意义上，用功能点计算测试用例总数是很合理的事情。为此，Caper Jones[103]给出了功能点和创建的测试用例总数的直接关系为

$$测试用例总数=(功能点数)^{1.2} \tag{9.15}$$

不过，上面估计的测试用例数包括了一个软件系统中完成的所有形式的测试，如单元测试、集成测试和系统测试。从式(9.15)中无法分辨出系统测试工作量的大小。也许可以从总测试工作量中减去系统测试前所有使用过的测试用例数，得到系统测试所需的测试用例数的粗糙估计。

如果用功能点数量估计测试用例数量是合理的，那么由于 Caper Jones 已经给出了功能点和实现它的代码行数之间的经验关系，因此可以想到，利用软件的代码行数规模也可以有效估计测试用例数量。实际上，日本著名软件产业公司 Hitachi Software 30 年的研究结果给出了每 10～15 行代码需要一个测试用例这样一个标准[104]。这样看来，从软件代码行数规模估计测试用例数量的合理性还得到了软件界实践的支持。鉴于系统测试员是无偏见地、独立地在测试软件，他们不会重用在单元测试和集成测试中已经用过的测试用例(因为它们多少与程序员的参与有关)，因此用这种方法估计得到的测试用例数量作为系统测试用例数量也是合理的。

Naik 和 Tripathy 比较了上述两个测试用例数量的估计方法[2]。举例来说，设软件系统有 100 个功能点，如果用 Caper Jones 方法估计，则需要 251 个测试用例($100^{1.2} \approx 251.188\,643\,150\,96$)；如果用 Hitachi Software 方法估计，假设编程语言是 C，则由 C 语言产生的代码行数的估计值为 100×128＝12 800，这样将产生 850～1280 个测试用例。相比之下，两种方法估计得到的测试用例数有 4～5 倍的差异。然而，如果仔细考查，在日本软件产业(如 Hitachi Software)使用的术语是测试点，而不是“完整”测试用例。相对一个(完整)测试用例而言，测试点类似于测试步骤，通常一个(完整)测试用例包含 1～10 个测试点，或者说一个测试用例包含 1～10 个测试步骤。于是，使用 Hitachi Software 方法估计的测试用例数实质上是代表测试步骤数或测试点数。现在我们如果假设一个测试用例平均包含 5 个测试步骤，那么 Hitachi Software 方法估计的测试用例数将是 170～256 个，这个范围已和 Caper Jones 方法估计的 251 相当接近了。

综上所述，使我们更加理解了前述的关于软件复杂度度量问题。理论上，软件复杂度是预报错误正确性的一个很好的依据，也得到了实验支持，如 Walsh 关于 Aegis 系统中的 276 个模块的秩复杂度与每行代码含有错误的关系的分析。可是，不少学者看法不一。例如 Musa、Iannino 和 Okumoto 认为，多数复杂性度量显示与代码行数有很高相关性，即软件产品的复杂性度量很大可能是代码行数的反映，故障密度是(与代码指令有关的)程序执行时间(或次数)的函数。现在，如果认为功能点是软件复杂性的一个很好的度量，由于功能点与代码行数密切相关，依据 Caper Jones 给出的经验关系，由各种语言编写的代码行数实质上是软件系统功能点的显现。因此，要揭示软件在用户需求满足上的错误的工作量，“等价”地为揭示实现软件代码上的缺陷的工作量。而要能充分地显示出软件系统错误，必须要有足

够的测试用例。根据上述"等价"关系,无论是用 Caper Jones 方法依据功能点直接计算还是用 Hitachi Software 方法依据行数估计,得出的测试用例数相当接近,都是对软件测试需要多少测试用例的很好的度量指标。

3）测试用例效率指标

系统测试的彻底不仅要用测试用例数量刻画,而且还要用测试用例的"质量"刻画,只有执行了足够数量的能高效捕获软件缺陷的测试用例,才能达到应用系统测试保证软件质量的终极目标。因此,就整体而论,我们必须检测测试的有效性,这当然要从所有测试用例能发现的缺陷数量与可能存在的缺陷总数的比例方面考虑。

在软件界,一个通用的检测测试有效性的度量指标是缺陷去除效率,记为 DRE(Defect Removal Efficiency),它的定义为

$$\mathrm{DRE}=\frac{\text{测试中找到的缺陷数量}}{\text{测试中找到的缺陷数量}+\text{测试中没有找到的缺陷数量}} \tag{9.16}$$

测试中找到的缺陷数量可以从缺陷跟踪系统中获得。然而,要计算测试中没有找到的缺陷数量可不是一件容易的事。如果是在软件产品上市以后,作为对本项开发过程的总结,则从测试逃逸的缺陷可以通过统计(例如)客户近 6 个月的操作发现的缺陷数据中获得。如此,这种测试就不是针对一个项目,而应该是软件开发组织测试有效性的长远趋势的一部分[2]。

与 DRE 公式类似的度量测试用例有效性的方法是由 Yuri Chernak 提出的,称为测试用例逃逸的有效性度量,记为 TCE(Test Case Escaped),它的定义为

$$\mathrm{TCE}=\frac{\text{测试用例发现的缺陷数}}{\text{缺陷总数}}\times 100\% \tag{9.17}$$

式(9.17)中的缺陷总数是由测试用例发现的缺陷和偶然发现的缺陷的总和。后者被 Chernak 称为"副效应"。Chernak 认为不完善的测试设计和不完善的功能规范是测试逃逸发生的主要原因,用 TCE 值可以评估测试用例有效性和改善测试流程。IEEE 标准 829—1983 为测试用例规范和测试流程规范提供了模板。K. Naik 和 B. Sarikaya 在 *Test Case Verification by Model Checking* 一文中介绍了对测试用例的形式化验证模型检测算法[2]。

为了获得高效的测试用例套件,必须重视测试用例设计的有效性。在软件界测试用例设计有效性普遍使用的度量称为测试用例设计产出率,记为 TCDY(Test Case Design Yield),它的定义为

$$\mathrm{TCDY}=\frac{\mathrm{NPT}}{\mathrm{NPT}+\mathrm{TCE}\text{ 的数量}}\times 100\% \tag{9.18}$$

其中,NPT 为计划测试用例的数量,在测试进行中,缺陷的发现理应是因为执行了预先计划的测试。理想的情况,除了这些由执行计划测试用例而发现的缺陷以外,没有发现其他缺陷。如果除了这些缺陷,在测试用例没有预先计划的测试过程中,可能发现新的缺陷,对于这些新的缺陷设计出新的测试用例,这些新的测试用例就称为逃逸的测试用例,记为 TCE。如果测试设计过程不足,测试逃逸用例就会发生。例如,在执行计划的测试用例时,测试员

产生新的想法，就会有逃逸测试用例出现。注意，TCDY 也可用来度量任意特定测试阶段的有效性，如在系统测试阶段其系统测试设计的有效性值 TCDY[2]。

上述度量指标，从测试用例设计到测试用例，乃至整个测试执行流程的有效性，都做了刻画，它们对于软件测试过程的质量评估，是测试用例数量评估标准的最好补充。测试用例数量根据功能点或代码行数估计，其隐蔽假设是要为捕获（理想情况下）软件中所有缺陷的测试过程必须需要的测试用例数或工作量。而测试有效性则要根据这些必要数量的测试用例的捕捉缺陷的能力而定。因此，这两方面的指标合在一起才使我们能对成品软件系统的质量作出正确估计。

不管哪个方面的指标，都与软件缺陷的估计有关。式(9.16)和式(9.17)更要明确统计缺陷，其中最关键的是要统计逃逸缺陷，而式(9.18)则要计算从测试用例设计中逃逸的测试用例。

为了估计逃逸缺陷的数量，软件界使用一种缺陷植入方法[2]。该方法在测试员“不知情”的情况下，向软件中植入少量的有代表性的缺陷，然后统计测试员发现的缺陷的比例。假设原软件有 $N$ 个缺陷，现又植入 $K$ 个缺陷，因为测试员没有意识到缺陷植入或哪些缺陷是被植入的，所以可以从测试员捕捉到缺陷的分布中估计软件中缺陷的数量，进而确定测试的有效性。假设在实验结束时，测试员发现 $n$ 个非植入和 $k$ 个植入缺陷。缺陷植入理论认为，测试员捕获原有的和植入的缺陷“能力”相等。也就是说，有下面的等式。

$$\frac{k}{K}=\frac{n}{N} \tag{9.19}$$

于是得到原有缺陷，即实际存在的缺陷数量为

$$N=n\cdot\frac{K}{k} \tag{9.20}$$

在统计学上，$N$ 称为软件中实际存在的缺陷数量的极大似然估计。而类似这种统计方法称为极大似然估计方法，它是由概率论学家 W. Feller 首先提出来的。粗略地说，当我们知道 $n$、$k$、$K$ 的具体数值后，由式(9.20)计算出的数值 $N$ 是实际存在缺陷数值的可能性最大。统计学中经常使用这种方法估计随机分布的某个参数值。缺陷在软件中出现本质上是随机的，因此缺陷植入方法得到统计学中极大似然估计理论的支持。

显然，测试有效性可以用 $\frac{n}{N}$ 来估计；逃逸的缺陷数量可以用 $N-n$ 来估计。

例如，将 25 个有代表性的缺陷植入一个系统，假设测试员检测到 20 个植入的缺陷，即发现 80%植入缺陷，与此同时又发现 400 个缺陷。于是有

$$\frac{20}{25}=\frac{400}{N}\Rightarrow N=400\times\frac{25}{20}=500$$

得出实际存在的缺陷数量的极大似然估计值为 500 个。所以，软件仍然有 500－400 个缺陷等待发现，以及在代码中还有 5 个植入缺陷没有发现。缺陷植入理论的关键假设是式(9.19)，因此结合本例，在系统中发现的缺陷占整个系统缺陷数量的比例为 80%，即测试

员能够发现80%的缺陷,而余下的缺陷仍然隐藏于系统中,这样应用植入实验,将有可能在系统测试阶段获得逃逸缺陷的总数。

即使在数理统计中,对于极大似然估计这个有“纯粹”假设的数学方法,也意见不一。因而在没有纯粹假设的缺陷植入方法中,人们更有非议。缺陷植入方法关键假设式(9.19)的正确性或精确性依赖于缺陷的植入方式。通常情况下,人工植入的缺陷与软件中“自然”存在的实际缺陷对软件的影响并不相同。一般来说,人工缺陷相比实际缺陷更容易被测试员找到。因为人工植入的缺陷是手工放入的,且不说实际上缺陷植入是非常困难的,而就植入的缺陷具有代表性而言,就使它与“天然”生成的缺陷有本质区别。在这种不具有“纯粹”随机性的假设下做极大似然估计,很难说有很高的精确性。

虽然如此,基于缺陷植入理论的变异测试还是成为一个重要的测试方法。现在我们来讨论它[79]。

变异测试中引入缺陷的过程称为“变异”过程,简称变异。变异前的程序称为原体,变异后的程序称为变异体。缺陷注入的规则称为变异算子。文献[79]比较详细地讨论了变异算子,包括传统的变异算子和类变异算子。传统的变异算子大体上可以分为3类,分别为操作数替换算子类、表达式修改算子类和语句修改算子类。操作数替换算子类(如数组引用替换常量)是指用一个操作数替代另一个操作数,主要是模拟程序中误用数组引用和变量名的情况;表达式修改算子类(如替换算术运算符)是指插入新的运算符或替换原来的运算符,主要模拟程序中存在缺陷的表达式情况;语句修改算子类(如语句删除)是指修改整条语句,主要模拟指令误写、误漏等情况。特别地,插入绝对值符号、关系运算符替换和替换算术运算符比较常见,它们都属于表达式修改算子类。由于传统变异算子不能检测到与类相关的缺陷,所以对于面向对象的语言,引入关于类的变异算子。类变异算子与类的特性相关,主要分为4类,分别是信息隐藏(如修改访问权限)、继承(如插入或删除super关键字)、多态和动态绑定(如插入或删除或改变类型转换操作符)以及方法重载(如替换或删除重载方法内容)。

变异测试的过程如下。

(1) 根据原程序的特点,设定一系列的变异算子。

(2) 通过变异算子,在原程序的基础上生成变异体。

(3) 从变异体中识别等价变异体。所谓等价变异体,是指它和原程序在语法上不同,但是语义相同。

(4) 在原程序和非等价变异体上顺序执行测试用例(一旦有测试用例杀死该变异体,就不再在该变异体上执行其他测试用例)。所谓一个测试用例杀死某个变异体,是指这个测试用例在该变异体上的执行结果与它在原程序上执行结果不一致,这时称这个变异体被杀死。如果所有测试用例都没有杀死变异体,即所有测试用例在变异体上的执行结果与在原程序上的执行结果都一致,这时称该变异体是活变异体。

（5）检查被杀死的变异体个数，计算变异评分，即 KM 值。所谓变异评分，是用来衡量测试用例集的测试充分性的指标，计算式为

$$KM=\frac{K}{M-E}$$

其中，$K$ 为被杀死的变异体数量；$M$ 为全部变异体的数量；$E$ 为原程序中等价变异体的数量。于是，变异评分 KM 表示杀死非等价变异体的比例。

（6）如果达到要求的 KM 值（变异评分），则结束测试；否则增加新的测试用例，回到步骤（4）。

对于步骤（6），实际测试中可以要求达到一定的 KM 值，也可以要求杀死所有的变异体，即使 KM 值达到 100%，它关乎对测试用例集的改进问题。如果只是对测试用例集进行评估，并不需要对已有的测试用例集进行改进，则可以省略步骤（6），在步骤（5）后结束测试。

有趣的是，缺陷植入方法通过使用（类似于极大似然估计）的推断技术估计实际存在的缺陷数量测定测试的有效性，而变异测试方法并不追究发现缺陷与否，只是通过比较测试在变异体和原体之间执行结果的异同，来评估测试用例集的有效性。应该说，在度量测试用例套件有效性上，两个方法都值得借鉴。

也许更有趣的是，上面叙述的所有理念可以启发我们从最广的角度考虑软件产品制作过程。我们说过，在软件生产中，开发和测试融成一体。就缺陷而论，专注开发活动，每个开发阶段都会向软件注入缺陷；专注测试活动，每个测试阶段都要去除缺陷。也就是说，从大的范围来看，在需求分析、系统设计（可详细分为概要设计和详细设计）以及模块编码等阶段，开发人员都向软件注入了缺陷；相应地，不论是在需求验证、设计验证等主要是开发人员主持的验证活动，还是在单元测试、集成测试和系统测试乃至到验收测试等阶段进行的测试活动，测试人员都在去除这些缺陷。我们知道，在前些阶段 $X$ 注入缺陷的成本和在后些阶段 $Y$ 去除缺陷的成本并不呈均匀分布；相反，相关成本随着 $X$ 和 $Y$ 之间的距离的增加而增加。延期发现的潜在的缺陷会造成更大的危害。这是因为缺陷的潜伏存在还可能引起其他相关缺陷的注入，这种“错上加错”导致除了修复原始潜在的缺陷以外，还需要修复随后注入的缺陷，如果早些时候修复了原始缺陷，后来的缺陷根本就不会注入。因此，如果一个测试方法比另一个测试方法能够更早地发现缺陷，那么这两个测试方法孰优孰劣是不言而喻的。这样看来，测试有效性的一个有用度量是缺陷年龄，称为 PhAge。精确地讲，PhAge 是缺陷年龄等级指标。

下面介绍怎样计算 PhAge 指标[2]。我们需要给定测量缺陷年龄的一个等级，如表 9.6 所示。表 9.6 中的任意缺陷年龄等级是它被发现的阶段离开它的注入阶段的距离数。例如，在需求注入的缺陷，那么在概要设计阶段发现的需求缺陷指定为 PhAge1，而在验收测试阶段发现的需求缺陷指定为 PhAge7。依据这个“规律”，可以依次写出其他缺陷年龄等级。注意，可以修改该表格适应一个软件开发组织中所遵循的软件产品制造过程的不同阶段以及 PhAge 数值。

表 9.6　缺陷年龄等级(转摘于文献[2]表 13.15)

| 注入阶段 | 发现阶段 | | | | | | | |
|---|---|---|---|---|---|---|---|---|
| | 需求 | 概要设计 | 详细设计 | 编码 | 单元测试 | 集成测试 | 系统测试 | 验收测试 |
| 需求 | 0 | 1 | 2 | 3 | 4 | 5 | 6 | 7 |
| 概要设计 | | 0 | 1 | 2 | 3 | 4 | 5 | 6 |
| 详细设计 | | | 0 | 1 | 2 | 3 | 4 | 5 |
| 编码 | | | | 0 | 1 | 2 | 3 | 4 |

为了更精确地表示测试的有效性,我们还需要确定缺陷注入阶段及其被发现阶段的信息。这种信息可以借助矩阵来表示[2]。矩阵的任意行对应某个阶段注入的缺陷,精确地讲,是该阶段注入的缺陷被发现的分布情况,即它在随后的每个阶段被发现的信息;而矩阵的任意列对应某个阶段发现的缺陷,精确地讲,是在该阶段发现在它之前阶段注入软件中的缺陷的信息。这个矩阵称为缺陷动态模型。表 9.7 所示为一个称为 Boomerang 的虚拟测试项目的缺陷动态模型,它是该项目的一个注入的和发现的缺陷分布情况的矩阵。在这个矩阵中,用需求标志的那一行,说明需求阶段总共注入了 17 个缺陷,它被发现的分布情况是:在概要设计阶段发现 7 个,在详细设计阶段发现 3 个,在编码阶段发现一个,在系统测试阶段发现两个,在验收测试阶段发现 4 个。在这个矩阵中,用系统测试标志的那一列,说明在系统测试阶段发现需求阶段注入缺陷两个,概要设计阶段注入缺陷 6 个,详细设计阶段注入缺陷 5 个,编码阶段注入缺陷 37 个,总共发现了 50 个注入的缺陷。

表 9.7　Boomerang 项目缺陷动态模型(转摘于文献[2]表 13.16)

| 注入阶段 | 发现阶段 | | | | | | | | |
|---|---|---|---|---|---|---|---|---|---|
| | 需求 | 概要设计 | 详细设计 | 编码 | 单元测试 | 集成测试 | 系统测试 | 验收测试 | 缺陷总和 |
| 需求 | 0 | 7 | 3 | 1 | 0 | 0 | 2 | 4 | 17 |
| 概要设计 | | 0 | 8 | 4 | 1 | 2 | 6 | 1 | 22 |
| 详细设计 | | | 0 | 13 | 3 | 4 | 5 | 0 | 25 |
| 编码 | | | | 0 | 63 | 24 | 37 | 12 | 136 |
| 总和 | 0 | 7 | 11 | 18 | 67 | 30 | 50 | 17 | 200 |

应该说,表 9.6 和表 9.7 已经刻画了包括验收测试在内的测试活动的功效。然而,它们过于"分散",很难给人一个总体感觉。为了弥补这一缺憾,软件界定义了一个新的度量指标,称为毁坏(Spoilage),该指标是综合缺陷年龄等级和缺陷动态模型的信息以后对测试进行的缺陷去除活动的测量。毁坏度量指标的计算式为[2]

$$\text{毁坏}=\frac{\sum(\text{缺陷数量}\times\text{发现的 PhAge})}{\text{缺陷总数}} \tag{9.21}$$

以 Boomerang 项目为例,式(9.21)的分子实际上是表 9.7 矩阵中各个元素用表 9.6 中相应元素加权,得到加权矩阵,然后求加权矩阵中所有元素的和。例如,表 9.7 中"需求"一行中的各个元素用表 9.6 中“需求”一行相应元素加权，得到加权后的各个元素分别为 0,7,6,3,0,0,12,28。它们组成加权矩阵与需求相应一行元素，其和为 56。同理，加权矩阵中“概要设计”一行的各元素分别为 0,8,8,3,8,30,6，其计算结果为 63；“详细设计”一行的各元素分别为 0,13,6,12,20，其计算结果为 51；“编码”一行的各元素分别为 0,63,48,111,48，其计算结果为 270。于是，加权矩阵各元素总和为 56＋63＋51＋270＝440，即为式(9.21)的分子，除以缺陷总数 200，得到该项目毁坏指标为 2.2。

虽然毁坏指标用一个具体数值测量了测试去除活动，但是只考虑纯粹的值，是没有意义的，至少意义并不大。我们知道当毁坏值接近 1 时，说明测试过程是一个更有效的缺陷发现过程。因此，对于一个软件开发组织，从测量测试有效性的长远趋势上看，该度量指标是有用的。如果将用式(9.21)表明的毁坏指标和用式(9.16)表明的缺陷去除效率指标对照，它们都是刻画软件开发组织的测试有效性的长远趋势的一部分。缺陷去除效率指标是从“正面”描述组织的测试有效性的长远趋势，而毁坏指标是从“反面”描述组织的测试有效性的长远趋势。换言之，当缺陷去除效率指标增加接近于 1，而毁坏指标减少接近于 1 时，就预示着软件开发组织的测试有效性越来越好。两个指标的理想值都是 1，意味着软件中所有缺陷都被发现而且都在它刚注入不久就都被发现，没有造成修复它的额外附加成本。

由于系统测试是产品发布前的最后一个阶段，因此有必要对测试进展的产品度量进行度量。有关确定测试进展的度量和所产生的指标有助于确定何时发布产品以及产品是否能以已知的质量发布，若达不到已知质量，那么要决定发布(按原计划发布产品)的产品范围。实际上，产品发布的决定需要考虑多个方面和多种指标。Desikan 和 Ramesh 为产品发布分析提供一些指导原则[96]。大体上说，他们提出的一些观点都与测试用例的执行情况(如执行率和通过率)、测试阶段有效性(如测试的每个阶段发现的缺陷数)、缺陷发现率、缺陷修复率、未解决的缺陷率和已关闭的缺陷分布等有关。总之，发布指标总是围绕着测试工作质量和缺陷发现及其修复工作质量而定，Desikan 和 Ramesh 为此提供了各种视角以及要考虑的方面和具体的样本指南。

## 9.3.4　系统测试提供的新测试方法和技术

### 1. 灰盒测试

传统的测试方法主要有两类：白盒测试和黑盒测试。在网页测试活动中，还可以使用介于白盒测试和黑盒测试之间的测试类型。该类型方法是把软件仍当作黑盒来测试，但是通过简单查看软件内部工作机制(即不像白盒测试那样完整地查看)作为测试补充。这种类型称为灰盒测试。

简略地说，因特网网页就是由文字、图片、声音、视频和超链接组成的文档。网站用户可以通过单击具有超链接的文字和图片在网页间浏览，搜索单词和短语，查看找到的信息。因特网的网页并不受单独一台计算机的限制，用户可以在任何网站上通过整个因特网链接和搜索信息。另外，一般人还可以创建简单的网页。上述因特网网页的优点使它成为因特网服务的重要组成部分。因此，对网站网页特性进行测试便成了对因特网系统测试的重要内容[14]。对网页测试来说，除了黑盒测试和白盒测试以外，网页的特点使其非常适合进行灰盒测试，因为大多数网页是超文本标记语言(Hyper Text Markup Language，HTML)创建的，而且计算机中安装的浏览器(如 Internet Explorer、Netscape、Firefox 等)都支持HTML。

HTML 是标记语言，由它创建的文档，其基本元素是标记。在 HTML 中定义了许多标记，每个标记完成特定的功能或产生特定的效果。例如，它有很多基本标记，用于显示文本信息。其中包括文字修饰标注，现以加粗标记〈b〉为例说明它的工作原理。原来，在早期的文字处理程序中，不能仅选中文本就使其加粗或倾斜，必须要在程序中嵌入标记。例如，要创建加粗的语句"**This is bold text**"，就要在文字处理程序中输入命令：[begin bold] This is bold text. [end bold]。HTML 的工作原理与此一样。用 HTML 建立该语句要输入：〈b〉This is bold text. 〈/b〉。这样 HTML 是用标记显示文本信息。在上面的语法结构中，〈b〉是标记名称，是一个文字修饰标记，表示加粗，〈/b〉表示结束标记。使用标记〈b〉，可以是〈b〉和〈/b〉包含的文本内容以粗体显示。

由此看来，HTML 只是随意的具有旧文字处理程序风格的标记语言，它不能执行或运行，只能确定文字和图片在屏幕上显示的样式。由于 HTML 语法定义非常明确，所有HTML 文档都遵循同样的结构，而且 HTML 很容易被测试员查看，所以程序员可以既快又轻松地查看网页的构成，然后据此设计出测试用例。如果测试员通晓各种网页上如何把各种元素构建起来的技术，就可以以全新的方式查看测试的网页，从而提高测试效率。这种灰盒测试无论对于黑盒测试或是白盒测试都是极好的补充，它也是一种不错的测试类型[14]。

在某种意义上，灰盒测试倒是最常见的类型，因为当能获悉软件内部信息时，最严格的黑盒测试也多多少少会参考软件内部机制进行，至少是在测试人员凭借对软件错误发生点可能性的估计而设计测试用例时。同样，原先由白盒测试方法设计出的测试用例，它的执行(如在回归测试中)是把它看作对软件整体功能进行"黑盒"测试。

**2. 蜕变测试**

软件运行的预期结果是软件测试要考虑的问题之一，因为知道了软件运行的预期结果，才能将它和软件运行的实际结果比较，从而判定软件是否有错。

确定软件运行的预期结果并非像人们通常认为的那样是件很容易的事情，测试员有时无法构造或者说很难构造程序的预期结果，也就是说存在著名的 Oracle 问题。一般地，如果程序的控制逻辑过于复杂以致从简单的输入也无法容易推导出输出；或者程序本身不是没有明确的输出就是输出具有不确定性；或者是数据结果巨大，无法采用简单方法确认预期的输出结果，当遇到预期结果无法知道情况时，软件界都会采取间接、迂回的方法解决软件正确性问题。其中蜕变测试[79]就是一个重要且有效的测试方法。

诚然，我们有时无法直接判断程序的预期结果，但是从程序的实际运行结果(尽管有时也同样无法直接得到)之间存在的约束关系，可以避开讨论预期结果和实际结果的吻合关系而判断程序的正确性。实际结果之间的约束关系，称为蜕变关系，它们可以通过程序的规格说明书推导出来。

例如，在没有任何计算器或直接的数学函数库的情况下，程序 $P$ 实现余弦函数 $\cos(x)$，对于任意一个角度（或弧度），要判断其预期的输出是非常困难的，除非是像 $\frac{\pi}{6}(30°)$、$\frac{\pi}{4}(45°)$、$\frac{\pi}{3}(60°)$ 等几个特殊弧度（角度）的余弦值。但是，我们知道程序 $P$ 实际的输出结果之间具有下面的约束关系，它们是规格说明书应该体现出的余弦函数具有的性质。

$$\cos(-x)=\cos(x)$$
$$\cos(\pi-x)=-\cos(x)$$
$$\cos(\pi+x)=-\cos(x)$$
$$\cos(2\pi-x)=\cos(x)$$
$$\cos(2\pi+x)=\cos(x)$$

对于程序 $P$，这些关系就是蜕变关系。一般来说，如果验证了程序 $P$ 的实际输出满足上述蜕变关系，我们就有理由相信它是计算余弦函数值的正确程序，这样就无须构造预期输出并判断它和实际输出的异同。

依据上述原理，Chen 等提出蜕变测试方法，利用程序执行结果之间的关系测试程序，无须构造预期输出。蜕变测试中用到的测试用例称为蜕变测试用例，主要是验证蜕变关系的测试用例。而那些用来构造蜕变测试的测试用例，称为原始测试用例，主要是用于构造蜕变测试用例的用例。

我们先给出蜕变关系的正式描述。

用符号 $P_f$ 表示实现函数 $f$ 的程序 $P$，在不致混淆的地方简记为 $P$。程序 $P$ 必须遵守函数 $f$ 的约束条件，否则 $P$ 就是不正确的。

若程序 $P$ 是函数 $f$ 的一种实现，假设 $x_1,x_2,\cdots,x_n(n>1)$ 是 $f$ 的 $n$ 组变元，这些变元对应的函数运行结果分别为 $f(x_1),f(x_2),\cdots,f(x_n)$。若输入变元 $x_1,x_2,\cdots,x_n$ 之间满足关系 $r$，则 $f(x_1),f(x_2),\cdots,f(x_n)$ 满足关系 $r_f$，即

$$r(x_1,x_2,\cdots,x_n)\Rightarrow r_f(f(x_1),f(x_2),\cdots,f(x_n))$$

那么我们将由输入关系和输出关系构成的二元组 $(r,r_f)$ 称为 $P$ 的一个蜕变关系。$I_1,I_2,\cdots,I_n$ 是变元 $x_1,x_2,\cdots,x_n$ 的实际输入值，而 $P_f(I_1),P_f(I_2),\cdots,P_f(I_n)$ 分别是程序 $P_f$ 在对应输入下的实际输出。若程序 $P_f$ 是正确的，则它必须满足蜕变关系

$$r(I_1,I_2,\cdots,I_n)\Rightarrow r_f(P_f(I_1),P_f(I_2),\cdots,P_f(I_n))$$

一般来说，实现函数 $f$ 的程序 $P$ 有若干个蜕变关系，如 $m$ 个，若把蜕变关系简记为 $R_i$，$i=1,2,\cdots,m$，则 $R=(R_1,R_2,\cdots,R_m)$ 称为程序 $P$ 蜕变关系集合。

例如，假设程序 $P_{\cos}$ 实现了余弦函数 $\cos(x)$，若其输入变元 $x_1,x_2$ 满足关系

$$r: x_1+x_2=0$$

则余弦函数的值（即程序 $P_{\cos}$ 的输出值）必须满足关系

$$r_f: \cos(x_1)=\cos(x_2)$$

于是，二元组 $(r: x_1+x_2=0, r_f: \cos(x_1)=\cos(x_2))$ 是程序 $P_{\cos}$ 的一个蜕变关系。若

程序 $P_{\cos}$ 正确，则对 $x_1$ 的实际输入 $I_1=38°$，$I_2=-38°$而言，必满足上述蜕变关系，即 $P_{\cos}(38°)=P_{\cos}(-38°)=0.788$。

同理，以下一些关系也是程序 $P_{\cos}$ 的蜕变关系。

$$(r: x_1+x_2=\pi, r_f: \cos(x_1)=-\cos(x_2))$$

$$(r: x_1-x_2=\pi, r_f: \cos(x_1)=-\cos(x_2))$$

$$(r: x_1+x_2=2\pi, r_f: \cos(x_1)=\cos(x_2))$$

$$(r: x_1-x_2=2\pi, r_f: \cos(x_1)=\cos(x_2))$$

显然，对于程序 $P_{\cos}$，若它正确的话，则对变元 $x_2$ 的实际输入 38°，程序 $P_{\cos}$ 运行结果必满足以下一系列蜕变关系。

$$P_{\cos}(\pi-38°)=P_{\cos}(142°)=-0.788$$

$$P_{\cos}(\pi+38°)=P_{\cos}(218°)=-0.788$$

$$P_{\cos}(2\pi-38°)=P_{\cos}(322°)=0.788$$

$$P_{\cos}(2\pi+38°)=P_{\cos}(398°)=0.788$$

如果把 $P_{\cos}$ 蜕变关系分别记 $R_1,R_2,R_3,R_4,R_5$，则 $R=(R_1,R_2,R_3,R_4,R_5)$是程序 $P_{\cos}$ 的蜕变关系集合。当然，我们还可以找到 $P_{\cos}$ 的其他蜕变关系，如根据余弦的三倍角公式

$$\cos(3\times x)=4\cos^3(x)-3\cos(x)$$

可以得到 $P_{\cos}$ 的蜕变关系为

$$(r: x_1=3x_2, r_f: \cos(x_1)=4\cos^3(x_2)-3\cos(x_2))$$

不过上述关系并不明显。

基于上述概念，蜕变测试的过程通常包括以下 4 个步骤。

(1) 选取测试用例，针对程序 $P$，选取输入 $I_1,I_2,\cdots,I_n$，这些输入对应程序 $P$ 的变元 $x_1,x_2,\cdots,x_n$，得到初始测试用例$(I_1,I_2,\cdots,I_n)$。

(2) 执行原始(即初始)测试用例，若无法判断它的正确性，直接进入下一步骤，构造蜕变测试用例。在能判断其结果是否正确的前提下，如果执行结果错误，则对该测试用例不再构造蜕变测试用例；如果执行结果正确，则进入下一步骤，构造蜕变测试用例。

(3) 利用蜕变关系构造蜕变关系集，形成衍生测试用例。

(4) 比较原始用例和衍生用例的执行结果是否满足蜕变关系，如果运行结果不满足蜕变关系，则表明程序存在缺陷。

在蜕变测试过程中，蜕变关系的选择和构造是影响测试效果的最重要因素。在实际蜕变测试中，可能存在程序实现不正确，但是蜕变测试通过这种我们最不愿意看到的情况。许多学者(包括 Chen 等)都提出了蜕变测试一般应该遵循的策略，这些策略大都是有关蜕变关系的选择和构造问题，如优先选择输入关系 $r$ 较为复杂的蜕变关系、优先选择使得输入中对应的变元数量较多的蜕变关系、组合蜕变关系的检测错误能力较单个蜕变关系强、包含的待测程序语义越丰富，其检测效果越好、与典型程序或算法使用的策略越相似，其检测的效

果越有限以及两次执行要尽可能应用不同的蜕变关系等。

原始测试用例的选择对于蜕变测试结果也有比较重要的影响。Chen 等给出了分别结合特殊值和随机值两种思路构造原始测试用例。吴鹏等对此也有重要研究。另外，有效的蜕变测试应该使用尽可能少的测试用例发现其中的错误，为此可以通过变异分析等方法验证蜕变测试用例的效果。

**3. 随机测试**

所有软件产品都含有错误，即使进行全面测试和形式验证，我们也无法保证能够发现软件中的所有缺陷，何况软件测试在本质上雷同于数理统计中的抽象检验方法。

当软件上市以后，可能有成千上万个人使用。这些人每天使用软件，都像对软件进行检测，他们往往能发现很多缺陷。而这些缺陷是从负责任的软件企业的测试人员绞尽脑汁设计出的测试套件中逃逸出来的，由此可见，“百密一疏”，总有“漏网之鱼”。

量子力学告诉我们，宏观规律基本上是统计规律，宏观现象背后的微观世界是真正的概率世界。无论是测试人员测试软件，还是众多用户使用软件，在发现软件缺陷上都是一种随机行为。前者是基于测试用例选择准则或测试方法选择准则导致对软件进行“偏面”抽样测试，这种“偏面”随机性使许多缺陷从测试人员手中逃逸，而被“漫不经心”的用户无意捕获。用户捕获缺陷的随机性不同于软件测试行为本身具有的随机性，它的结果是事前无法预料到的，有时还是不可控制的。我们以前用用户概要（或用户文档、操作剖面）描述用户使用软件的概率规律，就是为了减少这种随机性引发的缺陷数量。此外，系统测试中使用的 Beta 测试也是出于同样目的。

为了发现这种在“无意”中才能发现的缺陷，或者说尽可能减少逃逸缺陷的数量，我们需要一种本身就浸透了“随机性”的测试类型或方法，称为随机测试[2]。

首先用一个计算 $\sqrt{X}$（$X$ 为一个非负整数）的简单实例阐述随机测试的思想。假设输入 $X$ 可以在闭区间$[0,10^8]$中以同等概率取值，计算结果（即系统输出结果）要精确到 $2\times10^{-4}$。为了测试运行在如此环境中的程序的正确性，我们可以在区间$[1,10^8]$生成均匀分布的伪随机整数。然后，对于输入为 $t$ 的值执行程序，得到输出为 $z_t$。对于每个输入值 $t$，我们计算 $z_t$ 和 $z_t^2$，随后比较 $z_t^2$ 和 $t$，如果输出没有按预期要求达到 $2\times10^{-4}$ 级别精度，那么必须修改程序再重复进行测试。

基于上述例子阐明的思想，随机测试的进行可以总结为以下 4 个步骤。

（1）确定输入域。

（2）从输入域中独立地选择输入。这些输入构成一个随机测试集合。

（3）被测系统用随机集合中的输入进行测试。

（4）将结果与系统规范进行比较。如果任何输入导致错误结果，那么测试失败（即程序有错）；否则，测试成功（这时至少我们不能判断程序有错）。

随机性主要体现在步骤（2），测试用例是在输入域上的随机抽样，不同于通常测试用例是依据“准则”构造。一般地，我们有两种方法实现上述随机抽样。一种是构造系统运行模型，如用马尔可夫链（Markov Chain）描述系统的状态转换的概率规律，这时系统被建模成状态转换模型。其中,状态转换概率为 0～1 的实数,从每个状态出发的所有转换的概率之和为 1。随机测试可以根据所提供的概率对马尔可夫链进行仿真。程序设计语言通常会提供一个 random( )方法生成一个仿真随机数,如生成一个 0～1 的数字。于是,我们就可以在状态之间选择转换。假设实现了一个无偏差的随机数生成函数,这样的仿真就可以在统计意义上与待测模型的概率保持一致,并以此给出了系统一个具有"真实"随机性的执行[16]。通常这个方法在验证系统概率行为时有用。

另一种在输入域上随机抽样的方法,是使选择的输入数据的分布与期望的场景(操作概要)中输入数据的分布一样。这种随机抽象方法是一种程序可靠性统计评估方法。测试输入按操作概要概率规律随机生成,并记录失败次数,其数据统计本身就是对软件可靠性的一种评估,按照准则设计的测试用例无法按照这种方式评估软件的可靠性。这时值得注意的是,我们需要大量的测试输入才能得到有意义的统计结果。因此,必须使用某种自动化的方法生成大量的输入,以供随机测试所需。

步骤(4)是将结果与系统规范进行比较。很自然地,是将输出的实际结果与预期结果相比较。由于输入的随机性和实际测试结果的随机性,不仅使期望输出的计算变得比较困难,而且也不可能给出一个精确的预期值。实际上,前面讨论蜕变测试时,也提到了这一点。不像蜕变测试采取间接方法评估测试结果,随机测试使用一种机制直接验证程序输出的正确性,该机制称为测试基准(Test Oracle),它被用来充分评估测试结果。测试基准是由 William E. Howden 定义的。测试基准提供了一种方法,一来为测试输入生成预期结果,二来对比期望结果和被测实现(Implementation Under Test,IUT)的实际执行结果。也就是说,测试基准包含两部分:一个结果生成器和一个结果比较器。前者是为了得到预期结果,后者是为了预期结果和实际结果的比较。

对于随机测试,有以下 4 种常见的基准。

(1) 完美基准(Perfect Oracle)。在这种方案中,同时测试系统(IUT)和一个可信系统,一个可信系统是被测系统的无错误版本。可信系统接收 IUT 指定的每个输入,并总是产生正确的结果。

(2) 黄金标准基准(Gold Standard Oracle)。已存在应用系统的前一个版本用来生成预期结果。如图 9.6 所示,在某种意义上,完美基准是黄金标准基准的理想特例。

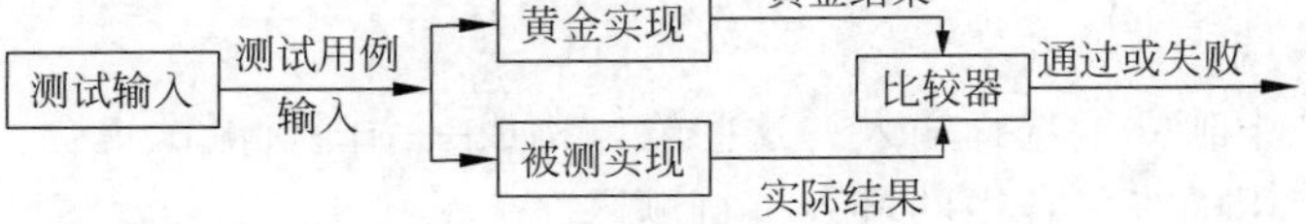


图 9.6 黄金标准基准

(转摘于文献[2]图 9.9)

(3) 参数基准(Parametric Oracle)。使用一个可信算法从实际输出中提取一些参数,并与实际的参数值进行比较,如图 9.7 所示。

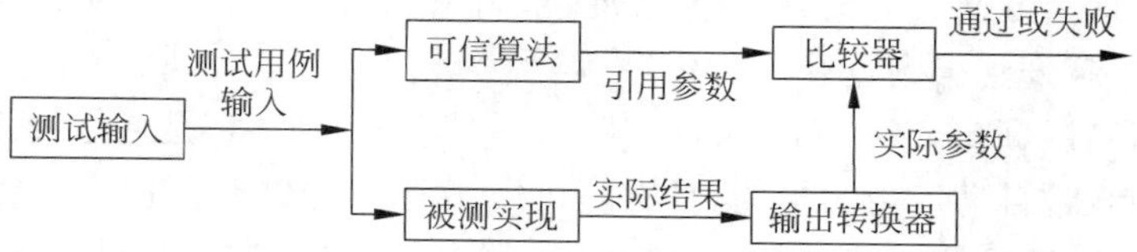


图 9.7　参数基准

（转摘于文献[2]图 9.10）

（4）统计基准(Statistical Oracle)。这是参数基准的特例情况。在统计基准中，验证实际测试结果的统计特性，也就是说，统计基准并不检查实际输出，而是检查它的某些特性。这是因为在随机软件和随机测试中，实际的测试结果也是随机的，我们得不到精确的预期值。这样，我们只能将预期的统计特性和实际的测试结果进行比较。于是，统计基准的断言并不是总是正确的。而是最可能给出一个正确的断言。统计基准由一个统计分析器和比较器组成，如图 9.8 所示。统计分析器计算可能被建模为随机变量的不同特性，并将其传递给比较器。比较器计算检验样本均值和检验样本输入的方差。另外，比较器会基于随机测试输入的分布参数计算特征的预期值和属性。显然，统计基准并不能断言一个单独的测试用例通过与否。如果一个测试用例没有通过，那也是整个测试用例组的成功，即在统计特性的比较上，一个单独测试用例的结果说明不了多少问题。

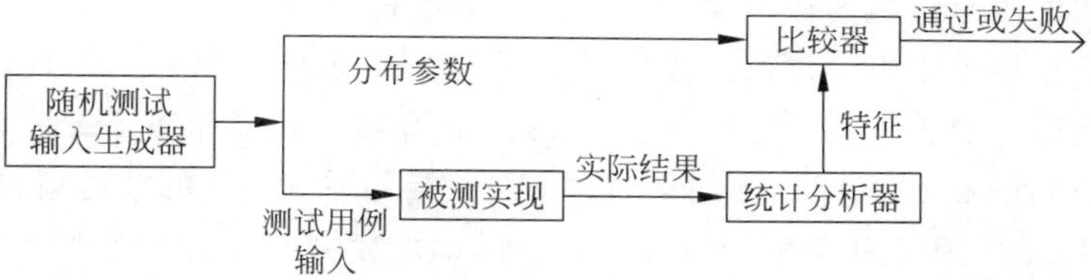


图 9.8　统计基准

（转摘于文献[2]图 9.11）

完美基准、黄金标准基准、参数基准、统计基准是步骤(4)采用的判断程序正确性的准则。其中，完美基准具有一定的确定性，如果从上面所写顺序来看，不确定性随之增强。统计基准是随机测试使用准则中最具有不确定性的一个。因而带有统计准则的随机测试也许是我们更经常遇到的随机测试类型。

关于随机测试，软件界做过许多研究，也产生了许多概念和方法。例如，适应性随机测试，它的测试输入是从一个随机生成的集合中选择的。这些测试输入均匀地分布在整个输入域，以确保通过少量的测试输入发现第 1 个错误。经验研究显示，适应性随机测试确实优于普通随机测试约 50%，详细内容请参考文献[105]。

**4. 模糊测试**

1989 年，Barton Miller 提出模糊测试方法，他的实验内容是开发一个基本的命令行模糊器以测试 UNIX 程序，这个模糊器可以用随机数据“轰炸”被测程序直至其崩溃。随后，许多学者开始在这个方向上的研究工作,随着互联网的普遍应用,人们更加关注系统的安全性,模糊测试方法越来越得到重视。

现今的模糊测试(Fuzz Testing)方法[106]基于 Miller 的思路,是通过构建一个模板或框架(称为模糊控制器)自动产生大量的、具有随机或半随机的数据,用这些数据输入系统,以测试系统的健壮性,即检测系统在各种数据情况下是否出现问题。由此看来,模糊测试不同于其他(包括随机测试在内)测试方法,没有严密的逻辑,不去推导哪些数据会造成系统破坏,也就是事前并无任何目的,只是设定一些基本框架或器具,在这些框架下或器具中产生尽可能多的杂乱数据进行测试,观察系统是否健壮,能否经受住这些数据的干扰和轰炸。

我们知道,并非所有软件都能经受住这种测试。例如,在键盘或鼠标大量随机输入的情况下,早期的 Windows NT 4.0 有 21%的程序会崩溃,还有 24%的程序会挂起。因此,利用模糊测试"盲目"扫射,可以发现一些意想不到的系统缺陷。例如,发现难以察觉的缓冲区溢出、字符串或内容异常等问题。之所以如此,是因为软件中存在的缺陷是软件本身固有的避免不了的事情,它大都是程序员"随机"注入的,因此,用逻辑"眼光"去看待软件,有时很难发现它们。在某种意义上,黑客利用了从逻辑眼光中溜走的缺陷,对软件本身或对使用软件的用户进行攻击。由于任何软件产品中都有缓冲区溢出这个安全性漏洞隐患,所以在普遍关注软件系统安全性的今天,模糊测试方法使用的这种不是经逻辑挑选的大量数据可以起到模拟黑客对系统发动攻击的作用,因此它在安全性测试上发挥了良好作用。

由于模糊测试的起点是要产生大量杂乱无章的数据,因此一般不能通过手工制作,何况人们大脑中潜在意识也难以保证所产生的数据是"完全"杂乱无章的。因此,模糊测试必须通过工具自动执行。目前有许多模糊测试工具,最著名的是 Peach Fuzzer,还有 afl-fuzz、SPIKE、Sulley、COMRaider、iDbg、WebFuzz、ProtoFuzz 等。测试工具的核心就是所构造的模糊器。模糊器一般分为两种:基于变异(Mutation-based)的模糊器和基于生成(Generation-based)的模糊器。

模糊测试过程,或者说模糊测试工具的工作过程,一般包括以下几个步骤。

(1) 获得和确定被测系统的特征、组件以及待攻击的具体范围和接口。

(2) 基于模糊控制器生成大量随机或半随机的数据。

(3) 将生成的测试数据发送给被测试的系统。

(4) 监控、检测被测系统的状态(如是否能够响应、响应是否正确等)。

(5) 根据被测系统的状态判断是否存在潜在的安全漏洞。

模糊测试工具针对特定的通信协议(覆盖 IP、无线通信、多媒体数据统筹方面 300 种协议)和文件格式自动生成模糊测试用例,用于检测被测系统处理相关协议和文件的健壮性和安全性。模糊测试工具还可以作为攻击服务器的武器,如发送巨量的随机数据进行服务器的攻击测试,可能会导致网站拒绝服务;通过大量随机测试,可能会实现 HTTP 报文注入,获得服务器的权限,或导致服务器的 HTTP 服务不可用。

下面举一个模糊器实例,说明模糊测试工具的作用。SPI 是一个简单且设计很精巧的图形化 Web 应用模糊器,它向用户提供了对模糊测试所使用的原始 HTTP 请求的完整的控制。工具可以抓取到客户端和服务器之间的通信数据，根据这些数据分析出客户端和服务器之间的通信协议，然后根据协议的定义自动填充可变字段的内容，实现数据的变异，然后再向服务器发送这些经过变异的数据，尝试找到可能的漏洞，或者成为攻击服务器的武器。

模糊测试和随机测试虽然都是使用大量随机数据作为输入测试系统，但是两者还有本质的区别。随机测试基于统计结果发现软件缺陷，使用了4类基准，根据这些基准获得实际运行结果和预期结果的统计特征并加以比较，从中发现软件缺陷。这仍然带有确定性，即统计中的确定性。它的随机性是一种“犹抱琵琶半遮面”，不如模糊测试彻底。模糊测试正如它的名字所暗示的，随机数据杂乱无章，模糊一片，它作为系统输入，是轰炸性的。模糊测试本身并不想也没有对自己产生的数据作任何哪怕是统计上的分析，顶多是分析用户软件之间的“协议”，从中找出漏洞对软件进行摧毁性打击，因而对安全性检测特别有用。

系统测试是测试员最独立、进行最充分的一项测试活动，它是真正的测试活动。测试员本着在产品交付前彻底揭露软件产品的所有缺陷之意愿，对产品的各个方面进行“毫不留情”的检测，以确保产品质量。如果说开发者是遵循一定的原理、准则、算法和明确目标在做自己心中想做的事情，那么应该说测试员心中的目标并不清晰，软件产品是个黑盒，他们只能依据自己的经验、直觉、智慧和缜密思考去做客户们想做的事情。毫不夸张地说，程序员编码是科学理性活动，测试员测试却是科学艺术活动。科学理性活动和科学艺术活动都需要想象力，但是前者有范式可依，突破范式是一件很大的成就；而后者本身就漫无边际，若能从中找到规律，则是一件了不起的事情。系统测试的进行，针对各种意料不到的情况，测试员的创造天赋使他们发明了许多测试方法和理念。许多重要方法我们都作了介绍，有的散见于其他内容中，这里只着重介绍了灰盒测试、蜕变测试、随机测试和模糊测试。灰盒测试是一种测试类型；蜕变测试企图解决预期结果无法获得至少是很难获得的问题；随机测试企图防止缺陷从测试中逃逸，至少是要减少它们的数量；模糊测试是模拟黑客行为，检测系统的健壮性。蜕变测试、随机测试和模糊测试分别是对软件产品几种最常见而其他测试方法并没有刻意解决的现象的研究，因此是很有价值的。

## 9.4 验收测试

严格的系统测试，是由站在用户角度检测软件质量的测试员从各个方面测试软件，尽力从中发现缺陷并要求开发组织尽力修复它们的一项活动。如果系统测试阶段结束，软件组织决定发布，于是成品软件将作为产品上市。当把它交付给客户时，它还要经过验收测试这一关。

回到图9.1，我们将软件开发实质性过程进行了细分，这种细分大体上勾勒出测试实质性过程应该遵循的“准则”。我们也是基于上述理念一路讨论了各种验证活动和测试活动，直到系统测试完成。每次讨论都基于开发过程中避免不了的步骤之间转换造成的信息沟通、误解和不经意的错误，确定每个具体测试要以什么文档为准，并将该文档和什么目标相比较,从而确定测试内容和方法。

现在当我们来到验收测试阶段,那么验收测试应该是将程序与其最初的需求及最终用户当前的需求进行比较的一个过程[17]。也就是说,要发现用户的最初需求在经过实现它的一系列步骤以后而“物质化”了的产品所“显露”的需求是否存在差异,以及产品能否满足当前客户的需求。

一般来说,验收测试是客户制导的测试活动,它并不是软件开发组织的职责。但是它和软件开发组织所进行的系统测试活动一样,理念都是相同的。这时,用户(或许在软件组织通力合作下),将软件的实际操作与原始合同对照,即要以原始合同规定的用户需求(也许还要参照当前用户愿望)作为规范,以否定现在的实际操作满足规范为目标,设计出能作出正确判断的测试用例来,执行这些测试用例,尽力证明产品没有满足合同要求。类似于数理统计中的假设检验思想,如果所有测试用例都通过,那么用户没有理由拒绝它,理应接受它。

由于验收测试是一类基本上与软件开发组织无关的测试活动,为了验收测试能够顺利通过,软件开发组织往往在系统测试结束之后进行类似于验收测试的“预演”测试,称为 $\alpha$ 测试和 $\beta$ 测试。如果把即将上市的产品称为软件产品 $\alpha$ 版本,那么 $\alpha$ 测试是指软件开发公司组织内部人员模拟各类用户对即将上市的软件产品进行测试,努力发现错误并修正。$\alpha$ 测试有效的关键在于要尽可能逼真地模拟用户实际运行环境及用户对软件产品的操作,在模拟用户操作时要尽力涵盖用户的所有可能操作方式。经过 $\alpha$ 测试调整的软件产品称为 $\beta$ 版本。紧随其后的 $\beta$ 测试是指软件开发组织组织各方面的典型用户在他们各自的操作环境中使用 $\beta$ 版本,并要求用户报告异常情况,提出批评和改进意见,然后再对 $\beta$ 版本进行改错和完善,将其发布。也许这样发布的产品不需要再进行验收测试了,因为 $\beta$ 测试就是由大批客户进行的。即使再进行验收测试,那也可能是关于软件公司对 $\beta$ 版本所做的修改的认可活动[94]。$\alpha$ 测试和 $\beta$ 测试也可认为是一种广义验收测试,它不仅可以作为在特定订购用户验收他们自己预订的产品前由软件公司进行的预验收测试,也可以作为软件公司研发并没有特定订购用户的新颖产品面市前的模拟它的潜在用户的“接受”测试。在某种意义上,$\alpha$ 测试和 $\beta$ 测试是研发新产品的重要一种测试活动,它是系统测试所不能完全替代的。尤其是 $\beta$ 测试,它也是开拓市场的一种商场策略。那些由软件公司挑选出来的典型用户将是即将推向市场的软件产品的潜在买家和产品质量和性能的宣传员。

除了验收测试由客户进行以外,验收测试和系统测试的区别还在于它完全使用真实数据而不是测试数据。换句话说,虽然系统测试使用的测试数据应该是对应的真实数据的真实反映,但是无论测试用例如何建立,究其本质来讲,它们是人工的,因而不免有错漏或误解实际数据的特征的可能,结果所产生的测试数据不能正确反映真实数据,从而致使成功的系统测试也不能充分保证软件在实际数据上的运行也和它在实验中的运行一样“完好”。因此,验收测试必须建立在真实数据的基础上[22]。

除了是客户制导且在真实数据上执行测试以外,验收测试和系统测试的内容是相同的。一般地,验收测试主要有 4 个方面[22]:正确性测试、性能测试、健壮性测试和文档测试。它们也是系统测试的主要内容。客户自然关心软件是否正确地“表达”了他们的需求,软件是否具有开发者所声称的性能，软件组织交付的文档描述是否与产品吻合并且是否正确指明了产品使用方法。除此以外，用户还看重产品的健壮性，其中包括产品能处理大批事务的能力且在最大负荷下操作时能正确运行，产品还要具有兼容性、容错性和安全性。这就意味着，验收测试除了进行可靠性测试、功能性测试和性能测试以外，还要进行压力测试、容量测试、兼容性测试、容错性测试和安全性测试，这几乎是系统测试的全部内容。在系统测试中，我们还把成品软件与文档相对照，以确定测试具体目标。综上所述，从某种意义上说，系统测试确实是验收测试的一次全面预演。

最后，当新产品要取代现有产品的时候，规格说明文档中几乎总是包括这样一条：新产品必须在与现有产品并存的情况下安装使用。之所以如此，是因为软件公司和用户发现工作正常的现有产品存在不足之处，为了及时弥补现有产品的不足，所以提早开发新产品，然而新产品很有可能在某些方面存在错误，软件公司决定可能有的错误留待以后解决。这样，如果现有产品被工作不正常的新产品所取代，那么就会给用户带来麻烦甚至造成损失。因此，两代产品必须同时存在，直到新产品被确认没有错误或错误被改正并且客户能满意地用新产品代替现有产品的功能时为止，那时现有产品就可以退役了。不过在能成功地并行运行新产品和现有产品时，验收测试也就算是通过了[22]。

当产品通过验收测试后，也许还要进行安装测试以及交付后的维护活动，虽然这些工作也应由软件开发组织负责甚至是软件公司开发该项目的必要组成部分，但是总的来说，开发者和测试者的任务都完成了，该项目随着产品上市而结束了。

# 第 10 章

# 软件测试理论

软件工程是一项具有很高风险的事业，为降低风险，人们采取各种质量保证、质量控制措施，其中软件测试便是重要而且实用的一种手段。实际上，软件测试和计算机编程是一道出现和发展的。现今，软件测试已经是软件制造过程中不可或缺的部分，以致人们使用软件开发术语，通常笼统地指嵌入了测试于其中的软件产品实现整个活动，只在强调软件产品制作时，它才专指实现用户需求的程序设计和编码工作。总之，软件测试已经成为软件工程化方法中的重要环节。

证伪论哲学家波普尔认为，各种科学理论并不是建立在事实的基础之上，也不是靠事实得到确立或得到“概率”，而只是被事实所淘汰。因此，虽然科学的目的是真理这种思想，但是科学理论却是猜测性的。所以，波普尔要求科学家预先要具体说明，在什么实验条件下他将放弃自己的最基本的假设。在这个意义上，一个科学理论的提出必须指出它能预见到些什么事实或它能解释些什么事实，并且强调只有可能并且确实已经设计出一个判决性实验反对这一理论时，这个理论或者说这个理论在这个时候才应该被严肃地加以对待。由此看来，设计实验的目的是要证伪它。在波普尔的眼中，进步就在于大胆的、思辨的理论与反复进行的观察的连续的、无情的、革命性的对抗，就在于各种被击溃的理论随之被迅速淘汰，并为新的理论而取代。对于科学理论的检验，波普尔提议，我们应该猜测，这个体系中究竟哪一部分应对反驳负责，也就是说，哪一部分应被认为是谬误的，而这又要（如科学共同体）就此达成一致意见。有趣的是，波普尔认为如果被淘汰的假说在它被证伪之前，至少曾经（在不同的实验中）得到确证的话，科学界应该看待它是带着军人荣誉被埋葬的。而新的假说必须能解释其前任的部分性的成功（若有的话），并能解释更多的东西，否则就不应该提出来[6]。总之，证伪论者认为，知识的增长只能依赖“证伪”实验淘汰旧的理论才能成功。正如波普尔所说：“谁想把科学方法或这种科学方法看作证明科学成果的方法，他也一定会失望。科学成果不能被证明，它只能被批判和检验。在其得到支持的方面，仅仅能说，经过所有这些批判和检验之后，似乎比它的竞争者更好、更有意义、更有力、更有希望、更逼近真理。”[11]

回到软件产品，程序员们小心翼翼地编写代码并经过需求验证、设计验证、单元测试、集成测试，尽力保证代码质量，最后成型，这时软件开发组织要确认它是否能满足客户的原先要求，以便决定能否交付给客户或面市。为此，软件开发组织安排证伪它的系统测试，即设计苛刻的实验，尽力找出该软件产品中的哪一部分应对软件“失败”负责。此时有两种结果，或是宣告开发失败（这是很少看到的情况），或是对软件进行修补，以改善的面貌问世（这是大多数时候的情况）。当然，此后软件还要通过客户的验收测试才行。即使面市以后，也许今后还要对软件进行一些维护等后续服务。由此观之，我们的软件制造过程，是在证明论和证伪论两种理念下活动的产物。

按照证伪论者观点，一旦实验证伪了假说，那个理论理应被淘汰。然而，科学史告诉我们，所有理论即使被实验证伪，都仍然“顽强”地存在着。也许最有说服力的是托勒密的地心学说，他的天文学系统理论让地球处于宇宙中心，其他星球在各自轨道上绕地球运转，其中行星在本轮上运动，而本轮又沿均轮绕地球运行。这个根据有限的观测资料拼凑出来的本轮-均轮模型，是通过人为地规定本轮、均轮的大小以及行星运行速度，才使它和实测结果取得一致。后来由于观测仪器的不断改进，发现原来的模型不能解释观察到的数据。按照证伪论学者的观点，它理应被淘汰掉。可是坚持地心学说的人们却用增加本轮的方法来补救它，以致该模型越来越庞大，小本轮增加到80多个，即使这样，它仍然解释不了观测到的实际数据。值得讽刺的事情是，这个统治天文学1000多年的学说最后是因为自己的“烦琐”才被哥白尼日心说击败而被人们抛弃掉。一般来说，许多有缺陷、有错误的理论都采取类似的方法解救自己。因为顽强维护失败理论的人们可以有所选择地对这些实验提出特设性说明，甚至机灵地把取胜的理论特设性地“还原”为失败学说，所以它们很难被击败。拉卡托斯说：“逻辑学家的矛盾证明也好，实验科学家对反常的判决也好，都不能一下子击败一个研究纲领。一个人只能是事后才‘聪明’。自然界可以高喊‘不’，但人类的独创性…却总是能够喊得更大声。”[6]拉卡托斯还认为，波普尔意义上的“判决性实验”并不存在，这些实验之所以被冠以“判决性”荣誉称号，充其量是因为它不过是一个纲领已被另一个击败这个事件发生之后很久才被授予的[6]。更为重要的是，科学史上还存在这样的实例，一个正确的理论并非不存在“反例”。众所周知，牛顿和爱因斯坦是两位伟大的物理学家，他们的学说奠定了近现代科学基础。和牛顿的万有引力理论相比，爱因斯坦理论要优越些。对于这两个理论，都存在反常，可是我们不但相信爱因斯坦理论，也相信牛顿的理论，并且认为这两个理论都是伟大的学说。现今，几乎所有技术都应用牛顿理论，只有在极高速或精度要求特别高的场合下，才考虑爱因斯坦相对论的效应。例如，全球定位系统（Global Positioning System，GPS）中有一项误差，其来源是由相对论效应影响所致，通过修正它可以得到更准确的定位结果。值得注意的是，牛顿在最初提出万有引力理论时，该理论却被淹没在“反常”的海洋之中，并且甚至遭到支持这些反常的观察性理论的反对。然而，牛顿及其学派却把一个个反例变成确证的例子，用拉普拉斯的话说，他们“把每个新的困难变成他们的纲领的新胜利。”[6]。牛顿理论的成功说明，“我们可能在精巧的和侥幸获得的内容增加的辅助假说下把一连串的失败（由于事后的聪明）转变成一个名扬天下的胜利故事（实现这种转变，或者是由于更正了一些错误的‘事实’，或者是由于增添了新奇的辅助假说）之前被一长串‘反驳’所挫败。”在科学史上，可能许多理论都有这样的命运[6]。鉴于此，证伪论哲学家拉卡托斯建议，把波普尔的“证伪”和“抛弃”二者分开，各种“证伪”只不过被记录下来，但并不据之采取“抛弃”行动。他认为，一个理性理论既然是试图按普遍、连贯的框架组织各个基本判断，因而就不必仅仅由于出现某些反常或其他的不一致性就立刻抛弃这样一个框架[6]。而最重要的，一个理论在受到考验时必须加以调整和再调整，极端情况才会是完全被取代。因此，一个理论如果会导致一个进步的问题转换，那么它就是成功的，否则就不是成功的。这样看来，通过猜想-反驳循环是取得正确知识增长的一种好的过程模式。

再回到软件测试工作。开发员和程序员绞尽脑汁创造现实中并不存在的一个软件，他们当然要仔细地、认真地检查自己的想法是否符合客户需求以及实现这种需求的代码是否正确，他们希望这一切都能被证实，所以他们持有证明论观念并开展证明性测试是很自然的事，而且这也是软件得以实现的主要动力。不过开发员和程序员对自己的产品大都“情有独钟”，他们有时“不识庐山真面目，只缘身在此山中”，鉴于此，系统测试必须要用证伪论理念，测试员必须绞尽脑汁发明各种测试方法和测试用例，尽力找到软件并不满足客户需求的“反例”。由于软件开发组织顽强地维护产品的正当性，所以不会发生一发现反常就抛弃自己辛苦制作的产品的事情。只是通过证伪活动，尽力找出软件中的一切缺陷，找出哪些代码应对软件失败负责，通过修复和一再调试，让原软件转换成没有缺陷或缺陷较少以及缺陷并不严重的软件，甚至对一些已知的缺陷还高高挂起，留待下一个版本解决。这样做，恰好符合“证伪”和“抛弃”两者分开的原则。之所以系统测试要采用证伪理念，仅仅是因为只有这样才能无情地揭露软件中的错误。至于“证伪”能否导致产品被“抛弃”或被“保留”，就依赖于修复的功效、客户的容忍程度以及最终产品所能完成的功能了。这样看来，证明和证伪是软件制作过程中相辅相成的两种活动，只有综合它们才能达到制作高质量软件的目的。

归根结底，采用证伪理念测试软件，只不过表明软件开发组织是借用了证伪哲学的一些想法而已。其中最为关键的思想是，一切软件皆有错，而且没有什么科学方法能证明软件的正确性。由此看来，寻求软件缺陷产生的深层次原因以及发明各种技术最大可能地去揭露它，才是软件测试从证伪论哲学那里获得的教益。下面我们就试图从理论上阐述上面提出的一些有关问题，建立一些模型和一些新技术，并结合软件界已有的理论和现在正在兴起的技术做一番综合考查。现在，让我们先从程序测试经典理论谈起。

20 世纪 70 年代，出现了测试理论研究领域。虽然测试理论对软件测试实践具有指导意义，但是相对于软件测试方法和技术的发展，系统性理论研究还是显得不足。严格地说，软件测试属于技术范畴，纯粹理论可能不是技术发展适宜的探讨课题。也许出于这个原因，测试理论的研究才落后于测试方法的研究。

然而，自 20 世纪 50 年代以来，随着计算机应用的普及，程序规模越来越大，人们对软件质量的要求越来越高，这样就促进了计算机软件事业的高度发展。相应地，开发软件技术和测试软件技术都获得了长足进步。多年以来，软件界积累了丰富的测试经验，开发了许多测试方法和工具。在这样的背景下，我们回归到计算机科学研究的早期，那时人们充满对程序正确性证明的渴望，创立软件测试理论。我们想在此基础上提出新的理论构想。我们认为，这时总结测试工作的长期经验是有帮助的。

## 10.1 程序测试经典理论

20 世纪 70 到 80 年代，有 3 个著名的测试理论：Goodenough 和 Gerhart 理论[107]、Weyuker 和 Ostrand 理论[108]以及 Gourlay 理论[109]。简略地说，Goodenough 和 Gerhart 基于证明论理念提出理想测试理论；Weyuker 和 Ostrand 理论是对 Goodenough 和 Gerhart 理论的修改和补充；而 Gourlay 从追求证明程序正确性的理论阐述中跳出，专注测试方法的实用性，讨论生成测试系统和测试方法的一般方法。下面对这 3 个理论进行介绍，主要参考了 Naik 和 Tripathy 的有关论述[2]。

### 10.1.1 Goodenough 和 Gerhart 理论

#### 1. 程序错误

Goodenough 和 Gerhart 认为错误大体上分为两类：逻辑故障和性能故障。前者指程序产生不正确结果与所需要的资源无关；后者与资源的限制而导致程序没有产生预期结果有关。换言之，逻辑故障“纯粹”是程序中的问题。细分起来，可以分为 3 类：需求故障，即没有捕捉到用户真正需求；设计故障，即没有满足已经理解了的需求；构造故障，即没有满足设计。这 3 类基本逻辑故障是 3 个开发实质性阶段需求分析、详细设计和编写代码之间信息沟通和转换发生错误所致。因此，程序错误在所难免。就程序而言，引发程序故障有以下两类主要原因。

(1) 对于一个程序必须处理的所有条件的认识不足。

(2) 没有认识到某些条件的组合需要特殊的处理。

如果对必须处理的所有条件认识不足，通常就会发生控制流路径丢失错误。一般来说，一个控制流路径是程序中一条可行的指令序列，代表程序流程图中一条简单的路径或分支。如果没有识别出所有条件并为每个条件指定一个路径来处理，就极有可能导致程序中路径的丢失。路径丢失的一个极好的例子是在执行除法时程序没有检测除数是否为零。当程序员没有意识到一个除数不能为零时，那么他将不会编写代码来处理这个特殊条件。这个丢失的路径可能会导致计算机给出极端错误的结果。

如果没有认识到某些条件的组合需要特殊的处理，一般来说，它就会导致程序中有些条件的表示不正确。一个条件表示不正确，程序就会执行一条不正确的路径，这是程序中通常发生的不恰当路径选择错误。推而广之，程序不恰当的操作或丢失操作，如使用不正确的参数列表调用函数是一种不恰当操作，它没有认识到有些语言是需要对这些参数进行顺序处理的；没有给变量赋值是丢失操作，它没有认识到程序往往没有“清空”指令。这些都会导致在特定条件组合下程序运行不正确。

针对故障出现的两类主要原因，我们必须根据下面的方法找到揭示错误的测试数据。

(1) 识别与程序正确运行相关的所有条件。

(2) 选择的测试数据能够执行这些条件的所有可能的组合。

利用上述方法设计测试数据(即测试用例),本质上就是如今人们熟悉的白盒测试类型中属于逻辑覆盖测试的方法,并且它是应用很强的多重条件覆盖准则来设计测试数据的。如今,多重条件覆盖准则要求编写足够多的测试用例,将每个判定中的所有可能的条件结果的组合,以及所有入口点都至少执行一次[17]。

依据上述选择测试数据的思想,我们定义下面两个术语。

(1) 测试数据。测试数据是程序输入域的实际值,它满足一些测试选择标准。

(2) 测试谓词。测试谓词是与程序正确执行相关的条件或条件组合的描述。谓词的组成部分首先是源自程序的规范,更多条件和谓词将作为实现的考虑因素加入。

我们使用测试谓词描述被测程序的一些方面,而用测试数据去测试这些方面。测试谓词是测试数据选择的驱动力,即测试数据是为了得到测试谓词真值而选择的。

为了发现程序错误,尽管完全的白盒测试并不切合实际,但是我们要寻找尽可能多的测试谓词以及由它们驱动得到的测试数据,以便达到最大效果。

**2. 可靠性条件**

因为我们用测试谓词描述被测程序的某个方面,并且用测试谓词制导测试数据去测试程序那个被测试谓词描述的方面,所以在这个意义上,测试谓词也可以看作测试数据的选择准则。通常,我们希望测试选择准则制定得足够好,以致依据它们选出的测试数据具有某种特殊性质。在这里,我们很自然地希望依据测试选择准则选出的测试数据能够对程序进行完整的逻辑覆盖测试。也就是说,我们希望引入的由很多测试谓词组成的集合能够对程序的描述做到"面面俱到"。我们用可靠性表达测试谓词集合或测试选择准则集合的上述特征。测试谓词是有关程序正确执行的条件或条件的组合,因而测试谓词集合或测试选择准则集合是"条件"的集合,我们以后互用这两个指标,并把它记为 $C$,统称 $C$ 为测试选择标准。

显然,要测试谓词集合或测试选择标准 $C$ 被认为是可靠的,它至少要满足以下条件。

(1) 程序中每个分支必须用一个 $C$ 中的等价条件表示。

(2) 程序中每个潜在的终止条件,如溢出,必须用 $C$ 中的条件表示。

(3) 与程序正确运行相关的每个条件,即由规范和程序数据结构的知识所规定的每个条件,都应该作为 $C$ 中的一个条件表示出来。

**3. 测试理论**

1) 基本概念

假设 $D$ 为程序 $P$ 的输入域,那么输入 $d \in D$,执行 $P$,标记为 $P(d)$,其结果可能是错误的或可接受的(即和预期输出一致)。

(1) $\text{OK}(d)$:定义一个谓词,其真值表示 $P(d)$ 的结果可接受性。当且仅当 $P(d)$ 的结果可接受时,$\text{OK}(d)=\text{True}$,否则 $\text{OK}(d)=\text{False}$。

假设 $T \subseteq D$ 是用来测试程序的测试数据集。有时,在不致引起混淆时,简称测试数据集 $T$ 为测试。

(2) SUCCESSFUL($T$)：定义一个谓词，其真值表示 $T$ 测试程序的"整体"通过性。即当且仅当 $\forall t \in T$，都有 OK($t$)，则 SUCCESSFUL($T$)=True。有时，我们说上述 $T$ 是一个成功的测试。

很自然地，人们追求这样的测试数据(用例)集，它是输入域的样本(子集)，如果从它能成功地执行，就可以得出这个程序不包含错误。这样的测试数据集是理想的，由它构成的测试称为理想测试。

(3) 理想测试：$T$ 构成理想测试，如果

$$\mathrm{OK}(t)\ \ \forall t \in T \Rightarrow \mathrm{OK}(d)\quad \forall d \in D$$

如果令 $T=D$，那么 $T$ 便构成理想测试，这是我们并不希望的理想测试，我们希望得到 $D$ 中某个真子集，它能构成理想测试。另外，有时为了得到理想测试，实践者可能把没有错误简单地解释为没有很多严重后果的错误，特别是那些用户可以容忍的错误。

理想测试定义的有效性依赖于 $T$ 如何彻底地执行 $P$，当然，若把彻底测试看成是穷尽的完全测试，那么 $T=D$。这并不是我们希望的。因为一般来说，$T$ 是根据测试标准 $C$ 选择出来的，所以 $T$ 执行程序的彻底性依赖 $C$ 的定义。换言之，我们是在一种很宽广的意义上，定义彻底测试的概念，即依赖 $C$ 的定义，选择出测试数据集 $T$，在 $T$ 上执行 $P$，希望达到即使程序有错，没有被 $T$ 发现也不会导致严重后果的目的。

假设 $D$ 为程序 $P$ 的输入域，$C$ 为测试谓词的集合，它作为选择测试数据的标准。如果 $d \in D$ 满足测试谓词 $c \in C$，则定义 $c(d)$=True。一个测试谓词 $c$ 是程序一个正确执行的相关条件或条件组合，因而选择满足它的数据 $t$，即 $c(t)$=True，就意味着程序 $P$ 在输入 $t$ 上运行时执行 $c$ 所描述的条件组合。根据上述观点，我们定义满足 $C$ 的"完备"测试数据集 $T$ 的概念。相应地，$C$ 相对于测试数据集 $T$ 也是"完备"的，即 $C$ 仅是 $T$ 选择的标准集。

(4) COMPLETE($T$,$C$)$\equiv(\forall c \in C)(\exists t \in T)c(t) \land (\forall t \in T)(\exists c \in C)c(t)$。

COMPLETE($T$,$C$)定义了测试选择标准 $C$，对于其中每个测试谓词，选择一个测试数据来满足它，从而得到输入域 $D$ 的子集 $T$ 作为特定的测试数据集 $T$。并且，对于 $T$ 中每个测试数据，存在一个测试谓词使该测试数据得以满足。

COMPLETE 是一个谓词，那么当测试标准 $C$ 已知，则 COMPLETE($T$,$C$)=True 就意味着依据标准 $C$，测试数据集 $T$ 是彻底测试集。换言之，所谓 $T$ 是一个彻底测试集，它是依据测试标准 $C$ 而定的。实际上，是 $C$ 定义了必须执行得到彻底测试的程序的一些属性，即 $C$ 中每个测试谓词表示的程序属性都必须选择数据使程序在其上执行时得到测试。所以在这个意义上，我们称 $T$ 为(按照 $C$ 标准的)彻底测试集，而在其上执行程序 $P$ 所做的测试称为(按照 $C$ 标准的)彻底测试。

我们在前面说过，如果依据可靠性条件选择测试数据集，那么就在完整的逻辑覆盖测试意义上彻底地测试了程序。一般地，有以下测试标准。

- 可靠标准：一个测试选择标准 $C$ 是可靠的当且仅当每个由 $C$ 选择的测试都是成功的，或者没有一个选择的测试是成功的。也就是说，若 $T_1$ 和 $T_2$ 是由 $C$ 选择出的两个测试数据集，即 COMPLETE($T_1$,$C$)=True 和 COMPLETE($T_2$,$C$)=True，则

$T_1$ 和 $T_2$ 要么都成功，要么都不成功。所以在这个意义上，可靠性是指一致性。我们用谓词 RELIABLE($C$)表示 $C$ 是可靠标准。

- 有效标准：一个测试标准是有效的当且仅当如果 $P$ 是不正确的，$C$ 至少能选择一个测试数据集合 $T$，它对于 $P$ 是不成功的。所以在这个意义上，有效性是指产生有意义的结果的能力。我们用 VALID($C$)表示 $C$ 是有效标准。

2）基本定理

现在讨论理想测试和彻底测试之间的关系。

假设 $T_I$ 构成一个理想测试，令 $B$ 是程序 $P$ 被 $T_I$ 揭示的故障集合，即程序全部错误集合。假设测试员确定一个测试谓词集合 $C_1$，并按 $C_1$ 标准设计了一个测试数据集合 $T_1$，使 COMPLETE($T_1$,$C_1$)得到满足。令 $B_1$ 代表被 $T_1$ 揭示的故障集合。我们不能保证 $T_1$ 揭示了程序所有的故障。接下来程序员确定一个大的测试谓词集合 $C_2$，使 $C_2 \supset C_1$，并设计一个新的测试数据集合 $T_2$，使 $T_2 \supset T_1$ 并且满足 COMPLETE($T_2$,$C_2$)。令 $B_2$ 是被 $T_2$ 揭示的故障集合。如果增加的测试数据可揭示更多的错误，则 $B_2 \supset B_1$。同样，我们也不能保证 $T_2$ 揭示了程序的所有故障。如果程序员重复上述过程，也许最终可能会确定一个测试谓词集合 $C_I$，并由它恰好能设计出一个测试数据集(不妨记为)$T_I$，使 COMPLETE($T_I$,$C_I$)得到满足且 $T_I$ 揭示了程序全部错误集合。这时，$T_I$ 是满足 COMPLETE($T_I$,$C_I$)的一个彻底测试，也是一个理想测试集合。由此可见，彻底测试是相对于一个标准来说的，它是理想测试的一个近似。不过我们有下面一个基本定理。该定理指出如果能找到一个可靠、有效标准，按照这个标准设计的测试数据集是一个理想测试集。

**定理 10.1**　$(\exists T \subseteq D)$(COMPLETE($T$,$C$) $\wedge$ RELIABLE($C$) $\wedge$ VALID($C$) $\wedge$ SUCCESSFUL($T$))$\Rightarrow$$(\forall d \in D)$OK($d$)。其中，$D$ 是程序 $P$ 的输入域。

**证明**　假设 $d \in D$ 是输入域 $D$ 中的一个成员，使 $P$ 在输入 $d$ 上运行失败，即输入 $d$ 后 $P$ 的执行结果与期望输出不一致。也就是说，我们有 $\neg$OK($d$)=True。因为 $C$ 是有效标准，当 VALID($C$)满足时，则存在一个测试集合 $T$，使 $\neg$SUCCESSFUL($T$)成立。再根据 $C$ 是可靠标准，当 RELIABLE($C$)满足时，就意味着如果有一个完全测试失败，现在是 $T$，则程序所有的按照标准 $C$ 设计出的所有完全测试都失败。但是，这将导致一个矛盾，因为假设存在一个完全测试能成功执行。

要求软件有很高的可靠性，人们试图消除存在于软件中的一切缺陷。早期计算机软件界步数学的后尘，希望通过严格的形式证明途径，去验证程序的正确性。后来发现这个希望即使能够如愿，那也很难达到。很自然地，人们转而希望能够找到理想的测试方法，去发现程序中的所有缺陷。Goodenough 和 Gerhart 基本定理增强了上述信心。我们也许能够找到一个可靠的、有效的选择测试数据的谓词集合 $C$，以它为标准设计一个测试数据集合 $T$，$T$ 是程序输入域 $D$ 的一个小子集，$T$ 能够检测到程序 $P$ 的所有故障，倘若如此，那可比形式证明程序 $P$ 的正确性有效得多。可惜的是，要达到这样的境界，困难很多，原因如下。

(1) 由于程序 $P$ 的故障是未知的，即使我们手头上有了一个可靠的、有效的标准，我们也无法判断它的可靠性和有效性。似乎只有选择整个输入域 $D$，才能保证标准是可靠和有

效的，但是这是不可取的，也是不现实的。

(2) 如果程序 $P$ 是正确的，那么任何测试都应该是成功的。这样对于程序 $P$ 每个选择标准都是可靠的和有效的。

(3) 如果程序 $P$ 是不正确的，通常在不知道 $P$ 中的错误的前提下，我们无法知道标准是否是理想的。

(4) 如果故障不断消失，这是软件 $P$ 在其成品的实质性开发过程中经常发生的事情，因此，调试过程既不可靠也无效。

**4. 理论的局限**

理想测试理论点燃了人们能够发现软件所有缺陷的热情，致使它在软件测试研究领域得到广泛应用和赞赏。然而，它毕竟只能存留在理想境界中，很难在现实中扎根生存。

实际上，前面已经说过，要想对程序 $P$ 做到理想测试，困难很多，几乎不可能。现在我们再全面考查一下 Goodenough 和 Gerhart 理论的基本概念，研究一下它的局限性。

首先，Goodenough 和 Gerhart 理论是针对一个程序的整个输入域定义了有效性和可靠性概念的。于是一个标准可以保证有效性和可靠性，当且仅当选择整个域作为一个“单独”测试数据集。这种穷尽测试不切实际，故在评估标准有效性和可靠性时存在很大的困难。

其次，有效性和可靠性概念是针对一个程序的本身定义的。如此一来，一个程序的测试选择标准是可靠和有效的，但它对另外一个程序可能并不适合。然而，理论上和实践上都应该要求好的标准是普适的，也就是说，好的测试集合应该独立于具体的程序和程序的故障。实际上，前面我们在可靠性条件的内容中认为谓词集合 $C$ 是可靠的，那时是它所选择的测试用例集能够对“所有”程序进行完整的逻辑覆盖测试，这种多重条件覆盖准则[17]是独立于具体的程序和程序的故障的。

最后，在整个调试过程中，既不能保持有效性，也不能保持可靠性。实际上，前面已经提到，故障不断消失，是程序开发实质性过程中发生的事情。这是因为随着程序失败的出现，程序进入调试，定位这个故障，一般来说(或者说在理论上)只要发现了故障就可以解决。于是，故障在调试前被揭示，而在调试和修复后它不会再出现。从而在这个调试过程中，程序在变更，理想测试集也随之变更。在这个意义上，测试选择标准的特性甚至不是“单调”的，换言之，它不是获得或保留，就是永远丢失或保留。

总之，Goodenough 和 Gerhart 理论所向往的理想测试，由于其基本概念有效性和可靠性是针对一个程序及其全部输入域定义，致使它难以做到“理想”，而且在软件开发的整个调试阶段既不保持可靠性，也不保持有效性。

## 10.1.2　Weyuker 和 Ostrand 理论

Goodenough 和 Gerhart 理论中最重要的概念是标准的有效性和可靠性，它是针对程序及其输入域定义的，实质上它依赖于程序中出现的故障及其类型，以致调试过程既不可靠也无效。因此，如此定义的标准有效性和可靠性就成了 Goodenough 和 Gerhart 理论的一个重要缺点。主要针对这个缺点，Weyuker 和 Ostrand 提出了一个修改理论，关键点就在于把测试选择标准的有效性和可靠性的定义从依赖于程序转到程序的规范上，即对给定的程序输出规范而不是程序本身提出了一致理想测试选择标准。

**1. 基本概念**

因为 Goodenough 和 Gerhart 理论主要是针对“具体”程序 $P$ 立论的，所以该理论的一些基本概念的定义都暗含了某个程序的隐蔽假设。例如，OK($d$)和 SUCCESSFUL($T$)的定义都被程序 $P$ 所暗示。现在，Weyuker 和 Ostrand 针对程序规范立论，因此，他们首先把上面两个谓词重写如下，并把后者缩写为 SUCC( )。

(1) OK($P$,$d$)：定义一个谓词 OK($P$,$d$)，它表示结果 $P(d)$是可接受的，其中 $d$ 是 $P$ 输入域 $D$ 中任意一个元素。OK($P$,$d$)=true，当且仅当 $P(d)$是程序 $P$ 的可接受的输出结果。

(2) SUCC($P$,$T$)：定义一个谓词 SUCC($P$,$T$)，它表示对于程序 $P$ 的输入域 $D$，一个给定的子集 $T$，即 $T\subseteq D$，$T$ 是程序 $P$ 的一个成功测试。SUCC($P$,$T$)=true，当且仅当 $\forall t\in T$，OK($P$,$t$)。

显然，上面两个定义，已经取消了程序 $P$ 在 Goodenough 和 Gerhart 相应谓词定义中的“暗示”作用，这样就便于在符合规范的一切程序上讨论理想测试问题。于是，我们有下面关于测试标准有效性和可靠性的一致性定义。

(1) 一致有效标准：标准 $C$ 是一致有效的，当且仅当

$$(\forall P)[\ (\exists d\in D)\ (\neg\ \mathrm{OK}(P,d)\ )\Rightarrow(\ \exists\ T\subseteq D)\ (C(T)\ \&\ \neg\,\mathrm{SUCC}(P,T)\ )\ ]$$

(2) 一致可靠标准：标准 $C$ 是一致可靠的，当且仅当

$$(\forall P)\ (\forall T_1,\forall T_2\subseteq D)\ [\ (\ C(T_1)\ \&\ C(T_2)\ )\Rightarrow(\ \mathrm{SUCC}(P,T_1)\Leftrightarrow \mathrm{SUCC}(P,T_2)\ )\ ]$$

注意，在上面两个定义中，都约束自由变量 $P$，即外部量词($\forall P$)一致。实际上，每个谓词定义的其余部分，给定一个特定的输出规范，对于程序 $P$ 是成立的。例如，当开发一个软件项目时，实行它的程序都符合需求所规定的输出规范，程序的输入域都是 $D$。这时，上面两个谓词公式定义便要求对整个开发阶段出现的程序，当然也包括调试阶段，都一致成立。

对于一个给定规范，为所有程序定义一致理想测试选择标准，就可以避免对所有程序具体依赖的困难，这就是下面的定义。

一致理想测试选择：对于一个给定的规范，一致性理想测试选择标准既是一致有效的，也是一致可靠的。

**2. 基本定理**

一致理想测试选择的概念虽然是对 Goodenough 和 Gerhart 的理想测试选择概念的一种改进，但是它也有一些缺点。例如，对于任何大型程序，选择整个输入域 $D$ 这样的一般操作，不会有理想的一致标准。

如果 $C$ 选择的所有测试是 $D$，则这个标准 $C$ 称为平凡有效的(Trivially Valid)。关于它有以下定理。

**定理 10.2** 一个标准 $C$ 是一致有效的，当且仅当 $C$ 是平凡有效的。

**证明** 显然对于任何程序 $P$，平凡有效标准是有效的。现在需要证明对于给定的输出

规范，不是平凡有效的标准 $C$ 不可能是一致有效的。事实上，对于任何一个不包含于 $C$ 的测试的元素 $d$，我们都可以编写一个程序，它对于 $d$ 是不正确的而对于 $D-\{d\}$ 是正确的。

**定理 10.3**　一个标准 $C$ 是一致可靠的，当且仅当 $C$ 选择单个测试集合。

**证明**　如果 $C$ 只选择一个测试，显然它对于任何程序都是可靠的。现在需要证明对于给定的输出规范，不是选择单个测试集合的标准 $C$ 就不可能是一致可靠的。事实上，令 $T_1$ 和 $T_2$ 是 $C$ 选择的两个不同测试集合，则必存在 $t \in T_1$ 但 $t \notin T_2$。因为存在这样一个程序 $P$，当输入属于 $T_2$ 时它的期望输出是正确的，但是当输入 $t$ 时得到的输出是不正确的。所以，这两个测试针对程序 $P$ 有不同的结果，即 $\text{SUCC}(T_1, P)=\text{False}$，而 $\text{SUCC}(T_2, P)=\text{True}$，故 $C$ 是不可靠的。

把这两个定理合起来，便有下面这个重要推论。

**推论**　一个标准 $C$ 是一致有效的和一致可靠的，当且仅当 $C$ 只选择了单个测试 $T=D$。

**3．理论的意义**

因为是对程序的输出规范立论，所以一致有效和一致可靠性的测试选择标准都是普适定义。由此，一致理想测试概念针对满足一个规范的所有程序，而不只是一个程序。因而这个概念是在给定一个规范下，考虑所有程序实例的"一致性"。这个"一致性"思想本想从理论上完美解决软件界在测试实践上发现的问题，但是上面的推论却告诉我们一致理想测试选择标准，要求它满足一致有效性和一致可靠性两个理想目标，是不切实际的，因为它将选择程序的整个输入域，从而导致不现实的穷尽测试。

我们还可以依据前两个定理的证明，把推论改写如下：无论我们使用什么测试选择标准，也无论我们选择什么测试，除了整个 $D$，总可以编写一个使测试失败的程序。这里的程序 $P$ 使测试 $T$ 失败是指：程序 $P$ 通过测试 $T$，但却对其他一些有效输入是失败的。换言之，$T$ 是无法揭露程序 $P$ 有错的测试。在这个意义上，我们便从理论上阐释了 Dijkstra 的著名论述：测试只能揭示错误存在，而不能揭示错误不存在。

测试选择标准的可靠性和有效性都是理想目标。现在，推论告诉我们，普适的理想目标，即使能够实现，也是不切实际的。Dijkstra 那个著名论断是正确的。因此，追求理想测试目标应该不是软件界的任务。换句话说，我们应该接受这个事实，软件开发是桩具有风险的工程，对于一个大程序，我们无法达到证实它的正确性这个目标，只能追求一些能够降低风险或使风险最小化的并不理想但却容易实现的有用目标。事实上，目前关于测试理论的一切研究都是在这个基准上展开的。

**4．子域的揭示标准**

Weyuker 和 Ostrand 理论还引入了关于子域的揭示标准概念，记为谓词 $\text{REVEALING}(C, S)$，其中 $C$ 是标准，$S$ 是子域。这里的子域 $S$ 是指它是输入域 $D$ 的一个子集。每当 $S$ 都包含一个没有正确处理的输入时，那么每个满足 $C$ 的测试都是不成功的，则称这个测试选择标准 $C$ 对于子域 $S$ 是揭示的。或者等价地说，一个测试选择标准 $C$ 对于子域 $S$ 是揭示的，意思是指：如果任何一个由 $C$ 选择的测试是正确执行的，那么 $S$ 中的每个测试都会获得正确的输出。下面给出谓词 $\text{REVEALING}(C, S)$ 的精确定义。

REVEALING$(C,S)$ 当且仅当$(\exists d \in S)(\neg \mathrm{OK}(d)) \Rightarrow (\forall T \subseteq S)(C(T) \Rightarrow \neg\ \mathrm{SUCC}(T))$

揭示谓词是将理想测试的思想扩展到输入域的子集的一个概念，于是程序员不必关心整个输入域，即只考虑本地错误，在输入域的子集上揭示自己引入的缺陷。应用揭示谓词概念，类似于把一个复杂问题分割成一系列子问题的传统科学做法，把整个输入域拆分成一些小的子域。虽然，将一个问题分割成子问题也是公认的一项艰难任务，但其思想却在目前的测试理论得到了应用。例如，黑盒测试中等价类划分方法便是上述思想的体现[17]。

### 10.1.3 Gourlay 理论

理想测试“高不可攀”，软件界“放弃”对它的追求，把研究重点放在寻求各种发现程序故障的实用方法并将它们发现故障的能力进行比较的工作上。Gourlay 理论就是具有这样一种特性的测试理论。

事实上，软件开发过程是制造和测试融合一体的“生产”过程，这里的制造是指正确编写构造程序使软件成型，测试是指矫正程序中的缺陷使软件尽可能做到完美无缺。因此，开发软件的整个过程就是程序编写和测试执行一道进行的过程。依赖程序员的冥思苦索和测试员的明察秋毫，开发过程才能顺利进行。然而，程序员的冥思苦索和测试员的明察秋毫，都是基于软件的需求规范上。换言之，需求规范是软件正确的唯一判定依据，程序员依据规范编写程序，测试员依据规范对程序设计测试用例并执行它。在这个意义上，开发软件实质性工作可以浓缩为规范、程序和测试这 3 个实体之间的关联。Gourlay 测试理论建立了上述 3 个实体之间的关系，并为选择测试的不同方法的比较提供了一个基础。

**1. 基本概念**

所有需求规范的集合为$\wp$，所有程序的集合为$\mathcal{P}$，所有测试的集合为$\mathcal{T}$。我们用大写字母和小写字母分别表示上述 3 个集合$\wp$、$\mathcal{P}$和$\mathcal{T}$的子集和成员。例如，$S$ 为$\wp$中的子集，$s$ 为$\wp$中的成员；$P$ 为$\mathcal{P}$中的子集，$p$ 为$\mathcal{P}$中的成员；$T$ 为$\mathcal{T}$中的子集，$t$ 为$\mathcal{T}$中的成员，即 $t$ 表示一个单独的测试用例。

程序 $p$ 关于规范 $s$ 的正确性由 $p$ corr $s$ 表示。

给定 $s,p,t$，谓词 $p\ \mathrm{OK}(t)s$ 表示以测试用例 $t$ 测试程序 $p$，依据规范 $s$ 判定是成功的。若 $T$ 是测试用例集合（即 $T\subseteq\mathcal{T}$），则用上述记法，我们可以定义：$p\ \mathrm{OK}(T)s$ 当且仅当 $p\ \mathrm{OK}(t)s, \forall t\in T$。

因为如果一个程序是正确的，它就不会出现关于（它所满足的）规范的任何非期望的结果。所以，对所有测试，有下述关系成立：$p\ \mathrm{corr}\ s\Rightarrow p\ \mathrm{OK}(t)s, \forall t$。

利用上面的基本概念和记号，下面给出 Gourlay 的测试系统及其构造的基本理论。

**2. 测试系统及其构造理论**

1）测试系统定义

一个测试系统是一个 5 元组$\langle\mathcal{P},\wp,\mathcal{T},\mathrm{corr},\mathrm{OK}\rangle$，其中$\mathcal{P}$，$\wp$和$\mathcal{T}$分别是任意程序、规范和测试集合，$\mathrm{corr}\subseteq\mathcal{P}\times\wp$，$\mathrm{OK}\subseteq\mathcal{P}\times\mathcal{T}\times\wp$，并且$\forall p\forall s\forall t(p\ \mathrm{corr}\ s\Rightarrow p\ \mathrm{OK}(t)s)$。

在测试系统定义中，corr 是程序集合和规范集合笛卡尔积“二维”集合上的子集，该子集定义了程序和规范之间的一种特定关系。直观上，该子集成员$(p,s)\in \mathrm{corr}$，表示程序关于规范是正确的，即$\mathrm{corr}(p,s)=p\ \mathrm{corr}\ s$。同样，OK是程序、测试和规范笛卡尔积的“三维”集合上的子集，该子集定义了程序、测试和规范之间的一种特定关系。直观上，该子集成员$(p,t,s)\in \mathrm{OK}$，表示以$t$测试$p$，以规范$s$判定是成功的，即$\mathrm{OK}(p,t,s)=p\ \mathrm{OK}(t)s$。

在软件开发过程中，测试员不仅会反复地用不同实验测试软件，同样也会选择不同的测试方法对软件进行测试。为了对测试人员的实践及其选择测试程序的可用方法的情况进行建模，Gourlay提出测试系统“构造”概念。大体上说，该概念指从原有的测试系统可以构造新的测试系统。

2）测试系统构造定义

(1) 集合构造：给定一个测试系统$\langle \mathcal{P},\wp,\mathcal{T},\mathrm{corr},\mathrm{OK}\rangle$，一个新系统$\langle \mathcal{P},\wp,\mathcal{T}',\mathrm{corr},\mathrm{OK}'\rangle$，如果$\mathcal{T}'$是$\mathcal{T}$所有子集的集合，称为是原始系统的构造，并满足条件

$$p\ \mathrm{OK}'(T)s \Leftrightarrow \forall t(t\in T \Rightarrow p\ \mathrm{OK}(t)s)$$

其中，$T\subseteq \mathcal{T}$，即$T\in \mathcal{T}'$。

(2) 选择构造：给定一个测试系统$\langle \mathcal{P},\wp,\mathcal{T},\mathrm{corr},\mathrm{OK}\rangle$，一个新系统$\langle \mathcal{P},\wp,\mathcal{T}',\mathrm{corr},\mathrm{OK}'\rangle$，如果$\mathcal{T}'$是$\mathcal{T}$子集的集合，称为是原始系统的选择构造，并满足条件

$$p\ \mathrm{OK}'(T)s \Leftrightarrow \exists t(t\in T \wedge p\ \mathrm{OK}(t)s)$$

其中，$T\subseteq \mathcal{T}$，即$T\in \mathcal{T}'$。

从原始测试系统，无论是通过集合构造或是选择构造得到的新系统仍然是测试系统，即它们都满足测试系统的定义。这便是下面定理所要证明的事实。

**定理 10.4** (1) 若$\langle \mathcal{P},\wp,\mathcal{T}',\mathrm{corr},\mathrm{OK}'\rangle$是测试系统$\langle \mathcal{P},\wp,\mathcal{T},\mathrm{corr},\mathrm{OK}\rangle$的集合构造，则它自身也是测试系统。

(2) 若$\langle \mathcal{P},\wp,\mathcal{T}',\mathrm{corr},\mathrm{OK}'\rangle$是测试系统$\langle \mathcal{P},\wp,\mathcal{T},\mathrm{corr},\mathrm{OK}\rangle$的选择构造，则它自身也是测试系统。

**证明** (1) 在集合构造系统中，若$T\in \mathcal{T}'$，则$T$是原始系统元素$\mathcal{T}$中的一个子集。也就是说，$T$在新系统元素$\mathcal{T}'$中是作为一个“单独”测试看待的。因而我们只须证明下述关系成立。

$$\forall p,\forall s,\forall T,p\ \mathrm{corr}\ s \Rightarrow p\ \mathrm{OK}'(T)s$$

根据假设，原始系统是测试系统，于是从$p\ \mathrm{corr}\ s$可以得到$\forall t,p\ \mathrm{OK}(t)s$。如此，对于任选的$\mathcal{T}$中的一个测试集合$T$，也应有$\forall t\in T,p\ \mathrm{OK}(t)s$。显然，这就完成了证明，因为$p\ \mathrm{OK}'(T)s \Leftrightarrow \forall t(t\in T \Rightarrow p\ \mathrm{OK}(t)s)$。

(2) 类似地，我们只须证明下述关系成立。

$$\forall p,\forall s,\forall T,p\ \mathrm{corr}\ s \Rightarrow p\ \mathrm{OK}'(T)s$$

因为原始系统是测试系统，所以假设$p\ \mathrm{corr}\ s$，必定推出$\forall t,p\ \mathrm{OK}(t)s$。如此，如果从$\mathcal{T}$中选择一个非空测试集$T$，现在$T\in \mathcal{T}'$，我们知道肯定$\exists t$使$p\ \mathrm{OK}(t)s$，从而有$\forall T(T\neq \varnothing \Rightarrow \exists t(t\in T \wedge p\ \mathrm{OK}(t)s))$，再根据新系统中$\mathrm{OK}'$的定义，这就意味着有$\forall T(T\neq \varnothing \Rightarrow p\ \mathrm{OK}'(T)s)$。空的测试集合$\varnothing$可以从$\mathcal{T}'$中除去，因为一个测试系统必须至少包括一个测

试。这样就证明了定理。

直觉上，测试系统的集合构造对应这样的实践事实，一个测试包括一些类别的实验，并且整个测试的成功依赖于所有实验的成功。事实上，在测试过程中这是惯例，测试员通常会用各种各样的测试数据对程序执行测试，任何一次执行的失败都说明程序无效。而测试系统的选择构造却是对测试员选择测试程序的可用方法的情况进行建模，假设所有的测试情况都是等价的。简言之，集合构造描述了测试员工作的实际规约，选择构造奠定了测试员选择测试方法的理论依据。

那么测试方法的精确定义是什么？我们可以依据什么选择测试方法？以及怎样比较不同测试方法发现程序缺陷的能力？

**3. 测试方法理论**

**定义 10.1** 一个测试方法是一个函数 $M: \mathcal{P} \times \wp \rightarrow \mathcal{T}$。

根据这个定义，在通常情况下，一个测试方法 $M$ 是把规范 $S$ 和实现它的程序 $P$ 作为输入，生成测试程序的测试用例(集合) $T$。注意，为了一般性，这里 $P$、$S$ 和 $T$ 都用大写字母，其含义不难理解。

在软件界，测试方法主要通过对程序依赖、对规范依赖或完全对客户期望依赖，在本质上有所不同。由此我们得到两种主要类型的测试方法。与它们对应的测试系统是选择构造出来的系统。

(1) 程序依赖：在这种情况下，$T=M(P)$。也就是说，测试用例完全依赖程序的源代码产生出来，它是一种测试类型，通常称为白盒测试。

(2) 规范依赖：在这种情况下，$T=M(S)$。也就是说，测试用例完全依赖软件的需求规范产生出来，它是另一种测试类型，通常称为黑盒测试。

(3) 期望依赖：客户可以基于他们对交付产品的期望产生测试用例，这类测试用例通常用于验收测试中，可能包括持续运行测试、易用性测试等。

显然，软件界关于测试方法的研究一直持续不断，各种新方法不断提出，但是至今，白盒测试和黑盒测试仍然是软件界使用的两大测试类型。相比较而言，通常在单元测试中使用白盒测试，而且大都由程序员参与甚至由他们自己独自对自己编写的单元进行测试。而黑盒测试通常是针对整个软件系统，特别是在系统测试阶段，大都由独立的测试组进行。

测试人员为了确定一个合适的测试方法，他们不仅关心生成测试用例的方法，也对测试方法进行比较。对测试方法的比较，基准是它们捕获错误的能力。

假设 $M$ 和 $N$ 是两个测试方法，$T_M$ 和 $T_N$ 分别是方法 $M$ 和 $N$ 各自生成的测试用例集合。令 $F_M$ 和 $F_N$ 分别为执行 $T_M$ 和 $T_N$ 时所发现的故障集合。如果 $F_M \subseteq F_N$，则方法 $N$ 自然就比方法 $M$ 要好些。直觉上，只要方法 $M$ 能发现某个错误，方法 $N$ 肯定也能发现。

基于错误检测能力比较不同的测试方法，一般有两种情况。

第 1 种情况：$T_N \supseteq T_M$。显然，方法 $N$ 检测错误能力强于方法 $M$。

第 2 种情况：$T_M$ 与 $T_N$ 相互之间没有包含关系，$T_M$ 和 $T_N$ 至多有部分测试用例相同。这时为了比较它们，理应使用 $T_M$ 和 $T_N$ 分别执行程序 $P$。设 $F_M$ 和 $F_N$ 是程序分别

执行 $T_M$ 和 $T_N$ 后发现的故障集合。比较这两个集合，若有 $F_M \subseteq F_N$，那么很自然地认为方法 $N$ 至少好于 $M$ 方法。

**4. 测试的足够性和局限性**

软件组织为了保证软件质量，不外乎采取一些措施，使程序员精心开发软件系统，测试员竭力发现软件系统中的缺陷，并让程序员尽力修补缺陷。由于程序员通常是通过修改代码或向系统中增加新的代码修复故障，这样不仅不能担保旧缺陷完全根除，还可能招致新缺陷出现。所以在修复故障以后，还必须再测试甚至还需要设计一些新的测试用例进行测试。因此，一般来说，一个软件系统会经历很多测试-修复-重新测试的循环。理想情况下，这个循环会终止，即(新的)测试不再发现软件中存在缺陷。也就是说，软件会是正确的，至少软件开发组织和客户相信它会是正确的。

证明软件正确性一直是软件界的理想目标，在计算机科学发展早期，人们试图通过形式证明方法和理想测试方法确认软件系统的正确性。这两种方法中无论哪一种，即使能够如人所愿，那也是开销太大，不切实际。

于是，人们希望借助测试的功效判断软件的正确性。就像前面所说，当测试不再发现程序中故障，人们没有理由不相信它是正确的。甚至，当测试发现的故障数量较少且是客户能够忍受的故障，软件组织也会让产品面市。为了叙述简便，我们考虑前一种情况，即测试 $T$ 没有发现程序 $P$ 存在故障。那么在决定产品问世时，软件开发组织必须要问这样一个问题，那就是 $P$ 真的没有故障，还是 $T$ 不足以揭示 $P$ 中还存在故障？也就是说，如果要用测试决定软件的发布问题，根据 Dijkstra 的著名论断，测试只能揭示故障的存在而不能证实故障不存在，这时我们必须承担软件尚有故障的风险。在这种情况下，风险的大小依赖于测试的充分性。我们希望测试足够好或足够充分，即使软件尚存有缺陷，其数量也不多且对客户影响也不大。

由此看来，当测试用例集合 $T$ 不再揭示程序故障(甚至是不再揭示更多故障)时，我们需要评价 $T$ 的足够性。这里的关键点是，测试用例集合 $T$ 的设计和对它足够性的评价是两个独立概念。测试用例集合 $T$ 是由某个测试方法产生的，设计 $T$ 的目标是执行它从而定位程序错误。换言之，测试用例集的设计是按揭示程序故障的宗旨由被选定的测试方法决定的。它不应该被其他目标所约束，如被足够性目标所约束。足够性目标只是判断是否测试进行得足够得多，粗略地说，是要判断测试集合 $T$ 包含的用例是否足够，倘若发现 $T$ 不够，那么就需要设计更多的新测试用例加入 $T$ 中。如果说，由测试方法设计测试用例还有法可依，那么判断选择的测试集合是否足够就无章可循了。一般地，凭直觉，如果一个测试集合 $T$ 覆盖了(按照测试方法选定标准)程序执行的实际计算的各个方面以及覆盖了(按照测试方法选定编制)规范中要求的计算的各个方面，则可认为 $T$ 是足够的。另外，软件界还沿用两个实用方法评估测试的足够性。

(1) 故障植入：这个方法指在程序中植入一定数量的故障并用测试集合 $T$ 执行 $P$。类似于统计学中的最大似然估计原理，如果 $T$ 揭示了 $k\%$个植入的故障，那么 $T$ 只能揭示程序原始故障的 $k\%$。如果 $T$ 完全揭示了所有植入故障，那么我们对 $T$ 的足够性有更大的信心,即可以认为它是足够的测试用例集合。

(2) 程序变异：对于一个给定的程序 $P$,变异是指对它做了一些小的变更,它通常指对 $P$ 的源代码做一次单一、微小、符合语法的更改。一般地,通过对程序做不同的一些小变更,我们可以获得程序 $P$ 的一系列变异。一些变异和原程序 $P$ 等价(即它总是产生和 $P$ 相同的输出),而有些变异是错误的(这里指它和 $P$ 的输出不相同)。如果测试用例集合 $T$ 能发现每个错误变异,即 $T$ 使每个错误变异都能产生一个(程序 $P$)非预期的结果,那么这个测试集合 $T$ 称为足够的。

如果测试用例集合 $T$ 没有发现程序 $P$ 再有缺陷,并且我们已经有把握判断 $T$ 是足够的测试,但我们仍然也不能保证 $P$ 是正确的。软件开发组织可能会让软件上市,但是必须承担被客户发现"逃逸缺陷"的风险。因为数量足够多的测试用例集合,相对于一个大型软件系统全部输入子集来说,还是一个较小的、合适的子集。这里合适的意思是指它是根据某种测试方法设计的,该设计方法能够选择构造出一个(在理论上)证实程序可能是正确的测试系统,或者从反面来说,能够(在理论上)揭示程序所有缺陷的测试用例集。上述愿望都是理想的,我们不可能做到穷尽测试,不可能根据输入域的一个适当子集(即使它是足够的)的正确性推断整个程序的正确性。

一个程序通过了一个(足够的)测试集合 $T$,我们也无法得出这个程序是正确的结论,这就是软件测试最为显著的局限性。正因为如此,软件失败案例一直到今仍然存在,有的还触目惊心。

软件测试还有一个局限性,就是在很多情况下,我们不知道或不能确定一个程序的期望输出。如此,我们一旦选择了输入域的一个合适子集,用它测试程序 $P$,就会面临为每个测试输入验证程序输出正确性问题。因为通常我们是将程序的实际输出与其预期输出作比较来决定程序是否正确地执行了测试输入。我们把验证程序输出正确性的机制称为基准(Oracle)。当我们把实际输出与预期输出作比较时,这时基准便要求我们能够确定程序的期望输出。然而,决定程序的输出是否正确并非易事。一般存在两种情况,让我们在判断程序正确性时遇到很大困难。一是根本就不存在这样的断言,二是太难决定输出的正确性。例如,当无法计算或很难计算程序的预期输出时,我们利用比较期望输出和实际输出的一致性作为验证程序正确性的基准方法,这不是行不通就是很难去验证。我们称具有上述两种情况之一的程序为不可测的(Nontestable)。对于不可测的程序或没有机制去验证它的输出的正确性的程序,运行测试没有得到什么收获。不过软件界已经发明了一些新的测试方法,如第 9 章介绍的蜕变测试和随机测试就是为了克服基准中存在的问题。

## 10.2 软件测试理论分析

软件中存在缺陷是个普遍现象,它有两个理论根源：形式系统的局限性和编码语言的弱点。前者导致形式操作的不可预见性,后者招致程序的代码"基因"缺陷。为了根除软件缺陷,除了现今传统测试方法以外,广义软件测试方法在理论上还可以分为两大类：证明论方法和类随机测试方法。前者主要应用在代码审查上，后者作为专门一种类随机测试框架，虽未建立，但其思想早已渗透于现今一切在软件界采用的各种通用方法中[110]。

## 10.2.1 软件存在缺陷的两个理论根源

### 1. 形式系统操作不可预见性

Brooks 在 *No Silver Bullet*（《没有银弹》）一文中揭示了软件生产中存在的本质性问题。姑且不论软件在它的生命周期过程中经受的无数改变，就是软件的内在特性，如复杂性、无形性和不可见性，都使软件过程的改进受到巨大的限制[22]。虽然 Brooks 是以软件过程的改进立论，但是他揭示出的软件内在特性却是作为形式系统的软件所固有的特征。

实际上，数理逻辑早就揭示了形式系统本身固有的局限，如有关数学的一些形式系统的不完备定理和不可判定性定理便是数理逻辑划时代的成就。形式系统的本质在于抽象，它往往摒弃一切表面的、无关的细节，企图在根本上以一种抽象的形式逻辑地概括它所表达的事物。正因为如此，从逻辑上看似已经完整刻画了东西，它却像 Brooks 所指出的那样，以一种不可预见性把另外一些无关的东西也概括进来，或者它以一种不可预见性产生另外一些意想不到的结果。为了更好地说明这里的论点，我们把从前提到的例子再说一遍。在康托尔创立集合论学说时，集合是一些具有某特定性质的元素的聚集，它被人们认为是非常明白清晰的概念。用 $P$ 表示某性质谓词，那么集合 $\{x \mid P(x)\}$ 表示所有使性质谓词 $P$ 成立的元素组成的集合。换句话说，对于任意给定条件 $P(x)$，必有一个集合 $A$ 使

$$x \in A \leftrightarrow P(x)$$

其中，$\leftrightarrow$ 表示等价。这叫作概括原理（原则），它是集合论的基本原理（原则），在集合论中经常使用的一个原则。谁也没有想到，就在这个明白如水的抽象形式中，如果把性质 $P$ 换成不属于性质，即用 $\neg(x \in x)$ 表示 $x$ 不是 $x$ 的元素，便会产生一个意想不到的结果。具体地说，利用概括原理，理应有一个集合 $A$ 使

$$x \in A \leftrightarrow \neg(x \in x)$$

将 $A$ 代入 $x$ 处得

$$A \in A \leftrightarrow \neg(A \in A)$$

这便是罗素发现的悖论：$A \in A$ 为真当且仅当它为假[13]。为了消除悖论，数学家意识到概括原则的使用应该受到某些限制。为此，许多数学家对集合论进行了大量的研究，提出了一些更为可靠的理论，但并未从根本上解决问题。这里的根本上还有另外一层意思，即我们不知道一个定义良好的形式系统在什么地方会出现问题。

从某种广泛的意义上说，语言也是一种形式系统，它有严格的词法、句法甚至是篇章结构，不是人们随便怎么说而别人都能理解的。但是随着环境的变化，长期的语言演变使至少在语言产生的原始阶段还是一种形式系统的语言早已被人们认为是一个非形式系统了。所以在唐朝诗人王昌龄居然写出了“秦时明月汉时关”这样富有诗意的句子，而从纯形式系统的角度却是无法想象出来的。事实上，动物的行为、人类早期的行为都是形式的，只不过随着时间的变迁和由于人类丰富的想象力，人类的许多行为才变为非形式系统。

现在再来分析几个著名的软件失败的例子。首先我们重提一个以前讨论过的软件失败案例。1999 年 12 月 3 日，美国航天局的“火星极地登陆者”号探测器试图在火星表面着陆时失踪。事后故障评估委员会在测试中发现，许多情况下，当探测器的脚迅速撑开准备着陆时，机械震动也会触发着陆触点开关，设置致命的错误数据位。原来在探测器计算机中设置一个数据位控制触点开关，原本要到脚“着地”时才关闭燃料。由于计算机在形式上分不清机械震动与着陆时的震动这两种情况，极有可能在探测器开始着陆时，计算机就关闭着陆推进器，致使探测器飞船下坠 1800m 之后冲向地面，撞成碎片[14]。下面的例子也许更有说服力。1979 年 11 月 9 日，美国战略防空司令部收到由全球军事指挥控制系统计算机网络发出的警报，警报内容是苏联已经向美国发射导弹，这引起了混乱。幸运的是，灾难在最后 1min 得以避免。原来计算机把模拟演习当成了真的，也就是说软件原本的设计无法从形式上区分模拟和真实，从而无法从虚假中分辨出真实[22]。

关于上述事故，人们作了许多分析，但大多忽略了一个关键点。就是即使形式系统无论怎样正确、完美，它自身都无法判断在另外什么地方会出现什么问题。

事实上，形式系统本身具有不可避免的局限性。首先，形式方法并不必然导致真正的理解，如伯格森认为描述质量运动的轨迹曲线并不能使人真正理解运动。其次，作为模型的形式系统，或者由于丢掉的细节太多或太重要，致使它可能不是一个“真实”的模型；或者由于自身不完备性无法具有它描述的对象的某个重要特征，甚至是当有关事物模型不存在时它还是一个“虚假”模型。这时就根本谈不上它能有它想描述的事物的行为。最后，形式方法构造出的“实体”，也会以一种不可预见性把另外一些无关的东西概括进来，或者它会以一种不可预见性产生另外一些意想不到的结果。总之，形式系统一旦产生，它便会离开“真实”，成为不确定性系统，它的意义走向便是创造了它的人也无法控制，如同语言中词汇的语义也“莫名其妙”地随着时间变迁一样[35]。因此，关于软件缺陷来源的第一个结论自然就是：既然软件是一个形式系统，它固有的特性便是以一种随机的方式产生一些不可预见的结果。当这些结果不是人们所想要的东西，或是说它不是该形式系统想要表达的东西时，人们便称它是软件缺陷，这是软件缺陷最深处的一种根源。

**2. 编码语言的弱点**

软件是以某种程序语言编码的。现存的语言非常丰富，就是通用的语言也有十几种。每种语言或者说每种编程范型都具有一定的局限性，这是用该语言编写的软件之所以会产生缺陷的另一种原因。

Dijkstra 发现程序语言中含有 goto 语句是一种固有的容易出错的程序结构，它使系统状态的变迁很难定位。由此观察，引发出的结构化程序设计方法是软件工程发展中的一个重要里程碑。结构化程序设计只使用循环语句和判断语句作为程序的控制结构，它不再使用 goto 语句。而且，设计过程采用自上而下方法。从此，软件界才摆脱了程序设计无章可循的局面[33]。同样，Dijkstra 对 PL/I 语言的复杂性作出批评：“我绝对无法预见，当程序设计语言——请注意，这是我们的基本工具——已经超出了我们的智力控制范围时，我们如何能够仍然牢固地、将不断增长的程序置于我们的智力掌握之下。”除此之外，PL/I 语言还有许多现在被认为是设计得极差的结构，其中有指针结构、异常处理和并发性，虽然这些结构是从这里开创的，也在应用（如商务）中成功[25]。这些也说明了程序设计语言对运用该语言开发出的软件可能出现缺陷具有极大相关性，即程序语言的“弱点”容易引发程序员犯错误并增加软件在其弱点处的可靠性丧失的概率。

Pierce 指出：“我们可以说一个安全的语言是保护它自己的抽象的语言。每个高层语言提供机器服务的抽象。安全性是指语言具备保证这些抽象，以及程序员用语言的定义工具引入高层抽象的完整性的能力。”[26]

虽然“安全语言”目前仍存在着很多争议，人们对语言安全存在许多不同的观点。但是这些争议都使人们注意到许多语言存在着不安全因素。例如，Modual-3 和 C ＃ 提供了一个“不安全的子语言”，用于实现低级执行时间完成的功能，如垃圾收集。这个子语言的特点可能只能用于明显注明不安全的模块[26]。

《软件测试》[14]一书中写道：“2002 年，Microsoft 开始主动确认通用 C 和 C++函数中容易引起缓冲区溢出的编码错误。”

许多语言为了自身的安全性，不得不限制自己。例如，John Reynolds 说“类型结构是一个用来限制抽象程序的语法规则”[26]。Mitchell 也指出，在程序语言的设计中，当结合了熟知的不可预见多态机制时，往往都隐含了某种“折中”[39]。

这些限制和折中恰好从另一角度反映编程语言是产生软件缺陷的另一种来源。

正如 Mark Manasse 所说：“类型理论所要解决的基本问题就是保证程序有意义。而由类型理论引发的基本问题却是有意义的，程序往往不具备其应有的意义。”例如，在 C 语言中，无标记的联合类型违反了类型安全性，它允许对 $T_1 \vee T_2$ 的元素作任何操作，只要对 $T_1$ 或 $T_2$ 有意义就行。然而，另一种理论却认为：如果只知道一个值 $v$ 有类型 $T_1 \vee T_2$，那么唯一可以对 $v$ 进行的安全操作就是对 $T_1$ 和 $T_2$ 都有意义的操作（比如说，如果 $T_1$ 和 $T_2$ 都是记录，只有将 $v$ 投影到它们的公用字段上才有意义）[26]。

采用面向对象范型的原因很多，其中最重要的原因就是当正确使用它时，它可以解决一些传统范型遇到的问题。众所周知，传统范型要么面向操作，要么面向属性（数据），但没有同时面向两者。这是传统范型不完全成功的重要原因。面向对象范型将属性和操作同等看待，并且由于设计良好的对象是独立的单元，其信息隐藏确保实现细节与对象外部的一切事物完全隔离，这不仅降低了软件产品的复杂度，而且简化了软件开发和维护，提高了重用度。遗憾的是，面向对象自身也有自己的问题。例如，所谓的“脆弱的基类问题”，即一旦实现一个产品，那么对已存在的类进行修改会直接影响继承树中它的所有子孙。另外，不加约束地使用继承，结果在继承树低层的对象很快变得庞大起来，这不仅引起存储问题，而且对维护也带来一定的困难，特别是它比传统范型更容易写出坏的代码[22]。

最后，还要提一下具有“非过程”特征的第四代语言（4th Generation Language，4GL），尽管它更容易编程，存在着潜在的生产率增长，但它也存在着许多甚至是灾难性的失败危险[22]。

实用的程序语言总是很大、很复杂，更何况用它编写的软件还要与编译器、操作系统以及硬件等各种形式系统配置在一起，其不可预知的不确定性确是产生软件缺陷另一种来源。

### 10.2.2 软件测试方法理论分类

10.2.1 节实际上已经给出软件测试方法论框架。除了现今存在的一切测试方法以外，在理论上，我们引入，或者精确地说，强调两种具有不同特征的测试类型，它们各自的思想早已渗透在现今一切存在的具体测试方法之中。简言之，为了解决编程语言的局限问题，应该提倡证明论方法。为了解决形式系统操作不可预见问题，应该提倡类随机测试方法。现在详述如下。

**1. 审查和证明**

Grady 在惠普公司比较了不同类型测试技术的效率，他得出的结论是：审查是发现缺陷的最廉价、最有效的测试技术[26]。Myers 曾经比较了黑盒测试、黑盒和白盒测试的结合与代码走查，得到的结论是这 3 项技术在发现错误方面同样有效，但代码走查比其他两项技术成本低。Hwang 比较了黑盒测试、白盒测试和由一人代码阅读，发现所有 3 项技术同样有效，每项技术都有各自的优缺点。Basili 和 Selby 完成的一项主要试验也是比较黑盒测试、白盒测试和一人代码阅读，他们得出的主要结论是代码审查在检测错误方面最起码与白盒测试和黑盒测试一样成功[22]。

正确性证明是显示产品正确的一种数学技术。Dijkstra 认为程序员应让程序证明和程序一起发展。例如，在设计中应用循环时，应提出循环不变式。用这种方式开发产品，仍然用他的话来说：“提高程序的信心的唯一有效方式是对它的正确性给出有说服力的证明。”[22]

为了实施正确性证明，计算机科学研究了程序设计语言的公理语义，如霍尔逻辑给出一组有关部分正确性的证明规则，并且建立最弱前置条件与可表达性等重要概念，Dijkstra 在讨论完全正确性时把命令的含义规定为谓词转换器[32]。可惜的是，这些形式化方法过于理论性，应用起来“代价昂贵”，很难被程序员所接受。于是出现了类型系统这种转为实用、完善的轻量级形式化方法。用 Robin Milner 的话来说：“良类型程序不会出错。”[26]

为了防止由于编程语言的弱点而导致的软件缺陷，应该强调审查和正确性证明方法。关于正确性证明可以分为非形式证明和形式证明两种样式。前者偏重于定性非形式描述，后者偏重于数学证明。

很好地利用上述结论的一项开发技术是净室软件开发技术。它的一个重要特征是一个代码制品必须通过审查才编译。即一个代码制品仅在基于像代码阅读、代码走查和审查这样的测试成功后才应当进行编译。在设计阶段，净室开发技术强调尽可能采用一些非形式化证明，而在审查者不完全相信受审查设计部分的准确性时，才给出完全的数学证明[22]。有许多证据表明，净室开发技术在一些应用领域很成功，给人留下很深的印象。

**2. 类随机测试**

10.2.1 节的基本思想是，无论软件编码怎样完美，由于形式系统的固有特性，总有不可预知的情况发生。这实际上与现代物理量子理论的精神是一致的。量子世界是概率世界，软件产品同样如此，软件测试只能报告它所发现的缺陷确实存在，却不能报告软件缺陷不存在，即便对软件代码进行了严格的审查和完整的数学证明(当然这是必须要做的工作)，但根据数理逻辑的不可判定性和不完备性定理，只要软件产品足够复杂，人们就无法保证软件在运行时不会出现异常。回忆概率论中几个著名的论断，如下所示。

(1) 如果事件的概率很小，那么在一次试验中，它不会出现。

(2) 无论事件的概率多么小，只要试验次数足够多，它必然会出现。

(3) 许多经验上认为是小概率的事件，往往它们的概率比较大，它们出现的可能性也比较大。

英特尔奔腾浮点除法存在缺陷，但它只有在进行精度要求很高的数学、科学和工程计算中才会导致错误，大多数用来进行税务处理和商务应用的客户根本不会遇到此类问题。就是这种很少见的情况却在 1994 年引发了一场用户与英特尔公司之间的纠纷风暴[14]。

在程序语言设计的理论中，也有资料表明[26]要使子类型检查器发散，它必须具备 3 个特殊性质，每个性质都不可能碰巧创造出来。这些例子说明，无论是理论研究或是软件开发，人们只偏爱前述概率论中的第 1 个论断，对于小概率事件放心地弃之不顾，就好像每天我们悠闲地在大街上行走，从不考虑车祸一样。遗憾的是，概率论中的第 2 个和第 3 个论断，在日常生活中和软件产品运行中遇到障碍时，人们才会重视它的告诫。

要想避免意外发生，单凭“确定性”测试软件方法是不够的。这里需要某种“不确定性”测试，把它命名为类随机测试。之所以如此命名，不仅是为了和现今已经存在的一种叫随机测试的方法(见第 9 章)相区别，更是为了突出它的概率风格，即它的测试宗旨完全确立在概率背景上。现存的软件测试方法中，如黑盒测试、即兴测试，在一定意义上都可以认为是类随机测试。特别是有种称为统计测试的测试策略，它就是一种类随机测试。统计测试基于运行剖面的描述，运行剖面通常将可能的用户的输入组成一个空间，并在其上定义概率分布[111]。

不过，一套完整的类随机测试理论和方法在软件界尚未建立。我们也只想在 10.3 节给出一个模型作为示例，而把它的发展和完善留至第 11 章讨论。

很好地贯彻上述思想并取得成效的是日立公司。日立公司为了向其用户保证质量，它在单元测试和集成测试时采用统计测试。基于经验数据和统计分析，加强某些类型的测试，直到满足质量目标时该产品才得以通过[11]。

此外，Mills 的净室技术并入了统计测试[111]，净室技术的结果和日立公司的做法一样，都提供了主要的经验证据，表明可以实际地并且有效地应用统计测试。这也说明在软件测试的实践上，建立类随机测试的理论和方法是有意义的工作。

## 10.3 类随机测试方法示例

假设程序员具有精湛的编码技术和高尚的职业精神，且设计构思也正确符合了客户需求，即使在这种理想情况下，我们也无法保证他们创造的程序中不存在缺陷。究其原因，一是因为软件是个形式系统，二是由于它是用程序语言表达。形式系统本身就具有局限性，程序语言本身也自有弱点。因此，在软件存在方式中，缺陷就是它的一个“组成部分”。在某种意义上，它是软件“生命体”中的基因型缺陷。这种基因型缺陷反映在源代码语句上。我们以根除程序代码错误为目标，说明类随机测试方法的精神[112]。

寻找软件错误位置是一件困难且费时的工作，但它关系到软件质量的改进，所以许多年来，软件界从不同的角度开发了许多方法，用以有效地解决错误定位问题。其中运用从软件测试中获得的信息自动确定错误位置是很重要的一种技术手段，这些方法可以统称为TBFL(Testing Based Fault Localization)算法[113]。TBFL 算法基于许多测试用例对软件测试的结果，挑选出一些值得怀疑的语句，即它们可能导致软件错误，并按怀疑程度进行排序，从而帮助开发人员缩小搜索范围，尽可能快地找到错误根源，提高开发质量。

文献[113]讨论了 6 种涉及动态定位的 TBFL 算法：Dicing[114]、TARANTULA[115,116]、Nearest Neighbor Queries[117]、CT[118]、SoBER[119]和 Liblit05[120]，发现它们都忽略了实施相似性的测试用例可能产生的问题。所谓测试用例之间的相似性，是指它们都覆盖若干个相同语句，其极端情况便是冗余，即测试用例有完全相同的语句覆盖。文献[113,115]指出，相似性的测试用例可能会损害 TBFL 算法的功效。为了解决该问题，文献[113]提出了SAFL(Similarity Aware Fault Localization)算法，它把每个测试用例都看作一个 Fuzzy 集合，并用模糊集理论和概率理论计算语句的怀疑程度，借此处理测试用例之间的相似性问题，有效避免了相似性对错误定位的副作用。文献[113]通过两类实验比较 SAFL、Dicing和 TARANTULA 算法的功效，得出结论：SAFL 算法不仅能够有效地处理包含了许多冗余测试用例的测试集，而且在没有多少冗余测试用例的测试用例集上也能有效地执行。在测试实践方面，测试用例之间的相似性总是难以避免的，所以讨论类似 SAFL 算法是有价值的。

但是，现今 TBFL 算法还存在这样的问题，就是并没有充分利用原程序和测试用例本身所包含的信息去辅助测试结果寻找错误根源，致使 TBFL 算法有时对程序员产生误导，甚至对程序中的隐蔽错误的揭露“无能为力”。实际上，不仅仅是 TBFL 算法，绝大多数测试方法都忽视了上述问题。这是因为原程序和测试用例提供的信息隐没在人们的长期实践中，以一种概率方式存在着。一旦视程序是一个不确定系统，我们就会看到有很大机会去解决上述在 TBFL 算法中存在的问题，为此提出一个基于随机理论的新的 TBFL 算法。其基本思想就是：将整个待测程序看作一个随机变量，这样在测试前对程序的语句错误就有了一个先验概率分布，它可以从程序员的长期编程实践中总结出来。然后，将这个测试集也看作一个随机变量，考查每个测试用例对语句错误的捕捉能力，即充分挖掘测试用例的信息，它可以从测试员的长期测试实践中总结出来。用测试用例反映的程序语句有关信息对程序语句的出错概率作一些调整，调整后的概率称为后验校正概率，最后就根据这个后验校正概率对错误语句进行排序。重要的是，我们是以一种原则性方法开发了一个随机 TBFL 算法类型，如果把确定性看作不确定性的特例，那么传统的 TBFL 算法都可以纳入这个框架中。在这个理念下，我们也进而用此模型中的基本概念对几个主要的 TBFL 算法、SAFL 算法在一个小型实例上进行分析和比较，说明基于随机信息之上的方法的优越性，尤其是该算法在冗余情况下受到的伤害极小，这样就符合直观观点：多测试对定位错误有帮助。

TBFL 算法的重要性是不言而喻的，好的 TBFL 算法特别受到开发人员欢迎。在某种意义上，测试工作不仅要指出软件有缺陷，而且要指出软件在哪里出了错。在理论上，把软件错误归结到代码位置上是个不错的选择，它特别容易描述。因此，当我们想建立类随机测试方法框架时，首先选定它作为"突破口"，这是给出一个随机 TBFL 算法模型，借以阐述我们的一些想法的初衷。由于在传统 TBFL 算法讨论中，涉及冗余测试对算法有效性的伤害问题，因此在下面的模型中我们也讨论该问题。不过为了简便，今后如无特殊声明，也把相似性用例称为冗余用例，但从上下文可以看出指的是哪种情况。

## 10.3.1　随机 TBFL 算法模型

现在提出一个新类型 TBFL 算法，该算法是借用概率论中的概念，在一种宽广的意义上使用随机变量来描述，所以把它称为随机 TBFL 算法模型，这里只给出一个参考模型。

**1. 程序随机变量 $X$**

用 $X=\{x_1,x_2,\cdots,x_m\}=\{x\mid x$ 是程序语句$\}$表示程序，它是语句的集合，其中语句 $x_i$ 的下标 $i$ 可按程序的书写方式编码。我们假定程序是"精心"编码的，即由有责任心且有熟练技能的开发人员编写的。然而，由于各种各样不可控制的因素的影响，程序发生错误仍然是难免的。把程序的错误归咎到语句层次上，既然程序是精心构造的，它的每个语句出错便是偶然现象。因此，视程序 $X$ 为随机变量，它是离散的，用 $r_k=P(X=x_k)$表示语句 $x_k$ 出错的概率。$r_k(k=1,2,\cdots,m)$是程序 $X$ 这个随机变量的先验概率质量函数。可以根据开发人员的经验、历史资料分析各种语句类型通常犯错误的可能性，从而确定 $r_k$ 的值。如果没有这方面的资料，可以按照统计学上"同等无知"的原则，令 $r_k=\dfrac{1}{m},k=1,2,\cdots,m$，其中，$m$ 是程序 $X$ 的语句总数。

**2. 测试随机变量 $T$**

用 $T=\{t_1,t_2,\cdots,t_n\}$表示测试用例集，其中 $t_j(j=1,2,\cdots,n)$表示测试用例，它们用来对程序 $X$ 进行测试。把 $T$ 分为两类：$T_{\mathrm{p}}$ 和 $T_{\mathrm{f}}$。$T_{\mathrm{p}}$ 表示所有测试程序时没有发现错误的用例组成的子集合，即所有的测试结果和预想结果一致的用例所组成的子集合。$T_{\mathrm{f}}$ 表示那些测试程序时发现错误（即实际结果与预想结果不一致）的测试用例组成的子集合。

设计测试用例的目的是想捕获程序错误，它们捕获错误的可能性也是随机现象，可以根据测试人员的经验和软件测试理论确定每个用例捕获错误的概率，用 $p_t=p(t)$表示用例 $t$ 能检测出错误的概率。若没有这方面的历史资料，不妨假设 $p_t=\dfrac{1}{n}$，$n$ 是 $T$ 中测试用例的总数，这也是统计学中"同等无知"原则的应用。

**3. $(X,T)$联合概率计算**

$X$ 和 $T$ 两个随机变量如前所述，用 $p(x,t)$表示程序 $X$ 和测试 $T$ 的联合概率质量函数。根据概率论，$p(x,t)=p(t)p(x\mid t)$，其中 $p(t)$是用例 $t$ 捕获错误的先验概率，$p(x\mid t)$

是已知 $t$ 时语句 $x$ 发生错误的条件概率，或者说根据用例 $t$ 的测试结果对语句 $x$ 发生错误概率后验校准，我们建议用以下方式进行校准。

如果 $t\in T_p$，有

$$p(x\mid t)=\begin{cases}(\beta-1)r_x, & x\in t\\ \beta r_x, & x\notin t\end{cases},\quad \beta>1 \tag{10.1}$$

其中，$r_x$ 是语句 $x$ 出错的先验概率，$x\in t(x\notin t)$表示运用测试用例 $t$ 时，语句 $x$ 被执行（语句 $x$ 未被执行），$\beta$ 是归一化因子，它由下式决定。

$$\sum_x p(x\mid t)=\sum_{x\in t}(\beta-1)r_x+\sum_{x\notin t}\beta r_x=\beta-\sum_{x\in t}r_x=1$$

所以有

$$\beta=1+\sum_{x\in t}r_x \tag{10.2}$$

如果 $t\in T_{\mathrm{f}}$，有

$$p(x\mid t)=\begin{cases}\beta r_x, & x\in t\\ (\beta-1)r_x, & x\notin t\end{cases},\quad \beta>1 \tag{10.3}$$

同样，$\beta$ 由下式决定。

$$\sum_x p(x\mid t)=\sum_{x\in t}\beta r_x+\sum_{x\notin t}(\beta-1)r_x=\beta-\sum_{x\notin t}r_x=1$$

所以有

$$\beta=1+\sum_{x\notin t}r_x \tag{10.4}$$

式(10.1)和式(10.3)都源自一个自然想法，如果 $t\in T_{\mathrm{p}}$，在假定程序一定有错的理念下，从逻辑上考虑，则对于 $t$ 所覆盖的语句，我们怀疑它们出错的可能性应有所降低；而对于 $t$ 未覆盖的语句，对它们出错可能性的怀疑应有所提高。同样的道理，对于 $t\in T_{\mathrm{f}}$，$t$ 覆盖的语句应对程序出错负责，而 $t$ 未覆盖的语句，对其怀疑程度降低。当然也可以用其他方法调整语句后验出错概率，这里给出的 $\beta$ 因子计算法则式(10.2)和式(10.4)只不过是一个参考参数，即 $\beta$ 计算法则未必是最好的一种参数。

**4. 边缘分布**

前面已经叙述$(X,T)$为二元随机向量，它的联合概率质量函数 $p(x,t)=p(t)p(x|t)$。由 $p(x,t)$的形式很容易求出$(X,T)$两个边缘分布。$(X,T)$中“成分”$T$ 的边缘分布即为 $p(t)$，而$(X,T)$联合二元随机变量中“成分”$X$ 的边缘分布可以计算为

$$\sum_t p(t)p(x\mid t)$$

为了避免混淆，我们用 $X_T$ 表示$(X,T)$中的成分 $X$ 随机变量。$X_T$ 可以形象地看作观测到 $T$ 后产生的新随机变量，它关于程序中语句 $x$ 的出错概率与原程序变量 $X$ 在语句 $x$ 的出错概率一般来说有所不同，即

$$P(X_T = x) = \sum_t p(t)p(x \mid t) \tag{10.5}$$

注意,$X$ 和 $X_T$ 都是关于程序的随机变量,$X$ 的分布是程序的先验分布,$X_T$ 的分布是程序的后验分布。然后根据 $X_T$ 的分布决定怎样帮助开发人员寻找错误语句。直观上 $P(X_T = x)$越大的语句,$x$ 越值得怀疑。

这样我们就给出了用随机变量构造 TBFL 方法的一般框架,总结如下。

(1) 视程序为随机变量 $X$,它的取值为语句,即 $X = \{x_1, x_2, \cdots, x_m\}$,其中 $x_i(i=1, 2,\cdots,m)$为程序的第 $i$ 条语句,$m$ 为程序语句总数。根据理论、经验、历史资料,或根据“同等无知”统计原则,确定 $X$ 的先验分布,即令

$$r_k = P(X = x_k), \quad k = 1,2,\cdots,m$$

满足条件 $0 \leqslant r_k \leqslant 1, k = 1,2,\cdots,m$; $\sum_k r_k = 1$。

(2) 视测试集为随机变量 $T$,它的取值为测试用例,即 $T = \{t_1, t_2, \cdots, t_n\}$,其中 $t_j(j = 1,2,\cdots,n)$为测试集中第 $j$ 个测试用例,$n$ 为用例总数。根据理论、经验、历史资料,或根据“同等无知”统计原则,确定 $T$ 的分布,即令

$$p_{t_i} = P(T = t_i), \quad i = 1,2,\cdots,n$$

满足条件 $0 \leqslant p_{t_i} \leqslant 1, i = 1,2,\cdots,n$; $\sum_{t_i} p_{t_i} = 1$。

(3) 用测试集 $T$ 对程序 $X$ 进行测试,根据测试结果,把 $T$ 分成两组:$T_p$ 和 $T_f$。它们分别表示失败用例集和通过用例集。对每个测试用例,指出它所覆盖的语句集合。

(4) 求 $p(x|t)$:用每个用例 $t$ 的测试结果调整每条语句 $x$ 的出错概率。

若 $t \in T_p$,则 $\forall x, p(x \mid t) = \begin{cases} (\beta - 1)r_x, & x \in t \\ \beta r_x, & x \notin t \end{cases}$, $\beta > 1$,其中 $\beta = 1 + \sum_{x \in t} r_x$。

若 $t \in T_f$,则 $\forall x, p(x \mid t) = \begin{cases} \beta r_x, & x \in t \\ (\beta - 1)r_x, & x \notin t \end{cases}$, $\beta > 1$,其中 $\beta = 1 + \sum_{x \notin t} r_x$。

(5) 求程序后验分布 $X_T$。

$$\forall x, P(X_T = x) = \sum_t p(t)p(x \mid t)$$

(6) 按 $X_T$ 的分布,对程序语句出错的可能性排序,概率越大,就越值得怀疑,因此排位越靠前。

### 10.3.2 实例分析

我们用图 10.1 中给出的程序和测试用例,应用随机 TBFL 算法给出语句怀疑度排列,并对 Dicing、TARANTULA、SAFL 3 个算法进行随机分析和比较。图 10.1 转摘于文献[113]中图 1,其详细情况请查阅该文献,该程序的错误语句是 $x_2$($x_2$ 应为 m=z)和 $x_7$($x_7$ 应为 m=x)。图 10.2 所示为该程序的流程图(旁边标注语句编号,底部($k$)标注路径 $k$)。

| Mid ( ) { int x, y, z, m; | statements | Test suite 1 $t_1$ 2,1,3 | $t_2$ 1,3,2 | $t_3$ 5,5,3 | $t_4$ 1,2,3 | Test suite 2 $t_5$ 3,3,5 | $t_6$ 1,1,2 | $t_7$ 2,2,3 | $t_8$ 5,5,2 |
|---|---|---|---|---|---|---|---|---|---|
| read( "Enter 3 numbers;" , x, y, z); | $x_1$ | ● | ● | ● | ● | ● | ● | ● | ● |
| m = x; | $x_2$ | ● | ● | ● | ● | ● | ● | ● | ● |
| if(y < z) | $x_3$ | ● | ● | ● | ● | ● | ● | ● | ● |
|   if(x < y) | $x_4$ | ● | | | ● | ● | ● | ● | |
|     m = y; | $x_5$ | | | | ● | | | | |
|   else if (x < z) | $x_6$ | ● | | | | ● | ● | ● | |
|     m = y; | $x_7$ | ● | | | | ● | ● | ● | |
| else | $x_8$ | | ● | ● | | | | | ● |
|   if (x > y) | $x_9$ | | ● | ● | | | | | ● |
|     m = y; | $x_{10}$ | | | | | | | | |
|   else if (x > z) | $x_{11}$ | | ● | ● | | | | | ● |
|     m = x; | $x_{12}$ | | | ● | | | | | ● |
| printf( "Middle number is;" m); | $x_{13}$ | ● | ● | ● | ● | ● | ● | ● | ● |
| } | | F | F | P | P | P | P | P | P |

图 10.1 一个错误程序和相关测试集信息

### 1. 随机 TBFL 算法

首先对上述程序和测试集运用前面介绍的随机 TBFL 算法。

程序 $X=\{x_1,x_2,\cdots,x_{13}\}$，如 $x_1$ 表示编号为 1 的语句 read(“Enter 3 numbers:”,x,y,z);，根据编码经验，语句 $x_2,x_5,x_7,x_{10},x_{12}$ 容易出错，特别是语句 $x_2$，它涉及编码“技巧”，更容易出错。令每个语句出错概率为 $r_k$，$k=1,2,\cdots,13$。由图 10.2 可以看出，$x_5$，$x_7$，$x_{10}$，$x_{12}$ 以及由语句 $x_2$ 所决定的两个“隐蔽语句”断定输入 3 个数 x,y,z 的中位数，因此 $x_2$ 犯错误的可能性应是 $x_5$ 等语句犯错误的可能性的 2 倍。至于 $x_5,x_7,x_{10},x_{12}$，主要由输入 3 个数 x,y,z 的排序关系决定，如当 x<y<z 时，由路径①得到中位数 m=y，所以 $x_5$ 犯错误的可能性应是判定语句如“if x<y”犯错误可能性的 2 倍。由于对称性，不妨认为 $x_5,x_7,x_{10},x_{12}$ 犯错误可能性的大小一样。当把其他语句(即除了 $x_2,x_5,x_7,x_{10},x_{12}$)犯错误的可能性视为一样时，我们便得到程序 $X$ 的语句犯错误概率 $r_k$ 为

$$r_2=2r_5=2r_7=2r_{10}=2r_{12}=4r_k(k\neq 2,5,7,10,12)$$

由 $\sum r_k=1$，可得

$$r_2=\frac{4}{20},r_5=r_7=r_{10}=r_{12}=\frac{2}{20},r_k=\frac{1}{20},\quad k\neq 2,5,7,10,12 \tag{10.6}$$

1) 测试集中有冗余用例的情况

(1) 测试随机变量 $T$

选择 Test suite 1+Test suite 2 作为整个测试集 $T$。$T$ 有 8 个用例，按图 10.1 右上角给出的次序分别把它们编号为 $t_1,t_2,\cdots,t_8$。例如，$t_1$ 是用例：x=2,y=1,z=3。在 8 个用例中，$t_1,t_2$ 是失败用例，其余 6 个是通过用例。用 $T_f$ 和 $T_p$ 分别表示失败用例集合和通过用例集合，即

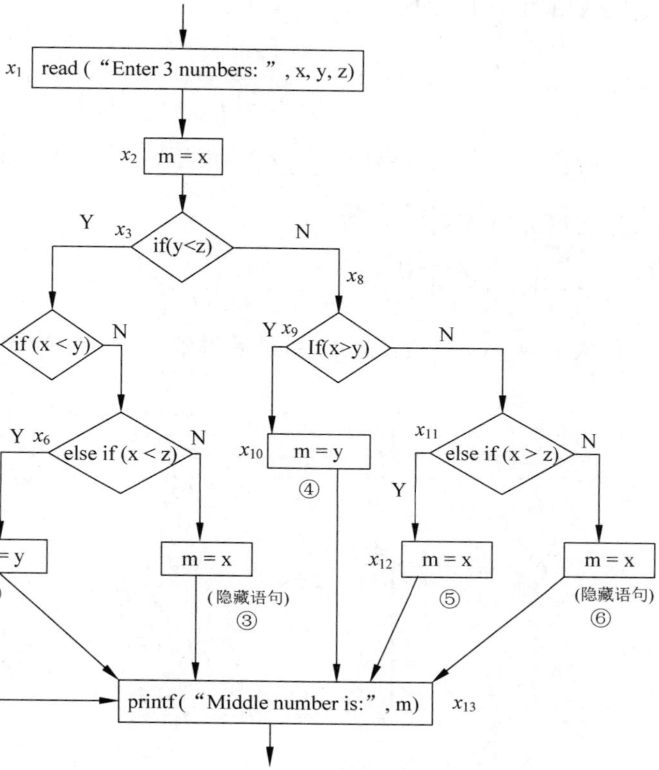


图 10.2　图 10.1 中程序的流程图

$$T=\{t_1,t_2,\cdots,t_8\},\quad T_f=\{t_1,t_2\},\quad T_p=\{t_3,t_4,\cdots,t_8\} \tag{10.7}$$

根据测试经验，$t_1,t_2,t_4$ 比 $t_3,t_5,t_6,t_7,t_8$ 更容易捕获错误，这是由于程序中的判别式都是严格不等式，当输入的 3 个数中有两个值相同时，程序的错误容易蒙混过去。例如，$t_1=\{2,1,3\}$，它代表输入 x=2，y=1，z=3。显然 $t_1$ 执行时，经过图 10.2 的路径②，现在它是失败路径。而 $t_5=\{3,3,5\}$，它表示 x=3，y=3，z=5，它也经过路径②，但由于 x=y=3，所以语句 $x_7$(m=y)虽然有错，但是对于这一用例，却让它“蒙混过关”，通过测试。总之，由于图 10.1 程序中的判定式都是严格不等式，所以图 10.2 流程图中的 6 条路径表示小、中、大 3 个输入数的不同排列，而输入 3 个数中若有两个数相同，则它可以看作“两个排列”。因此，我们认为 $t_1,t_2,t_4$ 3 个用例捕获错误的可能性是其余 5 个用例(它们输入的 3 个数中都有两个是相同的)捕获错误的可能性的 2 倍是合理的，故不妨认为它们捕获错误的概率为

$$p(t_1)=p(t_2)=p(t_4)=\frac{2}{11},p(t_3)=p(t_5)=p(t_6)=p(t_7)=p(t_8)=\frac{1}{11} \tag{10.8}$$

(2) $(X,T)$的联合概率质量函数

下面我们求$(X,T)$的联合分布。

由于 $t_1$ 是失败用例，所以根据式(10.3)，有

$$p(x \mid t_1)=\begin{cases}\beta r_x, & x\in t_1\\(\beta-1)r_x, & x\notin t_1\end{cases}$$

其中，根据式(10.4)计算 $\beta$ 值为 $\beta=1+\sum\limits_{x\notin t_1} r_x$。由于 $t_1$ 并未执行 $x_5,x_8,x_9,x_{10},x_{11},x_{12}$ 共 6 个语句，根据式(10.6)可得

$$\beta=1+\left(\frac{2}{20}+\frac{1}{20}+\frac{1}{20}+\frac{2}{20}+\frac{1}{20}+\frac{2}{20}\right)=1+\frac{9}{20}=\frac{29}{20}$$

于是，把 $\beta$ 代入上面 $p(x|t_1)$ 表达式中，最后得到

$$p(x \mid t_1)=\begin{cases}\frac{29}{20}\times\frac{1}{20}, & x=x_1,x_3,x_4,x_6,x_{13}\\\frac{29}{20}\times\frac{4}{20}, & x=x_2\\\frac{29}{20}\times\frac{2}{20}, & x=x_7\\\frac{9}{20}\times\frac{2}{20}, & x=x_5,x_{10},x_{12}\\\frac{9}{20}\times\frac{1}{20}, & x=x_8,x_9,x_{11}\end{cases}\tag{10.9}$$

同样，$t_2$ 也是失败用例，$t_2$ 未执行语句 $x_4,x_5,x_6,x_7,x_{10},x_{12}$，根据式(10.4)和式(10.6)，可得

$$\beta=1+\sum_{x\notin t_2} r_x=1+\left(\frac{1}{20}+\frac{2}{20}+\frac{1}{20}+\frac{2}{20}+\frac{2}{20}+\frac{2}{20}\right)=1+\frac{10}{20}=\frac{30}{20}$$

于是与 $t_1$ 用例一样推理，最终得到

$$p(x \mid t_2)=\begin{cases}\frac{30}{20}\times\frac{1}{20}, & x=x_1,x_3,x_8,x_9,x_{11},x_{13}\\\frac{30}{20}\times\frac{4}{20}, & x=x_2\\\frac{10}{20}\times\frac{1}{20}, & x=x_4,x_6\\\frac{10}{20}\times\frac{2}{20}, & x=x_5,x_7,x_{10},x_{12}\end{cases}\tag{10.10}$$

由于 $t_3$ 是通过测试，根据式(10.1)和式(10.2)，分别可得 $p(x|t_3)$ 和 $\beta$ 的表达式如下。

$$p(x \mid t_3)=\begin{cases}(\beta-1)r_x, & x\in t_3\\\beta r_x, & x\notin t_3\end{cases},\quad \beta=1+\sum_{x\in t_3} r_x$$

现在 $t_3$ 执行语句 $x_1,x_2,x_3,x_8,x_9,x_{11},x_{12},x_{13}$，故根据式(10.6)可计算 $\beta$ 值为

$$\beta=1+\left(\frac{1}{20}+\frac{4}{20}+\frac{1}{20}+\frac{1}{20}+\frac{1}{20}+\frac{1}{20}+\frac{2}{20}+\frac{1}{20}\right)=1+\frac{12}{20}=\frac{32}{20}$$

将 $\beta$ 和 $r_x$ 值代入，可得

$$p(x \mid t_3)=\begin{cases}\frac{12}{20}\times\frac{1}{20}, & x=x_1,x_3,x_8,x_9,x_{11},x_{13}\\ \frac{12}{20}\times\frac{4}{20}, & x=x_2\\ \frac{12}{20}\times\frac{2}{20}, & x=x_{12}\\ \frac{32}{20}\times\frac{1}{20}, & x=x_4,x_6\\ \frac{32}{20}\times\frac{2}{20}, & x=x_5,x_7,x_{10}\end{cases} \tag{10.11}$$

$t_4,t_5,t_6,t_7,t_8$ 都是通过测试，与处理 $t_3$ 用例一样推理，可得 $p(x|t_i)$，$i=4,5,6,7,8$，下面只列出结果，推理过程不再赘述。

$$p(x \mid t_4)=\begin{cases}\frac{10}{20}\times\frac{1}{20}, & x=x_1,x_3,x_4,x_{13}\\ \frac{10}{20}\times\frac{4}{20}, & x=x_2\\ \frac{10}{20}\times\frac{2}{20}, & x=x_5\\ \frac{30}{20}\times\frac{1}{20}, & x=x_6,x_8,x_9,x_{11}\\ \frac{30}{20}\times\frac{2}{20}, & x=x_7,x_{10},x_{12}\end{cases} \tag{10.12}$$

由于 $t_5,t_6,t_7$ 都执行了相同语句，又都是通过测试，所以有

$$p(x \mid t_5)=p(x \mid t_6)=p(x \mid t_7)=\begin{cases}\frac{11}{20}\times\frac{1}{20}, & x=x_1,x_3,x_4,x_6,x_{13}\\ \frac{11}{20}\times\frac{4}{20}, & x=x_2\\ \frac{11}{20}\times\frac{2}{20}, & x=x_7\\ \frac{31}{20}\times\frac{2}{20}, & x=x_5,x_{10},x_{12}\\ \frac{31}{20}\times\frac{1}{20}, & x=x_8,x_9,x_{11}\end{cases} \tag{10.13}$$

$$p(x \mid t_8)=\begin{cases}\dfrac{12}{20}\times\dfrac{1}{20}, & x=x_1,x_3,x_8,x_9,x_{11},x_{13}\\ \dfrac{12}{20}\times\dfrac{4}{20}, & x=x_2\\ \dfrac{12}{20}\times\dfrac{2}{20}, & x=x_{12}\\ \dfrac{32}{20}\times\dfrac{1}{20}, & x=x_4,x_6\\ \dfrac{32}{20}\times\dfrac{2}{20}, & x=x_5,x_7,x_{10}\end{cases} \tag{10.14}$$

根据 $p(t,x)=p(t)p(x|t)$ 可以求出 $(X,T)$ 的联合概率质量函数。但我们的算法对 $p(x,t)$ 并不关心，故无须计算。

(3) $(X,T)$ 的边缘分布——$X_T$ 的分布

有了 $T$ 分布式(10.8)以及 $p(x|t_k)(k=1,2,\cdots,8)$ 等条件分布式(10.9)～式(10.14)，根据式(10.5)可以计算二元随机变量 $(X,T)$ 的边缘随机变量 $X_T$ 的分布如下($X_T=x_1$ 的分布概率详细写出，其余算法相同，故只给出答案)。

$$P(X_T=x_1)=\sum_t p(t)p(x_1 \mid t)=\frac{2}{11}\times\frac{29}{400}+\frac{2}{11}\times\frac{30}{400}+\frac{1}{11}\times\frac{12}{400}+\frac{2}{11}\times\frac{10}{400}+\frac{1}{11}\times\frac{11}{400}+\frac{1}{11}\times\frac{11}{400}+\frac{1}{11}\times\frac{11}{400}+\frac{1}{11}\times\frac{12}{400}=\frac{195}{4400}$$

$$P(X_T=x_2)=\frac{780}{4400};\ P(X_T=x_3)=\frac{195}{4400};\ P(X_T=x_4)=\frac{195}{4400}$$

$$P(X_T=x_5)=\frac{430}{4400};\ P(X_T=x_6)=\frac{235}{4400};\ P(X_T=x_7)=\frac{470}{4400}$$

$$P(X_T=x_8)=\frac{255}{4400};\ P(X_T=x_9)=\frac{255}{4400};\ P(X_T=x_{10})=\frac{510}{4400}$$

$$P(X_T=x_{11})=\frac{255}{4400};\ P(X_T=x_{12})=\frac{430}{4400};\ P(X_T=x_{13})=\frac{195}{4400}$$

(4) 语句出错可能性排序

按 $X_T$ 的概率分布对语句出错可能性排序，概率越大，排序越靠前，说明该语句更可能出错，排序见表 10.1，其中序号是语句排序号。

**表 10.1 有冗余测试时随机 TBFL 算法中 $X_T$ 的分布及语句排序**

| 序号 | ① | ② | ③ | ④ | ⑤ | ⑥ | ⑦ |
|---|---|---|---|---|---|---|---|
| 语句 | $x_2$ | $x_{10}$ | $x_7$ | $x_5x_{12}$ | $x_8x_9x_{11}$ | $x_6$ | $x_1x_3x_4x_{13}$ |
| 概率 | 780/4400 | 510/4400 | 470/4400 | 430/4400 | 255/4400 | 235/4400 | 195/4400 |

2）测试集中无冗余用例的情况

（1）测试随机变量 $T^*$

选择图 10.1 中 Test suite 1 作为无冗余测试集 $T^*$，$T^*$ 只有 4 个用例，它们的编号分别为 $t_1,t_2,t_3,t_4$，与有冗余用例的情况中的前 4 个用例一样，即

$$T^* = \{t_1,t_2,t_3,t_4\},\quad t_1,t_2 \in T_f^*, t_3,t_4 \in T_p^* \tag{10.15}$$

显然，式(10.7)中的 $T$ 集合是由 $T^*$ 通过增添测试用例 $t_5,t_6,t_7,t_8$ 等 4 个冗余用例（都是通过测试）而形成的。

和有冗余用例的情况中的理由一样，不妨认为 $t_1,t_2,t_4$ 捕获错误的概率为 $t_3$ 的 2 倍，于是

$$p(t_1)=p(t_2)=p(t_4)=\frac{2}{7},\quad p(t_3)=\frac{1}{7} \tag{10.16}$$

（2）$(X,T^*)$的联合分布

$p(x|t_1)$、$p(x|t_2)$、$p(x|t_3)$和 $p(x|t_4)$4 个条件分布分别与式(10.9)、式(10.10)、式(10.11)和式(10.12)相同，这是因为它们的计算只涉及 $X$ 的先验分布和用例 $t$ 是否为失败（或通过）以及用例 $t$ 覆盖语句的情况。有了条件分布以及用例捕获错误的概率（即式(10.16)数据），我们便能计算$(X,T^*)$的联合分布。同理，这里并不需要$(X,T^*)$的分布。

（3）$(X,T^*)$的边缘分布——$X_{T^*}$ 的分布

有了 $T^*$ 分布以及 $p(x|t_k)(k=1,2,3,4)$，根据式(10.5)，我们可以计算$(X,T^*)$二元随机变量的边缘随机变量 $X_{T^*}$ 的分布如下（$X_{T^*}=x_1$ 的概率计算详细写出，其余算法相同，故只给出答案）。

$$\begin{aligned}P(X_{T^*}=x_1) &= p(t_1)\cdot p(x_1\mid t_1)+p(t_2)\cdot p(x_1\mid t_2)+p(t_3)\cdot p(x_1\mid t_3)+\\ &\quad p(t_4)\cdot p(x_1\mid t_4)\\ &=\frac{2}{7}\times\frac{29}{400}+\frac{2}{7}\times\frac{30}{400}+\frac{1}{7}\times\frac{12}{400}+\frac{2}{7}\times\frac{10}{400}=\frac{150}{2800}\end{aligned}$$

$$P(X_{T^*}=x_2)=\frac{600}{2800};\ P(X_{T^*}=x_3)=\frac{150}{2800};\ P(X_{T^*}=x_4)=\frac{130}{2800}$$

$$P(X_{T^*}=x_5)=\frac{180}{2800};\ P(X_{T^*}=x_6)=\frac{170}{2800};\ P(X_{T^*}=x_7)=\frac{340}{2800}$$

$$P(X_{T^*}=x_8)=\frac{150}{2800};\ P(X_{T^*}=x_9)=\frac{150}{2800};\ P(X_{T^*}=x_{10})=\frac{260}{2800}$$

$$P(X_{T^*}=x_{11})=\frac{150}{2800};\ P(X_{T^*}=x_{12})=\frac{220}{2800};\ P(X_{T^*}=x_{13})=\frac{150}{2800}$$

（4）语句出错可能性排序

按 $X_{T^*}$ 概率分布对程序语句出错的可能性进行排序，概率越大，排序越前，表示它最可能有错。如表 10.2 所示，其中的序号表示排序号。

表 10.2　无冗余测试时随机 TBFL 算法中 $X_{T^*}$ 的分布及语句排序

| 序号 | ① | ② | ③ | ④ | ⑤ | ⑥ | ⑦ | ⑧ |
|---|---|---|---|---|---|---|---|---|
| 语句 | $x_2$ | $x_7$ | $x_{10}$ | $x_{12}$ | $x_5$ | $x_6$ | $x_1 x_3 x_8$ $x_9 x_{11} x_{13}$ | $x_4$ |
| 概率 | $\frac{600}{2800}$ | $\frac{340}{2800}$ | $\frac{260}{2800}$ | $\frac{220}{2800}$ | $\frac{180}{2800}$ | $\frac{170}{2800}$ | $\frac{150}{2800}$ | $\frac{130}{2800}$ |

3）小结

从上面的分析中，我们可以看出随机 TBFL 算法无论是在测试用例有冗余情况还是无冗余情况下，都能指出程序的错误语句 $x_2$ 和 $x_7$，即它们的后验校正概率大。虽然由表 10.1 和表 10.2 看出在冗余测试中，随机 TBFL 算法把有错语句 $x_7$ 排在无错语句 $x_{10}$ 之后，与无冗余测试相比，还是受到了一点影响。但是在整体上错误语句 $x_2$ 和 $x_7$ 的概率都比其他正确语句要高，说明随机 TBFL 算法并没有受到冗余测试多大的伤害，这是很重要的结论，因为直观上冗余测试是无法避免的，而且多测试应该有助于开发人员寻找错误。

2. Dicing 算法

有趣的是，对其他的 TBFL 算法，我们也可做类似的随机变量分析。下面我们就用图 10.1 中的程序 $X$ 和测试用例集 $T$、$T^*$ 对文献[113]提到的几个 TBFL 算法和 SAFL 算法进行随机理论分析和比较。首先分析 Dicing 算法，在分析中用到文献[113]中的结果，如表 10.3 所示，有关表中的详细情况，请参考文献[113]。

表 10.3　Dicing 算法和 TARANTULA 算法的结果

Test suite 1 结果

| 算法 | $x_1$ | $x_2$ | $x_3$ | $x_4$ | $x_5$ | $x_6$ | $x_7$ | $x_8$ | $x_9$ | $x_{10}$ | $x_{11}$ | $x_{12}$ | $x_{13}$ |
|---|---|---|---|---|---|---|---|---|---|---|---|---|---|
| Dicing | 0 | 0 | 0 | 1 | 0 | 2 | 2 | 1 | 1 | 0 | 1 | 0 | 0 |
| TARANTULA | 0.5 | 0.5 | 0.5 | 0.5 | 0 | 1 | 1 | 0.5 | 0.5 | — | 0.5 | 0 | 0.5 |

Test suite 1＋Test suite 2 结果

| 算法 | $x_1$ | $x_2$ | $x_3$ | $x_4$ | $x_5$ | $x_6$ | $x_7$ | $x_8$ | $x_9$ | $x_{10}$ | $x_{11}$ | $x_{12}$ | $x_{13}$ |
|---|---|---|---|---|---|---|---|---|---|---|---|---|---|
| Dicing | 0 | 0 | 0 | 2 | 0 | 3 | 3 | 4 | 4 | 0 | 4 | 0 | 0 |
| TARANTULA | 0.5 | 0.5 | 0.5 | 0.43 | 0 | 0.5 | 0.5 | 0.6 | 0.6 | — | 0.6 | 0 | 0.5 |

这里分析的 Dicing 算法是基于原 Dicing 算法的推广[113]。Dicing 算法是寻找语句集合 dice，它是从一个失败的测试用例运行时所覆盖的语句集合（记为 $S_f$）中减去一个通过测试用例运行时所覆盖的语句集合（记为 $S_p$）构成的，即 dice$=S_f-S_p$。求出所有的 dice 以后，对每条语句计算它被 dice 所包含的 dice 个数，根据个数的大小排序。语句属于 dice 的个数越大，它就越值得怀疑，即它出错的可能性越高。

1）测试集中包含冗余用例的情况

根据测试集 $T$ 的测试结果，Dicing 方法对语句的怀疑程度进行排序。我们利用这个排序，规定新随机变量 $X_T$ 的分布如表 10.4 所示。

表 10.4　Dicing 算法的 $X_T$ 分布

| 语句 | $x_1$ | $x_2$ | $x_3$ | $x_4$ | $x_5$ | $x_6$ | $x_7$ | $x_8$ | $x_9$ | $x_{10}$ | $x_{11}$ | $x_{12}$ | $x_{13}$ |
|---|---|---|---|---|---|---|---|---|---|---|---|---|---|
| Dicing 排序 | 0 | 0 | 0 | 2 | 0 | 3 | 3 | 4 | 4 | 0 | 4 | 0 | 0 |
| $X_T$ 的分布 | 0 | 0 | 0 | 2/20 | 0 | 3/20 | 3/20 | 4/20 | 4/20 | 0 | 4/20 | 0 | 0 |

这里的 $X_T$ 表示利用测试结果对语句出错概率重新调整后按新的分布变化的随机变量。根据 Dicing 算法精神，程序 $X=\{x_1,x_2,\cdots,x_{13}\}$，每条语句的出错概率机会均等，即认为 $r_k=P(X=x_k)=\frac{1}{13}, k=1,2,\cdots,13$。测试集 $T$ 中每个用例捕获错误的概率也视为相等，即认为 $p(t_i)=\frac{1}{8}, i=1,2,\cdots,8$。现在利用测试 $T$，程序的均匀先验概率调整为程序后验概率，即 $X_T$ 的分布。$X_T$ 就相当于二元随机变量 $(X,T)$ 的边缘随机变量 $X_T$。

根据 $X_T$ 概率对语句出错可能性排序如表 10.5 所示。

表 10.5　根据 $X_T$ 对语句出错可能性排序

| 序号 | ① | ② | ③ | ④ |
|---|---|---|---|---|
| 语句 | $x_8x_9x_{11}$ | $x_6x_7$ | $x_4$ | 其余语句 |
| 概率 | 4/20 | 3/20 | 2/20 | 0 |

2）测试集中无冗余用例的情况

同样，这里认为 $X=\{x_1,x_2,\cdots,x_{13}\}$ 服从均匀分布，即 $r_k=P(X=x_k)=1/13, k=1,2,\cdots,13$。对于 $T^*=\{t_1,t_2,t_3,t_4\}$ 也认为 $p(t_1)=p(t_2)=p(t_3)=p(t_4)=1/4$。我们讨论 TARANTULA 算法和 SAFL 算法时与 Dicing 算法相同，凡是遇到程序和测试集都认为它们的先验分布皆为均匀分布。今后均作这样的假设，不再赘述。

根据测试集 $T^*$ 的测试结果，Dicing 算法对语句的怀疑程度进行排序（见表 10.3）。利用这个排序规定 $X_{T^*}$ 这个新随机变量的分布如表 10.6 所示。

表 10.6　Dicing 算法的 $X_{T^*}$ 分布

| 语句 | $x_1$ | $x_2$ | $x_3$ | $x_4$ | $x_5$ | $x_6$ | $x_7$ | $x_8$ | $x_9$ | $x_{10}$ | $x_{11}$ | $x_{12}$ | $x_{13}$ |
|---|---|---|---|---|---|---|---|---|---|---|---|---|---|
| Dicing 排序 | 0 | 0 | 0 | 1 | 0 | 2 | 2 | 1 | 1 | 0 | 1 | 0 | 0 |
| $X_{T*}$ 的分布 | 0 | 0 | 0 | 1/8 | 0 | 2/8 | 2/8 | 1/8 | 1/8 | 0 | 1/8 | 0 | 0 |

与前面有冗余测试的情况一样，$X_{T^*}$ 即为 $(X,T^*)$ 二元随机变量边缘随机变量 $X_{T^*}$，根据 $X_{T^*}$ 的概率对语句出错的可能性排序，如表 10.7 所示。

表 10.7　根据 $X_{T^*}$ 对语句出错可能性排序

| 序号 | ① | ② | ③ |
|---|---|---|---|
| 语句 | $x_6x_7$ | $x_4x_8x_9x_{11}$ | 其余语句 |
| 概率 | 2/8 | 1/8 | 0 |

3）小结

当向无冗余测试集 $T^*$ 添加冗余用例以后得到有冗余测试集 $T$，在两个测试集上运用 Dicing 算法寻找语句出错可能性的大小。由随机分析可见冗余测试对 Dicing 算法的确有伤害。尤其考虑语句出错排序表 10.5 和表 10.7，这个伤害更为明显，因为 $T^*$ 把错误语句 $x_7$ 和正确语句 $x_6$ 排在首位，而 $T$ 却把 $x_7$ 排在第 2 个层次，在它之前还有许多正确语句需要检测。除此之外，$T$ 和 $T^*$ 都找不到隐蔽错误语句 $x_2$，而我们认为这比冗余伤害问题更为严重。

**3. TARANTULA 算法**

Jones 和 Harrold 在文献[116]采用下列公式表达对语句的怀疑程度。

$$\text{suspiciousness}(i)=\frac{\%\text{failed}(i)}{\%\text{passed}(i)+\%\text{failed}(i)} \tag{10.17}$$

其中，%passed($i$)为覆盖语句 $i$ 的通过测试的用例个数与所有通过测试的用例个数之比；%failed($i$)为覆盖语句 $i$ 的失败测试用例个数与所有失败测试用例个数之比。怀疑程度高的语句，其出错的可能性大。TARANTULA 算法按怀疑程度对语句进行排序。

1）测试集中包含冗余用例的情况

根据测试集 $T$ 的测试结果，TARANTULA 算法计算语句怀疑程度（见表 10.3）。利用这个结果，规定新随机变量 $X_T$ 的概率分布如表 10.8 所示（suspiciousness 简写为 sus）。

**表 10.8 TARANTULA 算法的 $X_T$ 分布**

| 语句 | $x_1$ | $x_2$ | $x_3$ | $x_4$ | $x_5$ | $x_6$ | $x_7$ | $x_8$ | $x_9$ | $x_{10}$ | $x_{11}$ | $x_{12}$ | $x_{13}$ |
|---|---|---|---|---|---|---|---|---|---|---|---|---|---|
| sus | 0.5 | 0.5 | 0.5 | 0.43 | 0 | 0.5 | 0.5 | 0.6 | 0.6 | — | 0.6 | 0 | 0.5 |
| $X_T$ 分布 | $0.5N$ | $0.5N$ | $0.5N$ | $0.43N$ | 0 | $0.5N$ | $0.5N$ | $0.6N$ | $0.6N$ | 0 | $0.6N$ | 0 | $0.5N$ |

其中，—表示语句未执行，我们也把它作为 0 处理；$N$ 为归一化因子，由 $\sum_k P(X_T=x_k)=1$，可得 $N=\frac{1}{5.23}$，从而可得 $X_T$ 的概率分布。例如，当 $X_T=x_6$ 时，$P(X_T=x_6)=0.5N=\frac{0.5}{5.23}=\frac{50}{523}$。

$X_T$ 相当于二元随机变量$(X,T)$的边缘随机变量 $X_T$，即是根据测试结果对程序先验概率的校正，按 $X_T$ 的分布确定语句怀疑程度的次序如表 10.9 所示。

**表 10.9 根据 $X_T$ 对语句出错可能性排序**

| ① | ② | ③ | ④ |
|---|---|---|---|
| $x_8x_9x_{11}$ | $x_1x_2x_3x_6x_7x_{13}$ | $x_4$ | 其余语句 |
| 0.6/5.23 | 0.5/5.23 | 0.43/5.23 | 0 |

2）测试集中无冗余测试用例的情况

根据测试集 $T^*$ 的测试结果，TARANTULA 算法计算语句怀疑程度（见表 10.3）。利用这个结果，规定新随机变量 $X_{T^*}$ 的概率分布如表 10.10 所示（suspiciousness 简写为 sus）。

**表 10.10 TARANTULA 算法的 $X_{T^*}$ 分布**

| 语句 | $x_1$ | $x_2$ | $x_3$ | $x_4$ | $x_5$ | $x_6$ | $x_7$ | $x_8$ | $x_9$ | $x_{10}$ | $x_{11}$ | $x_{12}$ | $x_{13}$ |
|---|---|---|---|---|---|---|---|---|---|---|---|---|---|
| sus | 0.5 | 0.5 | 0.5 | 0.5 | 0 | 1 | 1 | 0.5 | 0.5 | — | 0.5 | 0 | 0.5 |
| $X_{T^*}$ 分布 | $0.5N$ | $0.5N$ | $0.5N$ | $0.5N$ | 0 | $N$ | $N$ | $0.5N$ | $0.5N$ | 0 | $0.5N$ | 0 | $0.5N$ |

其中，一表示语句未执行，把它作为 0 处理；$N$ 为归一化因子，由 $\sum_k P(X_{T^*}=x_k)=1$，可得 $N=\frac{1}{6}$。同样，$X_{T^*}$ 即为 $(X,T^*)$ 二元随机变量边缘随机变量 $X_{T^*}$。按 $X_{T^*}$ 分布将语句出错可能性排序如表 10.11 所示。

**表 10.11 根据 $X_{T^*}$ 对语句出错可能性排序**

| 序号 | ① | ② | ③ |
|---|---|---|---|
| 语句 | $x_6x_7$ | $x_1x_2x_3x_4x_8x_9x_{11}x_{13}$ | 其余语句 |
| 概率 | 1/6 | 0.5/6 | 0 |

3）小结

当无冗余测试集 $T^*$ 增添冗余用例得到测试集 $T$ 后，用 TARANTULA 算法寻找错误语句的能力也确实受到了损害。如果对语句出错可能性的排序表 10.9 和表 10.11 进行比较，更能看出这一点。用 $T^*$ 排序，有错语句 $x_7$ 和正确语句 $x_6$ 排在首位；而用 $T$ 排序，$x_7$ 降到第 2 层次且和许多无错语句“混”在一起，对开发人员帮助不大。同样，和 Dicing 算法一样，TARANTULA 算法无论是用测试集 $T$ 还是 $T^*$ 都无法明显找到错误语句 $x_2$，这比冗余伤害更为严重。

**4. SAFL 算法**

文献[113]提出 SAFL 算法，它主要有 5 个步骤。

(1) $X=\{x_1,x_2,\cdots,x_m\}$ 有 $m$ 个语句，测试集 $T=\{t_1,t_2,\cdots,t_n\}$ 有 $n$ 个用例。用 $T$ 对 $X$ 进行测试，将测试结果记录成 $n\times(m+1)$ 阶矩阵，称为执行矩阵，记作 $\boldsymbol{E}=\{e_{ij}\}$，$i=1,2,\cdots,n$；$j=1,2,\cdots,m,m+1$。其中

$$e_{ij}=\begin{cases}1, & \text{用例 } t_i \text{ 覆盖语句 } x_j\ (1\leqslant j\leqslant m)\\ 1, & t_i \text{ 是通过测试}(j=m+1)\\ 0, & \text{其他情况}\end{cases}$$

换言之，$\boldsymbol{E}$ 中第 $i$ 行记录了测试用例 $t_i$ 的执行情况、它所覆盖的语句(即 $e_{ij}=1(1\leqslant j\leqslant m)$ 的语句 $x_j$)以及用例的类型(即若 $t_i\in T_p$，则 $e_{\mathrm{im}+1}=1$；若 $t_i\in T_f$，则 $e_{im+1}=0$)。

(2) 将每个测试用例看作一个 Fuzzy 集合。例如,用例 $t_i$ 看作

$$\tilde{t}_i=\left\{\frac{x_1}{f_{i1}},\frac{x_2}{f_{i2}},\cdots,\frac{x_m}{f_{im}}\right\}$$

其中,$f_{ij}(j=1,2,\cdots,m)$为语句 $x_j$ 的隶属度,即 $f_{ij}=\mu_{t_i}(x_j)$,计算为

$$f_{ij}=\begin{cases}\dfrac{1}{\sum\limits_{k=1}^{m}e_{ik}}, & e_{ij}=1\\ 0, & \text{其他}\end{cases}$$

由所有的用例 Fuzzy 集合组成 Fuzzy 矩阵 $\tilde{\boldsymbol{F}}$,即

$$\tilde{\boldsymbol{F}}=(f_{ij}),\quad 1\leqslant i\leqslant n,1\leqslant j\leqslant m$$

(3) 对于每个语句,如 $x_j$,构造 $F-j$ 和 $A-j$。$F-j$ 是所有覆盖语句 $x_j$ 的失败用例 $t_i$(即 $e_{ij}=1,e_{im+1}=0$)的 Fuzzy 集合 $\tilde{t}_i$ 的并集;$A-j$ 是所有覆盖语句 $x_j$ 的用例 $t_i$(即 $t_{ij}=1$)的 Fuzzy 集合 $\tilde{t}_i$ 的并集。用$|F-j|$和$|A-j|$分别表示 Fuzzy 集合 $F-j$ 和 $A-j$ 的基数。简略地说,若干个 Fuzzy 集合的并集仍是一个 Fuzzy 集合,其成员隶属度是各 Fuzzy 集合相应成员的隶属度的最大值,而一个 Fuzzy 集合的基数是该集所有成员的隶属度之和[113]。

(4) 定义语句的怀疑度。例如,语句 $x_j$ 的怀疑度用 $p(j)$表示,计算为

$$p(j)=\frac{|F-j|}{|A-j|}$$

(5) 按 $p(j)$对语句排序,$p(j)$越大,它的排序越靠前。

总之,文献[113]提出的 SAFL 算法,它主要是将每个测试用例看作一个 Fuzzy 集合,求出每个程序语句对 Fuzzy 集合的隶属度,从而运用模糊集合理论分析语句的怀疑度。

1) 测试用例集中包含冗余用例的情况

根据测试集 $T$,由前面介绍的几个步骤可以计算程序每个语句的怀疑度,现在计算从略。我们直接引用文献[113]的表 2 中计算语句怀疑度 $p(j)$的结果,规定 $X_T$ 的概率分布如表 10.12 所示。

**表 10.12 SAFL 算法的 $X_T$ 分布**

| 语句 | $x_1$ | $x_2$ | $x_3$ | $x_4$ | $x_5$ | $x_6$ | $x_7$ | $x_8$ | $x_9$ | $x_{10}$ | $x_{11}$ | $x_{12}$ | $x_{13}$ |
|---|---|---|---|---|---|---|---|---|---|---|---|---|---|
| $P(j)$ | 0.78 | 0.78 | 0.78 | 0.78 | 0 | 1 | 1 | 0.89 | 0.89 | 0 | 0.89 | 0 | 0.78 |
| $X_T$ 分布 | 0.78$N$ | 0.78$N$ | 0.78$N$ | 0.78$N$ | 0 | $N$ | $N$ | 0.89$N$ | 0.89$N$ | 0 | 0.89$N$ | 0 | 0.78$N$ |

表 10.12 中,$N$ 为归一化因子,由 $\sum\limits_{j}P(X_T=x_j)=1$,得到 $N=\dfrac{1}{8.57}=\dfrac{100}{857}$。于是就有了 $X_T$ 的分布,$X_T$ 即为$(X,T)$的边缘分布。按 $X_T$ 的分布对错误语句可能性排序,如表 10.13 所示。

表 10.13　根据 $X_T$ 对语句出错可能性排序

| 序号 | ① | ② | ③ | ④ |
|---|---|---|---|---|
| 语句 | $x_6x_7$ | $x_8x_9x_{11}$ | $x_1x_2x_3x_4x_{13}$ | 其余语句 |
| 概率 | 1/8.57 | 0.89/8.57 | 0.78/8.57 | 0 |

2）测试集中无冗余用例的情况

由文献[113]表 2 可以看出（也可以根据前面几个步骤计算），根据测试集 $T^*$ 计算出的 $p(j)$ 和根据测试集 $T$ 计算出的 $p(j)$ 完全一样。所以，作为 $(X,T^*)$ 的边缘变量 $X_{T^*}$ 的概率分布和作为 $(X,T)$ 边缘变量 $X_T$ 的概率分布也完全一样，因而排序也一样，如表 10.13 所示。

3）小结

冗余测试 $T$ 与无冗余测试 $T^*$ 比较，它并没有对 SAFL 算法的功效造成伤害。而通过两种情况的可能出错语句的排序完全相同，更能说明这一点。这说明 SAFL 确实达到它所设计的目的，就是消除冗余对该算法功效的伤害。但是，与前面一样，它也无法指出错误语句 $x_2$，而这个问题比冗余伤害更为严重。

**5. 几个 TBFL 算法的比较**

综上所述，我们把 Dicing 算法、TARANTULA 算法、SAFL 算法都纳入随机分析框架，这样就可以将它们和我们推荐的随机 TBFL 算法进行比较。为了清楚起见，我们仅把前面关于可能出错语句的排序列出，语句的后验校正概率略去。

| | | | | | | | | |
|---|---|---|---|---|---|---|---|---|
| Dicing | $T$ | $x_8x_9x_{11}$ | $x_6x_7$ | $x_4$ | 其余语句 | | | |
| | $T^*$ | $x_6x_7$ | $x_4x_8x_9x_{11}$ | 其余语句 | | | | |
| TARANTULA | $T$ | $x_8x_9x_{11}$ | $x_1x_2x_3x_6x_7x_{13}$ | $x_4$ | 其余语句 | | | |
| | $T^*$ | $x_6x_7$ | $x_1x_2x_3x_4x_8x_9x_{11}x_{13}$ | 其余语句 | | | | |
| SAFL | $T$ | $x_6x_7$ | $x_8x_9x_{11}$ | $x_1x_2x_3x_4x_{13}$ | 其余语句 | | | |
| | $T^*$ | $x_6x_7$ | $x_8x_9x_{11}$ | $x_1x_2x_3x_4x_{13}$ | 其余语句 | | | |
| 随机 TBFL | $T$ | $x_2$ | $x_{10}$ | $x_7$ | $x_5x_{12}$ | $x_8x_9x_{11}$ | $x_6$ | $x_1x_3x_4x_{13}$ |
| | $T^*$ | $x_2$ | $x_7$ | $x_{10}$ | $x_{12}$ | $x_5$ | $x_6$ | $x_1x_3x_8x_9x_{11}x_{13}$　$x_4$ |

就语句出错可能性的排序上，以随机 TBFL 算法最优。无论是冗余测试 $T$ 还是非冗余测试 $T^*$，随机 TBFL 算法都能找出原程序真实错误语句 $x_2$ 和 $x_7$，并把它们排在首两位（在 $T^*$ 测试中）或第 1、第 3 位（在 $T$ 测试中）。而 Dicing 算法、TARANTULA 算法、SAFL 算法都无法“找到”错误语句 $x_2$，即使能指出错误语句 $x_7$，但 $x_7$ 也与其他无错语句（如 $x_6$）并列混在一起被同等怀疑，这在有冗余情况下尤其严重，因为在 $x_7$ 的前面还有大量无错语句被怀疑着。因此，在帮助开发人员尽快找到错误语句上，随机 TBFL 算法的功效更为显著。

随机 TBFL 算法不但避免了功效伤害，而且显示冗余测试对程序开发的功效也很有帮助。前面已经提过，这一点尤其重要，直观上多测试应该对发现错误更有利，更何况避免相似性测试是根本无法做到的。因此，设计更好的 TBFL 算法，犹如证据繁多并不妨碍有经验的侦破人员办案一样，要能从重复冗余测试（如即兴测试）中寻找出错语句的正确位置，是可以做得到的，这正是随机 TBFL 方法对我们的启示。

## 10.3.3 算法功效进一步说明和小型实验

**1. 算法说明**

随机 TBFL 算法的实质是把程序 $X$ 中包含的信息（抽象为 $X$ 的先验分布）和测试用例集 $T$ 中包含的信息（抽象为 $T$ 的先验分布）以及具体测试结果（把 $T$ 分为 $T_f$ 和 $T_p$ 两类以及每个用例覆盖语句的情况）综合在一起考虑，这种考虑分为两个层次。首先，对每个测试用例 $t$，视它为通过用例或失败用例以及覆盖的语句情况，分别对原程序 $X$ 中每个语句 $x$ 错误的可能性进行调整，得到条件分布 $p(x \mid t)$，这是在微观层次上体现测试工作的实质；然后对每个语句 $x$ 按照测试集 $T$ 的概率加权，求出 $\sum_t p(t)p(x \mid t)$，得到程序后验随机变量的后验分布。这是在全局层次上体现测试工作的实质。最后，凭借 $X_T$ 后验分布，对原程序的语句按概率大小排序并把它推荐给开发人员以便尽快寻找错误语句。上述思想总结为随机 TBFL 算法流程图，如图 10.3 所示。

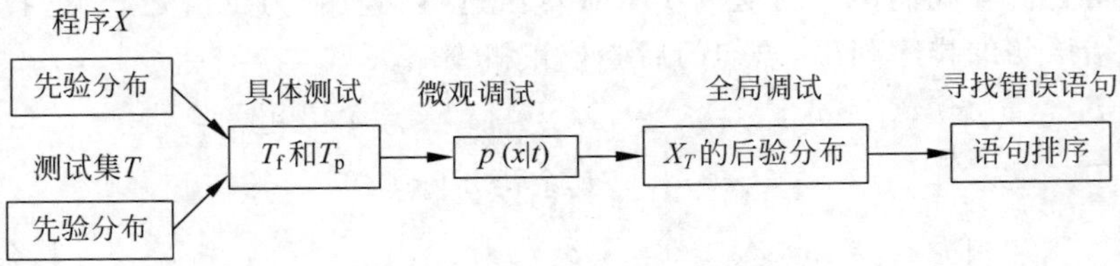


图 10.3 随机 TBFL 算法流程图

值得强调的是，$X$ 的先验分布的确定与原程序中哪个语句真的有错无关，它只是根据程序的“样式”分析得到，如在前面我们通过流程图的分析得到各 $r_x$ 的值；$T$ 的先验分布的确定，只与测试人员针对程序式样设计测试用例的类型和意图有关，而与它是通过用例或失败用例的具体结果无关。总之，这两类分布是客观存在的，独立于具体测试过程。特别是，只要原程序 $X$ 的样式确定，不管它哪个语句真的有错，其 $X$ 的先验分布都是一样的，同样只要针对 $X$ 的样式设计了测试用例集 $T$，则 $T$ 的先验分布也不依赖于哪个语句真的有错的情况。$X$ 与 $T$ 的先验分布，只是在看到具体实施测试结果以后，才发生关联，从而在微观层次上得到 $p(x|t)$，在全局层次上得到 $X_T$ 的后验分布。

前面用一个具体实例说明了随机 TBFL 算法及其功效，但是 $X$ 和 $T$ 的先验分布（特别是 $X$ 的先验分布）都有“不精确”之嫌，为了更好地说明问题，本节从以下两方面示例进行解释。

1）原程序变体和存在逻辑错误的程序

**例 10.1**　我们称图 10.1 中的程序为程序Ⅰ，它有两个错误语句：$x_2$（$x_2$ 应为 m=z）和 $x_7$（$x_7$ 应为 m=x），把程序Ⅰ中的错误语句 $x_2$：m=x 改为正确语句 $x_2$：m=z，其余语句保持不变，称这个变体为程序Ⅱ，即程序Ⅱ中只有一个错误语句 $x_7$（m=y）。现在程序Ⅰ和程序Ⅱ的"式样"完全一样，因此无论是哪个程序，都记为程序变量 $X$，并且 $X$ 的先验分布仍然为式(10.6)。为了阅读方便，也把式(10.6)复制于下，即对程序Ⅱ，我们有 $X=\{x_1,x_2,\cdots,x_{13}\}$ 且 $X$ 的先验分布为

$$r_2=\frac{4}{20},r_5=r_7=r_{10}=r_{12}=\frac{2}{20},r_k=\frac{1}{20},k\neq 2,5,7,10,12 \tag{10.18}$$

为了计算简单，只考虑测试集 1，令 $T^*=\{t_1,t_2,t_3,t_4\}$。由于程序Ⅱ的式样没有改变，所以设计 $T^*$ 的意图和类型也未改变，所以它的先验分布和式(10.16)表示的一样，现也复制于下。

$$p(t_1)=p(t_2)=p(t_4)=\frac{2}{7},\quad p(t_3)=\frac{1}{7} \tag{10.19}$$

用测试集 $T^*$ 测试程序 $X$，注意 $t_1,t_2,t_3,t_4$ 覆盖语句情况和用 $T^*$ 测试程序Ⅰ时一样没有改变，除了 $t_2$ 用例现在变为通过用例以外，其他用例结果类型仍和前面用 $T^*$ 测试程序Ⅰ时一样，即这时，$T_f=\{t_1\}$，$T_p=\{t_2,t_3,t_4\}$。因此，$p(x|t_1)$、$p(x|t_3)$、$p(x|t_4)$分别和式(10.9)、式(10.11)、式(10.12)相同，只是 $p(x|t_2)$需要重新计算，因为

$$\beta=1+\sum_{x\in t_2}r_x=1+\frac{10}{20}=\frac{30}{20}$$

所以

$$p(x\mid t_2)=\begin{cases}\dfrac{10}{20}\times\dfrac{1}{20}, & x=x_1,x_3,x_8,x_9,x_{11},x_{13}\\[2mm] \dfrac{10}{20}\times\dfrac{4}{20}, & x=x_2\\[2mm] \dfrac{30}{20}\times\dfrac{1}{20}, & x=x_4,x_6\\[2mm] \dfrac{30}{20}\times\dfrac{2}{20}, & x=x_5,x_7,x_{10},x_{12}\end{cases} \tag{10.20}$$

由式(10.9)的 $p(x|t_1)$、式(10.11)的 $p(x|t_3)$、式(10.12)的 $p(x|t_4)$以及新计算的式(10.20)的 $p(x|t_2)$，计算出 $X_{T^*}$ 的概率分布并按照 $X_{T^*}$ 的概率分布对语句排序，如表 10.14 所示。

**表 10.14　程序Ⅱ的 $X_{T^*}$ 的概率分布及语句排序 $\left(N=\dfrac{1}{2800}\right)$**

| 序号 | ① | ② | ③ | ④ | ⑤ | ⑥ | ⑦ | ⑧ |
|---|---|---|---|---|---|---|---|---|
| 语句 | $x_2$ | $x_7$ | $x_{10}$ | $x_{12}$ | $x_5$ | $x_6$ | $x_4$ | $x_1x_3x_8x_9x_{11}x_{13}$ |
| 概率 | $440N$ | $420N$ | $340N$ | $300N$ | $260N$ | $210N$ | $170N$ | $110N$ |

虽然程序Ⅱ中正确语句 $x_2$ 排在错误语句 $x_7$ 的前面，但是它们的出错概率相差不大，前者是440/2800，后者是420/2800，两者都和第3位 $x_{10}$ 的340/2800相差较大，可以认为 $x_7$ 与 $x_2$ 属于一个等级，这说明随机TBFL算法即使在小型4个测试用例情况下也是"健壮"的。

**例10.2** 将程序Ⅰ的 $x_2$(m=x)改为 $x_2$(m=z)，$x_{11}$(else if (x>z))改为 $x_{11}$(else if (x<z))，其余语句不变，称这个变体为程序Ⅲ。和例10.1一样，对于程序Ⅲ，测试集 $T^*$ 的先验概率与例10.1中的式(10.18)和式(10.19)相同，没有变化。用测试集 $T^*$ 测试程序Ⅲ，显然可以得到 $T_f=\{t_1,t_2,t_3\}$，$T_p=\{t_4\}$。计算 $p(x|t)$ 时，由于只用到 $X$ 的先验分布以及 $t$ 覆盖语句信息和结果类型(失败或通过)，现在 $X$ 先验分布未变，$t_1$，$t_4$ 的结果类型及其覆盖语句和用 $T^*$ 测试程序Ⅰ的情况一致，所以 $p(x|t_1)$、$p(x|t_4)$ 分别与式(10.9)、式(10.12)相同。

对于 $t_2$，虽然它测试程序Ⅰ和程序Ⅲ的结果都是失败用例，但它测试两个程序覆盖的语句并未完全相同。对于 $t_3$，不仅改变了结果类型，而且覆盖的语句也不完全相同。以上分析很容易验证，故不赘述，只把 $p(x|t_2)$、$p(x|t_3)$ 重新计算如下。

(1) $t_2$ 是失败用例，未覆盖语句 $x_4,x_5,x_6,x_7,x_{10}$。

$$\beta=1+\sum_{x\notin t_2}r_x=1+\left(\frac{1}{20}+\frac{2}{20}+\frac{1}{20}+\frac{2}{20}+\frac{2}{20}\right)=1+\frac{8}{20}=\frac{28}{20}$$

$$p(x\mid t_2)=\begin{cases}\dfrac{28}{20}\times\dfrac{1}{20}, & x=x_1,x_3,x_8,x_9,x_{11},x_{13}\\[2ex] \dfrac{28}{20}\times\dfrac{4}{20}, & x=x_2\\[2ex] \dfrac{28}{20}\times\dfrac{2}{20}, & x=x_{12}\\[2ex] \dfrac{8}{20}\times\dfrac{1}{20}, & x=x_4,x_6\\[2ex] \dfrac{8}{20}\times\dfrac{2}{20}, & x=x_5,x_7,x_{10}\end{cases}\tag{10.21}$$

(2) $t_3$ 是失败用例，未覆盖语句 $x_4,x_5,x_6,x_7,x_{10},x_{12}$。

$$\beta=1+\sum_{x\notin t_3}r_x=1+\left(\frac{1}{20}+\frac{2}{20}+\frac{1}{20}+\frac{2}{20}+\frac{2}{20}+\frac{2}{20}\right)=1+\frac{10}{20}=\frac{30}{20}$$

$$p(x\mid t_3)=\begin{cases}\dfrac{30}{20}\times\dfrac{1}{20}, & x=x_1,x_3,x_8,x_9,x_{11},x_{13}\\[2ex] \dfrac{30}{20}\times\dfrac{4}{20}, & x=x_2\\[2ex] \dfrac{10}{20}\times\dfrac{1}{20}, & x=x_4,x_6\\[2ex] \dfrac{10}{20}\times\dfrac{2}{20}, & x=x_5,x_7,x_{10},x_{12}\end{cases}\tag{10.22}$$

用式(10.9)的 $p(x|t_1)$、式(10.21)的 $p(x|t_2)$、式(10.22)的 $p(x|t_3)$、式(10.12)的 $p(x|t_4)$以及 $T^*$ 的分布式(10.16)可以计算关于程序Ⅲ的后验概率,并按此概率的大小排列语句,如表 10.15 所示。

**表 10.15 程序Ⅲ的 $X_{T^*}$ 的概率分布及语句排序 $\left(N=\frac{1}{2800}\right)$**

| 序号 | ① | ② | ③ | ④ | ⑤ | ⑥ | ⑦ |
|---|---|---|---|---|---|---|---|
| 语句 | $x_2$ | $x_7x_{12}$ | $x_{10}$ | $x_1x_3x_8x_9x_{11}x_{13}$ | $x_6$ | $x_5$ | $x_4$ |
| 概率 | $656N$ | $288N$ | $208N$ | $164N$ | $144N$ | $128N$ | $104N$ |

怎样理解上述排序,为了更好地分析,画出程序Ⅲ的流程图,如图 10.4 所示。我们发现,如果输入 3 个不同的数 x,y,z,若按它们的大小排序,共有 6 种不同排列,即:x<y<z;y<x<z;y<z<x;z<y<x;x<z<y;z<x <y。对于每种排序,程序执行时分别取不同的路径。

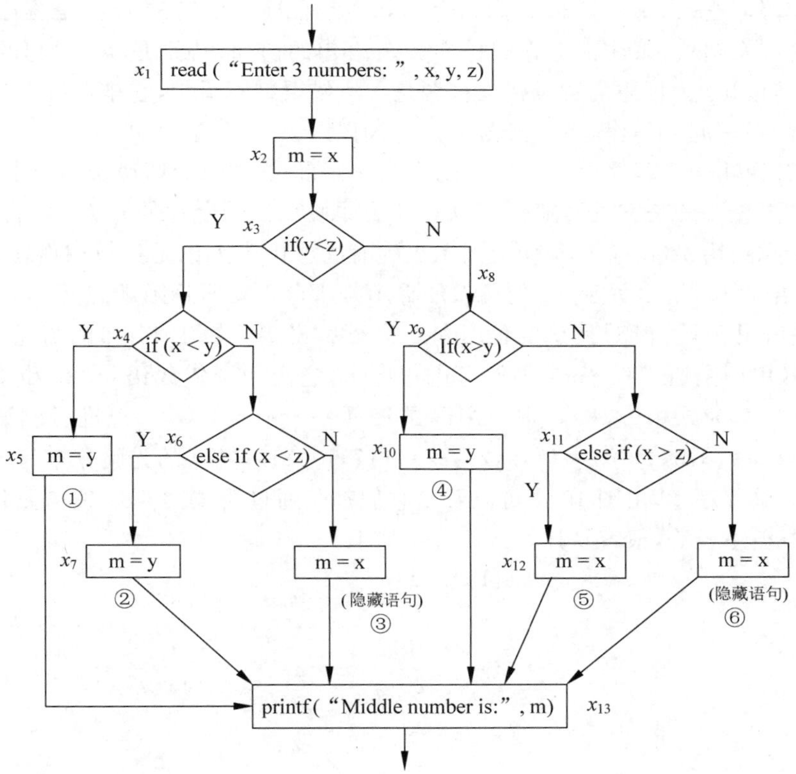


图 10.4 程序Ⅲ流程图

按第 1 种排列,即 x<y<z,则程序执行路径①;由于 $x_5$(m=y),故程序执行路径①时,是正确的。

按第 2 种排列，即 y<x<z，程序执行路径②，因语句 $x_7$(m=y)有错，程序失败，$x_7$ 应改为(m=x)。

按第 3 种排列，即 y<z<x，程序执行路径③，这时由 $x_2$(m=z)决定的隐蔽语句，得到 m=z 是正确的。

按第 4 种排列，即 z<y<x，程序执行路径④，由 $x_{10}$(m=y)得出程序是正确的。

按第 5 种排列，即 x<z<y，程序执行路径⑤，原本在程序Ⅰ中 $x_{12}$(m=x)是正确语句，现在发现它成为新的错误语句，应改为 m=z。

按第 6 种排列，即 z<x<y，程序执行路径⑥，它由 $x_2$(m=z)决定的隐蔽语句程序得到 m=z。但这时程序发生错误，它把最小的 z 值当作中位数，正确的应该是把 $x_2$ 重新写为 m=x。

由路径③和路径⑥关于语句 $x_2$ 的不同要求，前者要求 m=z，后者要求 m=x，暴露出由于语句 $x_{11}$ 的错误选择使 $x_2$ 左右为难，这引起的程序深层次的隐蔽逻辑错误是很严重的。总之，程序Ⅲ有严重逻辑错误，它表现在语句 $x_2$ 的设计上(由于 $x_{11}$ 的条件判断式的选择)，还有计算错误 $x_7$(m=y)和 $x_{12}$(m=x)，$x_7$ 是程序Ⅰ固有的，$x_{12}$ 是程序Ⅲ中新产生的。现在，这 3 个错误，算法都把它们排在其余语句的前面，特别是 $x_2$ 引起的逻辑错误尤为醒目。虽然以 $x_2$ 为标志的逻辑错误根源是 $x_{11}$ 错误判断语句，它排在第 4 等级且与许多正确语句“混”在一起，但是程序员根据 $x_2$ 及(辅以)$x_{12}$ 的检查，不难查出 $x_{11}$ 设计的错误。这个例子充分说明了原程序及其变体的先验概率分布式(10.18)即使谈不上十分精确，也是十分合理的，更重要的是它说明随机 TBFL 算法即使在比较合理的先验分布下也运行得很好，特别对于隐蔽错误(由 $x_2$ 引起)的揭示更为有力。由于无论是失败用例还是通过用例，它们都执行语句 $x_2$，所以关于 $x_2$ 的错误的揭示是十分重要而且困难的。

2) 极端情况：全是通过用例的程序和先验概率“退化”为均匀分布的情况

**例 10.3**(用例全通过程序)　仍然考虑程序Ⅰ，它有两个错误语句 $x_2$ 和 $x_7$，其程序变量 $X$ 的先验分布为式(10.18)。现在用测试集 $T_o=\{o_1,o_2,o_3,o_4\}$ 进行测试，其中 $o_1=\{10,13,15\}$，$o_2=\{8,6,4\}$，$o_4=\{5,9,2\}$，$o_4=\{17,19,21\}$。$T_o$ 的先验分布为均匀分布。

用 $T_o$ 测试程序Ⅰ，由图 10.2 可以看出它们都是通过测试，$o_1$，$o_4$ 覆盖路径①，$o_2$ 覆盖路径④，$o_3$ 覆盖路径⑤，很容易计算条件分布如下。

$$p(x\mid o_1)=\begin{cases}\dfrac{10}{20}\times\dfrac{1}{20}, & x=x_1,x_3,x_4,x_{13}\\[2mm] \dfrac{10}{20}\times\dfrac{4}{20}, & x=x_2\\[2mm] \dfrac{10}{20}\times\dfrac{2}{20}, & x=x_5\\[2mm] \dfrac{30}{20}\times\dfrac{1}{20}, & x=x_6,x_8,x_9,x_{11}\\[2mm] \dfrac{30}{20}\times\dfrac{2}{20}, & x=x_7,x_{10},x_{12}\end{cases}$$

$$p(x \mid o_2)=\begin{cases}\frac{11}{20}\times\frac{1}{20}, & x=x_1,x_3,x_8,x_9,x_{13}\\ \frac{11}{20}\times\frac{4}{20}, & x=x_2\\ \frac{11}{20}\times\frac{2}{20}, & x=x_{10}\\ \frac{31}{20}\times\frac{1}{20}, & x=x_4,x_6,x_{11}\\ \frac{31}{20}\times\frac{2}{20}, & x=x_5,x_7,x_{12}\end{cases}$$

$$p(x \mid o_3)=\begin{cases}\frac{12}{20}\times\frac{1}{20}, & x=x_1,x_3,x_8,x_9,x_{11},x_{13}\\ \frac{12}{20}\times\frac{4}{20}, & x=x_2\\ \frac{12}{20}\times\frac{2}{20}, & x=x_{12}\\ \frac{32}{20}\times\frac{1}{20}, & x=x_4,x_6\\ \frac{32}{20}\times\frac{2}{20}, & x=x_5,x_7,x_{10}\end{cases}$$

$$p(x \mid o_4)=\begin{cases}\frac{10}{20}\times\frac{1}{20}, & x=x_1,x_3,x_4,x_{13}\\ \frac{10}{20}\times\frac{4}{20}, & x=x_2\\ \frac{10}{20}\times\frac{2}{20}, & x=x_5\\ \frac{30}{20}\times\frac{1}{20}, & x=x_6,x_8,x_9,x_{11}\\ \frac{30}{20}\times\frac{2}{20}, & x=x_7,x_{10},x_{12}\end{cases}$$

由 $T_o$ 的先验分布和以上各 $p(x|o_i)$ 的分布，不难计算程序的后验 $X_{T_o}$ 的概率分布，并按照后验分布概率得出语句怀疑度排序，如表 10.16 所示。

**表 10.16　$X_{T_o}$ 的概率分布及语句排序 $\left(N=\frac{1}{1600}\right)$**

| 序号 | ① | ② | ③ | ④ | ⑤ | ⑥ | ⑦ | ⑧ |
|---|---|---|---|---|---|---|---|---|
| 语句 | $x_7$ | $x_{10}x_{12}$ | $x_2$ | $x_5$ | $x_6$ | $x_{11}$ | $x_4x_8x_9$ | $x_1x_3x_{13}$ |
| 概率 | $246N$ | $206N$ | $172N$ | $166N$ | $123N$ | $103N$ | $83N$ | $43N$ |

因为 Dicing 算法、TARANTULA 算法与 SAFL 算法的计算都涉及失败用例，现在 $T_o$ 测试集全是由通过用例组成的，所以上述 3 个算法无法对程序Ⅰ中的错误给出明确的提示，

按照它们的思想，现在即使认为程序有错，那也是每个语句处于同等程度的怀疑情况。而随机 TBFL 算法不仅把有错的 $x_7$ 单独排在第 1 位，而且单独排在第 3 位的有错语句 $x_2$，前面也只有两个正确语句 $x_{10}$ 和 $x_{12}$ 需要鉴定。测试原理告诉我们，测试员只能报告软件缺陷存在，却不能报告软件缺陷不存在。从本例看出，Dicing 算法、TARANTULA 算法、SAFL 算法在这种情况下"无话可说"，而我们的算法却能大体上正确给出错误语句的"潜伏"位置。

**例 10.4** 先验概率退化情况。

随机 TBFL 算法的精神是挖掘程序中和测试集中包含的固有信息，并把它们整合进具体测试实施中，才能发挥更大的威力。如果没有程序和测试集的资料，只能把程序、测试集的先验分布取为均匀分布。

取原程序Ⅰ的先验分布为均匀分布，即程序 $X=\{x_1,x_2,\cdots,x_{13}\}$ 的先验分布为 $r_k=\frac{1}{13}, k=1,2,\cdots,13$。

取测试集 $T^*$ 的先验分布也为均匀分布，即 $T^*=\{t_1,t_2,t_3,t_4\}$ 且先验分布为 $p(t_1)=p(t_2)=p(t_3)=p(t_4)=\frac{1}{4}$。

按基本算法算出 $p(x|t)$ 和原程序后验 $X_{T^*}$ 的分布以及根据 $X_{T^*}$ 的分布对语句排序，如表 10.17 所示。

**表 10.17 $X_{T_o}$ 的概率分布及语句排序 $\left(N=\frac{1}{676}\right)$**

| 序号 | ① | ② | ③ |
|---|---|---|---|
| 语句 | $x_6x_7$ | $x_1x_2x_3x_4x_8x_9x_{10}x_{11}x_{13}$ | $x_5x_{12}$ |
| 概率 | $65N$ | $52N$ | $39N$ |

如果把排序结果与表 10.7、表 10.11、表 10.13 比较，可以看出在"最坏"(即没有挖掘出程序和测试集信息)的情况下，随机 TBFL 算法得出的结果也和 Dicing 算法、TARANTULA 算法、SAFL 算法相当。即便如此，随机 TBFL 算法对 $x_2$ 的重视程度(比 TARANTULA 算法稍强)也比 Dicing 算法、SAFL 算法高得多。

**2. 小型实验**

为了进一步说明随机 TBFL 算法的功效，我们再做一些小型实验。因为我们的目的主要是阐述算法精神，所以仍取图 10.1 的程序及其变体为实验程序。但是测试集按照某种选择标准设计，这里是按照路径覆盖(或者说语句覆盖)准则设计测试用例集。这样的实验比较符合通常软件开发组织进行的测试实践，虽然它只是对小型程序而为的。

(1) 用图 10.1 中的程序及其几个变体作为实验程序。图 10.2 是图 10.1 中程序的流程图。图 10.1 中的程序有两个错误语句 $x_2$ 和 $x_7$，称之为程序Ⅰ。把程序Ⅰ中的错误语句 $x_2$："m=x"改为正确语句 $x_2$："m=z"，其他语句不变，称这个变体为程序 2。若把程序Ⅰ中的错误语句 $x_7$："m=y"改为正确语句 $x_7$："m=x"，其余不变，称这个变体为程序 3。无论是哪个程序，都记为程序变量 $X$，且先验分布皆为式(10.18)，这反映测试人员不知哪个语句有错，只是根据程序式样确定先验概率。

(2) 根据软件测试经验，应该设计用例集，使它们能覆盖程序的每条路径。为此引入新的测试集

$$T'=\{e_1,e_2,e_3,e_4,e_5,e_6\} \tag{10.23}$$

其中，$e_1=\{6,7,9\}$，即输入 x=6，y=7，z=9，它覆盖图 10.2 中路径①(下面指的路径皆为图 10.2 中的路径，不再赘述)；$e_2=\{8,7,9\}$覆盖路径②；$e_3=\{10,7,9\}$，覆盖路径③；$e_4=\{11,10,7\}$覆盖路径④；$e_5=\{9,10,7\}$覆盖路径⑤；$e_6=\{8,10,9\}$覆盖路径⑥。若用 $T'$无论对程序 1～程序 3 中的哪个进行测试，皆认为它们捕获错误的可能性相同，即 $p(e_i)=\dfrac{1}{6}$，$i=1,2,\cdots,6$。我们认为 $T'$是无冗余测试集。

假如向 $T'$中增添前述式(10.7)$T$ 中所有用例，设所得的测试集为 $T''$，它共有 14 个用例，表示为

$$T''=\{e_1,e_2,\cdots,e_6,t_1,t_2,\cdots,t_8\} \tag{10.24}$$

其中前 6 个用例(即 $e_1,e_2,\cdots,e_6$)是 $T'$中的用例，后 8 个用例(即 $t_1,t_2,\cdots,t_8$)是 $T$ 中的用例。我们认为 $T''$是冗余测试。根据前面的分析，$e_1\sim e_6,t_1,t_2,t_4$ 这 9 个用例每个捕获错误的可能性应是其余 5 个用例每个捕获错误可能性的 2 倍，即令

$$p(e_i)=\frac{2}{23},\quad i=1,2,3,4,5,6;\ p(t_i)=\frac{2}{23},\quad i=1,2,4$$

$$p(t_i)=\frac{1}{23},\quad i=3,5,6,7,8 \tag{10.25}$$

显然 $\sum\limits_i p(e_i)+\sum\limits_i p(t_i)=1$。式(10.25) 即为 $T''$ 的先验分布。

(3) 分别用 $T'$和 $T''$测试各个程序，所得的对语句怀疑度排序的实验结果如表 10.18 所示。并把用 Dicing 算法(以下简称 D 算法)、TARANTULA 算法(以下简称 R 算法)、SAFL 算法(以下简称 S 算法)所做的实验结果也列表于后，并和我们的算法(以下简称 H 算法)进行比较。

**表 10.18　各种算法在程序 1 的两种测试情况下对可能错误语句的排序**

| 算法 | 排　序 |
|---|---|
| H 算法 | $T'$测试：$x_2$；$x_7$；$x_5x_{10}x_{12}$；$x_6$；$x_4$；$x_1x_3x_{11}x_{13}$；$x_8x_9$ |
| | $T''$测试：$x_2$；$x_7$；$x_{10}$；$x_5x_{12}$；$x_6$；$x_{11}$；$x_4$；$x_8x_9$；$x_1x_3x_{13}$ |
| D 算法 | $T'$测试：$x_6$；$x_4$；$x_7$；$x_{11}$；$x_8x_9$；其余语句概率为 0 |
| | $T''$测试：$x_6$；$x_4x_7x_{11}$；$x_8x_9$；其余语句概率为 0 |
| R 算法 | $T'$测试：$x_6x_7$；$x_4$；$x_1x_2x_3x_{11}x_{13}$；$x_8x_9$；$x_5x_{10}x_{12}$ 概率为 0 |
| | $T''$测试：$x_6$；$x_7x_{11}$；$x_4$；$x_1x_2x_3x_{13}$；$x_8x_9$；$x_5x_{10}x_{12}$ 概率为 0 |
| S 算法 | $T'$测试：$x_6x_7$；$x_{11}$；$x_4$；$x_8x_9$；$x_1x_2x_3x_{13}$；其余语句概率为 0 |
| | $T''$测试：$x_6x_7$；$x_{11}$；$x_4$；$x_8x_9$；$x_1x_2x_3x_{13}$；其余语句概率为 0 |

由表 10.18 可以看出，无论是 $T'$ 测试还是 $T''$ 测试，对于程序 1，H 算法都把有错语句 $x_2$ 和 $x_7$ 找出，并把它们排在首要前两位，且不与其他语句混杂。就 $x_2$，$x_7$ 的排列位置而言，冗余测试对 H 算法也没有什么伤害。

由表 10.19 可以看出，就寻找有错语句 $x_7$ 并把它排在第 1 位而言，上述各种算法无论对哪一个测试功效都是一样的。

**表 10.19　各种算法在程序 2 两种测试情况下对可能错误语句的排序**

| 算法 | 排　序 |
|---|---|
| H 算法 | $T'$ 测试：$x_7$；$x_2$；$x_5x_{10}x_{12}$；$x_6$；$x_4$；$x_{11}$；$x_8x_9$；$x_1x_3x_{13}$ |
| | $T''$ 测试：$x_7$；$x_2$；$x_{10}$；$x_5x_{12}$；$x_6$；$x_4$；$x_{11}$；$x_8x_9$；$x_1x_3x_{13}$ |
| D 算法 | $T'$ 测试：$x_7$；$x_6$；$x_4$；其余语句概率为 0 |
| | $T''$ 测试：$x_7$；$x_6$；$x_4$；其余语句概率为 0 |
| R 算法 | $T'$ 测试：$x_7$；$x_6$；$x_4$；$x_1x_2x_3x_{13}$；其余语句概率为 0 |
| | $T''$ 测试：$x_7$；$x_6$；$x_4$；$x_1x_2x_3x_{13}$；其余语句概率为 0 |
| S 算法 | $T'$ 测试：$x_7$；$x_6$；$x_4$；$x_1x_2x_3x_{13}$；其余语句概率为 0 |
| | $T''$ 测试：$x_7$；$x_6$；$x_4$；$x_1x_2x_3x_{13}$；其余语句概率为 0 |

由表 10.20 可以看出，对于程序 3，无论是用冗余测试 $T''$ 还是“精心”设计的无冗余测试集 $T'$，D 算法、S 算法、R 算法的效果并不好。D 算法把 $x_2$ 语句的出错概率估计为 0，S 算法虽然把 $x_2$ 排在第 5 位，但却和其他语句混在一起并列为一个等级，R 算法稍微好一点，但也没有给出 $x_2$ 多少明确暗示。随机 H 算法明确指出 $x_2$ 是错误语句的可能性最大，无论是 $T'$ 或 $T''$ 测试，都把它孤独地排在第 1 位。

**表 10.20　各种算法在程序 3 两种测试情况下对可能错误语句的排序**

| 算法 | 排　序 |
|---|---|
| H 算法 | $T'$ 测试：$x_2$；$x_5x_7x_{10}x_{12}$；$x_6x_{11}$；$x_4x_8x_9$；$x_1x_3x_{13}$ |
| | $T''$ 测试：$x_2$；$x_{10}$；$x_5x_{12}$；$x_7$；$x_{11}$；$x_8x_9$；$x_6$；$x_4$；$x_1x_3x_{13}$ |
| D 算法 | $T'$ 测试：$x_6x_{11}$；$x_4x_8x_9$；其余语句概率为 0 |
| | $T''$ 测试：$x_{11}$；$x_8x_9$；$x_6$；$x_4$；其余语句概率为 0 |
| R 算法 | $T'$ 测试：$x_6x_{11}$；$x_1x_2x_3x_4x_8x_9x_{13}$；其余语句概率为 0 |
| | $T''$ 测试：$x_{11}$；$x_8x_9$；$x_1x_2x_3x_{13}$；$x_6$；$x_4$；其余语句概率为 0 |
| S 算法 | $T'$ 测试：$x_{11}$；$x_6$；$x_8x_9$；$x_4$；$x_1x_2x_3x_{13}$；其余语句概率为 0 |
| | $T''$ 测试：$x_{11}$；$x_6$；$x_8x_9$；$x_4$；$x_1x_2x_3x_{13}$；其余语句概率为 0 |

对于有隐蔽错误的程序，或者无论是通过或失败用例都执行的错误语句，用 D 算法、R 算法、S 算法都无法有效地帮助开发人员寻找错误语句，甚至还会引起副作用，把开发人员的精力浪费在无错语句的鉴定上，因为这些无错语句都排位在前。这通过表 10.18，特别是表 10.20 可以明确看出。对于无隐蔽错误且错误语句较少的程序，或是先验概率退化为均匀分布，这时 H 算法和 D 算法、R 算法、S 算法功效相当，前者可由表 10.19 看出，后者由

例 10.4 的讨论看出。

### 10.3.4 类随机测试方法总结

在随机理论的框架上，我们主要做了两件工作。第 1，运用随机变量概念开发一个 TBFL 算法新类型，我们推荐的随机 TBFL 算法便是这一类型方法中的一个。通过实例程序及其各种变体和在其测试集(有冗余和无冗余)上进行验证，该算法的效果都很好，尤其表现在它能正确引导开发人员寻找错误语句的位置以及揭示程序的隐蔽错误。第 2，该类型方法可以作为一个框架。我们指出怎样把一个具体的 TBFL 算法纳入随机分析框架，从而通过语句出错概率的排序分析这个 TBFL 算法的功能，进一步得出有关这个方法有意义的结论。

应该说，我们已经达到了在引言中设定的目标。今后的工作是研究随机 TBFL 算法能否揭示程序中的更深层次的隐蔽错误。因为传统的 TBFL 算法有时会对程序员产生误导，对程序中隐蔽错误的揭露“无能为力”。我们认为，这个缺陷比相似性引起的问题更为严重。由此研究如何避免误导以及如何揭露深层程序错误是该模型的一个重要发展方向。另一项工作是寻找一个新的度量标准，虽然本章已指出如何将其他的 TBFL 算法纳入随机分析模型进行比较，但我们希望能够找到更“一般化”的标准，即使它的适用范围更广泛，让它能成为 TBFL 算法功能判定的一个原则性框架。

下面总结一下随机 TBFL 算法，包括算法的精神，以及算法今后的扩展工作和研究方向。其中，前两点可以分别开发两个软件模块。

(1) 根据软件测试理论和实践，程序代码在以下范畴是容易出错的：数据声明、数据引用、数值计算、数值比较、子程序参数、输入输出、控制和循环、公式和等式等。我们可以深入研究一下这些出错类型以及可能性，在此基础上，开发一个“程序语句出错概率软件”，这样可以在输入任意程序后，利用该软件输出这个程序各个语句出错概率。

(2) 根据测试用例编写的理论和实践，测试用例主要表现以下诸范式：测试边界条件、测试次边界条件、路径覆盖、条件覆盖、逻辑流程、功能和互操作影响等。我们可以深入研究这些范式及其在这些范式下测试用例各类型捕捉语句错误的可能性，在此基础上，也开发一个“测试用例能力软件”，这样当输入任意一个测试用例集合时，该软件能输出各个测试用例捕捉程序错误的概率。

(3) 通过测试，将测试用例集分为通过和失败两类，并指出每个测试用例覆盖的程序语句的集合。下面的算法步骤，就是根据这个动态结果得出的。

(4) 把原程序的语句错误概率和实际结果(即该用例是通过或失败，以及其覆盖语句情况)结合在一起考查，这是在微观层次上考查每个语句和每个用例实施情况的相互作用。我们用 $p(x|t)$表示考查的结果。换言之，$p(x|t)$在微观上浓缩了测试实质。

(5) 又从全局考查测试后人们对原程序各语句错误的重认识，即 $\forall x, P(X_T=x)=\sum_t p(t)\cdot p(x\mid t)$。因为各个测试用例的“能力”有差异，所以对任意语句 $x$ 应该按测试用例捕捉错误的能力加权把诸微观结果 $p(x\mid\cdot)$ 综合起来形成原程序的后验概率。

(6) 按后验概率 $X_T$ 对程序语句犯错可能性排序,并把此排序作为开发人员修订错误的参考。

同样,关于第(4)～(6)点的计算也可以开发一个计算软件实现自动化。至于第(3)点,现在已经有了测试工作自动化方面的工具。这样算法将来可以自动实施。

第 11 章

# 随机 TBFL 算法讨论

## 11.1 软件缺陷存在原因再分析

为什么软件因其是形式系统且用程序设计语言书写，程序中的缺陷分布就应该是一种概率分布？

如果把人类看作一个整体，那么集体潜意识便是一个客观实在[35]。集体潜意识看不见摸不着，但它一经形成，却不易改变，会在一个长时期左右每个人的思考和行为走向。最明显的例子，大地是静止的，太阳从东方升起，从西方落下，人类从上述直观潜意识里形成的理念，支撑了托勒密地心学说的统治地位长达 1000 多年，不管其学说遇到多少“逻辑”困难[35]。人类潜意识对于人类科学发展既能起到积极作用，也会起到消极作用，上面举的地心说例子便是明证。这时需要有人突破那个时期的局限，提出新的理念，致使人类潜意识得到改进。例如，由哥白尼开创的日心说革命理论，使现代宇宙论在我们潜意识中扎根。

同样，如果把软件界所有人员也看作一个整体，那么他们关于软件和程序的认识也在不知不觉之中转化成为软件界的集体潜意识。这种集体潜意识的积极作用巨大。例如，软件开发组织都遵循一定标准范式开发他们的产品，程序员书写程序代码都遵循一定的习俗，测试员都根据程序式样寻找测试方法，这些都是潜在意识起作用的表现。

事实上，软件界早就领悟到潜意识的积极作用。Myers 等认为“人类的潜意识是一个潜在的问题求解器。我们经常提到的所谓灵感，其实就是当人类的意识停留在诸如吃东西、走路或看电影之上时，潜意识却正在思考另一个问题。”因此，在调试过程中，如果定位程序错误工作遇到了僵局，Myers 等建议这时就应该丢开它留到稍后解决。他们认为这应该作为定位错误的一个原则被采用，说不准“忘记这个问题一段时间之后，我们的潜意识可能已经解决了它，或者思维会焕然一新，可以重新检查问题的症状。”[17]这是潜意识的创造作用，关于这一方面的作用，文献[35]在有关章节作了详尽论述。总的来说，文献[35]认为，经过几千年的科学实践活动，在人类潜意识层面上，抽象倾向成为重要特征，并且它已和直观融成一体。这种思维方式，使人类和自然沟通，能够领悟自然真谛。它不仅是新理念萌生的一个重要来源，而且当现今科学向高度抽象发展“玄之又玄”时，还增进这人类感性之网的张力，即在支撑人类直观理解的同时，又促进人类获得一种洞察自然界其他可能性的想象力。

然而，由于形式系统和程序设计语言都是人类思维产物，它们的局限性和弱点免不了也是人类意识的局限性和弱点的体现，其根源可以追溯到人类潜意识层面上。如同人类思维在其根基处(即潜意识那里)的“活力”是计算机科学不断得到发展的一个重要原因，人类思维在其根基处的“不足”是软件缺陷存在的一个重要来源。

虽然一个程序员潜在倾向的“缺陷”会呈现出意识上的错误，导致他编写的程序会发生故障，但是上述潜意识的消极作用却非常微妙，似乎与程序员“个体”无关，它是人类思维方式和认识能力在根基处的“问题”，如果能说它是一个问题的话。

怀特海认为[121]：检验的一些一般特征，是人类的直接活动中所预先规定的。其中有意识的经验的原始方式的一个特征是它将一种范围广泛的一般性与一种显著的特殊性融合起来。因此，一切范围的经验的基础是两类概念：重要性概念和事实(Matter of Fact)概念。后者是前者的基础，重要性之所以重要，正是由于事实的不可或缺。所谓重要性，它是以宇宙的统一性和以细节的个别性两方面为基础，它的不充分定义为“导致将个人感受公开表达出来的那种的强度的兴趣”[121]，兴趣总是改变了表达。对一个事实来说，它的同格环境是它的视域(Perspectives)中的整个宇宙。视域按不同关联，有不同等级，即它是重要性等级。感受是把宇宙归结为相对于事实的视域的动因。除了感受的各个等级以外，在每个事实的构成中，无限的细节会产生无数的结果，这就是我们在略去感受时所要说的一切。但是，我们对于这些结果有不同的感受，于是就把它们归结为一种视域。视域是感受的产物，而感受的分级则是按兴趣感区分的。所谓事实，它是一种抽象，它是在把思维限制于纯形式关系时达到的，而后者又假托为最后实在。正因为如此，完善的科学就退化为微分方程的研究，具体的世界从科学的网眼中漏过去了。这样，知识具有一种不固定的和一种与世隔绝的品格。因而，科学设定一种从整体来说我们不能给它下定义的环境，每套有限的前提都必然存在一些被排除在它的直接视野以外的概念，逻辑只是预先假定了包含于这些前提中的各种未表现出来的假定在其与前提的联结中不会产生困难。总之，具体的真理是兴趣的变异。这样一来，作为实现用户需求的软件，就它是抽象的形式系统这一点而论，可能就会排除了一些用户真正的需求，而又有可能使本来未表现的假定混杂来造成困难，这些缺陷如果归咎到程序员的理解本身，即他对重要性和实事的把握上，就表明人类对事物的理解总带有不完全的和局部的渗透过程的特征。

现在再谈程序设计语言问题。怀特海认为[121]，语言的本质在于它利用了经验中的这样一些因素，它最易抽象出来供人自觉接受，也最易于在经验中再现。每种语言都记载了一种历史的传统。语言是表达的系统化。这句话用来刻画程序设计语句的特征再贴切不过了。以面向对象程序设计语言为例，在人类经验上，面向对象程序设计语言是以模拟现实世界的概念为基础，利用形式系统模拟现实世界早已成为人类思维习惯。因为现实世界中有很多的对象，对这样的世界进行模拟必须包括对其中对象的模拟。这样，该语言包括的不外乎是一些对象模型，这些对象能够发送和接收消息，而且能够对所接受的消息作出反应。于是，面向对象程序设计的实质就是通过以下方式解决问题：识别问题中的现实世界对象，以及这些对象所需要的处理，然后根据这些对象、对象的处理过程以及对象之间必需的交流建立起模拟。实现这种设计的语言主要具有 3 个特征：抽象数据类型、继承以及方法调用与方法间的动态绑定。也就是说，语言的上述 3 个概念使解决面向对象的问题不仅成为可能，而且十分方便和卓有成效[25]。例如，程序员喜欢 Java 语言，它是一种纯粹的面向对象编程语言，不支持传统范型的函数和过程。与像 C++这样的混合型的面向对象语言比较，C++语言过于庞大与复杂，不便于使用，还不够安全；而 Java 更为简单与安全，且具有 C++的大部分功能。今天，Java 语言已经被各种各样的应用领域所应用。用怀特海的话总结：语言表现为思维在习惯上的结果和思维在习惯上的显现[121]。这样，人类思维的某种特性就会使语言本身带有固有的弱点。还是用面向对象程序设计语言为例，其中的继承，原本是作为增加复用可能性的一种手段，然而它却产生了在继承层次结构中的类之间的相互依赖性。这种结果正好与抽象数据类型的优点相反：抽象数据类型的优点是数据类型间的相互独立性。当然，并不是所有的抽象数据类型必须是完全独立的。但一般而论，抽象数据类型的独立性是其最具有效率的一个正面特征。这样，要增加抽象数据类型的复用性，而不产生它们之间的相互依赖，是非常困难的。在很多情况下，类的依赖关系自然地反映了问题空间中的依赖关系[25]。回忆怀特海的论述，当人类观察一个事实时，是与感受它的视域相关的，任何一个事实都不仅仅是它本身，而联系性是属于一切类型的一切事物的本质。

有趣的是，语言也会对思维施加影响。操不同语言的人的思维方式不同，这种不同仅仅是因为他们操不同的语言所致吗？对这个问题，莱拉·博罗迪茨基(Lera Boroditsky)在论文《语言是如何影响我们思考的?》中做了肯定回答：“我们得到的结论是，操不同语言的人确实有着不同的思维方式，甚至语法细节都会深刻地影响到我们如何看待世界。语言是人类特有的礼物，是人类经验的集中体现。理解它在建设我们精神生活中的作用将使我们能够更深入地了解人性的本质。”[122]在上述论文中，作者用具体事例详细论述了人类最基本的空间、时间思维域怎样被人类语言影响的课题。例如，澳洲北部库克塔约尔人(Kuuk Thaayorre)是用主方位词(东、南、西、北)表达某物相对于观察者的位置。他们不说“你左眼上有只蚂蚁”，而是依据观察者的位置说：“你的东南眼上有只蚂蚁”。操这种语言的库克塔约尔人“逼使”他们自己在思考空间问题时依赖绝对参照系，他们对空间方位和自身所处位置特别敏感，因而有非凡的超人的航海能力。在同一篇论文中，还论述了语言对人类视知觉的基本方面(如颜色和物体)的影响。在其另一篇论文(这里没有引用)还论述了语言对人们思维方式的“全面”影响，其中包括如何解释事件、因果关系、掌握数字、了解材料性能、认知和情感体验、推测别人的思想和选择、承担风险，甚至是择业和择偶方式。莱拉·博罗迪茨基通过多种语言的研究指出，即使是语言的那些被认为琐碎不起眼的方面，也对我们如何看待世界有着深远的潜意识的影响。以语法上的词性为例，语法的这种怪异性(即语法有性别)渗透在语言的各个方面，如性别适用于所有名词，这就意味着它将影响到由名词指称的任何对象。总而言之，语言的过程遍及思维的最基本方面，无意识地塑造着我们的思维方式，从我们的基本感觉单元到最抽象的概念，无一能够摆脱。语言作为人的经验的核心，深刻影响着我们观察世界的方式。如此一来，每当我们学习一门新的语言时，就不只是在学习一种新的说话方式,而是不可避免地在学习一种新的思维方式[122]。上述论断的正确性也会在程序设计语言的运用中看出。通常,程序设计语言分为命令式语言、函数式语言、逻辑语言和面向对象语言等 4 类,它们分别代表且决定了不同的思维范式。例如,使用传统命令式程序语言的程序员,他们头脑中关于程序的思考方式大都以流程图式样呈现。这与使用面向对象程序设计语言的程序员关于程序的直观图式不同。为了便于程序员用新的思考方式理解、设计程序,软件界还特地开发了 UML 语言,其中类图通常是使用面向对象程序设计语言程序员头脑中展现的图式。学习一种语言,就要学习该语言代表的思维方式,否则肯定要犯错误。回忆我们曾经举过这样的案例,即当软件公司受到压力,要用一种面向对象的语言开发新的软件,但是公司却错误地推断任何了解 C 语言的程序员能够迅速地掌握 C++,因为他们将 C++简单地看作 C 的一个扩展集。若只从句法角度来看,C++确实是 C 的一个扩展集,然而,从概念上讲,C++与 C 完全不同。于是,公司在采用 C++之前,并未对有关软件专业人员进行面向对象范型方面的专门培训,致使已经习惯使用 C 语言的程序员并未深刻理解面向对象范型,他们只能继续将传统范型用于用 C++而不是用 C 编写的代码。这样从 C 转换到 C++的结果自然令该公司失望[22]。

从总体上说,我们把作为形式系统且用程序设计语言书写的软件中存在缺陷现象的原因,追究到人类整体的思维方式上,特别是人类潜意识层面上。关于潜意识的研究,弗洛伊德作了很大贡献。他认为:“心理过程主要是潜意识的,至于意识的心理过程,则仅仅是整个心灵的分离的部分和动作。”[123]对于日常我们看作微不足道的失误,如口误,弗洛伊德也挖出它背后在潜意识里存在的问题。口误者往往说他发生口误是由于兴奋、分心和注意力不集中等原因,即使这些原因从表面上看起来也对,但弗洛伊德却仍然认为,它们是帘子,我们需要看一看帘子后面是什么。弗洛伊德从帘子后面发现:“对于说话的原来倾向的压制乃是舌误所不可缺的条件。”[123]虽然,弗洛伊德关于过失的研究与我们对程序员由于(例如)粗心导致程序存在缺陷的失误在本质上有所区别,但是他关于失误的下一个论断却值得我们注意。弗洛伊德认为,重复的和混合的过失是过失中最好的代表,如果我们要证明过失是有意义的,那就应以这些过失为限。而当一种过失转变为另一种过失时,我们更可以看出过失的要素,它往往与我们要想达到的目的有关[123]。总之,在弗洛伊德看来,过失是普遍现象。通常是思想的影子遮蔽了新的知觉,甚至一些(关于过失的)解释可为以后的事实所证明,这时这些过失还可看作是“预兆”[123]。

事实上,软件界早就领悟到形式系统的局限性和程序设计语言的弱点造成对软件的伤害,前面我们还为此论题反复讨论过。其中,在一种很重要的意义上,视测试为一种破坏性工作就是为了尽力揭露软件中由于人类思维方式引发的无法避免的错误才提出来的理念。在这个理念下,软件界发展出各种各样的软件测试方法,它们在揭露和修改软件缺陷方面都符合我们上面所说的机理。例如,文献[17]为软件测试制定了十原则,其中第 9 原则为:“程序某部分存在更多错误的可能性,与该部分已发现错误的数量成正比。”实际上,无论是在社会现象中或是在自然现象中,我们都会发现成群现象,即有时事件是成群出现的。软件缺陷和自然界的害虫几乎完全一样,也会成群出现。最简单的原因,(例如)程序员在编写某段代码时可能心情烦躁不安，该留神的地方也忽略过去，使那一段编码质量很差，错误百出。不过提出这个原则的主要原因则是程序员往往犯同样的错误，这实质上与每个人的思维习惯有关。同样作为一个整体，往往许多程序都会犯同样的错误，这与人类的思维方式有关。另外，当发现了缺陷，程序员力图修改它时，错误可能会转移，或者引发另一个错误。特别糟糕的是，某些缺陷只是冰山一角。软件的设计或体系常常会出现基本问题，软件测试员可能会发现某些软件缺陷开始似乎毫无关联，但到最后才知道它们是由一个严重的主要原因造成的[14]。这个原则的提出和对它的分析，完全符合弗洛伊德关于过失的分析。重复的过失、混合的过失以及过失的转移充分说明个人思维的习惯乃至整个人类思维方式的某个特征，它是人类思想的影子遮蔽了人类的知觉的体现，而某些缺陷可能是一系列缺陷出现前以及软件存在严重的系统性问题的“预兆”。在某种意义上说，该原则说明的程序中错误的特性反映了人类思维固有的僵化特征，每个人在一定程度上至少潜在地都“自以为是”“固执己见”。程序员在某个程序某个地方修改了某个错误，即使他明白了那个错误的原因，程序员也会在另一个程序另外一个地方犯同样的错误，错误总是“顽强”地存在。这是因为他的思维习惯并未得到彻底转变，该思维方式扎根于它的潜意识之中。

回到我们的主题，我们主要想法是：在理想情况下，如果程序是由精通业务且高度负责的程序员编写，那么程序中存在的缺陷可以最终归咎到人类思维方式上。若把所有程序看作一个客观实在，把所有软件专业人员也作一个整体，那么前一个整体是后一个整体的“产物”。后一个整体中的每个成员都有自己的潜在思维习惯，在一定时期，这些个别习惯是人类整体潜在思维意识的某个特征的显现。类似用户操作剖面（或者说概要或简档）概念，由人类潜在思维意识不同特征引发的软件缺陷也应该服从一定“概率”分布。第 10 章提出类随机测试类型理念，就是希望利用显现出来的缺陷在程序中的概率分布规律，寻找好的测试方法尽可能地揭露每个程序的缺陷。当然，这种概率分布必须存在才行。

由于我们现在还无法精确刻画类随机测试概念，所以缩小研究范围，先在 TBFL 方面做点工作。第 10 章讨论的随机 TBFL 方法是作为一种算法框架提出的，在此基础上，本章提出的算法可以看作是其算法框架的补充、改进和发展，两个算法在精神实质上都是一样的。

## 11.2　随机模糊综合 TBFL

### 11.2.1　算法概述

为了阅读方便，下面再简略回顾一下随机 TBFL 算法。

软件虽然是由高度负责和有丰富专业知识的程序员编写的，但是由于软件的复杂性和“非物质性”，一些“偶然”因素所导致的错误是无法避免的，所以将整个待测程序看作一个随机变量，把程序员或测试员在测试前关于程序中每条语句（或各个构件）出错的可能性的估计抽象为该随机变量的先验分布。同样就测试用例捕捉程序错误的能力而言，也视测试用例集为另一个随机变量，其分布就是它们捕捉错误能力的抽象表示。在这些信息的基础上，利用每个测试用例的测试结果类型(失败或通过)和它们覆盖语句的情况，对程序中每个语句的(先验)概率作"综合性"调整，调整后的概率称为后验概率，最后就是根据这个后验概率对错误语句进行排序，为程序员寻找错误提供导向。

随机 TBFL 算法流程图如图 11.1 所示。

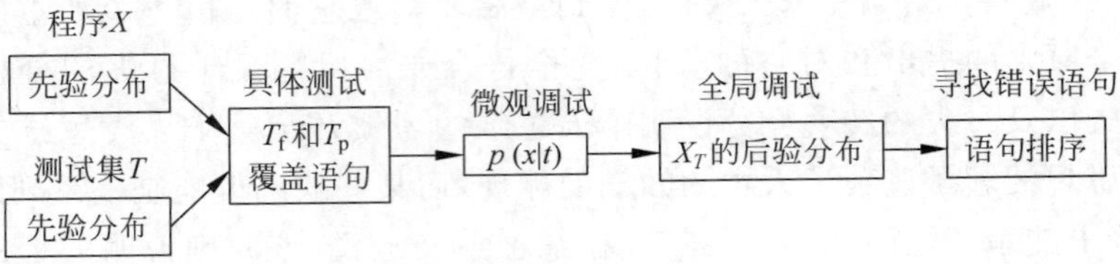


图 11.1 随机 TBFL 算法流程图

图 11.1 很好地阐述了随机 TBFL 算法的精神。首先是通过条件概率 $p(\cdot|t)$利用每个测试用例的功效，即固定用例 $t$，根据 $t$ 的类型(失败或通过)和覆盖的语句，将程序 $X$ 的先验分布单独地进行微观调整。然后就每条语句 $x$，按测试集的先验分布对各个用例得到的条件概率 $p(x|\cdot)$加权综合，由这种类型的全面调整而得到的概率分布，称为程序变量的后验分布，并记为 $X_T$ 的后验分布(这仅仅是为了强调)。

$X$ 的先验分布是根据程序"式样"的分析而得到的，测试集的(先验)分布与设计测试集用例的类型和意图有关，它们分别与程序中语句的真实错误和测试用例具体实施的结果无关，并且这些先验知识即使粗糙，只要大体上"正确"，当它们和测试实践活动产生的结果从微观和宏观两个层次上进行关联以后，就会对语句的错误定位有较大的帮助。

但是随机 TBFL 算法中两个关键要素(即程序和测试集先验分布(虽然并不要求精确))在实际测试活动中都不容易获得。更进一步考查，发现该算法(包括一些目前流行的 TBLF 算法)并没有深挖测试结果中的所有信息，从而影响了该算法的应用范围。为了改进上述情况，我们受到朴素定性分析方法[124,35]的启发，决定借鉴文献[113]的做法，把模糊数学中的理论引入软件测试领域，以便降低对先验分布经典概率论方面的"严格"限制，开发一种随机模糊 TBFL 综合算法。实际上，开发这样的算法是件很自然的事情。因为在模糊数学理论中，查德和菅野道夫两人分别从完全不同的角度使用"模糊性"这个词。例如，在论域 $X$ 上考虑一个集合 $A$，查德立足于考查论域中每个元素属于它的程度(称为隶属度)，这时认为 $A$ 为论域上的模糊子集。菅野道夫并不要求 $A$ 是上述模糊子集，但把这种模糊性程度理解为属于 $A$ 的概率，这种概率只是一种主观相信程度、一种可能性，它不必满足经典概率情况的一些要求[125]。可以认为，菅野道夫模型更多地是为了猜测论域中每个元素是否属于 $A$，这有别于查德关于没有"明确边界"意义下的模糊性概念，它更接近于测试实践中人们的推理活动。但是为了和经典模糊集合理论一致，下面我们混用"隶属度"和"概率(即可能性)"两个术语，并把算法中所用到的集合和关系理解为菅野道夫意义下的模糊模型。

主要思想和做法如下。

(1) 当用测试集 $T$ 测试程序 $X$ 时，我们从测试结果中构造拟执行矩阵 $\boldsymbol{E}$ 和功效矩阵 $\boldsymbol{F}$，它们从不同角度挖掘了测试实践中包含的有关程序语句出错可能性的信息，前者反映了测试集中每个测试用例捕获错误的能力，后者反映了每个测试用例对程序语句出错可能性的估计。

(2) 除了放弃对测试集(先验)分布的寻求以外，还降低对程序先验分布的要求，只要求它是菅野道夫意义下的概率，它只是程序员(或测试员)在测试前关于程序每个语句出错可能性的一种模糊认识，或者是一种怀疑度。有了程序的先验分布，我们首先利用它通过拟执行矩阵 $\boldsymbol{E}$ 计算测试集的能力分布，它是关于每个测试用例能够"定位"错误语句的一种可能性估计，也是菅野道夫意义下的概率分布，以下遇到类似概率分布意义相同，不再赘述。其次利用程序先验分布通过功效矩阵 $\boldsymbol{F}$ 计算测试集中每个用例和程序中每个语句之间的模糊关系 $R$，然后把测试集能力分布和模糊关系 $R$ 进行 3 种合成运算，它们分别是 max-min、min-max、类概率 3 种运算，分别得到程序语句(后验)出错可能性的 3 种排序，最后对上述 3 种排序进行平滑，借此消除程序先验分布粗糙估计带来的影响，使最终得到的平均排序更接近于程序"真实"出错可能性排序，以便作为程序员纠正错误的较好导向。

上述思想和做法可用图 11.2 表示。

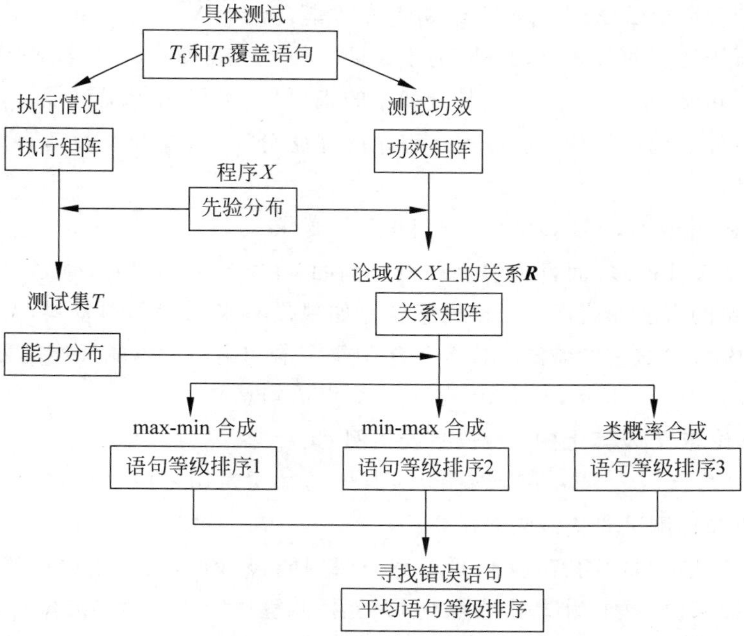


图 11.2 随机模糊综合 TBFL 算法流程图

为了叙述简洁，下文简称随机模糊综合 TBFL 算法为新算法。

### 11.2.2 算法框架及其原理分析

**1. 程序论域 $X$ 及其上的"错误语句"集合**

用 $X=\{x_1,x_2,\cdots,x_m\}$表示程序论域,其中的元素是程序语句,语句 $x_i$ 的下标 $i$ 可按照程序的书写方式编码。程序论域 $X$ 简称为程序 $X$。

对程序测试的目的而言,我们关心每个语句是否错误,因此,只考虑论域 $X$ 上"错误语句"组成的集合。理论上,该集合是一个"确定性"集合,然而它里面究竟包含哪些确定语句在测试前(甚至在测试后也永远)无法知道,所以在测试前我们只能根据程序样式凭借编码经验猜测每个语句属于"错误语句"集合的概率,这种测试前猜测到的概率序列 $s_1,s_2,\cdots,s_m$,其中 $s_i$ 是 $x_i$ 属于"错误语句"集合的概率,或者说是 $x_i$ 出错的可能性,便称为程序 $X$ 先验分布。

在一般意义上,随机 TBFL 算法和这里提出的新算法都是通过测试活动对上述猜测进行校准,校准后的概率序列,两个算法都称之为后验分布。只不过随机 TBFL 算法是在随机理论框架下(它视程序 $X$ 为随机变量)讨论问题,而这里是在模糊数学理论框架下讨论问题。说得更精确些,我们是采用菅野道夫观点运用模糊集合理论的,即视"错误语句"集合为程序论域上的一个模糊集,程序先验分布(或后验分布)是该模糊集的隶属度函数。遵循经典传统习惯,如称先验分布 $s_i,i=1,2,\cdots,m$ 为语句 $x_i$ 属于"错误语句"集合的隶属度。为了明确起见,把程序论域 $X$ 上的错误语句组成的集合记为 $X_e$。于是语句 $x$ 出错的可能性就可以看作"属于 $X_e$"的隶属度,此外,为了说话方便,我们有时也使用经典模糊集合理论中的术语,于是语句 $x_i(i=1,2,\cdots,m)$属于 $X_e$ 的隶属度,可以用传统符号 $\mu_{X_e}(x_i)$记之,即 $s_i=\mu_{X_e}(x_i)$。注意前面把$\{s_i\}$也说成是程序的先验分布,这是为了说话直观,上下文容易分辨,不易混淆。

算法要求在测试前,$\forall x,\mu_{X_e}(x_i)$已知,即要求 $s_i,i=1,2,\cdots,m$ 已知。这比随机 TBFL 算法的要求低得多,而且也容易获得。例如,在"走查"活动中,测试员或程序员便能对每个语句出错的可能性获得一个模糊感觉。如果没有隶属度分布资料,在执行算法时也可以和随机 TBFL 算法中的做法一样令程序中每个语句出错的可能性均匀分布,即 $\forall i=1,2,\cdots,m,s_i=\mu_{X_e}(x_i)=1/m$,其中 $m$ 为程序 $X$ 里语句总数。

**2. 测试集论域 $T$ 及其上的"定位错误用例"集合**

用 $T=\{t_1,t_2,\cdots,t_n\}$表示测试集论域,其中的元素是用来测试程序的测试用例,以后简称为用例,也简称测试集论域为测试集。

对 TBFL 算法的目的而言,我们关心每个用例能否"确切找到错误位置",即明确指出错误语句。一般来说,每个测试用例测试后只能猜测程序中错误语句的位置,不可能准确指明错误语句。所以我们也不可能指出哪个用例属于"定位错误用例"集合,只能根据每个测试用例的实施结果,估计它能确切找到错误位置的概率,即它属于"定位错误用例"集合的可能性。视"定位错误用例"集合为一个模糊集,记为 $T_\text{d}$。用 $p_i(i=1,2,\cdots,n)$表示用例 $t_i$ 能够确切定位错误的概率,于是 $\forall i,p_i$ 便是 $t_i$ 属于 $T_d$ 的可能性,使用模糊集合的术语和符号，$p_i(i=1,2,\cdots,n)$是 $t_i$ 属于 $T_d$ 的隶属度，有时记为 $\mu_{T_d}(t_i)$，$\{p_i\}$序列便是 $T_d$ 的隶属度函数。为了说话简洁直观，有时也把$\{p_i\}$指称为测试集 $T$ 的能力分布。从上下文容易分辨，不易混淆。

**3. 具体测试**

用 $T$ 测试 $X$ 后，可以把 $T$ 中的用例分为两类：$T_p$ 和 $T_f$。$T_p$ 表示测试程序时没有发现错误的所有用例组成的集合，$T_f$ 表示测试程序时发现错误的所有测试用例组成的集合。$T_p$ 和 $T_f$ 中的用例分别称为通过用例和失败用例。每个用例覆盖语句的具体信息也可从测试活动里提取出来。一般来说，从具体测试活动中，可以得到上述两类信息。

**4.（拟）执行矩阵和测试集能力分布的计算**

首先构造测试用例集 $T$ 的拟执行矩阵$\boldsymbol{E}$，以下简称为执行矩阵$\boldsymbol{E}$。它是 $n\times m$ 阶矩阵，行对应用例，列对应语句。每行反映一个用例在程序上的执行情况，具体表示为

$$\boldsymbol{E}=\begin{pmatrix} t_{11} & t_{12} & \cdots & t_{1m} \\ t_{21} & t_{22} & \cdots & t_{2m} \\ \cdots & \cdots & \cdots & \cdots \\ t_{n1} & t_{n2} & \cdots & t_{nm} \end{pmatrix} \tag{11.1}$$

其中

$$t_{ij}=\begin{cases} 2/a_i, & \text{用例 } t_i \text{ 是失败用例且覆盖语句 } x_j \\ 1/a_i, & \text{用例 } t_i \text{ 是通过用例但未覆盖语句 } x_j, \\ 0, & \text{其他} \end{cases} \quad \begin{array}{l} i=1,2,\cdots,n,j=1,2,\cdots,m, \\ \text{且 } a_i \text{ 为第 } i \text{ 行非零元素的个数} \end{array}$$

令

$$\boldsymbol{P}=(p_1 p_2 \cdots p_n)^{\mathrm{T}}=\boldsymbol{E}\cdot\boldsymbol{S} \tag{11.2}$$

即

$$p_i=\sum_j t_{ij}s_j, i=1,2,\cdots,n$$

其中，$\boldsymbol{S}=(s_1 s_2 \cdots s_m)'$为程序 $X$ 分布$\{s_i\}$组成的列向量；$\boldsymbol{E}$ 为执行矩阵。称 $\boldsymbol{P}$ 中的元素组成的序列$\{p_i\}$为测试集 $T$ 相应于程序 $X$ 分布$\{s_i\}$计算出来的能力分布。

直观上，若 $t_i$ 是失败用例，则它能定位程序错误语句的可能性用它覆盖的语句可能出错的概率之和来表示是很自然的，用 2 加权只不过强调了相对于通过用例来说，该用例定位错误能力较强。需要说明的是，这里也可以用适当大于 1 的常数加权，不过我们为了计算简单，选择了常数 2。最微妙之处是，$a_i$ 是 $t_i$ 覆盖语句的总数，$t_i$ 定位的“准确性”应与 $a_i$ 的值成反比，即 $a_i$ 越大，$t_i$ 覆盖的语句越多，于是 $t_i$ 确定错误语句的位置越模糊。极端情况，$a_i=m$，这时 $t_i$ 覆盖了所有语句，这时每个语句都值得怀疑，$t_i$ 很难确切地说出哪个语句有错。类似地，若 $t_i$ 是通过用例，则对程序语句出错的怀疑自然就转移到它未覆盖的语句身上，这时，$t_i$ 确切定位错误语句的能力应与它未覆盖的语句出错概率之和成正比，而与它未覆盖语句总数成反比。顺便说一下，正因为我们对测试集 $T$ 的执行情况做了上述处理，所以称它为拟执行矩阵。但为了说话简洁，经常省略“拟”字。

如果式(11.2)中的 $\boldsymbol{S}$ 是程序 $X$ 的先验分布，$\boldsymbol{E}$ 是测试集执行矩阵，则由式(11.2)计算出的$\{p_i\}$(它由 $\boldsymbol{P}$ 向量中的元素组成)便是测试后对测试集 $T$ 能力分布的“较好”估计。回忆一下，它是模糊集 $T_{\mathrm{d}}$ 的隶属函数。

**5. 功效矩阵 $F$ 和论域 $T\times X$ 上的二元模糊关系 $R$**

首先构造测试集 $T$ 的功效矩阵 $\boldsymbol{F}$。测试集 $T$ 中每个用例(无论它失败与否)都“独立”提供了有关程序语句出错可能性的校准信息。我们用“等级”表示“出错”可能性的校准系数，并把这些信息抽象为测试集 $T$ 的功效矩阵 $\boldsymbol{F}$，即

$$\boldsymbol{F}=\begin{bmatrix} f_{11} & f_{12} & \cdots & f_{1m} \\ f_{21} & f_{22} & \cdots & f_{2m} \\ \cdots & \cdots & \cdots & \cdots \\ f_{n1} & f_{n2} & \cdots & f_{nm} \end{bmatrix} \tag{11.3}$$

$$f_{ij}=\begin{cases} c_1, & t_i\in T_{\mathrm{f}}\text{ 且 }t_i\text{ 覆盖语句 }x_j \\ c_2, & t_i\in T_{\mathrm{f}}\text{ 且 }t_i\text{ 未覆盖语句 }x_j \\ c_3, & t_i\in T_{\mathrm{p}}\text{ 且 }t_i\text{ 覆盖语句 }x_j \\ c_4, & t_i\in T_{\mathrm{p}}\text{ 且 }t_i\text{ 未覆盖语句 }x_j \end{cases},\quad i=1,2,\cdots,n,j=1,2,\cdots,m$$

其中，$c_1,c_2,c_3,c_4$ 表示用例 $t_i$ 在语句 $x_j$ 上的校准功效，它依赖于 $t_i$ 的类型和对 $x_j$ 的覆盖与否。因为设计 $\boldsymbol{F}$ 的目的是挖掘用例测试结果中隐含的每个语句对程序错误应负的责任，所以要求下面不等式成立：$c_1>c_2\geqslant 0,c_4>c_3\geqslant 0,c_1>c_4$。这里遵循随机 TBFL 算法的精神，认为不管用例失败与否，它都包含了程序出错的信息。如果 $t_i\in T_{\mathrm{f}}$，则它覆盖的语句比未覆盖的语句对程序错误负较大责任，所以 $c_1>c_2$；如果 $t_i\in T_{\mathrm{p}}$，则它未覆盖的语句比它覆盖的语句犯错误的可能性要大，所以 $c_4>c_3$，而且统计学上常用的原则，失败用例比通过用例更令人对程序有错产生怀疑，所以 $c_1>c_4$。

本节主要目的是阐述新算法的思想，并不把关于 $f_{ij}$ 定义中的常数 $c_1,c_2,c_3,c_4$ 怎样更合理取值作为研究目标，所以为了提供的算法计算起来简单易行，令 $c_1=3,c_4=2,c_2=c_3=1$，并称这样的取值原则为“3－2－1”原则。于是 $f_{ij}$ 的定义变为

$$f_{ij}=\begin{cases} 3, & t_i\in T_{\mathrm{f}}\text{ 且 }t_i\text{ 覆盖语句 }x_j \\ 1, & t_i\in T_{\mathrm{f}}\text{ 且 }t_i\text{ 未覆盖语句 }x_j \\ 1, & t_i\in T_{\mathrm{p}}\text{ 且 }t_i\text{ 覆盖语句 }x_j \\ 2, & t_i\in T_{\mathrm{p}}\text{ 且 }t_i\text{ 未覆盖语句 }x_j \end{cases},\quad i=1,2,\cdots,n,\quad j=1,2,\cdots,m \tag{11.4}$$

下面用到矩阵 $\boldsymbol{F}$ 时，其元素 $f_{ij}$ 皆由式(11.4)定义。

现在构造 $T\times X$ 上的二元模糊关系 $\boldsymbol{R}$。令

$$\boldsymbol{R}=\begin{bmatrix} r_{11} & r_{12} & \cdots & r_{1m} \\ r_{21} & r_{22} & \cdots & r_{2m} \\ \vdots & \vdots & & \vdots \\ r_{n1} & r_{n2} & \cdots & r_{nm} \end{bmatrix} \tag{11.5}$$

其中，$r_{ij}=\min(f_{ij}s_j,1)$，$f_{ij}$ 是由式(11.4)定义的功效矩阵里的元素；$s_j$ 是语句 $x_j$ 的先验分布值，$i=1,2,\cdots,n,j=1,2,\cdots,m$。

模糊关系 $\boldsymbol{R}$ 是 $T\times X$ 上的模糊集，$r_{ij}$ 是 $T\times X$ 中元素$(t_i,x_j)$属于 $\boldsymbol{R}$ 的隶属度，即 $\mu_R(t_i,x_j)=r_{ij}$。

直观上，用 $t_i$ 考查程序语句 $x_j$，$x_j$ 的(先验)概率应加以校正，即用 $f_{ij}$ 因子去修正它，根据功效矩阵 $\boldsymbol{F}$ 的语义，这样校正是合理的。在模糊关系 $\boldsymbol{R}$ 中，每行实际上代表一个相应用例对程序先验分布的一次独立修正，它相当于经典概率论的条件概率概念，只因为$\{s_i\}$是程序 $X$ 的先验可能性分布，所以相应于用例 $t_i(i=1,2,\cdots,n)$调整得到的$\{r_{i1},r_{i2},\cdots,r_{im}\}$便是程序 $X$ 的一个可能的后验分布。

**6. $T_d$ 和 $R$ 的3种合成运算**

首先回忆上面已经定义了的两个模糊集和一个模糊关系。

$X_e$：程序论域上的"错误语句"集合，它是一个模糊集，初始分布已知，记为 $X_e=[s_1,s_2,\cdots,s_m]$。

$T_d$：测试集论域上"定位错误用例"集合，它是一个模糊集，利用 $X$ 的初始分布$\{s_i\}$通过执行矩阵 $\boldsymbol{E}$ 由式(11.2)计算出 $T$ 的能力分布为$\{p_i\}$，记为 $T_d=[p_1,p_2,\cdots,p_n]$。

$\boldsymbol{R}$：$T\times X$ 上的模糊关系，利用 $X$ 的初始分布$\{s_i\}$通过功效矩阵 $\boldsymbol{F}$ 由式(11.5)计算出 $\boldsymbol{R}$ 中的隶属度，由式(11.5)给出。

现在，讨论 $T_d$ 和 $\boldsymbol{R}$ 的合成运算 $T_d\circ\boldsymbol{R}$。

令 $T_d\circ\boldsymbol{R}=B$，桑切斯认为模糊关系 $\boldsymbol{R}$ 和模糊集 $T_d$ 的合成对应于条件模糊集的概念，且能用模糊亚蕴涵的术语来解释：if $T_d$ then $B$ by $\boldsymbol{R}$。[125]。查德也认为模糊推理"可以从一组不明确的前提出发导出一个可能不明确的结论。这种推理在性质上大部分是定性的而不是定量的，而且几乎全部落到了古典逻辑的适用范围之外"[125]。

关于算子∘，文献[125]除了运用max-min合成以外，还提出min-max合成，以及认为根据语义需要还可以利用其他合成。为此，引入以下3种合成算子。

合成算子$\circ_1$：max-min。令 $T_d\circ_1\boldsymbol{R}=B_1$，$B_1$ 是程序论域 $X$ 上的模糊集，且 $\forall x_i,i=1,2,\cdots,m$，有

$$\mu_{B_1}(x_i)=\max_j\min(\mu_{T_d}(t_j),\mu_R(t_j,x_i))\tag{11.6}$$

合成算子$\circ_2$：min-max。令 $T_d\circ_2\boldsymbol{R}=B_2$，$B_2$ 是程序论域 $X$ 上的模糊集，且 $\forall x_i,i=1,2,\cdots,m$，有

$$\mu_{B_2}(x_i)=\min_j\max(\mu_{T_d}(t_j),\mu_R(t_j,x_i))\tag{11.7}$$

类概率算子$\circ_3$：Σ-∗。令 $T_d\circ_3\boldsymbol{R}=B_3$，$B_3$ 是程序论域 $X$ 上的模糊集，且 $\forall x_i,i=1,2,\cdots,m$，有

$$\mu_{B_3}(x_i)=\sum_j\mu_{T_d}(t_j)*\mu_R(t_j,x_i)\tag{11.8}$$

其中，∗是乘积运算。

根据 $\mu_{T_d}$ 和 $\mu_R$ 的定义，$\{p_i\}$即$\{\mu_{T_d}(t_i)\}$是由程序 $X$ 的先验分布通过执行矩阵计算

出的测试集 $T$ 的能力分布，它是由具体测试活动的结果对测试集"定位错误"能力的估计。而$\{r_{ij}\}$即$\{\mu_R(t_i,x_j)\}$是通过功效矩阵 $\boldsymbol{F}$ 由具体测试结果对程序 $X$ 先验分布所做的诸多修正。因此，它们的合成结果 $B_i(T_d \circ_i \boldsymbol{R}=B_i)$的隶属函数应该是程序 $X$ 的后验分布的 3 个不同的修正版本，实际上，$B_1$、$B_2$、$B_3$ 的隶属函数都是程序论域上的同一个模糊集 $X_e$(即"错误语句"集合)隶属函数的后验修正。

测试活动结束后，"人们依据专门的知识从所观察到的症状可以推断出诊断和预测"[125]。形象地说，我们应该根据测试集的能力去估计程序语句错误"真实"可能性，而这个估计是通过 $T$ 和 $X$ 之间的关系进行的，说得更精确些，是通过 $T_d$ 和 $X_e$ 之间的 $\boldsymbol{R}$ 关系进行的。用图表示为

$$T_d \xrightarrow{\boldsymbol{R}} X_e$$

实际上，每条语句都和每个用例连接，要确定语句 $x$ 出错的可能性，应该把它看成是连接 $t$ 到 $x$ 的链集的"强度"。详细地说，固定语句 $x$，每个用例 $t_i$ 都和 $x$ 产生一条连接链，在此链上，$x$ 出错概率自然与 $t_i$ 的确切定位能力以及 $t_i$ 和 $x$ 的相关程度(即用 $t_i$ 考查时 $x$ 出错的可能性)息息相关，依据不同的观点和软件生产环境，我们可以用不同的方法计算该链的强度。例如，从"悲观"谨慎角度来看，它应该是 $\min(\mu_{T_d}(t_i),\mu_R(t_i,x))$，即认为只要达到此链最小值，语句 $x$ 就应该"检查"，然而这样一来，可能导致要检查的语句太多，作为一种妥协，于是在所有链 $t_i$-$x$ 组成的链集中，寻找最强的链的连接，它说明 $x$ 至少在此出错概率时就应该检查，因此谨慎的测试员和程序员用它作为语句出错可能性的估计，是非常合理的。此为算子$\circ_1$ 的语义。

类似地，算子$\circ_2$ 是从乐观的角度去考查问题。固定语句 $x$，这时每根连接链条 $t_i$-$x$ 的强度用 $\max(\mu_{T_d}(t_i),\mu_R(t_i,x))$计算，表示只有达到此链最大值，语句 $x$ 才值得检查，而在所有链 $t_i$-$x$ 组成的链集中，寻找最弱的连接，这是一种妥协，表示当 $x$ 出错概率至多在这个强度时就应该检查。因此，乐观的程序员和测试员把它作为语句 $x$ 出错的可能性估计，是非常合理的。此为算子$\circ_2$ 的语义。

类概率算子 $\circ_3$，正如它的取名一样，它的计算和随机 TBFL 算法中的运算 $p(x)=\sum_t p(t)p(x \mid t)$ 类似，因此它的合理性是不言自明的，它反映了人们在判断事情时的一种权衡、综合、中庸的观点。

**7. 语句平均等级排序**

已知 $T_d \circ_i \boldsymbol{R}=B_i$，$B_i$ 是 $X_e$ 3 个不同版本。首先按照各个版本对语句出错的可能性进行等级排序。

1) max-min 合成下排序

由式(11.6)计算模糊集 $B_1$ 的隶属函数，将程序中语句按出错的可能性(即属于 $B_1$ 的隶属度)从大到小排列，并把相同值的语句归为一类，假设归为 $k$ 类，如表 11.1 所示(简称为语句等级排序 1)。

表 11.1 语句等级排序 1

| ① | ② | … | ⓚ |
|---|---|---|---|
| $x_{i_1}x_{i_2}\cdots x_{i_{l_1}}$ | $x_{i_{l_1+1}}\cdots x_{i_{l_2}}$ | … | $x_{i_{l_{k-1}+1}}\cdots x_{i_m}$ |

2）min-max 合成下排序

由式(11.7)计算模糊集 $B_2$ 的隶属函数，将程序中语句按出错的可能性从大到小排列，并把相同值的语句归为一类，假设归为 $q$ 类，如表 11.2 所示(简称为语句等级排序 2)。

表 11.2 语句等级排序 2

| ① | ② | … | ⓠ |
|---|---|---|---|
| $x_{i_1}x_{i_2}\cdots x_{i_{l_1}}$ | $x_{i_{l_1+1}}\cdots x_{i_{l_2}}$ | … | $x_{i_{l_{q-1}+1}}\cdots x_{i_m}$ |

3）类概率算子下排序

由式(11.8)计算模糊集 $B_3$ 的隶属函数，将程序中语句按出错的可能性从大到小排列，并把相同值的语句归为一类，假设归为 $u$ 类，如表 11.3 所示(简称为语句等级排序 3)。

表 11.3 语句等级排序 3

| ① | ② | … | ⓤ |
|---|---|---|---|
| $x_{i_1}x_{i_2}\cdots x_{i_{l_1}}$ | $x_{i_{l_1+1}}\cdots x_{i_{l_2}}$ | … | $x_{i_{l_{u-1}+1}}\cdots x_{i_m}$ |

最后，根据表 11.1、表 11.2 和表 11.3，计算每个语句 $x_i$ 的平均等级 $a_i$，即 $\forall x_i, i=1, 2, \cdots, m$

$$a_i = 1/3(x_i \text{ 在表 11.1 中的等级} + x_i \text{ 在表 11.2 中的等级} + x_i \text{ 在表 11.3 中的等级}) \tag{11.9}$$

按照式(11.9)，将程序中的语句按平均等级从小到大排列，并把具有相同值的语句归为一类，假设共 $a$ 类，如表 11.4 所示(简称为语句平均等级排序)。

表 11.4 语句平均等级排序

| ① | ② | … | ⓐ |
|---|---|---|---|
| $x_{i_1}x_{i_2}\cdots x_{i_{l_1}}$ | $x_{i_{l_1+1}}\cdots x_{i_{l_2}}$ | … | $x_{i_{l_{a-1}+1}}\cdots x_{i_m}$ |

表 11.4 的语句平均等级排序便是新算法提供给程序员作为他们纠正错误的导向。

这里要强调的是，我们也可以根据不同原则综合前 3 种排序，即综合 max-min 合成下排序、min-max 合成下排序和类概率算子下排序，从而得到不同的对语句出错的可能性的等级排序。综合方式的优劣可能也是一个重要问题，但是我们这里只是为了阐述算法原理，故采取求平均等级的方法对语句进行排序，以便于计算。虽然如此，但我们潜意识认为，同等对待“悲观”“乐观”和“中庸”3 种观点可能是最好的策略。

**8. 总结：随机模糊综合 TBFL 算法框架**

现将算法总结如下，其中符号请参考前面的叙述。

(1) 输入程序(论域)$X$，测试集(论域)$T$，测试结果($T_p$ 和 $T_f$ 及每个用例覆盖的语句)。

(2) 构造矩阵 $\boldsymbol{E}$，$\boldsymbol{F}$(分别由式(11.1)和式(11.4)计算)。

(3) 输入程序 $X$ 的先验分布(即模糊集 $X_e$ 的初始隶属函数)。

(4) 计算测试集 $T$ 的能力分布(即模糊集 $T_d$ 的隶属函数，由式(11.2)计算)。

(5) 计算 $T\times X$ 上的模糊关系 $\boldsymbol{R}$(其隶属函数由式(11.5)计算)。

(6) 计算 3 种合成：$T_d\circ_i\boldsymbol{R}=B_i$，$i=1,2,3$，其中：

$\circ_1$ 是 max-min 合成算子，$B_1$ 隶属函数由式(11.6)计算；

$\circ_2$ 是 min-max 合成算子，$B_2$ 隶属函数由式(11.7)计算；

$\circ_3$ 是类概率算子，$B_3$ 隶属函数由式(11.8)计算。

(7) 计算 3 个等级排序和平均等级排序。

由 $B_1$、$B_2$ 和 $B_3$ 3 个隶属函数，分别计算语句等级排序 1、语句等级排序 2 和语句等级排序 3(即前述的表 11.1、表 11.2 和表 11.3)。由式(11.9)计算每个语句平均等级，并按平均等级计算语句平均等级排序表(即前述的表 11.4)。

(8) 输出语句平均等级排序表，作为纠正程序错误语句的导向。

### 11.2.3 实例分析

为了和 Dicing 算法、TARANTULA 算法、SAFL 算法以及随机 TBFL 算法(下面简称 Wang 算法)作比较，我们采用的实例和第 10 章讨论随机 TBFL 算法中的实例一致。

下面主要用第 10 章图 10.1 中给出的程序和测试用例。为了阅读方便，把它复制于下，在本章中标记为图 11.3。

在下面的讨论中，称图 11.3 中的程序为程序Ⅰ，该程序的错误语句是 $x_2$($x_2$ 应为 m=z)和 $x_7$($x_7$ 应为 m=x)。

把程序Ⅰ中的错误语句 $x_2$(m=x) 改为正确语句(m=z)，其余语句保持不变，称这个变体为程序Ⅱ，程序Ⅱ中有一个错误语句 $x_7$(m=y)。

将程序Ⅰ的 $x_2$(m=x)改为 $x_2$(m=z)，$x_{11}$(else if (x>z))改为 $x_{11}$(else if (x<z))，其余语句不变，称这个变体为程序Ⅲ。

虽然上述 3 个程序的真实错误语句不尽相同，但它们式样完全相同，所以不管是哪个程序，我们都用 $X=\{x_1,x_2,\cdots,x_{13}\}$表示程序论域。虽然我们是用模糊数学方法讨论“错误语句”集合 $X_e$，但是我们的模糊集是菅野道夫意义下的模糊集合，所以 Wang 算法看作随机变量的程序 $X$ 的先验分布，可以作为新算法中看作模糊集合 $X_e$ 的先验分布(即初始隶属函数)，它们规定如下。

$$s_2=\frac{4}{20},s_5=s_7=s_{10}=s_{12}=\frac{2}{20},s_k=\frac{1}{20},\quad k\neq 2,5,7,10,12 \tag{11.10}$$

| Mid ( ) { int x, y, z, m; | statements | Test suite 1 $t_1$ 2,1,3 | $t_2$ 1,3,2 | $t_3$ 5,5,3 | $t_4$ 1,2,3 | Test suite 2 $t_5$ 3,3,5 | $t_6$ 1,1,2 | $t_7$ 2,2,3 | $t_8$ 5,5,2 |
|---|---|---|---|---|---|---|---|---|---|
| read ( "Enter 3 numbers:" , x, y, z); | $x_1$ | ● | ● | ● | ● | ● | ● | ● | ● |
| m = x; | $x_2$ | ● | ● | ● | ● | ● | ● | ● | ● |
| if (y < z) | $x_3$ | ● | ● | ● | ● | ● | ● | ● | ● |
| if (x < y) | $x_4$ | ● | | | ● | ● | ● | ● | |
| m = y; | $x_5$ | | | | ● | | | | |
| else if (x < z) | $x_6$ | ● | | | | ● | ● | ● | |
| m = y; | $x_7$ | ● | | | | ● | ● | ● | |
| else | $x_8$ | | ● | ● | | | | | ● |
| if (x > y) | $x_9$ | | ● | ● | | | | | ● |
| m = y; | $x_{10}$ | | | | | | | | |
| else if (x > z) | $x_{11}$ | | ● | ● | | | | | ● |
| m = x; | $x_{12}$ | | | ● | | | | | ● |
| printf ( "Middle number is:" m); | $x_{13}$ | ● | ● | ● | ● | ● | ● | ● | ● |
| } | | F | F | P | P | P | P | P | P |

图 11.3　一个错误程序和相关测试集信息

在下面的讨论中，称图 11.3 中的全部 8 个用例(即 Test suite1＋Test suite2)组成的测试集(论域)为 $T$，其中前 4 个用例(即 Test suite1)组成的测试集(论域)为 $T^*$。沿用第 10 章中的术语，$T$ 为冗余测试集(因为它里面有许多用例覆盖相同的语句)，$T^*$ 为无冗余测试集。Wang 算法也看重测试集的先验分布，虽然我们也是在菅野道夫意义下讨论"定位错误用例"模糊集合(相应地记为 $T_d$ 或 $T_d^*$)，但并不需要它们的先验分布。

**例 11.1**　用 $T$ 和 $T^*$ 两测试集测试程序Ⅰ。

用 $T$ 测试集测试程序Ⅰ，结果是：$T_p=\{t_3,t_4,t_5,t_6,t_7,t_8\}$，$T_f=\{t_1,t_2\}$，它们的覆盖语句情况可从图 11.3 中看出。用式(11.10)给出的分布作为程序 $X$ 的先验分布，可以计算出程序语句在 $T$ 测试下的语句平均等级排序，如表 11.5 所示。

**表 11.5　程序Ⅰ在测试集 $T$ 下的语句平均等级排序**

| ① | ② | ③ | ④ | ⑤ | ⑥ | ⑦ | ⑧ |
|---|---|---|---|---|---|---|---|
| $x_2$ | $x_7$ | $x_{10}$ | $x_5$ | $x_{12}$ | $x_1x_3x_8x_9x_{11}x_{13}$ | $x_6$ | $x_4$ |

用测试集 $T^*$ 测试程序Ⅰ，因为 $T^*$ 测试集是从测试集中删去用例 $t_5,t_6,t_7,t_8$ 而成，所以计算类似。计算出的语句平均等级排序，如表 11.6 所示。

**表 11.6　程序Ⅰ在测试集 $T^*$ 下的语句平均等级排序**

| ① | ② | ③ | ④ | ⑤ | ⑥ | ⑦ | ⑧ |
|---|---|---|---|---|---|---|---|
| $x_2$ | $x_7$ | $x_{10}$ | $x_5$ | $x_1x_3x_6x_{13}$ | $x_{12}$ | $x_4$ | $x_8x_9x_{11}$ |

现将新算法(即随机模糊综合 TBFL 算法)与 Wang 算法(即随机 TBFL 算法)以及 Dicing 算法、TARANTULA 算法、SAFL 算法进行比较，除了新算法资料来自表 11.5 和

表 11.6 以外,其余算法的资料都摘自于第 10 章有关部分。

下面给出可能出错语句的(等级)排序。

$$\text{Dicing}\begin{cases} T & x_8x_9x_{11} \quad x_6x_7 \quad x_4 \quad \text{其余语句} \\ T^* & x_6x_7 \quad x_4x_8x_9x_{11} \quad \text{其余语句} \end{cases}$$

$$\text{TARANTULA}\begin{cases} T & x_8x_9x_{11} \quad x_1x_2x_3x_6x_7x_{13} \quad x_4 \quad \text{其余语句} \\ T^* & x_6x_7 \quad x_1x_2x_3x_4x_8x_9x_{11}x_{13} \quad \text{其余语句} \end{cases}$$

$$\text{SAFL}\begin{cases} T & x_6x_7 \quad x_8x_9x_{11} \quad x_1x_2x_3x_4x_{13} \quad \text{其余语句} \\ T^* & x_6x_7 \quad x_8x_9x_{11} \quad x_1x_2x_3x_4x_{13} \quad \text{其余语句} \end{cases}$$

$$\text{Wang}\begin{cases} T & x_2 \quad x_{10} \quad x_7 \quad x_5x_{12} \quad x_8x_9x_{11} \quad x_6 \quad x_1x_3x_4x_{13} \\ T^* & x_2 \quad x_7 \quad x_{10} \quad x_{12} \quad x_5 \quad x_6 \quad x_1x_3x_8x_9x_{11}x_{13} \quad x_4 \end{cases}$$

$$\text{新算法}\begin{cases} T & x_2 \quad x_7 \quad x_{10} \quad x_5 \quad x_{12} \quad x_1x_3x_8x_9x_{11}x_{13} \quad x_6 \quad x_4 \\ T^* & x_2 \quad x_7 \quad x_{10} \quad x_5 \quad x_1x_3x_6x_{13} \quad x_{12} \quad x_4 \quad x_8x_9x_{11} \end{cases}$$

分析排序数据,在这个具体例子上,虽然 Wang 算法也受到冗余测试的伤害,但正如在第 10 章讨论随机 TBFL 算法时指出的那样,无论测试集是否冗余,在确切揭露程序错误语句的功能上,Wang 算法比前几种方法都较优。很幸运,新算法不仅避免了冗余测试的伤害,而且在指出错误语句位置方面是非常准确的,它把 $x_2$ 和 $x_7$ 排在第 1、第 2 等级,且不与其他正确语句混杂,这恰是程序员最希望看到的。

**例 11.2** 用测试集 $T^*$ 测试程序Ⅱ。

用测试集 $T^*$ 测试程序Ⅱ,每个用例覆盖语句的情况和例 11.1 中一样,没有变化,但是 $t_2$ 在例 11.1 中是失败用例,在本例中是通过用例,其他用例的结果类型未变。最终计算的平均语句等级排序(以后简称为语句排序)并与 Wang 算法对比,如表 11.7 所示。

**表 11.7 程序Ⅱ在测试集 $T^*$ 下语句排序及和 Wang 算法对比**

| | | | | | | | |
|---|---|---|---|---|---|---|---|
| Wang 算法 | $x_2$ | $x_7$ | $x_{10}$ | $x_{12}$ | $x_5$ | $x_6$ | $x_4$ | $x_1x_3x_8x_9x_{11}x_{13}$ |
| 新算法 | $x_2$ | $x_7$ | $x_{10}$ | $x_5x_{12}$ | $x_6$ | $x_4$ | $x_1x_3x_{13}$ | $x_8x_9x_{11}$ |

两个算法功能一样,甚至两个算法在语句出错可能性的"线性"排序上都几乎一样。

**例 11.3** 用测试集 $T^*$ 测试程序Ⅲ。

用 $T^*$ 测试程序Ⅲ,结果类型为: $T_f=\{t_1,t_2,t_3\}$, $T_p=\{t_4\}$。至于覆盖语句方面,$t_1$,$t_4$ 覆盖的语句和它们在例 11.1 中覆盖的语句情况一样,$t_2$,$t_3$ 覆盖语句情况有所变动,$t_2$ 覆盖 $x_1x_2x_3x_8x_9x_{11}x_{12}x_{13}$; $t_3$ 覆盖 $x_1x_2x_3x_8x_9x_{11}x_{13}$。

现将最终计算出的语句排序与 Wang 算法进行比较,如表 11.8 所示。

**表 11.8 程序Ⅲ在测试集 $T^*$ 下语句排序及和 Wang 算法对比**

| | | | | | | | |
|---|---|---|---|---|---|---|---|
| Wang 算法 | $x_2$ | $x_7x_{12}$ | $x_{10}$ | $x_1x_3x_8x_9x_{11}x_{13}$ | $x_6$ | $x_5$ | $x_4$ |
| 新算法 | $x_2$ | $x_7$ | $x_{12}$ | $x_1x_3x_{10}x_{13}$ | $x_8x_9x_{11}$ | $x_5x_6$ | $x_4$ |

两个算法功能相当，连线性排序都几乎一样。

**例 11.4**　用例全部通过的测试。

仍然考虑程序Ⅰ，它有两个错误语句 $x_2$，$x_7$。现在用测试集 $T_o=\{o_1,o_2,o_3,o_4\}$对它进行测试，其中用例的设计为：$o_1=\{10,13,15\}$，$o_2=\{8,6,4\}$，$o_3=\{5,9,2\}$，$o_4=\{17,19,21\}$。用 $T_o$ 测试，发现它们都是通过测试，它们覆盖语句的情况是：$o_1$ 覆盖 6 个语句($x_1$，$x_2$，$x_3$，$x_4$，$x_5$，$x_{13}$)；$o_2$ 覆盖 7 个语句($x_1$，$x_2$，$x_3$，$x_8$，$x_9$，$x_{10}$，$x_{13}$)；$o_3$ 覆盖 8 个语句($x_1$，$x_2$，$x_3$，$x_8$，$x_9$，$x_{11}$，$x_{12}$，$x_{13}$)，$o_4$ 覆盖情况和 $o_1$ 相同。

做类似计算，现将输出的语句排序并与 Wang 算法的结果并列对比，如表 11.9 所示。

**表 11.9　程序Ⅰ在测试用例集 $T_o$ 全部通过的情况下的语句排序及与 Wang 算法的比较**

| | | | | | | | | | |
|---|---|---|---|---|---|---|---|---|---|
| Wang 算法 | $x_7$ | $x_{10}x_{12}$ | $x_2$ | $x_5$ | $x_6$ | $x_{11}$ | $x_4x_8x_9$ | $x_1x_3x_{13}$ | |
| 新算法 | $x_2x_7$ | $x_{10}$ | $x_5$ | $x_6$ | $x_{12}$ | $x_{11}$ | $x_4$ | $x_8x_9$ | $x_1x_3x_{13}$ |

测试员只能报告软件缺陷存在，却不能报告软件缺陷不存在。当所有用例都通过时，测试员一般“无话可说”。现在新算法把程序真实错误语句 $x_2$，$x_7$ 放在第 1 等级，它比 Wang 算法还要好，在理论上，这是件有趣的事。

**例 11.5**　先验分布未知情况。

当程序先验分布未知时，新算法和 Wang 算法一样，都令它为均匀分布，因此在这种情况下，将新算法与 Wang 算法当程序和测试集先验分布都未知时的情况作比较是有意思的事。另外，如果考虑到式(11.11)中的 Dicing 算法、TARANTULA 算法、SAFL 算法的结果，实质上也是在缺乏程序和测试集的先验知识上立论的，因此将它们也一同进行对比，也是有意义的。为此，仍然用测试集 $T^*$ 去测试程序Ⅰ，结果如表 11.10 所示。

**表 11.10　先验分布未知情况下各种算法比较**

| 算　法 | ① | ② | ③ | ④ |
|---|---|---|---|---|
| Dicing | $x_6x_7$ | $x_4x_8x_9x_{11}$ | 其余语句 | |
| TARANTULA | $x_6x_7$ | $x_1x_2x_3x_4x_8x_9x_{11}x_{13}$ | 其余语句 | |
| SAFL | $x_6x_7$ | $x_8x_9x_{11}$ | $x_1x_2x_3x_4x_{13}$ | 其余语句 |
| Wang | $x_6x_7$ | $x_1x_2x_3x_4x_8x_9x_{10}x_{11}x_{13}$ | $x_5x_{12}$ | |
| 新算法 | $x_1x_2x_3x_6x_7x_{13}$ | $x_4x_8x_9x_{11}$ | $x_{10}$ | $x_5x_{12}$ |

很显然，新算法在揭露真实错误语句的“准确”性方面比所有方法都较优，这一点很重要，它说明在“最坏”情况下(即先验分布未知)，新算法的功效如果说不是较好，也至少相当。

从测试实践中，很容易构造拟执行矩阵 $\boldsymbol{E}$ 和功效矩阵 $\boldsymbol{F}$。由于这里是从模糊集合角度考查程序先验分布，从而也较随机 TBFL 算法更容易得到它，由此很容易计算测试集的能力分布和测试集中用例和程序语句之间的模糊关系，进而很容易对它们从 3 种不同角度进行合成，对这些合成加以平均，就能够比较准确地确定程序中错误语句的位置，这在一些小实例上得到了验证。查德认为，当现象复杂时，一个精确目标可以用一种颇为粗糙的控制和观测概念来达到[125]。随机模糊综合 TBFL 算法恰好说明了这一点。

实际上，自从提出随机 TBFL 算法以后，我们对它的改进做了许多工作。而这里提出的随机模糊综合 TBFL 算法是从人类思维特性角度对它的改进，在某种意义上，从这个方向构建类随机测试方法可能比从经典概率论角度出发要好些。因为人类思维在其根基处（即在潜意识层面上）总是具有概括、多层次特征，并且主要是依一种朴素方式对事物做定性分析。我们在这方面也做了一些工作[35,124]，也许这对改进随机 TBFL 算法有帮助。今后最重要的是，要找到它们的应用领域。

# 第12章 众包软件测试技术

## 12.1 众包技术

2006年6月，美国《连线》杂志的记者杰夫·豪(Jeff Howe)提出众包(Crowdsourcing)概念，他把一个公司机构原由自己员工执行的工作任务外包给大众网络上未知的大众去完成的做法称为众包。他说，这种做法是以自由自愿的形式进行的，众包的任务通常由个人承担，但是如果涉及需要多人协作完成的任务，也有可能以依靠开源的个体生产的形式出现[126]。

一般来说，机器难以处理的问题，即不能通过简单算法实现的问题，可以借助众包来完成，如评价一个商品、海量图像识别等。由于互联网的出现，众包现象也就应运而生。众包将任务直接发布到互联网上，公开招募互联网上未知的大众共同解决传统计算机单独难以处理的问题。正因为现实世界中存在大量“机器难问题”，所以自2009年以来，众包得到了各个领域的广泛关注，随着众包应用领域和市场的扩大，它也成为计算机理论研究的热点。

冯剑红等[126]给了众包一个的精确定义：“众包是一种公开面向互联网大众的分布式的问题解决机制，它通过整合计算机和互联网上未知的大众来完成计算机单独难以完成的任务。”

实际上，众包是一种分布式的问题解决机制，上述定义刻画了众包的4个基本特征[126]。

(1) 众包任务通常是计算机单独很难处理的问题。

(2) 采用公开的方式召集(Open Call)互联网大众。

(3) 大众通过协作或独立的方式完成任务。

(4) 将众多解答整合成问题(至少是近似)正确答案。

如果把提出任务的一方(即企业或个人)称作“任务请求人”，解决任务的一方(即网络大众)称为“工人”，他们之间沟通的互联网称作“众包平台”，那么由众包定义或由对众包特征的描述，我们可以给出众包的典型工作流程，如图12.1所示。

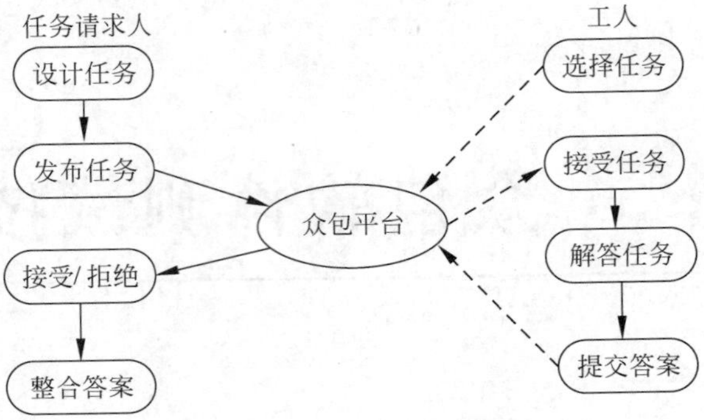


图 12.1　众包工作流程

(转摘于文献[126]图 1)

由图 12.1 可以看出,就任务解决而言,众包工作流程是任务请求人和工人借助众包平台互动的过程,主要分为 3 个阶段:任务准备、任务执行和任务答案整合。

**1. 任务准备阶段**

该阶段包括任务请求人设计任务、发布任务,以及工人选择任务等 3 个方面[126]。

(1) 任务设计。任务设计是任务请求人最为重要的一项工作,它关系到问题能否得到解答以及解答的质量。

一般来说,众包工人人数众多,个体教育背景、能力、专业方向以及责任感都不相同,因此,让他们解答的任务大都应该是技术含量不太高且是简单划一的工作。也就是说,当要解决一个复杂任务时,任务申请人通常需要把它分解为一些微观子任务。所谓微观任务,目前应用最广泛的众包平台 Mturk 把它定义为 Human Intelligence Task(HIT),由于它具有很好的交互性,工人一般都喜欢选择它。虽然,这些微观任务之间存在依赖关系,但任务申请人应当尽力最大化每个子任务的独立性,才能把这些微观任务分发给工人,最后收集工人对微观任务的解答,再根据子任务之间的逻辑关系由自己进行整合。当然,并不是所有复杂的初始任务都很容易分解,许多学者在任务分解这一方向上都做了研究。例如,Kittur 等研究了如何分解复杂任务以及如何整合工人答案来完成初始任务,并提出了基于 MapReduce 的框架实现任务的分解[127-128]。值得注意的是,有的众包平台(如 Samasource)还为任务申请人提供任务分解服务,并对工人进行基本的培训,以减轻任务申请人任务设计的压力以及对无法分解成简单的任务培训工人协助问题获得解决。

对于任务设计工作,任务申请人还要考虑许多重要事情。现在,众包工人免费参与的情况很少见。因此,如何对任务赋予合适价格也成了另一个有关任务能否获得解决以及解决的质量能否达到预期目标的关键问题。此外,如何处理和杜绝欺诈者的参与,如何平衡任务花费、质量和时间以及如何设计能够吸引个人参与并便于他们理解的任务界面,都是任务申请者在任务设计时需要考虑的方面。上述几个方面也是目前众包研究的热点,参考文献很多,文献[126]给出了详细资料,可以参看,这里就不一一列举了。

(2) 发布任务和工人选择任务。众包任务的发布和工人选择任务都是通过众包平台来完成的。众包平台大致分为两大类：商用众包平台和社交平台(如社交网络、论坛等)。主流的商用众包平台包括 Amazon Mechanical Turk(Mturk)、CrowdFlower、Samasource、CloudCrowd 等，国内也有众多平台，如脑力库(naoliku)、猪八戒(zhubajie)、三打哈(sandaha)等。商用众包平台根据任务请求人和工人的不同需求提供相应的服务，并向任务请求人收取一定的管理费用。它们大都有为任务请求人提供任务发布，为工人提供任务搜索方面的功能服务。在众包平台上活跃的任务大都是微观任务，其界面多采用图形化。图形化界面便于直观、完整地展现任务内容，吸引工人主动查找，从而容易选择任务。不过，商用众包平台 CrowdFlower 很特别，它只为任务请求人提供任务分解、任务设计、任务发布、结果质量检查等服务，而工人却是其他众包平台上的工人。

一般地，主流商用众包平台都具有任务搜索功能，主要是利用任务列表对工人选择任务事情进行服务。工人通过浏览众包平台提供的任务页面获取自己感兴趣的信息，从而选择任务。Mturk 等众包平台还提供了基于关键字的任务搜索功能。目前，许多学者研究，众包平台的"任务推荐"方法，帮助工人选择与自己相关的任务。所谓任务推荐，是指众包平台主动进行相关任务的个性化推荐。例如，在众包平台上通常都会保留工人行为历史记录，诸如工人完成了哪些任务、任务的类型是什么以及工人的答案被任务请求人认可等情况。因此，Ambati 等[129]提出了利用任务和工人的历史信息进行任务推荐方法，通过构建工人的偏好模型为工人推荐他们可能感兴趣的任务。由于工人的兴趣也会改变，鉴于此，Yuen 等[130]将工人的行为表现细分为 6 个类别，由此构建"工人-任务"矩阵，并通过概率矩阵分解(Probabilistic Matrix Factorization)实现任务的个性化推荐。

至于社交平台，如 Facebook，任务请求人通过在社交平台上嵌入自己的应用，类似于开源编程做法，来完成自己的任务。由于商用众包明显多于社交平台，在此就不多加介绍了。

**2. 任务执行阶段**

该阶段包括工人接受任务、解答任务和提交答案等 3 方面。一般来说，任务执行是工人的事情。但是，很关键的问题是，众包平台如何有效地结合工人因素、任务请求人的任务优化目的进行在线任务分配?[126]。

许多学者研究了在线任务分配的有效策略，借此有针对性地将任务分配给工人，从而提高任务完成结果的质量。例如，Karger 等[131]提出一种随机图生成和消息传递的任务分配方法；Ho 等[132-133]提出了一种类似关键词竞价广告的方法，即结合各方面因素，将难易程度相匹配的任务分配给工人；张志强等[134]提出了结果评估与替换策略实现任务动态分配，其精神是在初始时只分配部分任务，执行后对工人返回的答案评估结果的质量和工人的能力，对完成结果质量不高的工人采用替换方法，从而对这些工人完成的任务进行再次分配，借此提高结果的质量。

此外，与任务执行的工作有关，Singer 等[135]还研究了在线定价机制，它综合考虑任务请求人与工人两方面因素，实时地决定任务的实际价格和分配给工人的任务数量。还有许多研究，都和任务执行阶段相关，详细介绍请参考文献[126]。

在任务执行阶段，有的众包平台，如 Samasource，为工人提供进行基本培训的服务；有的众包平台，如脑力库，为工人提供与任务请求人沟通服务，这些都有助于任务顺利执行。

**3. 任务答案整合阶段**

该阶段包括任务请求人接受/拒绝答案、整合答案两方面，它们基本上都是任务请求人的工作。显然，该阶段的主要问题是任务请求人如何处理工人提供的答案[126]。

由于工人是一个不特定人群，他们的答案必定不会“整齐划一”且都正确，所以必须要对众多答案进行取舍，并加以整合。一般来说，整合答案有两大类型方法：第 1 类是单纯利用工人答案方法；第 2 类是结合工人答案和答案准确率方法。

第 1 类单纯利用工人答案方法，通常是指把一个任务分配给奇数(很多)个工人完成，然后通过类似于“少数服从多数”的投票原则获取结果。这类方法有一个“暗中”假定：每个工人的答题的准确率是一致的。然而，实际情况并非如此，这样就使最终结果往往不够正确。鉴于此，就产生了将工人的答题准确率运用到结果的估计中的方法，也就是第 2 类的所谓结合工人答案和答案准确率的方法。对于第 2 类方法，还可以从工人答案准确率是固定不变的还是动态变化的两个角度着手再加以细分。前者在结合工人答案准确率时，视每个工人个体的答案准确率为固定不变因素，而后者却考虑到随着时间的变化，每个工人的答案准确率是变化的。实际上，每个工人在完成任务过程中，随着对任务的了解增多，他的答题准确率通常会越来越高。另外，在动态考虑工人的答题准确率时，不像在固定工人答题准确率的方法中那样，事前要预知工人答题准确率，可惜的是花费时间较长，代价较高。

现在简略介绍一种动态计算工人答题准确率的方法，它基于 EM(Expectation Maximization)算法。EM 算法是 Dempster 等在 1977 年发表的一篇文章[136]中提出的。大体上说，它是在不同推广层次上从不完整数据中计算最大似然估计的一个公式。通常采用迭代方式计算结果，并且在相当一般条件下，EM 算法计算的似然值都可能收敛到最大稳定值。由于 EM 算法简单通用，它得到广泛应用，现今已经成为 EM 算法理论。Yan 等[137]和 Ipeirotis 等[138]提出了反映工人答题准确率变化的方法，该方法就是基于 EM 算法[139]所得到的最终结果，通过混淆矩阵(Confusion Matrix)反映工人的答题准确率。实际上，它分为两个步骤的迭代计算。第 1 步利用已有的工人答题准确率估计值，对所有的问题分别进行计算，得到每个问题结果的估计值；第 2 步是利用第 1 步得到的结果计算每个工人的答题准确率。如此进行迭代计算，直到算法收敛[126]。

至于怎样运用第 1 类方法或第 2 类方法整合任务答案，文献[126]对许多优良策略都作了精彩介绍，这里就不再赘述了。不过值得注意的是，文献[126]提到的利用工人的答题准确率进一步提高“少数服从多数”的投票原则得到的结果质量，可能比其他结合工人答案和答题准确率整合任务答案方法来得直观和简单。该方法的基本思想是，在整合某个任务的工人答案时，先根据工人的答题准确率对每个工人打分。每个工人所得分数便是在使用投票原则整合答案时他们的答案所占的权重。很自然地，分数越高(即答题准确率越高)的工人所赋的权重越大，相反则权重越小。最后通过考虑权重进行加权评议工人提供的答案，并根据加权分值确定最终结果。

众包工作是一种分布式的问题解决机制，从它的基本流程的3个阶段可以看出，任务请求人、众包平台和众包工人之间的联系存在随机性。因此，应该把任务的质量控制贯彻于众包工作流程的每个阶段，以便产生高质量的确定性的任务结果。张志强等[134]提出了一种阶段式动态的众包质量控制策略，这个策略从以下3方面解决众包任务的质量控制：任务设计与管理、工作者组织与管理以及结果评估与替换。其中主要考虑的是结果评估与替换部分，通过组合式质量评估算法、随机替换工人和设置质量评估监测点等3个步骤提高结果的质量。将质量控制贯彻于众包工作流程的每个阶段，任务请求人应该结合自己任务的主要优化目的，在3个阶段中分别采用针对性策略，才能达到任务质量、花费和时间的相对平衡[126]。在这个意义上，质量控制贯彻到每个阶段将会使任务请求人、众包平台和众包工人之间的联系不至于过于松散，防止"混沌"现象出现。

自众包概念提出之日起，短短几年时间，就得到学术界和工业界的广泛关注。众包技术已经在许多应用领域都获得大量的研究和实践，如人机交互、数据库、自然语言处理、机器学习和人工智能、信息检索和计算机理论等领域[126]。可以预料，随着研究的深入、应用的推广以及与社交网络的更加广泛的结合，众包技术将产生一种特殊的任务解决模式，也许会出现一种新型的社会网络结构。Barabási认为，各种高度复杂的网络对人类文明的发展起着越来越大的作用，因此需要有一种全新的思考方式理解社会网络结构。他把这种思考方式称为"网络思维"，并说"网络思维将渗透到人类活动和人类思想的一切领域"。简略地说，网络思维关注的不是事物本身，而是事物之间的关系。由此思考人类的一种"集体智能"潜在作用。

Melanie Mitchell认为复杂系统是由大量组分组成的网络，不存在中央控制，通过简单运作规则产生出复杂的集体行为和复杂的信息处理，并通过学习和进化产生适应性[15]。如果我们把解决任务的人类看作一个整体，那么这个整体就是由大量个人组成的网络。相对于某个微观任务，任务请求人和众包工人产生联系。但是这种联系仅局限在解决任务这一目标上，并且也只是通过众包平台利用简单规则才建立起来的。因而从整体来看，这种联系具有内在随机性。也就是说，解决一个微观任务的运作并没有中央控制机构。考夫曼(Kauffman)认为，生物既要具有活性，同时又要稳定，用他的话说，"生命存在于混沌的边缘"[15]。特别地，他认为，一旦网络结构变得足够复杂，即有大量节点控制其他节点，复杂和"自组织"行为就会涌现出来[15]。如此看来，如果众包技术的研究得到进一步深入，并在数据处理、任务搜索、任务推荐、数据安全与隐私保护[126]和前述贯彻于众包工作整个流程的质量控制等研究上取得成效，使任务解决状态不陷于混沌无序，那么，一旦众包的应用伸展到社会各个领域(如果当今复杂性学说是正确的话)，必将导致社会产生出解决问题的复杂集体行为现象，如同现今万维网一样，也会出现新的信息处理机制。这种"涌现"出来的"自组织"任务解答机制，也许是今后人类解决问题的一种新型模式。与此相应地，由每个微观任务联系起来的人们将构成一种社会网络，通过这个社会网络，我们思考问题、解答问题，也就是说，人类的集体智能才会"真正"出现，其效果是难以预料的。

# 12.2 众包软件测试技术

## 12.2.1 概述

第 10 章和第 11 章为软件测试开发了新方法：随机 TBFL 算法和随机模糊综合 TBFL 算法。基本思想是，充分挖掘软件本身和测试用例本身含有的信息，并通过测试具体结果将这些信息综合起来以求出错误语句的可能位置，从而便于开发人员修正和调试程序。实际上，这种方法的实质是基于这样一种认识：若把软件界看作一个“历史性”整体，在某个特定阶段，许多专业人员的观念和思维习惯将是一种不变的“存在”，因而反映在所有开发出的软件产品中，其中的缺陷也必定具有某种“共性”。于是，我们把所有软件产品中缺陷具有的共性抽象成为程序语句出错的概率或可能性分布，认为它是程序中缺陷的先验分布，然后再根据测试用例的捕捉错误的能力以及具体测试结果把它转化为程序中语句出错可能性当下的实际分布。提出程序语句出错可能性先验分布以及测试用例捕捉错误能力等概念的原始动机，是不想浪费软件界长期以来积累在程序编码中的经验和教训，同时希望在测试实践中挖掘出更多有关语句出错可能性的信息。如此看来，我们开发的方法在利用软件界集体智慧这个意义上，与众包软件测试技术如出一辙。

基于著名 Linus 定律“只要足够多的眼球关注，就可让所有软件缺陷浮现”，众包软件测试是集所有支持软件测试的众包方法、技术、工具和平台之大成，利用互联网构造出的一种分布式解决问题模式[140]。众包软件测试或者主要以公开方式召集大量的、未特定的众包工人在线共同测试软件，或者主要从软件开发和测试的(甚至是历史的)记录中提供线索协助当下软件测试工作。

软件众包测试技术是众包技术的一种类型，一般的在线活动参与者包括任务请求者、众包工人和众包测试平台，其工作流程和 12.1 节介绍的众包技术活动一样。众测平台(即众包测试平台)作为第三方为任务请求者和众包工人提供在线服务，并将他们的工作联结在一起。首先，任务请求者将待测软件和测试任务发布到众测平台，众包工人或者从众测平台选择自己感兴趣的任务，或者通过众测平台的直接分配得到任务。当众包工人完成测试任务后，并将测试结果以测试报告形式提交给众测平台后，众测平台通常要对众包工人的测试报告进行审查和整理，然后再把测试结论反馈给任务请求人。最后，由任务请求人对测试结论进行确认，并决定众包工人酬金事宜。也就是说，众包软件测试工作流程和处理一般任务的众包技术一样，也分为 3 个阶段，即测试任务准备阶段(设计任务、发布任务、分配任务)、测试任务执行阶段(接受任务、解答任务、提交结果)和测试任务结果整合阶段(结果审查和整理，结果确认)。虽然如此，由于软件测试活动的特殊性，众包软件测试工作较其他众包任务，对参与者都提出了新的要求，而且工作流程的细节也有自己的特色[140]。

测试任务请求者需要精心设计测试任务，以便吸引众包工人参与，从而得到理想的测试结果。虽然测试任务仍需仔细分解，但是有时很难把一件测试任务划分成一些(几乎)独立的测试“微”任务协同解决。这就要求众包工人对“待测对象”有一定的了解，并具备相应的软件操作和测试技能。众包工人提交的测试报告要符合事先定义好的格式，包括(例如)状态、报告者、测试环境、测试输入、预期输出、错误描述、建立时间、优先级、严重程度等字段。辅以测试报告，通常众包工人还要提供相应的使用截图，(甚至)提供自己测试的视屏，以便帮助开发人员后期进行错误定位和调试工作。这样看来，众测平台就不能仅作为任务请求人发布任务、接收结果和为众包工人提供任务列表(让工人自己选择任务)、收集工人提交的结果并把它转交给任务申请人的“中介市场”，它必须承担“更多”责任。许多众测平台参与众包测试任务的设计，控制测试任务的内容和形式，以减轻任务请求人分解任务的压力。有的众测平台以按需分配(On Demand Matching)方式把测试任务的需求和众包工人的信息相匹配，以便测试任务和众包工人的专业、经验、任务历史以及所拥有的机器设备(如移动设备型号)相匹配。有的众测平台提供在线竞标(Online Bidding)机制，让任务请求人根据众包工人给出的报价、个人信息等情况，选择合适的众包工人完成自己的任务。像主流众包平台 Samasource 提供培训工人的服务那样，众测平台也会(至少目前正在关注)和任务请求人合力建立良好的技能培训机制，弥补部分众包工人在测试专业技能和业务领域知识方面存在的欠缺。总之，至少对一些涉及复杂一点的测试任务，众测平台都会协助任务申请人让那些只有通过完成基础任务和相应课程的众包工人才有机会获得奖励高的任务。此外，许多众测平台的工作人员和质量审核人员还要对众包工人的测试报告做质量审核和结果汇总工作，这是由于众包工人提交的测试报告和应用截图不仅数量众多而且质量参差不一，只有在众测平台大力协助下，任务请求人才能有效整合并处理众包测试结果，虽然最后决断是任务请求人。此外，许多众测平台还要对众包工作绩效考核方式、奖励方式等给出明确的规则。章晓芳等[140]承担了上述工作的众测平台，称为强参与(Strong Involved)平台，以区别那些弱参与(Weak Involved)平台。弱参与平台主要是为任务请求者和众包工人提供“交易”场合，类似于市场机制，较少(或不)参与众包测试任务的设计，通常不对众包测试的内容、形式和奖励机制做出限制。他们研究了 20 个众测平台，发现弱参与平台有 5 个，占总数的 25%。例如，Baidu MTC、Tencent Test、Aliyun、TestFlight、MoocTest 等都是弱参与众测平台。而强参与平台共有 15 个，占总数的 75%。例如，Applause、uTest、Testin、WooYun、Bugcrowd、Sobug 等都是强参与众测平台，而且后 3 个平台技术专业性强，重点关注安全性测试领域，且对于绩效考核方式及奖励方式有着更为严格的规定。由此看出，大多数商用众包测试平台已经深入地参与到众包测试过程中，为众包测试的顺利开展提供监管和帮助，是众包测试有机不可或缺的一部分，不仅仅是一个交易平台。

文献[140]全面、详细地讨论了众包软件测试技术的重要文献，根据文献讨论的主题，看出当今研究众包软件测试技术主要集中在对传统测试理论的改进和对众包测试模式的本身优化两方面，并且研究重点有向后者转移的趋势，这包括平台和工具型的研究。关于众包测试自身优化方面的研究着眼于众包测试中特有的流程和机制问题，即如何召集和管理测试工人、如何分解和设计测试任务、如何整合和处理测试报告等几个方面。有证据表明，合理确定众包测试人员的数量和对工人的测试时间加以一定的约束，可以获得更好的缺陷检测有效性。有趣的是,让在校学生作为众包测试工人,具有一定的优势。对复杂的测试任务进行分解和设计,可以看成是划分的多任务匹配的协同测试方法的研究。因此,使用众包技术解决大规模的协同测试时,可以动态地从测试用例中选择任务组,并将测试用例或任务组分配给适当的测试人员,然后再将众包测试结果集成。在整合测试报告时,如何处理大量的测试报告,并从中得到那些能真正揭露软件缺陷的测试报告,研究人员提出了许多方法,如众包测试报告排序、结合测试报告和应用屏幕截图对测试报告进行综合性优先级排序以及(通过)主动学习得到报告分类等方法。在文献[140]关于众包测试本身优化的研究现状的介绍中,还对众测平台涉及的测试领域、测试对象、众包工人召集方式和绩效考核以及其测试工具的开发等各方面的研究也作了详细分析。

我们知道,作为一种新兴测试模式,众包测试可以用于有效改进已有的测试方法和测试流程。在基于众包的测试方法优化方面,有 QoE(Quality of Experience)测试、可用性测试、GUI 测试和性能测试,它们主要是针对待定测试类型的优化。传统的 QoE 测试方法以人工测试为主,成本高耗时久,因此当众包技术首次被用于 QoE 测试以来,就引发了广泛和持久的研究。众包可用性测试比传统方法更容易获取来自全球不同背景的数据,而且可以平行进行以致成本显著降低,虽然它的质量略低于传统方法。众包技术被认为是一种有效开展持续 GUI 测试的手段,这是因为自动化生成 GUI 测试用例往往困难,而人工 GUI 测试又费力费时。由于用户行为和执行环境的多样性,性能测试一直是个难点,众包方式的兴起,为有效开展性能测试提供了一种新的可能性。在基于众包的测试流程优化方面,有测试用例生成、程序调试与修复和对软件评估,它们不仅是对测试,也是对软件整个开发过程的优化。

使用众包机制,让有能力的用户(即使他们并不参与当前项目)完成测试用例的设计任务,能极大地降低项目所有者在测试用例构造方面的开销。即使众包工人不设计测试用例,众包数据也可以帮助开发人员生成测试用例以重现缺陷,甚至让众包工人有效缓解在某些待测程序中存在的预期输出难以决定的所谓 Oracle 问题。众包测试技术对于程序调试与修复的作用依赖于程序调试信息的收集、存储、共享、可视化,还依赖于对历史记录的使用以及对冗余、误报信息的过滤,这方面的研究类似于复杂性科学中关于集体智能的研究。传统软件评估在很大程度上只依赖于开发人员和一些精英用户代表,并且评估方法在预测和模拟实际使用环境方面也受到很大限制。为了改变以开发者为主导的传统评估软件方法的片面性,软件界开始转向以用户参与为主导的新评估方法的研究,于是,用众包方式评估软件就也顺理成章地成为快速获得用户反馈的一种有效方法。众包模式尤其适用于评估复杂且可变的系统,因为这些系统可能会在不同的、甚至不可预知的环境中工作,如果这时利用模拟预测的实际使用环境对软件工作进行评估,就很难保证评估质量。这时通过众包工人的大量、重复和迭代反馈,不仅可以丰富开发者对软件系统的认识,而且众包评测结果能够达到一定的质量。

综上所述,无论从众包软件测试技术是传统软件测试的一种改进还是一种补充来看,众包软件测试都是值得研究的新兴课题。之所以如此,是因为众包软件测试技术在本质上是利用了人类的集体智能，且这种利用方式有别于传统科学研究范型。

随着软件渗透到人类生活、工作和娱乐的各个方面，以致（至少是大型）软件生产再也不是一件仅靠个人智慧“单枪匹马”就能完成的工作了，它需要许多专业人员通力协作才行。同样，大型软件的测试也是如此，至少需要一个团体才能完成任务。换言之，软件开发和软件测试都离不开人类的“集体智能”。然而，传统上这种利用是按照一定严格的规范方式进行的。以软件测试工作为例，众多测试员按预先制定的计划有组织地分工合作，顺序进行诸如需求验证、设计验证、单元测试、集成测试、系统测试等一系列测试活动，方能完成测试任务。一般人认为，要保证软件测试成功，这是理所当然要遵循的规范，所以才有测试成熟度模型的提出，其目的就是健全和完善测试过程，让过程保证测试工作质量，从而使软件企业获得高质量软件产品。也许对于大型的重要的软件产品，必须依据上述方式进行测试。然而，当今复杂性科学借鉴生物学对社会性昆虫群体的研究指出，上述方式并不是集体智能的唯一方式。实际上，在一些社会性昆虫群体中，每个个体只完成简单的工作，而且每个个体只和很少数其他个体发生联系，既没有统一的指挥机制，也没有全盘计划，而它们的宏观举止和成就，如觅食和筑巢，却涌现出令人叹为观止的集体智能。由此观之，只要系统成员众多，只要稍加一点机制，从每个个体简单行动中就能涌现出非凡的集体智能来，并显出超个体的宏观行为。这就是复杂性科学的重要发现。

在某种意义上，现存的传统科学和技术，其生存和发展方式大部分（如果不是全部的话）都忽略了像社会性昆虫群体那样利用集体智能机制。因此，在传统科技界的许多领域，都没有充分挖掘人类的集体智能。回到软件测试工作，虽然前面提到的Beta测试有点类似社会性昆虫群体集体智能显现样式，但和这里说的“范式”（即由社会性昆虫全体表现出来的工作范式）还是有根本性区别的。众包软件测试技术表明，它才真正符合上述范式：一群具有基本技能，在没有缜密计划，也没有严密组织，只依赖一些简单个体之间交互规则聚集在一起工作，便能涌现出这个时代特有的集体智能，从而完成特定任务。总之，这种范式的基本特征是，每个自由、独立的个体只做“微”工作，而且不同个体之间只依赖简单规则相互沟通工作信息。而它们完成的工作却像是有组织的团队有条不紊地按计划达到的。社会性昆虫群体这种完成工作的机理，在生物学上是用遗传和进化来解释的，但对于我们人类来说，这种机理只能用是当代集体智能从“芸芸众生”有机凑合的大量微小任务的完成中涌现来说明了。

当今，生物学和复杂性科学都认为，人类可以效法社会性昆虫，开发出类似于它们行为的模式去完成人类的一些工作。这些工作除了能分解成许多微小任务且这些小任务是每个个体都能完成的以外，最为重要的是控制每个个体行为的规则。社会性昆虫每个个体的技能以及调节每个个体的行为走向的简单规则，是经过长期生物进化过程，由大自然赋予它们的。这些规则经受住各种考验，它们简单且融合进个体行为技能中，因此能把乌合之众群体变成一个“超生物”集体，做出令人类也羡慕不已的“事业”。因而，当我们人类也要使用这种模式工作时，首要地是要制定规则，这种规则不仅要简单明了，而且要它们能把分散的个体的工作整合成为是一个“超组织”的行为。这些规则的实质是让人类的“集体智能”从芸芸众生之中浮现出来，为此，我们不仅要分解一个具体测试工作到微任务单元，让众多工人分散独立完成，最后整合它们，还要挖掘历史上众多测试员的工作实例或当下各个测试员的动态过程，整合为一些有价值的资料，给别的开发人员和测试员借鉴。下面我们就众包测试技术介绍后两项的工作。

### 12.2.2 利用历史资料调试程序的众包技术示例

Chen 等[141]提出一个称为 Crowd Debugging 的方法。该方法的基本思想是利用软件界开发软件长期积累的资料排除当前正在开发的程序中的缺陷，因此在这种意义上，它可以看作一种整合历史众包工人的相似测试报告的技术。

SO(Stack Overflow)是一个问答(Question & Answer，QA)社区，是与程序相关的 IT 技术回答网站。该网站是免费的，用户可以在其上提交问题、浏览问题、索引相关内容和答案。由于有众多专业人士聚集在 SO 论坛，而且用户能很快接收到回答，所以自从它于 2008 年 8 月建立以来，一直受到软件界人士的关注，软件开发者都乐意将问题提交给网站，希望得到回答，从而解决自己的问题。Chen 等统计，截至 2014 年 5 月，SO 网站共收到 19 881 018 个问题。有趣的是，在这将近两千万个问题中，有 1 632 590 个问题是“再发生”问题(Recurring Questions)，这些“再发生”问题占问题总数的 8.2%。

Chen 等认为，上述现象说明了这样一件事实：软件开发者往往都面对相同的问题。人类思维的一些习惯会在开发者编写代码中浮现出来，因而不同程序中往往会有本质上相同的缺陷。于是，一个程序员要咨询的问题通常都会与另一个程序员提出的问题相似，而且在一个历史阶段，前人已经解决的问题，后人不知道，仍然会提出来寻找答案。基于上述认识，Chen 等意识到，可以利用 SO 积累的丰富资料，帮助现在的开发者，当他们处在 SO 中曾经提问者所遇到的类似情况时。他们决定利用 SO 从 2008 年 8 月到 2014 年 5 月积累的所有问题，并不限于复现问题，借助从 QA 数据库开发出的知识库，设计一个基于“集体知识”的软件除错方法。这个方法就是 Crowd Debugging。也就是说，Crowd Debugging 方法利用历史上开发者集体的以问题和答案 QA 方式记录的知识检测当下在处理的代码片段的缺陷。

在详细介绍 Crowd Debugging 方法之前，我们先看一下图 12.2，它是 Crowd Debugging(以下简称 CD)方法总览图。SO 问题-回答代码对(Code Pairs)已经“居住在”数据库，然后在目标源代码和 SO 问题块(Question Code Block)之间进行代码克隆检测(Code Clone Detection)，以确定两者之间的相似片段。这些被检测的代码克隆对是图 12.2 中左框图中的阴影区域，其中左边两个阴影区域是来自目标源代码的两个克隆片段(M1 和 M2)，中间两个阴影区域是来自 SO 问题代码块中两个相应配对的克隆片段(QF1 和 QF2)，可以看出 M1 和 QF1，M2 和 QF2 分别是两个代码克隆配对物。

目标源文件和 SO 问题块进行代码克隆比较以后，再把 SO 问题块中已经和源代码配对的克隆代码块和 SO 回答块中相应代码块进行匹配分析。匹配分析是通过代码之间相似度的比较进行的。为此，定义代码特征条款(Code Like Terms)，它是由能表征代码特征的要素和标题构成的序列。于是，将 SO 问题代码块中被检测到的克隆的代码特征条款和 SO 回答代码块中相应代码的代码特征条款比较，考查它们能否匹配。一般地，在 SO 问题块和回答块中通常都包括这样的代码片断，它们的某些特征条款相同。我们知道，问题块中的代码可能存在缺陷，而与之相应的回答代码则提供了调整版本。因此，通过上述比较步骤，如果发现匹配，那么我们就识别出目标源代码中错误的潜在位置。这种信息将作为"警告"(Warning)通报给用户。

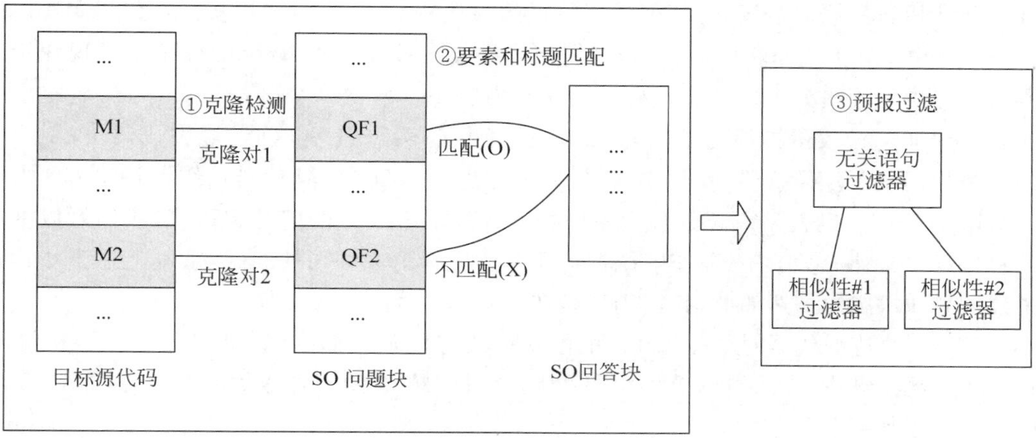


图 12.2　CD 方法总览图

(转摘于文献[141]图 1)

由于 SO 历史记录了"海量"数据，其中冗余量很庞大。如此一来，通过上述两个步骤，标志出的源码中错误潜在位置的信息极有可能会非常多，其中难免会有不少误报信息(False Positives)。因此，在通报给用户之前，还必须对 Warning 进行过滤，借此去除那些误报警示，这是利用通报过滤机制进行的。过滤掉大量无关错误信息后，最后生成一个包含源文件名称、错误存在范围、错误修复说明等信息的 Bug 报告给用户，用以辅助开发人员进行程序调试。

在图 12.2 中，就代码特征条款而言，因为 QF1(它是 M1 克隆配对物)在 SO 回答代码块存在匹配代码物，而 QF2(它是 M2 克隆配对物)在 SO 回答代码块中没有匹配代码物，所以 M1 是有缺陷的代码片断，而 M2 不是。

详细分析，CD 方法由 5 个顺序阶段组成：代码对数据库构造(Code Pairs Database Building)、克隆检测(Clone Detection)、元素和标题匹配(Element and Title Matching)、预报过滤(Post Filtering)和通报有缺陷代码片断(Reporting Defective Code Fragments)。下面分别讨论之。

**1. 代码对数据库构造(Code Pairs Database Building)**

这一阶段的目标是在 SO 中建造(包括在线建造)一个包括问题-回答代码对数据库。

在问题-回答代码对中，问题和回答都包含代码要素(Elements)，而且问题的回答具有较高分值，至少获得一张以上赞成选票的。如果对某个问题有若干个回答，得分都是一样高，则我们选取最近期的那个回答，即使它并没有明晰地被标志为“接受”。一般来说，先前的回答已经标志为接受，都是对相应问题的较好回答。如果参与 SO 论坛的开发者断定问题的某个回答所提供的方案能够解决问题，则会投赞成票，于是那个回答的分数将以投票方式增加。这样一来，具有最高分数的回答就意味着开发者群体的意见高度一致。

CD 方法是要检测目标源码中的错误，因此明确指出代码中的要素是非常重要的。这些要素通常用自然语言表述，是相似代码特征的表达。对于在线代码，我们把代码要素放入〈code〉标签中；对于代码块中的代码，我们把代码要素放入〈pre〉〈code〉标签中。现在定义代码块为包含上面提到的已经完成标记的所有内容。

我们用〈$Q$，$A$〉表示被检测的问题-回答对，其中 $Q$ 为来自 SO 问题域中代码块，$A$ 为相应的回答代码块。注意文献[141]考虑的方法仅是 Java 问题，但是文献作者指出 CD 方法也不局限于 Java。也就是说，SO 包含不同类型程序语言表述的问题和回答，我们可以抽取不同程序语言代码片段，依赖在 SO 挖掘运用该语言标记关键词的问题，重复上述方法构建和扩建问题-回答对，虽然如此，我们仍然是在 Java 语言背景下讨论。

总结：在建造的代码对数据库中，每个问题-回答代码对都以〈$Q$，$A$〉形式表示，其中，$Q$ 来自 SO 问题代码块，$A$ 来自 SO 回答代码块，是对问题 $Q$ 的回答最优的一个，并且在 $Q$ 和 $A$ 中都嵌入了代码要素条款。

**2. 克隆检测(Clone Detection)**

这一阶段的目标是把软件项目的源代码和上一阶段产生的 SO 代码对(例如)〈$Q$，$A$〉中的 $Q$ 进行比较，即在目标源代码中检测与 $Q$ 相似的代码。

文献[141]运用一个以原文文字标记为基础的代码克隆(Textual Token Based Code Clone)技术，如利用 CCFinderX[142]，去实现上述阶段要实现的目标。CCFinderX 能够检测不同语言且范围较广的代码片断。值得注意的是，文献[141]采取的克隆检测技术，对代码类型还作了限制。简略地说，要检测的克隆代码类型不易(或较少)产生误报情况。CCFinderX 技术对这样类型的代码克隆能够有效检测。此外，文献[141]对克隆代码的“粒度”也作了限制，精确地讲，是对要检测的代码片断标记(Tokens)数量的下限作了规定，要求被测标记数最小为 30(默认数为 50)，这是为了尽可能多地确定有用的克隆代码。因为这个下限使我们能够表示一个有方法名字、返回类型和单个语句体的具体方法。值得注意的是，这里给的下限数是作者的“经验”数值，下面遇到类似情况，也是如此，不再赘述。

对要检测的克隆代码标记数量作了下限约束的规定就意味着若干个要检测的克隆对可能来自同一个目标源代码产生的代码对，只要它符合关于标记数量的下限规定。这样一来，我们就会得到一个克隆集，它覆盖最大顺序(基于标记)的代码行。于是，检测到的代码对就被标记为〈$QF_n$，$M_m$〉，其中 $QF_n$ 是 $Q$ 中第 $n$ 个被检测的代码片断，而 $M_m$ 是源码中的第 $m$ 个与之匹配的代码片断。也就是说，我们原先要检测的源代码和 $Q$ 匹配的代码对，现在变成集合{〈$QF_n$，$M_m$〉}了。

**3. 要素和标题匹配(Element and Title Matching)**

前一阶段,我们得到一组 $M_m$,其中每个都可能有缺陷。这一阶段的目标是要从 $M_m$ 集合中确定有潜在缺陷的代码片断。

回忆一组 $M_m$,它来自克隆检测阶段得到的集合{〈$QF_n$,$M_m$〉},该集合是由 SO 中问题-回答代码对〈$Q$,$A$〉中 Q 在克隆检测阶段产生的。

如果 SO 标题(Title)与 $QF_n$、SO 标题与 $M_m$、$M_m$ 与 $A$ 等之间关于代码特征条款(Code Like Terms)不匹配,则〈$QF_n$,$M_m$〉就被抛弃不用。之所以如此,是因为上述不匹配通常会产生误报缺陷存在的情况。另外,如果 $QF_n$ 包含代码行数太多(超过 15 行)或太少(小于或等于 3),也要移走,这也是因为它们会产生误报"警告"。

我们比较 $QF_n$ 和 $A$ 的代码特征条款,如果至少有一个代码特征相同,则认为 $QF_n$ 和 $A$ 相似,这时与 $QF_n$ 相应的 $M_m$ 就被认为具有潜在缺陷。这是因为 SO 中大部分回答,它关联到相应问题的代码元素大都有问题。通常 SO 群体都强调问题中的可能出错的代码元素并在回答体中给出修改答案。

总之,匹配分析是在通过克隆检测和去除一些可能产生误报的克隆对以后在剩下的克隆对中进行的。例如,对〈$QF_n$,$M_m$〉克隆对,将问题 $QF_n$ 和相应回答 $A$ 进行匹配分析,若匹配,则 $M_m$ 就是可能存在缺陷的源代码片断。为了简便,今后把如此得到的 $M_m$ 或 $QF_n$ 中的代码都称为警告,因为它是程序缺陷可能存在的位置。

**4. 预报过滤(Post Filtering)**

上述克隆检测和匹配分析两个步骤的目的都是更好地识别源码中错误的潜在位置。但是,仍然会存在大量误报情况,即在给出的缺陷存在位置的所谓警告信息中,有许多警告是误报的。为了更好地利用"众包"信息进行程序调试,文献[141]设置预报过滤机制,该机制有效去除了大量与程序错误无关的信息,即有效过滤掉那些误报警告,从而更好地帮助开发人员定位目标程序中的错误位置。

预报过滤机制包括两种类型过滤器,一种是无关语句过滤器,另一种是相似度过滤器。

实际上,在检测活动中,有大量无关语句被检测。所谓无关语句(Non-essential Statements)是指它们非常普通而且不太可能关联到程序的正确性。无关语句通常具有一定模式,针对这些代码模式,文献[141]开发了过滤器,过滤掉以下类型的无关语句。

(1) 最初的语法分析(Primitive Parsing)、对象创建(Object Creation)、附加(集合)项(Appending Collection Items):如果 $QF_n$ 包含最初语法分析代码(如 Integer. parseInt)、对象创建代码(如 AnObject obj = new AnObject( ))和集合项附加代码(如 obj. put("item")),因为这些代码极其普通且与程序错误并不关联,所以如果这些模式代码行数和 $QF_n$ 代码行数的比值大于 0.4,则移去它们。

(2) 平凡小的代码构造(Trivial Small Code Construct):许多 $QF_n$ 都有循环(如 for/while)、条件(如 if)和异常(如 try/catch/finally)等构造。通常这些构造在语义上和结构上都正确。如果 $QF_n$ 含有的这些构造比较小,当它们的总行数小于或等于 4 时,则把它们移去。

(3) 覆盖方法(Overridden Methods)：对于覆盖方法(toString( )、run( )、compare( )、hashCode( )和 equals( ))，如果它的方法体与 Java 规格说明定义的正确协议相一致，则将它移去，因为这时它最有可能产生误报。例如，根据 Java 规格说明，equals( )方法必须是自反、对称、传递和一致的。对于对称性，它意味着：x. equals(y)返回 True，当且仅当 y. equals(x)返回 True。由于 instanceof 的运用并不对称，因而它不是有效对称协议。于是，当 equals( )体中为了"比较"(Comparison)而运用了 instanceof，这时 equals( )方法看来就与 Java 规格说明不一致，所以它不应该被抛弃。

(4) 单一语句块(Single Statement Block)：在 $QF_n$ 中一个由花括弧构成的单一语句块，也要被移去，因为许多这样的语句是平凡的且是误报的警告。

运用无关语句过滤器移走大量误报警告以后，还要进行相似度分析，这时分别独立地运用两个相似性过滤器(Similarity Filters)。大体上说，文献[141]为两个相似性过滤器分别设定不同阈值。例如，第 1 个过滤器考查 $QF_n$ 和 $A$，第 2 个过滤器还要考查 $M_m$ 和 $A$，根据阈值把相似度不能满足要求的警告过滤掉，以保证 $QF_n$ 和 $M_m$ 中剩余的代码有一定的匹配，从而使从两个过滤器得到的输出都作为警告最后确定下来。

**5. 报告有缺陷代码片断(Reporting Defective Code Fragment)**

经过克隆检测产生出大量能揭示程序缺陷潜在位置的警告信息，再经过匹配检验和预报过滤，我们最终得到能够识别程序错误潜在位置的较为可靠的信息。这些信息将通报给开发者，以帮助他们在当下开发软件项目中调试自己的程序。

所有值得怀疑有缺陷的代码片断以一种 Bug 报告的形式交给开发者。一个 Bug 报告包括源文件名称、错误潜在范围、错误修复建议等信息，并且对错误发生的原因和修复建议都有说明。图 12.3 所示为一个 Bug 报告示例。

| | | |
|---|---|---|
| Defective Code: | | AxisEntity.java (line 139 – 145) |
| Explanation (on defective code) | : | Using instanceof for comparison is asymmetric |
| Suggestion | : | Use getClass( ) for symmetric comparison |
| URL | : | stackoverflow.com/questions/7132649 |

图 12.3 Bug 报告示例

(转摘于文献[141]图 2)

图 12.3 显示了一个 Bug 报告样式，该报告来自 JFreeChart。它除了指出源文件名称(AxisEntity. java)和缺陷代码片断 $M_1$(即 139～145 行)，还指出了论坛群体对这有缺陷代码片断的解释。根据群体看法，$M_1$ 中的 equals( )方法没有正确遵守对称性要求(协议)要求，这是由于在对象的比较中运用了 instanceof 产生具体实例做法。为了 equals( )方法符合正确契约，其中关于对象的比较必须要满足对称性。因此，群体建议的修改方法是用 getClass( )替代 instanceof。该报告还引用 SO Post URL 作为开发者参考。

Crowd Debugging 方法利用群体只是在开发者的源代码中检测错误代码，并向开发者提供“群体”所作的并带有解释说明的关于程序错误的修复建议，使开发者调整自己的程序。这种技术的有效性，文献[141]通过在 8 个高质量并且很好维护过的工程项目上运用该技术得到“证实”。这个方法共提出 189 个警告，其中有 171 个(占总数的 90.5%)警告被开发者证实。对于这些发现的问题以及提供的解决方法的清楚说明，开发者都表示感谢。文献[141]并将被开发者确认的 171 个缺陷与 3 个流行静态分析工具(FindBugs、JLint 和 PMD)作比较，仅 FindBugs 检查到其中 6 个，而 JLint 和 PMD 一个都没有检查到。

### 12.2.3　利用实时信息调试程序的众包技术示例

程序调试是执行的测试没有通过后应当要做的工作，或者说当发现软件存在问题时程序开发者或维护者应该要做的工作。调试程序首先要确定程序错误的性质及其所在位置，然后是修改错误。虽然修改错误并不一定是一件容易的事，有时“牵一发而动全身”，但是确定程序错误的性质及其位置更困难。因为我们不知道错误位置，所以发现的错误可能会是程序中任意语句出了问题，这对庞大复杂软件而言，寻找它犹如“大海捞针”，让人迷茫。此外，传统软件工程理论中关于调试过程的研究并不多。通常调试程序工作大多是依赖程序员的个人经验及其对程序的深入理解，有时还借助突然的“灵光一现”。因此，调试程序需要程序员有奉献精神，他们只能通过长时间的辛苦搜索，才有可能找到错误，有时这种劳累只是为了修改一行语句。

可惜的是，长期以来软件界程序员的调试和维护程序的具体做法，随着项目的结束便无人过问，至少绝大多数并没有记录在案，与做法相关的信息也就白白流失了。即使多名开发人员都在调试同一程序，他们实质上并没有利用“群体智能”。也就是说，在程序的理解、错误的定位以及程序的修复工作中，我们看不到程序员之间存在相互作用、相互影响的现象。正是由于关注这些传统测试理论并不关注的问题，众包测试技术才应运而生并获得发展。

Fabio Petrillo[143]更加关注实时信息对程序员调试的帮助，提出 SDI 框架(Swarm Debug Infrastructure)。SDI 框架支持程序调试信息的收集和存储，实现程序调试信息的共享和可视化，从而使参与到同一程序调试任务的开发人员能够利用群体智能更有效地完成程序理解、错误定位及修复工作。值得注意的是，这些收集到的并存储了有关程序调试的信息，还可以帮助后来的开发人员更方便地维护该程序，甚至在开发人员调试其他程序任务时，也会起到启发作用。

Petrillo 开发 SDI 框架，有几个重要思想来源，大都与生物学和复杂性科学对社会性昆虫的集体行动的考查有关，这些社会性昆虫群体表现出来的宏观现象带有“群体智能”特征。

我们首先考查信息搜寻理论(Information Foraging Theory，IFT)。IFT 理论是 Pirolli 和 Card 开发的，它讨论个体怎样用最优方式搜寻信息。实际上，这个理论受到生物学的启发。例如，研究蚂蚁觅食行为，就可以发现人们的信息搜寻模式和动物的食物的搜寻策略之间存在某种类似之处。例如，Fleming 等认为，没有环境支持，在调试过程搜寻错误是乏味费力的事情。因此，在调试程序时，设置断点使开发者在调试环境中更容易定位搜索过程。

实际上,这种做法和下面将要提到的蚂蚁在觅食路径上放置"信息素"优化觅食过程的做法一样。Piorkowski 等还认为,调试工具应该提供多样化信息,因为"多样性"(Diversity)对于 IFT 理论是必不可少的要素[143]。这与蚂蚁群体从多方向随机地搜索食物位置,然后找到最好觅食路径行为一样。

我们观察到,蚂蚁这种社会性群居生物觅食过程中,不仅存在蚂蚁和环境之间的相互作用,而且还存在蚂蚁之间的相互作用。这种相互作用极其简单,没有全盘规划,只在局部范围内有效,可是却能解决蚂蚁整个群体的生存问题。这种宏观行为模式,启发另一个理论集体智能的出现。

一个蚁群可能由数百只乃至数百万只蚂蚁构成,其中没有领导者,也不存在指挥机制。每只蚂蚁都很简单,只受遗传天性的驱使外出寻找食物,构筑巢穴,抵抗入侵者,或哺育,或巡逻,或处理垃圾。在做这些事情时,每只蚂蚁只与周围一小部分蚂蚁交互。所谓交互,也只是对其他的蚂蚁释放的化学信号作出反应,而且还是极其简单的反应。然而,这种没有计划、没有统一指挥的蚁群,它们却能分工合作,构成一个"超生物体",形成有复杂行为和高超的"群体智能"。例如,它们使用泥土、树叶和小树枝建造出极为稳固的巢穴,巢穴中有宏大的通道网络,育婴室温暖而干爽,温度由腐烂的巢穴材料和蚂蚁自身的身体控制[15]。

来看一下蚁群的觅食行为。搜寻食物的蚂蚁开始随机地选择方向进行搜索,如果在该方向上得到食物,且食物的质量高,可能携带一点食物返回蚁穴,并沿途留下作为信号的化学物质,称为"信息素"(Pheromones)。其他蚂蚁发现了信息素,就可能会沿着信息素的轨迹前进。如果找到了那堆食物,同样也可能携带一点食物返回蚁穴,并沿途留下信息素,以增加那条路径的信息素强度,以便让其他蚂蚁沿同样路径觅食。由于信息素本身随着时间流逝也会蒸发,所以当通向食物的某条道路比较长,与通向食物较短路径相比,该路径的信息素得不到增强可能就消失了。于是,秩序就出现了。蚂蚁就沿着最短路径觅食,并把食物搬回巢穴。特别地,当这条道路发生变化(如被水淹了),蚁群还会找到另一条较好的路径。尽管没有中央控制机构指挥每只蚂蚁的行动,每只蚂蚁只是局部地和环境或其他蚂蚁相互作用,但是它们一起创造和沟通了关于食物位置和质量的各种信息,并且这种信息还会适应环境的变化。蚁群这种觅食行为,在蚁群巢穴和食物源之间构建最优路径,是蚁群集体智能的体现。每只蚂蚁仅遵循局部简单规则,即放置和跟踪信息,个体的行为只依赖它和其他少数个体以及环境之间的随机地局部交互,事前没有任何规划,却涌现出一条宏观觅食路径,这是一种自组织现象。

一群无组织无领导的各行其是的简单蚂蚁,仅凭每个个体必须遵循的行为和信息沟通简单法则,构成有序、有目的、有确定结构的协作整体,这种自组织现象的背后存在的机理,便是集体智能。大自然为了弥补简单个体生存的不足,让它们结群为社会性昆虫,并在群体水平上赋予一种"集体智能",从而使它们更能适应环境。换言之,凡是社会性生物,不管个体多么简单,也不管这种群体有没有中央控制机制,只要个体能遵循某种恒定的且能和环境以及至少能和个别其他个体相互作用的法则,这种法则也不管多么简单,则从这种群体中便会涌现出自组织创造性行为。这时群体好像是一个有高度智慧的"超生物",它们能够做超乎单个生物预见的不可思议的事情，这就是集体智能的本质。简言之，集体智能是从群体中“自然”涌现的，不同于个体智能，它高于个体智能，但不可见，是群体水平上的智能。

同样，在人类社会，也存在集体智能。但由于每个人能力都强，或者精确地讲，是人们自己认为如此，大家每天都在有目的、有计划地做事，根本体会不到有集体智能的存在。即使是通力合作，也是事前谋划且按预先设计的方式进行，我们看到的只是集体力量，根本看不到有一种大自然赋予群体的智能也在暗中发挥作用。实际上，在每个人和社会（或者说环境）打交道时，免不了要和周围部分人交换信息，这时每个人的思维走向都以潜在方式在社会中流通。于是，集体智能出现了。对于人类，这种集体智能不仅促使人们之间相互理解、相互启发、相互合作，而且还促使文明进步，甚至它超越个体，超越历史，超越现有的一切成见，并通过卓有见识的伟大人物的思想呈现于世。在科学史中，我们经常会看到这样的现象，有时一个伟大思想会被不同的人同时想到。例如，自然选择进化论思想，分别被马修（Patrik Mattew）、华莱士（Alfred Russell Wallace）和达尔文独立地并且几乎在同一时期内想到。这种由不同的人在不同地点提出同一个科学理论的事实，说明由于文化之间的随机交流和激荡，会在群体中出现新的思想。也就是说，当时机成熟时，新的思想必然会出现。例如，达尔文受到来自地质学、经济学、哲学甚至拉马克并不正确的“获得性遗传”学说的影响，通过实地考察萌生出自然选择生物进化思想。达尔文所处的时代环境也是马修和华莱士所处的环境，那个时代已经具备了自然选择进化思想出现的条件，新的群体智能已经出现，人们尤其是有见识的人，理论上应该感觉到它，难怪赫胥黎（Thomas Huxley）对自己没有察觉到“随风潜入夜，润物细无声”的群体智能所作的启示而责骂自己道：“真蠢，我怎么没有想到！”[15]

软件界已经是一个合作集体，软件工程中也出现自组织现象，具有某些集体行为类似特征。然而，传统方法并没有真正利用到软件界的集体智能，开发利用集体智能的任务便落到众包技术的研究上。

回到软件调试主题。虽然软件界提供了许多先进的调试方法和工具，帮助开发人员理解被测程序和确定错误位置，但是没有收集软件界中人们进行除错活动的“生动”数据。目前调试方法和工具提供的信息并不是进行除错行动的信息，即使有也是隐含的，不容易被开发人员领悟。然而，开发人员希望捕获调试程序运行时的信息，喜欢实体化方法以及分享集体成员拥有的关于软件调试的知识。鉴于此，Petrillo 运用从复杂性科学和生物学界对社会性昆虫的研究中引申出来的关于信息搜寻和集体智能的理念，开发支持基于内容的众包调试技术。

**1. 群调试方法**

在软件系统中，调试是一个信息“觅食”行为，在其搜寻错误信息时，调试员可以利用个体之间分享信息的行为，使调试环境成为集体智能环境。Petrillo 的群调试方法就是基于信息搜索理论（IFT）和群智能（Swarm Intelligence，SI），在传统的调试方法的基础上形成的概念框架，或者说是一个元模型（Meta Model）。

群调试方法的基本思想是：许多测试员个体采用的调试策略和方法“整合”为一个“群

体”进行一系列活动，从而使调试结果成为一种“超个体群体”的产出呈现出来。事实上，借助观察和收集众多开发者每个人“独立”运用工具调试软件的实质内容，就可以创造一个整合的、呈现调试任务内容的有关软件缺陷信息搜索环境，在这个环境中，每个调试员都能自动捕获、分享他人的基于软件内容的测试知识，从而支持和改进他们各自的调试活动。上述特征的活动还可以“循环”进行，直到软件调试任务完成。如此过程所整合的群体行为，如关于程序理解和再发的缺陷的修复等调试知识，不仅能被当下所有调试员使用，还可以呈现给其他开发人员并为他们的工作所用。这样一来，原本在不同的或者是同一个任务中独立地工作着的众多开发者，通过分享调试轨迹就使程序知识和运行特性涌现，从而创造出一个有集体智能的工作环境。换言之，类似蚁群，单独工作的开发者一起创造出的知识从外表看起来是通过策划出现的。实际上，并没有策划，它只是从每个个体的行动和其他个体的行动相互“感知”、相互影响中涌现出来。由此看来，它和软件工程上采用的一般众包技术具有相同的机理和动机。

群调试作为一个元方法，可以分为以下几部分，每部分都联系到一个过程。叙述时涉及的软件是以 Java 编码的。

(1) 单一调试时期(Single Debugging Session)。在一个调试时期，许多开发者执行正常的调试工作，每个开发者对分配给自己的任务进行调试。在同一调试时期，开发者执行的这些任务可能相同，也可能不相同。

(2) 群调试时期(Crowd Debugging Sessions)。在调试时期，开发者分析代码，切换断点并施行调试。所有这些事件都被清晰地(Transparently)收集起来并编辑到所有开发者组成的群中，也就是群调试时期编辑了所有个体开发者的信息。但是群调试和以前所有方法在收集数据上有根本区别。在传统动态分析方法中，这个时期中所有相互作用、状态或事件都是用工具进行收集，典型地是追踪所有数据但没有任何能反映开发者决定的控制事件或决定内容。这样便导致数据庞大且分析时代价很大，而且开发者还要安装和运行与自己常规任务无关的外部工具来收集数据。现在群调试方法运用数据节俭(Frugality)原则，仅收集那些被开发者有意识地探索的路径以及被开发者明显地访问的方法，这样便减少了在基于内容环境中的调试工作。

(3) 存储调试信息。群调试信息放入调试信息存储仓库(Repository)存储起来。存储器种类很多，如 SDL 数据库 PostgreSQL、全文搜索引擎 ElasticSearch、图数据库 Neo4J。通常它们也作为服务器使用。

(4) 转换信息(Transform Information)。转换信息是利用工具和机械装置完成的。利用可视化工具(Visualization Tools)将信息可视化，利用搜索工具(Searching Tools)开采调试数据，利用推荐系统(Recommendation System)推荐断点。

(5) 正反馈(Positive Feedback)。最后把“涌现”的知识提供给开发者，从而结束这一轮正反馈循环。对于群调试，这种正反馈是非常重要的。运用群调试方法，随着时间进程，开发者产生的有关软件的知识也随之增长。事实上，依靠正反馈过程，开发者的知识总在积累着。也就是说，原始时(即看作起点时)的知识，通过所有调试过程，即通过群调试方法中的收集、信息、储存信息和转换信息等步骤，便会产生有关软件的新知识。于是，这一轮正反馈循环，就使每个新的调试工作，都在开发者关于软件知识拥有的新的状态下进行，如此循环进行直到完全达到有效结果。最后，由于这种关于软件的知识支持常规调试任务（如软件理解）和重复对软件重复出现的错误的修复，所以通过上述群调试方法得到的知识还能被其他开发者共享和应用。

2．SDI

群调试是一个元方法，或者说是在调试数据上运用集体智能的一个概念模型。为了支持 SD，实现它的目标，Petrillo 建造 SDI（Swarm Debug Infrastructure）。SDI 执行群调试方法，它提供一组工具，用以收集、存储、分享、追溯和视觉化数据，这些数据都是开发者于调试工作期间主要和调试工具相互作用而产生的。

SDI 是一个基础结构框架，分为 3 个主要组件部分：Swarm Debug Tracer、Swarm Debug Services 和 Swarm Debug Views。

1）Swarm Debug Tracer（SDT）

Swarm Debug Tracer 是一个插入 Eclipse IDE 的组合式装置。Eclipse 是一个开放源代码的、基于 Java 的可扩展开发平台，就其本身而言，只是一个框架和一组服务。IDE（Integrated Development Environment）是一个集成开发环境，作为一种硬盘的传输接口，用于提供程序开发环境的应用程序。SDT 作为 Eclipse IDE“插件”，便能听到调试工具在调试期间发生的事件。SDT 扩展 JPDA（Java Platform Debugging Architecture），它运用两个监听器（Listener）去捕获 Eclipse JPDA 中的事件。

Swarm Debug Tracer 有两个监听器：第 1 个是 SwarmDebugEventListener，它截获所有用户在一个 Eclipse Debug Session 中的与调试工具之间的相互活动，如 Step Into（F5）或 Seep Over（F6）；第 2 个是 SwarmDebugBreakPointListener，它截获所有有关的断点事件（Breakpoints Events），但是收集的数据仅与断点的加入及 Eclipse IType 有关。典型地，开发者都会关注断点切换以便找到程序错误位置。因此，SDT 收集有关断点数据，如它的位置、条件等。当由断点切换引起调试活动时，SDT 相应地收集与之有关的事件数据、invoking/invoked methods 等数据。但是对于调用或被调用的方法，SDT 仅收集那些在调试期间被开发者访问过的。SDT 将收集的数据通过一组装置存储在 Swarm Debug Services 中。

2）Swarm Debug Services（SDS）

Swarm Debug Services 提供一些基础结构，这些结构是 SDT 为了存储它收集到的调试信息并且为了开发者以后的分享所必需的。

SDS 提供几个服务（Services），做以下工作：处理、咨询和搜索收集到的数据。

（1）Swarm RESTful API

在某种意义上，SD 方法主要基于客户端和服务器交互活动，故 SDT 发送的只是 RESTful 信息。RESTful 提供设计原则和约束条件，RESTful API 是一套协议，用来规范多种形式的前端和同一后台的交互方式。Swarm RESTful API 运用 Spring Boot

Framework 处理调试数据，数据的创造、追溯、修改和删除等运算都可以通过应用 HTTP GET 请求和运用 JSON 结构回答方式获得。

(2) SQL Console

SDS 提供 SQL Console 工具，用来接收对调试数据的询问，提供有联系的集合和函数。

(3) 全文搜索引擎(Full Text Search Engine)

ElasticSearch 是一个基于 Lucene 的搜索服务器，它提供一个分布式多用户能力的全文搜索引擎，基于 RESTful Web 接口。SDS 提供一个 ElasticSearch 部件，它是能在大型开源代码中进行全文搜索和分析的引擎，存储、搜索和分析调试数据。SDS 引入该机制，可以提供一个在调试数据上执行复杂询问的控制台(Console)。

(4) Dashboard 服务

ElasticSearch 部件允许运用 Kibana Dashboard，并能把群调试集合数据以一个 Kibana 实例陈列出来。直观上，Kibana Dashboard 是一个操纵盘或控制板，运用它，开发者可以建造图表，用来表示追溯到的数据。

(5) 图查询控制台(Graph Querying Console)

SDS 在 Neo4J 图数据库也留存调试数据。Neo4J 提供一个称为 Cypher 的询问语言，能描述图形的模式。于是，SDS 使用 Neo4J 浏览器并建立 Eclipse 视图，利用 Cypper 询问语言，使开发者可以在图形中表达他们想选择、插入、修改和删除的“东西”，即使没有精确的怎样做的描述也行。

综上所述，SDS 主要运用 3 个特殊机构储存 SDT 发送过来的信息：SQL 数据库(PostgreSQL)、全文搜索引擎(ElasticSearch)、图数据库(Neo4J)。值得强调的是，上述 3 个机构都是运用类似的一组概念定义 SDT 收集到的信息的语义。实质上，这一组概念是软件工程和调试数据的模型化，它们之间存在紧密联系。这一组概念包括：Developer、Product、Task、Session、Type、Method、Namespace、Invocation、Breakpoint、Event 等。其中 Namespace 是 Type 的容器(Container)，Event 是事件数据，它是开发者在调试期间为完成任务执行活动时被收集到的。至于其他概念以及上述所有概念之间的关联都不难知晓，故不赘述。

3) Swarm Debug Views

除了 SDS 外，SDI 还提供几个工具来搜索并且可视化那些从调试时期收集到的数据。这些工具都整合到 Eclipse IDE，以便使它们能够得到简便应用。所有图形显示都应用 CytoscapeJS 实现，CytoscapeJS 是由 SAITO 等引入的一个 JavaScript Graph API 框架。作为 Web 技术的应用，SD 可视化可以整合到 Eclipse 视图中作为一个 SWT Browser Widget，或者通过一些浏览器(如 Google Chrome)实行。

SD 提供以下一些视图。

(1) Sequence Stack Diagram

Sequence Stack Diagram 是由 Petrillo 等于 2015 年引入的一个新颖图，它能显示方法调用序列。在图中，用圆圈表示方法，用箭头表示调用。图中每行是一个完整栈轨迹(Stack

Trace)，没有返回，其中第1个节点是一个开始方法(它不被任何方法调用)，最后一个节点是一个终止方法(它不再调用别的方法)，节点之间用箭头连接，借以表示方法调用顺序。如果一个调用链中包含一个并不"出发"方法(Non-starting Method)，则建立一个新行，把当前栈(Current Stack)重新复制，并用点画箭头指向这个节点，表示返回。SD提供机制，开发者可以直接进入该图中任意节点中的方法。

(2) Dynamic Method Call Graphs

动态方法访问图(Dynamic Method Call Graphs)是一个关于方法之间的直通访问图(Direct Call Graph)，由Grove等于1997年引入。该图可以用来展示方法调用之间的层次关系。同样地，用圆圈表示方法，有向箭头表示调用。每个调试期间产生一个图，该调试期间收集到所有调用都展示在相应的图中。该图是一个树形结构，其中相应于开始节点的圆圈(它表示不被调用的方法)绘制在树的顶部，树中相邻接的节点表示调用的顺序。SD提供机制，导航开发者前向(Forward)或后向(Backward)依次考查方法调用序列，也可以直接进入图中某个方法。

(3) Debug Global View

作为软件的一种建模，Debug Global View(简称GV)是一个访问图(Call Graph)。GV是用"内容"(Context)数据构建的可视图。内容数据是从前面调试时期收集到的，那时开发者执行不同的任务，而产生的可视图则组合了所有收集到的调用情况。概略地说，GV是基于前述由Grove等引入的直接联系的访问图，把由方法调用创造出来的软件层次关系显示出来，是软件带有立体感的模型化图形。

GV用一些灰色盒子(Gray Boxes)作为节点(Nodes)，它们表示类型(Types或Classed)。这些类型都是开发者在调试期间访问过的。GV用一些有向箭头(Oriented Arrows)作为边(Edges)，它们表示方法访问。这些方法访问，是开发者们在一个软件工程中所有任务探索路径(Paths)上执行过的。每条边的颜色描述任务，而线的宽度和调用的次数成比例，即是开发者沿着那条路径的次数。每个调试时期都产生由上述节点和边构建的可视图，它们与调试时期的内容相关。可视图是按层次组织的，层次是按调用顺序定义的，并且可按宽度优先展示。GV还提供一个基本要素：Task Filter(任务过滤器)。它能依据任务对方法调用进行过滤。对于GV中的视图，GV提供机制，使开发者可以进入任意任务，并且可以伸缩看图。

总之，GV是内容相关可视图，它仅显示被开发者明显地且有意图地访问过的路径，该路径包括类型陈述和基于开发者的决定行为而探索过的方法调用，且方法调用图示采取的是树形结构。

寻找合适的断点，在调试工作中极其重要。群调试提供一个断点搜索工具(Breakpoint Search Tool)，它就是开发者用来寻找合适的断点的。使用这个工具，对于每个断点，SDS捕获类型及其在类型中的位置，该位置是断点切换的地方。于是，开发者就可以分享他们的断点。断点搜索工具允许(或者说组合了)fuzzy、match和wildcard等ElasticSearch查询策略，而结果展示在搜索视图列表中以便于开发者的选择。

开始/结束方法搜索工具(Starting/Ending Method Search Tool)能够搜索具有以下特性的方法：①仅调用其他方法，但在调试期间，它自己本身并没有被其他方法明显调用过；②仅被其他方法调用，但没有调用过其他方法。

可以形式地定义开始/结束方法(Starting/Ending methods)：令图 $G=(V,E)$，其中 $V$ 是图的顶点集合，$V=\{V_1,V_2,\cdots,V_n\}$，$E$ 是图的边的集合，$E=\{(V_1,V_2),(V_1,V_3),\cdots\}$。每条边用形如 $\langle V_i,V_j\rangle$ 的对偶方式表示，其中 $V_i$ 是调用 $V_j$ 的方法，而 $V_j$ 是被 $V_i$ 调用的方法。令 $\alpha$ 是顶点集合 $V$ 中所有调用其他方法组成的子集合，$\beta$ 是顶点集合 $V$ 中所有被其他方法调用的方法组成的子集合。于是 Starting Methods 集合和 Ending Methods 集合分别为

$$\text{StartingPoint}=\{V_{\text{SP}} \mid V_{\text{SP}} \in \alpha \text{ 且 } V_{\text{SP}} \notin \beta\}$$

$$\text{EndingPoint}=\{V_{\text{EP}} \mid V_{\text{EP}} \in \beta \text{ 且 } V_{\text{EP}} \notin \alpha\}$$

确定这些方法在调试时期很重要，因为它们是程序运行时进入和退出的点。

综上所述，SDI 由 SDT、SDS 和 SDV 3 个主要部分组成。我们看到 SDI 是一个与 Eclipse IDE 组合且是一组服务器的集合，它能在一个调试期间捕获 JPDA 事件。当开发者在 Eclipse 框架中开始调试，SDI 就启动两个监听器，收集所有用户在该调试期间的有关调试事件。SDI 运用 RESTful 信息(直观上指表现层状态转换信息)与服务器通信、联系，并存储调试数据。然后，开发者通过工具共享这些数据，而且这些数据可以可视化被开发者“看到”。值得注意的是，鉴于断点在调试程序中确定错误位置的作用，Petrillo 的 SDI 框架还提供了断点预测(Breakpoint Prediction)方法。总之，SDI 提供了一个集成于 Eclipse 的开源框架，它收集、储存、共享程序调试期间的数据以及内容相关的断言和事件，并用 Web 技术将程序开发者的探索路径可视化呈现出来。由于 SDI 按时期分割软件开发过程，并且借助访问图(Call Graphs)表示它们，该访问图仅显示开发者有意图访问的区域，所以有助于开发者理解程序、进行错误定位和修复工作，便于多个开发人员参与到同一个程序的调试任务中。利用 SDI 工具执行群调试方法，使原本每个开发员独自运用工具调试程序的活动能够被其他开发员知晓。这样一来，多个开发员之间在程序调试过程中能够进行实时信息交流，从而在所有开发员构成的集体中就涌现出单个开发员并没有的“智能”。这种潜在于人类整体中却被人类忽视的“集体智能”，终于在众包技术中体现出来，这就是 SDI 工具和其他传统支持调试任务工具的本质区别，而且这种集体智能的涌现仅仅在于将每个开发员的经验和做法保存并显示于其他开发员的做法。

## 12.3 软件拓扑空间与测试原理

我们从证明论和证伪论两个哲学理念出发，比较全面地阐述了软件测试原理，讨论了基于不同的原理采取不同的测试方法的意义，并且给出了一些能体现不用原理的测试模式和方法。现在我们将上述各种思想整理综合，从一个新的角度总结至今为止的软件企业在软件测试领域的实践和理论。

Mark Weiser[144]在他的博士论文中首次提出程序切片的概念，他认为一个切片与人们在调试一个程序时所做的智力抽象相对应。一般来说，从源程序中抽取对程序中兴趣点上的特定变量有影响的语句和谓词，组成新的程序，便称为(该兴趣点的)切片。实践证明，通过分析切片分析程序的行为是一个行之有效的方法，目前它已被广泛应用于程序分析、调试、测试、软件维护、度量、逆向工程、再工程等领域[145-151]。

Weiser是根据数据流迭代定义程序切片的，于是程序切片是由程序中某个兴趣点的相关语句集合的不动点构成的集合，计算程序切片就是计算相关语句集合的不动点[146]。Hausler用函数风格重述了Weiser的算法，对每种类型的语句(包括空语句、赋值语句、语句组合、if和while)，都用函数分别表示一条语句是如何转换成相关变量以及相关语句的集合[146]。

事实上，存在几种切片范型。上述以及文献[152,153]提出的是静态切片算法，其主要思想是通过删除程序中一些与兴趣点上有关变量的无关部分来构造。文献[154]提出动态切片，主要思想是在某特定执行中，由输入序列提供给程序的动态信息与传统的静态切片准则结合在一起。文献[155,156]提出条件切片(Conditioned Slicing)，在某种意义上，条件切片是更广泛的一种切片技术，它把静态和动态切片归为自身的特殊情况。

Hwang等[157]曾提出程序切片受该程序语言的语义特性影响，并证明了程序切片算法是语言相关的。目前基于程序语义的切片方法主要是基于传统指称语义的程序切片，即指称切片(Denotational Slicing)[158-160]。文献[145,161,162]提出模块单子切片，它基于程序的模块单子语义(Modular Monadic Semantics)[163]。单子(Monad)概念来源于哲学，是构成物质世界存在的最基本单位。20世纪50年代，单子已作为范畴论中的一种函子，但直到1989年才由Moggi将其引入语义描述框架。随后，Wadler将Moggi的单子方法广泛推广到函数式程序设计(尤其是Haskell语言)中[164-166]。此外，目前主要的程序切片方法都是句法保留的(Syntax Preserving)。也就是说，保留在切片的语句是原程序语句的子集。文献[167,168]提出无定形的切片方法(Amorphous Slicing)，其主要思想是运用任意的程序转换，它简化程序只是关注于保留原程序的功效，从而增加对原程序的理解，它并不是句法保留的。

我们基于上述各种程序切片理念，提出两种形式的程序切片概念。一种是程序语句切片，可以是无定形的语法保留的抽象物；另一种是程序切片单子，基本上属于无定形随机的、相对于用户操作的出现切片抽象物。用前者构造程序拓扑空间，用后者构造程序拓扑空间的非标准模型。这里要强调的是，现在我们要加以描述的这些概念只能在抽象层次上对具体程序分析提供某种引导作用，并非是提供具体的合法的工具，像上面所引述的文献致力于的工作那样。

1993年9月，一架飞机在波兰华沙机场降落，虽然制动系统软件完全是按照它的描述工作的，可能是当时的大风暴天气使原来在系统描述中隐匿的错误呈现，导致飞机失控，最终酿成严重事故[33]。像这样的系统失效来自系统描述的错误的例子在历史上不乏多见。这与集合论中对集合构造用自然语言描述的概括原理从而导致罗素悖论的情况极其相似。

数学家的解决办法之一就是用严格公理化形式语言表述集合。同样，软件形式化描述不只是设计和实现的验证的基础，也是以其精确的系统描述保证尽可能减少误解的范围。然而，软件失败还有一个重要源头，那就是用户的操作，即软件的运行环境。我们认为软件运行环境是不确定的，就像华沙机场上的那架飞机一样，“莫名其妙”地发生事故。我们的目的是利用语言切片构造软件拓扑空间，并对它进行非标准分析，从而证明软件本身的缺陷是一切像软件这样的形式系统所固有的，进一步得出软件测试应该注意的研究方向：一是测试方法、手段的研究；二是软件运行环境的研究。虽然这些结论并不是新鲜的，但是我们的研究将增进人们对软件缺陷理论的理解，从而为找到更好的测试和预防方法提供启示。

## 12.3.1 预备知识

### 1. 拓扑空间基本概念

**定义 12.1**(拓扑基)[169] 集合 $X$ 的一个子集合族 $\mathfrak{B}=\{B_\alpha\}$ 叫作 $X$ 的一个拓扑基，如果它具有以下两个性质：

(1) $X$ 的每个点属于 $\mathfrak{B}$ 的(至少)一个成员，即 $\bigcup\limits_{\alpha} B_\alpha = X$；

(2) 如果 $X$ 的点 $x$ 属于 $\mathfrak{B}$ 的两个成员 $B_\alpha$ 与 $B_\beta$ 的交集 $B_\alpha \cap B_\beta$，则存在 $\mathfrak{B}$ 的(至少)一个成员 $B_\gamma$，使 $x \in B_\gamma \subset B_\alpha \cap B_\beta$。

**定义 12.2**(拓扑空间)[169] 设 $X$ 是一个集合，而且 $\tau$ 是 $X$ 的一个子集合族，其中成员叫作 $X$ 的开集(而且只把 $\tau$ 的成员叫作开集，这里的开集是公理方法中所谓未定义的名词)，如果 $\tau$ 满足以下 3 个公理，它就叫作集合 $X$ 的一个拓扑。

(1) $X$ 与空集 $\varnothing$ 是开集；

(2) 两个开集的交集是一个开集；

(3) 任意多个开集的并集是一个开集。

集合 $X$ 与它的一个拓扑 $\tau$ 在一起，叫作一个拓扑空间。记作 $(X,\tau)$。$X$ 的点、子集、开集与拓扑 $\tau$ 分别叫作空间 $(X,\tau)$ 的点、子集、开集与拓扑。当拓扑 $\tau$ 不必明确指出时，也可简称 $X$ 为拓扑空间。

**定理 12.1**(拓扑空间定理)[169] 如果 $\mathfrak{B}=\{B_\alpha\}$ 是空间 $X$ 上的一个拓扑基，在 $\mathfrak{B}$ 上构造 $X$ 的子集族

$$\tau=\{A \mid \exists B_\alpha,\cdots,B_\gamma,\cdots,\in \mathfrak{B}, A = B_\alpha \cup \cdots \cup B_\gamma \cup \cdots\}$$

则 $\tau$ 是 $X$ 的一个拓扑，而且 $\mathfrak{B} \subset \tau$。于是 $(X,\tau)$ 便是一个拓扑空间，且称拓扑 $\tau$ 为由拓扑基 $\mathfrak{B}$ 诱导出的拓扑，拓扑基 $\mathfrak{B}$ 也叫作拓扑空间 $(X,\tau)$ 的一个拓扑基。

**定义 12.3**(可数集合) 如果一个集合的元素能与自然数集合中的元素一一对应，则称该集合为可数集合。为方便表达，有限集合(即只含有限多个元素的集合)也算作可数集合。

关于可数集合有一个重要事实，有限个甚至可数个可数集合的并集仍然是可数集合。

**定义 12.4**(覆盖) 如果 $\mathcal{U}=\{G_\alpha\}$ 是 $X$ 的一族开集，使 $X \subset \bigcup\limits_{\alpha} G_\alpha$，则 $\mathcal{U}$ 叫作 $X$ 的一

个开覆盖,按照$\mathcal{U}$中成员的个数是有限的或是可数的,$\mathcal{U}$分别叫作 $X$ 的有限的或可数的覆盖。

**定理 12.2**(LindelÖf 定理)[169] 如果拓扑空间 $X$ 具有一个可数的拓扑基,则它的任意开覆盖有一个可数的子覆盖。

**定义 12.5**(紧空间)[169] 拓扑空间$(X,\tau)$称为紧的,是指对 $X$ 的每个开覆盖$\upsilon$,都存在有限个$\upsilon$中的开集,它们的并覆盖 $X$,此时称$\upsilon$有有限子覆盖。

**2. 非标准分析基本概念**

**定义 12.6**(滤和超滤)[170] 设 $I$(如 $I$ 是自然数集 $N$)的子集合族$\mathcal{A}$,如果有

- $\mathcal{A}$对有限交封闭,即对任意 $A,B\in\mathcal{A}$,则 $A\cap B\in\mathcal{A}$
- $\mathcal{A}$对超集运算封闭,即任意 $A\in\mathcal{A}$,$A\subseteq B$,则 $B\in\mathcal{A}$
- $\varnothing\notin\mathcal{A}$

则称$\mathcal{A}$为 $I$ 上的一个滤子。如果$\mathcal{A}$还满足

- 对 $I$ 任意的子集合 $A$(即 $A\subset I$),则 $A$ 和 $A^c$($A$ 的余集)中必有一个属于$\mathcal{A}$

则称$\mathcal{A}$为 $I$ 上的一个超滤。

非空集合 $I$ 上的超滤结构和 $I$ 上的概率测度存在一种特殊关系[171]。

设$\mathcal{F}$是非空集合 $I$ 上的一个超滤,对任意 $A\subset I$,令

$$\mathcal{P}_{\mathcal{F}}(A)=\begin{cases}1, & A\in\mathcal{F}\\ 0, & A\notin\mathcal{F}\end{cases}\tag{12.1}$$

可以证明:$\mathcal{F}\rightarrow\mathcal{P}_{\mathcal{F}}$是 $I$ 上的超滤,和 $I$ 上的只取 0 和 1 的有限可加概率测度之间一一对应。

因为我们只研究软件拓扑空间,所以只对拓扑空间建立非标准模型。

**3. 拓扑空间非标准模型**

当研究一个拓扑空间 $X$ 时,我们主要关心拓扑空间 $X$ 中的点和子集,以及点和子集之间的属于关系,因此可以认为 $X$ 的点和子集是要考查的元素,则"属于"是要考查的主要关系,令 $V$ 是 $X$ 中所有点以及 $X$ 的所有子集组成的集合,即 $V$ 的元素是 $X$ 的点或是 $X$ 的子集,在数学上即认为 $V$ 为一个准数学类。

现设 $X$ 是一个拓扑空间,$V$ 为上述关于 $X$ 的准数学类,$I$ 是一个非空集合,$\mathcal{F}$是非空集合 $I$ 上的一个超滤,$P$ 是与$\mathcal{F}$对应的 $I$ 上只取值 0 和 1 的有限可加概率测度。令 $V^I$ 是 $I\rightarrow V$ 的所有函数的集合,即若 $f\in V^I$,则 $f:I\rightarrow V$ 是从 $I$ 到 $V$ 的一个函数。我们在 $V^I$ 上引入一个等价关系"$\sim$",$f\sim g$ 当且仅当

$$\{i\in I \mid f(i)=g(i)\}\in\mathcal{F}$$

即

$$\mathcal{P}(\{i\in I \mid f(i)=g(i)\})=1$$

用 $^*f$ 记 $f$ 所属的等价类。以 $^*V$ 表示 $V^I$ 在关系$\sim$下的等价类的集合。对任意 $V$ 中的元素 $v$,用 $^*v$ 表示 $I$ 到 $V$ 的常值映射所属的等价类,则有 $V$ 到 $^*V$ 的一个子集上的一一对应,满足 $^*(V)={}^*V$,称 $^*V$ 为 $V$ 的一个超幂。

可以证明映射 $*$：$V \to {}^*V$ 满足以下条件：

- $*$ 是 1-1 映射
- ${}^*(\varnothing) = {}^*\varnothing$
- 转换原理成立，即 $\vDash \alpha \Leftrightarrow \vDash {}^*\alpha$

其中，$\alpha$ 为形式语言中的句子；$\vDash \alpha$ 表示 $\alpha$ 为真；$\Leftrightarrow$ 表示等价；而 ${}^*\alpha$ 表示将 $\alpha$ 句子中所有常量 $V_1, V_2, \cdots, V_n$ 换成 ${}^*V_1, {}^*V_2, \cdots, {}^*V_n$ 后所得的句子。

于是根据非标准模型定义超幂 $*$ 是 $V$ 的一个非标准模型。

在 $X$ 空间上点与集合之间的属于关系以及 $X$ 空间上的集合之间的包含关系，甚至 $X$ 上的其他结构，都可以推广到超幂模型 ${}^*V$ 上。举例如下。

在 ${}^*V$ 中引入"属于"关系，即对任意 ${}^*f, {}^*g \in {}^*V$，若

$$\{i \in I \mid f(i) \in g(i)\} \in \mathcal{F} \text{ 或 } \mathcal{P}(\{i \in I \mid f(i) \in g(i)\}) = 1$$

则 ${}^*f \in {}^*g$，于是 ${}^*V$ 也是一个准数学类。

在 ${}^*V$ 中引入"包含"关系，即对任意 ${}^*f, {}^*g \in {}^*V$，若

$$\{i \in I \mid f(i) \subset g(i)\} \in \mathcal{F} \text{ 或 } \mathcal{P}(\{i \in I \mid f(i) \subset g(i)\}) = 1$$

则 ${}^*f \subset {}^*g$。

若把 $X$ 中的点称为基元(个体)，$X$ 中的子集称为 $X$ 的集元，把基元和集元都统称为实体。相应地，也可以在 ${}^*V$ 中引入基元和集元以及实体等概念。若 ${}^*f \in {}^*X$，则称 ${}^*f$ 为 ${}^*V$ 中的基元，即 ${}^*X$ 中的元素为基元，而 ${}^*V$ 中非 ${}^*X$ 的元素称为集元，同样，基元和集元统称为实体。

在研究拓扑空间 $X$ 时，我们不仅需要研究 $X$ 中的点以及 $X$ 中的子集，如开集、闭集、一点的邻域等，还必须研究 $X$ 的子集的集合，如开覆盖等概念。所以，更一般地，如果我们不考虑数学细节，可以设基本集 $S \supset X$ 足够大且精致，使由 $S$ 构成的准数学类 $V(S)$ 能包含由拓扑空间 $X$ 派生的一切概念。如果没有特别声明，今后提到的 $S$，均指 $S \supset X$，$X$ 是一个拓扑空间，且 $V(S)$ 是 $S$ 上的准数学类。同样，类似前面的做法，令 ${}^*V(S)$ 为 $V(S)$ 的非标准模型，正像前面所说的 ${}^*V$ 中的"属于"和"包含"关系那样。例如，我们可以在 ${}^*V(S)$ 中构造集元的并集、交集等概念。虽然 $V(S)$ 及其非标准模型 ${}^*V(S)$ 对于我们的研究目的显得过于庞大，但为了方便起见，今后我们均在它们之上讨论问题。如果不考虑数学细节，我们不仅取非标准模型为超幂模型，而且还是一种特殊的超幂模型，即它是一个扩大模型。粗略地说，扩大模型是在 $V(S)$ 上满足某些性质的二元关系而在 ${}^*V(S)$ 上满足更强的性质的模型。注意，这里叙述的一切在严密数学中都成立。为了简洁起见，下面有时简记 $V(S)$ 和 ${}^*V(S)$ 为 $V$ 和 ${}^*V$。再回到前面所述的 $*$ 映射，并讨论关于 $*$ 映射的性质。它们均可以从转换原理的定义得出。

**定理 12.3**　$*$ 映射的性质定理[171]

设 $Y$ 和 $Z$ 是 $V$ 中的集元，则有

- ${}^*(Y \cup Z) = {}^*Y \cup {}^*Z$
- ${}^*(Y \cap Z) = {}^*Y \cap {}^*Z$

- ${}^*(Y\backslash Z)={}^*Y\backslash{}^*Z$
- 若 $Y\subset Z$,则 ${}^*Y\subset{}^*Z$
- 若 $Y=Z$,则 ${}^*Y={}^*Z$

容易看出,前两个结论能推广到有限个集元的并和交运算之上。

**定义 12.7** 单子[170],设$\mathcal{A}\in V(S)$为实体的族,称

$$\mu(\mathcal{A})\triangleq\bigcap\{{}^*E\mid E\in\mathcal{A}\}$$

为$\mathcal{A}$的交单子(简称为单子),而称

$$\nu(\mathcal{A})\triangleq\bigcup\{{}^*E\mid E\in\mathcal{A}\}$$

为$\mathcal{A}$的并单子。特别当$\mathcal{A}$是一个滤(子)时,称 $\mu(\mathcal{A})$为滤单子。

**定理 12.4** 滤单子性质定理[170]

设 ${}^*V(S)$是扩大模型,$\mathcal{A}$是集合 $X$ 的子集族,则

- $\mu(\mathcal{A})\neq\varnothing\Leftrightarrow\mathcal{A}$具有有限交性质(即$\mathcal{A}$中任意有限个子集的交非空);
- 当$\mathcal{A}$是 $X$ 上的滤子时,有

$$\mu(\mathcal{A})=\bigcup\{E\in{}^*\mathcal{A}\text{且 }E\subseteq\mu(\mathcal{A})\}\tag{12.2}$$

- 设$\mathcal{A}$,$\mathcal{B}$为 $X$ 上两个滤子,则

$$\mathcal{A}\supset\mathcal{B}\Leftrightarrow\mu(\mathcal{A})\subseteq\mu(\mathcal{B})\tag{12.3}$$

**4. 近标准点定义、近标准点的判别定理和紧空间定理**

**定义 12.8**(近标准点)[170] $a\in{}^*X$ 称为近标准点,是指存在 $x\in X$,使 $a\in\mu(x)$。如果 $a,b\in\mu(x)$,则记 $a\approx b$,全体近标准点的集合记为 $ns({}^*X)$,即

$$ns({}^*X)=\{a\in{}^*X\mid\exists x\in X\text{ 使 }a\in\mu(x)\}\tag{12.4}$$

**定理 12.5** 近标准点的判别定理

$$a\in{}^*X\text{ 为近标准点}\Leftrightarrow\text{对 }X\text{ 的每个开覆盖 }\gamma,a\in\nu(\gamma)\triangleq\bigcup\{{}^*E\mid E\in\gamma\}\tag{12.5}$$

**定理 12.6** 紧空间定理[170]

$$(X,\tau)\text{ 是紧空间}\Leftrightarrow ns({}^*X)={}^*X\tag{12.6}$$

下面我们讨论软件拓扑空间,并把上面的理论运用到软件拓扑空间上。为了说话方便,今后互用软件和程序两个词,即把软件看作是一个“大的”程序,并且在讨论软件时,是考查它的“动态”特性,在某种意义上,是把客户一切可能的运行操作(环境)融入软件中,即把软件当作一个运行时有机整体的程序。

## 12.3.2 程序拓扑空间表示及其非标准分析

**1. 程序抽象表示**

假设 $X=\{x_i^j\},i,j=1,2,\cdots,n,\cdots$。$x_i^j$ 表示程序 $X$ 中第 $i$ 条语句的第 $j$ 次执行。下标按程序“呈现”的自然顺序编号(当然也可按任意次序编号),如果语句(如由某循环结构制约)执行不止一次,这时用上标指明该语句是第几次执行,至于语句(如果执行的话)的执行次数,可以是任意次,甚至是无穷多次(相应于不结束的情况)。如果语句不执行,我们也置

上标为 1,表示它的存在和只执行一次情况等价。为了书写方便,有时简写 $X=\{x_\alpha\}$,其中 $x_\alpha$ 表示原程序中某语句 $x_i^j$。

显然 $X=\{x_\alpha\}$是可数集合,精确地讲,$X$ 中元素的个数至多可数。它也是程序一切可能的"运行"状态的表示。

**2. 程序切片**

正如在引言中所描述的,我们在一般意义上,对于 $X$ 中的每个点 $x$,求出它的切片,记为 $B_x$,令所有的 $B_x$ 组成集合族,记为 $\mathfrak{B}=\{B_x \mid x\in X\}$,它是集合 $X$ 的一个子集合族。对于切片 $B_x$,并不指出它的具体构造(因为在引言中说过,我们的目的只在抽象意义上加深对软件运行及其缺陷的理解),只要求抽象 $B_x$ 满足以下性质:对于 $X$ 中任意点 $x$,皆有切片 $B_\alpha$,使 $x\in B_\alpha$。在诸包含 $x$ 的切片中,必有一个"最小"的切片,记这个最小切片为 $B_x$。即若 $x\in B_\alpha$,则 $B_x\subset B_\alpha$。

假若程序在每点 $x$(即语句 $x$)至多涉及一个变量,且在 $x$ 处的切片是考查关于这个变量的计算,则很容易知道$\{B_x\}$集合满足上述性质。

**3. 程序空间 $X$ 上的拓扑基**

回忆拓扑基的定义,考查上述程序空间 $X$ 所有切片组成的子集合族 $\mathfrak{B}=\{B_\alpha \mid \alpha\in X\}$。现在证明 $\mathfrak{B}$ 满足拓扑基定义。第 1 个条件是显然的。设 $B_\alpha$ 和 $B_\beta$ 是任意两个切片,假定语句 $x\in B_\alpha\cap B_\beta$,由上述假定,必存在切片 $B_\gamma$(即最小切片 $B_x$)使 $B_\gamma\subset B_\alpha$ 且 $B_\gamma\subset B_\beta$,即 $B_\gamma\subset B_\alpha\cap B_\beta$。此为拓扑基定义中的第 2 个条件。因此,程序空间 $X$ 的切片集合 $\mathfrak{B}=\{B_x \mid x\in X\}$是 $X$ 上的一个拓扑基。为了说话方便,$\mathfrak{B}$ 中的元素 $B_x$ 有时也称为子基。

**4. 程序拓扑空间**

根据拓扑空间定理(定理 12.1),由程序空间 $X$ 的切片集合 $\mathfrak{B}=\{B_x \mid x\in X\}$,可以构造子集合族 $\tau$ 为

$$\tau=\{A \mid \exists B_\alpha,\cdots,B_\beta,\cdots\in\mathfrak{B},\text{使 } A=B_\alpha\cup\cdots\cup B_\beta\cup\cdots\}$$

$\tau$ 为 $X$ 上一个拓扑,且 $\mathfrak{B}\subset\tau$,今后称$(X,\tau)$为程序拓扑空间,拓扑 $\tau$ 为由拓扑基 $\mathfrak{B}$ 诱导出的拓扑,拓扑基 $\mathfrak{B}$ 也叫作拓扑空间$(X,\tau)$的一个拓扑基。下面一切讨论,如果没有特别声明,皆是在固定的某个$(X,\tau)$和 $\mathfrak{B}=\{B_x \mid x\in X\}$上进行。程序拓扑空间$(X,\tau)$中任意开集皆是若干个子集的并,即

$$\forall A\in\tau,\quad A=\bigcup_\alpha B_\alpha,\quad \forall\alpha,B_\alpha\in\mathfrak{B} \tag{12.7}$$

**5. 一个假设**

对于我们研究的程序拓扑空间$(X,\tau)$作一个重要假设:$(X,\tau)$皆是紧空间。根据紧空间的定义,则对 $X$ 上任意开覆盖 $\gamma$,皆有有限个 $\gamma$ 中的开集,它们的并也覆盖 $X$。

由于现实中大部分软件的软件空间 $X$ 都是有限的,所以从抽象意义上,假定程序拓扑空间$(X,\tau)$是紧空间是十分合理的。

**6. $(X,\tau)$的非标准描述**

对于程序拓扑空间$(X,\tau)$,对任意的 $x\in X$,用$\mathcal{N}_\tau(x)$表示 $x$ 的 $\tau$ 邻域系,直观上它由

$X$ 中所有包含 $x$ 的子集构成；用 $\tau_x$ 表示 $x$ 的开邻域系，直观上它由包含 $x$ 的所有开集构成，即 $\tau_x=\{E|E\in\tau$ 且 $x\in E\}$，易知 $\tau_x\subset\mathcal{N}_\tau(x)$。显然，$\mathcal{N}_\tau(x)$是 $X$ 上的一个滤子，用 $\mu_\tau(x)$表示$\mathcal{N}_\tau(x)$的单子，由滤单子的定义可知

$$\mu_\tau(x)=\bigcap\{{}^*A \mid A\in\mathcal{N}_\tau(x)\} \tag{12.8}$$

容易推出

$$\mu_\tau(x)=\bigcap\{{}^*O \mid O\in\tau_x\} \tag{12.9}$$

称 $\mu_\tau(x)$为 $x$ 的单子，由于我们是在固定的$(X,\tau)$上讨论问题，简记 $\mu_\tau(x)$为 $\mu(x)$。

根据拓扑空间非标准模型中的转换原理，很容易知道 ${}^*\tau$ 也是 ${}^*X$ 上的某拓扑的基，以后称 ${}^*\tau$ 中的集合为 $*$ 开集。而且对任意 $x\in X$，存在 $*$ 开集 $D\in{}^*\tau_x$，使 $D\subseteq\mu(x)$，它可由定理 12.4 关于滤单子性质定理中的式(12.3)推出。因为 $D$ 是 $*$ 开集，所以 $\mu(x)$具有标准意义下 $x$ 的邻域的意义。

$\tau$ 拓扑是由拓扑基 $\mathfrak{B}=\{B_x\}$产生，故对任意 $x$，$\tau_x$ 中的每个开集自然包含 $B_x$ 这一切片，所以由式(12.9)可以得到

$$\mu(x)={}^*B_x$$

即 $x$ 的切片 $B_x$ 及其 $*$ 对应集 ${}^*B_x$ 是从不同角度考查的关于语句 $x$(通常意义下)的“最小”邻域，称 ${}^*B_x$ 为语句 $x$ 的 $*$ 切片。在扩大模型中，一般来说，$B_x$ 和 ${}^*B_x$ 并不“相等”，${}^*B_x$ 包含的内容远比 $B_x$ 丰富。

现证明 ${}^*X$ 中的每个点 $a\in{}^*X$，都是近标准点。设 $\gamma$ 为 $X$ 中的任意开覆盖，令 $\nu(\gamma)=\bigcup\{{}^*E\mid E\in\gamma\}$。根据定理12.2，$\gamma$中存在一个可数子覆盖，为了节省符号，仍用$\gamma$表示这个可数子覆盖。又对于任意 $E\in\gamma$，根据程序拓扑空间定义式(12.7)，$E$ 是至多可数个语句切片 $B_\alpha$ 的并。根据集合论知识，可数个可数集合的并集仍然是可数集合，所以不妨认为可数开覆盖$\gamma$全是由子基(切片)组成，即 $\gamma=\{B_\alpha\}$，$\bigcup\limits_\alpha B_\alpha=X$，$\nu(\gamma)=\bigcup\{{}^*B_\alpha\mid B_\alpha\in\gamma\}$。因为我们假定拓扑空间$(X,\tau)$是紧拓扑空间，所以开覆盖$\gamma$中必存在有限个语句切片，其并覆盖空间 $X$。再一次为了节省符号，仍用 $\gamma$ 表示这个覆盖 $X$ 的有限个语句切片所组成的集族。于是，由定理 12.3 可得

$$\nu(\gamma)=\bigcup\{{}^*B_\alpha\mid B_\alpha\in\gamma\}={}^*\{\bigcup B_\alpha\mid B_\alpha\in\gamma\}={}^*X$$

此即意味着，对于任意开覆盖 $\gamma$，$a\in{}^*X$ 便可推出 $a\in\nu(\gamma)$。所以，根据近标准点判别定理，$\forall a\in{}^*X$，$a$ 为近标准点。此即 $\mathrm{ns}({}^*X)={}^*X$。

事实上，由紧空间定理式(12.6)可得

$$(X,\tau)\text{ 是紧空间}\Leftrightarrow \mathrm{ns}({}^*X)={}^*X$$

此即意味着对任意 $a\in{}^*X$，$a$ 为近标准点，也就是说，存在 $x\in X$ 使 $a\in\mu(x)$。而上面的论述，主要目的是引出以下最为重要的事实：对于 $X$ 的任意开覆盖 $\gamma$，存在有限个子覆盖，且该有限子覆盖全由语句切片组成。于是有

$$X=\bigcup_\alpha B_\alpha(\text{有限个 }\alpha)\Rightarrow{}^*X=\bigcup_\alpha{}^*B_\alpha(\text{有限个 }\alpha)$$

因此，程序(空间)可以分别从有限个语句切片 $B_\alpha$ 及其单子 $^*B_x$ 两个角度来考查。

### 12.3.3 在软件测试领域中的应用

**1. 定性分析**

因为程序拓扑空间$(X,\tau)$是紧空间，并在其上可以获得有限覆盖，$\gamma=\{B_{x_1},B_{x_2},\cdots,B_{x_n}\}$，其中，$x_1,x_2,\cdots,x_n$ 为语句，$B_{x_1},B_{x_2},\cdots,B_{x_n}$ 分别为它们的切片。相应地，在 $^*X$ 上也有有限覆盖，$^*\gamma=\{^*B_1,^*B_2,\cdots,^*B_n\}$，其中，$^*B_1,^*B_2,\cdots,^*B_n$ 为相应的 * 语句切片，它们分别是 $x_1,x_2,\cdots,x_n$ 的单子。

17 世纪，德国哲学家、数学家莱布尼兹提出单子理论，"单子"这一概念来自希腊文 *monad*，意思是"一"，表示不可分的统一。莱布尼兹说："单子都以混乱的方式追求无限，追求全体，但是它们都按照知觉的清晰程度而受到限制和区别。"他又说："每个单子具有表现其他一切事物的关系，因而成为宇宙的一面永恒的镜子。"[172]

20 世纪 50 年代，单子已作为范畴论中的一种函子，1989 年，Moggi 又将它引入语义描述框架中，随后 Wadler 将 Moggi 的单子方法广泛推广到函数式程序设计(尤其是 Haskell 语言)中[164-166]。

由于 $B_x$ 是关于语句 $x$ 的切片，是有关语句 $x$ 中的变量计算的"最小程序"，因此它是 Moggi 意义上的基本语义单元。注意到多饱和超滤模型的构造，直观上 $^*B_x$ 是以某指标集上的超滤为模关于 $B_x$ 中语句构成的序列的等价类，且指标集上的超滤又与该指标集上的特殊概率测度有关，所以语句 $x$ 的单子 $^*B_x$ 更能体现莱布尼兹关于单子的精神，它以某种混乱、随机的方式追求无限和全体，并以"超滤为模"的清晰程度成为 $x$ 的邻域，在语句 $x$ 和导致语句 $x$ 中变量的计算的其他语句之间呈现出(带有某种随机性)的关系，从而成为理解程序的一面永恒的镜子。

**2. 测试原理**

Weiser 认为一个语句切片与人们在调试一个程序时所做的智力抽象相对应，因此只要能够找到覆盖整个程序空间有限个语句切片，就能有效地对程序进行调试和测试。

可惜的是，我们无法保证能够有效地找到有限个语句切片 $B_{x_1},B_{x_2},\cdots,B_{x_n}$，使得只要对它们进行分析就能全面调试或测试整个程序。更何况，即使能够找到有限个语句切片，对它们进行完整分析也是不可能的。这是由于与这些语句切片相对应的单子 $^*B_{x_i}$ 远比 $B_{x_i}$ 丰富，单子本身就是混乱、随机的一种无限，它宣告语句 $x_i$ 的邻域充斥了各种不确定性。

鉴于上面的论述，可以发现软件不确定性错误主要来源于两方面，其一是有关程序描述中隐含的错误，它表现在语句切片及其对程序的覆盖上；其二是所有(潜在)用户操作行为甚至是自然环境里包含的不确定性，它表现在作为语句的单子(语句切片的对应物)包含的混乱和随机上。关于前者，即使在严格的数学中也在所难免，如著名的罗素悖论就是由于集合论中不恰当地运用了概括原则所产生的。至于后者，那是软件工程中屡见不鲜的现象。因此，在软件测试领域的研究，其主攻方向应该分为两大类。

(1) 常规研究：相当于寻找有限个语句切片，使得对它们的分析可以有效地、在最大程度上逼近对软件完整的分析。这种研究应该包含对程序设计语言的研究以及程序形式证明（甚至是数学证明），这些研究的最高期望应该是至少在理论上能够保证程序受到完全检验，所有固有的缺陷都能够被找出或避免。它如同数学基础的研究，使数学更加可靠，即像在集合论中找出根除所有悖论的方案一样。这种期望是合理的，因为程序空间$(X,\tau)$是紧空间，理论上任意语句切片覆盖存在有限语句切片覆盖。

(2) 随机研究：要总结几十年来软件工程中的经验，对潜在的用户文档以及软件的运行环境（包括自然环境）建模，尽可能对软件运行时可能遇到的各种混乱、无序、随机方式进行理论探讨。这种研究的最高期望是构建一个理论，它能阐述软件运行的随机行为，并能对其加以限制、区别和利用，如同物理学中为了探讨量子现象而创建了量子力学理论并在实践中取得很大成效一样。这种期望是合理的，因为多饱和超滤（程序拓扑空间）模型指出语句单子$\mu(x)={}^*B_x$是概率为1几乎处处确定的，可以把$\mu(x)$看作语句$x$处切片的（最小）运行邻域的抽象，它作为智力抽象语句$x$处切片在执行时一切潜在可能“世界”的镜像，正是受到这种非标准模型的启示，应该能够像量子理论对量子行为理解那样，构建出一个软件运行随机理论，它能“按照知觉的清晰程度”去控制和区分软件运行行为，且能“表现其他一切事物的关系”，从而作为软件调试和测试工作的理论基础。

**3. 实例分析：净室方法的优越性**

净室方法是一种使用形式化方法支持严格的软件审查的软件开发理念，它基于5个关键策略：形式化描述、增量式开发、结构化程序设计、静态检验、系统的统计性测试。下面的分析基于文献[33]。

前面提到的1939年9月波兰华沙机场，一架飞机降落时造成的灾难事故，其中一个原因来自系统描述的错误。形式描述错误有时也出现在数学中，如康托尔对集合的描述不合理地应用了概括原理，致使罗素悖论出现。对于数学中这种类型错误，如原始集合论，数学家的解决办法之一就是用严格公理化形式语言表述集合。同样，软件形式化描述不只是设计和实现的验证的基础，也是以其精确的系统描述保证尽可能减少误解的范围。构造一个形式化描述会迫使人们进行需求的详细分析，这是发现系统中的问题的有效方法。净室方法对所要开发的软件经过形式化描述，使用能描述系统对激励的响应的状态转换模型来表达描述。净室方法只使用有限几个控制和数据结构。使用有限几种结构，其目的是系统地将描述转换成程序代码，周知极限编程（是一种敏捷方法）将增量式开发推向极致，并且要求客户密切地的投入。净室方法也具有极限编程的优点，软件被分解成一个个增量，对每个增量采用净室过程进行开发和有效性验证。在过程早期阶段对这些增量进行定义，其中包括客户输入。

净室方法的上述前3个策略，即形式化描述、增量式开发和结构化程序设计，能保证开发出的软件程序具有正确的语义，即程序拓扑空间$(X,\tau)$中的语句切片$B_x$意义明确、结构简单，且语句$x$处的运行环境$\mu(x)={}^*B_x$的确定性得到增强，即${}^*B_x$更贴切真实用户的操作。

许多试验表明[22]，代码阅读与其他测试技术相比，功效相当，但成本较低，净室方法很好地利用了这一结论。它没有对代码组件的单元测试或模块测试，而是使用严格的软件审查对所开发的软件进行静态测试。因为净室开发过程是对形式化描述的逐步精化过程，所以它基于严格定义的系统变换。净室方法通过审查和形式化分析考查系统转换的输入和输出的一致性，这样使绝大多数程序缺陷在运行之前得以发现而不会带到已经完成了的软件部分中。对于软件"怀疑"部分或对安全性要求极高的部分，净室方法采用较严格的数学论证证明这些部分的正确性。

要想避免意外，单凭"确定性"测试软件方法是不够的。这里需要某种"不确定"测试。在软件测试领域，统计测试的目标是评估系统的可靠性，它通常基于运行剖面的描述，是一种测试软件不确定性的重要手段。运行剖面将可能的用户输入组成一个空间，并在其上定义概率分布[111]。日立公司很好地实现了上述思想并取得成效，日立公司是日本最大的软件机构，为了向用户保证质量，它在单元测试和集成测试时采用统计测试，基于经验数据和统计日志分析，加强某些类型的测试，直到满足质量目标时该产品才得以通过[111]。净室方法对集成在一起的软件增量进行统计性测试，以此决定软件的可靠性。这些统计测试是基于操作文档的，该文档是与系统描述同时开发的。在大型系统开发中使用净室方法时，还专门用认证团体负责这方面工作。

静态检验和系统的统计性测试是从两方面保证软件质量。前者检查程序的"语义"方面，相当于程序拓扑空间中语句切片 $B_x$ 的内涵，后者检验程序运行环境的不确定性，相当于程序拓扑空间里语句 $x$ 处的邻域 $^*B_x$ 对我们的启示。$B_x$ 是把语句 $x$ 放在一个最小执行结构中考查，而 $^*B_x$ 指出这个结构是以混乱方式追求无限，追求全体，并表现其他一切事物的关系。净室方法中的这两个策略很好地代表了软件测试的两个主流，即常规代码审查和随机统计测试。

净室方法的目标是得到零缺陷软件。Linger 通过 17 个净室产品的报告指出，净室技术的使用使软件平均每千行源代码中只发现 2.3 个缺陷，他认为这是一个了不起的质量成就[22]。现在，本节的叙述也表明程序拓扑空间及其非标准模型也从理论上支持净室技术。

### 12.3.4 总结

软件是抽象形式系统，因为它不受物理定律和物质材料的约束，所以它很容易变得极为复杂且难以理解，从而导致缺陷存在以及缺陷难以根除。几十年软件工程实践，使我们找到了进行软件描述、设计和实现的有效方法，并积累了大量的软件测试经验，并进行了一些理论基础概括。现在通过程序拓扑空间的构造及其非标准模型的分析，使我们对软件及其运行从理论上有了较深理解，为此，我们总结出软件测试应该注重常规和随机两个理论研究方向。实际上，我们在第 11 章提出的随机模糊 TBFL 算法就是在软件测试偏向随机理论的一种尝试。

进一步，我们可以认为对程序结构的两种抽象 $\{B_x\}$ 和 $\{^*B_x\}$ 也是对程序的行为确定性和不确定的抽象。由于 $^*B_x$ 远比 $B_x$ 丰富，且以混乱的方式追求无限，追求全体，是软件运行时一面永恒的镜子。因此,要理解程序$\{^*B_x\}$结构中的混乱是一件不容易的事情,在某种意义上,是$^*B_x$的无限性导致程序有时产生无法预料的错误。理解程序$\{^*B_x\}$结构需要人类的创造性,并非普通个人的能力能够达到的。也许在软件测试领域,引入众包技术是人类能够接近理解软件$\{^*B_x\}$结构的一个好途径。也就是说,众包测试是我们更能接近软件"神秘本质"的一种"原始"方法。

科学技术史表明,实践和理论是相互促进的,理论和技术并行发展有时会带来两者的飞跃。因此,我们在软件方面所做的理论研究是一件有益的工作。

# 参考文献


[1] Paulk M C,Curtis B,Chrissis M B,et al. Capability Maturity Model,Version 1.1[J]. IEEE Software,1993,10(4):18-27.

[2] Naik K,Tripathy P. 软件测试与质量保证:理论与实践[M]. 郁莲,等译. 北京:电子工业出版社,2013.

[3] Burnstein I,Homyen A,Suwanassart T,et al. A Testing Maturity Model for Software Test Process Assessment and Improvement[J]. Software Quality Professional,1999,9:1-8.

[4] Koomen T,Pol M. Test Process Improvement[M]. Wesley:Reading MA,1999.

[5] Macala R R,Stuckey L D,Gross D C. Managing Domain-Specific,Product-Line Development[J]. Software Practice and Experience,1996,13(3):57-68.

[6] 伊姆雷·拉卡托斯. 科学研究纲领方法论[M]. 欧阳绛,范建年,译. 北京:商务印书馆,1992.

[7] 王健吾. 数学思维方法引论[M]. 合肥:安徽教育出版社,1996.

[8] 哈代. 一个数学家的辩白[M]. 李文林,译. 南京:江苏教育出版社,1996.

[9] 波利亚. 数学与猜想(第二卷):合情推理模式[M]. 李志尧,王日爽,李心灿,译. 北京:科学出版社,2003.

[10] Bown W,陈治中. 新潮数学[J]. 数学译林,1992,11(4):295-303.

[11] 卡尔·波普尔. 客观知识:一个进化论的研究[M]. 舒炜光,卓如飞,周柏乔,等译. 上海:上海译文出版社,1987.

[12] 伊姆雷·拉卡托斯. 证明与反驳:数学发现的逻辑[M]. 康宏逵,译. 上海:上海译文出版社,1987.

[13] 莫绍揆. 数学基础[M]. 北京:高等教育出版社,1991.

[14] Patton R. 软件测试[M]. 张小松,王钰,曹跃,等译. 北京:机械工业出版社,2007.

[15] 梅拉尼·米歇尔. 复杂[M]. 唐璐,译. 长沙:湖南科学技术出版社,2013.

[16] Peled D A. 软件可靠性方法[M]. 王林章,卜磊,陈鑫,等译. 北京:机械工业出版社,2012.

[17] Myers G J,Badgett T,Sandler C. 软件测试的艺术[M]. 张晓明,黄琳,译. 3 版. 北京:机械工业出版社,2014.

[18] Ebert C. 需求工程:实践者之路[M]. 洪浪,译. 北京:机械工业出版社,2013.

[19] 杨长春. 实战需求分析[M]. 北京:清华大学出版社,2016.

[20] Beatty J,Chen A. 软件需求与可视化模型[M]. 方敏,朱嵘,译. 北京:清华大学出版社,2017.

[21] 赵英良. 软件开发技术基础[M]. 北京:机械工业出版社,2012.

[22] Schach S R. 软件工程:面向对象和传统的方法[M]. 邓迎春,韩松,徐天顺,等译. 北京:机械工业出版社,2007.

[23] Sommerville I. 软件工程[M]. 程成,等译. 9 版. 北京:机械工业出版社,2011.

[24] Spinellis D. 代码质量[M]. 左飞,吴跃,李洁,译. 北京:电子工业出版社,2013.

[25] Sebesta R W. 程序设计语言原理[M]. 张勤,王方矩,译. 北京:机械工业出版社,2007.

[26] Pierce B C. 类型和程序设计语言[M]. 马世龙,眭跃飞,等译. 北京:电子工业出版社,2005.

[27] Cormen T H, Leiserson C E, Rivest R L, et al. 算法导论[M]. 殷建平, 徐云, 王刚, 等译. 北京: 机械工业出版社, 2017.

[28] 梁宗巨. 世界数学史简编[M]. 沈阳: 辽宁人民出版社, 1980.

[29] 钱宝琮. 中国数学史[M]. 北京: 科学出版社, 1964.

[30] Patton R. Software Testing[M]. Hoboken: Sams Publishing, 2005.

[31] Nielsen M A, Chuang I L. 量子计算和量子信息(一): 量子计算部分[M]. 赵千川, 译. 北京: 清华大学出版社, 2004.

[32] Winskel G. 程序设计语言的形式语义[M]. 宋国新, 邵志清, 等译. 北京: 机械工业出版社, 中信出版社, 2007.

[33] Sommerville I. 软件工程[M]. 程成, 陈霞, 译. 8 版. 北京: 机械工业出版社, 2008.

[34] Miller G A. The Magical Number Seven, Plus or Minus Two: Some Limits on Our Capacity for Processing Information[J]. Psychological Review, 1956, 63: 81-97.

[35] 王蓁蓁. 认知行为思维模型[M]. 北京: 清华大学出版社, 2017.

[36] 张广泉. 形式化方法导论[M]. 北京: 清华大学出版社, 2015.

[37] Clarke Jr E M, Grumberg O, Peled D A. 模型检测[M]. 李刚, 宋雨, 译. 北京: 电子工业出版社, 2016.

[38] 王蓁蓁. 模型检验综述[J]. 计算机科学, 2013, 40 (6A): 1-14.

[39] Mitchell J C. 程序设计语言理论基础[M]. 许满武, 徐建, 衷宜, 等译. 北京: 电子工业出版社, 2006.

[40] Lichtenstein O, Pnueli A. Checking that Finite State Concurrent Programs Satisfy Their Linear Specification[C]//Proceedings of the 12th Annual ACM Symposium on Principles of Programming Language. 1985: 97-107.

[41] Clarke E M, Emerson E A, Sistla A P. Automatic Verification of Finite-State Concurrent Systems Using Temporal Logic Specifications: a Practical Approach[C]//Proceedings of the 10th Annual ACM Symposium on Principles of Programming Language. New Orleans, LA: ACM Press, 1983: 117-126.

[42] Emerson E A, Lei C L. Modalities for Model Checking: Branching Time Strikes Back[C]// Proceedings of the 12th Symposium on Principles of Programming Languages. New Orleans, LA: ACM Press, 1985: 84-96.

[43] Bryant R E. Graph-Based Algorithms for Boolean Function Manipulation[J]. IEEE Transactions on Computers, 1986, C-35(8): 677-691.

[44] Clarke E, Grumberg O, Jha S, et al. Counter Example: Guided Abstraction Refinement for Symbolic Model Checking[J]. Journal of the ACM, 2003, 50(5): 752-794.

[45] Cousot P, Cousot R. Systematic Design of Program and Analysis Frameworks[C]//Proceedings of the 6th ACM SIGACT-SIGPLAN Symposium on Principles of Programming Languages. New Orleans, LA: ACM Press, 1979: 269-282.

[46] Giacobazzi R, Ranzato F, Scozzari F. Making Abstract Interpretations Complete[J]. Journal of the ACM, 2000, 47(2): 361-416.

[47] Cousot P, Cousot R. Abstract Interpretation Frameworks[J]. Journal of Logic and Computation, 1992, 2(4): 511-547.

[48] Cousot P,Cousot R. Refining Model Checking by Abstract Interpretation[J]. Automated Software Engineering Journal,Special Issue on Automated Software Analysis,1999,6(1):69-95.

[49] 钱俊彦,徐宝文.基于完备抽象解释的模型检验 CTL 公式研究[J].计算机学报,2009,32(5):992-1001.

[50] Ranzato F, Tapparo F. Strong Preservation as Completeness in Abstract Interpretation[C]//Proceedings of the 13th European Symposium on Programming (ESOP). Barcelona,Spain,2004:18-32.

[51] Ranzato F,Tapparo F. Generalized Strong Preservation by Abstract Interpretation[J]. Journal of Logic and Computation,2007,17(1):157-97.

[52] Giacobazzi G,Ranzato F. Example-Guided Abstraction Simplification[C]//Proceedings of the 37th International Colloquium Conference on Automata,Languages and Programming. 2010:211-222.

[53] Ball T,Podelski A,Rajamani S K. Boolean and Cartesian Abstraction for Model Checking C Programs[J]. International Journal on Software Tools for Technology Transfer,2003,5(1):49 -58.

[54] Ranzato F,Tapparo F. Strong Preservation of Temporal Fixpoint: Based Operators by Abstract Interpretation[C]//Proceedings of the 7th International Conference on Verification,Model Checking, and Abstract Interpretation (VMCAI). Charleston,SC,USA,2006:332-347.

[55] Ranzato F, Tapparo F. An Abstract Interpretation: Based Refinement Algorithm for Strong Preservation[C]//Proceedings of the 11th International Conference on Tools and Algorithms for the Construction and Analysis of Systems (TACAS). Edinburgh,UK,2005:140-156.

[56] Ranzato F,Tapparo F. An Efficient Simulation Algorithm Based on Abstract Interpretation[J]. Information and Computation,2010,208(1):1-22.

[57] Graf S,Saidi H. Construction of Abstract State Graphs with PVS[C]//Proceedings of the 9th International Conference on Computer Aided Verification (CAV). Haifa,Israel,1997:72-83.

[58] Dingel J,Filkorn T. Model Checking for Infinite State Systems Using Data Abstraction,Assumption: Commitment Style Reasoning and Theorem Proving[J]. Lecture Notes in Computer Science,1995,939:54-69.

[59] Rajan S,Shankar N,Srivas M K. An Integration of Model Checking with Automated Proof Checking [C]//Proceedings of the 7th International Conference on Computer Aided Verification. 1995:84-97.

[60] Joyce J J,Seger C H. Linking BDD: Based Symbolic Evaluation to Interactive Theorem Proving [C]//Proceedings of the 30th Design Automation Conference. Dallas,TX,USA,1993:469-474.

[61] Gordon M J C,Melham T F. Introduction to HOL: A Theorem Proving Environment for Higher-Order Logic[M]. Cambridge,UK: Cambridge University Press,1993.

[62] Kurshan R P,Lamport L. Verification of a Multiplier: 64 Bits and Beyond[C]//Proceedings of the 5th International Conference on Computer Aided Verification. 1993:166-179.

[63] Müller O,Nipkow T. Combining Model Checking and Deduction for I/O Automata[C]//Proceedings of the First International Workshop on Tools and Algorithms for Construction and Analysis of Systems. 1995:1-16.

[64] Cousot P,Cousot R. Temporal Abstract Interpretation[C]//Proceedings of the 27th ACM SIGACT-SIGMOD-SIGART Symposium on Principles of Programming Languages (POPL). Boston, USA,

2000：12-25.

[65] Clarke E, Jha S, Lu Y, et al. Tree-Like Counter Examples in Model Checking[C]//Proceedings of the IEEE Symposium on Logic in Computer Science (LICS). Copenhagen, 2002：19-29.

[66] Clarke E M, Long D E, McMillan K L. Compositional Model Checking[C]//Proceedings of the 4th IEEE Symposium on Logic in Computer Science. Asilomar, CA, 1989：353-362.

[67] Silva J M, Sakallah K A. GRASP：A Search Algorithm for Propositional Satisfiability[J]. IEEE Transactions on Computers, 1999, 48(5)：506-521.

[68] Giacobazzi R, Mastroeni I. Transforming Abstract Interpretations by Abstract Interpretation[C]//Proceedings of the 15th International Symposium on Static Analysis. Valencia, Spain, 2008：16-18.

[69] 王蓁蓁，倪庆剑，张志政，等. 抽象解释全总域模型[J]. 中国科学技术大学学报，2014，44(7)：599-604.

[70] 王蓁蓁. 抽象解释的部分等价逻辑关系模型[J]. 南京大学学报：自然科学版，2015，51(2)：453-457.

[71] Cousot P, Cousot R. Abstract Interpretation：A Unified Lattice Model for Static Analysis of Programs by Construction of Approximation of Fixpoints[C]//Proceedings of the 4th ACM SIGACT-SIGPLAN Symposium on Principles of Programming Languages. 1977：238-252.

[72] He H, Gupta N. Automated Debugging Using Path-Based Weakest Preconditions[C]//Proceedings of the 7th International Conference on Fundamental Approaches to Software Engineering. 2004：267-280.

[73] Hoare C A R. An Axiomatic Basis for Computer Programming[J]. Communication of the ACM, 1969(12;)：576-580.

[74] Cook S A. Soundness and Completeness of an Axiom System for Program Verification[J]. SIAM Journal on Computing, 1978, 7：129-147.

[75] Floyd R W. Assigning Meaning to Programs [C]//Proceedings of Symposium on Applied Mathematical Aspects of Computer Science. 1967：19-32.

[76] Dijkstra E W. A Discipline of Programming[M]. Englewood：Prentice-Hall Inc, 1976.

[77] 王梓坤. 随机过程论[M]. 北京：科学出版社，1976.

[78] 陈希孺. 数理统计引论[M]. 北京：科学出版社，1981.

[79] 蔡立志. 软件测试导论[M]. 北京：清华大学出版社，2016.

[80] Kobayashi N, Tsuchiya T, Kikuno T. A New Method for Construction Pairwise Covering Designs for Software Testing[J]. Information Processing Letters, 2002, 81(2)：85-91.

[81] 杨子胥. 正交表的构造[M]. 济南：山东人民出版社，1978.

[82] 王蓁蓁，周毓明，康达周，等. Walsh 函数在组合测试中的应用[J]. 计算机学报，2014，37(12)：2482-2491.

[83] 徐宝文，聂长海，史亮，等. 一种基于组合测试的软件故障调试方法[J]. 计算机学报，2006，29 (1)：132-138.

[84] 聂长海，徐宝文，史亮. 一种新的二水平多因素系统两两组合覆盖测试数据生成算法[J]. 计算机学报，2006，29 (6)：841-848.

[85] 王子元，聂长海，徐宝文，等. 相邻因素组合测试用例集的最优生成方法[J]. 计算机学报，2007，30(2)：200-211.

[86] 屈波，聂长海，徐宝文.基于测试用例设计信息的回归测试优先级算法[J].计算机学报，2008，31(3)：431-439.

[87] 聂长海，徐宝文.基于接口参数的黑箱测试用例自动生成算法[J].计算机学报，2004，27(3)：382-388.

[88] 聂长海，徐宝文.一种最小测试用例集生成方法[J].计算机学报，2003，26(12)：1690-1695.

[89] 汤国熙.沃尔什函数在概率统计中的应用[M].北京：国防工业出版社，1999.

[90] 王小平，曹立明.遗传算法：理论、应用与软件实现[M].西安：西安交通大学出版社，2002.

[91] Goldberg D E. Genetic Algorithms and Walsh Functions：Part I，A Gentle Introduction[J]. Complex Systems，1989，3(2)：129-152.

[92] Goldberg D E. Genetic Algorithms and Walsh Functions：Part II，Deceptive and Its Analysis[J]. Complex Systems，1989 3(2)：153-171.

[93] 威廉·卡尔文.大脑如何思维：智力演化的今昔[M].杨雄里，梁培基，译.上海：上海科学技术出版社，1996.

[94] 朱少民.软件测试方法和技术[M].3版.北京：清华大学出版社，2014.

[95] Perry D E，Evangelist W M. An Empirical Study of Software Interface Faults：An Update[C]//Proceedings of the 20th Annual Hawaii International Conference on Systems Science. 1987：113-126.

[96] Desikan S，Ramesh G. 软件测试原理与实践[M].韩柯，李娜，等译.北京：机械工业出版社，2009.

[97] Whittaker J A. What is Software Testing? And Why is It so Hard? [J]. IEEE Software，2000(1/2)：70-79.

[98] 茆诗松，王玲玲.可靠性统计[M].上海：华东师范大学出版社，1984.

[99] Musa J D，Iannino A，Okumoto K. Software Reliability[M]. New York：McGraw-Hill，1987.

[100] Lyu M R. Handbook of Software Reliability Engineering[M]. New York：McGraw-Hill，1995.

[101] Basili V R，Hutchens D H. An Empirical Study of a Syntactic Complexity Family[J]. IEEE Transactions on Software Engineering，1983，SE-9：664-672.

[102] Takahashi M，Kamayachi Y. An Empirical Study of a Model for Program Error Prediction[C]//Proceedings of the8th International Conference on Software Engineering. London，U K. 1985：330-336.

[103] Jones C. Estimating Software Costs[M]. New York：McGraw-Hill，1998.

[104] Yamaura T. How to Design Practical Test Cases[J]. IEEE Software，1998，15(6)：30-36.

[105] Chen T Y，Leung H，Mak I K. Adaptive Random Testing[C]//Proceedings of the 2008 the 8th International Conference on Quality Software. 2004：320-329.

[106] 朱少民.软件测试：基于问题驱动模式[M].北京：高等教育出版社，2017.

[107] Goodenough J B，Gerhart S L. Toward a Theory of Test Data Selection[J]. IEEE Transactions on Software Engineering，1975，SE-1(2)：26-37.

[108] Weyuker E J，Ostrand T J. Theories of Program Testing and the Application of Revealing Subdomains[J]. IEEE Transactions on Software Engineering，1980，SE-6(3)：236-246.

[109] Gourlay J S. A Mathematical Framework for the Investigation of Testing[J]. IEEE Transaction on Software Engineering，1983，SE-9(6)：686-709.

[110] 王蓁蓁.软件测试理论初步框架[J].计算机科学，2014，41(3)：12-16.

[111] Fenton N E,Pfleeger S L. 软件度量[M]. 杨海燕,赵巍,张力,等译. 北京：机械工业出版社,2004.

[112] 王蓁蓁,徐宝文,周毓明,等. 一种随机 TBFL 方法[J]. 计算机科学,2013,40(1)：5-14.

[113] Hao D,Zhang L,Pan Y,et al. On Similarity-Awareness in Testing-Based Fault Localization[J]. Automated Software Engineering,2008,15(2)：207-249.

[114] Agrawal H,Horgan J R,London S,et al. Fault Location Using Execution Slices and Dataflow Tests [C]//Proceedings of 6th International Symposium on Software Reliability Engineering. Toulouse, France,1995：143-151.

[115] Jones J A,Harrold M J,Stasko J. Visualization of Test Information to Assist Fault Localization [C]//Proceeding of the 24th International Conference on Software Engineering. Orland,FL,USA, 2002：467-477.

[116] Jones J A, Harrold M J. Empirical Evaluation of the Tarantula Automatic Fault-Localization Technique[C]//Proceedings of the 20th IEEE/ACM International Conference on Automated Software Engineering. New York,USA,2005：273-282.

[117] Renieres M,Reiss S P. Fault Localization with Nearest Neighbor Queries[C]//Proceedings of the 18th International Conference on Automated Software Engineering. 2003：30-39.

[118] Cleve H,Zeller A. Locating Causes of Program Failures[C]//Proceedings of the 27th International Conference on Software Engineering. Saint Louis,MO,USA,2005：342-351.

[119] Liu C,Yan X,Fei L,et al. SOBER：Statistical Model-Based Bug Localization[C]//Proceedings of the 13the ACM SIGSOFT Symposium on Foundations of Software Engineering. 2005：286-295.

[120] Liblit B,Naik M,Zheng A X,et al. Scalable Statistical Bug Isolation[C]//Proceedings of the ACM SIGPLAN Conference on Programming Language Design and Implementation (PLDI). New York, USA,2005：15-16.

[121] 怀特海. 思维方式[M]. 刘放桐,译. 北京：商务印书馆,2004.

[122] 马克斯・布鲁克曼. 下一步是什么：未来科学的报告[M]. 王文浩,译. 长沙：湖南科学技术出版社,2011.

[123] 弗洛伊德. 精神分析引论[M]. 高觉敷,译. 北京：商务印书馆,1986.

[124] 王蓁蓁. 朴素模糊描述逻辑知识库构造及其朴素推理[J]. 应用科技,2012,39(6)：18-29.

[125] 杜布瓦,普哈德. 模糊集与模糊系统：理论和应用[M]. 江苏省模糊数学专业委员会,译. 南京：江苏科学技术出版社,1987.

[126] 冯剑红,李国良,冯建华. 众包技术研究综述[J]. 计算机学报,2015,38(9)：1713-1726.

[127] Kittur A,Smus B,Khamkar S,et al. CrowdForge：Crowdsourcing Complex Work[C]//Proceedings of the 24th Annual ACM Symposium on User Interface Software and Technology. Santa Barbara, USA,2011：43-52.

[128] Kittur A,Smus B,Kraut R E. CrowdForge：Crowdsourcing Complex Work. Proceedings of the International Conference on Human Factors in Computing Systems. Vancouver, Canada, 2011：1801-1806.

[129] Ambati V,Vogel S,Carbonell J G. Towards Task Recommendation in Micro-Task Markets[C]// Proceedings of the 25th AAAI Workshop in Human Computation. San Francisco, USA, 2011：80-83.

[130] Yuen M C, King I, Leung K S. TaskRec: Probabilistic Matrix Factorization in Task Recommendation in Crowdsourcing Systems[C]//Proceedings of the 19th International Conference on Neural Information Processing. Doha,Qatar,2012: 516-525.

[131] Karger D R, Oh S, Shah D. Iterative Learning for Reliable Crowdsourcing Systems [C]// Proceedings of the 25th Annual Conference on Neural Information Processing Systems. Granada, Spain,2011: 1953-1961.

[132] Ho C J,Vaughan J W. Online Task Assignment in Crowdsourcing Markets[C]//Proceedings of the 26th AAAI Conference on Artificial Intelligence. Toronto,Canada,2012: 1-10.

[133] Ho C J,Jabbari S,Vaughan J W. Adaptive Task Assignment for Crowdsourcing Classification[C]// Proceedings of the 30th International Conference on Machine Learning. Atlanta, USA, 2013: 534-542.

[134] 张志强,逢居升,谢晓芹,等.众包质量控制策略及评估算法研究[J].计算机学报,2013,36(8): 1636-1649.

[135] Singer Y,Mittal M. Pricing Mechanisms for Crowdsourcing Markets[C]//Proceedings of the 22nd International Conference on World Wide Web. 2013: 1157-1166.

[136] Dempster A P,Laird N M,Rubin D B. Maximum Likelihood from Incomplete Data via the EM Algorithm[J]. Journal of the Royal Statistical Society: Series B (Methodological),1977,39: 1-38.

[137] Yan Y,Rosales R,Fung G,et al. Active Learning from Crowds[C] Proceedings of the 28th International Conference on Machine Learning. Bellevue,USA,2011: 1161-1168.

[138] Ipeirotis P G,Provost F,Wang J. Quality Management on Amazon Mechanical Turk [C]// Proceedings of the ACM SIGKDD Workshop on Human Computation. Washington,USA,2010: 64-67.

[139] Dawid A P,Skene A M. Maximum Likehood Estimation of Observer Error-Rates Using the EM Algorithm[J]. Applied Statistics,1979,28(1): 20-28.

[140] 章晓芳,冯洋,刘頔,等.众包软件测试技术研究进展[J].软件学报,2018,29(1): 69-88.

[141] Chen F,Kim S. Crowd Debugging[C]//Proceedings of the 10th Joint Meeting on Foundations of Software Engineering. New York,USA,2015: 320-332.

[142] Kamiya T,Kusumoto S,Inoue K. CCFinder: A Multilinguistic Token-Based Code Clone Detection System for Large Scale Source Code[J]. IEEE Transactions on Software Engineering,2002,28(7): 654-670.

[143] Petrillo F. Swarm Debugging: the Collective Debugging Intelligence of the Crowd[D]. Porto Alegre: Universidade Federal do Rio Grande do Sul-UFRGS,2016.

[144] Weiser M. Program Slicing: Formal,Psychological and Practical Investigations of an Automatic Program Abstraction Method[D]. Ann Arbor: University of Michigan,Ann Arbor,1979.

[145] 张迎周,徐宝文.一种新型形式化程序切片方法[J].中国科学 E 辑:信息科学,2008,38(2): 161-176.

[146] 李必信,郑国梁,王云峰,等.一种分析和理解程序的方法:程序切片[J].计算机研究与发展,2000, 37(3): 284-291.

[147] 李必信,杨朝晖,谭毅,等.一种基于切片技术度量 Java 耦合性的框架[J].计算机学报,2001,

24(3)：259-265.

[148] 陈振强.基于依赖性分析的程序切片技术研究[D].南京：东南大学,2002.

[149] Tip F. A Survey of Program Slicing Techniques[J]. Journal of Programming Languages, 1995, 3(3)：121-189.

[150] Binkley D W, Gallagher K B. Program Slicing[J]. Advances in Computers, 1996, 43：1-50.

[151] Mastroeni I, Zanardini D. Abstract Program Slicing：An Abstract Interpretation-Based Approach to Program Slicing[J]. ACM Transactions on Computational Logic, 2017, 18(1)：1-58.

[152] Weiser M. Program Slicing[J]. IEEE Transactions on Software Engineering, 1984, 10：352-357.

[153] Horwitz S, Reps T, Binkley W D. Interprocedural Slicing Using Dependence Graphs[J]. ACM Transactions on Programming Languages and Systems, 1990, 12(1)：35-46.

[154] Harman M, Hierons R. An Overview of Program Slicing[J]. Software Focus, 2001, 2(3)：85-92.

[155] Canfora G, Cimitile A, de Lucia A. Conditioned Program Slicing[J]. Information and Software Technology (Special Issue on Program Slicing), 1998, 40(11-12)：595-607.

[156] Danicic S, Fox C J, Harman M, et al. ConSIT：A Conditioned Program Slicer[C]//Proceedings of IEEE International Conference on Software Maintenance (ICSM 2000). San Jose, CA, USA, 2000：216-226.

[157] Hwang J C, Du M W, Chou C R. The Influence of Language Semantics on Program Slices[C]//Proceedings of International Conference on Computer Languages. FL, USA, 1988：120-127.

[158] Hausler P A. Denotational Program Slicing[C]//Proceedings of the 22nd Annual Hawaii International Conference on System Science. HI, USA, 1989：486-495.

[159] Ouarbya L, Danicic S, Daoudi M, et al. A Denotational Interprocedural Program Slicer[C]//Proceedings of the 9th IEEE Working Conference on Reverse Engineering. Richmond, VA, USA, 2002：181-189.

[160] Venkatesh G A. The Semantic Approach to Program Slicing[C]//Proceedings of the ACM SIGPLAN Conference on Programming Language Design and Implementation. NY, USA, 1991：107-119.

[161] Zhang Y Z, Xu B W, Shi L, et al. Modular Monadic Program Slicing[C]//Proceedings of the 28th Annual International Computer Software and Applications Conference. Hong Kong, China, 2004：66-71.

[162] 张迎周,徐宝文.一种基于模块单子语义的动态程序切片方法[J].计算机学报,2006,29(4)：526-534.

[163] Liang S. Modular Monadic Semantics and Compilation[D]. Yale：University of Yale, 1998.

[164] Wadler P. Comprehending Monads[C]//Proceedings of the ACM Conference on Lisp and Functional Programming. New York, USA, 1990：61-78.

[165] Wadler P. The Essence of Functional Programming[C]//Proceedings of the 19th ACM SIGPLAN-SIGACT Symposium on Principles of Programming Languages. New York, USA, 1992：1-14.

[166] Wadler P. Monads for Functional Programming[C]//Proceedings of Advanced Functional Programming, First International Spring School on Advanced Functional Programming Techniques-Tutorial Text. 1995：24-52.

[167] Harman M, Danicic S. Amorphous Program Slicing [C]//Proceedings of IEEE International Workshop on Program Comprehension (IWPC'97). Dearborn, MI, USA, 1997: 70-79.

[168] Binkley D W, Harman M, Raszewski L R, et al. An Empirical Study of Amorphous Slicing as a Program Comprehension Support Tool[C]//Proceedings of the 8th IEEE International Workshop on Program Comprehension (IWPC 2000). Limerick, Ireland, 2000: 161-170.

[169] 江泽涵. 拓扑学引论[M]. 上海：上海科学技术出版社，1979.

[170] 金治明，刘普寅. 非标准分析与随机分析[M]. 长沙：国防科技大学出版社，1997.

[171] 李邦河. 非标准分析基础[M]. 上海：上海科学技术出版社，1987.

[172] 赵敦华. 西方哲学简史[M]. 北京：北京大学出版社，2001.

# 后　记

爱因斯坦认为科学的形成主要依赖两个伟大成就，一个是希腊哲学家发明的形式逻辑体系，主要体现在欧几里得几何学中；另一个是通过系统的实验发现有可能找出因果关系，主要是在文艺复兴时期。实际上，这两个成就都离不开人们对思想原理的重视，只有重视思想原理，科学才能自成体系，才能成为一个研究框架，把许多具体的、技术性的专门论断组织起来，从而促使它的内容不断增加，探讨的深度和广度不断扩大，以致人类达到了现代的科技高度。实际上，伽利略的伟大在于他发现大自然是利用数学语言阐述自己的规律的，并开拓了实验科学的先河；牛顿的伟大在于他的基于万有引力思想之上的力学物理理论，把天上运动和地上运动统一起来；麦克斯韦的伟大在于他用数学微分方程统一阐述了电、磁现象，从而揭示了电磁波的存在；爱因斯坦的伟大在于他的基于等效原理和广义相对论原理，把时间、空间和物质及其能量统一在方程中，使人类对宇宙的认识进一步深化；量子力学的伟大在于发现客观世界本质上是概率性的，深刻地颠覆了人们许多普遍"常识"。这些伟大成就统统离不开对思想原理的探索，由此引发的技术革新，终于使人类进入现在阶段。

在某种意义上，不重视思想原理，一个理论体系是走不远的，与之关联的技术也不会发生质的变化，至多是在数量上有所增加，或有些非革命性的改良。爱因斯坦关于科学基础的论述实际上对我们的教益就是要重视思想原理的追究。

众所周知，正如许多学者指出的那样，当今的人类社会已经离不开计算机，所以也离不开软件制品。随着软件主宰了我们生活的各个方面，对其质量的要求也就越来越高了，至少可靠性、安全性、可用性等问题关乎所有人。现在一般软件的制作，几乎已经不再是个人(无论他有多大的非凡能力)就能单枪匹马搞定的事，它必须要许多人通力合作才行，这样时空相距遥远的人员也可能开发同一个软件系统。例如，当一个庞大软件组织分散在各地(甚至跨国)和复用市场上早已存在的软件部件时，情况就是如此。这时要保证软件质量更是一个难题。于是，软件测试不仅成了计算机科学的重要研究课题，更是软件开发组织在制作软件时不可缺少的活动。一般地，软件制作所花费的成本和时间，软件测试都几乎各占一半。学习计算机科学的学生，也几乎都要学习"软件测试"课程。如此一来，大量有关软件测试的论著和教科书得到出版，这些书的出版无论是对学习软件测试的学生还是对从事软件测试工作的技术人员，帮助之大是毋庸置疑的。

然而，大部分有关专著都偏重技术的阐述，对测试原理并没有加以认真详细叙述。因此，我们希望本书的工作能够弥补这方面的不足。本书在哲学史上"证明"和"证伪"两个重要理念下梳理了整个软件测试领域，几乎详尽地论述了软件测试的各种方法。虽然我们并没有详细、周密地描述技术细节，但对各种技术在思想原理的阐述上都力求透彻，用思想原理综合了各种测试方法，不仅使人有广阔的视野，而且还使人"知其然又知其所以然"。例如，对按正交表设计测试用例的方法，本书介绍了构造正交表数学理论，在介绍中指出交互列的概念及其在正交试验中的作用，使人耳目一新。本书还把软件测试和许多科学理论联系在一起，如验收测试和数理统计中的假设检验、故障植入方法和极大似然估计等，都分散融入各种方法原理的讨论中。除了阐述思想原理之外，我们还提出了许多有关软件测试理论框架和一些具体带操作性的技术模型，如用 Walsh 函数（一种类似傅里叶方法）分析模式、用随机 TBFL 算法和随机模糊综合 TBFL 算法调试程序等，希望用这些实例说明重视思想原理也会促进实际研究的进展。

# 图书资源支持

感谢您一直以来对清华大学出版社图书的支持和爱护。为了配合本书的使用，本书提供配套的资源，有需求的读者请扫描下方的“书圈”微信公众号二维码，在图书专区下载，也可以拨打电话或发送电子邮件咨询。

如果您在使用本书的过程中遇到了什么问题，或者有相关图书出版计划，也请您发邮件告诉我们，以便我们更好地为您服务。


**我们的联系方式：**

地　　址：北京市海淀区双清路学研大厦 A 座 714

邮　　编：100084

电　　话：010-83470236　010-83470237

资源下载：http://www.tup.com.cn

客服邮箱：tupjsj@vip.163.com

QQ：2301891038（请写明您的单位和姓名）

教学资源 · 教学样书 · 新书信息

人工智能科学与技术
人工智能|电子通信|自动控制

资料下载 · 样书申请

书圈

**用微信扫一扫右边的二维码，即可关注清华大学出版社公众号。**